“十四五”职业教育国家规划教材

机械基础

（第四版）

主　编　石　岚

副主编　漆　军　胡晓岳　王学亮

编　委　丁度坤　戴护民　王学亮　黄争艳
胡晓岳　漆　军　刘素华　刘显龙
石　岚　张　宁

复旦大學出版社

本书是广东省在线精品开放课程、高等学校在全国性公开课程平台

“学银在线”慕课“机械基础”

http://www.xueyinonline.com/detail/232611065 的配套教材。

微信扫描以下二维码，可按页码顺序观看视频等电子素材。

前　　言

本书根据高等职业教育的特点，以生产实际所需的基本知识、基本理论、基本技能为基础，遵循“以应用为目的，以必需、够用为度”的原则而编写。

本书由“机械工程材料与热处理基础”“工程力学基础”“常用机构与常用机械传动”三部分组成。主要特点是将机械工程材料、工程力学、机械设计等课程有机地融合在一起，基于高等职业教育的特点，在保证基础知识和基本理论的前提下，摒弃了比较繁琐的理论推导和复杂的计算，以简明为宗旨，结合工程应用实例，突出了实用性和综合性，注重对学生基本技能的训练和综合能力的培养。

以“互联网＋教材”的模式开发了本书配套的 AR、微课、动画等电子素材，丰富了教学资源，实现教学创新。

本书为广东省品牌专业建设成果。

全书分为 3 个模块 24 个项目，主要内容包括：绪论；金属材料的性能、钢的常用的热处理方法、钢铁材料、非铁金属与粉末冶金材料、非金属材料；静力学基础知识、平面汇交力系、力矩与平面力偶系、平面任意力系；轴向拉伸和压缩、剪切与挤压、圆轴扭转、平面弯曲、组合变形；平面机构运动简图及自由度、平面连杆机构、凸轮机构、间歇运动机构、螺旋运动机构、带传动和链传动、齿轮传动、轮系、轴和轴毂联结、轴承、联轴器和离合器。

本书在编写过程中，参考了一些教材，学习汲取了同行的教研成果，并从中引用了一些例题、习题和图表，在此表示衷心的感谢。

本书可作为应用型本科和高职高专教育机械类、近机类专业的教学用书，也可作为成人高校、企业培训教材，也可供有关工程技术人员参考。

本书编写人员及分工如下：绪论、项目 16、20～22 由广东机电职业技术学院的石岚副教授编写；项目 1 由东莞职业技术学院的丁度坤副教授编写；项目 3、10、19 由山东药品食品职业学院王学亮副教授编写；项目 4～6、11、13 由广东机电职业技术学院的胡晓岳教授编写；项目 9、23 由广东机电职业技术学院刘显龙老师编写；项目 2、7、8、24 由广东工贸职业技术学院黄争艳老师编写；项目 12、18 由上海工程技术大学高职学院的刘素华教授编写；项目 14 由广东机电职业技术学院的漆军教授编写；项目 15、17 由广东机电职业技术学院戴护民教授编写；项目 18 由广东机电职业技术学院的张宁副教授编写。

全书由石岚老师担任主编，并负责全书统稿。限于编者水平，书中难免有不当或错漏之处，敬请读者批评指正。

本书是广东省在线精品开放课程、高等学校在全国性公开课程平台“学银在线”的慕课“机械基础”https://www.xueyinonline.com/detail/232611065的配套教材。

本书配有电子课件，欢迎老师索取：zzjlucky@yeah.net。

编　者

2020年10月

目录

Contents

模块1　机械工程材料与热处理

模块 2 工程力学基础

模块 3　常用机构与常用机械传动

绪　论

● 学习目标

◇ 了解机械及相关基本概念；

◇ 了解本课程的研究对象及其组成和特征，本课程的内容、性质和任务；

◇ 了解中华民族为人类生产力发展作出过的重大贡献。

● 学习重点和难点

◇ 机械的组成及其特征；

◇ 机械、机器、机构、构件、零件的概念。

0.1　本课程的研究对象及其组成和特征

党的二十大提出：必须坚持守正创新。我们从事的是前无古人的伟大事业，守正才能不迷失方向、不犯颠覆性错误，创新才能把握时代、引领时代。

本课程的研究对象是机械。**机械是机器和机构的总称。**

人类的发展史就是生产力的发展史。人类为了满足生产和生活上的需要，创造了各种各样的机械，如图 0－1 所示，从而减轻了体力劳动，提高了生产效率。

(a) 捣米

(d) 水排鼓风炼铁

(c) 地动仪

(e) 缝纫机

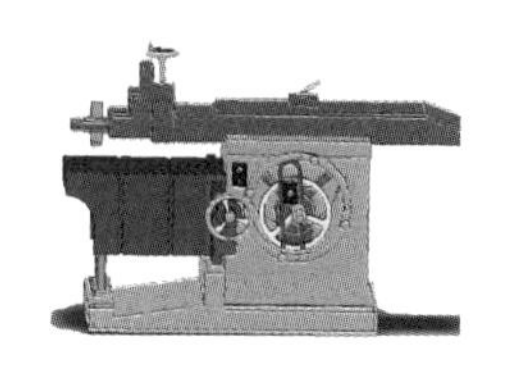

(f) 牛头刨床

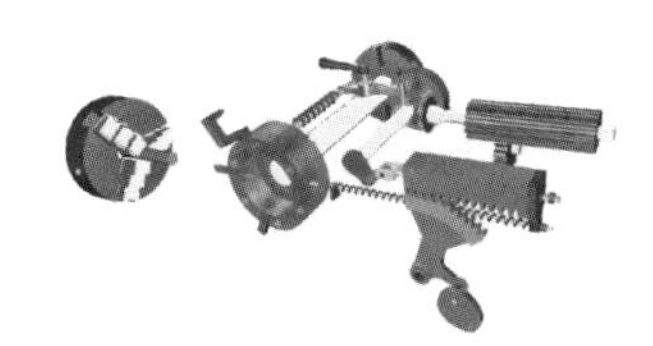

(e) 自动车床中的转塔式自动换刀装置

图 0－1　机械实例

随着科学技术的飞速发展,使用机械进行生产的水平已经成为衡量一个国家技术水平和现代化程度的重要标志之一。

机器的种类很多。在生产中,常见的机器有汽车、内燃机、电动机、各种机床、机器人等;在日常生活中,常用的机器有缝纫机、洗衣机、电风扇等。虽然它们的结构和用途各不相同,但却有着共同的特征。

0.1.1 机器的特征

机器是执行机械运动的装置,用来变换或传递能量。

图 0-2 所示的单缸四冲程内燃机由汽缸体 1、活塞 2、连杆 3、曲轴 4、齿轮 5 和 6、凸轮 7、顶杆 8、排气阀 9、进气阀 10 等组成。在燃气的推动下,活塞在汽缸体内做往复运动,并通过连杆使曲轴转动,从而将燃气产生的热能转换为曲轴转动的机械能。

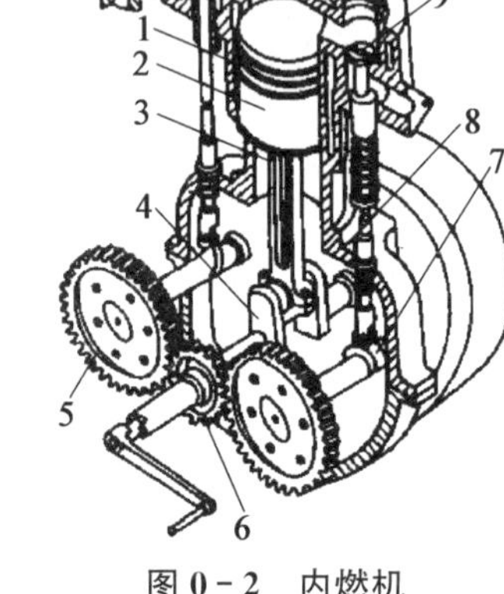

图 0-2 内燃机

图 0-3 所示的颚式破碎机由电动机 1、带轮 2 和 4、V 带 3、偏心轴 5、动颚板 6、肘板 7、定颚板及机架 8 等组成。当电动机通过 V 带驱动带轮转动时,偏心轴则绕轴线 A 转动,使动颚作平面运动,轧碎动颚与定颚之间的物料,从而做有用的机械功。

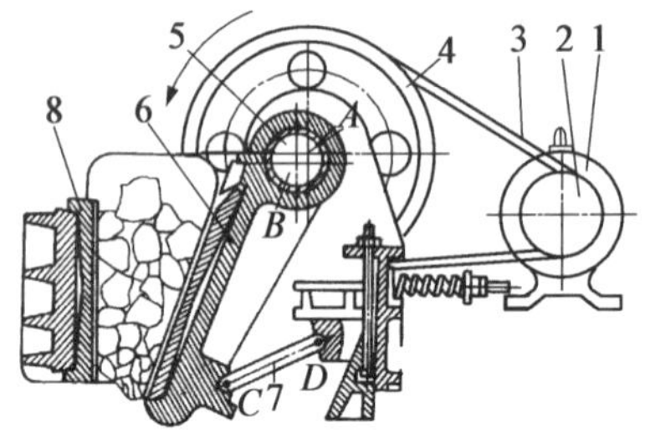

图 0-3 颚式破碎机

由以上两个实例可以看出,机器具有以下共同的特征:

(1) 它是人为的多个实物组合体。

(2) 各实物之间具有确定的相对运动。

(3) 能够变换或传递能量、物料和信息。

凡同时具有以上 3 个特征的实物组合体称为机器。

0.1.2 机器的组成

一部完整的机器,通常都是由动力部分、工作部分、传动部分 3 个主要部分,以及辅助系统和控制系统组成,如图 0-4 所示。

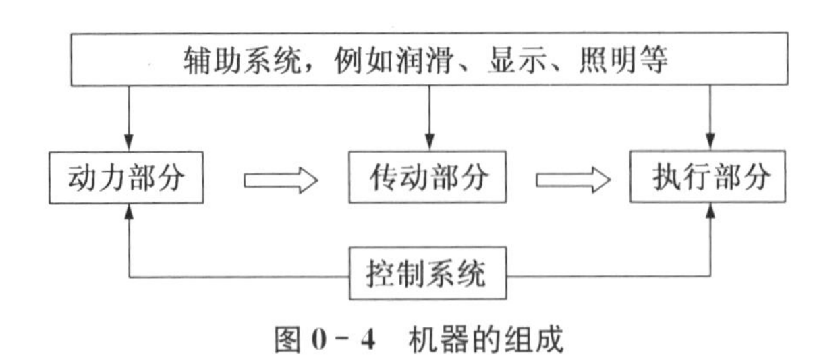

图 0-4 机器的组成

（1）动力部分　**动力部分是驱动整个机器完成预定功能的动力源**，如图 0－2 和图 0－3 中的电动机、内燃机等。

（2）工作部分　**工作部分也称为执行部分，它是机器中直接完成工作任务的组成部分**，如车床的刀架、起重机的吊钩、洗衣机的滚筒等。其运动形式因机器的用途不同而异。

（3）传动部分　**传动部分是介于动力部分和工作部分之间，用以完成运动和动力传递及转换的部分。**利用它可以减速、增速、调速、改变转矩及分配动力等，从而满足工作部分的各种要求。

常用的传动部分有机械传动、电气传动、液压传动，其中机械传动应用广泛。机械传动通常由各种机构（如齿轮机构、连杆机构、凸轮机构等）和各种零件（如带-带轮、链-链轮、轴-轴承等）组成。

0.1.3　机构、构件和零件

1. 机构

所谓机构，是指多个实物体的组合，能实现预期的运动和动力传递。

图 0－2 中由齿轮 5 和 6 及机架组成的齿轮机构，将曲轴的转动传递给凸轮轴。而凸轮机构（由凸轮 7、顶杆 8 和机架组成）则将凸轮轴的转动变换为顶杆的直线往复运动，保证了进、排气阀有规律地启闭。机器中最普遍使用的机构有连杆机构、凸轮机构、齿轮机构等，称为常用机构。

机构只具有机器的前两个特征，主要是用来传递和变换运动的；而机器主要用来传递或变换能量、物料和信息（如照相机、复印机、传真机等可实现信息的变换、处理和传递）。若仅从运动和结构的观点来看，机构与机器并无区别。因此，常用机械作为机器和机构的总称。

2. 构件

组成机械的各个做相对运动的实物体称为构件。构件可以是单一的整体，也可以是几个元件的刚性组合。例如，图 0－5 所示的曲轴和图 0－6 所示的连杆都是一个构件。曲轴构件是一个单一整体，而连杆则是由连杆体 1、螺栓 2、螺母 3、连杆盖 4 等几个元件组成。这些元件之间没有相对运动，构成一个运动单元。组成这个构件的几个元件称为零件。

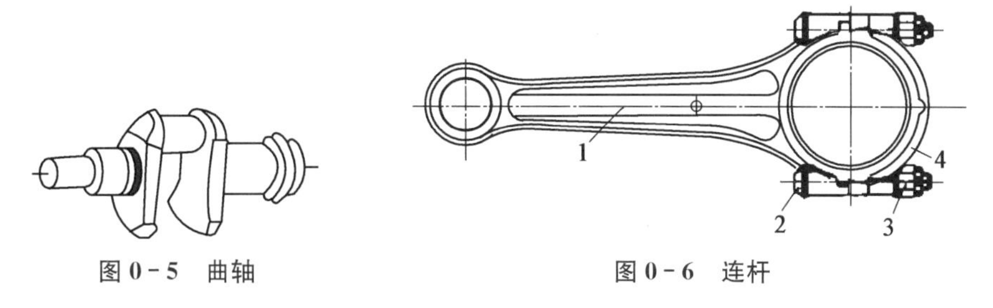

图 0－5　曲轴　　　图 0－6　连杆

3. 零件

零件是制造的单元。机械中的零件可以分为两类：一类称为通用零件，它在各类机械中都能遇到，如齿轮、螺栓、螺母、轴等；另一类称为专用零件，它只适用于某些机械之中，如内燃机的曲轴与活塞、汽轮机的叶轮等。

0.2　本课程的内容、性质和任务

0.2.1　本课程的内容

本课程的内容包括：

第1篇　机械工程材料与热处理　主要介绍金属材料的力学性能(强度和塑性、硬度、冲击韧性)，金属材料的物理、化学性能和加工工艺性能；钢的常用热处理方法及其应用；钢铁材料；非铁金属与粉末冶金材料；非金属材料。

第2篇　工程力学基础　主要介绍静力学基础知识，平面汇交力系、力偶系、任意力系的合成、平衡及应用；介绍构件的基本变形类型，各种基本变形和组合变形的受力特点、变形特点及其内力和强度计算、工程应用。

第3篇　常用机构与常用机械传动　主要介绍常用机构的工作原理、运动特点、设计计算的基本知识及其工程应用，常用零件的结构特点、失效形式、设计准则、寿命计算、标准零件的选型计算及其工程应用。

0.2.2　本课程的性质和任务

本课程是一门重要的专业基础课，理论性、实践性比较强，是后继专业课程学习的重要技术基础，是机械类、近机械类专业的主干基础课程之一。本课程在教学中具有承上启下的作用，是工程技术人员的必修课程。

通过本课程的学习，学生应了解金属材料的性能、钢的常用热处理的基本知识、工业常用材料及其选择；掌握物体的受力分析与平衡条件；了解物体在承载的情况下，其基本变形及其组合变形的强度与刚度计算；具有对常用机构和主要通用零件的类型、工作原理、特点、应用及其简单计算，并进行分析和运用的能力。

本课程旨在为学习专业课和新的科学技术打好基础，为解决生产实际问题和技术改造工作打好基础，同时注重实践能力和创新精神的培养，提高学生全面素质和综合职业能力。

习　题

0-1　一般机器主要由哪些部分组成？各部分的作用是什么？试举例分析说明。

0-2　机器和机构的异同点各是什么？

0-3　机构和零件有何不同？

模块 1　机械工程材料与热处理

党的二十大提出：加快发展方式绿色转型。推动经济社会发展绿色化、低碳化是实现高质量发展的关键环节。加快推动产业结构、能源结构、交通运输结构等调整优化。加快节能降碳先进技术研发和推广应用。

工程案例导入

材料是人类生产和生活所必须的物质基础，材料的发展水平和利用程度已成为人类文明进步的标志。图 1 所示为汽车中各种材料所占的重量百分比。图 2 所示为汽车活塞连杆组各零件所用到的材料。这些材料有什么性特点、性能，采用什么工艺可以提高其的性能？

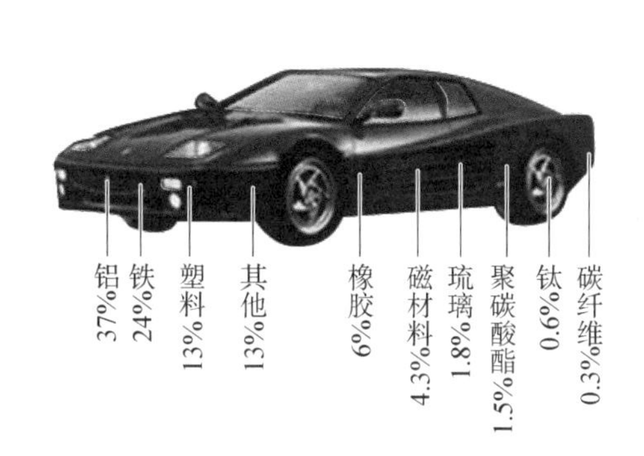

图 1　汽车中各种材料的占比

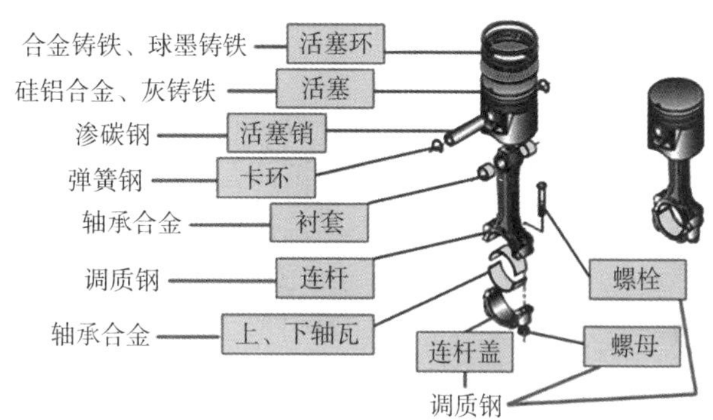

图 2　活塞连杆组用到的材料

项目 1　金属材料的性能

● **学习目标**

◇ 掌握金属材料的力学性能；

◇ 了解金属材料在拉伸和压缩时的性质，物理和化学性能及工艺性能；

◇ 了解中华民族为材料事业的发展和应用作出过的重大贡献。

● **学习重点和难点**

◇ 金属材料的力学性能；

◇ 金属材料在拉伸和压缩时的性质，物理和化学性能及工艺性能。

任务 1.1　金属材料的力学性能

金属材料是现代工业中最重要的一种工程材料，广泛用于工农业和国防工业等部门。为了合理地使用金属材料，必须了解和熟悉金属材料的性能。金属材料的性能包括使用性能和工艺性能，使用性能是指金属材料在使用过程中所表现出来的性能，包括力学性能、物理性能、化学性能；工艺性能是指金属材料在各种加工过程中所表现出来的性能，包括铸造性能、锻造性能、热处理性能和切削性能等。通常选用金属材料时是以力学性能（或称机械性能）的指标作为主要依据。

金属材料抵抗不同性质载荷的能力称为金属材料的力学性能，过去常称为机械性能。它的主要指标是强度、塑性、韧性、硬度和疲劳强度等。上述指标既是选用材料的重要依据，又是控制、检验材料质量的重要参数。

1.1.1　强度和塑性

强度是指材料在载荷（外力）作用下抵抗破坏的能力。由于所受载荷的形式不同，金属材料的强度可分为抗拉强度、抗压强度、抗弯强度、抗扭强度、抗剪强度等，各强度之间有一定的联系。一般情况下，多以抗拉强度作为判别金属强度高低的指标。

抗拉强度是通过拉伸试验测定的。拉伸试验的方法是用静拉伸力对标准试样进行轴向拉伸，同时连续测量力和相应的伸长，直至断裂。根据测得的数据，即可求出有关的力学性能。

1. 拉伸试验和应力-应变曲线

为便于比较试验结果，须按照国家标准（GB6397—2006）加工成标准试样。常用的圆截面拉伸标准试样如图 1－1 所示。试样中间直杆部分为试验段，其长度 l 称为标距；试样较粗的两端是装夹部分；标距 l 与直径 d 之比，常取 $l=10d$（长试样）和 $l=5d$ 两种（短试样）。

图 1－1　标准拉伸试件

在试验过程中，记录载荷 $\boldsymbol{F}$ 和相应的伸长变形 Δl 的关系，并作出曲线称为拉伸图或 $F-\Delta l$ 曲线，如图 1－2(a)所示。

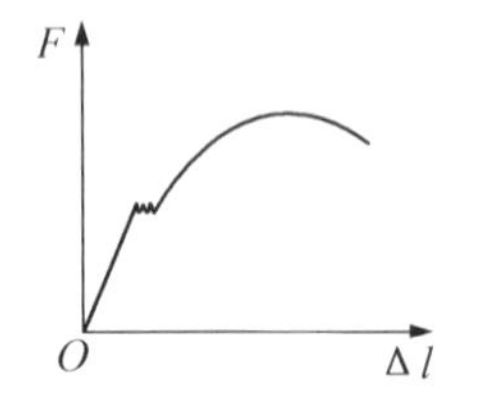

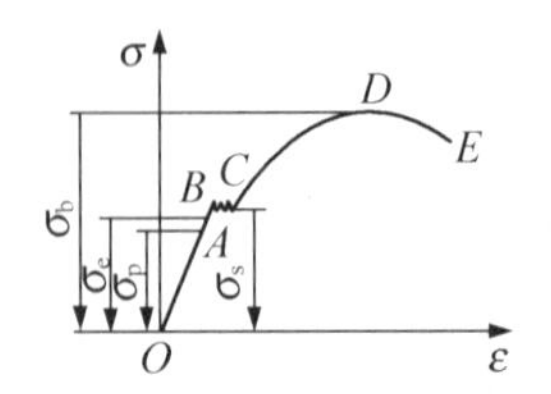

(b) 低碳钢拉伸应力-应变曲线

图 1－2　低碳钢拉伸特征图

拉伸图的形状与试样的尺寸有关。为了消除试样横截面尺寸和长度的影响，将载荷$\boldsymbol{F}$除以试样原来的横截面面积S，得到应力σ；将变形Δl除以试样原长标距l，得到应变ε，这样得到的曲线称为应力-应变曲线（$\sigma-\varepsilon$曲线）。$\sigma-\varepsilon$曲线的形状与$F-\Delta l$曲线相似，如图1-2(b)所示。

2. 低碳钢拉伸时的力学性能

低碳钢是工程上广泛使用的金属材料，它在拉伸时表现出来的力学性能具有典型性。图1-2(a,b)分别是低碳钢圆截面标准试样拉伸时的$F-\Delta l$曲线和$\sigma-\varepsilon$曲线。由图可知，整个拉伸过程大致可分为4个阶段，现分别说明如下：

(1) 弹性阶段　图1-2(b)中OA为一直线段，为弹性线性变形阶段，说明该段内应力和应变成正比。直线部分的最高点A所对应的应力值σ_P，称为比例极限。AB是一小线段曲线段，为弹性非线性变形阶段，B所对应的应力值σ_e，称为弹性极限。由于A、B点非常接近，所以工程上对弹性极限和比例极限并不严格区分。

(2) 屈服阶段　当应力超过弹性极限后，图上出现接近水平的小锯齿形波动段BC，应力基本保持不变，而应变却迅速增加，材料暂时失去了抵抗变形的能力，这种现象称为材料的屈服。屈服阶段内的最低应力值称为屈服极限，用σ_s表示。

(3) 强化阶段　屈服阶段后，图上出现上凸的曲线CD段。这表明，若要使材料继续变形，必须增加应力，即材料又恢复了抵抗变形能力，这种现象称为材料的强化。曲线最高点D所对应的应力值称为强度极限，用σ_b表示。

(4) 缩颈阶段　应力达到强度极限后，在试样较薄弱的横截面处发生急剧的局部收缩，出现缩颈现象。由于缩颈处的横截面面积迅速减小，所需拉力也逐渐降低，最终试样被拉断。这一阶段为缩颈阶段，在$\sigma-\varepsilon$曲线上为一段下降曲线DE。

由于屈服现象不明显，低塑性材料或脆性材料的屈服强度常以产生的微量塑性变形（一般用变形量为试样长度的0.2%表示）的应力为屈服强度，用$\sigma_{0.2}$表示。

3. 材料的塑性

试样拉断后，弹性变形消失，但塑性变形保留下来。在工程中，常用试样拉断后残留的塑性变形来表示材料的塑性性能。常用的塑性指标有两个：

伸长率
$$\delta=\frac{l_1-l}{l}\times 100\%; \tag{1-1}$$

断面收缩率
$$\psi=\frac{S-S_1}{S}\times 100\%。 \tag{1-2}$$

式中，l是标距原长；l_1是拉断后标距的长度；S为试样初始横截面面积；S_1为拉断后缩颈处的最小横截面积，如图1-3所示。

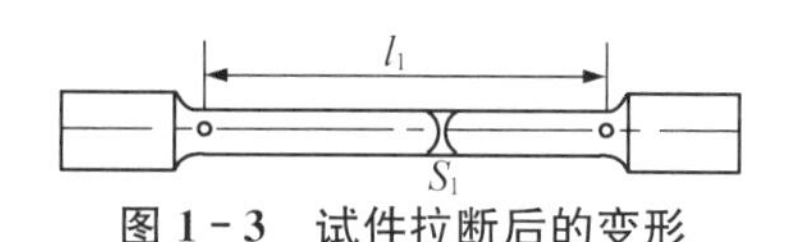

图1-3　试件拉断后的变形

$\delta \geqslant 5\%$，为塑性材料，$\delta < 5\%$，为脆性材料，低碳钢的 $\delta \approx 20 \sim 30\%$，$\psi \approx 60\%$，低碳钢是塑性材料。

金属材料塑性的好坏，对零件的加工和使用都具有十分重要的意义。塑性好的材料不但容易进行轧制、锻压、冲压等，而且所制成的零件在使用时，万一超载，也能由于塑性变形而避免突然断裂。因此，大多数机械零件除满足强度要求外，还必须具有一定的塑性，这样，工作时才安全、可靠。

4. 材料压缩时的力学性能

金属材料的压缩试样，一般做成短圆柱体。为避免压弯，其高度为直径的 1.5～3 倍。非金属材料，如水泥等，常用立方体形状的试样。

图 1-4 所示为低碳钢压缩时的 $\sigma-\varepsilon$ 曲线，在屈服段以前，压缩和拉伸曲线（图中虚线）基本重合，压缩时的屈服极限和拉伸时的屈服极限基本相同。进入强化阶段后，两曲线逐渐分离，压缩曲线上升。由于应力超过屈服点后，试样被愈压愈扁，横截面面积不断增大，因此，一般无法测出低碳钢材料的抗压强度极限。对塑性材料一般不做压缩试验。

铸铁压缩时的 $\sigma-\varepsilon$ 曲线如图 1-5 所示，虚线为拉伸时的 $\sigma-\varepsilon$ 曲线。可以看出，铸铁压缩时的抗压强度比抗拉强度高出 4～5 倍，塑性变形也较拉伸时明显增加，其破坏形式为沿 45°左右的斜面剪断，说明试件沿最大剪应力面发生错动而被剪断。其他脆性材料，如硅石、水泥等，抗压能力也显著地高于抗拉能力。一般脆性材料价格较便宜，因此工程上常用脆性材料做承压构件。

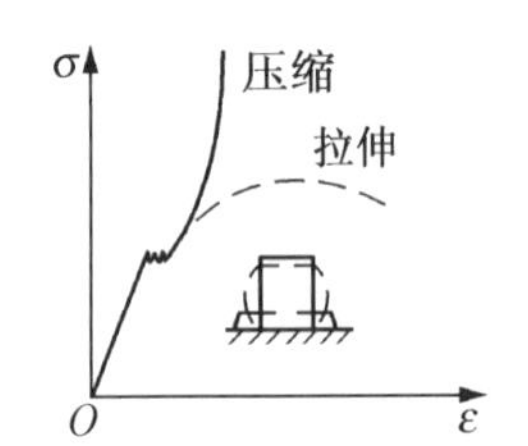

图 1-4 低碳钢压缩时的 $\sigma-\varepsilon$ 曲线

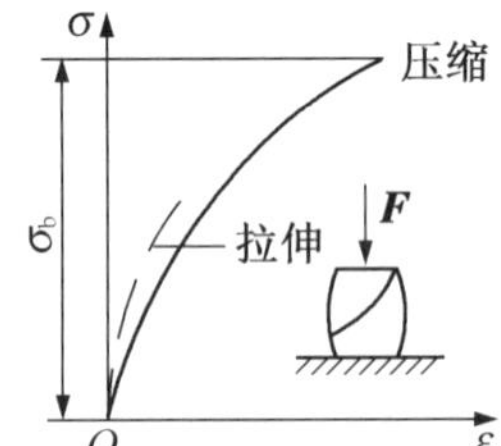

图 1-5 铸铁压缩时的 $\sigma-\varepsilon$ 曲线

几种常用材料的力学性能见表 1-1，所列数据是在常温与静载荷的条件下测得的。

表 1-1 几种材料的力学性能

材料名称或牌号	屈服点 σ_s/MPa	抗拉强度 σ_b/MPa	伸长率 δ/%	断面收缩率 ψ/%
Q235A 钢	216～235	373～461	25～27	—
35 钢	216～341	432～530	15～20	28～45
45 钢	265～353	530～598	13～16	30～45
40G	343～785	588～981	8～9	30～45
QT600－2	412	538	2	—
HT150	—	拉 98～275 压 637 弯 206～461	—	—

1.1.2 硬度

硬度是指金属材料抵抗比它更硬物体压入其表面的能力，即抵抗局部塑性变形的能力。它是金属材料的重要性能之一，也是检验模具和机械零件质量的一项重要指标。由于测定硬度的试验设备比较简单，操作方便、迅速，又属无损检验，故在生产上和科研中应用十分广泛。

测定硬度的方法比较多，其中常用的硬度测定法是压入法。它用一定的静载荷（压力）把压头压在金属表面上，然后通过测定压痕的面积或深度来确定其硬度。常用硬度试验方法有布氏硬度和洛氏硬度。

1. 布氏硬度

布氏硬度的测定原理是用一定大小的载荷 F，把直径为 D 的淬火钢球或硬质合金球压入被测金属表面，保持一定时间后卸除载荷，如图 1－6 所示。测定压痕直径，求出压痕球形的表面积，计算出单位面积上所受的压力值作为布氏硬度值，即

$$\text{HBS(HBW)}=\frac{F}{A}=\frac{F}{\pi Dh}=0.102\frac{2F}{\pi D(D-\sqrt{D^2-d^2})}, \tag{1-3}$$

式中，F 为所加载荷（N）；A 为压痕球形表面积（mm^2）；D 为球形压头直径（mm）；d 为压痕直径（mm）；h 为压痕深度（mm）。根据几何关系，$h=\frac{D}{2}-\frac{1}{2}\sqrt{D^2-d^2}$。

淬火钢球作压头测得的硬度值以符号 HBS 表示，硬质合金作压头测得的硬度值以符号 HBW 表示。符号 HBS 和 HBW 之前的数字为硬度值。

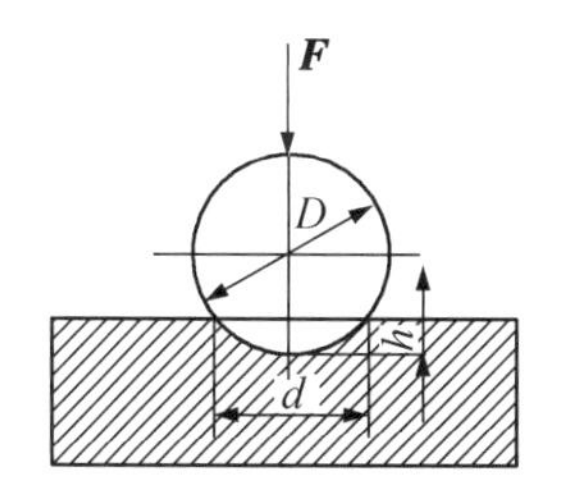

图 1－6　布氏硬度试验原理示意

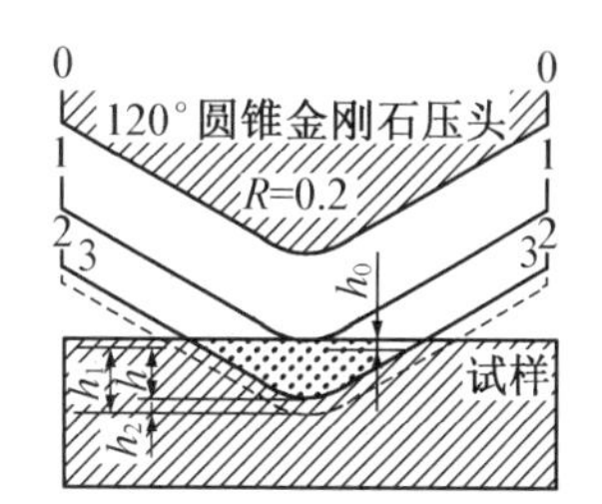

图 1－7　洛氏硬度试验原理示意

由（1－3）式可知，当试验载荷和球体直径一定时，压痕直径 d 越小，则布氏硬度值越大，材料的硬度越高。在实际应用中，只要测出压痕直径 d，就可在专用的表中查出相应的布氏硬度值。

布氏硬度多适用于测定未经淬火的各种钢、灰铸铁和非金属的硬度，对于硬度大于 450HBS 的金属材料不适用。由于布氏硬度压痕面积大，故测量精度较高且试验数据稳定，但不宜用于较薄的零件及成品零件的硬度检查。

2. 洛氏硬度

洛氏硬度试验与布氏硬度试验一样，也是一种压入硬度试验。但它不是测量压痕面积，而是测量压痕深度，以深度大小表示材料的硬度值。

洛氏硬度试验原理如图 1－7 所示，它是以锥角为 120°的金刚石圆锥体，或直径为 1.5875 mm(1/6 in)的淬火钢球为压头，以一定的载荷压入被测金属材料的表面层，然后根据压痕的深度确定洛氏硬度值。在相同的试验条件下，压痕深度越小，则材料的硬度值越高。

在实际测量时，为了减少因材料(试样)表面不平引起的误差，应先加初载荷，后加主载荷，并可在洛氏硬度试验机的刻度盘上，直接读出硬度值。

根据被测材料，选用的压头类型和载荷的不同，常用的洛氏硬度有 HRA，HRB，HRC 3 种，它们的试验条件和应用范围见表 1－2，其中以 HRC 应用最广。

表 1－2　常用洛氏硬度的试验条件和应用范围

硬度符号	所用压头	测量范围(硬度)	总载荷/N	应用举例
HRA	金刚石圆锥	70～85	588.4	碳化物、硬质合金、淬火工具钢、深层表面硬化钢
HRB	ϕ1.5875 mm 钢球	25～100	980.7	软钢、铜合金、铝合金
HRC	金刚石圆锥	25～67	1471.1	淬火钢、调质钢、深层表面硬化钢

洛氏硬度试验操作简单、迅速，可直接从表盘上读出硬度值。它没有单位，测量范围大，试件表面压痕小，可直接测量成品或较薄工件的硬度。但由于压痕较小，对内部组织和硬度不均匀的材料，测量结果不够准确，故需在试件不同部位测定 3 个点取其算术平均值。

洛氏硬度与布氏硬度(＞220HBS 时)近似关系为 1HRC≈10HBS。

1.1.3　冲击韧性

以上讨论的是静载荷下的力学性能指标，但机械设备中有很多零件要承受冲击载荷，如突然吃刀时的加工零件、冲床的冲头、锻锤的锤杆等。对于这些承受冲击载荷的零件，不仅要求有高的强度和一定的塑性，而且还要求有足够的冲击韧性。

冲击韧性是指在冲击载荷作用下，金属材料抵抗破坏的能力。常用试样破坏时所消耗的功来表示。

冲击韧性测定方法是：把按规定制作的标准冲击试样的缺口背向摆锤方向放在冲击试验机支座 C 处，如图 1－8 所示，一定重量 G 的摆锤自高度 h_1 自由落下，冲断试样后摆锤升高到高度 h_2，则冲断试样所消耗的冲击功 $W_k = G(h_1 - h_2)$。这可由冲击试验机的刻度盘上

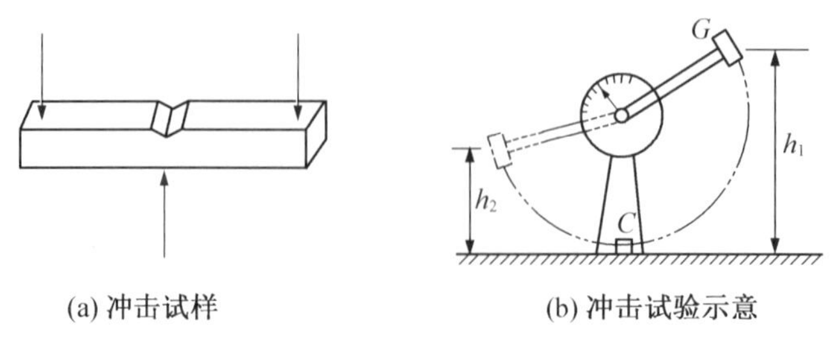

(a) 冲击试样　　(b) 冲击试验示意

图 1－8　冲击试验原理

指示出来。

冲击韧性的大小用冲击韧度 a_k(J/cm^2)表示。a_k 是试样缺口处单位面积 S 所消耗的冲击功,即

$$a_k=W_k/S。\tag{1-4}$$

a_k 值越大,表示材料的韧性越好,断口处则会发生较大的塑性变形,在受到冲击时越不容易断裂;反之亦然。

1.1.4 疲劳强度

许多机械零件,如轴、齿轮、连杆、弹簧等都是在交变应力(指大小和方向随时间作周期变化)下工作的,零件工作时所承受的应力通常都低于材料的屈服强度。零件在这种交变载荷作用下,经过长时间工作也会发生破坏,通常这种破坏现象叫做金属的疲劳断裂。

疲劳断裂与缓慢加载时破坏不同,无论是脆性材料,还是塑性材料,疲劳断裂时都不产生明显的塑性变形,断裂是突然发生的。因此,疲劳断裂具有很大的危险性,常造成严重事故。据统计,在损坏的机械零件中,大部分是由于疲劳造成的。

工程上规定,材料经受无数次应力循环,而不产生断裂的最大应力称为疲劳强度。通过试验可测得材料承受的交变应力 σ 和断裂前应力循环次数 N 之间的关系曲线,如图 1-9 所示。从曲线上可看出,应力值越低断裂前的应力循环次数越多,当应力降低到某一定值后,曲线与横坐标轴平行。这表明,当应力低于此值时,材料可经受无数次应力循环而不断裂。对称循环应力的疲劳强度用 σ_{-1} 表示。实践证明,当钢铁材料的应力循环次数达到 10^7 次时,零件仍不断裂,此时的最大应力作为它们的疲劳强度。有色金属和某些超高强度钢,工程上规定应力循环次数为 10^8 次时的最大应力作为它们的疲劳强度。

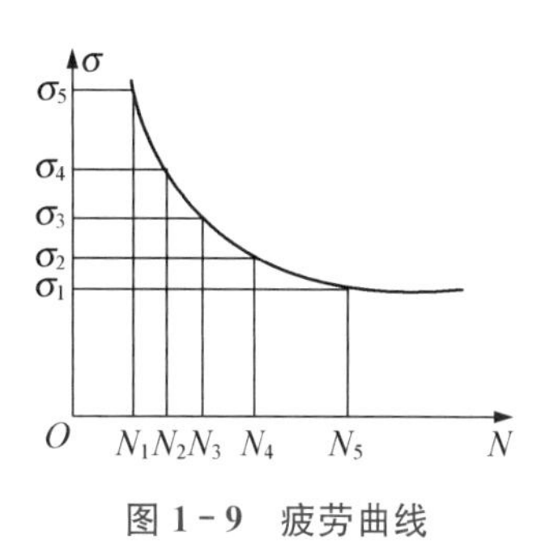

图 1-9 疲劳曲线

为提高零件的疲劳强度,可采取改善零件的结构形状、降低零件的表面粗糙度、提高表面加工质量和应用化学热处理、淬火等各种表面强化处理的方法。

任务 1.2 金属材料的物理性能和化学性能

1.2.1 金属的物理性能

(1) 密度 金属的密度是指单位体积金属的质量。它直接关系到所制造设备的自重和效能。如发动机要求质量和惯性小的活塞,常用密度小的铝合金制造。在航空工业领域中,密度更是选材的关键性能指标之一。

(2) 熔点　**金属从固态向液态转变的温度称为熔点。**熔点高的金属称为难熔金属(钨、钼、钒等),可以用来制造耐高温零件,在火箭、导弹、燃气轮机和喷气飞机等方面得到广泛应用。熔点低的金属材料可以用来制造保险丝、防火安全阀等零件。

(3) 导热性　**金属传导热量的能力称为导热性。**导热性好的金属散热也好,如在制造散热器、热交换器与活塞等零件时,就要注意选用导热性好的金属。在制定焊接、铸造、锻造和热处理工艺时,也必须考虑金属的导热性,防止金属材料在加热或冷却过程中形成过大的内应力,造成金属材料变形或开裂。

(4) 导电性　**金属能够传导电流的性能称为导电性。**纯金属的导电性总比合金好,因此,工业上常用纯铜、纯铝作为导电材料。

(5) 热膨胀性　**金属随着温度变化而膨胀、收缩的特性称为热膨胀性。**一般来说,金属受热时膨胀、冷却时收缩。在实际工作中,考虑热膨胀性的地方颇多。例如,铺设钢轨时在两根钢轨衔接处应留有一定的空隙,以便使钢轨在长度方向有膨胀的余地;轴与轴瓦之间要根据膨胀系数来控制其间隙尺寸。

(6) 磁性　**金属在磁场中被磁化而呈现磁性强弱的性能称为磁性。**

1.2.2　金属的化学性能

(1) 耐腐蚀性　**金属在常温下抵抗氧、水及其他化学介质腐蚀破坏作用的能力,称为耐腐蚀性。**金属耐腐蚀性是一个重要的性能指标,尤其对在腐蚀介质(如酸、碱、盐、有毒气体等)中工作的零件,其腐蚀现象比在空气中更为严重。在选择材料制造这些零件时,应特别注意金属的耐腐蚀性,并采用耐腐蚀性良好的金属或合金制造。

(2) 抗氧化性　**金属在加热时抵抗氧化作用的能力,称为抗氧化性。**金属的氧化随温度升高而加速,如钢在铸造、锻造、热处理、焊接等热加工作业时,氧化比较严重。这不仅造成金属材料过量的损失,也会形成各种缺陷,为此常采取措施避免金属材料发生氧化。

(3) 化学稳定性　化学稳定性是金属的耐腐蚀性与抗氧化性的总称。**金属在高温下的化学稳定性称为热稳定性。**在高温条件下工作的设备(如锅炉、加热设备、汽轮机、喷气飞机等),其部件需要选择热稳定性好的金属材料来制造。

任务 1.3　金属材料的工艺性能

金属材料的工艺性能是指金属材料所具有的能够适应各种加工工艺要求的能力,实质上是力学、物理、化学性能的综合表现。金属材料常用铸造、压力加工、焊接和切削加工等方法制造成零件,各种加工方法对材料提出了不同的要求。

(1) 铸造性能　**铸造性能指浇注铸件时,金属材料易于成形并获得优质铸件的性能。**流动性、收缩率、偏析倾向是表示铸造性能好坏的指标。在常用的金属材料中,灰铸铁与青铜有良好的铸造性能,而铸钢的铸造性能较差。

(2) 锻造性能　锻造性能一般用材料的可锻性来衡量。**金属材料的可锻性是指材料在压力加工时,能改变形状而不产生裂纹的性能。**它实质上是材料塑性好坏的表现。低碳钢能承受锻造、轧制、冷拉和挤压等变形加工,表现出良好的塑性。钢的可锻性与化学成分有关,低碳钢的可锻性好。碳钢的可锻性一般较合金钢好,铸铁则没有可锻性。

(3) 焊接性能　**金属材料的可焊性是指材料在通常的焊接方法和焊接工艺条件下,能否获得质量良好焊缝的性能。**可焊性好的材料,易于用一般的焊接方法和加工工艺进行焊接,寒风中不易产生气孔、夹渣或裂纹等缺陷,其强度与母材相近。可焊性差的材料要用特殊的方法和工艺进行焊接。因此,焊接性能影响金属材料的应用。在常用金属材料中,低碳钢有良好的可焊性,高碳钢和铸铁可焊性较差。

(4) 切削加工性能　**切削加工性是指对工件材料进行切削加工的难易程度。**金属材料的切削加工性,不仅与材料本身的化学成分、金相组织有关,还与刀具的几何形状等有关。通常,可根据材料的硬度和韧性对材料的切削加工性作大致的判断。硬度过高或过低、韧性过大的材料,其切削性能较差。碳钢硬度为 150～250HBS 时,有较好的切削加工性。硬度过高,刀具寿命短,甚至不能切削加工;硬度过低,不易断屑,容易粘刀,加工后的表面粗糙。灰口铸铁具有良好的切削加工性。

小　结

1. 金属材料的力学性能:

(1) 金属材料的力学性能的主要指标是强度、塑性、韧性、硬度和疲劳强度。

(2) 金属材料的拉伸试验。拉伸的 4 个阶段:弹性阶段—屈服阶段—强化阶段—缩颈阶段。

(3) 金属材料的压缩试验。脆性材料的抗压能力远远大于抗拉能力。

2. 金属材料的物理和化学性能:

(1) 金属材料的物理性能包括密度、熔点、导热性、导电性、热膨胀性、磁性。

(2) 金属材料的化学性能包括耐腐蚀性、抗氧化性、化学稳定性。

3. 金属材料的工艺性能包括铸造性能、锻造性能、焊接性能、切削加工性能。

习　题

1-1　什么是金属的力学性能?力学性能主要包括哪些指标?

1-2　什么是强度?什么是塑性?衡量这两种性能的指标有哪些?各用什么符号表示?

1-3　低碳钢试件从开始拉伸到断裂的整个过程中,有哪些变形现象?$\sigma-\varepsilon$ 曲线上有哪几个阶段?有哪些特征?

1-4　什么是硬度?HBS,HBW,HRA,HRB,HRC 各代表什么方法测出的硬度?

1-5　什么是金属的物理性能和化学性能?有什么实用意义?试举例说明。

1-6　什么是工艺性能?金属的工艺性能主要包括哪些内容?

项目 2 钢的热处理

● 学习目标

◇ 了解钢在加热时的组织转变和钢在冷却时的组织转变；

◇ 掌握钢的退火、正火、淬火及回火的热处理工艺；

◇ 掌握钢的表面淬火及化学热处理工艺；

◇ 了解中华民族为材料事业的发展和应用作出过的重大贡献。

● 学习重点和难点

◇ 钢在加热时、冷却时的组织转变；

◇ 钢的退火、正火、淬火、回火的热处理工艺，钢的表面淬火及化学热处理工艺。

任务 2.1 钢的热处理工艺方法

热处理是将固态金属或合金在一定介质中加热、保温和冷却，以改变材料的整体或表面组织，从而获得所需性能的工艺。

热处理的方法可以改变钢的结构和组织，以改善和提高钢的使用性能和可加工性，而且还能提高加工质量，延长工件的使用寿命。因此，凡是重要的机械零件都要进行热处理。例如，汽车、拖拉机行业中，需要进行热处理的零件占 70%～80%；机床行业中，占 60%～70%；轴承及各种模具，则达到 100%；飞机上的几乎所有零件都要进行热处理。

根据应用特点，常用的热处理工艺大致可分为以下几种：

(1) 整体热处理　是指对工件进行穿透性加热，以改善整体的组织和性能的热处理工艺，又分为退火、正火、淬火、回火、稳定化处理、水韧处理、固溶处理＋时效等。

(2) 表面热处理　是指仅对工件表层进行热处理，以改变其组织和性能的工艺，又分为表面淬火(火焰加热表面淬火、感应加热表面淬火、激光加热表面淬火等)和化学热处理(渗碳、氮化、碳氮共渗、渗硼、渗铝等)。

(3) 其他热处理　包括可控气氛热处理、真空热处理、形变热处理等。

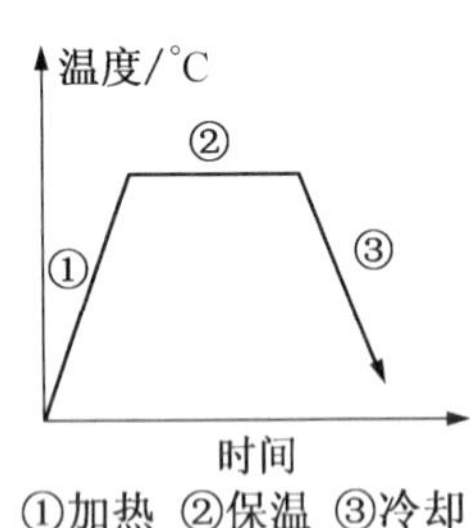

①加热 ②保温 ③冷却

图 2-1　热处理工艺曲线示意

尽管热处理的种类很多，但任何一种热处理工艺的过程都是由加热、保温、冷却 3 个基本阶段组成的，在温度-时间坐标图上可以用热处理工艺曲线表示这一过程，如图 2-1 所示。

由于加热温度、保温时间和冷却速度的不同，材料经热处理以后产生的组织转变也是不同的。

2.1.1 钢在加热时的组织转变

纯铁是同素异构体，从液态冷却结晶后具有 $\delta-Fe$（1 394～1 538℃，体心立方晶格）、$\gamma-Fe$（912～1 394℃，面心立方晶格）、$\alpha-Fe$（0～912℃，体心立方晶格）3 种结构，如图 2－2 所示。

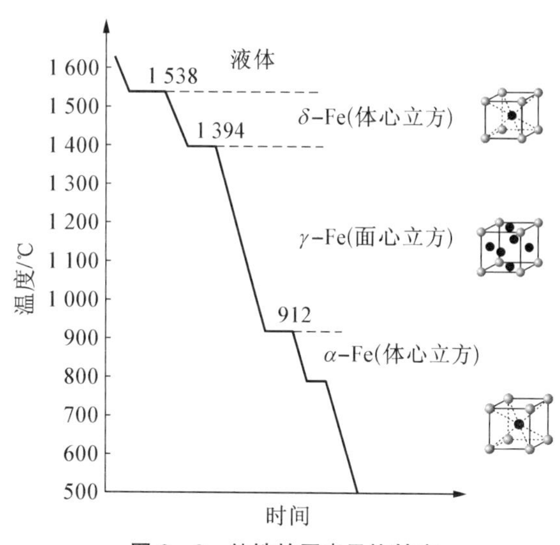

图 2－2 纯铁的同素异构转变

钢铁是以铁和碳两种基本元素组成的合金，称为铁碳合金。铁碳合金的基本组织有铁素体、奥氏体、渗碳体、珠光体和莱氏体。铁素体是指碳溶于 $\alpha-Fe$ 中的间隙固溶体，用符号 F 表示；奥氏体指碳溶于 $\gamma-Fe$ 中的间隙固溶体，用符号 A 表示；渗碳体是铁和碳形成的金属化合物，用符号 Fe_3C 表示；珠光体是铁素体和渗碳体组成的机械混合物，用符号 P 表示；莱氏体是奥氏体和渗碳体组成的机械混合物，用符号 L 表示。

钢的大多数热处理工艺都要将钢加热到临界温度以上，获得全部或奥氏体组织，即进行奥氏体化。根据 $Fe-Fe_3C$ 相图，共析钢加热超过 A_1 时，组织全部转变为奥氏体，而亚共析钢和过共析钢则需要加热到 A_3 和 Ac_m 以上才能获得单相奥氏体。A_1，A_3 和 Ac_m 是在极其缓慢的加热和冷却条件下的平衡转变温度。而在实际生产中，加热速度和冷却速度都比较快，故其相变点在加热时要高于平衡相变点，在冷却时要低于平衡相变点，且加热和冷却的速度越大，其相变点偏离得越大。为了区别于平衡相变点，通常用 Ac_1，Ac_3，Ac_{cm} 表示钢在实际加热条件下的相变点，而用 Ar_1，Ar_3，Ar_{cm} 表示钢在实际冷却条件下的相变点，如图 2－3 所示。一般热处理手册中的数值都是以 30～50℃/h 加热或冷却速度所测得的结果。

共析钢是指 $\omega_c=0.77\%$ 的铁碳合金，亚共析钢是指 $\omega_c<0.77\%$ 的铁碳合金，过共析钢是指 ω_c 为 0.77%～2.11%的铁碳合金。**相是指合金中具有同一化学成分且结构相同的均匀部分。**

加热是热处理的第一道工序，任何成分的碳钢加热到 Ac_1 线以上时，都将发生珠光体向奥氏体转变。把钢加热到相变点以上获得奥氏体组织的过程称为奥氏体化。钢只有处在奥氏体状态下，才能通过不同的冷却方式转变为不同的组织，从而获得所需的性能。

奥氏体的转变过程，包括奥氏体晶核的形成、奥氏体晶体的长大、残留渗碳体的溶解和奥氏体成分的均匀化等 4 个基本过程，如图 2－4 所示。

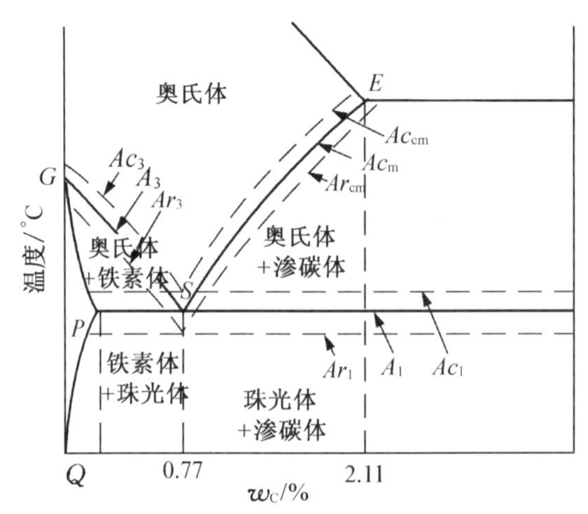

图 2-3 加热和冷却时碳钢的相变点在临界温度上的变化

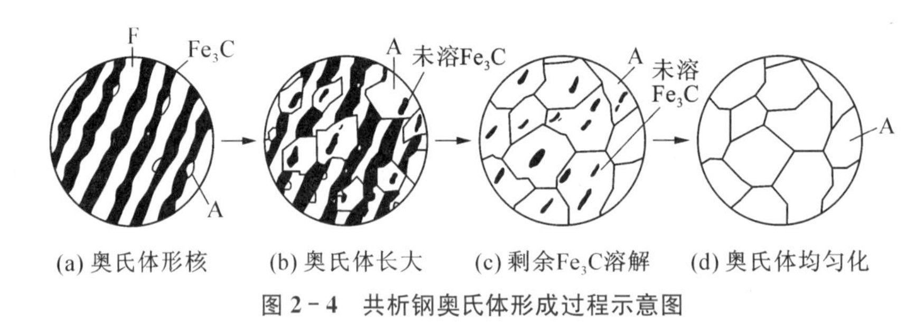

(a) 奥氏体形核 (b) 奥氏体长大 (c) 剩余Fe_3C溶解 (d) 奥氏体均匀化

图 2-4 共析钢奥氏体形成过程示意图

(1) 奥氏体晶核的形成过程 奥氏体晶核一般优先在铁素体与渗碳体相界面上形成，因为此处原子排列紊乱，位错与空位较多，处于能量较高状态。在 Fe 与 Fe_3C 的相界处，通过碳原子扩散并借助于铁素体中的碳浓度起伏，使其局部区域的碳含量达到形成奥氏体所需的碳含量。

(2) 奥氏体的长大过程 奥氏体晶核形成后，一面与渗碳体相接，另一面与铁素体相接。它的碳含量是不均匀的，与铁素体相接处碳含量较低，而与渗碳体相接处碳含量较高。所以碳在奥氏体中会不断地从高浓度向低浓度扩散，破坏了碳浓度原来的平衡，引起铁素体向奥氏体转变及渗碳体的溶解。这样，碳浓度破坏平衡和恢复平衡的反复循环过程，使奥氏体逐渐向渗碳体和铁素体两方面长大，直至铁素体全部转变为奥氏体。

(3) 残留渗碳体的溶解过程 由于奥氏体向铁素体方向成长的速度远大于渗碳体的溶解，因此，铁素体全部消失后，仍有部分渗碳体未溶解，这部分未溶的渗碳体将随时间的延长逐渐融入奥氏体，直至全部消失。

(4) 奥氏体均匀化过程 当残留渗碳体全部溶解后，奥氏体中的碳浓度仍然是不均匀的，在原渗碳体处碳含量高，而在原铁素体处碳含量低，只有继续延长保温时间，通过碳原子的扩散才能使奥氏体的成分逐渐均匀。

亚共析钢和过共析钢的奥氏体形成过程与共析钢大体相同，但完全奥氏体化的过程有所不同。亚共析钢加热到 Ac_1 以上时，组织中还有铁素体，这部分铁素体只有加热到 Ac_3 以上时，才能全部转变为奥氏体组织；过共析钢只有在加热到温度高于 Ac_{cm} 时，才能获得单一的奥氏体组织。

钢的奥氏体晶粒大小会直接影响冷却后所得的组织和性能。奥氏体晶粒细小时，冷却后组织也细小，强度、塑性和韧性较好；反之，则性能较差。因此，控制奥氏体晶粒的大小是热处理时必须注意的问题，一般应控制钢的加热温度和保温时间。

2.1.2 钢在冷却时的组织转变

热处理后钢的组织与性能是决定于奥氏体冷却转变后所获得的组织，这与冷却方式及冷却速度有关。钢的热处理工艺有两种冷却方式：等温冷却和连续冷却。

(1) 等温冷却　将奥氏体化的钢，快速冷却到 Ar_1 以下某一温度，等温停留一段时间，使奥氏体发生转变，然后再冷却到室温。

(2) 连续冷却　把奥氏体化的钢以某一速度连续冷却到室温，使奥氏体在连续冷却过程中发生转变。

奥氏体在 A_1 点以下处于不稳定状态，必然要发生相变。但过冷到 A_1 以下的奥氏体并不是立即发生改变，而是要经过一个孕育期后才开始转变，这种在孕育期内暂时存在的、处于不稳定状态的奥氏体称为过冷奥氏体。

1. 共析钢奥氏体的等温冷却转变

共析钢加热获得均匀的奥氏体，只有冷却到 A_1 线以下才发生转变。随着冷却速度的加快、转变温度的降低，所得到的产物和性能见表 2-1。

表 2-1　共析钢过冷奥氏体等温冷却转变产物的形成温度区及硬度

转变区	组织名称	表示符号	形成温度/℃	硬度(HRC)
高温转变(珠光体转变区)	珠光体	P	A_1～650	<25
	索氏体	S	650～600	25～35
	屈氏体	T	600～550	35～40
中温转变(贝氏体转变区)	上贝氏体	$B_上$	550～350	40～45
	下贝氏体	$B_下$	350～M_s	45～55

珠光体是铁素体和渗碳体的机械混合物，渗碳体呈片层状分布在铁素体机体上。转变温度越低，获得的珠光体组织片层间距越小。层片状较粗的称为珠光体；较细层片状珠光体，称为索氏体；极细层片状珠光体，称为屈氏体。珠光体的片间距越小，则珠光体的硬度越高、强度高、塑性好。

贝氏体由过量碳浓度的铁素体和微小弥散分布的渗碳体混合而成，其硬度比珠光体更高。转变温度不同，其产物分别为上、下贝氏体。由于引起上贝氏体的铁素体条比较宽，抗塑性变形能力比较低，渗碳体分布在铁素体条之间容易引起脆断，所以上贝氏体的强韧性较差，生产上极少采用。下贝氏体中的铁素体呈针状，细小且无方向性，碳的过饱和度大，所以它不仅强度和硬度高，而且塑性和韧性也好，是一种很有实用价值的组织，生产中常用等温淬火来获得综合性能良好的下贝氏体。

2. 共析钢奥氏体的连续冷却转变

过冷奥氏体在 $M_s \sim M_f$ 之间的连续冷却转变产物为马氏体（M_s，M_f 分别为马氏体转变的开始、结束温度）。马氏体是碳在 α - Fe 中的过饱和固溶体，用符号 M 表示，是在转变温度小于 240℃时得到的。马氏体的形态和性能与含碳量有关：当 $\omega_c < 0.2\%$ 时，钢中马氏体的形态几乎全部为板条状马氏体；当 $\omega_c > 1.0\%$ 时，几乎全部为片状马氏体；当 $0.2\% < \omega_c < 1.0\%$ 时，为两种马氏体的混合组织。随着含碳量的增加，马氏体强度和硬度随之增高，但塑性与韧性随之降低。板条状马氏体塑性与韧性比较好，是强韧性很好的组织，其工程应用广泛。

实际生产中，奥氏体多数情况下是在连续冷却中发生转变的，如炉冷、空冷、油冷、水冷等，转变产物分别为珠光体、索氏体、屈氏体加马氏体、马氏体。

任务 2.2 钢的普通热处理

2.2.1 退火

退火是将金属或合金加热到适当的温度，保持到一定时间，然后缓慢冷却（一般为随炉冷却），以获得接近平衡状态组织的热处理工艺。

根据处理的目的和要求不同，钢的退火可分为完全退火、等温退火、球化退火、去应力退火、扩散退火、再结晶退火等。

（1）完全退火　完全退火是将钢完全奥氏体化后随炉冷却，以获得接近平衡状态组织的退火工艺。完全退火是将工件加热到 $Ac_3 +(30 \sim 50℃)$，保温一定时间，随炉冷却至500℃以下再空冷。

完全退火主要适用于亚共析钢，包括中碳钢及中碳合金钢的铸件、锻件、轧制件及焊接件，一般作为不重要件的最终热处理或重要件的预先热处理。完全退火的目的在于使钢件通过完全重结晶细化晶粒，均匀组织，以提高性能，同时能降低硬度，改善加工性。

（2）等温退火　等温退火是将钢件或毛坯加热到高于 Ac_3（或 Ac_1）的温度，保温适当时间后，较快地冷却到珠光体转变温度区间的某一温度并保持等温，使奥氏体转变为珠光体组织，然后缓慢冷却至室温的热处理工艺。

等温退火主要适用于高碳钢、中碳合金钢、经过渗碳处理后的低碳合金钢和某些高合金钢的大型铸、锻件及冲压件等。等温退火的目的与完全退火相同。

（3）球化退火　球化退火是使钢中的碳化物球状化的热处理工艺。球化退火是将工件加热到 $Ac_1 +(10 \sim 20℃)$，经适当保温后随炉冷却然后再空冷，使钢中未溶碳化物球状化的热处理工艺。球化退火主要用于过共析钢、工具钢和轴承钢等。球化退火的目的是降低硬度,提高塑性,改善切削加工性,并为最终热处理作组织准备。

(4) 去应力退火　去应力退火是指为消除铸造、锻造、焊接、冷变形等造成的残余内应力而进行的低温退火。去应力退火的加热温度低于 Ac_1,对于钢铸件加热温度为 600～650℃,铸件为 500～550℃,保温后随炉冷却。由于加热温度低,只用于消除内应力,没有结构和组织的变化。

(5) 扩散退火　扩散退火又称均匀化退火,是为了减少钢锭、铸件或锻坯的化学成分和组织不均匀性,将其加热到 Ac_3 +(150～200℃),保温 10～15 h,使晶内偏析通过充分扩散达到均匀化,以提高性能。一般碳钢的加热温度为 1 100～1 200℃,合金钢为 1 200～1 300℃。扩散退火主要用于重要的合金钢铸锻件,消除化学成分偏析和组织的不均匀性。扩散退火由于成本高,一般很少采用。

(6) 再结晶退火　再结晶退火是将经过冷变形的钢加热至再结晶温度以上 150～250℃,一般采用 650～700℃,适当保温后缓慢冷却的一种操作工艺。主要用于冷拔、冷拉和冷冲压等冷变形,使冷变形被拉长、破碎的晶粒重新生核和长大成为均匀的等轴晶粒,从而消除形变强化状态和残余应力,为下道工序做准备,属于中间退火。再结晶退火过程中没有结构的变化,但有组织的变化。一般冷轧钢板、钢和冷拔钢丝、棒及冷轧和冷拔无缝钢管的软化处理,都采用再结晶退火,可增大铁素体晶粒尺寸以改善其电磁性能。

2.2.2　正火

正火是将钢加热到 Ac_3 或 Ac_{cm} 以上 30～50℃,保温适当时间后,在空气中冷却的热处理工艺。正火的冷却速度比退火快,得到的组织是较细小的珠光体,能细化晶粒、改善组织、消除应力,防止变形和开裂。正火后的强度、硬度、韧性都高于退火,且塑性基本不降低。

正火的应用主要有以下几种:

(1) 作为普通结构件的最终热处理,对一些受力不大、性能要求不高的普通结构零件可将正火作为最终热处理,正火可使组织细化、均匀化。例如,45 钢经过正火后可得到细小而均匀的 F 和 P 晶粒,使钢的性能得到改善和提高。

(2) 作为重要零件的预先热处理,例如,半轴、凸轮轴等零件,为改善切削加工性能要进行正火处理。

(3) 对于过共析钢、轴承钢和工具钢等用正火消除网状碳化物,以利于球化退火,提高球化退火质量。

以上各种工艺的加热范围,如图 2-5 所示。

2.2.3　淬火

淬火是把工件加热到 Ac_3 或 Ac_{cm} 以上某一温度,保持一定时间后快速冷却以获得马氏体或下贝氏体组织的一种热处理工艺。淬火后使钢获得马氏体组织,并得到了强化,它是钢的最重要强化手段。

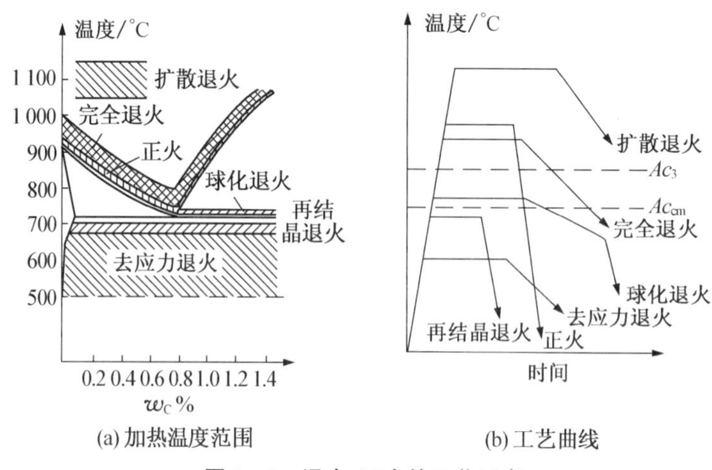

图 2-5 退火、正火的工艺示意

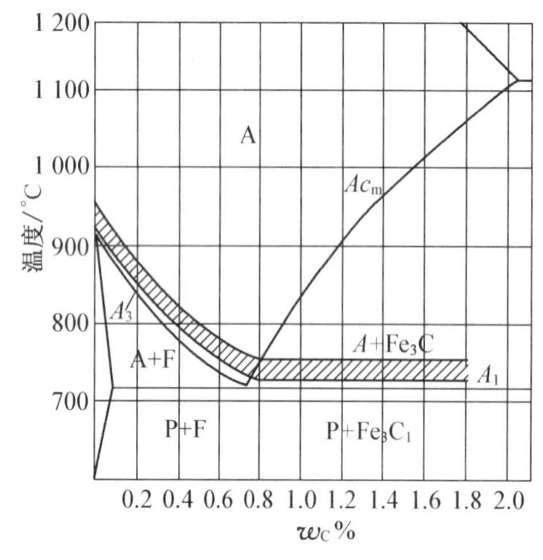

图 2-6 碳钢的淬火加热温度范围

1. 碳钢的加热温度

如图 2-6 所示，对于亚共析钢的淬火加热温度为 Ac_3 以上 30～50℃，淬火后的组织是马氏体。共析钢和过共析钢的淬火加热温度为 Ac_1 以上 30～50℃，淬火后的组织为马氏体、颗粒状的二次渗碳体，这时可使钢的强度、硬度和耐磨性达到较好的效果。如果将过共析钢加热到 Ac_m 以上时，二次渗碳体溶入奥氏体中，使其碳含量增加，降低了钢的 M_s 和 M_f 点，结果使钢的晶粒粗大，同时又使残余奥氏体量增加。在一般情况下，它们都使钢的性能变坏，有软点和脆性增加的现象，也增加了钢件变形和开裂的倾向。

2. 淬火的冷却介质

在生产上，淬火时常用的冷却介质有水、盐水、碱水、油和熔融盐碱等。水的冷却能力比较强，但要注意温度，水温不能超过 30～40℃，主要用于尺寸较小的碳钢工件。5%～10% NaCl 的盐水溶液冷却能力比水强，主要用于形状简单、硬度要求较高、表面要求光洁、变形要求不严的碳钢零件，如螺钉、销、垫圈等。油是一种应用比较广泛的冷却介质，主要是各种矿物油，如机油、锭子油、变压器油和柴油等。油在 300～200℃范围内冷却能力比较弱，但有利于降低零件的变形与开裂，在 650～500℃范围内不利于碳钢的淬火。

为了减少零件淬火时的变形和开裂，常用盐浴和碱浴作为冷却介质(熔融盐碱)。它们的冷却能力介于油和水之间，特点是高温区有较强的冷却能力。它们的冷却特性能大大降低工件变形和开裂倾向，主要用于截面不大、形状复杂、变形要求严格的碳钢、合金钢工件等。

2.2.4 回火

将淬火后的钢件重新加热到 Ac_1 以下某一温度，经适当保温后冷却到室温的热处理工艺，称为回火。回火的主要目的是：降低脆性，消除或降低残留应力；通过适当的回火配合，调整硬度；获得合理的稳定组织，使工件在使用过程中不再发生变形。

根据回火温度范围，可将回火分为以下几种：

(1) 低温回火(150～250℃) 低温回火获得的组织是回火马氏体(用 $M_{回}$ 表示)，其目的是尽可能保持淬火后的高硬度和高耐磨性，同时降低淬火应力以提高韧性，主要用于高碳钢和合金钢制作的各种刀具、模具、滚动轴承、渗碳及表面淬火的零件。

(2) 中温回火(350～500℃) 中温回火获得的组织为回火屈氏体(用 $T_{回}$ 表示)，其目的是获得较高的弹性极限和屈服强度，同时改善塑性和韧性，主要用于各种弹簧的热处理。

(3) 高温回火(450～650℃) 高温回火获得的组织为回火索氏体(层片状珠光体，用 $S_{回}$ 表示)，其目的是得到具有高强度、高塑性和高韧性的性能，适用于各种中碳钢结构的零件，如连杆、螺栓和轴类等。

淬火后高温回火的热处理方法称为调质，大多数承受冲击、疲劳等动负荷的零件采用调质处理，而不能用正火代替。进行调质处理的钢大多数是中碳结构钢。因为考虑淬透性，工件在进行调质处理的时候，首先要粗车成形，然后调质。即粗车加工—调质—精加工，以免较大直径的工件，由于淬透层较浅，在粗车时可能把调质层车去，而没有真正起到调质作用。

任务 2.3 钢的表面热处理

有些零件在工作中有很大的动载荷、冲击载荷及磨损，所以要求零件表面要有足够的硬度和耐磨性，而心部要有足够的塑性和韧性，如曲轴、凸轮轴、花键轴等。这些零件只要求在表面得到强化，硬而耐磨，而心部仍保持高韧性状态。解决的途径是采用表面热处理或化学热处理等表面强化处理。

仅对钢件表层加热、冷却，以改变其组织和性能的热处理工艺称为表面热处理，分为表面淬火和化学热处理两类。

2.3.1 表面淬火

表面淬火是通过快速加热将表层奥氏体化后快速冷却，使表面层获得具有一定硬度的马氏体组织的方法。它不改变钢的化学成分，只改变钢的表面层的组织和性能。常用的表面淬火的方法主要有感应加热表面淬火和火焰加热表面淬火两种。

1. 感应加热表面淬火

如图 2-7 所示，把工件放在感应线圈中，当感应线圈中通以交变电流时，则在线圈内外

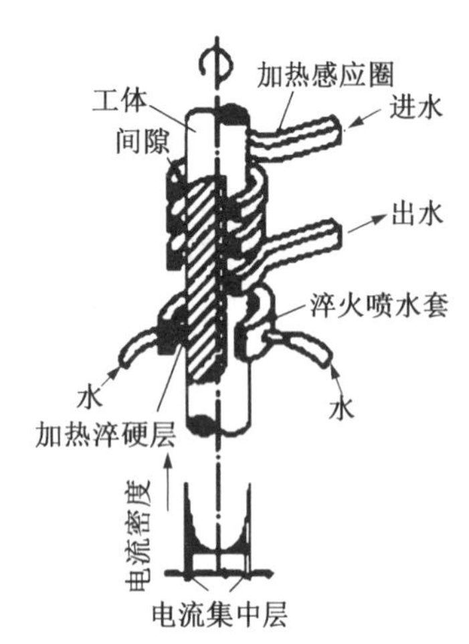

图 2-7　感应加热表面淬火示意

产生交变磁场，工件在交变磁场的作用下产生与感应线圈内电流频率相同、方向相反的感应电流，这个电流在工件内自成回路，称为涡流。涡流在工件内分布不均匀，主要是集中于工件的表面层。因为钢有电阻，在工件表面层集中电流的作用下使表面层迅速被加热，在几秒钟之内可使温度迅速升高到 800～1 000℃，而心部的温度仍接近于室温。加入交变电流的频率越高，感应加热电流越集中于工件表面，而心部的电流密度几乎等于零，这种现象称为集肤效应。

电流透入工件表层的深度主要与电流的频率有关，电流频率越大，电流透入深度越小，加热层也越薄。因此，可以通过选择，得到不同深度的淬硬层，见表 2-2。工件表面加热经过奥氏体化后立即喷水冷却获得马氏体。

表 2-2　感应加热的频率选择及应用

加热方式(频率范围)	淬硬层深度/mm	应用范围
高频加热(200～300 kHz)	0.5～2.5	中、小型零件，如小模数的齿轮小型零件
超音频加热(20～40 kHz)	2 以上	模数为 3～6 的齿轮及链轮、花键轴、凸轮等
中频加热(2.5～8 kHz)	2～10	直径较大的轴类、较大模数的齿轮
工频加热(50 Hz)	10～15	大型零件，直径大于 300 mm 的轧辊及轴类零件

感应加热表面淬火的特点是：感应加热的速度极快，使形成的马氏体组织细小，表面质量好、硬度高、脆性低、变形小。由于淬硬层深度容易控制，易于实现机械化和自动化操作。但也有不足之处，所需的设备费用高，复杂零件的感应器不易制造，只适用于简单的零件，如轴类件和平面件等。

2. 火焰加热表面淬火

火焰加热表面淬火是指利用氧-乙炔火焰将钢件的表层迅速加热到淬火温度，然后立即喷水冷却来实现表面淬火的方法，如图 2-8 所示。其淬硬层一般为 2～6 mm。

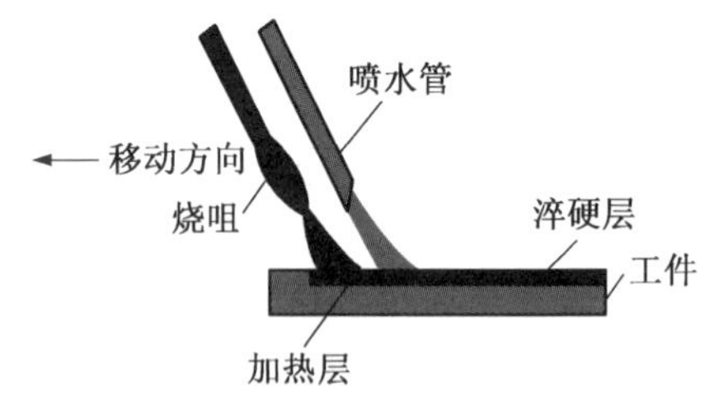

图 2-8　火焰加热表面淬火示意

火焰加热表面淬火操作简单、成本低，但加热不均匀，易使工件表面过热，淬火质量不易控制，且生产率较低，一般只适用于单件或小批量的生产及大型零件的局部需要。

2.3.2　化学热处理

化学热处理是将钢件放在具有一定温度的活性介质中保温，使一种或几种元素渗入其

表层，改变表层的化学成分，使其组织和性能发生改变的热处理工艺。根据表面渗入的元素不同，化学热处理可分为渗碳、渗氮、碳氮共渗（氰化）、渗硼、渗铝和渗铬等。通过化学热处理，能有效地提高钢件表面层的耐磨性、耐蚀性、抗氧化性和抗疲劳性等。在机械制造业中，最常用的是渗碳、渗氮及碳氮共渗。

1. 渗碳

渗碳是将工件在渗碳介质中加热并保温，使碳原子渗入表层，从而使工件的表层和心部分别具有高碳和低碳组织的一种化学热处理工艺。渗碳钢一般为ω_c=0.1%～0.25%的低碳钢或低碳合金钢，经渗碳处理后零件表层的ω_c=0.85%～1.05%。表层经淬火和低温回火，具备了高的硬度（58～64 HRC）、耐磨性和疲劳强度，而心部又保持良好的塑性、韧性。主要用于表面受磨损严重，并承受较大冲击载荷和交变载荷的零件，如齿轮、活塞销、套筒及要求很高的喷油嘴偶件等。

渗碳由分解、吸收和扩散3个过程组成。常用的渗碳方法分为气体渗碳、液体渗碳和固体渗碳3种，其中气体渗碳应用最广，而液体渗碳则很少应用。

（1）气体渗碳法　如图2-9所示，将工件放在密封的炉内，加热至900～950℃，向炉内滴入液体渗碳剂（煤油、甲苯、甲醇、丙酮等），或直接通入渗碳气体（煤气、液化石油气、天然气等），在高温下发生分解形成CO。CO与工件表面接触，生成活性碳原子（$2CO \longrightarrow CO_2 + [C]$）。活性碳原子被工件表面吸收而融入奥氏体中，并向内部扩散而形成一定深度（0.5～2 mm）的渗碳层。工件渗碳后必须进行淬火和低温回火。

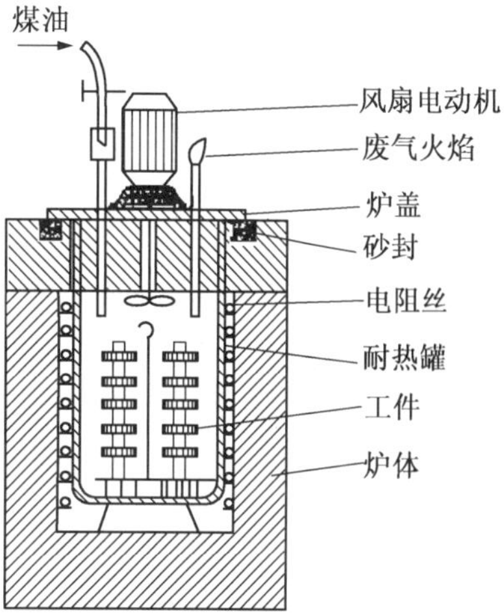

图2-9　气体渗碳法示意

该方法的优点是：生产率高，渗碳层质量好，渗碳过程容易控制，容易实现机械化、自动化，适于大批量生产。缺点是：碳量和渗碳层深度不易精确控制，消耗能量大。

（2）固体渗碳法　将工件埋在填充粒状的固体渗碳剂的密封箱内，然后送入炉中加热到900～950℃，并保温一定时间后出炉。常用的固体渗碳剂是碳粉和碳酸盐（$BaCO_3$或$NaCO_3$）的混合物，加热时得到活性碳原子。

该方法的优点是：设备简单，费用低。缺点是：生产率低，劳动条件差，质量不易控制，所以适于小批量生产。

2. 渗氮（氮化）

渗氮是在一定温度下，使活性氮原子渗入工件表面的化学热处理工艺，目的是提高工件表面硬度、耐磨性、耐蚀性、热硬性及疲劳强度。常见的渗氮方法有气体渗氮、液体渗氮和离子渗氮等，其中气体渗氮法应用最广。

气体渗氮是将脱脂净化后的工件放在渗氮炉内加热，并通入氨气，氨被加热到380℃以上后分解出活性氮原子[N]($2NH_3 \longrightarrow 3H_2 + 2[N]$)，活性氮原子[N]被工件表面吸收并向内扩散，形成一定深度的渗氮层。

由于氮在铁素体中有一定的溶解能力，无需加热到高温，因此常用的气体渗氮温度为550～570℃，远低于渗碳温度，故氮化零件的变形较小。渗氮时间取决于渗氮层的厚度，一般渗氮层的深度为0.4～0.6 mm，渗氮时间约需20～50 h，所以生产周期比较长。

常用的氮化用钢主要有38CnMoAlA，35CrAlA，38CrMo等。氮化前工件要进行调质处理，渗氮后不必回火。氮化后工件的硬度相当于65～72 HRC。渗氮通常用于耐磨性和尺寸精度要求高的零件，如发动机气缸、排气阀、精密机床丝杠、汽轮机阀门等。

3. 碳氮共渗

碳氮共渗是指向钢的表面同时渗入碳和氮原子的过程，也称氰化处理。主要有液体碳氮共渗和气体碳氮共渗，其中液体碳氮共渗的介质有毒，污染环境，劳动条件差，所以很少采用。气体碳氮共渗应用较为广泛，又分为高温气体碳氮共渗和低温气体碳氮共渗两类。

(1) 高温气体碳氮共渗　实质上是以渗碳为主的共渗工艺，介质即渗碳和渗氮用的混合体。由于氮的渗入使碳的浓度很快提高，可以降低共渗温度和缩短时间。碳氮共渗温度为800～850℃，共渗后还需要进行淬火和低温回火才能提高表面硬度和心部强度。常用于处理汽车、机床的各种齿轮、涡轮、蜗杆和轴类零件。

(2) 低温气体碳氮共渗　实质上是以渗氮为主的共渗工艺，故又称为气体氮碳共渗，生产上习惯称之为软氮化。常用的介质有氨加醇类液体，以及尿素、甲酰胺和三乙醇胺等。共渗温度一般为540～570℃，时间约为2～3 h，共渗后好要采用油冷或水冷。目前，低温氮碳共渗主要用于刀具、模具、量具、曲轴、齿轮、汽缸套等耐磨件的处理，但由于表层碳氮化合物层太薄，仅有0.01～0.02 mm，故不宜用于重载条件下工作的零件。

小　　结

1. 纯铁、钢铁的基本概念。
2. 纯铁的同素异构。
3. 铁碳合金的基本组织。
4. 钢在加热和冷却时发生的组织转变。
5. 钢的普通热处理：退火、正火、淬火及回火的工艺方法及应用。
6. 钢的表面热处理：表面淬火和化学热处理的工艺方法及应用。

习　　题

2-1　解释术语：过冷奥氏体、淬火、回火、正火、索氏体、屈氏体、马氏体、调制处理、淬透性、表面淬火、化学热处理、氮碳共渗。

2-2　共析钢加热时向奥氏体转变分哪几个阶段？说明亚共析钢和过共析钢向奥氏体

转变时有什么特点。

2-3 试比较马氏体和下贝氏体的结构和组织有什么不同。

2-4 从组织和性能上说明，为什么等温淬火一般要求得到下贝氏体组织而避免得到上贝氏体组织。

2-5 简述过共析钢过冷奥氏体在等温转变时的温度、结构、组织和性能。

2-6 普通热处理有几种？说明它们的主要特点及其应用范围。

2-7 表面热处理有几种？说明它们的主要特点及其应用范围。

2-8 钢在淬火时为什么会发生变形，甚至开裂？采用什么方法可以减少变形钢中的残余奥式体量？

2-9 正火和退火的主要区别是什么？在实际生产中怎样选择？

2-10 常用的淬火方法有哪几种？说明它们的主要特点及其应用范围。

2-11 淬火钢回火时其组织怎样转变？分哪几个阶段？

2-12 表面淬火后的零件在性能上有何特点？试说明表面淬火的适用范围。

2-13 钢在渗碳后还要进行何种热处理？为什么？

项目3 钢铁材料

● 学习目标

◇ 掌握钢铁材料的分类、牌号；

◇ 掌握常用的碳钢、铸铁、合金钢等金属材料的主要成分、性能、用途以及选用；

◇ 了解中华民族为材料事业的发展和应用作出过的重大贡献。

● 学习重点和难点

◇ 钢铁材料的分类、牌号；

◇ 碳钢、铸铁、合金钢等金属材料的主要成分、性能、用途以及选用。

任务3.1 概 述

金属材料是由金属元素或以金属元素为主而组成的，并具有金属特性的工程材料。金属材料具有良好的物理性能、化学性能和工艺性能，是应用非常广泛的材料。钢铁材料是工程中最常用的金属材料。

金属材料在工业上通常分为两类，即黑色金属和有色金属。黑色金属是以铁或以铁为主而形成的物质，如铸铁和钢；有色金属是指黑色金属以外的其他金属材料，如铜和铝等。

由两种或两种以上的金属元素或金属与非金属元素熔合在一起，构成具有金属特性的物质称为合金，组成合金的元素简称组元，如铁、碳是钢和铸铁的组元。铁碳合金中，含有质量分数为0.10%～0.20%杂质的称之为工业纯铁。工业纯铁的塑性和导磁性良好，但强度不高，不适宜制作结构零件。为了提高纯铁的强度、硬度，常在纯铁中加入少量碳元素。钢是以铁为主要元素，是碳含量在2.11%以下(碳的质量分数 $w_C \leqslant 2.11\%$)的，并含有其他元素的铁碳合金。

含碳量的高低对碳钢的机械性能有着直接的影响。当碳含量(质量分数)小于0.9%时，随着含碳量的增加，碳钢的强度与硬度都随之增加，塑性和韧性随之下降。当碳含量超过0.9%时，碳钢的强度也开始下降。

1. 钢中常存杂质元素对钢性能的影响

钢铁的组成元素是铁和碳，但由于冶炼过程中原材料成分及冶炼工艺方法等的影响，钢中常有少量其他元素存在，如硅、锰、硫、磷等。这些并非有意加入或保留的元素一般称为杂质，它们的存在对钢铁的性能有较大的影响。

(1) 硅的影响　硅在钢中能溶于铁素体,形成固溶体,提高钢的强度和硬度,但会使钢的塑性和韧性下降。一般硅含量小于 0.40%。

(2) 锰的影响　锰在钢中大部分溶于铁素体,形成固溶体,提高钢的强度和硬度。锰还能和硫生成 MnS,消除硫的有害作用,并能起断屑作用,改善钢的切削加工性能。

(3) 硫的影响　硫是钢中的有害元素,在固态下不溶于铁,而是与铁生成 FeS, FeS 又与 Fe 生成低熔点(985℃)的共晶体分布在晶界上。当钢加热至 800～1 200℃进行压力加工时,共晶体会熔化,从而使钢沿晶界处开裂,这种现象称为热脆。

(4) 磷的影响　磷在钢中也是有害元素。它能溶入铁素体,提高钢的强度和硬度,降低钢的塑性和韧性。特别是在低温时,磷会使钢的脆性急剧增加,这种现象称为冷脆。

2. 钢的分类

我国多年来常规的分类方法是,按钢的用途、钢的质量和钢的化学成分 3 个方面对钢进行分类。

(1) 按钢的用途分为:结构钢、工具钢、特殊性能钢。

(2) 按钢的质量分为:普通质量钢、优质钢、高级优质钢、特殊优质钢。

(3) 按钢的化学成分分为:碳素钢、合金钢。其中,碳素钢又细分为低碳钢、中碳钢、高碳钢,合金钢细分为低合金钢、中合金钢和高合金钢。

任务 3.2　工 业 用 钢

3.2.1　碳素钢

碳素钢是按钢的化学成分分的,是指 $w_C \leqslant 2.11\%$,并含少量硅、锰、磷、硫等杂质元素的铁碳合金。碳素钢具有一定的力学性能和良好的工艺性能,且价格低廉,在工业中被广泛应用。

1. 碳素钢的分类及牌号

碳素钢的种类很多,按用途可分为碳素结构钢、碳素工具钢,按钢的含碳量可分为低碳钢($0.0218\% < w_C < 0.25\%$)、中碳钢($0.25 \leqslant w_C \leqslant 0.60\%$)、高碳钢($0.60\% < w_C \leqslant 2.11\%$),按主要质量等级可分为普通质量碳素钢($w_S \leqslant 0.050\%$,$w_P \leqslant 0.045\%$)、优质碳素钢($w_S \leqslant 0.035\%$,$w_P \leqslant 0.035\%$)、特殊质量碳素钢($w_S \leqslant 0.020\%$,$w_P \leqslant 0.020$)。其中,$w_S$ 为硫的质量分数,w_P 为磷的质量分数。碳素钢牌号的编号方法见表 3-1。

表 3-1　碳素钢牌号的编号方法

分类	编号方法	举　例
碳素结构钢	由代表屈服点的字母“Q”+屈服点数(MPa)+质量等级(A, B, C, D, E)+脱氧方法符号(F, Z, b, TZ)组成	Q235AF 表示屈服点为 235 MPa 质量 A 级的沸腾钢

续 表

分类	编号方法	举　例
优质碳素结构钢	由两位阿拉伯数字与特征符号组成。两位数表示钢的平均含碳量的万分数，沸腾钢和半镇静钢在牌号尾部分加符号“F”和“b”，镇静钢一般不标符号。高级优质碳素结构钢在牌号后加符号“A”，特级优质碳素结构钢在牌号后加符号“E”	45 表示平均含碳量为 0.45%的优质碳素结构钢； 30A 表示平均含碳量为 0.30%的高级优质碳素结构钢； 60E 表示平均含碳量为 0.60%的特级优质碳素结构钢
碳素工具钢	由代表碳的符号“T”与阿拉伯数字组成，数字表示钢的平均含碳量的千分数	T12 表示平均含碳量为 1.2%的碳素工具钢； T8A 表示平均含碳量为 0.8%的高级优质碳素工具钢
铸钢	由铸钢代号“ZG”与表示力学性能的两组数字组成	ZG200－400 表示屈服点为 200 MPa、抗拉强度为 400 MPa 的铸钢

2. 碳素钢的主要成分、性能与应用

(1) 碳素结构钢　碳素结构钢是建筑及工程用结构钢，工艺性(焊接性、冷变形性)能优良，用于一般工程结构(圆钢、方钢、钢筋等)和不需作热处理的普通机械零件。其价格低廉，是碳钢中用量最大的一类。常用碳素结构钢的化学成分和性能，见表 3－2。碳素结构钢的用途，见表 3－3。

表 3－2　常用碳素结构钢的牌号、成分和性能

牌号	质量分数	化学成分(质量分数/%)					材料厚度/mm	力学性能		
		C	Mn	Si	S	P		σ_b/Mpa	σ_s/Mpa	δ_5/%
Q195	—	0.06～0.12	0.25～0.50	<0.30	<0.050	<0.045	≤16	315～390	195	33
Q215	A	0.09～0.15	0.25～0.55	<0.30	<0.050	<0.045	≤16	335～410	215	31
	B				<0.045					
Q235	A	0.14～0.22	0.30～0.65	0.30	<0.050	<0.045	≤16	375～460	235	26
	B	0.12～0.20	1.30～0.70		<0.045					
	C	≤0.18	0.35～0.80		<0.040	<0.040				
	D	≤0.17			<0.035	<0.035				
Q255	A	0.18～0.28	0.40～0.70	<0.30	<0.050	<0.045	≤16	410～510	255	24
	B				<0.045					
Q275	—	0.28～0.38	0.50～0.80	<0.35	<0.050	<0.045	≤16	490～610	275	20

表 3－3 碳素结构钢的用途

牌号	用途举例
Q195	塑性好，有一定的强度，用于制造受力不大的零件，如螺钉、螺母、垫圈等，焊接件、冲压件及桥梁建设等金属结构件
Q215	
Q235	
Q255	强度较高，用于制造承受中等载荷的零件，如心轴、销子、连杆、链轮、键、螺栓、农机零件等
Q275	

（2）优质碳素结构钢　优质碳素结构钢主要用来制造各种机械零件，一般须经热处理后使用，以充分发挥其性能潜力，制造比较重要的零件。常用优质碳素结构钢的牌号、成分和性能见表 3－4，用途见表 3－5。

表 3－4 常用优质碳素结构钢牌号、成分和性能

牌号	化学成分(质量分数/%)						力学性能		
	C	Si	Mn	Cr	Ni	Cu	σ_b/Mpa	σ_s/Mpa	δ_5/%
				不大于			不小于		
08	0.05～0.11	0.17～0.37	0.35～0.65	0.1	0.30	0.25	325	195	33
10	0.07～0.13	0.17～0.37	0.35～0.65	0.15	0.30	0.25	335	205	31
15	0.12～0.18	0.17～0.37	0.35～0.65	0.25	0.30	0.25	375	225	27
20	0.17～0.23	0.17～0.37	0.35～0.65	0.25	0.30	0.25	410	245	25
25	0.22～0.29	0.17～0.37	0.50～0.80	0.25	0.30	0.25	450	275	23
30	0.27～0.34	0.17～0.37	0.50～0.80	0.25	0.30	0.25	495	295	21
35	0.32～0.39	0.17～0.37	0.50～0.80	0.25	0.30	0.25	530	315	20
40	0.37～0.44	0.17～0.37	0.50～0.80	0.25	0.30	0.25	570	335	19
45	0.42～0.50	0.17～0.37	0.50～0.80	0.25	0.30	0.25	600	355	16
50	0.47～0.55	0.17～0.37	0.50～0.80	0.25	0.30	0.25	630	375	14
55	0.52～0.60	0.17～0.37	0.50～0.80	0.25	0.30	0.25	645	380	13
60	0.57～0.65	0.17～0.37	0.50～0.80	0.25	0.30	0.25	675	400	12
50Mn	0.48～0.56	0.17～0.37	0.70～1.00	0.25	0.30	0.25	645	390	13
65Mn	0.62～0.70	0.17～0.37	0.90～1.20	0.25	0.30	0.25	735	430	9

表 3-5　常用优质碳素结构钢的用途

牌号	应用举例
08	冷塑性变形能力和焊接性好，常用来制作受力不大、韧性要求高的冲压件和焊接件，如螺钉、螺母、杠杆等。经渗碳等热处理后，用作承受冲击载荷的零件，如齿轮、凸轮、销等
10	
15	
20	
25	
30	经调质处理，可获得良好的综合力学性能，主要用来制造齿轮、连杆、轴类、套筒等零件
35	
40	
45	
50	
55	
60	经热处理后，可获得较高的弹性极限、足够的韧性和一定的强度，用作弹性零件和易磨损的零件，如弹簧、轧辊等
50Mn	
65Mn	
70Mn	

(3) 碳素工具钢　碳素工具钢生产成本较低，经淬火和低温回火热处理后，具有高强度、高硬度及高耐磨性，可用于制造低速、手动刀具及常温下使用的工具、模具、量具等。常用的碳素钢有 T7，T7A，T8，T8A，T9，T9A，T10，T10A，T12，T12A。

(4) 铸钢　铸钢和铸铁用于制造形状复杂、不能或很难通过其他方法加工的结构复杂的零件。铸钢的铸造性不如铸铁好，但其力学性能比铸铁强，因此用于力学性能要求比较高的，在工艺上又很难用其他方法加工的较重要的机械零件。常用工程铸钢的牌号、成分、性能和用途，见表 3-6、表 3-7。

表 3-6　常用工程铸钢的牌号、成分和性能

牌号	主要化学成分(质量分数/%)					力学性能(最小值)				
	C	Si	Mn	P	S	$\sigma_s(\sigma_{0.2})$ /Mpa	σ_b /Mpa	δ_5/%	ψ/%	A_{kv} /J
ZG200-400	0.20	0.50	0.80	0.40	0.40	200	400	25	40	30
ZG230-450	0.30	0.50	0.90	0.40	0.40	230	450	22	32	25
ZG270-550	0.40	0.50	0.90	0.40	0.40	270	500	18	25	22
ZG310-570	0.50	0.60	0.90	0.40	0.40	310	570	15	21	15
ZG340-640	0.60	0.60	0.90	0.40	0.40	340	640	10	18	10

表 3-7　常用工程铸钢的用途

牌　号	应　用　举　例
ZG200-400	用于受力不大、要求韧性的各种机械零件，如机座、变速箱壳等
ZG230-450	用于受力不大、要求韧性的各种机械零件，如外壳、底板、阀体等
ZG270-550	用作轧钢机机架、轴承座、连杆、箱体、曲轴、缸体、飞轮等
ZG310-570	用作载荷较高的零件，如大齿轮、缸体、制动轮、辊子等
ZG340-640	用作起重运输机中的齿轮、联轴器及重要机件

3.2.2　合金钢

为了改善碳素钢的力学性能、工艺性能或某些特殊的物理、化学性能，在冶炼时，有选择地向钢液中加入一些合金元素，如锰、硅、铬、镍、钼、钨、钒、钛、铝、铌、锆、稀土元素等，这类钢称为合金钢。

3.2.2.1　合金钢的分类及编号

(1) 按质量等级分为：优质合金钢和特殊质量合金铜。优质合金钢，如一般工程结构用合金钢、耐磨钢、硅锰弹簧钢等；特殊质量合金钢，如合金结构钢、轴承钢、合金工具钢、高速工具钢、不锈钢、耐热钢等。优质合金钢分为优质钢、高级优质钢和特级优质钢，其质量等级间的区别在于硫、磷含量的高低。

(2) 按合金元素总量分为：低合金钢($w_{Me}<5\%$)、中合金钢($w_{Me}=5\%\sim10\%$)、高合金钢($w_{Me}>10\%$)。

(3) 按合金元素分为：铬钢、锰钢、硅锰钢、铬镍钢等。

(4) 按主要性能和使用特性主要分为：工程结构用合金钢，机械结构合金钢，轴承钢，工具钢，不锈、耐蚀和耐热钢，特殊物理性能钢等。

合金钢牌号的命名原则，是由钢中碳的含碳量(质量分数 w_C)、合金元素的种类和合金元素合金含量(质量分数 w_{Me})的组合来表示的。当钢中合金元素的平均含量 $w_{Me}<1.5\%$ 时，钢中只标出元素符号，不标明合金元素的平均含量；当合金含量 $w_{Me}\geqslant1.5\%$，2.5%，3.5%，…，时，在元素符号的后面相应地标出 2，3，4，…。高级优质合金钢在牌号后面加 A，如 60Si2MnA；特级优质合金钢加 E，如 30CrMnSiE。

合金钢的具体编号方法，见表 3-8。

表 3-8　合金钢牌号的编号方法

分　类	编号方法	举　　例
低合金高强度结构钢	由代表屈服点的汉语拼音字母(Q)、屈服点数值、质量等级符号(A，B，C，D，E)3 个部分按顺序排列	Q345C 表示屈服点为 345 MPa、质量为 C 级的低合金高强度结构钢

续 表

分　类	编号方法	举　　例
合金结构钢	用“两位数＋元素符号＋数字”表示。前两位数字钢中平均碳的质量分数的万倍值，元素符号表示钢中所含的合金元素。元素符号后面的数字表示该元素平均质量分数的百倍值，若为高级优质钢则在牌号后面加“A”	60Si2Mn 表示钢中平均碳含量为 0.6%、含硅量为 2%、含锰量小于 1.5% 的合金结构钢
滚动轴承钢	用“G＋Cr＋数字”表示，G 表示“滚”，合金元素铬后面的数字表示平均铬质量分数的千倍值	GCr15 表示含铬量 1.5%的滚动轴承钢
合金工具钢	编号方法与合金结构钢相似，区别仅在于：若钢中平均 $w_C<1\%$ 时，牌号前面用一位数字表示平均碳的质量分数的千倍值；若 $w_C \geqslant 1\%$ 时，则不标出	9Mn2V 表示含碳量为 0.9%、含锰量为 2%、含钒量小于 1.5%的高速工具钢
高速工具钢	编号方法与合金工具钢略有不同，主要区别是平均 $w_C<1\%$ 时也不标出数字	W18Cr4V 表示含钨量为 18%、含铬量为 4%、含钒量小于 1.5%的高速工具钢
特殊性能钢	表示方法与合金工具钢基本相同。当 $w_C \leqslant 0.03\%$ 及 $w_C \leqslant 0.08\%$ 时，牌号前面分别加“00”及“0”	4Cr13 表示含碳量为 0.4%、含铬量为 13%的特殊性能钢

3.2.2.2　合金钢的成分、性能和应用

1. 合金结构钢

碳素结构钢的冶炼及加工工艺均比较简单，成本低，所以这类钢的生产量在全部结构钢中占有很大比重。但在形状复杂、截面较大、要求淬透性较好，以及机械性能较高的情况下，就必须采用合金结构钢。合金结构钢是在碳素结构钢的基础上，适当地加入一种或数种合金元素，如 Cr，Mn，Si，Ni，Mo，W，V，Ti 等。

合金结构钢主要包括普通低合金钢、易切削钢、调质钢、渗碳钢、弹簧钢、滚动轴承钢等几类。

(1) 普通低合金钢　普通低合金钢是一种低碳结构用钢，合金元素含量较少，钢的强度显著高于相同碳量的碳素钢，具有较好的韧性和塑性及良好的焊接性和耐蚀性。采用普通低合金钢的目的主要是为了减轻结构重量，保证使用可靠、耐久；为了良好的机械性能，因其较高的屈服强度，便于冲压成型；为了更低的冷脆临界温度，对在北方高寒地区使用的构件及运输工具有十分重要意义。

普通低合金钢使用性能主要依靠加入少量 Mn，Ti，V，Nb，Cu，P 等合金元素来提高。Mn 是强化的基本元素，其含量一般在 1.8%以下。含量过高，将显著降低钢的塑性和韧性，也影响焊接性能。Ti，V，Nb 等元素在钢中形成微细碳化物，能起细化晶粒和弥散强化作用，从而提高钢的屈服极限、强度极限以及低温冲击韧性。Cu，P 可提高钢对大气的抗蚀能

力，比普通碳素钢约高2～3倍。普通低合金钢的成分、性能及用途，见表3－9。

（2）合金渗碳钢　合金渗碳钢因其淬透性高，零件心部的硬度和强度在热处理前后差别较大，热处理能使合金渗碳钢零件的心部达到较显著的强化效果。经渗碳、淬火、低温回火等热处理，能使零件表面具有高硬度和高耐磨性，而心部保持较高的强度和塑性。这种材料主要用于要求表面硬、内部韧的重要部件。常用合金渗碳钢牌号、热处理、性能和用途，见表3－10。

表3－9　普通低合金钢成分、性能及用途

牌号	化学成分（质量分数/%）				厚度/mm	力学性能			冷弯实验	用　途
	C	Si	Mn	其他		σ_b/Mpa	σ_s/Mpa	δ/%	试件厚度(a)，心棒直径(d)	
09Mn2	≤0.12	0.20～0.60	1.40～1.80	—	4～10	450	300	21	180°($d=2a$)	油槽、油罐、机车车辆、梁柱等
14MnNb	0.12～0.18	0.20～0.60	0.80～1.20	0.015～0.050Nb	≤16	500	360	20	180°($d=2a$)	油罐、锅炉、桥梁等
16Mn	0.12～0.20	0.20～0.60	1.20～1.60	—	≤16	520	350	21	180°($d=2a$)	桥梁、船舶、车辆、压力容器、建筑结构等
16MnCu	0.12～0.20	0.20～0.60	1.25～1.50	0.20～0.35Cu	≤16	520	350	21	180°($d=2a$)	桥梁、船舶、车辆、压力容器、建筑结构等
15MnTi	0.12～0.18	0.20～0.60	1.25～1.50	0.12～0.20Ti	≤25	540	400	19	180°($d=3a$)	船舶、压力容器、电站设备等
15MnV	0.12～0.18	0.20～0.60	1.25～1.50	0.04～0.14V	≤25	540	400	18	180°($d=3a$)	船舶、车辆、压力容器、起重机械等

表3－10　常用合金渗碳钢牌号、热处理、性能和用途

类别	牌号	热处理			力学性能（不小于）				用途说明
		第一次淬火温度/℃	第二次淬火温度/℃	回火温度/℃	σ_b/Mpa	σ_s/Mpa	δ_s/%	A_k/J	
低淬透性	15Cr	880水、油	780～820水、油	220水、空气	735	490	11	55	制造截面不大、心部要求较高强度和韧性、表面承受磨损的零件，如齿轮、凸轮、活塞环联轴节、轴等

续 表

类别	牌号	热处理			力学性能(不小于)				用途说明
		第一次淬火温度/℃	第二次淬火温度/℃	回火温度/℃	σ_b/Mpa	σ_s/Mpa	δ_s/%	A_k/J	
中淬透性	20CrMnTi	880 油	870 油	200 水、空	1080	860	10	55	在汽车拖拉机工业中用于截面在 30 mm 以下,承受高速、中或重载度受冲击、摩擦的重要零件,如齿轮、齿轮轴等
高淬透性	18Cr2Ni4WA	950 空	850 空	200 水、空气	1180	833	10	78	制造大截面、高强度、良好韧性的重要渗碳件,如大截面齿轮、传动轴、曲轴、精密机蜗轮等

(3) 合金调质钢 合金调质钢主要用在受多种载荷、受力环境比较复杂(如扭转、弯曲、冲击等)、要求有良好综合力学性能的重要零件,如汽车、机床上的轴类件、齿轮、连杆、高强度螺栓等。采用调质、表面淬火,并低温回火或调质后氮化处理,可满足表面的耐磨性和抗冲击要求。常用合金调质钢的牌号、性能和用途见表 3-11。

表 3-11 常用合金调质钢的牌号、性能特点和用途

牌号	热处理		力学性能(不小于)				用途举例
	淬火温度/℃	回火温度/℃	σ_b/MPa	σ_s/MPa	δ_s/MPa	A_K/J	
40Cr	850 油	520 水、油	980	785	9	47	制造重要的调质零件,如齿轮、轴、套筒、连杆螺钉、螺栓、进气阀等,可进行表面淬火及碳氮共渗
30CrMnSi	880 油	520 水、油	1 080	885	10	39	制造重要用途零件,在振动负荷下工作的焊接件和铆接件,如高压鼓风机叶片、阀板、高速负荷砂轮轴、齿轮、链轮、紧固件、轴套等,还用于制造温度不高而要求耐磨的零件
40CrMnMo	850 油	600 水、油	980	785	10	63	制造重要负荷的轴、偏心轴、齿轮轴、齿轮、连杆及汽轮机零件等

(4) 合金弹簧钢 弹簧是利用弹性变形时所储存的能量来缓和机械上的振动和冲击。由于弹簧一般是在动负荷的条件下使用,因此要求弹簧钢必须具有高的抗拉强度、高的屈强比(σ_s/σ_b)、高的疲劳强度,并有足够的塑性和韧性以及良好的表面质量。同时,还要求有较好的淬透性和低的脱碳敏感性,在冷热状态下容易绕卷成型。合金弹簧钢的含碳量一般在

0.46%～0.70%之间，所含元素主要作用是提高钢的淬透性和回火稳定性，强化铁素体和细化晶粒，从而有效地改善弹簧钢的机械性能，提高弹性极限和屈强比。合金弹簧钢可制造截面尺寸较大、承受较重负荷的弹簧。常用的弹簧钢有 55SiMn，60Si2CrA，50CrVA，30W4Cr2VA。

(5) 轴承钢　轴承钢主要用于制造滚动轴承的内、外圈以及滚动体，另外还可以用于制造冷冲模、冷轧辊、精密量具、机床丝杠、球磨机磨球等。

滚动轴承的工作条件及性能要求所用材料要有高耐磨和高硬度，在周期性交变载荷作用下工作要求材料具有高的疲劳强度。此外，轴承钢还有一定的韧性和淬透性。常用的轴承钢有 GCr9，GCr15，GCr15SiMn。

2. 合金工具钢

合金工具钢包括量具钢、刃具钢、冷热作模具钢及塑料模具钢等。

(1) 合金量具钢　量具工作时，主要受磨损，受外力很小，这要求量具钢具有高硬度、高耐磨性，以保证测量的准确性，还要求量具钢有良好的尺寸稳定性。为此，一般采用冷处理和稳定化处理。常用的量具钢有 9SiCr，Cr2 等。

(2) 合金刃具钢　刃具工作时，刃部产生摩擦使之磨损和产生高温(可达 500～600℃)，刃部还承受冲击和振动。这要求材料具有高的硬度和耐磨性、高的热硬度、足够的强度和韧性等性能。通常，可经过淬火、低温回火或等温淬火来获得这些性能。常用合金刃具钢有 9SiCr，Cr06，Cr2 等。

(3) 冷作模具钢　冷作模具在工作时，承受弯曲应力、压力、冲击及摩擦力。因此要求其具有高硬度、高耐磨性和足够强度及韧性。大型模具用钢还具有好的淬透性、热处理变形小等特性。加工前进行反复锻打后退火，最终热处理采用淬火和低温回火。常用冷作模具钢有 Cr12，Cr12MoV 等。

(4) 热作模具钢　热作工具钢在工作时，承受很大的压力和冲击力，并反复受热和冷却，因此要求模具钢在高温下具有足够的强度、硬度、耐磨性，以及良好的耐热疲劳性，即在反复的受热、冷却循环中表面不易热疲劳(龟裂)，具有良好的导热性和高淬透性。预备热处理采用退火，最终热处理采用淬火、高温或中温回火。常用热作模具钢有 5CrMnMo，5CrNiMo，3Cr2W8V 等。

3. 高速工具钢

高速工具钢也叫高速钢。当切削温度达 500～600℃时，其硬度仍不降低，能以比量具、刃具钢更高的切削速度进行切削。主要用来制造中速切削刀具，如车刀、铣刀、铰刀、拉刀等。最终热处理采用淬火和回火。目前，应用最广的高速钢是 W18Cr4V，W6Mo5Cr4V2 和 W9Mo3Cr4V。

4. 特殊性能钢

特殊性能钢是指因具有某些特殊的物理、化学、力学性能，能在特殊的环境工作条件下使用的钢。工程中常用的有：耐磨钢，如 ZGMn13-1，ZGMn13-4；耐热钢，如 1Cr13，1Cr11MoV，1Cr18Ni9Ti，4Cr14Ni14W2Mo 等；不锈钢，如 1Cr17，1Cr13，3Cr13 等。

任务3.3 工程铸铁

铸铁是含碳量大于2.11%的铁碳合金。工业上常用铸铁的成分范围是：ω_C 为2.5%～4.0%，ω_{Si} 为1.0%～3.0%，ω_{Mn} 为0.5%～1.4%，ω_P 为0.01%～0.50%，ω_S 为0.02%～0.20%。除此之外，有时也含有一定量的合金元素，如Cr，Mo，V，Cu等。可见，在成分上铸铁与钢的主要不同是：铸铁含碳和硅量较高，杂质元素硫、磷较多。

铸铁的强度、塑性和韧性较差，不能进行锻造，但具有良好的铸造性、减磨性和切削加工性，生产设备和工艺简单、价格低廉，因此在机械制造上得到了广泛的应用。铸铁在工业中应用量较大，按质量百分比，在一般机械中，铸铁件占约40%～70%，在机床和重型机械中达60%～90%。

3.3.1 铸铁的分类

根据碳在铸铁中存在的形式不同，可以把铸铁分为以下几种。

(1) 灰口铸铁　铸铁中的碳大部分或全部以石墨的形式析出，断口呈暗灰色。在灰口铸铁中，还可按石墨形态的不同将其分为灰铸铁、球墨铸铁、可段铸铁和蠕墨铸铁。工业上所用铸铁几乎全部都属于这类铸铁。

(2) 白口铸铁　铸铁中的碳主要以游离碳化物的形式析出，断口呈白色。由于大量硬而脆的渗碳体存在，白口铸铁硬度高、脆性大，因而难以切削加工，在工业上很少应用，主要作炼钢原料。

(3) 麻口铸铁　其组织介于白口与灰口之间，含有不同程度的莱氏体，莱氏体是奥氏体和渗碳体的机械混合体，也具有较大的脆性，工业上也很少用。

3.3.2 灰口铸铁

1. 灰铸铁

由于灰铸铁的组织相当于在钢的基体中加上片状石墨，因此抗拉强度和疲劳强度较低，塑性和韧性很差。但具有优良的铸造性能，其铁水流动性好，可以铸造形状非常复杂的零件，且铸件凝固后不易形成缩孔。铸铁中的石墨使其具有良好的耐磨性和减震性。

灰铸铁的牌号以HT+数字表示，“HT”表示灰铁，数字表示直径30 mm的试棒的最小抗拉强度值。灰铸铁的牌号、力学性能及用途，见表3-12。

2. 球墨铸铁

球墨铸铁是通过铁液的球化处理获得的。由于石墨呈球状，使其强度、塑性与韧性都大大地优于灰铸铁，可与相应组织的铸钢相媲美。球墨铸铁同样有灰铸铁的一系列优点，有良好的铸造性、减振性、减摩性、切削加工性和低的缺口敏感性等。但其凝固收缩性较大，易出现缩松与缩孔，熔化工艺要求高。

表 3-12　常用灰铸铁的牌号、力学性能及用途

铸铁类别	牌　号	铸件壁厚/mm	力学性能		用途举例
			σ_b/MPa	HBS	
铁素体灰铸铁	HT100	2.5～10	130	110～166	适用于制造承受载荷小、对摩擦磨损无特殊要求的不重要零件，如防护罩、油盘、手轮、支架、底板、重锤、小手柄、导轨的机床底座等
		10～20	100	93～140	
		20～30	90	87～131	
		30～50	80	82～122	
铁素体+珠光体灰铸铁	HT150	2.5～10	175	137～205	制造承受中等载荷的零件，如机座、支架、箱体、刀架、床身、轴承、工作台、带轮、法兰、泵体、阀体、管路附件（工作压力不大）、飞轮、电动机座
		10～20	145	119～179	
		20～30	130	110～166	
		30～50	120	105～157	
珠光体灰铸铁	HT200	2.5～10	220	157～236	制造承受高载荷、耐磨和高气密封性或耐蚀等较重要零件，如汽缸、活塞、齿轮箱、刹车轮、联轴器、中等压力（80 MPa 以下）阀体、泵体、液压缸
		10～20	195	148～222	
		20～30	170	134～200	
		30～50	160	129～192	
	HT250	4.0～10	270	175～262	
		10～20	240	164～247	
		20～30	220	157～236	
		30～50	200	150～225	
孕育铸铁	HT300	10～20	290	182～272	制造承受高载荷、耐磨和高气密性重要零件，如重型机床、剪床、压力机、自动机床的床身、机座、机架、高压液压件、活塞环、齿轮、车床卡盘、衬套、大型发动机的汽缸体、缸套、汽缸盖等
		20～30	250	168～251	
		30～50	230	161～241	
	HT350	10～20	340	199～298	
		20～30	290	182～272	
		30～50	260	171～257	

球墨铸铁的牌号由 QT+两位数字组成，“QT”表示球铁，两组数字分别表示最低抗拉强度和最低延伸率，如常用的球墨铸铁有 QT400-15，QT500-7，QT600-3 等。

3. 可锻铸铁

可锻铸铁由白口铸铁经石墨化退火而获得。由于石墨呈团絮状，大大减弱了对基体的割裂作用，与灰铸铁相比具有较高的力学性能、较高的塑性和韧性，被称为可锻铸铁，但实际上并不能锻造。按基体组织可分为铁素体可锻铸铁和珠光体可锻铸铁。

可锻铸铁牌号由“KT”+“H”或“Z”+两组数字组成，“KT”表示“可铁”，“H”表示“黑心”，“Z”表示“珠光体”，两组数字分别表示最低抗拉强度和最低伸长率，常用的可锻铸铁有

KTH350－10 和 KTZ600－3。

4．蠕墨铸铁

蠕墨铸铁的组织可看成碳素钢的基本体加蠕虫状石墨。蠕墨铸铁中，石墨形态介于片状与球状之间，这决定了其力学性能介于相同基本组织的灰铸铁和球墨铸铁之间。它的铸造性能、减振性和导热性都优于球墨铸铁，与灰铸铁相近。

蠕墨铸铁的牌号由 RuT＋数字组成，分别表示蠕铁和最低抗拉强度，如常用的蠕墨铸铁有 RuT260，RuT300 和 RuT380 等。

3.3.3 特殊性能铸铁

随着工业的发展，对铸铁性能的要求愈来愈高，不但要求它具有更高的机械性能，有时还要求它具有某些特殊的性能，如耐热、耐蚀及高耐磨性等。为此可向铸铁(灰口铸铁或球墨铸铁等)中加入一定量的合金元素，获得特殊性能铸铁(或称合金铸铁)。这些铸铁与在相似条件下使用的合金钢相比，熔铸简便、成本低廉，具有良好的使用性能。但它们大多具有较大的脆性，机械性能较差。特殊性能铸铁主要分为以下几种：

(1) 耐磨铸铁　它按工作条件可分两种，一种是在润滑条件下工作的，如机床导轨、汽缸套、活塞环和轴承等；另一种是在无润滑的干摩擦条件下工作的，如犁铧、轧辊及球磨机零件等。

(2) 耐热铸铁　它具有良好的耐热性，可代替耐热钢用于制作加热炉炉底板、马弗罐、坩埚、废气管道、换热器及钢锭模等。

(3) 耐蚀铸铁　它广泛用于化工部门，可制作管道、阀门、泵类及反应锅等。

小　结

1. 钢铁属于黑色金属材料，铁、碳是组元。钢和铁是根据其所含的碳量的多少来区分。

2. 在钢中加入少量合金元素就形成了具有特殊物理、化学和工艺性能的合金钢。但过量的不同元素的存在会影响钢铁的物理、化学和工艺性能。

3. 钢铁按不同的标准要求，可分为结构钢、工具钢、特殊性能钢、普通质量钢、优质钢、高级优质钢、特殊优质钢、碳素钢、合金钢和灰口铸铁、白口铸铁、麻口铸铁等多种材料。这些材料的不同用途和特性与其化学成分、冶炼处理方法等因素有关。

习　题

3－1　钢中常存在的杂质元素对钢的机械性能有何影响？

3－2　碳钢、合金钢有哪些类型？其牌号含义如何？

3－3　工业中常使用的铸铁主要有哪些？

3－4　下列铸件宜采用何种铸造材料：车床床身、柴油机曲轴、自来水三通、手轮？

3－5　为下列工件选择合适的材料：普通螺钉、弹簧垫圈、扳手、手工锯条、普通车床主轴、高精度量规。

3-6 将下列材料与其用途用线连起来：

4Cr13 20CrMnTi 40Cr 60Si2Mn 5CrMnMo GCr15

热锻模 汽车变速齿轮 轴承滚珠 弹簧 机器中的转轴 医疗器械

3-7 说明下列钢号属于何种钢，数字的含义是什么，主要用途是什么：

T8，16Mn，20CrMnTi，ZGMn13-2，40Cr，GCr15，60Si2Mn，W18Cr4V，1Cr18Ni9Ti，1Cr13，12CrMoV，5CrMnMo，38CrMoA1，9CrSi，Cr12，3Cr2W8，4CrW2VSi，15CrMo，W6Mo5Cr4V2。

项目4　非铁金属与粉末冶金材料

● 学习目标

◇ 了解铝及其合金的特点、用途及性能；

◇ 了解铜及其合金的特点、用途及性能；

◇ 了解常用轴承合金、铝基轴承合金的用途；

◇ 了解常用粉末冶金材料的构成及用途；

◇ 了解中华民族为材料事业的发展和应用作出过的重大贡献。

● 学习重点和难点

◇ 铝和铜及其合金的特点、用途性能，轴承合金、粉末冶金材料的用途。

任务4.1　概　　述

在工业生产中，通常把钢铁及其合金称为黑色金属，把除钢铁以外的其他金属称为非铁金属，也称为有色金属。有色金属的产量和用量不如黑色金属多，但由于其具有许多优良的特性，如特殊的电、磁、热性能，耐蚀性能及高的比强度（强度与密度之比）等，已成为现代工业中不可缺少的金属材料。本章扼要介绍目前广泛应用的铝、铜、轴承合金和粉末冶金材料。

任务4.2　铝及其合金

4.2.1　工业纯铝

工业上，铝的纯度 w_{Al} 为99%～99.99%时称为纯铝。纯铝主要性能特点是：密度较小（约2.9 g/cm^3），熔点为660℃，具有面心立方晶格结构，无同素异形转变。因此纯铝的导电性、导热性很高，仅次于银、铜、金。在室温下，铝的导电能力为铜的62%。但按单位质量导电能力计算，则铝的导电能力约为铜的200%。

纯铝是非磁性、无火花材料，而且反射性能好，既可反射可见光，也可反射紫外线。纯铝的强度很低（σ_b 仅45 MPa），但塑性很高（δ=35%～50%）。通过加工硬化，可使纯铝的硬度提高，但塑性下降。在空气中铝的表面可生成致密的氧化膜，隔绝了空气，故在大气中具有良好的耐蚀性。

工业纯铝分为纯铝（99%<w_{Al}<99.85%）和高纯铝（w_{Al}>99.85%）两类。纯铝分铸造纯铝和变形铝两种。

纯铝的主要用途是代替贵重的铜合金制作导线、配制各种铝合金，以及制作要求质轻、导热或耐大气腐蚀但强度要求不高的器具。

4.2.2 铝合金

由于纯铝强度低，不适合制作工程结构。在纯铝中加入适量的 Si，Cu，Mg，Zn，Mn 等主加元素和 Cr，Ti，Zr，B，Ni 等辅加元素，生成铝合金，则可以大大提高铝的强度，且保持纯铝的特性。其中，主加元素具有高溶解度，能起显著强化作用；辅加元素具有改善铝合金的某些工艺性能（如细化晶粒、改善热处理性能等）的作用。

铝合金可分为变形铝合金和铸造铝合金两类。

1. 变形铝合金

变形铝合金塑性好，易于压力加工。按其主要性能特点分为防锈铝、硬铝、超硬铝和锻铝等，它们常由冶金厂加工成各种规格的型材、板、带、线、管等供应。

（1）防锈铝　防锈铝的工艺特点是塑性及焊接性能好，常用拉延法制造各种高耐蚀性的薄板容器（如油箱等）、防锈蒙皮，以及受力小、质轻、耐蚀的制品与结构件（如管道、窗框、灯具等）。常用的防锈铝有 5A02，5A05，3A21 等。

（2）硬铝　硬铝中如含铜、镁量多，则强度、硬度高，耐热性好（可在 200℃以下工作），但塑性、韧性低。常用的硬铝有 2A01，2A10，2A11，2A12，2A16 等。2A01（铆钉硬铝）有很好的塑性，大量用来制造铆钉；飞机上常用铆钉材料为 2A10；2A11 常用来制造形状较复杂、载荷较低的结构零件及仪器（如光学仪器中目镜框等）；2A12 是目前最重要的飞机结构材料，广泛用于制造飞机翼肋、翼架等受力构件。

（3）超硬铝　超硬铝常用于飞机上受力大的结构零件，如起落架、大梁等，以及光学仪器中要求重量轻而受力较大的结构零件。常用的超硬铝有 7A04，2A09 等。

（4）锻铝　锻铝主要用作航空及仪表工业中各种形状复杂、要求比强度较高的锻件或模锻件，如各种叶轮、框架、支杆等。常用的锻铝有 2A50，2A14，2A70 等。

2. 铸造铝合金

铸造铝合金力学性能不如变形铝合金，但其铸造性能好，可进行各种成形铸造，主要有 Al－Si 系、Al－Cu 系、Al－Mg 系和 Al－Zn 系 4 类，其中以 Al－Si 系应用最广泛。

（1）Al－Si 系　代号为：ZL1＋两位数字顺序号（合金顺序号）。顺序号不同者，化学成分也不同。例如，ZL102 表示 2 号铝-硅系铸造铝合金。若为优质合金，则在代号后面加“A”。Al－Si 系铸造铝合金的铸造性能好，具有优良的耐蚀性、耐热性和焊接性能，用于制造飞机、仪表、电动机壳体、汽缸体、风机叶片、发动机活塞等。

（2）Al－Cu 系　代号为：ZL2＋两位数字顺序号。这类合金的耐热性好、强度较高，但密度大，铸造性能、耐蚀性能差，强度低于 Al－Si 系合金。常用代号有 ZL201（ZAlCu5Mn），

ZL203(ZAlCu4)等。主要用于制造在较高温度下工作的高强零件，如内燃机汽缸头、汽车活塞等。

(3) Al－Mg系　代号为：ZL3＋两位数字顺序号。这类合金的耐蚀性好、强度高、密度小，但铸造性能差、耐热性低。常用代号为ZL301(ZAlMg10)，ZL303(ZAlMg5Si1)等。主要用于制造外形简单、承受冲击载荷、在腐蚀性介质下工作的零件，如舰船配件、氨用泵体等。

(4) Al－Zn系　代号为：ZL4＋两位数字顺序号。这类合金的铸造性能好、强度较高、可自然时效强化，但密度大、耐蚀性较差。常用代号为ZL401(ZAlZn11Si7)，ZL402(ZAlZn6Mg)等。主要用于制造形状复杂受力较小的汽车、飞机、仪器零件。

任务4.3　铜及其合金

4.3.1　工业纯铜

铜是一种有色金属，其全世界产量仅次于铁和铝。工业上使用的纯铜，其含铜量为w_{Cu}＝99.70％～99.95％，是玫瑰红色的金属，表面形成氧化亚铜Cu_2O膜层后呈紫色，故又称紫铜。纯铜的密度为8.96 g/cm^3，熔点为1083℃，具有面心立方晶格结构，无同素异形转变。它的优点是具有优良的导电性、抗磁性导热性及良好的耐蚀性(抗大气及海水腐蚀)。

纯铜的强度不高(σ_b＝230～240 MPa)，硬度很低(40～50HBS)，塑性却很好(δ＝45％～50％)。冷塑性变形后，可以使铜的强度σ_b提高到400～500 MPa，但伸长率急剧下降到2％左右。为了满足制作结构件的要求，必须制成各种铜合金。因此，纯铜的主要用途是制作各种导电材料、导热材料及配制各种铜合金。

工业纯铜分未加工产品(铜锭、电解铜)和加工产品(铜材)两种。未加工产品代号有Cu－1，Cu－2两种，加工产品代号有T1，T2，T3等3种。代号中数字越大，表示杂质含量越多，则其导电性越差。

4.3.2　铜合金

铜合金常加元素Zn，Sn，Al，Mn，Ni，Fe，Be，Ti，Zr，Cr等，既提高了强度，又保持了纯铜特性。按化学成分，铜合金可分为黄铜、青铜及白铜(铜镍合金)3类；按生产方法，铜合金可分为压力加工产品和铸造产品两类。

1. 黄铜

以锌为主要合金元素的铜合金称为黄铜。按化学成分，可分为普通黄铜和特殊黄铜；按工艺，可分为加工黄铜和铸造黄铜。

(1) 普通黄铜　铜与锌的二元合金称为普通黄铜，分为单相黄铜和两相黄铜两种。单相黄铜塑性好，常用牌号有H80，H70，H68，适于制造冷变形零件，如弹壳、冷凝器管等；两相黄铜热塑性好、强度高，常用牌号有H59，H62，适于制造受力件，如垫圈、弹簧、导管、散热器等。

加工普通黄铜的牌号为：H(黄)＋表示铜平均百分含量的数字。例如 H68，表示 $w_{Cu}=68\%$，余量为锌的黄铜。

(2) 特殊黄铜　在普通黄铜的基础上加入 Al，Fe，Si，Mn，Pb，Sn，Ni 等元素形成特殊黄铜。特殊黄铜强度、耐蚀性比普通黄铜好，铸造性能有所改善，常用牌号有 HPb63－3，HAl60－1－1，HSn62－1，HFe59－1－1，ZCuZn38Mn2Pb2，ZCuZn16Si4 等，主要用于船舶及化工零件，如冷凝管、齿轮、螺旋桨、轴承、衬套及阀体等。

加工特殊黄铜的牌号为：H(黄)＋主加元素符号(Zn 除外)＋铜平均百分含量＋主加元素平均百分含量。例如 HPb59－1，表示 $w_{Cu}=59\%$，$w_{Pb}=1\%$，余量为锌的加工黄铜。

(3) 铸造黄铜　铸造黄铜的牌号为：Z＋铜元素符号＋主加元素符号及平均百分含量＋其他合金元素化学符号及含量(质量分数×100)。例如 ZCuZn38，表示 $w_{Zn}=38\%$，余量为铜的铸造普通黄铜。

2. 青铜

除黄铜和白铜外的其他铜合金统称为青铜。常用青铜有锡青铜、铝青铜、铍青铜、硅青铜、铅青铜等。

加工青铜的牌号为：Q＋主加元素符号及其平均百分含量＋其他元素平均百分含量。例如 QSn4－3，表示含 $w_{Sn}=4\%$，$w_{Zn}=3\%$，余量为铜的加工青铜。

(1) 锡青铜　锡青铜是以锡为主加元素的铜合金，锡含量一般为 3%～14%。锡青铜铸造流动性差，铸件密度低，易渗漏，但体积收缩率在有色金属中最小。锡青铜耐蚀性良好，在大气、海水及无机盐溶液中的耐蚀性比纯铜和黄铜好，但在硫酸、盐酸和氨水中的耐蚀性较差。

常用牌号有 QSn4－3，QSn6.5－0.4，ZCuSn10Pb1 等，主要用于耐蚀承载件，如弹簧、轴承、齿轮轴、蜗轮、垫圈等。

(2) 铝青铜　铝青铜是以铝为主加元素的铜合金，铝含量为 5%～11%，强度、硬度、耐磨性、耐热性及耐蚀性高于黄铜和锡青铜，铸造性能好，但焊接性能差。

常用牌号有 QAl5，QAl7，ZCuAl8Mn13Fe3Ni2 等，主要用于制造船舶、飞机及仪器中的高强、耐磨、耐蚀件，如齿轮、轴承、蜗轮、轴套、螺旋桨等。

(3) 铍青铜　铍青铜是以铍为主加元素的铜合金，铍含量为 1.7%～2.5%。具有高的强度、弹性极限、耐磨性、耐蚀性，良好的导电性、导热性、冷热加工及铸造性能，但价格较贵。

常用牌号有 QBe2，QBe1.7，QBe1.9 等，主要用于重要的弹性件、耐磨件，如精密弹簧、膜片，高速、高压轴承及防爆工具、航海罗盘等重要机件。

3. 白铜

白铜是以镍为主要合金元素的铜合金，分普通白铜和特殊白铜两种。

(1) 普通白铜　普通白铜是 Cu－Ni 二元合金，具有较高的耐蚀性和抗腐蚀疲劳性及优良的冷热加工性能。

普通白铜牌号为：B＋镍的平均百分含量，如 B5。常用牌号有 B5，B19 等，用于在蒸汽和海水环境下工作的精密机械、仪表零件及冷凝器、蒸馏器、热交换器等。

(2) 特殊白铜　特殊白铜是在普通白铜基础上添加 Zn, Mn, Al 等元素形成的，分别称锌白铜、锰白铜、铝白铜等。其耐蚀性、强度和塑性高，成本低。

常用牌号如 BMn40－1.5(康铜)、BMn43－0.5(考铜)，用于制造精密机械、仪表零件及医疗器械等。

任务 4.4　滑动轴承合金

制造滑动轴承的轴瓦及其内衬的耐磨合金称为轴承合金。滑动轴承是许多机器设备中对旋转轴起支承作用的重要部件，由轴承体和轴瓦两部分组成。与滚动轴承相比滑动轴承具有承载面积大、工作平稳、无噪音，以及拆装方便等优点。

4.4.1　组织性能要求

当轴高速旋转时，轴瓦与轴颈发生强烈摩擦，承受轴颈施加的交变载荷和冲击力。对轴承合金的性能要求是：

(1) 足够的强韧性，以承受轴颈施加的交变冲击载荷。

(2) 较小的热膨胀系数、良好的导热性和耐蚀性，以防止轴与轴瓦之间咬合。

(3) 较小的摩擦系数、良好的耐磨性和磨合性，以减少轴颈磨损，保证轴与轴瓦良好的跑合。

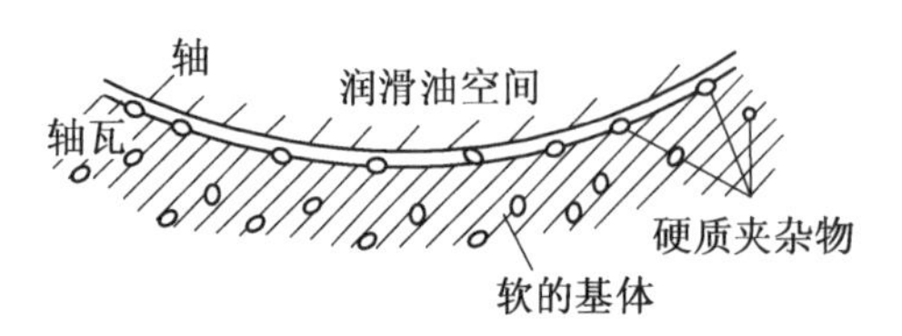

图 4－1　滑动轴承理想组织示意

为满足上述性能要求，轴承合金的组织应是软的基体上分布着硬的质点，或硬的基体上分布着软的质点，如图 4－1 所示。

当轴旋转时，软的基体(或质点)磨损而凹陷，减少了轴颈与轴瓦的接触面积，有利于储存润滑油和轴与轴瓦间的磨合；而硬的质点(基体)则支撑着轴颈，起承载和耐磨作用。软基体(或质点)还能起嵌藏外来硬杂质颗粒的作用，以避免擦伤轴颈。软的基体有较好的磨合性与抗冲击、抗振动能力。但这类组织难以承受高的载荷。属于这类组织的轴承合金有巴氏合金和锡青铜等。

对高转速、高载荷轴承，为了保证强度，要求轴承有较硬的基体(硬度低于轴的轴颈)组织来提高单位面积上能够承受的压力。这类组织也具有低的摩擦系数，但其磨合性较差。属于这类组织的轴承合金有铝基轴承合金和铝青铜等。

4.4.2　常用的轴承合金

工业上常用的轴承合金有锡基轴承合金、铅基轴承合金、铜基轴承合金、铝基轴承合金等。

1. 锡基轴承合金(锡基巴氏合金)

是以锡为主并加入少量锑、铜等元素组成的合金,熔点较低,是软基体硬质点组织类型的轴承合金。典型牌号为 ZSnSb11Cu6。

锡基轴承合金具有较高的耐磨性、导热性、耐蚀性和嵌藏性,摩擦系数和热膨胀系数小,但疲劳强度较低,工作温度不超过 150℃,价格高。广泛用于重型动力机械,如汽轮机、涡轮机和内燃机等大型机器的高速轴瓦。

2. 铅基轴承合金(铅基巴氏合金)

是以铅为主加入少量锑、锡、铜等元素的合金,也是软基体硬质点型轴承合金。典型牌号为 ZPbSb16Sn16Cu2。

铅基轴承合金的强度、硬度、耐蚀性和导热性都不如锡基轴承合金,但其成本低、高温强度好,有自润滑性。常用于低速、低载条件下工作的设备,如汽车、拖拉机曲轴的轴承等。

3. 铜基轴承合金

铜基轴承合金是硬基软质点型轴承合金,主要有锡青铜和铅青铜。

锡青铜常用的有 ZCuSn10Pl 与 ZCuSn5Pb5Zn5 等。广泛用于中等速度及承受较大的固定载荷的轴承,如电动机、泵、金属切削机床轴承。锡青铜可直接制成轴瓦,但与其配合的轴颈应具有较高的硬度(300～400HBS)。

铅青铜常用的是 ZCuPb30。与巴氏合金相比,具有高的疲劳强度和承载能力,同时还有高的导热性(约为锡基巴氏合金的 6 倍)和低的摩擦系数,并可在较高温度(如 250℃)以下工作。铅青铜适宜制造高速、高压下工作的轴承,如航空发动机、高速柴油机及其他高速机器的主轴承。铅青铜的强度较低(仅 60 MPa),因此也需要在轴瓦上挂衬,制成双金属轴承。

此外,常用的铜基轴承合金还有铝青铜(ZCuAl10Fe3)。

4. 铝基轴承合金

铝基轴承合金是以铝为基体元素,锡为主加元素所组成的合金,也是硬基体软质点型轴承合金。其特点是原料丰富、价格便宜、导热性好,疲劳强度与高温硬度较高,能承受较大压力与速度。但它的膨胀系数较大,抗咬合性不如巴氏合金。目前,常用的铝基轴承合金有 ZAlSn6CulNil 和 ZAISn20Cu 两种合金,适于制造高速度、重载荷的发动机轴承,已在汽车、拖拉机、内燃机车上广泛使用。

任务 4.5　粉末冶金材料

4.5.1　粉末冶金法及其应用

粉末冶金法和金属的熔炼法与铸造方法有根本的不同。它不用熔炼和浇注,而用金属粉末(包括纯金属、合金和金属化合物粉末)作原料,经混匀压制成形和烧结制成合金材料或制品。这种生产过程叫做粉末冶金。

近年来，粉末冶金材料应用很广。在普通机器制造业中，常用的有减摩材料、结构材料、摩擦材料及硬质合金等。在其他工业部门中，用以制造难熔金属材料（如高温合金、钨丝等）、特殊电磁性能材料（如电器触头、硬磁材料、软磁材料等）、过滤材料（如空气的过滤、水的净化、液体燃料和润滑油的过滤以及细菌的过滤等）。特别是当合金的组元在液态下互不溶解，或各组元的密度相差悬殊的情况下，只能用粉末冶金法制取合金（这种制品称为假合金），如钨-铜电接触材料等。

4.5.2 机械制造中常用的粉末冶金材料

1. 烧结减摩材料

在烧结减摩材料中，最常用的是多孔轴承，它是将粉末压制成轴承后，再浸在润滑油中。由于粉末冶金材料的多孔性，在毛细现象作用下，可吸附大量润滑油，故又称为含油轴承。工作时，由于轴承发热，使金属粉末膨胀，孔隙容积缩小。常用的多孔轴承有以下两类：

(1) 铁基多孔轴承　常用的有铁-石墨（石墨质量分数 0.5%～3%）烧结合金和铁—硫（w_{Si} 为 0.5%～1%）-石墨（硼石墨为 1%～2%）烧结合金。前者硬度为 30～110HBS，组织是珠光体＋铁素体＋渗碳体（＜5%）＋石墨＋孔隙；后者硬度为 35～70HBS，除有与前者相同的几种组织外，还有硫化物。组织中石墨或硫化物起固体润滑剂作用，能改善减摩性能。石墨还能吸附很多润滑油，形成胶体状高效能的润滑剂，进一步改善摩擦条件。

(2) 铜基多孔轴承　该材料常用 ZCuSn5Pb5Zn5 青铜粉末与石墨粉末制成，硬度为 20～40HBS。它的成分与 ZCuSn5Pb5Zn5 铝青铜相近，但其中有 0.3%～2%的石墨（质量分数），组织是 α 固溶体＋石墨＋铅＋孔隙。它有较好的导热性、耐蚀性、抗咬合性，但承压能力较铁基多孔轴承弱，常用于纺织机械、精密机械、仪表等。

2. 烧结铁基结构材料（烧结钢）

它是以碳钢粉末或合金钢粉末为主要原料，并采用粉末冶金方法制造成的金属材料或直接制成烧结结构零件。

这类材料制造结构零件的优点是：制品的精度较高、表面光洁（径向精度 2～4 级，表面粗糙度 Ra1.6～0.20 m），不需或只需少量切削加工；制品还可以通过热处理强化和提高耐磨性（主要用淬火＋低温回火及渗碳淬火＋低温回火）；制品多孔，可浸渍润滑油，改善摩擦条件，减少磨损，并有减振、消音的作用。

用碳钢粉末制成的合金，含碳量低者，可制造受力小的零件或渗碳件、焊接件；含碳量较高者，淬火后可制造要求一定强度或耐磨的零件。用合金钢粉末制成的合金，其中常有铜、钼、硼、锰、镍、铬、硅、磷等合金元素。它们可强化基体，提高淬透性，加入铜还可提高耐蚀性。合金钢粉末合金淬火后，σ_b 可达 500～800 MPa、硬度 40～50HRC，可制造受力较大的烧结结构零件，如液压泵齿轮、电钻齿轮等。

长轴类、薄壳类及形状过于复杂的结构零件，不适宜采用粉末合金材料。

3. 烧结摩擦材料

摩擦材料广泛应用于机器上的制动器与离合器，它们都是利用材料相互间的摩擦力传递能量的。尤其是在制动时，制动器要吸收大量的动能，使摩擦表面温度急剧上升(可达1000℃左右)，故摩擦材料极易磨损。因此，对摩擦材料性能的要求是：较大的摩擦系数、较好的耐磨性、足够的强度，以承受较高的工作压力及速度。

小　结

1. 铝及铝合金的特点是：导电和导热性能好，熔点低，使用温度不超过150℃，强度低，塑性好，加工性能好，低温韧性好。

铝合金是在Al中加入适量的Si，Cu，Mg，Zn，Mn等主加元素和Cr，Ti，Zr，B，Ni等辅加元素而生成的合金，铝合金大大提高铝的强度，且保持纯铝的特性。

2. 铜及铜合金的特点是：强度不高，塑性好，加工性能好，低温韧性好。

以锌为主要合金元素的铜合金称为黄铜，黄铜按化学成分可分为普通黄铜和特殊黄铜，按工艺可分为加工黄铜和铸造黄铜。除黄铜和白铜外的其他铜合金统称为青铜，常用青铜有锡青铜、铝青铜、铍青铜、硅青铜、铅青铜等。白铜是以镍为主要合金元素的铜合金，分普通白铜和特殊白铜。

3. 制造滑动轴承的轴瓦及其内衬的耐磨合金称为轴承合金。轴承合金的组织应是软的基体上分布着硬的质点或硬的基体上分布着软的质点。工业上常用的轴承合金有锡基轴承合金、铅基轴承合金、铜基轴承合金、铝基轴承合金等，应用较多的是锡基巴氏合金和铅基巴氏合金。

4. 粉末冶金材料制造工序包括配制原料、压制成型、烧结和后处理等。目前应用于机械零件制造的主要有粉末冶金摩擦材料、粉末冶金减摩材料、粉末冶金结构材料。

习　题

4-1　为什么通过合金化就能提高铝的强度？为什么选用锌、镁、铜、硅等作为铝合金的主加元素？

4-2　为什么H62黄铜的强度高而塑性较低？而H68黄铜的塑性却比H62黄铜好？

4-3　滑动轴承合金应具有怎样的性能和理想的显微组织？

4-4　金属材料的减摩性与耐磨性有何区别？它们对金属的组织与性能要求有何不同？

项目5　非金属材料

● 学习目标

◇ 了解高分子材料的概念、分类、命名、应用；

◇ 了解塑料的组成、分类、特性及用途；

◇ 了解橡胶的组成、性能及常用橡胶材料；

◇ 了解复合材料的概念、性能及用途；

◇ 培养爱国主义情怀、质量意识以及责任意识、良好的职业行为习惯。

● 学习重点和难点

◇ 高分子材料、塑料、橡胶、复合材料的性能及用途。

任务5.1　高分子材料

高分子化合物是相对分子质量大于5 000的有机化合物的总称，也叫聚合物或高聚物。高分子材料相对分子质量很大，如橡胶相对分子质量为10万左右，聚乙烯相对分子质量在几万至几百万之间。高分子物质结构复杂多变，组成高分子化合物的大分子一般具有链状结构，它是由一种或几种简单的低分子有机化合物重复连接而成的，就像一根链条是由众多链环连接而成一样，故称为大分子链。

高分子化合物有天然的，也有人工合成的。工业用高分子材料主要是人工合成的。

5.1.1　高分子材料的分类

(1) 按用途，可分为塑料、橡胶、纤维、胶黏剂、涂料等。

(2) 按聚合物反应类型，可分为加聚物和缩聚物。

(3) 按聚合物的热行为，可分为热塑性聚合物和热固性聚合物。

(4) 按主链上的化学组成，可分为碳链聚合物、杂链聚合物和元素有机聚合物。

5.1.2　高分子材料的命名

高分子材料的命名比较繁杂。常用的有以专用名称命名，如纤维素、蛋白质、淀粉等；有许多是商品名称，如有机玻璃(聚甲基丙烯酸甲酯)、尼龙(聚酰胺)等。对于加聚物，通常在其单体原料名称前加一个“聚”字即为高聚物名称，如聚乙烯、聚氯乙烯；对缩聚物，则在单体名称后加“树脂”或“橡胶”两字，如酚醛树脂、丁苯橡胶；此外，还有以英文字母表示的，如ABS等。

在当前机械工业中，塑料是应用最广泛的高分子材料。

5.1.3 应用

高分子材料可作结构材料，电绝缘材料，耐腐蚀材料，减摩、耐磨、自润滑材料，密封材料，胶黏材料及各种功能材料。

塑料不仅可制作各种日用品，还可制作各种机械零件、容器、管道、仪器仪表、电子通讯中各种功能器件；橡胶除广泛用于车辆轮胎外，也是高压软管、减振弹性零件、动静密封的理想材料；胶黏剂可胶接种类不同、厚薄不一、大小不同的材料及制品；涂料广泛应用于结构物和机械装备的防腐蚀和外观装饰上；有机纤维柔韧性好、单向强度高，广泛应用于绳索、网布和复合材料中。

高分子功能材料广泛用于制造光传导、光致变色、导电、导磁、声电、压电换能元器件。

任务5.2 常用工程塑料

塑料是在玻璃态下使用的高分子材料。在一定温度、压力下可塑制成型，在常温下能保持形状不变。大多数塑料都是以各种合成树脂为基础，再加入一些用来改善使用性能和工艺性能的添加剂制成。

5.2.1 塑料的分类

1. 按使用范围

可分为通用塑料和工程塑料和其他材料3大类：

(1) 通用塑料　通用材料产量大、用途广、价格低、强度较低。目前主要有聚乙烯、聚丙烯、聚氯乙烯、聚苯乙烯、酚醛塑料和氨基塑料。它们约占塑料产量的75%以上，广泛用于日常生活用品、包装材料，以及一般小型机械零件。

(2) 工程塑料　工程塑料可作为结构材料。常见的品种有聚甲醛、聚酰胺、聚碳酸酯、聚苯醚、ABS、聚砜、聚四氟乙烯、有机玻璃、环氧树脂等。这类塑料具有较强的强度($\sigma_b=$60～100 Mpa)，弹性模量、韧性、耐磨性、耐蚀和耐热性较好，故在汽车、机械、化工等部门用来制造机械零件及工程结构。

(3) 特种塑料　特种塑料是指具有某些特殊性能，如耐高温、耐腐蚀的塑料，这类塑料产量少、价格贵，只用于特殊需要的场合。

2. 按树脂的热性能

可分为热塑性塑料和热固性塑料两大类：

(1) 热塑性塑料　通常为线型结构，能溶于有机溶剂，加热可软化，易于加工成型，并能反复使用。常用的有聚氯乙烯、聚苯乙烯、ABS等塑料。这类塑料机械强度较高，成型工艺性能良好，可反复成型、再生使用，但耐热性与刚性较差。

(2) 热固性塑料　通常为网状结构，固化后重复加热不再软化和熔融，亦不溶于有机溶剂，不能再成型使用。常用的有酚醛塑料、环氧树脂塑料等。这类塑料具有较高的耐热性与刚性，但脆性大，不能反复成型与再生使用，广泛用于制作各种电讯器材和电木制品（如插座、开关等）、耐热绝缘部件及一种结构件。

5.2.2　塑料的性能特点

(1) 塑料的优点　相对密度小（一般为0.9～2.3），耐蚀性、电绝缘性、减摩、耐磨性好，有消音吸振性能。

(2) 塑料的缺点　刚性差（为钢铁材料的1/100～1/10），强度低，耐热性差、热膨胀系数大（是钢铁的10倍）、导热系数小（只有金属的1/200～1/600），蠕变温度低、易老化。

5.2.3　常用的工程塑料

工程塑料的品种很多，常见的工程塑料性能和用途如表5-1所示。

表5-1　常用工程塑料性能和用途

塑料名称	符号	链　节	性　能	用　途
聚乙烯	PE	$\left[\mathrm{CH_2-CH_2}\right]_n$	质地坚硬，耐寒性好，化学稳定性高，吸水性小，电气性能好，强度低，热变形温度低	化工设备上的零件，水底电线电缆绝缘层，无线电支架，食品容器，包装袋，可代替钢和不锈钢
聚甲醛	POM	$\left[-\underset{\mathrm{H}}{\overset{\mathrm{H}}{\mathrm{C}}}-\mathrm{O}-\right]_n$	有很高的刚性、硬度、拉伸强度，优良的耐疲劳性和减摩性，吸水性低，尺寸稳定，有较小的蠕变性，较好的电绝缘性。但密度较大，耐酸性和阻燃性不够理想	可代替金属制作各种结构零部件，如汽车工业中各种轴承、齿轮、汽车钢板、弹簧衬套等
聚碳酸酯	PC	$\left[-\mathrm{O}-\mathrm{C_6H_4}-\underset{\mathrm{CH_3}}{\overset{\mathrm{CH_3}}{\mathrm{C}}}-\mathrm{C_6H_4}-\mathrm{O}-\underset{\mathrm{O}}{\underset{\Vert}{\mathrm{C}}}-\right]_n$	密度较小，具有优异的冲击韧度，耐热性及尺寸稳定性好	在电气、机械、建筑、医疗等方面有广泛的应用，如制造高压蒸汽下蒸煮消毒的医疗手术器械和人工器官

续 表

塑料名称	符号	链 节	性 能	用 途
聚苯醚	PPO	$\left[-C_6H_2(CH_3)_2-O- \right]_n$	高强度、减摩性、耐热性好，能经受蒸汽消毒。长期使用温度范围为－127～121℃，无载荷下间断工作可达204℃	可制作高温下工作的精密齿轮、轴承等摩擦传动件，也用作外科医疗器械，以代替不锈钢
聚砜	PSF	$\left[-C_6H_4-C(CH_3)_2-C_6H_4-O-C_6H_4-S(=O)(=S)-C_6H_4-O- \right]_n$	具有突出的耐热、抗菌、耐辐射，有良好的尺寸稳定性、强度及电绝缘性能	用于高温下工作的结构传动件，特别适用于既要强度又要耐热和尺寸精度小型的电子、电气工业中的零件
聚酰胺	PA	$\left[NH - \left[CH_2 \right]_{10} - NH - C(=O) \right] \left[\left[CH_2 \right]_8 - C(=O) \right]_{10}$	具有高强度、良好的韧性、刚度、耐疲劳、耐油、耐腐蚀，以及较好的自润滑性。但吸水性很大，影响尺寸的稳定性，并使一些力学性能下降	可用来制作各种轴承、齿轮、泵叶轮、风扇叶片、电缆、电器线圈等
ABS树脂	ABS	$\left[\left[CH_2-CH(CN) \right]_n \left[CH_2-CH=CH-CH_2 \right]_y \left[CH_2-CH(C_6H_5) \right]_z \right]_n$	具有坚韧、硬质、刚性的特征，良好的耐磨性、耐腐蚀性。低温抗冲击性好，使用温度范围－40～100℃，易于成型和机械加工。但在有机溶剂中，能溶解、溶胀或应力开裂	在机械工业中，用来制造齿轮、轴承、点击及各类仪表外壳等。在汽车工业中，可制作挡泥板、扶手、加热器以及转向盘等。此外，也可制作纺织器材、电气零件、乐器、家具等

续 表

塑料名称	符号	链节	性能	用途
聚四氟乙烯(F-4)	PTEF	$\left[-\overset{F}{\underset{F}{\overset{\vert}{\underset{\vert}{C}}}}-\overset{F}{\underset{F}{\overset{\vert}{\underset{\vert}{C}}}}- \right]_n$	在较宽的温度范围内有良好的力学性能,具有极强的耐化学腐蚀性,有塑料王之称。摩擦系数极低,静摩擦系数为塑料中最小。此外,也是优良的电绝缘材料。但其抗蠕变性、耐辐射性差	在防腐化工机械中制造各种零部件,化工腐蚀设备中用来做衬里和涂成。加入各种填料的F-4制品被应用在各种要求润滑、耐磨的轴承、活塞环中,以及医疗手术中的人工心、肺等。多孔的F-4板材还可作为强腐蚀介质的过滤材料
有机玻璃	PMMA	$\left[-CH_2-\overset{CH_3}{\underset{C-O-CH_3}{\overset{\vert}{\underset{\vert}{C}}}}- \right]_n$ (其中 $C=O$)	有优良的透光性、耐电弧性。但机械强度一般,表面硬度低,易被硬物擦伤生痕	在飞机、汽车上作为透明的窗玻璃和罩盖,在建筑、电气、机械等领域可制造光学仪器、电器、医疗器械、高压电流断路器、广告牌等
环氧树脂	EP	$\left[-O-CH_2-\underset{OH}{\underset{\vert}{CH}}-CH_2-C_6H_4-\overset{CH_3}{\underset{CH_3}{\overset{\vert}{\underset{\vert}{C}}}}-C_6H_4- \right]_n$	环氧树脂本身为热塑性树脂,但在各种固化剂作用下,能交联而变线型为体型结构。其强度较高,韧性较好,具有优良的绝缘性能,尺寸稳定性及化学稳定性好,耐寒耐热,可在−80～155℃温度范围内长期工作	可制作模具、量具、电子仪表装置,以及各种复合材料。此外,环氧树脂是很好的胶黏剂

任务5.3 橡胶材料

5.3.1 工业橡胶的组成

橡胶是以生胶为主要原料,加入适量配合剂而制成的高分子材料。生胶是指未加配合剂的天然胶或合成胶,它也是将配合剂和骨架材料粘成一体的胶黏剂。

配合剂是指为改善和提高橡胶制品性能而加入的物质，如硫化剂、活性剂、软化剂、填充剂、防老剂、着色剂等。常用硫磺作硫化剂，经硫化处理后可提高橡胶制品的弹性、强度、耐磨性、耐蚀性和抗老化能力。软化剂可增强橡胶塑性，改善黏附力，降低硬度和提高耐寒性。填充剂可提高橡胶强度，减少生胶用量，降低成本和改善工艺性。防老剂可在橡胶表面形成稳定的氧化膜以抵抗氧化作用，防止和延缓橡胶发黏、变脆和性能变坏等老化现象。为减少橡胶制品的变形，提高其承载能力，可在橡胶内加入骨架材料。常用的骨架材料有金属丝、纤维织物等。

5.3.2 橡胶材料的性能特点

橡胶最大的特点是高弹性和优良的伸缩性。此外，还具有良好的耐磨、隔音、绝缘、储能等性能。

5.3.3 常用橡胶材料

按原料来源不同，橡胶分为天然橡胶和合成橡胶；根据应用范围的宽窄，分为通用橡胶和特种橡胶。合成橡胶是用石油、天然气、煤和农副产品为原料制成的。

1. 天然橡胶

天然橡胶可从近500种不同的植物中获得，但主要是从热带植物三叶橡胶树中取得。天然胶乳经过采集、凝聚、洗涤、干燥等工序，即可得到天然橡胶。虽然天然橡胶的物理性能、力学性能和加工性能较好，但发展天然橡胶要受自然条件的限制，且其性能尚不满足各方面的要求。

天然橡胶广泛用于制造轮胎，还可制造胶带、胶管、刹车皮碗，以及不要求耐油和耐热的垫圈、衬垫、胶鞋等。

2. 合成橡胶

合成橡胶是人工合成的类似天然橡胶的高分子弹性体。合成橡胶的种类很多，应用最广泛的是丁苯橡胶、顺丁橡胶、丁腈橡胶等。

(1) 丁苯橡胶　丁苯橡胶简称SBR，是丁二烯和苯乙烯的共聚物，是一种综合性能较好的通用橡胶。丁苯橡胶是浅黄色的弹性体，略有苯乙烯气味。丁苯橡胶的耐磨、耐自然老化、耐臭氧、耐水、气密等性能都比天然橡胶好，但强度、塑性、弹性、耐寒性则不如天然橡胶。

(2) 顺丁橡胶　顺丁橡胶(BR)是以丁二烯为原料，经聚合反应而制得的高分子弹性体。顺丁橡胶的原料来源丰富，具有良好的耐磨性、耐低温性、耐老化性，弹性高，动态负荷下发热小，并能与天然橡胶、氯丁橡胶、丁腈橡胶等并用，彼此取长补短。可用于制造轮胎，特别是作胎面材料时，掺用顺丁橡胶可改善耐磨性和延长使用寿命，也常用于耐寒制品。

(3) 异戊橡胶　异戊橡胶是以异戊二烯为单体，应用配位聚合方法制得的高分子弹性体。由于其分子结构和性能类似天然橡胶，是天然橡胶最好的代用品，故有“合成天然橡胶”之称，占合成橡胶第三位。因为其物理性能、力学性能和加工工艺性能与天然橡胶非常接近，在制造载重汽车外胎时，可以完全代替天然橡胶。

(4) 乙丙橡胶　乙丙橡胶简称EPR，是以乙烯、丙烯为主要单体共聚合成的高分子弹性体。其中由乙烯和丙烯两种单体合成的橡胶称为二元乙丙橡胶，代号 EPR 或 EPM。在聚合时，加入第三单体(非共扼双烯)即可得到三元乙丙橡胶 EPT 或 EPDM。

乙丙橡胶是一种半透明—透明、白色—琥珀色的固体，在空气中储存，化学性质稳定，即使长期放置在自然环境中或低温条件下，也无冻结或结晶现象，被誉为“无裂纹橡胶”。它的耐气候性、耐老化性和耐化学药品性突出，可在严寒、炎热、干燥、潮湿的环境下长期使用而无明显变化，其正常使用温度为 80～130℃，在 180～260℃下相当长的时间内仍能保持其稳定性；对强酸、强碱、盐类、有机酸、强氧化剂都有很强的抵抗性能。乙丙橡胶的体积电阻高达 10^{16}～10^{17} Ωcm，用它制作的电缆可耐 160 kV 的高电压。乙丙橡胶在电气、交通、建筑、机械、化工、国防等各个部门得到了极其广泛的应用，如可以用来制作海洋电缆、橡胶水坝、汽车船舶部件、野外篷帐、耐热运输带、耐寒制品、建筑防水材料、胶管、海绵制品等。

5.3.4 橡胶的老化

生胶和橡胶制品，在贮存和使用过程中，会出现变色、发黏、发脆及龟裂等现象，使橡胶失去原有的性能，以致失去使用价值，这种现象称为橡胶的老化。许多橡胶制品的失效，往往不是由于使用条件超过其性能允许范围使制品破坏，而是由于老化。因此，橡胶的老化是影响橡胶制品使用寿命的一个突出问题。

任务 5.4 复合材料

5.4.1 复合材料的组成

由两种或两种以上化学成分不同或组织结构不同的物质，经人工合成获得的多相材料称复合材料。人工合成的复合材料一般是由高韧性、低强度、低模量的基体和高强度、高模量的增强组分组成。这种材料既保持了各组分材料自身的特点，又使各组分之间取长补短、互相协同，形成优于原有材料的特性。

对复合材料的研究和使用表明，人们不仅可复合出质轻、力学性能良好的结构材料，也能复合出耐磨、耐蚀、导热或绝热、导电、隔音、减振、吸潮、抗高能粒子辐射等一系列特殊的功能材料。

高强度纤维不仅可与高聚物基体复合，还可与金属、陶瓷等基体复合，如碳纤维、硼纤维、碳化硅纤维、氧化铝纤维、氮化硼纤维及有机纤维等。这些高级复合材料是制造飞机、火箭、卫星、飞船等航空、宇航飞行器构件的理想材料。

5.4.2 复合材料的分类

复合材料的分类至今尚不统一，目前主要采用以下几种分类方法：

(1) 按材料的用途分类　可分为结构复合材料和功能复合材料两大类。结构复合材料是利用其力学性能(如强度、硬度、韧性等)，用以制作各种结构和零件。功能复合材料是利用其物理性能(如光、电、声、热、磁等),如雷达用玻璃钢天线罩就是具有很好透过电磁波性能的磁性复合材料,常用的电器元件上的钨银触点就是在钨的晶体中掺入银的导电功能材料,双金属片就是利用不同膨胀系数的金属复合在一起而成的具有热功能性质的材料。

(2) 按增强材料的物理形态分类　可分为纤维增强复合材料、粒子增强复合材料及层叠复合材料。

(3) 按基体类型分类　可分为非金属基体及金属基体两大类。目前大量研究和使用的是以高聚物材料为基体的复合材料。

5.4.3 复合材料的性能

(1) 比强度和比模量高　由于复合材料的增强相一般都采用高强度纤维,密度都比较小,因此比强度和比模量高。

(2) 抗疲劳性能好　由于复合材料基体中密布着大量纤维,疲劳断裂时,裂纹的扩展常要经历非常曲折和复杂的路径,因此抗疲劳强度很高。

(3) 减振性能好　由于复合材料的比模量高,自振频率很高,不易产生共振,同时纤维与基体间的界面具有吸振能力,故振动阻尼高。

(4) 高温性能好　一般铝合金升温到400℃时,强度只有室温时的1/10,弹性模量大幅度下降并接近于零。如用碳纤维或硼纤维增强的铝材,400℃时强度和模量几乎可保持室温下的水平。耐热合金最高工作温度一般不超过900℃,陶瓷粒子弥散型复合材料的最高工作温度可达到1 200℃以上,石墨纤维复合材料,瞬时高温可达2 000℃。

(5) 工作安全性好　由于纤维增强复合材料基体中有大量独立的纤维,使这类材料的构件一旦超载并发生少量的纤维断裂时,载荷会重新迅速分布在未破坏的纤维上,从而使这类结构不致在短时间内有整体破坏的危险,因而提高了工作的安全可靠性。

5.4.4 常用复合材料

复合材料因具有强度高、刚度大、密度小、隔音、隔热、减振、阻燃等优良的物理、力学性能,在航空、航天、交通运输、机械工业、建筑工业、化工及国防工业等部门起着重要的作用。

1. 纤维增强复合材料

纤维增强复合材料是使纤维增强材料均匀分布在基体材料内所组成的材料。纤维增强复合材料是复合材料中最重要的一类,应用最为广泛。它的性能主要取决于纤维的特性、含量和排布方式,其在纤维方向上的强度可超过垂直纤维方向的几十倍。

纤维增强材料按化学成分可分为有机纤维和无机纤维。有机纤维,如聚酯纤维、尼龙纤维、芳纶纤维等;无机纤维,如玻璃纤维、碳纤维、碳化硅纤维、硼纤维及金属纤维等。

2. 粒子增强复合材料

粒子增强复合材料是由一种或多种颗粒均匀分布在基体材料内所组成的材料。粒子增强复合材料的颗粒在复合材料中的作用,随粒子的尺寸大小不同而有明显的差别。颗粒直径小于0.01~0.1 μm的称为弥散强化材料,直径在1~50 μm的称为颗粒增强材料。一般来说，颗粒越小，增强效果越好。

按化学组分的不同，颗粒主要分金属颗粒和陶瓷颗粒。不同金属颗粒具有不同的功能。例如，需要导电、导热性能时，可以加银粉、铜粉；需要导磁性能时，可加入磁粉，加入 MoS_2 可提高材料的减摩性。

陶瓷颗粒增强金属基复合材料具有高强度、耐热、耐磨、耐腐蚀和热膨胀系数小等特性，用来制作高速切削刀具、重载轴承及火焰喷管的喷嘴等高温工作零件。

3. 层叠复合材料

层叠复合材料是由两层或两层以上材料叠合而成的材料。其中各个层片既可由各层片纤维位向不同的相同材料组成（如层叠纤维增强塑料薄板），也可由完全不同的材料组成（如金属与塑料的多层复合），从而使层叠材料的性能与各组成物性能相比有较大的改善。层叠复合材料广泛应用于要求高强度、耐蚀、耐磨的装饰及安全防护等。

层叠复合材料有夹层结构复合材料、双层金属复合材料和塑料-金属多层复合材料 3 种。

(1) 夹层结构复合材料　由两层具有较高强度、硬度、耐蚀性及耐热性的面板和具有低密度、低导热性、低传音性或绝缘性好等特性的心部材料复合而成。其中，心部材料有实心和蜂窝格子两类。这类材料常用于制作飞机机翼、船舶外壳、火车车厢、运输容器、面板、滑雪板等。

(2) 双层金属复合材料　将性能不同的两种金属，用胶合或熔合等方法复合在一起，以满足某种性能要求的材料。如将两种具有不同热膨胀系数的金属板胶合在一起的双层金属复合材料，常用来作为测量和控制温度的简易恒温器。

(3) 塑料-金属多层复合材料　以钢为基体，烧结铜网为中间层，塑料为表面层的塑料-金属多层复合材料，具有金属基体的力学、物理性能和塑料的耐摩擦、磨损性能。这种材料可用于制造机械、车辆等的无润滑或少润滑条件下的各种轴承，并在汽车、矿山机械、化工机械等部门得到广泛应用。

小　　结

1. 高分子材料包括塑料、橡胶、合成纤维 3 大类。它具有低强度和低韧性，高弹性、高耐磨性和低弹性模量，良好的电绝缘性，低的导热系数，耐腐蚀等优点。但也有易老化、抗蠕变能力弱等缺点。

2. 塑料是在玻璃态下使用的高分子材料。在一定温度、压力下可塑制成型，在常温下能保持其形状不变。大多数塑料都是以各种合成树脂为基础，再加入一些用来改善使用性能和工艺性能的添加剂制成。按使用范围可分为通用塑料和工程塑料和特种塑料 3 大类；按树脂的热性能可分为热塑性塑料和热固性塑料两大类。

3. 橡胶是以生胶为主要原料，加入适量配合剂而制成的高分子材料。橡胶是一种高分子弹性体，吸振力强，耐磨性、隔声件、绝缘性好，可积储能量，有一定的耐蚀性和强度。常用的橡胶有天然橡胶和合成橡胶两大类。天然橡胶有良好的物理性能和力学性能。

4. 复合材料是由两种或两种以上性质不同的物质，经人工组合而成的多相固体材料。

其特点是比强度、比模量高，抗疲劳性能好，减振性、高温性、破损安全性、化学稳定性好，成型工艺简单，减摩、耐磨和自润滑性好等。

习　题

5-1　橡胶使用时是什么状态？塑料使用时是什么状态？这两种材料的玻璃化温度应该高还是低？

5-2　工程塑料与金属材料相比，在性能与应用上有哪些差别？

5-3　玻璃钢与金属材料相比，在性能与应用上有哪些特点？

5-4　列举一些复合材料的例子，并指出这些材料中哪些是增强组分，哪些是基体。

5-5　复合材料性能上的突出特点是什么？

模块 2　工程力学基础

党的二十大提出：建设现代化产业体系。坚持把发展经济的着力点放在实体经济上，推进新型工业化，加快建设制造强国、质量强国、航天强国、交通强国、网络强国、数字中国。实施产业基础再造工程和重大技术装备攻关工程，支持专精特新企业发展，推动制造业高端化、智能化、绿色化发展。

工程案例导入

夹紧装置是制造加工中常用的装置，设计图 1 所示的液压夹紧装置，首先要对活塞杆、连杆、杠杆等各零件进行受力分析，然后计算承载能力。图 2 所示的钻床是企业中常见的一种钻孔机床，为了加工出符合精度要求的孔，钻床的立柱也要进行强度、刚度等承载能力计算。本模块将结合多种工程案例，介绍静力学基础知识和材料力学基础知识。通过学习，体会设计工作需要严谨的设计态度以及责任意识，理解“差之毫厘，失之千里”，明白一丝不苟、严谨的工作态度能够帮助、促进完成工程项目。

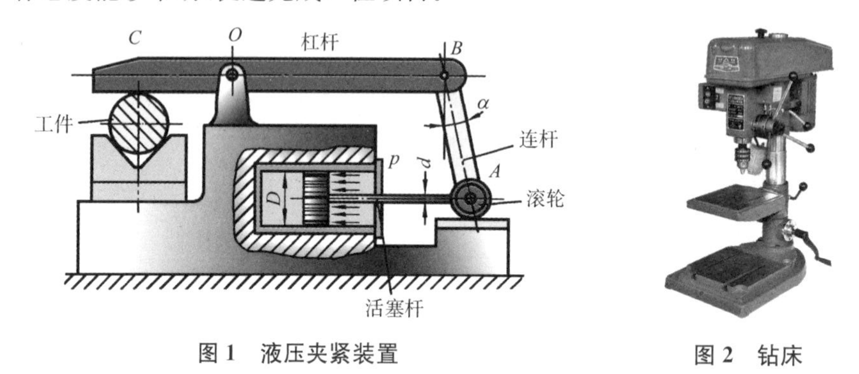

图 1　液压夹紧装置　　图 2　钻床

项目 6　静力学基础知识

● 学习目标

◇ 掌握静力学的基本概念、静力学公理；

◇ 掌握工程中常用的约束类型及其特点；

◇ 掌握正确分析刚体受力、绘制受力图方法；

◇ 培养严谨的计算态度以及责任意识。

● 学习重点和难点

◇ 静力学的基本概念；

◇ 刚体的受力分析、受力图绘制。

任务 6.1　静力学基本概念

6.1.1　平衡的概念

静力学是研究物体在力系作用下的平衡条件的科学，是物体机械运动的特殊情况，即物体的平衡问题。物体的平衡，是指物体相对于周围物体保持静止或作匀速直线运动的状态。研究物体的平衡问题，就是研究物体在各种力系作用下的平衡条件，并应用这些条件解决工程技术问题。它包括确定研究对象，进行受力分析，简化力系，建立平衡条件求解未知量等。

为了便于寻求各种力系对物体作用的总效应和力系的平衡条件，需要将力系进行简化，将其转换为另一个与其作用效应相同的简单力系。这种等效简化力系的方法，称为力系的简化。

在静力学中要解决两个问题，即研究受力物体平衡时，作用力应满足的条件；同时研究物体受力的分析方法，以及力系简化的方法。

6.1.2　刚体的概念

刚体是在力的作用下不变形的物体，即刚体内任何两点间的距离始终保持不变。在静力学中，研究的对象主要是刚体。刚体是一个理想化的力学模型，实际的物体在受力时总是要变形的。但是如果物体变形很小，而不影响所研究问题的实质，就可以忽略变形，把实际的物体抽象成理想刚体模型。这种抽象化使问题的研究得到简化，可按原尺寸进行计算，并归纳这类问题，得出普遍的刚体的平衡和运动的规律。

6.1.3　力的概念

(1) 力的定义　力是人们在长期的生活和生产实践活动中逐渐形成的。所谓力，是物体间相互的机械作用，这种作用使物体的机械运动状态发生变化。力对物体作用后会产生两种效应，一方面改变了运动状态，即改变了速度，称为力的外效应或运动效应；另一方面也改变了物体原来的形状，即产生了变形，又称为内效应。静力学主要研究力的外效应。

(2) 力的三要素　实践表明，力对物体的作用效应取决于力的大小、方向和作用点，这3个因素称为力的三要素。这3个要素中有任何一个要素改变时，力的作用效应也将发生改变。力的大小可以根据所产生的效应大小加以测定，静力学中可以用弹簧秤来测定。在国际单位制(SI制)中，力的单位是牛顿或千牛顿，记做牛(N)或千牛(kN)；在工程单位制

(LFT)中,力的单位是公斤力(kgf)或吨力(tf),两者的换算关系为

$$1\ \text{kgf}=9.8\ \text{N},\quad 1\ \text{tf}=9.8\ \text{kN}=9\,800\ \text{N}。$$

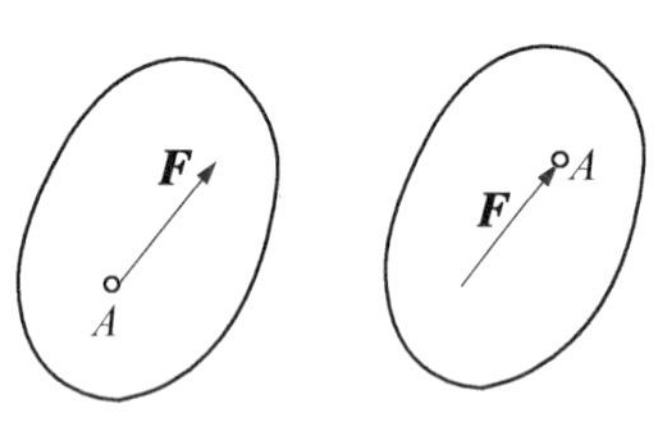

图 6-1　力的表示方法

(3) 力的表示方法　力是矢量,可以记做 $\boldsymbol{F}$,常用一带箭头的线段表示,如图 6-1 所示。线段的长度按一定比例尺表示力的大小;线段的方位和箭头的指向表示力的方向;线段的起点或终点(A)表示力的作用点。与线段重合的直线一般称为力的作用线。矢量用黑体字母表示,如 $\boldsymbol{F}$。力的大小(又称为模)是标量,用一般的字母表示,如 F。

6.1.4　力系的概念

作用在物体上的一群力称为力系。力系依据作用线分布情况的不同有下列几种:若所有力的作用线在同一平面内时,称为平面力系,否则称为空间力系;若所有力的作用线汇交于同一点时,称为汇交力系;而所有力的作用线都互相平行时,称为平行力系;其他称为任意力系。

若力系中各力对于物体作用的效应彼此抵消,而使物体保持平衡或运动状态不变,则这种力系称为平衡力系。平衡力系中,任一力对于其余的力来说都成为平衡力,即与其余的力相平衡的力。

若两力系分别作用于同一物体而效应相同,则这两个力系成为等效力系。若力系与一力等效,则此力称为该力系的合力,而力系中的各力,则称为此合力的分力。用一个简单的等效力系(或一个力)代替一个复杂力系的过程,称为力系的简化。力系的简化是工程静力学的基本问题之一。

任务 6.2　静力学公理

公理是人们在生活和生产实践中长期积累的经验总结,又被实践反复检验,被确认是符合客观实际的最普遍、最一般的规律。

6.2.1　公理 1　二力平衡条件

作用在刚体上的两个力,使刚体保持平衡的充分必要条件是:这两个力的大小相等、方向相反,且作用在同一条直线上,即 $\boldsymbol{F}_A=\boldsymbol{F}_B$,如图 6-2 所示。

必须注意,这个公理只适用于刚体。工程上常遇到只受两个力作用而平衡的构件,称为二力构件。

6.2.2　公理 2　加减平衡力系原理

对于作用在刚体上的任何一个力系,可以增加或去掉任一平衡力系,并不改变原力系对

于刚体的作用效应。

推理1　力的可传性　作用在刚体上某点的力，可以沿着它的作用线移到刚体内任意一点，并不改变该力对刚体的作用。

证明：设作用在刚体上点 A 的力为 $\boldsymbol{F}$，如图 6-3(a)所示。

根据公理2，可在作用线的任意点 B 上添加一对平衡力 $\boldsymbol{F}_1$ 和 $\boldsymbol{F}_2$，使 $\boldsymbol{F}$，$\boldsymbol{F}_1$，$\boldsymbol{F}_2$ 共线，且 $\boldsymbol{F}_2=-\boldsymbol{F}_1=\boldsymbol{F}$，如图 6-3(b)所示。力 $\boldsymbol{F}_1$ 和 $\boldsymbol{F}$ 满足公理1的条件组成平衡力系。因此，根据公理2，又可以把这两个力除去，而不改变原来运动状态，于是，剩下力 $\boldsymbol{F}_2$，仍和原来的力 $\boldsymbol{F}$ 等效，即 $\boldsymbol{F}_2=\boldsymbol{F}$，如图 6-3(c)所示。但力 $\boldsymbol{F}_2$ 就是原力 $\boldsymbol{F}$ 从点 A 顺着作用线移到点 B 后的结果。由此得证。

力的可传性说明，对刚体而言，力是滑动矢量，它可沿其作用线滑移至刚体上的任一位置。公理2和推论1只适用于刚体，而不适用于变形体。

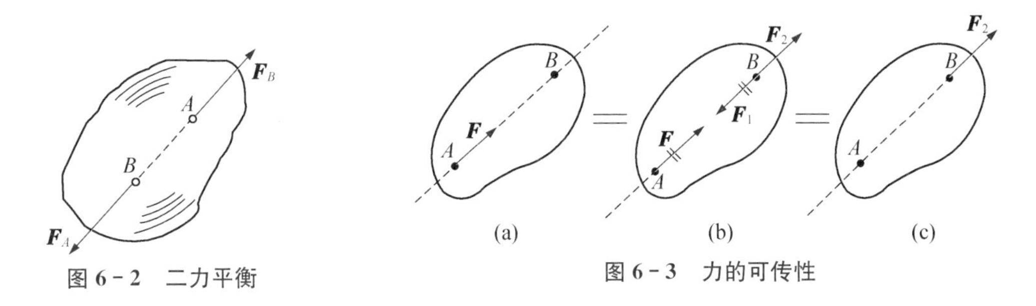

图6-2　二力平衡

图6-3　力的可传性

6.2.3　公理3　力的平行四边形法则

作用在物体上同一点的两个力，可以合成为一个合力。合力的作用点也在该点，合力的大小和方向，由这两个力为边构成的平行四边形的对角线确定，如图 6-4(a)所示。或者说，合力矢等于原两力的矢量和，即

$$\boldsymbol{F}_R=\boldsymbol{F}_1+\boldsymbol{F}_2。$$

也可另作一个力三角形，求两汇交力系合力的大小和方向(即合力矢)，如图 6-4(b)所示。

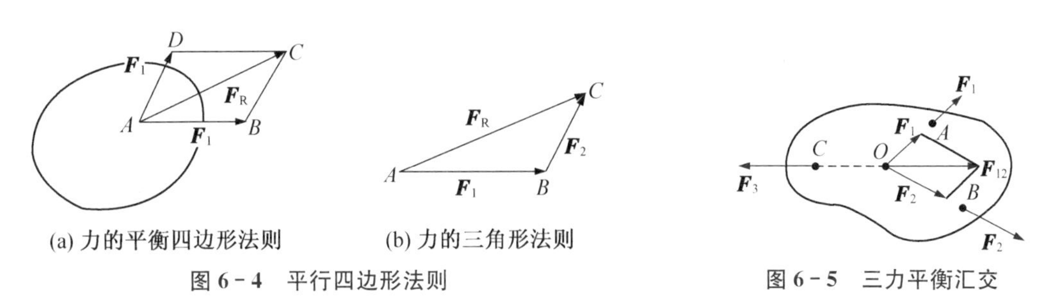

图6-4　平行四边形法则

图6-5　三力平衡汇交

推理2　三力平衡汇交原理　作用在刚体上3个互相平衡的力，若其中两个力的作用

线汇交于一点，则3个互相平衡的力必在同一个平面内，且第三个力的作用线通过汇交点。

证明：在刚体的A,B,C 3点上，分别作用3个互相平衡的力$\boldsymbol{F}_1$,$\boldsymbol{F}_2$,$\boldsymbol{F}_3$，如图6-5所示。根据力的可传性，将力$\boldsymbol{F}_1$和$\boldsymbol{F}_2$移到汇交点O，然后根据力平行四边形法则，得到合力$\boldsymbol{F}_{12}$，则$\boldsymbol{F}_3$应与$\boldsymbol{F}_{12}$平衡。由于两个力平衡必须共线，因此力$\boldsymbol{F}_3$必定与力$\boldsymbol{F}_1$和$\boldsymbol{F}_2$共面，且通过力$\boldsymbol{F}_1$和$\boldsymbol{F}_2$的交点O。由此得证。

6.2.4 公理4 作用和反作用定律

作用力和反作用力总是同时存在，两力的大小相等、方向相反，沿着同一直线，分别作用在相互作用的物体上。

6.2.5 公理5 刚化原理

变形体在某一力系作用下处于平衡，如将此变形体刚化为刚体，其平衡状态保持不变。

这个公理提供了把变形体看作为刚体的条件，建立了刚体的平衡条件和变形体的平衡条件之间的联系。它说明了变形体平衡时，作用在其上的力系必须满足把变形体硬化为刚体后刚体的平衡条件。这样，我们就能把刚体的平衡条件应用到变形体的平衡中去，从而扩大了刚体静力学的应用范围，这在弹性力学和流体力学中有重要的意义。必须指出，刚体的平衡条件是变形体平衡条件的必要条件，而非充分条件。

任务6.3 约束与约束力

在空间可以自由运动而获得任意位移的物体，称为自由体。例如，飞行的飞机、炮弹和火箭等。相反，位移受到某些限制的物体称为非自由体，对非自由体的某些位移起限制作用的周围物体称为约束。例如，沿轨道行驶的车辆，轨道限制车辆的运动，轨道就构成了约束；射击时，枪膛限制子弹的运动，枪膛也构成了约束，但是子弹在出膛后作抛物线运动则不是事先的限制，并不受到约束。据前所述，力的作用是使刚体的运动状态发生变化，而约束的存在是限制了物体的运动，所以约束一定有力作用在被约束的物体上。约束作用于该物体上的限制其运动的力，称为约束力。作用于被约束物体上约束力以外的力统称为主动力，如重力、气体的压力等。

在约束力的三要素中，约束力的大小是未知的，在静力学中是通过刚体的平衡条件求得；约束力的方向总是与约束所能限制的运动方向相反；约束力的作用点，在约束与被约束的接触处。下面介绍几种在工程中常用的约束类型和确定约束力方向的方法。

6.3.1 柔性体约束

柔性体约束有绳索、胶带、链条等。如图6-6(a)所示，绳索吊住重物；如图6-7所示，绕在轮子上的链条或胶带，等等。由于柔性体本身只能承受拉力，因此它给物体的约束力也只能是拉力。

柔性体约束对物体的约束力的特点是作用在接触点、沿着柔性体中心线、背离被约束物体的拉力，通常用 $\boldsymbol{F}$ 或 $\boldsymbol{F}_T$ 表示这类约束。

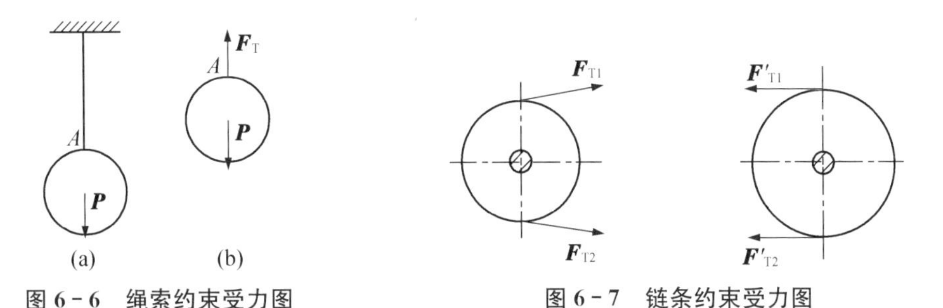

图 6-6　绳索约束受力图　　图 6-7　链条约束受力图

6.3.2　光滑接触面约束

如图 6-8 所示，支持物体的固定面、啮合齿轮的齿面、机床中的导轨等，这种忽略摩擦，接触表面视为理想光滑的约束称为光滑接触面约束。这类约束的特点是：过接触点、沿公法线方向、指向被约束的物体。这种约束力称为法向约束力，通常用 $\boldsymbol{F}_N$ 表示。

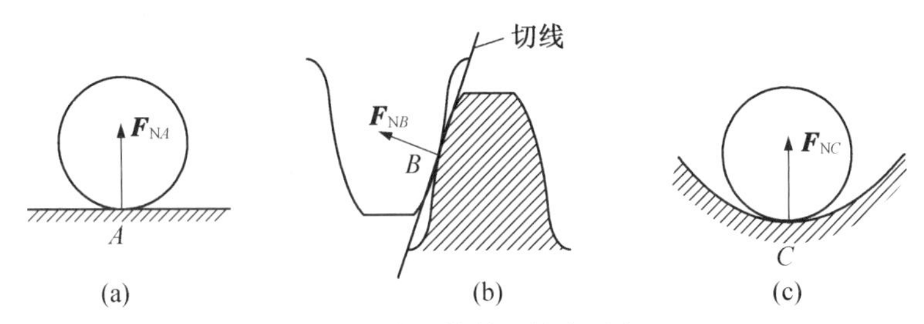

图 6-8　光滑接触面约束受力图

6.3.3　光滑圆柱铰链约束

如图 6-9(a)所示，两构件采用圆柱销形成联结，忽略接触处的摩擦，这类约束称为光滑圆柱铰链约束，如门窗上的合页等。这类约束本质上属于光滑面接触约束。

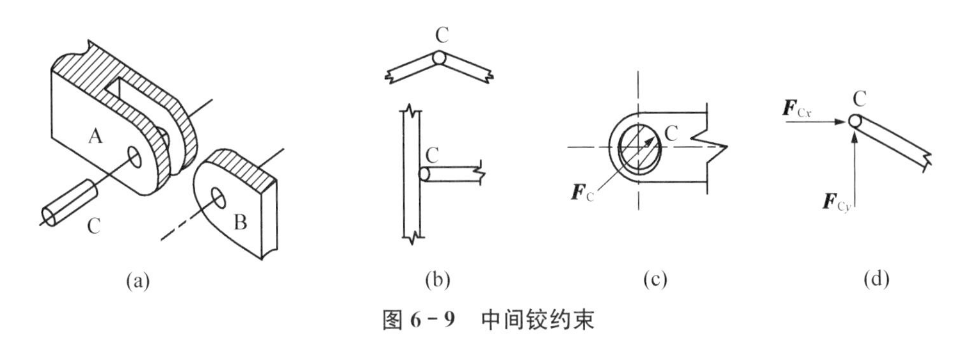

图 6-9　中间铰约束

常见的光滑圆柱铰链约束主要有以下 3 种类型。

(1) 中间铰约束　当圆柱销联接的两个构件不固定，通常就称为中间铰，如图 6－9 所示。中间铰约束的特点是：只限制了构件孔端的任意移动，不限制构件绕销孔端的相对转动。其约束力沿着圆柱面接触点的公法线方向、通过圆柱销中心，简图如图 6－9(b)所示。由于接触点不能确定，通常用一对大小未知的正交分力 $\boldsymbol{F}_{Cx}$，$\boldsymbol{F}_{Cy}$ 来表示，如图 6－9(d)所示。

(2) 固定铰链支座约束　当用圆柱销联结几个构件时，联结处称为铰接点。把结构支承在墙、柱、机身等固定支撑物上面的装置，称为支座。把圆柱销联结的两个构件中的一个固定起来(与底座联结，并把底座固定在支承物上)，称为固定铰链支座约束，如图 6－10(a)所示，其简图如图 6－10(b)所示。固定铰支座形成的约束力特点与中间铰相同，约束力可用图 6－10(c)所示表达。

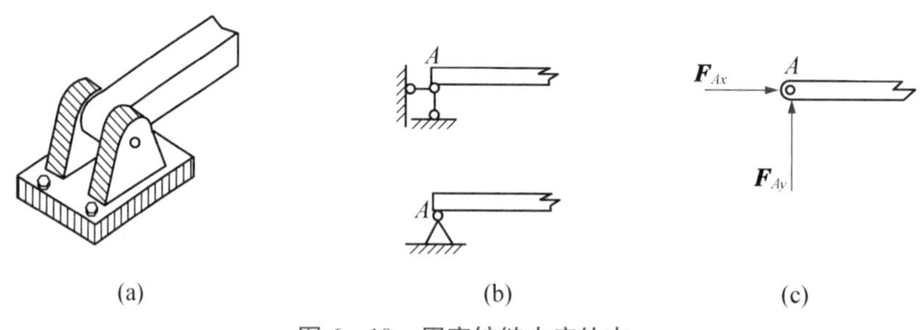

图 6－10　固定铰链支座约束

(3) 活动铰链支座约束　为了保证构件变形时既能发生微小的转动，又能发生微小的移动，可将构物件的铰支座用几个或多个滚柱(辊轴)支承在光滑的支座面上，构成了活动铰链支座，又称辊轴支座，如图 6－11(a)所示，通常用简图 6－11(b)表示。这类支座常用于桥梁、屋架等结构中。这类支座约束的特点是：只能限制构件沿支承面垂直方向的移动，不能阻止物体沿支承面的运动或绕销钉轴线的转动。因此，活动铰支座的约束力通过销轴中心，垂直于支承面，如图 6－11(c)所示。

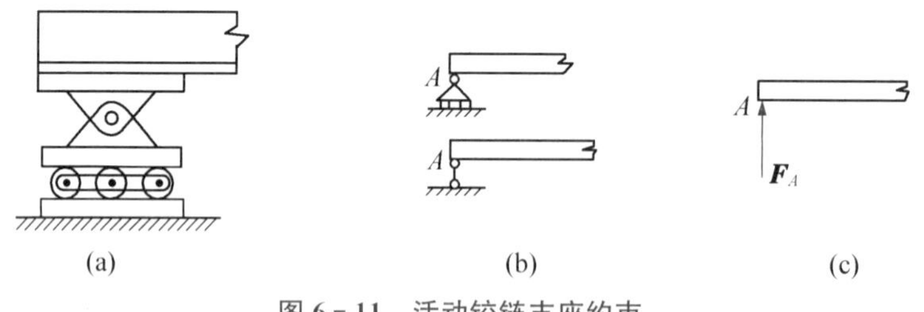

图 6－11　活动铰链支座约束

(4) 二力杆约束　两端用光滑铰链与其他构件联结且不考虑自重的，不受其他外力作用的杆件，称为链杆，它是二力杆或二力构件。

根据二力平衡公理，二力杆的约束力必沿着杆件两端铰链中心的连线，指向不定。如图 6－12(a)中的杆件 AB 为二力构件，可用简图 6－12(b)表示。图 6－12(c)所示为 AB 杆

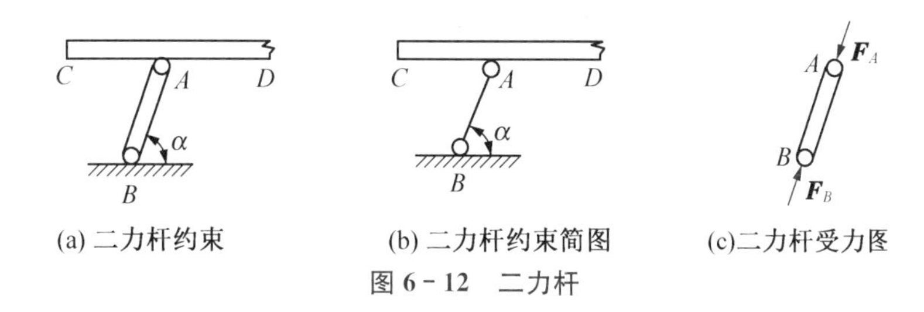

(a) 二力杆约束　　(b) 二力杆约束简图　　(c)二力杆受力图

图 6-12　二力杆

件的受力图。

6.3.4　固定端约束

固定端支座约束也是工程结构中常见的一种约束。图 6-13(a)所示是钢筋混凝土支柱与基础整体浇筑时，支柱与基础的联结端；图 6-13(b)所示是嵌入墙体一定深度的悬臂梁的嵌入端。它们都不能沿任何方向移动和转动，构件所受到的这种约束称为固定端约束，平面问题中一般用图 6-13(c)所示的简图表示。固定端支座的约束反力分布比较复杂，但在平面问题中，可简化为一个水平反力 $\boldsymbol{F}_{Ax}$、一个铅垂反力 $\boldsymbol{F}_{Ay}$ 和一个反力偶 M_A，如图 6-13(d)所示。

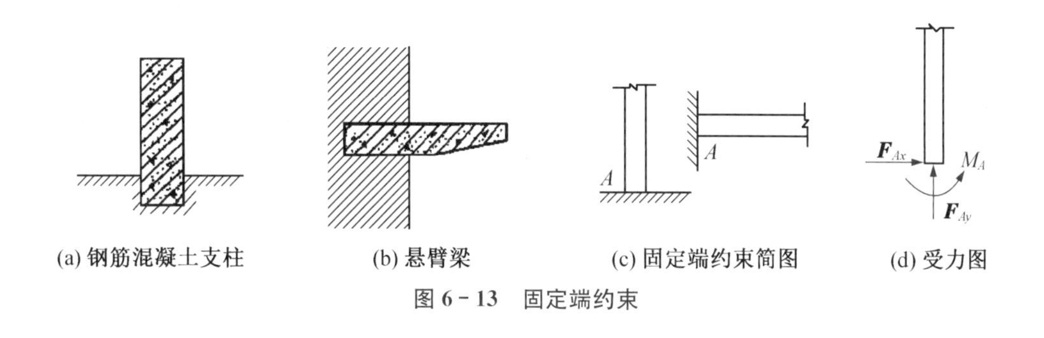

(a) 钢筋混凝土支柱　　(b) 悬臂梁　　(c) 固定端约束简图　　(d) 受力图

图 6-13　固定端约束

任务 6.4　受力分析与受力图

解决静力学问题时，首先要明确研究对象，然后考察分析它的受力情况，最后用相应的平衡方程去计算。为了清晰和便于计算，需要把研究对象的约束解除，把它从周围的物体中分离出来，单独画它的简图，这种被解除了约束后的物体叫**分离体**。解除约束的地方，用相应的约束力来代替约束的作用。作用在物体上的力还包括主动力，如重力、风力、气体压力等。把作用在分离体上的所有主动力和约束力以力矢表示在简图上，这种图形称为研究对象的受力图。整个过程就是对所研究的对象进行受力分析。在静力学中，画物体的受力图是解决问题的一个重要步骤。

6.4.1 画受力图的基本步骤

(1) 确定研究对象,取分离体　按问题的条件和要求,确定所研究的对象,解除与研究对象相联结的其他物体的约束,用简单的几何图形表示出其形状特征。

(2) 画出主动力　在该分离体上,画出物体受到的全部主动力,如重力、风力、气体的压力等。

(3) 画出约束力　在解除约束的位置,根据不同的约束类型及其特征,画出约束力。

(4) 检查受力图　最后根据前面所学的有关知识检查受力图是否正确。

例 6-1　用力 $\boldsymbol{F}$ 拉动碾子来压平路面,碾子重量为 $\boldsymbol{G}$,受到一石块的阻碍,如图 6-14(a)所示。不计摩擦,试画出碾子的受力图。

解: (1) 确定研究对象。取碾子为研究对象,并单独画出其简图。

(2) 画主动力。有重力 $\boldsymbol{G}$ 及拉力 $\boldsymbol{F}$。

(3) 画约束力。碾子在 A, B 两处受到石块和地面的光滑约束,所以在 A 处、B 处受石块与地面的法向约束力 $\boldsymbol{F}_{\mathrm{N}A}$ 和 $\boldsymbol{F}_{\mathrm{N}B}$ 的作用,它们沿着碾子上接触点的公法线而指向圆心。碾子的受力如图 6-14(b)所示。

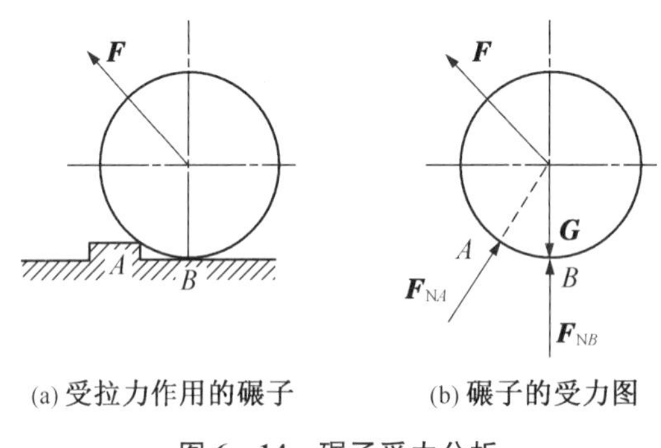

(a) 受拉力作用的碾子　　(b) 碾子的受力图

图 6-14　碾子受力分析

例 6-2　梁 A 端为固定铰支座,B 端为辊轴支座,支承平面与水平面夹角为 30°。梁中点 C 处作用有集中力,如图 6-15(a)所示,如不计梁的自重,试画出梁的受力图。

解: (1) 确定研究对象。取梁 AB 为研究对象,并单独画出其简图。

(2) 画主动力。有集中力 $\boldsymbol{F}_{\mathrm{P}}$。

(3) 画约束力。梁 AB 受 A 端固定铰约束反力、B 端活动铰链约束反力和集中力 $\boldsymbol{F}_P$ 作用,是三力杆;A 端固定铰的约束力用一对正交分力 $\boldsymbol{F}_{Ax}$ 和 $\boldsymbol{F}_{Ay}$ 表示,B 端活动铰链约束反力通过销轴中心,垂直于支承面,用 $\boldsymbol{F}_B$ 表示,其受力如图 6-15(b)所示。

在本题中,由于梁 AB 是三力杆;B 端活动铰链约束反力通过销轴中心,垂直于支承面。根据三力平衡汇交原理,可直接得出 $\boldsymbol{F}_A$,如图 6-15 (c)所示。

例 6-3　画出图 6-16(a)所示三角架中构件 AB, AC 和销钉 A 的受力图,不计各杆的

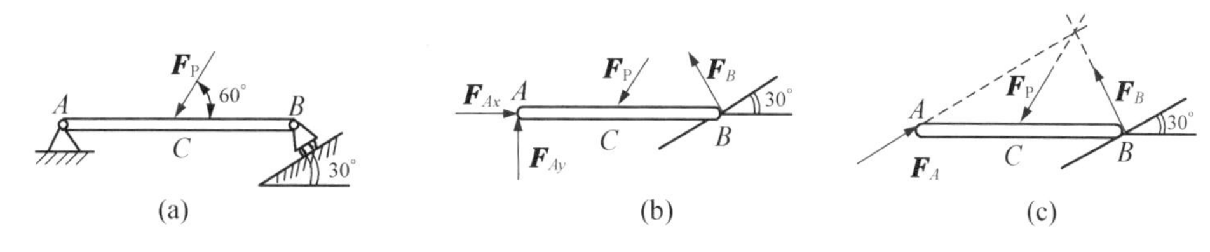

图 6-15 梁的受力分析

自重。

解：(1) 确定研究对象。分别取 AB 杆和 AC 杆和销钉 A 为研究对象，并单独画出其简图。

(2) 画主动力。AB 杆和 AC 杆都不受主动力作用，销钉 A 受力 $\boldsymbol{G}$ 作用。

(3) 画约束力。AB 杆和 AC 杆分别只受 B 端、C 端固定铰约束反力和 A 端中间铰链约束反力作用；都是二力杆，根据二力平衡原理，其约束力为沿杆件两端铰链中心的连线，受力如图 6-16(b,c)所示；销钉 A 是三力杆，根据作用力与反作用力原理，其受力如图 6-17(d)所示。

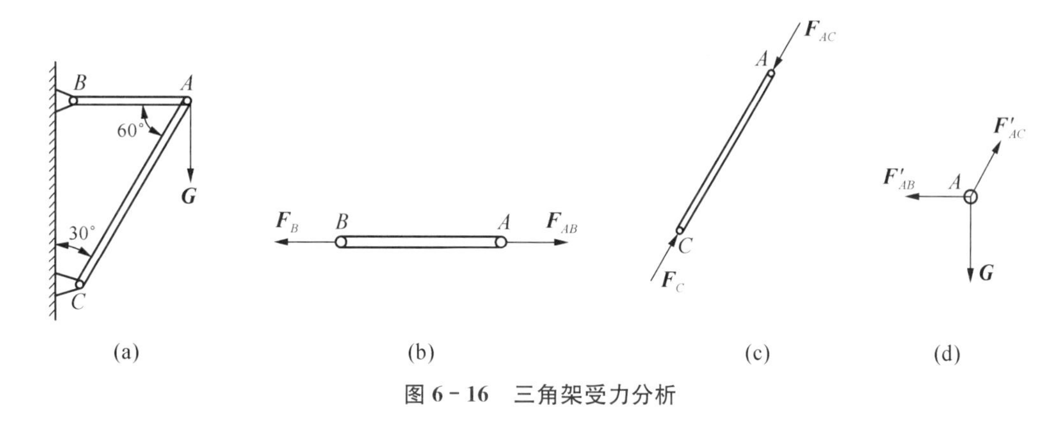

图 6-16 三角架受力分析

例 6-4 三绞拱受力如图 6-17(a)所示，试分别画出杆 AB，BC，ABC 的受力图，各部分的自重忽略不计。

解：(1) 确定研究对象。分别取杆 AB 和 BC 为研究对象，并单独画出其简图。

(2) 画主动力。杆 BC 不受主动力作用，杆 AB 受力 $\boldsymbol{F}$ 作用。

(3) 画约束力。杆 BC 只受 B 端固定铰约束反力、C 端中间铰链约束反力作用，是二力杆，根据二力平衡原理，其约束力为沿杆件两端铰链中心的连线，受力如图 6-17(b)所示。杆 AB 受力 $\boldsymbol{F}$、A 端固定铰约束反力、B 端中间铰链约束反力作用，是三力杆，根据三力平衡汇交原理及作用力与反作用力原理，可得出其受力图如图 6-17(c)所示；若 A 端固定铰的约束力用一对正交分力 $\boldsymbol{F}_{Ax}$ 和 $\boldsymbol{F}_{Ay}$ 表示，其受力分析也可用图 6-17(d)表示。

取整体 ABC 为研究对象，其受力图如图 6-17(f)或(e)所示。

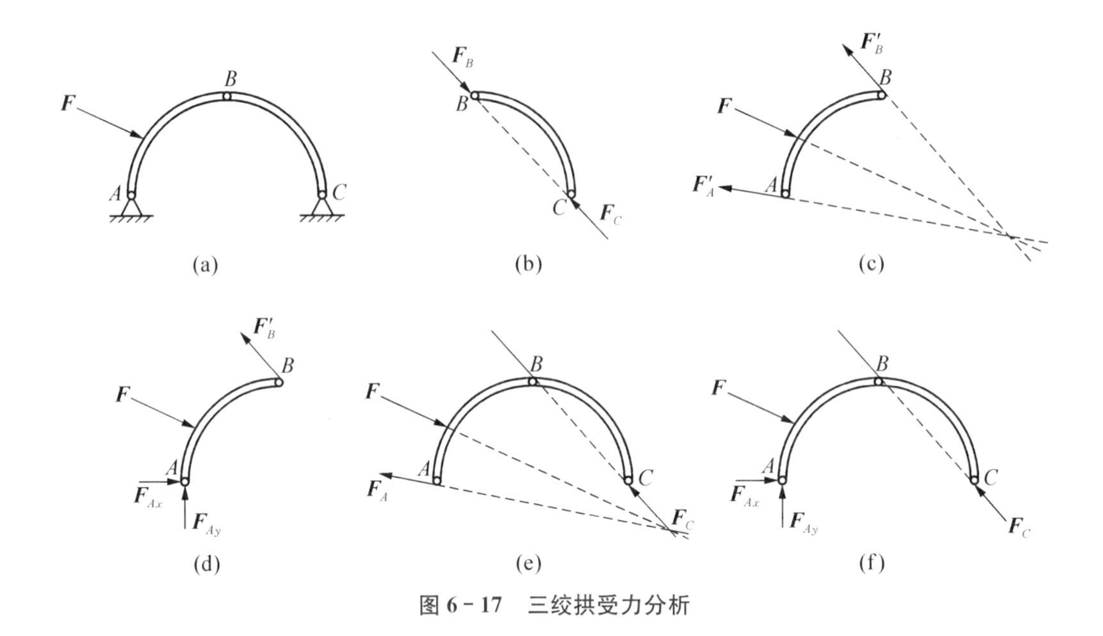

图 6-17 三绞拱受力分析

例 6-5 如图 6-18(a)所示,支架由杆 AC、杆 BD、滑轮和绳索等组成,E 处是铰链联结,A 和 B 均为固定铰链支座。已知物体重 $\boldsymbol{G}$,不计其余物体的重量,试分别画出滑轮、杆 AC、杆 BD 以及整个支架的受力图。

解: 滑轮、杆 AC、杆 BD 以及整个支架的受力图,分别如图 6-18(b,c,d,e)所示。

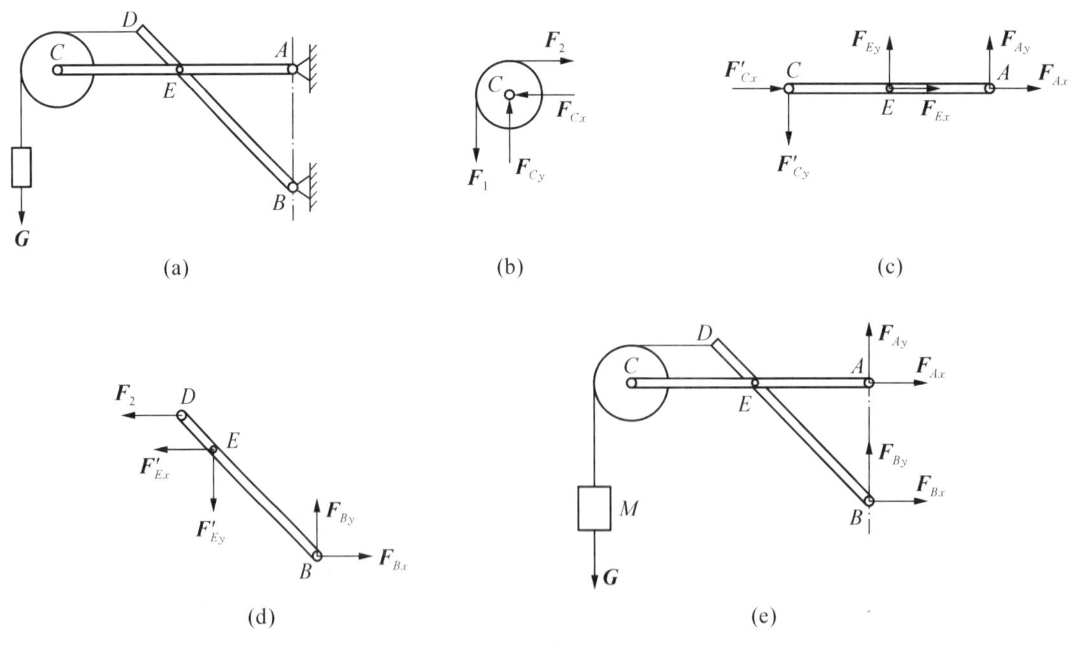

图 6-18 支架受力分析

6.4.2 注意事项

正确地画出物体的受力图，是分析解决力学问题的基础。画受力图时，必须注意以下几点：

(1) 必须明确研究对象　即明确对哪个物体进行受力分析，取出分离体，不同的研究对象的受力图是不同的。

(2) 正确确定研究对象受力数目　由于力是物体之间相互的机械作用，因此对每一个力都应明确它是哪一个施力物体施加给研究对象的，决不能凭空产生。同时也不可漏掉一个力。一般先画出已知的主动力，再画约束力；凡是研究对象与外界接触的地方，一般都存在约束力。

(3) 正确画出约束力　一个物体往往同时受到几个约束的作用，这时应分别根据每个约束本身的特性来确定其约束力方向，而不能凭主观臆测。

(4) 当研究对象为整体或其中几个物体的组合时，研究对象内各物体间相互作用的内力不要画出，只画研究对象以外的物体对研究对象的作用力。当分析两物体间相互的作用力时，应遵循作用力与反作用力的关系。作用力方向一经确定，反作用力方向必与之相反。同一个力在不同的受力图上表示要一致。同时注意，在画受力图时不要运用力的等效变换或力的可传性，来改变力的作用位置。

小　结

1. 静力学研究的两个基本问题是：(1) 力系的简化；(2)力系的平衡条件。研究方法有几何法、解析法。

2. 平衡、刚体、力及约束是静力学的基本概念。

3. 静力学公理是静力学理论的基础。公理1、公理2和力的可传性原理只适用于刚体。

4. 静力学主要研究非自由刚体的平衡，因此研究约束并分析约束力的性质很重要。工程中常见的约束类型有：(1) 柔性约束：只能承受沿绳索的拉力；(2) 光滑接触面约束：只能承受位于接触点的法向压力；(3) 铰链约束：能限制物体沿垂直于销钉轴线方向的移动，一般表示为两个正交分力；(4) 固定端约束：能限制物体任何方向的移动和转动，用两个正交约束力和一个约束力偶表示其作用。

5. 画受力图基本步骤：(1) 明确研究对象，取分离体；(2) 画主动力；(3) 画约束力。

习　题

假设下列各题中物体间接触处均为光滑，物体的重量除图上已注明以外，均略去不计。

6-1　画出题6-1图中球体的受力图。

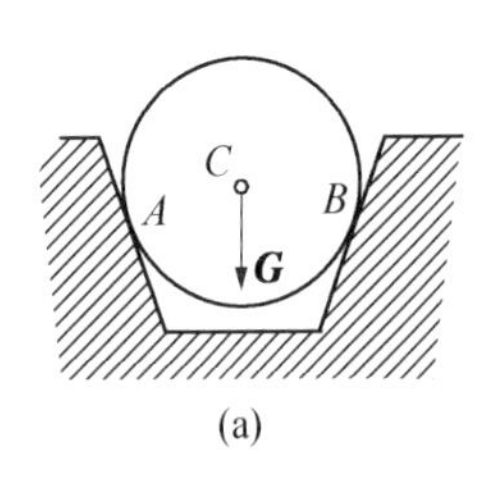

(a)

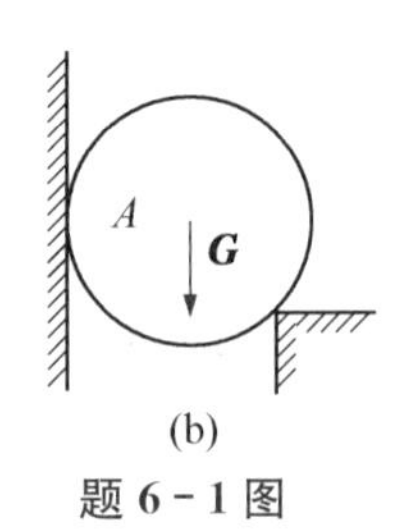

(b)

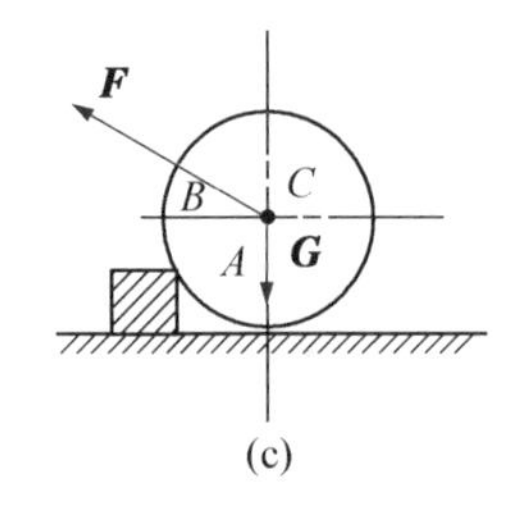

(c)

题 6-1 图

6-2　画出题 6-2 图中指定物体的受力图。

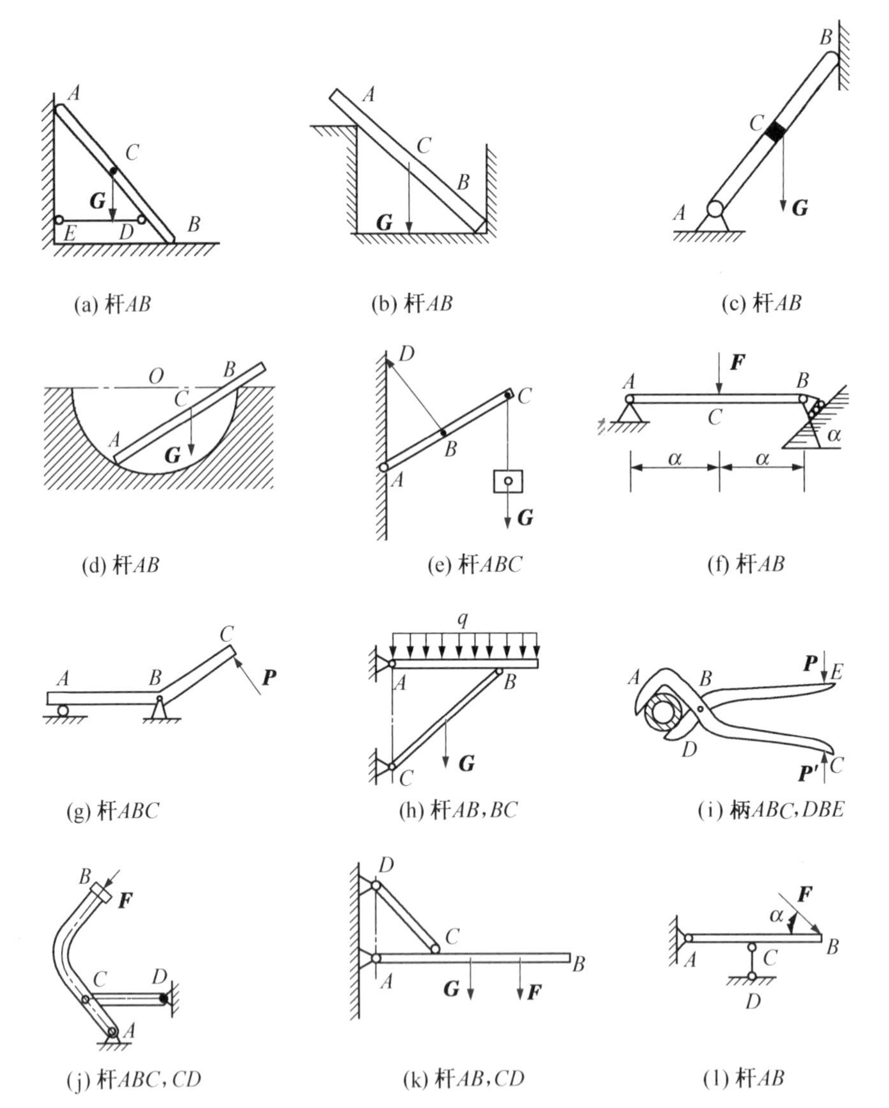

(a) 杆*AB*　(b) 杆*AB*　(c) 杆*AB*

(d) 杆*AB*　(e) 杆*ABC*　(f) 杆*AB*

(g) 杆*ABC*　(h) 杆*AB*，*BC*　(i) 柄*ABC*，*DBE*

(j) 杆*ABC*，*CD*　(k) 杆*AB*，*CD*　(l) 杆*AB*

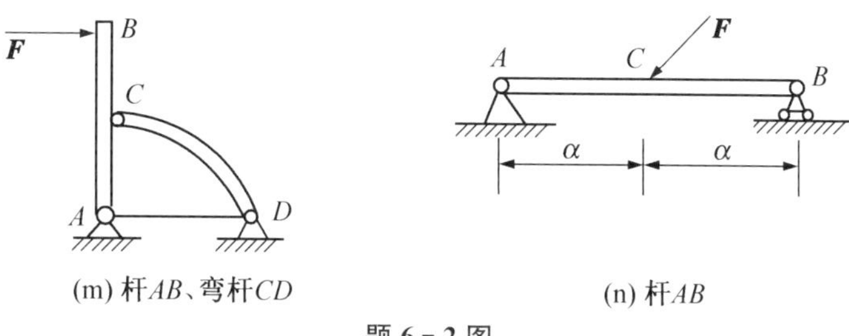

(m) 杆AB、弯杆CD　　(n) 杆AB

题 6－2 图

6－3　画出题 6－3 图中各物系中指定物体的受力图。

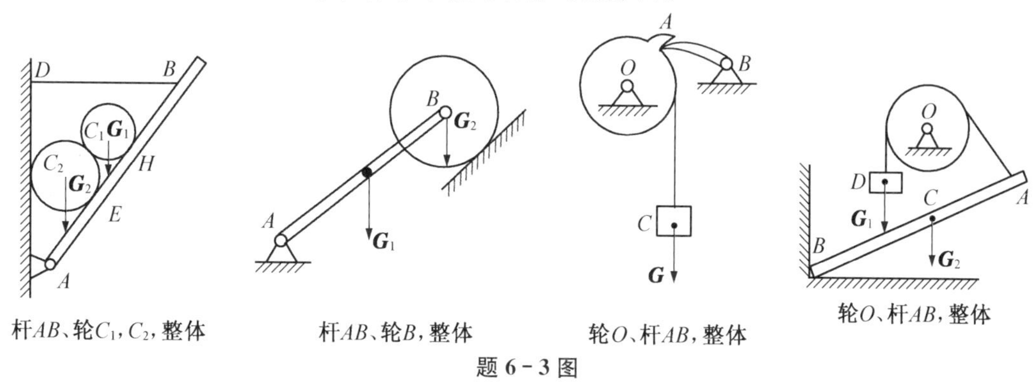

杆AB、轮C_1，C_2，整体　　杆AB、轮B，整体　　轮O、杆AB，整体　　轮O、杆AB，整体

题 6－3 图

6－4　题 6－4 图所示为挖掘机简图，HF 与 EC 为油缸，试画出动臂 AB 及组合体 CD 的受力图。

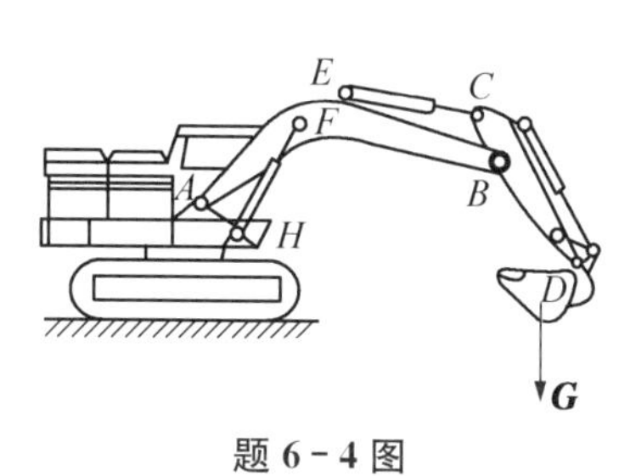

题 6－4 图

6－5　油压夹紧装置如题 6－5 图所示。工件的压力是通过增大油压，经活塞 A、连杆 BC 和杠杆 DCE 来传递的，试分别画出活塞 A、滚子 B 和杠杆 DCE 的受力图。

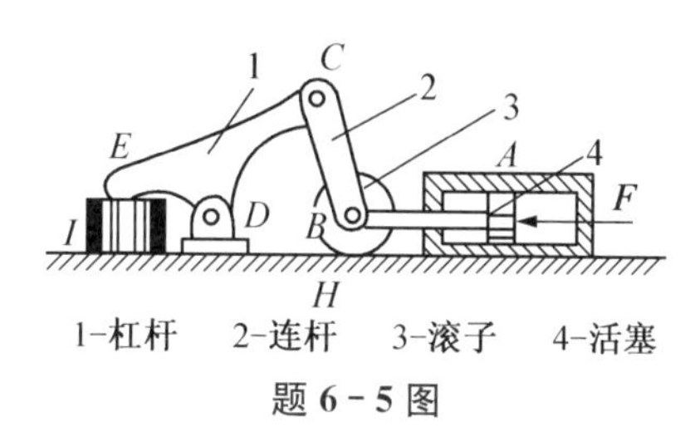

1-杠杆　2-连杆　3-滚子　4-活塞

题 6－5 图

6－6　画出题6－6图中构件AB,BC和销钉B的受力图。

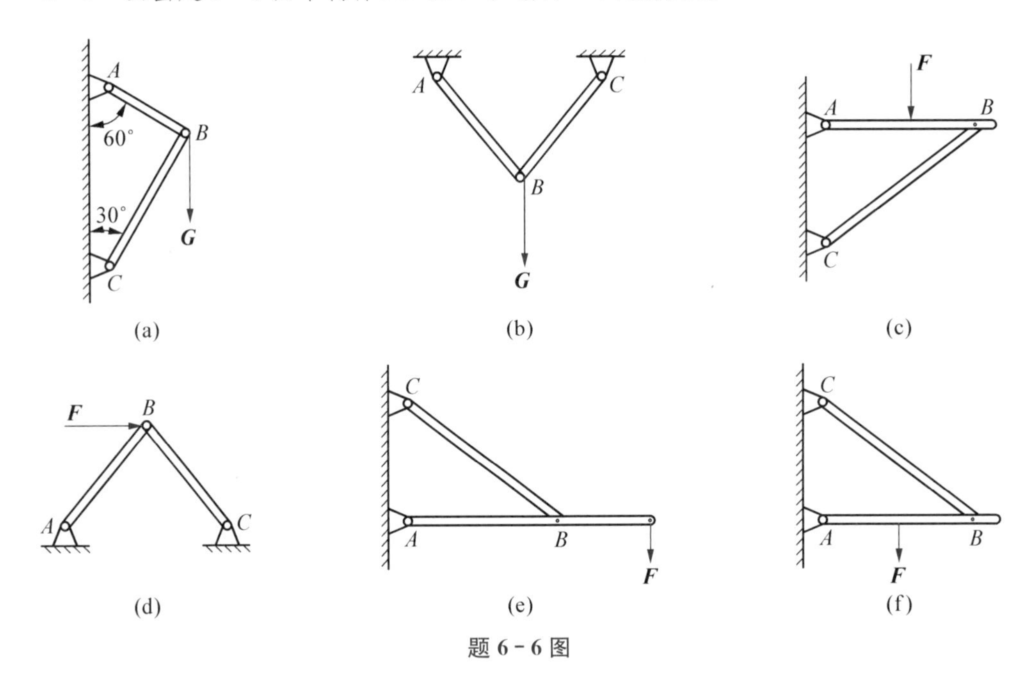

题6－6图

6－7　如题6－7图所示,支架由杆AB、杆CD、滑轮和绳索等组成,画出滑轮、CD杆、AB杆和支架整体的受力图。

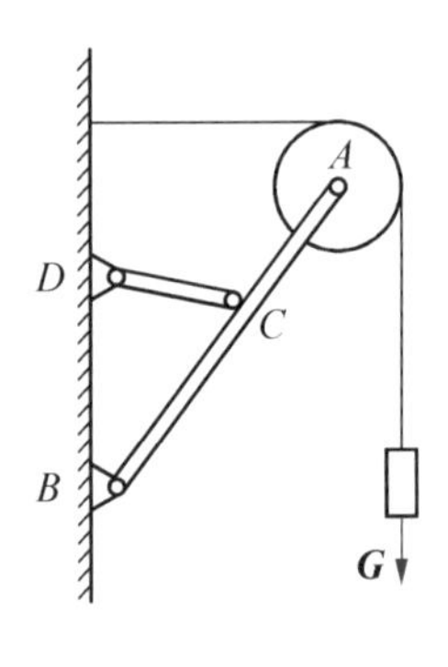

题6－7图

项目 7　平面汇交力系

● 学习目标

◇ 掌握平面汇交力系合成的几何法、解析法；

◇ 掌握平面汇交力系的平衡条件及工程应用；

◇ 培养严谨的设计、计算态度以及责任意识。

● 学习重点和难点

◇ 平面汇交力系合成的几何法、解析法；

◇ 平面汇交力系的平衡条件及工程应用。

任务 7.1　平面汇交力系合成与平衡的几何法

平面汇交力系是指，各力的作用线都在同一个平面内且汇交于一点的力系。这是最简单的力系。

7.1.1　平面汇交力系合成的几何法

设一刚体受到平面汇交力系 $\boldsymbol{F}_1$，$\boldsymbol{F}_2$，$\boldsymbol{F}_3$，$\boldsymbol{F}_4$ 的作用，各力的作用线汇交于一点 A。根据刚体内部力的可传性，可将各力的作用点沿其作用线移至汇交点 A，如图 7-1(a)所示。然后利用力的三角形法则将各力依次合成，即从任选点 a 作出矢量 $\boldsymbol{F}_1$，在其末端 b 作出矢量 $\boldsymbol{F}_2$，则虚线 $\overrightarrow{ac}$ 矢($\boldsymbol{F}_{R1}$)为力 $\boldsymbol{F}_1$ 与 $\boldsymbol{F}_2$ 的合力矢。依次作出 $\boldsymbol{F}_3$，$\boldsymbol{F}_4$ 矢，各分力组成了一个不封边的力多边形 $abcde$，终点为 e 点，$\overrightarrow{ae}$ 即为 4 个力的合力矢 $\boldsymbol{F}_R$，如图 7-1(b)所示。

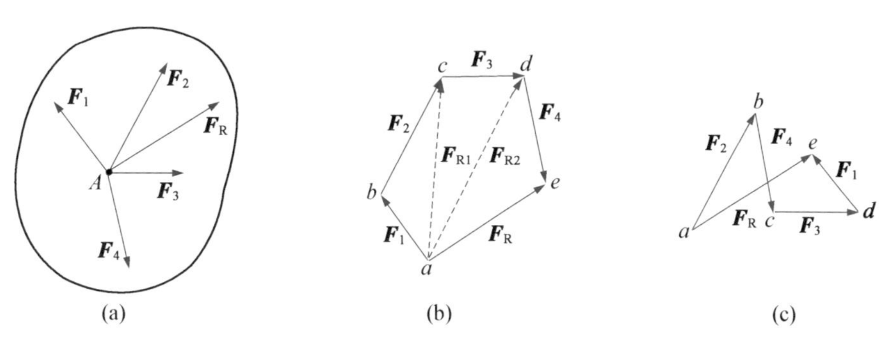

图 7-1　平面汇交力系的力多边形法则

各力矢与合力矢构成的多边形为力多边形，表示合力矢的边 ae 称为力多边形的封闭边，用力多边形求合力 $\boldsymbol{F}_{\mathrm{R}}$ 的几何作图规则称为**力的多边形法则**，这种方法又称为**几何法**。根据矢量相加的交换律，任意变换各分力的作图顺序，可得形状不同的力多边形，但其合力 $\boldsymbol{F}_{\mathrm{R}}$ 始终不变，如图 7-1(c)所示。

使用力的多边形法则时应注意：

(1) 合力 $\boldsymbol{F}_{\mathrm{R}}$ 为力的多边形的封闭边；

(2) 合力 $\boldsymbol{F}_{\mathrm{R}}$ 的大小与相加次序无关；

(3) 合力 $\boldsymbol{F}_{\mathrm{R}}$ 的作用点为首力的始点；

(4) 合力 $\boldsymbol{F}_{\mathrm{R}}$ 的方向是从首力的始端指向末力的终端。

若平面汇交力系有 n 个力，用 $\boldsymbol{F}_{\mathrm{R}}$ 表示合力矢，则有

$$\boldsymbol{F}_{\mathrm{R}}=\boldsymbol{F}_1+\boldsymbol{F}_2+\cdots+\boldsymbol{F}_n=\sum_{i=1}^{n}\boldsymbol{F}_i。\qquad(7-1)$$

合力 $\boldsymbol{F}_{\mathrm{R}}$ 对刚体的作用与原力系对该刚体的作用是等效的。

7.1.2 平面汇交力系平衡的几何条件

平面汇交力系几何法平衡的必要与充分条件是：该力系的合力为零，或力系中各力矢构成的力多边形自行封闭，即

$$\sum\boldsymbol{F}_i=\boldsymbol{0}。\qquad(7-2)$$

图解法求解平面汇交力系的平衡问题时，首先选取适当的比例画出封闭的力多边形，然后量得所要求的未知量。

例 7-1 如图 7-2(a)所示，支架的横梁 AB 与斜杆 DC 以铰链 C 相联结，C 点为 AB 杆的中点，铰链 A，D 以铰链与铅直的墙联结，杆 DC 与水平面成 45°角；载荷 $F=10$ kN。设梁和杆的重量忽略不计，求铰链 A 的约束力和杆 DC 所受的力。

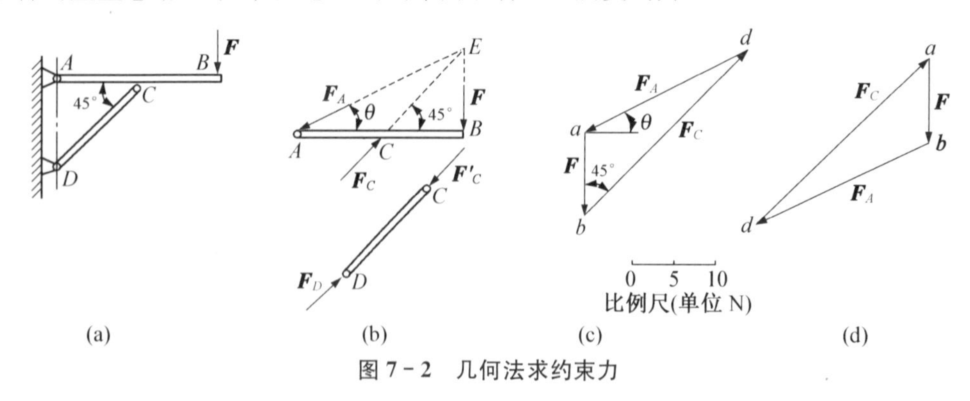

图 7-2 几何法求约束力

解： 选取横梁 AB 为研究对象。横梁 AB 在 B 处受载荷 $\boldsymbol{F}$ 的作用。杆 DC 为二力杆，所以在 C 点对横梁的作用力为 $\boldsymbol{F}_C$，如图 7-2(b)所示。铰链 A 点的约束力的作用线可根据三力平衡汇交定理确定，即通过另外两个力的交点 E。

根据平面汇交力系平衡的几何条件，此3个力可以组成一个封闭的三角形。按照图中的比例尺先画出力 $\boldsymbol{F}$，再根据 $\boldsymbol{F}_C$ 和 $\boldsymbol{F}_A$ 的方向组成封闭的三角形，即可量出 $\boldsymbol{F}_A$ 的大小。如图7-2(b,c)所示，求得

$$F_C=28.3\ \text{kN},\ F_A=22.4\ \text{kN}。$$

根据作用力反作用力，作用在杆 DC 的 C 端的力 $\boldsymbol{F}_C'$ 与 $\boldsymbol{F}_C$ 大小相等、方向相反，可见 DC 杆受压力，如图7-2(b)所示。

封闭三角形也可以如图7-2(d)所示来求得 $\boldsymbol{F}_C$ 和 $\boldsymbol{F}_A$，结果是相同的。

任务7.2　平面汇交力系合成与平衡的解析法

7.2.1　平面汇交力系合成的解析法

由于受到作图精度的限制，几何法求力系合力往往不能满足工程要求。因此，工程上常采用解析法解决实际问题。

设力 $\boldsymbol{F}$ 作用于一个刚体上，如图7-3(a)所示，建立直角坐标系 xOy，则 $\boldsymbol{F}$ 在 x，y 轴上的投影为

$$F_x=F\cos\theta,\ F_y=F\sin\theta。\tag{7-3}$$

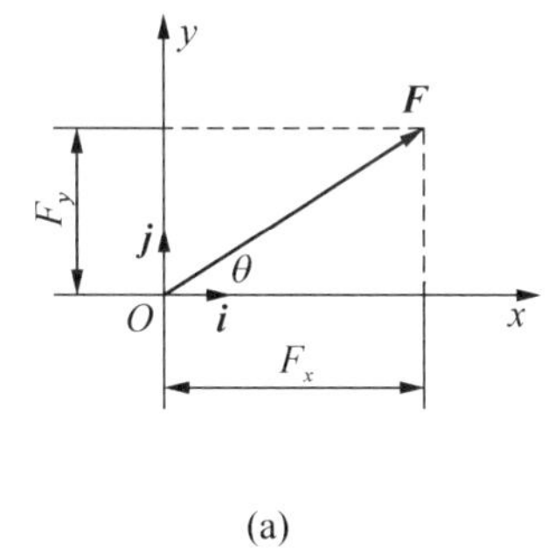

(a)

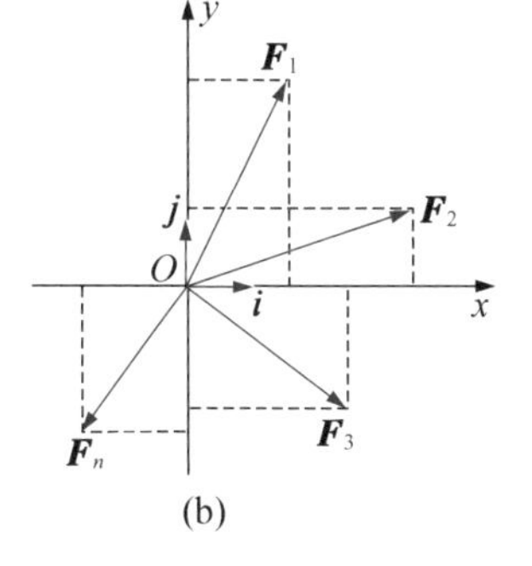

(b)

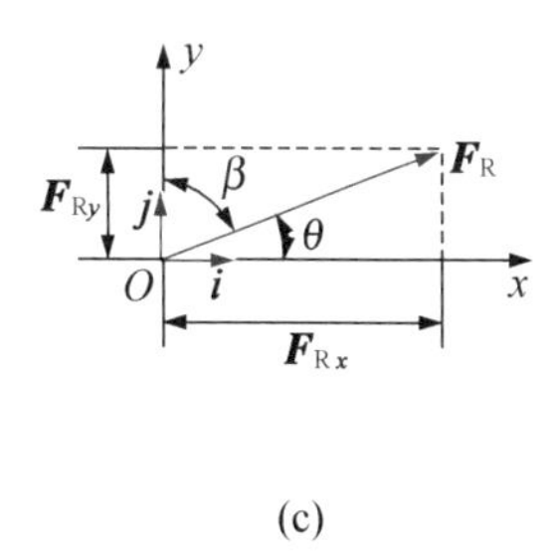

(c)

图7-3　力在 x，y 轴上的投影

设由 n 个力组成平面汇交力系作用于一个刚体上，如图7-3(b)所示，将各力分别向 x，y 轴投影，根据合矢量投影定理：合矢量在某一轴上的投影等于各分矢量在同一轴上投影的代数和，可得

$$F_{Rx}=F_{x1}+F_{x2}+\cdots+F_{xn}=\sum F_{xi},F_{Ry}=F_{y1}+F_{y2}+\cdots+F_{yn}=\sum F_{yi},\tag{7-4}$$

式中，F_{Rx}，F_{Ry} 为合力在 x，y 轴上的投影；F_{x1} 和 F_{y1}，F_{x2} 和 F_{y2}，…，F_{xn} 和 F_{yn} 分别为各分力在向 x 和 y 轴上的投影。

由图7-3(c)可得合矢力的大小和方向为

$$F_{\mathrm{R}}=\sqrt{F_{\mathrm{R}x}^2+F_{\mathrm{R}y}^2}=\sqrt{(\sum F_{xi})^2+(\sum F_{yi})^2}，\tan\theta=\left|\frac{F_{\mathrm{R}y}}{F_{\mathrm{R}x}}\right|=\left|\frac{\sum F_{yi}}{\sum F_{xi}}\right|。\quad(7-5)$$

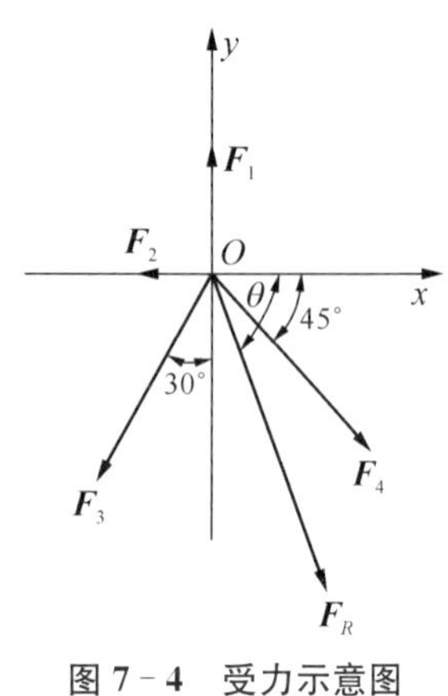

图 7-4　受力示意图

例 7-2　如图 7-4 所示，已知力 $F_1=500$ N，$F_2=300$ N，$F_3=600$ N，$F_4=1\,000$ N，作用于 O 点，各力方向如图所示，求它们的合力大小和方向，并在图中画出。

解：由(7-4)式，可得

$$F_{\mathrm{R}x}=\sum F_x=-F_2-F_3\sin 30^\circ+F_4\cos 45^\circ$$
$$=-300-600\sin 30^\circ+1\,000\cos 45^\circ\approx 107\ \mathrm{N};$$

$$F_{\mathrm{R}y}=\sum F_y=F_1-F_3\cos 30^\circ-F_4\sin 45^\circ$$
$$=500-600\cos 30^\circ-1\,000\sin 45^\circ\approx -727\ \mathrm{N}。$$

由(7-5)式，可得

$$F_{\mathrm{R}}=\sqrt{F_{\mathrm{R}x}^2+F_{\mathrm{R}y}^2}=\sqrt{107^2+727^2}\approx 734.5\ \mathrm{N}。$$

合力 $\boldsymbol{F}_{\mathrm{R}}$ 与 x 轴的夹角为

$$\theta=\tan^{-1}\left(\frac{F_{\mathrm{R}y}}{F_{\mathrm{R}x}}\right)=\tan^{-1}\frac{727}{107}\approx 81.6^\circ。$$

7.2.2　平面汇交力系平衡的解析条件和平衡方程

由于平面汇交力系平衡的充分必要条件是该力系的矢量和为零，因此力系中各力在 x，y 轴上的投影的和必须等于零。故平面汇交力系平衡的充分必要条件是

$$F_{\mathrm{R}x}=\sum F_x=0，\ F_{\mathrm{R}y}=\sum F_y=0。\quad(7-6)$$

(7-6)式是平面汇交力系的平衡方程，它以解析形式表示汇交力系平衡的充分必要条件：力系中各力在力系平面内的 x，y 轴上的投影的代数和分别等于零。

(7-6)式是两个独立的方程，可以求解两个未知量。

例 7-3　如图 7-5(a)所示，支架由杆 AB，BC 构成，A，B，C 3 点处均为铰链联结。在 A 点悬挂重量 $G=10$ kN 的重物，求杆 AB，AC 所受的力，杆的自重不计。

解：(1) 确定研究对象。取 A 处铰接点为研究对象。

(2) 画出受力图，如图 7-5(b)所示。

(3) 建立坐标系：

由 $\sum F_x=0$，$-F_{AC}-G\cos 60^\circ=0$，得 $F_{AC}=-G\cos 60^\circ\approx-5$ kN　(压)；

由 $\sum F_y=0$，$F_{AB}-G\sin 60^\circ=0$，得 $F_{AB}=G\sin 60^\circ\approx 8.7$ kN　(拉)。

计算结果可知，F_{AC} 为负值，表示该力实际指向与受力图中假设的指向相反，说明杆件

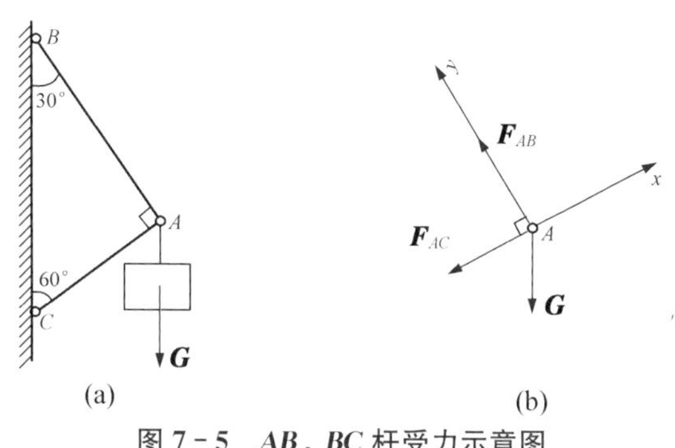

图 7-5　**AB, BC** 杆受力示意图

AC 受压；F_{AB} 为正值，表示该力实际指向与受力图中假设的指向相同，说明杆件 AB 受拉。

小　　结

1. 平面汇交力系的合成有两种方法：几何法和解析法。

2. 平面汇交力系合成只有两种结果，即 $\boldsymbol{F}_R=\boldsymbol{0}$，力系平衡；或 $\boldsymbol{F}_R\neq\boldsymbol{0}$，力系有一合力。

3. 平面汇交力系平衡的充要条件是合力 $\boldsymbol{F}_R=\boldsymbol{0}$。在几何法中，是力多边形自行封闭；在解析法中，是平衡方程，即

$$\sum F_x=0,\quad \sum F_y=0,$$

是两个独立的方程，可以求解两个未知量。

习　　题

7-1　在拖板上铆有两个构件，已知构件 B 拉力的大小为 $P=250$ N，构件 C 的拉力大小为 $Q=200$ N，方向如题 7-1 图所示，求它们合力的大小和方向。

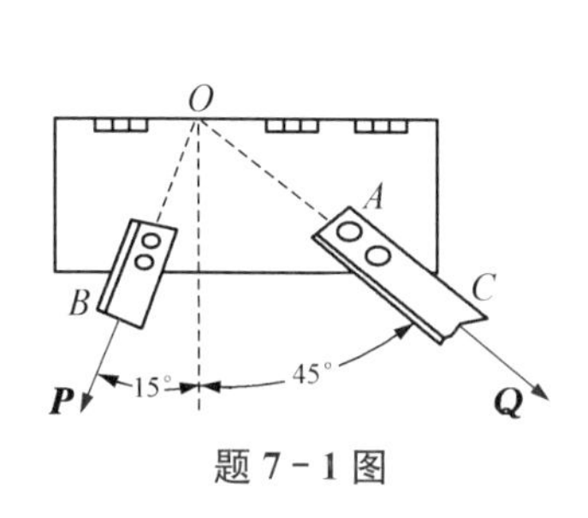

题 7-1 图

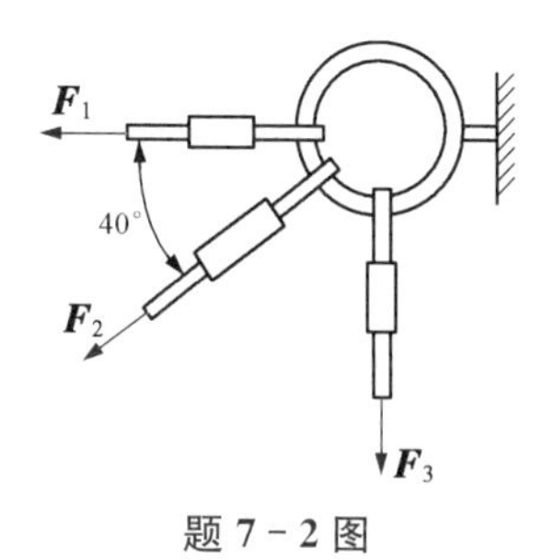

题 7-2 图

7-2　如题 7-2 图所示，固定在墙壁上的圆环受到 3 条绳索的拉力作用，力 $F_1=200$ N，为水平方向，力 $F_3=150$ N，为铅直方向，力 $F_2=250$ N，与 $\boldsymbol{F}_1$ 成 40°角，求 3 个力的合力。

7-3　题 7-3 图所示的三角支架由杆 AB 和 AC 铰接而成，在 A 处作用有重力 $\boldsymbol{G}$，分别求出以下 3 种情况杆 AB，AC 所受的力（杆的自重不计）。

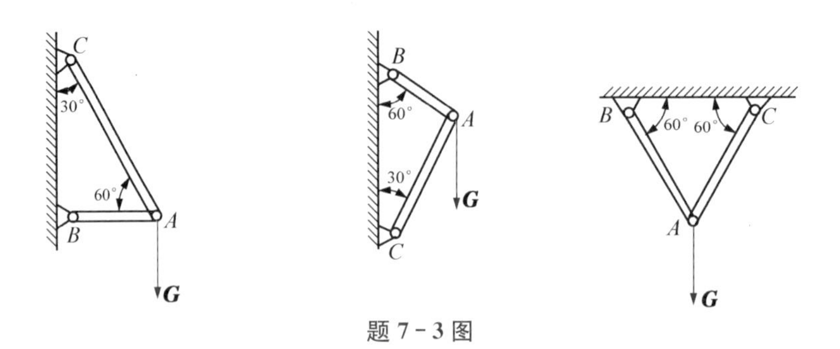

题 7-3 图

7-4　如题 7-4 图所示，在两垂直墙壁之间的绳子上挂一重量 $G=200$ N 的物体，绳子与两墙的夹角 $\alpha=60°$，$\beta=30°$，求两绳的拉力。

7-5　题 7-5 图所示为一简易起重机用钢丝绳吊起重量为 20 kN 的物体，当物体处于平衡状态时，求杆 AB 和杆 CB 所受的力。其中，A，B，C 3 处简化为铰链联结，并设滑轮的大小、杆 AB 与杆 BC 的自重及摩擦都忽略不计。

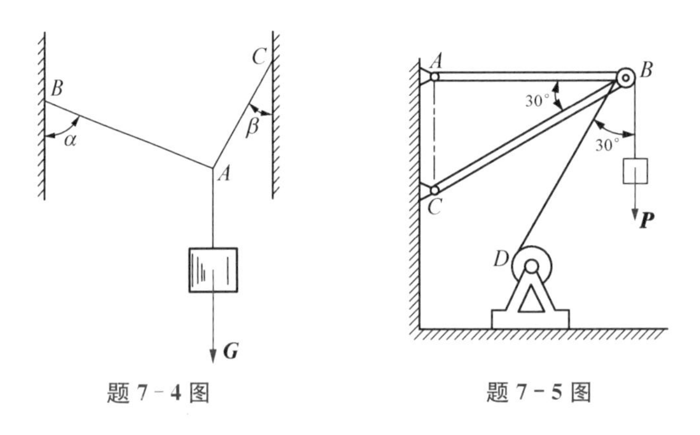

题 7-4 图　　　　题 7-5 图

7-6　题 7-6 图所示为机床夹具中的斜楔增力机构，楔角 $\alpha=10°$，推进斜楔的作用力为 $F_2=300$ N。若各接触面摩擦不计，试求力柱对工件的夹紧力 F_1 的值。

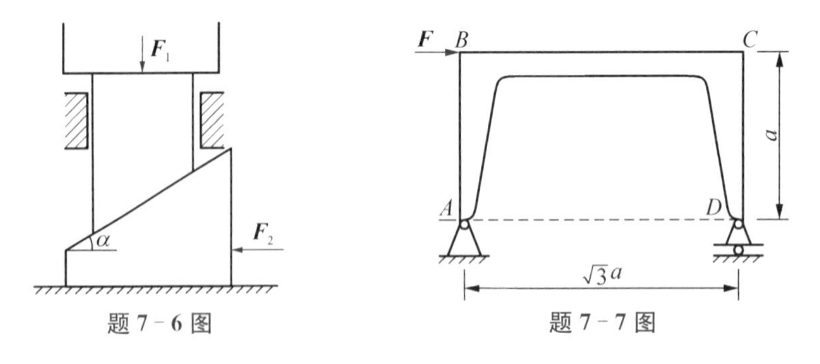

题 7-6 图　　　　题 7-7 图

7-7　如题 7-7 图所示，平面钢架在点 B 受一水平力 $\boldsymbol{F}$ 作用，设 $F=10$ kN，不计钢架自重，求固定铰链支座 A 和活动铰链 D 处的约束力。

项目 8　力矩与平面力偶系

● 学习目标

◇ 掌握力矩、力偶的概念及其大小的计算；

◇ 掌握合力矩定理及其应用；

◇ 掌握平面力偶系合成与平衡的条件及其应用；

◇ 培养严谨的设计、计算态度以及责任意识。

● 学习重点和难点

◇ 力矩、力偶的概念；

◇ 合力矩定理及其应用。

任务 8.1　平面力对点之矩

8.1.1　力矩

在日常生活和工程建设中，我们常用扳手来拧紧螺母，如图 8-1 所示。由经验可知，拧动螺母的作用力不仅与 $\boldsymbol{F}$ 的大小有关，而且与点 O 到力的作用线的垂直距离有关。因此力 $\boldsymbol{F}$ 对扳手的作用可用两者的乘积 Fd 来量度。显然，力 $\boldsymbol{F}$ 使扳手绕点 O 转动的方向不同，作用效果也不同。

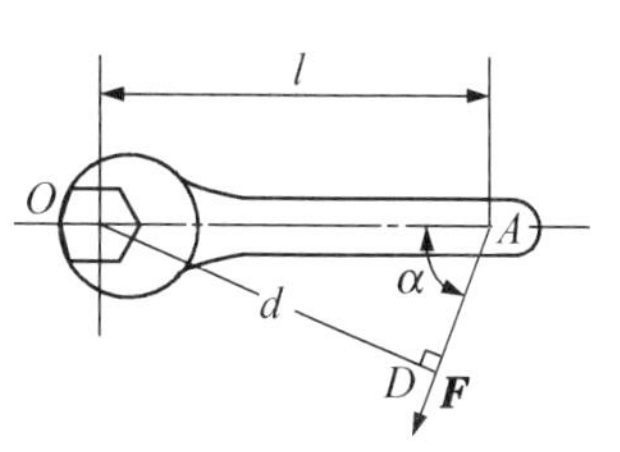

图 8-1　用扳手拧螺母示意图

由此可见，力 $\boldsymbol{F}$ 使物体绕 O 转动的效果，完全由下列两个因素决定：

(1) 力的大小与力臂的乘积 Fd。

(2) 力使物体绕 O 点转动的方向。

这两个因素可用一个代数量表示为

$$M_O(\boldsymbol{F}) = \pm Fd, \tag{8-1}$$

这个代数量称为**力对点的矩**，简称**力矩**。

力矩的概念可以推广到普遍的情形。图 8-1 中，平面上作用一力 $\boldsymbol{F}$，在平面内任取一点 O，点 O 称为**矩心**，点 O 到力的作用线的垂直距离 d 称为**力臂**，则在平面问题中力对点的矩定义如下：

力对点的矩是一个代数量，它的绝对值等于力的大小与力臂的乘积，它的正负可按以下办法确定：力使物体绕矩心逆时针转向转动时为正，反之为负。

由图 8-1 可知，力 $\boldsymbol{F}$ 对点 O 的矩的大小可用△AOD 面积的两倍表示，即

$$M_O(\boldsymbol{F}) = \pm 2S_{\triangle AOB}。$$

力矩在下列两种情况下等于零：① 力等于零；② 力的作用线通过矩心，即力臂等于零。力矩的单位为 N·m。

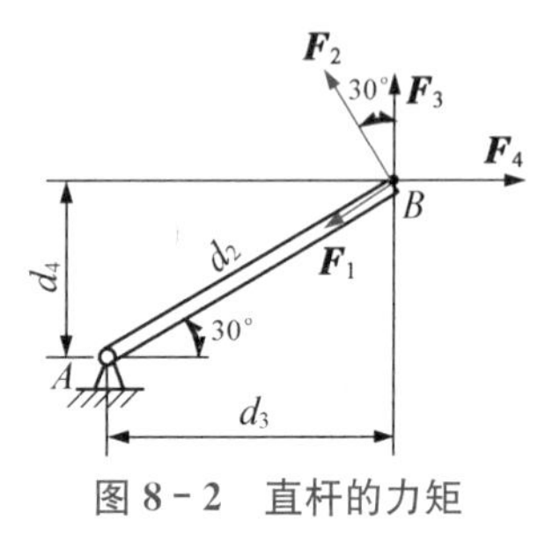

图 8-2 直杆的力矩

例 8-1 直杆 AB 长 0.5 m，A 点受固定铰链约束，B 点受 $\boldsymbol{F}_1$，$\boldsymbol{F}_2$，$\boldsymbol{F}_3$，$\boldsymbol{F}_4$ 4 个力作用，如图 8-2 所示。4 个力的大小分别为 $\boldsymbol{F}_1 = 100$ N，$\boldsymbol{F}_2 = 50$ N，$\boldsymbol{F}_3 = 60$ N，$\boldsymbol{F}_4 = 80$ N。试求各力对 A 点的力矩。

解：各力对 A 点的力矩为

$$M_A(\boldsymbol{F}_1) = \boldsymbol{F}_1 d_1 = 0, M_A(\boldsymbol{F}_2) = \boldsymbol{F}_2 d_2 = 50 \times 0.5 = 25\ (\text{N}\cdot\text{m}),$$

$$M_A(\boldsymbol{F}_3) = \boldsymbol{F}_3 d_3 = 60 \times 0.5\cos 30° \approx 26\ (\text{N}\cdot\text{m}),$$

$$M_A(\boldsymbol{F}_4) = -\boldsymbol{F}_4 d_4 = -80 \times 0.5\sin 30° = -20\ (\text{N}\cdot\text{m})。$$

8.1.2 合力矩定理

根据合力的定义，合力对物体的作用效果等于力系中各分力对物体作用效果的总和。既然力对物体的转动效应是用力矩来度量的，那么合力对某点的力矩等于各分力对该点力矩的代数和。这个关系就称为合力矩定理。合力矩定理的数学表达式为

$$M_O(\boldsymbol{R}) = M_O(\boldsymbol{F}_1) + M_O(\boldsymbol{F}_2) + \cdots + M_O(\boldsymbol{F}_n) = \sum M_O(\boldsymbol{F}), \qquad (8-2)$$

式中的 $\boldsymbol{R}$ 为力系 $\boldsymbol{F}_1$，$\boldsymbol{F}_2 \cdots \boldsymbol{F}_n$ 的合力。

例 8-2 曲杆 AB 一端固定，另一端受力 $\boldsymbol{T}$ 的作用，如图 8-3(a)所示。若 $T = 500$ N，求 $\boldsymbol{T}$ 对 A 点的力矩。

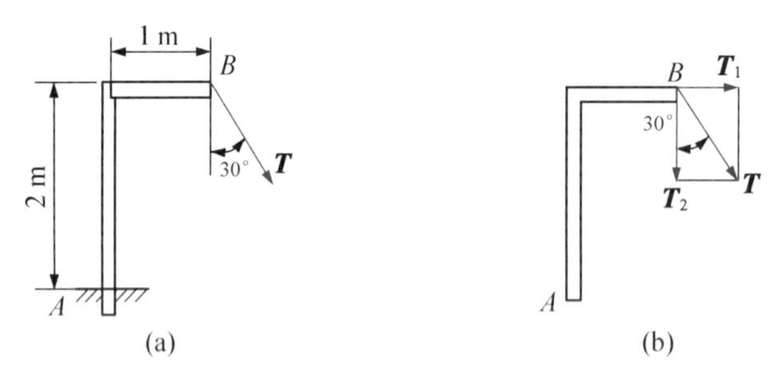

图 8-3 曲杆的力矩

解：先将 $\boldsymbol{T}$ 分解为互相垂直的两个分力 $\boldsymbol{T}_1$，$\boldsymbol{T}_2$，如图 8-3(b)所示。根据合力矩定理，有

$$\begin{aligned} M_A(\boldsymbol{T}) &= \mathrm{M_A}(\boldsymbol{T}_1) + \mathrm{M_A}(\boldsymbol{T}_2) \\ &= -T_1 \times 2 + (-T_2 \times 1) = -2T\sin 30° - T\cos 30° \\ &= -2 \times 500\sin 30° - 500\cos 30° = -934(\text{N}\cdot\text{m})。\end{aligned}$$

任务 8.2　力偶及力偶矩

8.2.1　力偶

在现实生活或工程实际中，我们常常见到汽车司机用双手转动驾驶盘驾驶汽车，如图8－4(a)所示；钳工用丝锥攻螺纹，如图8－4(b)所示；电动机的定子磁场对转子的作用，如图8－4(c)所示。在驾驶盘、丝锥、转子等物体上，作用了一对等值反向的平行力。等值反向平行力的合力显然等于零，但是由于它们不共线而不能相互平衡，故能使物体改变转动状态。**这种由两个大小相等、方向相反的平行力组成的力系，称为力偶，记作($\boldsymbol{F}$,$\boldsymbol{F}'$)。力偶的两力之间的垂直距离 d 称为力偶臂，力偶所在的平面称为力偶的作用面。**既然力偶不能合成为一个力，或用一个力来等效替换，那么力偶也不能用一个力来平衡。因此，力和力偶是静力学的两个基本要素。

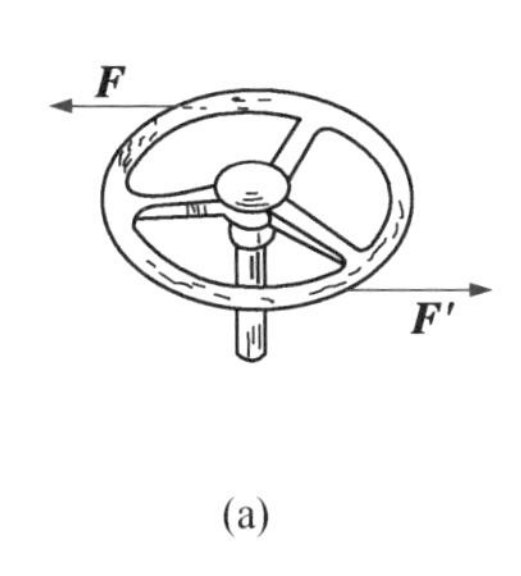

(a)

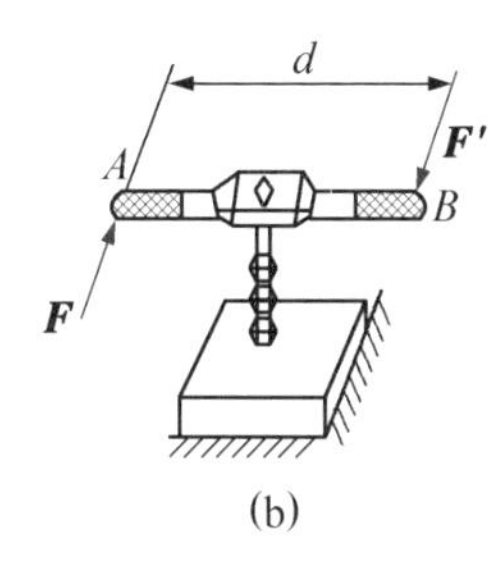

(b)

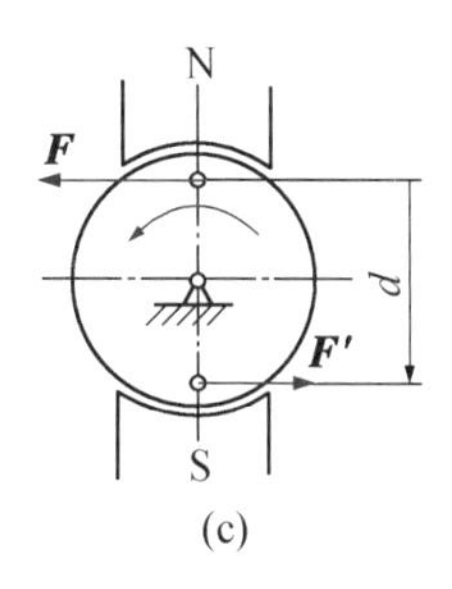

(c)

图 8－4　力偶作用实例

8.2.2　力偶矩

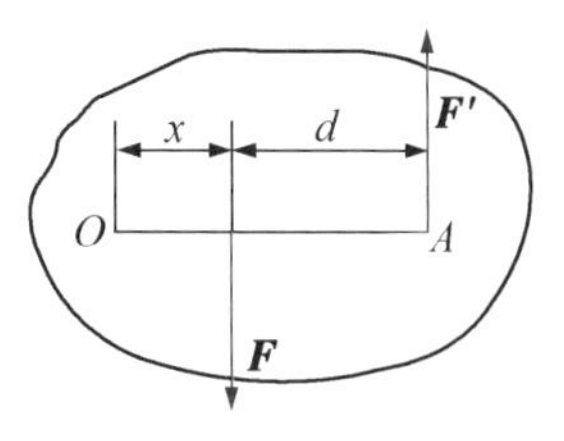

图 8－5　力偶矩的计算

力偶对受力物体有转动效应，其大小可用力偶矩来度量。**力偶对转动中心的力矩称为力偶矩**，用字母 m 表示。假定组成力偶的两个力为 $\boldsymbol{F}$ 和 $\boldsymbol{F}'$，其间距为 d，逆时针转向，如图8－5所示。这时，力偶矩的大小应为力偶中两力 $\boldsymbol{F}$，$\boldsymbol{F}'$分别对转动中心 O 点力矩的代数和，即

$$m=M_O(\boldsymbol{F}')+M_O(\boldsymbol{F})=F'(x+d)-Fx。$$

因为力 $\boldsymbol{F}$ 与 $\boldsymbol{F}'$大小相等，故上式变为 $m=Fd$。

由此可知，力偶对矩心的矩仅与力 $\boldsymbol{F}$ 和力偶臂 d 的大小有关，而与矩心位置无关。即力偶对物体的转动效应仅取决于力偶中力的大小和两力之间的垂直距离(力偶臂)。因此，用乘积 Fd，并冠以适当的正负号来度量力偶对物体的转动效应，以 m 表示，称为力偶矩，即

$$m=\pm Fd。\tag{8-3}$$

它是一个代数量，其正、负号的规定是：当力偶逆时针方向转动时为正，顺时针方向转动时为负。力偶矩的单位与力矩的单位相同。

8.2.3　力偶的三要素

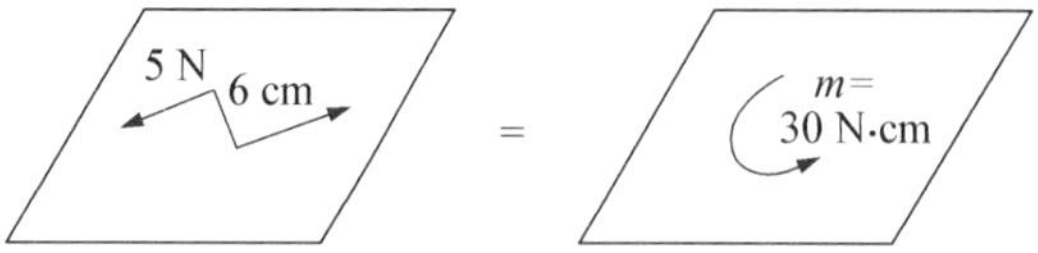

图 8-6　力偶的表示

力偶对物体产生的转动效应取决于力偶矩的大小、力偶在其作用面内的转向和力偶的作用面这 3 个要素，力学中把这 3 个要素称为力偶的三要素。所以，在描述一个力偶的时候，可以只说明其力偶矩的大小、转向和作用面，如图 8-6 所示。

8.2.4　力偶的性质

(1) 力偶没有合力。因力偶中的两个力等值、反向、平行但不共线，所以这两个力在任一轴上投影的代数和等于零，如图 8-7 所示。

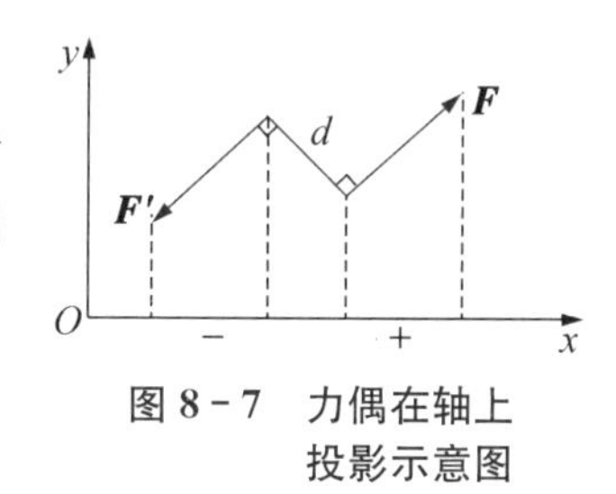

图 8-7　力偶在轴上投影示意图

(2) 力偶不能与一个力等效，而只能与另一个力偶等效。同一平面的两个力偶，只要它们的力偶矩大小相等、转动方向相同，则两力偶必等效。

(3) 力偶的可移性：力偶在其作用面内可任意移动，而不改变它对物体的作用效果。

(4) 只要力偶矩的大小和转动方向不变，可同时改变力的大小和力偶臂的长短，而不改变力偶对物体的作用效果。

任务 8.3　平面力偶系的合成与平衡

作用于物体同一平面内的一组力偶称为平面力偶系。可以证明，平面力偶系可以合成为一个合力偶，此合力偶之矩等于原力偶系中各力偶之矩的代数和。用 M 表示合力偶矩，则合力偶矩的代数式为

$$M=m_1+m_2+\cdots+m_n=\sum m_i\ 。\tag{8-4}$$

当平面力偶系的合力偶矩等于零时，则力偶系对物体的转动效应为零，物体处于平衡状态。因此平面力偶系平衡的充要条件是力偶系中各力偶矩的代数和等于零，即

$$\sum m_i=0。$$

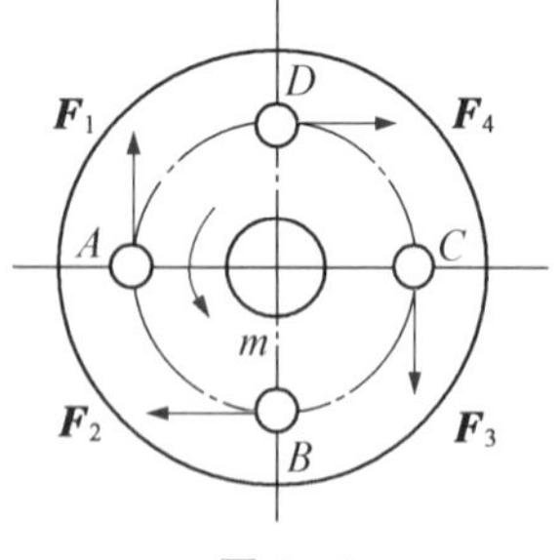

图 8-8

例 8-3　如图 8-8 所示，联轴器上有 4 个均匀分布在同一圆周上的螺栓 A,B,C,D，该圆周的直径 $AC=BD=200$ mm。电动机传给联轴器的力偶矩 $m=5$ kN・m，试求每个螺栓的受力。

解： (1) 作用在联轴器上的力为电动机施加的力偶，每个螺栓反力的方向如图中所示。因 4 个螺栓受力均匀，则 $F_1=F_2=$

$F_3 = F_4 = F$，此 4 力组成两个力偶（平面力偶系）。

（2）列平衡方程。联轴器等速转动时，平面力偶系平衡。故

$$\sum m = 0,$$

即 $m - F \times AC - F \times BD = 0$。因为 $AC = BD$，故

$$F = m/2AC = 5/(2 \times 0.2) = 12.5\ (\text{kN}),$$

即每个螺栓受力均为 12.5 kN，其方向分别与 $\boldsymbol{F}_1$，$\boldsymbol{F}_2$，$\boldsymbol{F}_3$，$\boldsymbol{F}_4$ 的方向相反。

例 8-4 直杆 AB 受力如图 8-9 所示。若 $\boldsymbol{F} = 100$ N，求 AB 杆受到的约束反力。

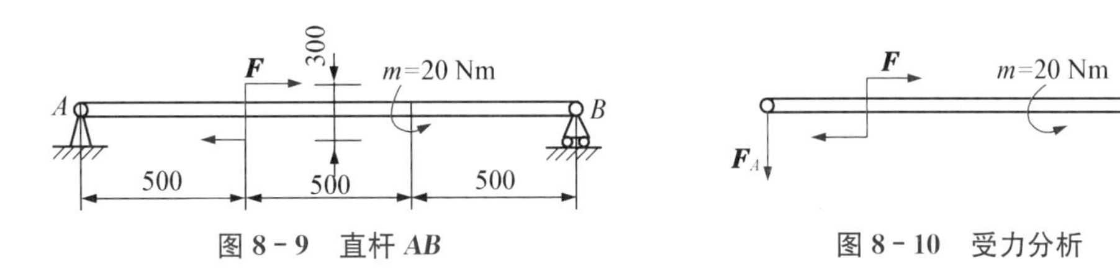

图 8-9 直杆 AB　　图 8-10 受力分析

解： 以 AB 杆为研究对象。由于主动力是力偶，而力偶只能与力偶平衡，所以，约束反力一定构成为力偶。又因活动铰链约束 B 的约束反力是铅垂方向，所以固定铰链 A 的约束反力就应是与活动铰链约束反力相反的铅垂方向，其受力如图 8-10 所示。

按受力图列出平衡方程为

$$\sum m = 0, \quad -0.3F + 20 + 1.5F_A = 0。$$

解得：$F_A \approx 6.67$ N，$F_B = F_A \approx 6.67$ N，方向如图中所示。

例 8-5 如图 8-11 所示，铰链四杆机构 $OABO_1$ 在图示位置平衡，已知：$OA = a$，$O_1B = b$，作用在曲柄 OA 上的力偶矩为 M_1，不计杆重，求力偶矩 M_2 的大小及连杆 AB 所受的力，O，O_1 两支座的约束反力。

解： 首先以 OA 杆为研究对象，由于主动力是力偶 M_1，而力偶只能与力偶平衡，所以，约束反力一定构成力偶。又因 AB 杆是二力杆，所以铰链 A 的约束反力 $\boldsymbol{F}_{AB}$ 沿 AB 杆方向，支座 O 约束反力 $\boldsymbol{F}_O$ 与 $\boldsymbol{F}_{AB}$ 等值、反向、平行，其受力分析如图 8-12(a)所示。

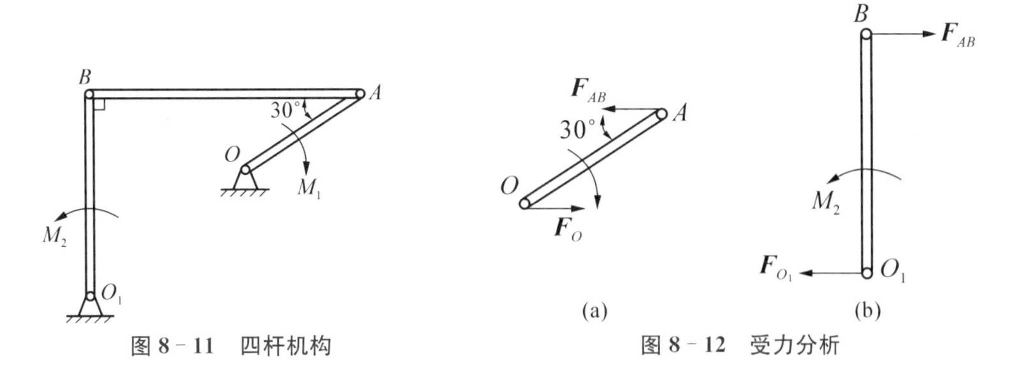

图 8-11 四杆机构　　图 8-12 受力分析

因为$\sum m=0$，所以

$$F_{AB}\cdot a\sin30^{\circ}-M_1=0,\quad F_{AB}=\frac{2M_1}{a}=F_O。$$

同理，在受力图 8-12(b)中

$$\sum m=0,\quad -F_{AB}\cdot b+M_2=0,$$

所以$M_2=\frac{2b}{a}\cdot M_1$，$F_{O_1}=F_{AB}=\frac{2M_1}{a}$。

小　　结

1. 力矩等于力的大小与力臂的乘积，在平面问题中它是一个代数量。一般规定：当力使物体绕矩心逆时针转动时为正，反之为负。

2. 合力矩定理：平面汇交力系的合力对于平面内任一点的矩等于所有各分力对该点的矩的代数和。

3. 力偶和力偶矩。力偶是由等值、反向的两个平行力组成的力系，没有合力，也不能用一个力来平衡。力偶对物体的作用效果决定于力偶矩 m 的大小和转向，即

$$m=\pm Fd。$$

式中，正负号表示力偶的转向：逆时针转向为正，反之为负。

力偶在任一轴上的投影等于零，它对平面内任一点的矩等于力偶矩，力偶矩与矩心的位置无关。

4. 同一平面内的两个力偶，如果它们的力偶矩大小相等，转向相同，则此两个力偶彼此等效，且可以互相代替。

(1) 力偶在它的作用面内可以任意转移位置，而不会改变它对刚体的转动效应；

(2) 力偶在不改变其三要素的条件下，可以同时改变力偶中力的大小和力偶臂的大小，不会改变力偶对刚的转动效应；

注意：以上等效代换性仅适用于刚体，不适用变形体。

5. 平面力偶系的合成。同平面内几个力偶可以合成为一个合力偶。合力偶矩等于各分力偶矩的代数和，即$M=m_1+m_2+\cdots+m_n=\sum m_i$。

6. 平面力偶系的平衡条件为$\sum m_i=0$。

习　　题

8-1　力矩的效应是什么？它的大小如何计算？单位是什么？正负如何规定？

8-2　合力对转动中心的力矩与各分力对转动中心的力矩有什么关系？

8-3　当力沿其作用线移动时，力矩是否改变？在什么情况下力矩等于零？

8-4　绕定点转动的物体的平衡条件是什么？

8-5　力偶的两力大小相等、方向相反，这与作用力与反作用力有什么不同？与二力平衡又有什么不同？

8-6　怎样的力偶称为等效力偶？等效力偶是否必须是力偶的力及力偶的臂都要相等？

8-7　什么是力偶的三要素？

8-8　怎样将作用在物体上的力平行移动而不影响它对物体的作用效果？

8-9　试分别计算题 8-9 图中各种情况下力 **F** 对 O 点之矩。

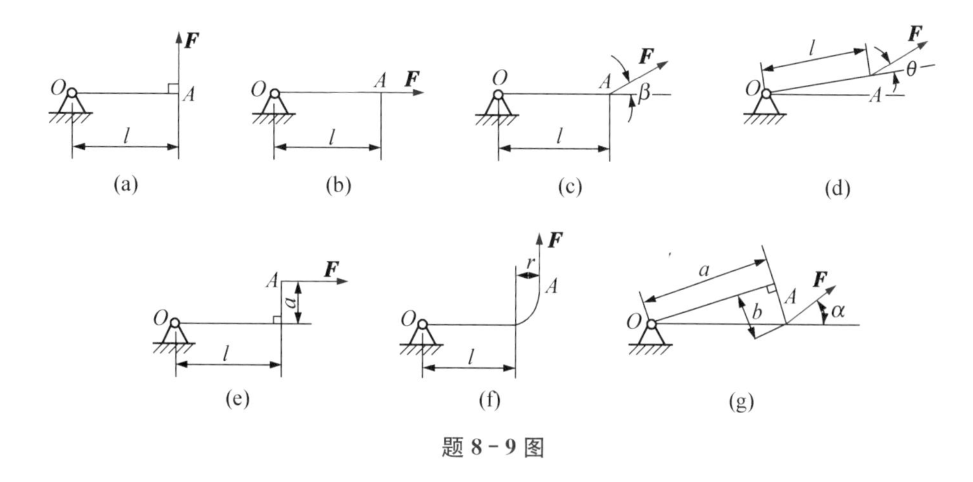

题 8-9 图

8-10　如题 8-10 图所示，圆柱直齿轮的齿面受一啮合角 $\alpha=20^{\circ}$ 的法向压力 $F_n=1\text{ kN}$ 的作用，齿面分度圆直径 $d=60\text{ mm}$。试计算力对轴心 O 的力矩。

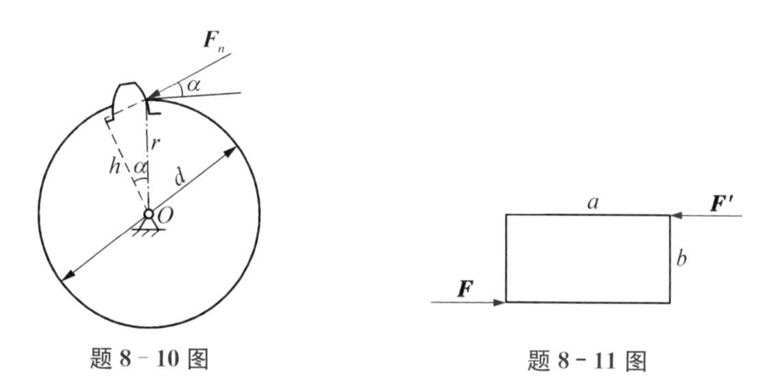

题 8-10 图

题 8-11 图

8-11　车间有一矩形钢板，边长 $a=4\text{ m}$，$b=2\text{ m}$，为使钢板转一角度，顺着长边加两个力 **F** 及 **F**′，如题 8-11 图所示。设能够转动钢板时所需的力 $F=F'=200\text{ N}$，试考虑如何加力可使所费的力最小，并求出这个最小的力的大小。

8-12　试求题 8-12 图所示悬臂梁 A 处的约束反力。

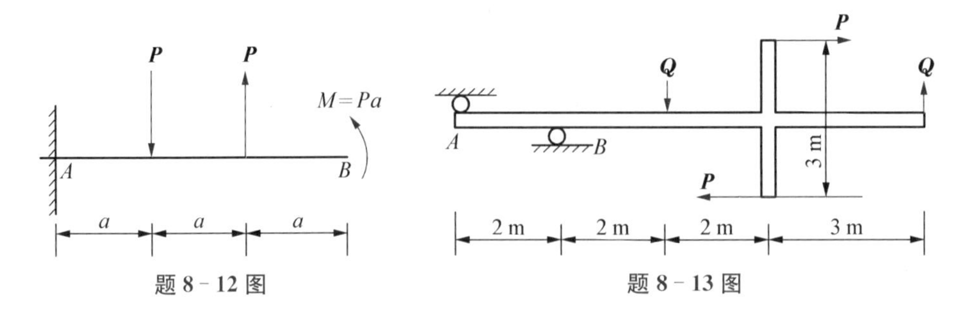

题 8-12 图　　　　题 8-13 图

8-13　如题 8-13 图所示，不计重量的梁，已知 $P=8\ \mathrm{kN}$，$Q=4\ \mathrm{kN}$，试求两支座反力。

8-14　用四轴钻床加工一工件上的 4 个孔，如题 8-14 图所示。每个钻头对工件的切削力偶为 $M=6\ \mathrm{N\cdot m}$，固定工件的螺栓 A，B 与工件成光滑接触，且 $AB=0.3\ \mathrm{m}$，求两螺栓所受的力。

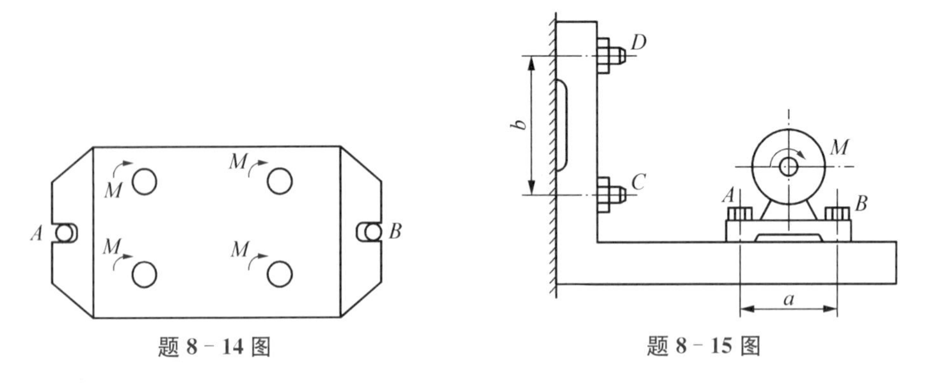

题 8-14 图　　　　题 8-15 图

8-15　题 8-15 图所示为电机用螺栓 A，B 固定在角架上，自重不计，角架用螺栓 C，D 固定在墙上。若 $M=20\ \mathrm{N\cdot m}$，$a=0.3\ \mathrm{m}$，$b=0.4\ \mathrm{m}$，求螺栓 A，B，C，D 所受的力。

项目 9　平面任意力系

● 学习目标

◇ 理解平面任意力系的概念；

◇ 掌握力的平移定理，主矢、主矩的概念及其计算；

◇ 掌握平面任意力系平衡条件及其应用；

◇ 培养严谨的设计、计算态度以及责任意识。

● 学习重点和难点

◇ 力的平移定理，主矢、主矩的概念；

◇ 平面任意力系平衡条件及其应用。

任务 9.1　平面任意力系的简化

在工程实际中，经常遇到平面任意力系的问题，即作用在物体上的力都分布在同一平面内，或近似地分布在同一平面内，但它们的作用线任意分布不相交于一点。例如，图 9-1 所示的悬臂吊车的横梁 AB，受载荷 $\boldsymbol{Q}$、重力 $\boldsymbol{G}$、支座反力 $\boldsymbol{F}_{Ax}$，$\boldsymbol{F}_{Ay}$ 和拉力 $\boldsymbol{T}$ 的作用，显然这些力构成一个平面力系。有些构件虽不是受平面力系的作用，但当构件有一个对称平面，而且作用于构件的力系也对称于该平面时，则可以把它简化为对称平面内的平面力系。如高炉加料小车上的受力，就可简化为料车对称平面内的平面力系，如图 9-2 所示。

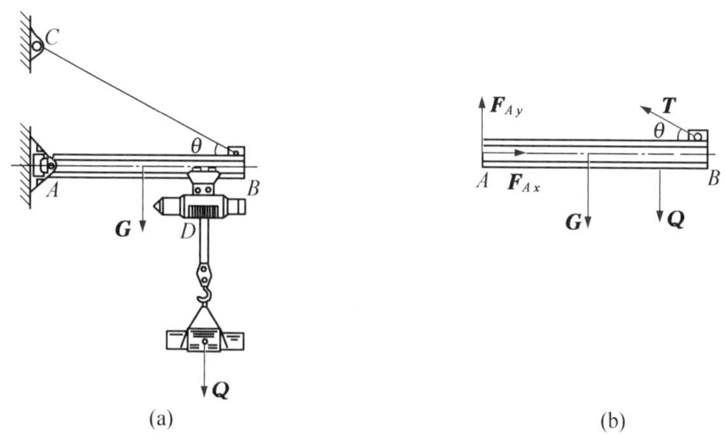

图 9-1　吊车横梁受力

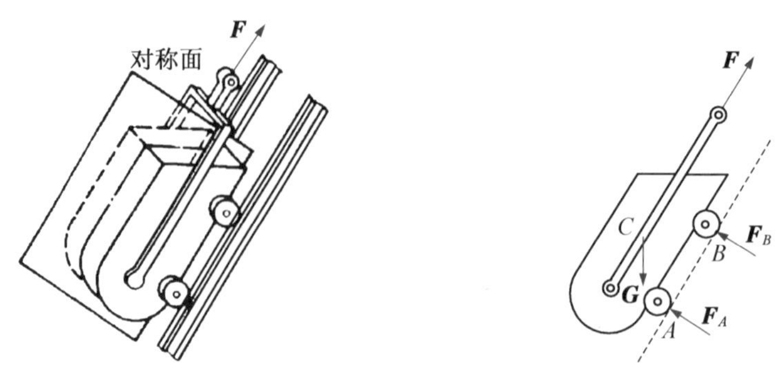

图 9-2　加料小车受力

若作用于物体上的各力作用线在同一平面内且任意分布，则称该力系为平面任意力系(简称平面力系)。

9.1.1　平面任意力系的简化

平面任意力系的简化，通常是利用力的平移定理，将力系向作用面内一点简化。

1. 力的平移定理

设力 $\boldsymbol{F}$ 作用于刚体的 A 点，另任选一点 B，它与力 $\boldsymbol{F}$ 作用线的距离为 d，如图 9-3 所示。

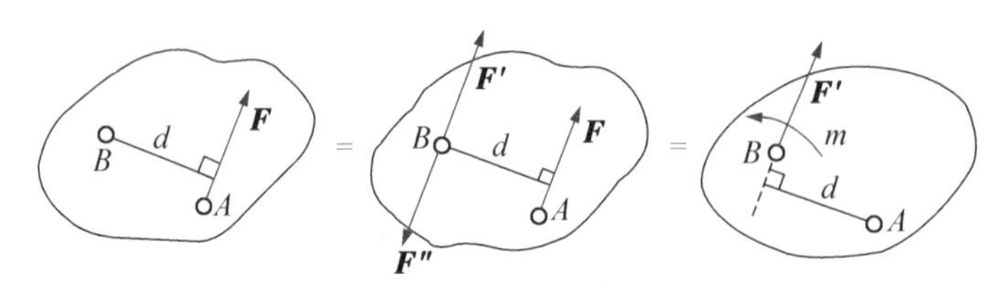

图 9-3　力的平移

在 B 点加上一对平衡力 $\boldsymbol{F}'$ 和 $\boldsymbol{F}''$，且 $\boldsymbol{F}=\boldsymbol{F}'=\boldsymbol{F}''$，则 $\boldsymbol{F}$，$\boldsymbol{F}'$ 和 $\boldsymbol{F}''$ 所组成的力系与力 $\boldsymbol{F}$ 等效。而力 $\boldsymbol{F}''$ 与力 $\boldsymbol{F}$ 等值、反向，且作用线平行，构成力偶($\boldsymbol{F}$，$\boldsymbol{F}''$)，于是作用在 A 点的力 $\boldsymbol{F}$ 就与作用于 B 点的力 $\boldsymbol{F}'$ 和力偶($\boldsymbol{F}$，$\boldsymbol{F}''$)等效，力偶($\boldsymbol{F}$，$\boldsymbol{F}''$)之矩等于力 $\boldsymbol{F}$ 对 B 点之矩，即

$$m=m_B(\boldsymbol{F})。$$

可见，作用于刚体上的力 F 可平移到刚体上的任一点，但必须附加一个力偶，此力偶之矩等于原来的力 F 对平移点之矩，这就是力的平移定理。

力的平移定理是分析力对物体作用效果的一个重要方法。例如，在图 9-4(a)中，转轴上大轮受到力 $\boldsymbol{F}$ 的作用。为了分析力 $\boldsymbol{F}$ 对转轴的作用效应，可将力 $\boldsymbol{F}$ 向轴心 O 点平移。根据力的平移定理，力 $\boldsymbol{F}$ 平移到 O 点时，要附加一力偶，如图 9-4(b)所示。设齿轮节圆半径为 r，则附加力偶矩为 $m=F\cdot r$。由此可见，力 $\boldsymbol{F}$ 对转轴的作用，相当于在轴上作用一力 $\boldsymbol{F}'$ 和一力偶。这力偶使轴转动，力 $\boldsymbol{F}'$ 使轴弯曲，并使轴颈和轴承压紧，引起轴承压力。

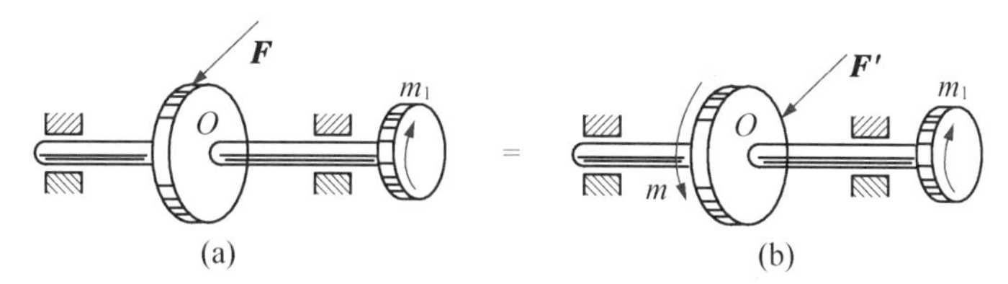

图 9-4　力的平移定理的应用

2. 平面任意力系向一点的简化

设刚体上作用一平面力系 $\boldsymbol{F}_1,\boldsymbol{F}_2,\cdots,\boldsymbol{F}_n$，如图 9-5(a)所示。将力系中各力向平面内任意一点 O(称为简化中心)平移，按力的平移定理得到一个汇交于 O 点的平面汇交力系 $\boldsymbol{F}_1,\boldsymbol{F}_2,\cdots,\boldsymbol{F}_n$ 和一个附加的平面力偶系 $m_1,m_2,\cdots,m_n$，如图 9-5(b)所示。平面汇交力系可以合成为作用于简化中心 O 点的一个合力 $\boldsymbol{F}'_R$ 等于力 $\boldsymbol{F}_1,\boldsymbol{F}_2,\cdots,\boldsymbol{F}_n$ 的矢量和。由于 $\boldsymbol{F}'_1$，$\boldsymbol{F}'_2,\cdots,\boldsymbol{F}'_n$ 分别与原力系中 $\boldsymbol{F}_1,\boldsymbol{F}_2,\cdots,\boldsymbol{F}_n$ 各力的大小相等、方向相同，所以

$$\boldsymbol{F}'_R=\boldsymbol{F}'_1+\boldsymbol{F}'_2+\cdots+\boldsymbol{F}'_n=\sum\boldsymbol{F}'=\sum\boldsymbol{F}。$$

矢量 $\boldsymbol{F}'_R$ 称为原力系的主矢，如图 9-5(c)所示。

平面附加力偶系可以合成为一个力偶，此力偶的矩 M_O 等于各附加力偶矩的代数和，即

$$M_O=m_1+m_2+\cdots+m_n=\sum m。$$

而各附加力偶矩分别等于原力系中相应各力对简化中心 O 点的矩，即

$$m_1=m_O(\boldsymbol{F}_1),\quad m_2=m_O(\boldsymbol{F}_2),\quad \cdots,\quad m_n=m_O(\boldsymbol{F}_n),$$

所以

$$M_O=\sum m_O(\boldsymbol{F})。\tag{9-1}$$

M_O 称为原力系的主矩，如图 9-5(c)所示。

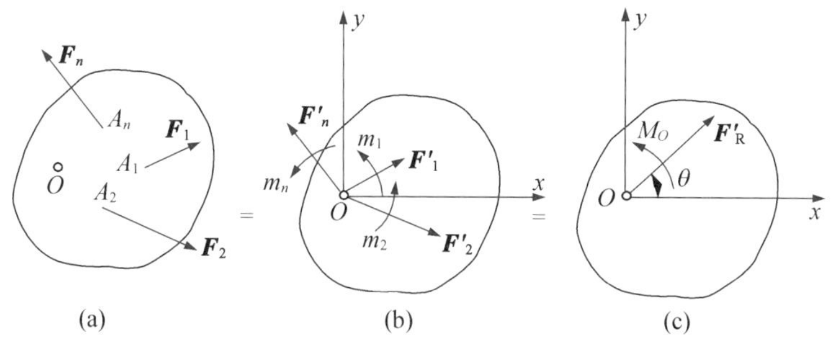

图 9-5　平面任意力系向一点的简化

于是可得结论：平面力系向平面内任一点简化，得到一个力和一个力偶。此力称为该力系的主矢，等于力系中各力的矢量和，作用于简化中心；此力偶的矩称为该力系对简化中心的主矩，等于力系中各力对简化中心之矩的代数和。

应当指出，主矢 $\boldsymbol{F}'_R$ 是原力系的矢量和，所以它与简化中心的选择无关。显然，主矩 M_O 与简化中心的选择有关。选取不同的简化中心，可得不同的主矩(各力矩的力臂及转向变化)。所以凡提到主矩，必须指明其相应的简化中心。

为了求主矢 $\boldsymbol{F}'_{\mathrm{R}}$的大小和方向，建立直角坐标系 xOy，如图 9－5(c)所示。根据合力投影定理得

$$F'_{\mathrm{R}x}=F_{x1}+F_{x2}+\cdots+F_{xn}=\sum F_x,$$

$$F'_{\mathrm{R}y}=F_{y1}+F_{y2}+\cdots+F_{yn}=\sum F_y。$$

于是主矢 $\boldsymbol{F}'_{\mathrm{R}}$的大小和方向可由下式确定，即

$$\boldsymbol{F}'_{\mathrm{R}}=\sqrt{(\boldsymbol{F}'_{\mathrm{R}x})^2+(\boldsymbol{F}'_{\mathrm{R}y})^2}=\sqrt{(\sum F_x)^2+(\sum F_y)^2},$$

$$\tan\theta=\left|\frac{\sum F_y}{\sum F_x}\right|。\tag{9-2}$$

式中，θ 为 $\boldsymbol{F}'_{\mathrm{R}}$与 x 轴所夹的锐角。$\boldsymbol{F}'_{\mathrm{R}}$的指向由 $\boldsymbol{F}'_{\mathrm{R}x}$，$\boldsymbol{F}'_{\mathrm{R}y}$的正、负号判定。

下面应用平面力系的上述简化结论，分析固定端约束及其约束反力的特点。所谓固定端约束，就是物体受约束的一端既不能向任何方向移动，也不能转动。以一端插入墙内的杆为例，如图 9－6(a)所示，在主动力 $\boldsymbol{F}$ 的作用下，杆插入墙内部分与墙接触的各点都受到约束反力的作用，组成一平面力系，如图 9－6(b)所示。该力系向 A 点简化，得一约束反力 $\boldsymbol{R}_A$（通常用正交的两分力 $\boldsymbol{F}_{Ax}$，$\boldsymbol{F}_{Ay}$ 表示）和一个力偶矩为 M_A 的约束反力偶，如图 9－6(c)所示即为固定端约束反力的画法。约束反力限制了杆件在约束处沿任意方向的移动，约束反力偶限制了杆件的转动。

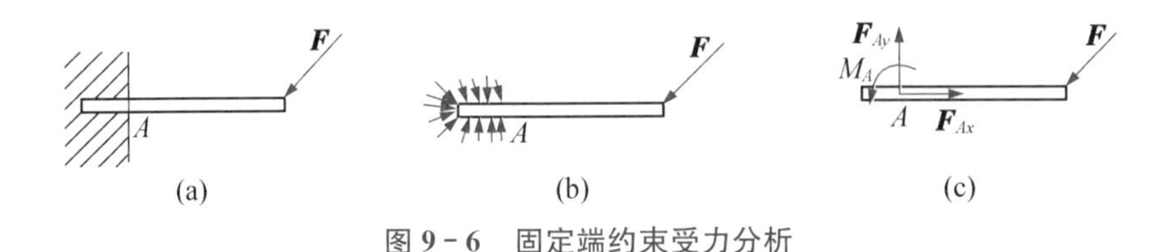

图 9－6　固定端约束受力分析

3. 平面任意力系简化结果的讨论

由上述可知，平面力系向一点简化，可得一个主矢 $\boldsymbol{F}'_{\mathrm{R}}$和一个主矩 M_O。

(1) 若 $\boldsymbol{F}'_{\mathrm{R}}\neq\boldsymbol{0}$，$M_O=0$，则 $\boldsymbol{F}'_{\mathrm{R}}$就是原力系的合力 $\boldsymbol{F}_{\mathrm{R}}$，通过简化中心。

(2) 若 $\boldsymbol{F}'_{\mathrm{R}}\neq\boldsymbol{0}$，$M_O\neq0$，如图 9－7(a)所示，则力系仍可以简化为一个合力，只要将简化所得的力偶（力偶矩等于主矩）等效变换，使其力的大小等于主矢 $\boldsymbol{F}'_{\mathrm{R}}$的大小，力偶臂 $d=M_O/\boldsymbol{F}'_{\mathrm{R}}$；然后转移此力偶，使其中一力 $\boldsymbol{F}''_{\mathrm{R}}$作用于简化中心，并与主矢$\boldsymbol{F}'_{\mathrm{R}}$取相反方向，如图 9－7(b)所示，则$\boldsymbol{F}'_{\mathrm{R}}$和 $\boldsymbol{F}''_{\mathrm{R}}$抵消，只剩下作用在 O_1 点的力 $\boldsymbol{F}_{\mathrm{R}}$，此即为原力系的合力，如图 9－7(c)所示。合力 $\boldsymbol{F}_{\mathrm{R}}$ 的大小和方向与主矢 $\boldsymbol{F}'_{\mathrm{R}}$相同，而合力的作用线与简化中心 O 的距离为

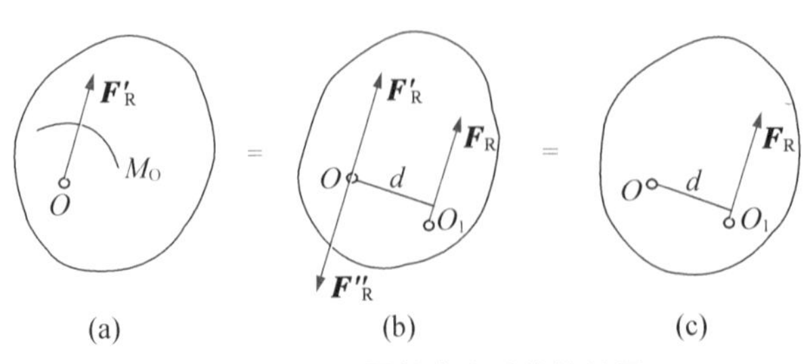

图 9－7　平面任意力系简化结果

$$d=\frac{M_O}{F_R'}=\frac{M_O}{F_R}。\tag{9-3}$$

合力作用线在 O 点的哪一边，可以由主矩 M_O 的正负号来决定。

(3) 若 $\boldsymbol{F}_R'=\mathbf{0}$，$M_O\neq0$，则原力系简化为一个力偶，其力偶矩等于原力系对简化中心的主矩。由于力偶对其平面内任一点的矩恒等于力偶矩，所以在这种情况下，力系的主矩与简化中心的选择无关。

(4) 若 $\boldsymbol{F}_R'=\mathbf{0}$，$M_O=0$，原力系简化为一平衡力系。

任务 9.2　平面任意力系的平衡及应用

平面力系向一点简化后，若主矢 $\boldsymbol{F}_R'$和主矩 M_O 不全为零，原力系便可简化为一个力或一个力偶，原力系便不可能保持平衡。可见，平面力系平衡的充要条件是：力系的主矢 $\boldsymbol{F}'_R$和力系对平面内任一点的主矩 M_O 都等于零。由(9-1)式和(9-2)式得平面力系平衡的解析条件为

$$\sum F_x=0,\quad \sum F_y=0,\quad \sum M_O(\boldsymbol{F})=0,\tag{9-4}$$

即力系中各力在两个任选的直角坐标轴上投影的代数和分别等于零，且各力对平面内任一点之矩的代数和也等于零。(9-4)式称为平面力系的平衡方程，包括两个力的投影方程和一个力矩方程。在求解实际问题时，为了使方程尽可能出现较少的未知量而便于计算，通常选取未知力的交点为矩心，投影轴则尽可能与该力系中多个力的作用线垂直或平行。

有时采用力矩式进行计算比力的投影式更简便，可选择两个或 3 个矩心，列出力矩方程，以代替一个或两个力的投影方程，从而得出平面力系平衡方程的二力矩形式(二矩式)和三力矩形式(三矩式)：

(1) 二矩式　$\sum F_x=0$(或$\sum F_y=0$)，　$\sum m_A(\boldsymbol{F})=0$，　$\sum m_B(\boldsymbol{F})=0$，

式中，A，B 为平面上任意两点，但 AB 连线不能垂直 x(或 y)轴。

(2) 三矩式　$\sum m_A(\boldsymbol{F})=0$，　$\sum m_B(\boldsymbol{F})=0$，　$\sum m_C(\boldsymbol{F})=0$，

式中，A，B，C 为平面上任意 3 个点，但不共线。

不论选用哪组形式的平衡方程，对于同一个平面力系来说，最多只能列出 3 个独立的方程，因而只能求出 3 个未知量。

例 9-1　如图 9-8(a)所示，水平托架承受两个管子，管重 $G_1=G_2=300$ N，A，B，C 处均为铰链联结，不计杆的重量，试求 A 处的约束反力及支杆 BC 所受的力。

解：(1) 取水平杆 AB 为研究对象。作用于水平杆上的力有管子的压力 $\boldsymbol{F}_1$，$\boldsymbol{F}_2$，大小分别等于管子重量 G_1，G_2，竖垂向下；因杆重不计，故 BC 杆是二力杆，水平杆 B 处的约束反力 $\boldsymbol{F}_B$ 沿 BC 杆轴线，指向暂假设；铰链支座 A 处的约束反力方向未知，故用两正交分力 $\boldsymbol{F}_{Ax}$，$\boldsymbol{F}_{Ay}$ 表示，水平杆的受力如图 9-8(b)所示。这是一个平衡平面任意力系。

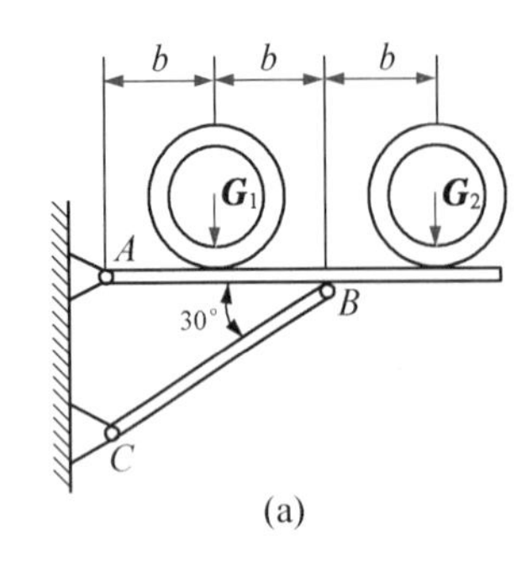

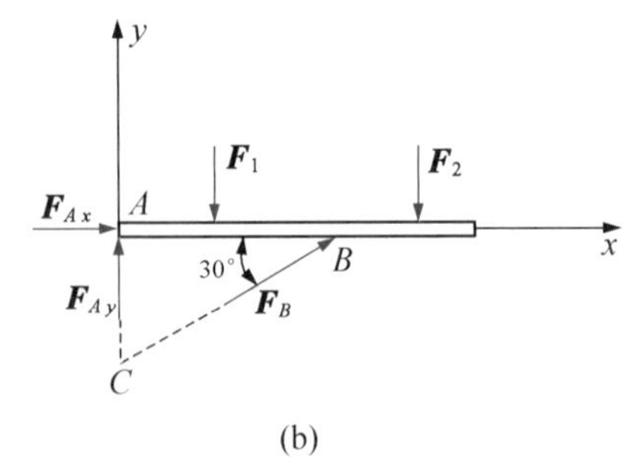

图 9-8 水平托架

(2) 建立直角坐标系 xAy,列平衡方程根据(9-4)式有

$$\sum F_x = 0, \quad F_{Ax} + F_B\cos30^\circ = 0, \qquad ①$$

$$\sum F_y = 0, \quad F_{Ay} - F_1 - F_2 + F_B\sin30^\circ = 0, \qquad ②$$

$$\sum m_A(\boldsymbol{F}) = 0, \quad -F_1 b - F_2 \cdot 3b + F_B \cdot 2b\sin30^\circ = 0。 \qquad ③$$

由③式解得

$$F_B = \frac{F_1 b + F_2 \cdot 3b}{2b\sin30^\circ} = \frac{G_1 b + G_2 3b}{2b\sin30^\circ} = \frac{300 + 300 \times 3}{2 \times 0.5} = 1\,200(\mathrm{N})。$$

将 F_B 的值代入 ① 式,得 $F_{Ax} = -F_B\cos30^\circ = -1\,200 \times 0.866 = -1\,039(\mathrm{N})$。

将 F_B 的值代入 ② 式,得 $F_{Ay} = F_1 + F_2 - F_B\sin30^\circ = 300 + 300 - 1\,200 \times 0.5 = 0$。

上述计算结果中,F_B 为正值,表示假设的指向就是实际指向;F_{Ax} 为负值,说明假设的指向与实际指向相反,即 F_{Ax} 的实际指向为水平向左。

本例亦可用二矩式和三矩式求解,请读者自解。

例 9-2 如图 9-9(a)所示,悬臂梁 AB 作用有集度为 $q=4$ kN/m 的均布载荷及集中载荷 $F=5$ kN。已知 $\alpha=25^\circ$, $l=3$ m,求固定端 A 的约束反力。

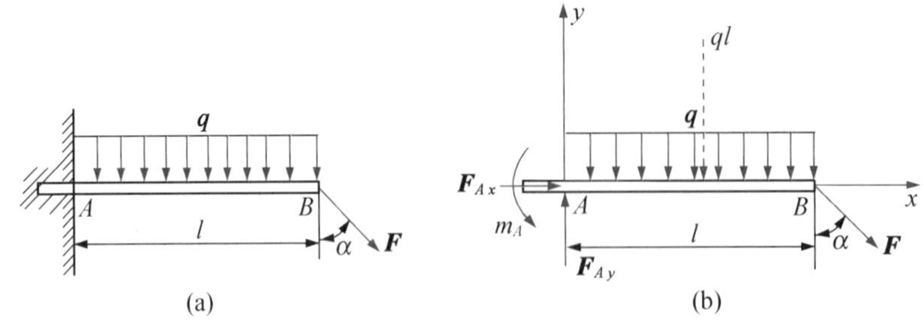

图 9-9 悬臂梁

解: (1) 取梁 AB 为研究对象。梁上作用有均布载荷 q,相当于合力 ql 作用于 l 中点。集中载荷 $\boldsymbol{F}$ 及固定端约束反力 $\boldsymbol{F}_{Ax}$, $\boldsymbol{F}_{Ay}$, m_A。其受力分析如图 9-9(b)所示。这是一个平衡的平面任意力系。

(2) 建立直角坐标系 xAy,列平衡方程为

$$\sum F_x = 0,\quad F_{Ax} + F\sin\alpha = 0, \qquad ①$$

$$\sum F_y = 0,\quad F_{Ay} - F\cos\alpha - ql = 0, \qquad ②$$

$$\sum m_A(\boldsymbol{F}) = 0,\quad m_A - Fl\cos\alpha - ql\left(\frac{l}{2}\right) = 0。 \qquad ③$$

由 ① 式得 $F_{Ax} = -F\sin\alpha = -5 \times \sin25° = -2.113$ (kN)。

由 ② 式得 $F_{Ay} = F\cos\alpha + ql = 5 \times \cos25° + 4 \times 3 = 16.53$ (kN)。

由 ③ 式得 $m_A = Fl\cos\alpha + ql \cdot \frac{l}{2} = 5 \times 3 \times \cos25° + 4 \times 3 \times \frac{3}{2} = 31.59$ (kNm)。

其中,F_{Ax} 为负值,表示 $\boldsymbol{F}_{Ax}$ 假设的指向与实际指向相反。

例 9-3 梁 AB 的支撑及载荷情况如图 9-10(a)所示,求支座 A,B 处的约束力。

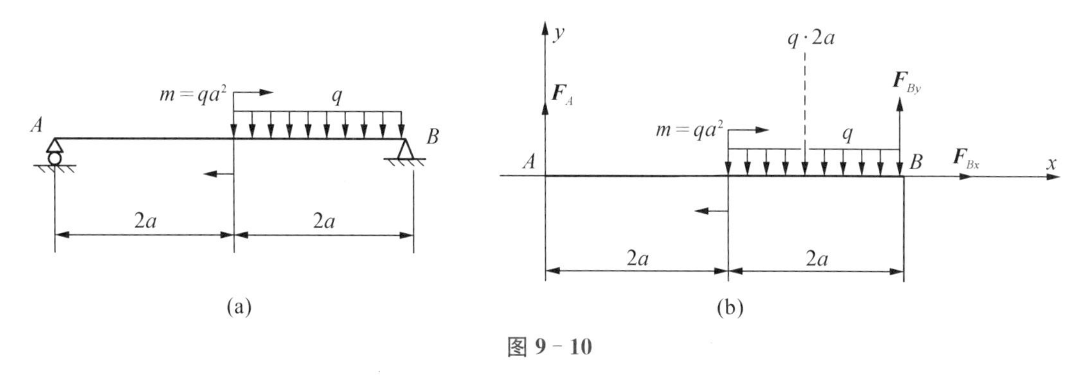

图 9-10

解:(1) 取梁 AB 为研究对象。梁上 $2a$ 段作用有均布载荷 q,相当于合力 $q2a$ 作用于 $2a$ 中点;集中力偶 qa^2;束反力 $\boldsymbol{F}_A$,$\boldsymbol{F}_{Bx}$,$\boldsymbol{F}_{By}$。其受力分析如图 9-10(b)所示。这是一平衡的平面任意力系。

(2) 建立直角坐标系 xAy,列平衡方程为

$$\sum F_x = 0,\quad F_{Bx} = 0; \qquad ①$$

$$\sum F_y = 0,\quad F_A + F_{By} - q \cdot 2a = 0; \qquad ②$$

$$\sum m_A = 0,\quad F_{By} \cdot 4a - q \cdot 2a \cdot 3a - qa^2 = 0。 \qquad ③$$

解方程组 ①②③,得 $F_A = \frac{1}{4}qa$,$F_{Bx} = 0$,$F_{By} = \frac{7}{4}qa$。

任务 9.3 考虑摩擦时的平衡问题

前面各节都把物体间的接触面看成是绝对光滑的,但实际上绝对光滑的接触面是不存在的,或多或少总存在一些摩擦,只是当物体间接触面比较光滑或润滑良好时,才忽略其摩

擦作用而看成是光滑接触的。但有些情况下，摩擦却是不容忽视的，如夹具利用摩擦把工件夹紧，螺栓联结靠摩擦锁紧。工程上利用摩擦来传动和制动的实例更多。

9.3.1 滑动摩擦力和滑动摩擦定律

当相互接触的两个物体有相对滑动或相对滑动趋势时，接触面间有阻碍相对滑动的机械作用（阻碍运动的切向阻力），这种机械作用（阻力）称为滑动摩擦力。

1. 静滑动摩擦力和静滑动摩擦定律

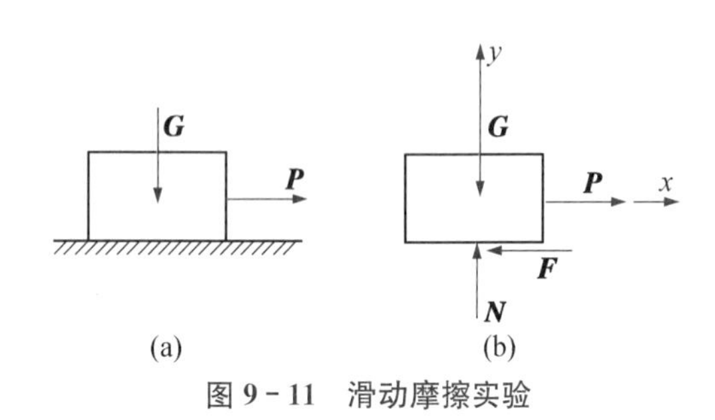

图 9－11 滑动摩擦实验

为了研究滑动摩擦规律，用一个实验来说明，如图 9－11(a)所示。设重为 **G** 的物体放在一固定的水平面上，并给物体作用一水平方向的拉力 **P**。当拉力较小时，物体不动但有向右滑动的趋势，为使物体平衡，接触面上除了有一个法向反力 **N** 外，还存在一个阻止物体滑动的力 **F**，如图 9－11(b)所示。力 **F** 称为静滑动摩擦力（简称静摩擦力），它的方向与两物体间相对滑动趋势的方向相反，大小可根据平衡方程求得为

$$F=P。$$

静摩擦力 **F** 随着主动力 **P** 的增大而增大，这是静摩擦力和一般约束反力共同的性质。但静摩擦力又和一般的约束反力不同，它并不随主动力 **P** 的增大而无限增大。当主动力 **P** 增大到某一限值时，物体处于将要滑动而尚未滑动的临界状态，此时静摩擦力达到最大值，称为最大静摩擦力，以 F_{max} 表示。实验证明，**最大静摩擦力的大小与法向反力成正比，即**

$$F_{max}=fN, \tag{9-5}$$

这就是静滑动摩擦定律。式中，比例常数 f 称为静滑动摩擦系数，简称静摩擦系数。f 的大小与接触物体的材料及表面状况（粗糙度、温度、湿度等）有关，而与接触面积的大小无关。

2. 动滑动摩擦力与动滑动摩擦定律

在图 9－11 中，当主动力 **P** 增大到略大于 F_{max} 时，最大静摩擦力不能阻止物体滑动。**物体相对滑动时的摩擦力，称为动滑动摩擦力，它的方向与相对速度方向相反**。实验证明，**动滑动摩擦力 F' 的大小也与法向反力成正比，即**

$$F'=f'N, \tag{9-6}$$

这就是动滑动摩擦定律。式中，f' 称为动滑动摩擦系数（简称动摩擦系数），它除与接触面的材料、表面粗糙度、温度、湿度有关外，还与物体相对滑动速度有关。一般可近似认为，动摩擦系数与静摩擦系数相等。

9.3.2 摩擦角和自锁现象

考虑摩擦时，支承面对物体的约束反力包括法向反力 **N** 和切向反力（摩擦力）**F**。法向反力 **N** 与摩擦力 **F** 的合力 **R** 称为支承面对物体的全反力，如图 9－12(a)所示。全反力 **R**

与法向反力 $\boldsymbol{N}$ 之间的夹角 ϕ 随着摩擦力的增大而增大。当物体处于将滑而未滑动的临界状态时，摩擦力 $\boldsymbol{F}$ 达到最大值 $F_{\max}$，这时 ϕ 角也达到最大值 $\phi_{\max}$，如图 9－12(b)所示，$\phi_{\max}$ 称为摩擦角。由图 9－12(b)可得

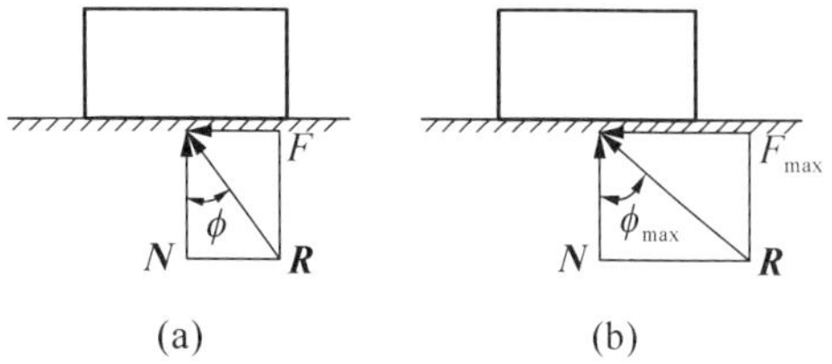

图 9－12　全反力

$$\tan\phi_{\max}=\frac{F_{\max}}{N}=\frac{fN}{N}=f,$$

表明摩擦角的正切等于静摩擦系数。

综上所述，物体静止平衡时，由于静摩擦力 $\boldsymbol{F}$ 的大小总是小于或等于最大静摩擦力 $F_{\max}$，因此支承面的全反力 $\boldsymbol{R}$ 与接触面法线的夹角 ϕ 也总是小于或等于摩擦角 $\phi_{\max}$。即 $0\leqslant\phi\leqslant\phi_{\max}$，表明物体平衡时全反力作用线的位置不可能超出摩擦角的范围。

如果作用于物体的主动力的合力 $\boldsymbol{Q}$ 的作用线位于摩擦角范围内，如图 9－13(a)所示，不论这个力有多大，总有一个全反力 $\boldsymbol{R}$ 与之平衡。如果主动力的合力 $\boldsymbol{Q}$ 的作用线位于摩擦角之外，如图 9－13(b)所示，无论这个力有多小，物体也不能保持平衡。这种与力的大小无关而与摩擦角有关的平衡条件称为自锁条件。物体在自锁条件下的平衡现象，称为自锁现象。

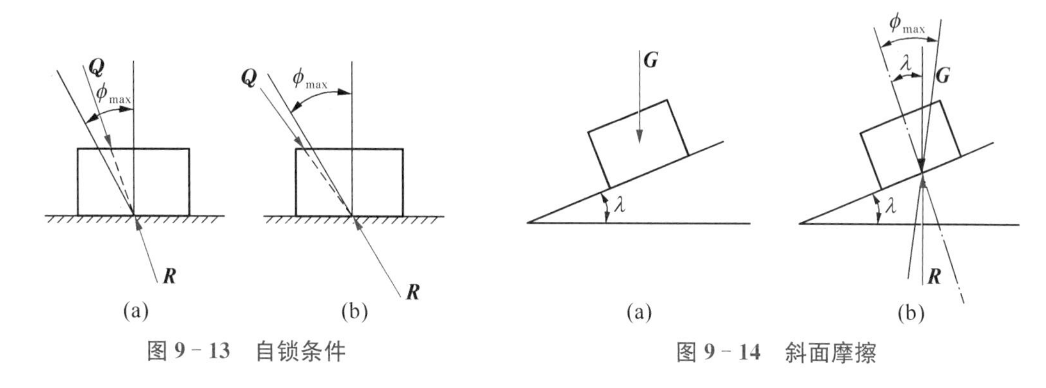

图 9－13　自锁条件　　图 9－14　斜面摩擦

例如，重量为 $\boldsymbol{G}$ 的物体放在斜面上，如图 9－14(a)所示，物体与斜面间的摩擦系数为 f。以物体为研究对象，如图 9－14(b)所示，物体在重力 $\boldsymbol{G}$ 和斜面全反力 $\boldsymbol{R}$ 的作用下静止于斜面上，即 $\boldsymbol{G}$ 与 $\boldsymbol{R}$ 等值、反向、共线，由于全反力 $\boldsymbol{R}$ 的作用线不能超出摩擦角 $\phi_{\max}$ 的范围，所以有

$$\lambda\leqslant\phi_{\max}=\arctan f。$$

这就是物体在斜面上的自锁条件，即斜面的倾斜角小于或等于摩擦角。

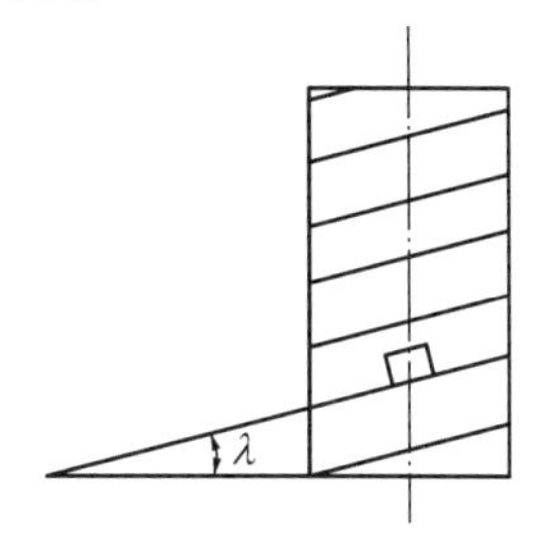

图 9－15　螺纹展开成斜面

工程上，在螺纹联结、蜗轮蜗杆传动中都有利用自锁的例子。螺纹展开就是一个斜面，如图 9－15 所示，若螺旋升角 λ 小于摩擦角 $\phi_{\max}$，则在轴向载荷作用下，螺杆与螺母之间就不会滑动，即螺母拧紧后，不会自动松弛。蜗杆传动中，只要蜗杆的螺旋角小于摩擦角，就具有自锁作用，即只能由蜗杆带动蜗轮转，而蜗轮不能带动蜗

杆转，从而起到制动的作用。但是，对于某些传动，要避免自锁现象，以免使机构“卡死”。

9.3.3 考虑摩擦时的平衡问题

求解有摩擦时物体的平衡问题，在分析物体受力情况时，必须考虑摩擦力。静摩擦力的方向与相对滑动趋势的方向相反，它的大小在零与最大值之间，是个未知量。要确定这些新增加的未知量，除列出平衡方程外，还需要列出补充方程，即

$$F \leqslant fN。$$

在实际工程中，有不少问题只需要分析平衡的临界状态，这时静摩擦力等于最大值，补充方程中只取等号。有时为了方便，先就临界状态计算，求得结果后再进行分析讨论。

例 9-4 物体重为 $\boldsymbol{P}$，放在倾角为 α 的斜面上，它与斜面间的摩擦系数为 f，如图 9-16(a)所示。当物体处于平衡时，试求水平力 $\boldsymbol{Q}$ 的大小。

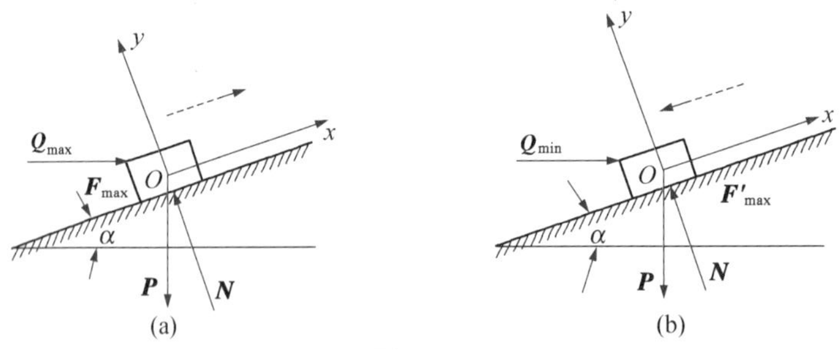

图 9-16

解： 由经验易知，力 $\boldsymbol{Q}$ 太大，物块将上滑；力 $\boldsymbol{Q}$ 太小，物块将下滑。因此，力 $\boldsymbol{Q}$ 的数值必在一范围内。

(1) 先求力 $\boldsymbol{Q}$ 的最大值。当力 $\boldsymbol{Q}$ 达到此值时，物体处于将要向上滑动的临界状态。在此情形下，摩擦力 $\boldsymbol{F}$ 沿斜面向下，并达到最大值。物体共受 4 个力作用：已知力 $\boldsymbol{P}$，未知力 $\boldsymbol{Q}$，$\boldsymbol{N}$，$\boldsymbol{F}_{\max}$，如图 9-16(a)所示。列平衡方程，得

$$\sum F_x = 0,\quad Q_{\max}\cos\alpha - P\sin\alpha + F_{\max} = 0, \tag{①}$$

$$\sum F_y = 0,\quad N - Q_{\max}\sin\alpha - P\cos\alpha = 0。 \tag{②}$$

此外，还有一个关系式，即

$$F_{\max} = fN。 \tag{③}$$

要注意，这里摩擦力的最大值 $F_{\max}$ 并不等于 $fP\cos\alpha$，因 $N \neq P\cos\alpha$，力 $\boldsymbol{N}$ 的值须由平衡方程解出。

3 式联立，可解得

$$Q_{\max} = P\,\frac{\tan\alpha + f}{1 - f\tan\alpha}。$$

(2) 再求 $\boldsymbol{Q}$ 的最小值。当力 $\boldsymbol{Q}$ 达到此值时，物体处于将要向下滑动的临界状态。在此情形下，摩擦力沿斜面向上，并达到另一最大值(因此时力 $\boldsymbol{N}$ 的值与第一种情形不同)，用 $\boldsymbol{F}'_{\max}$ 表示此力，物体的受力情况如图 9-11(b)所示。列平衡方程，得

$$\sum F_x=0,\quad Q_{min}\cos\alpha-P\sin\alpha+F'_{max}=0, \tag{4}$$

$$\sum F_y=0,\quad N-Q_{min}\sin\alpha-P\cos\alpha=0。 \tag{5}$$

此外,根据静摩擦定律还可列出

$$F'_{max}=fN。 \tag{6}$$

3 式联立,可解得

$$Q_{min}=P\frac{\tan\alpha-f}{1+f\tan\alpha}。$$

综合上述两个结果可知,只有当力 $\boldsymbol{Q}$ 满足如下条件时,物体才能处于平衡,即

$$P\frac{\tan\alpha-f}{1+f\tan\alpha}\leqslant Q\leqslant P\frac{\tan\alpha+f}{1-f\tan\alpha}。$$

如引入摩擦角的概念,即 $f=\tan\varphi$,上式可改写为

$$P\tan(\alpha-\varphi)\leqslant Q\leqslant P\tan(\alpha+\varphi)。$$

在此题中,如果斜面的倾角小于摩擦角,即 $\alpha<\varphi$ 时,上式左端成为负值,即 Q_{min} 为负值;这说明不需要力 $\boldsymbol{Q}$ 的支持,物块就能静止在斜面上,而且无论力 $\boldsymbol{P}$ 多大,不会破坏平衡状态。

小　　结

1. 作用于刚体上的力,可平移到刚体上的任一点,但必须附加一力偶,其附加力偶矩等于原力对平移点的力矩,这就是力的平移定理。附加力偶矩为 $M(\boldsymbol{F}',\boldsymbol{F}'')=\pm Fd=M_O(\boldsymbol{F})$ 力的平移定理是力系简化的理论基础。

2. 平面任意力系向平面内任选一点 O 简化,一般情况下,可得一个力和一个力偶,称为主矢和主矩。主矢作用在简化中心 O,其大小为 $F'_R=\sum_{i=1}^{n}F_i$,主矢的大小和方向与简化中心位置的选取无关;主矩等于该力系对于点 O 的合力矩 $M_O=\sum_{i=1}^{n}m_O(\boldsymbol{F}_i)$,其大小和转向与简化中心位置选取有关。

3. 平面任意力系向一点简化,可能出现的 4 种情况,如下表所示。

主矢	主矩	合成结果	说　　明
$\boldsymbol{F}'_R\neq\boldsymbol{0}$	$M_O=0$	合力	此力为原力系的合力,合力作用线通过简化中心
	$M_O\neq0$	合力	合力作用线离简化中心的距离 $d=\frac{M_O}{F'_R}$
$\boldsymbol{F}'_R=\boldsymbol{0}$	$M_O\neq0$	力偶	此力偶为原力系的合力偶,在这种情况下,主矩与简化中心的位置无关
	$M_O=0$	平衡	

4. 平面任意力系平衡的必要和充分条件是:力系的主矢和对于任一点的主矩都等于

零，即

$$\boldsymbol{F}'_{\mathrm{R}}=\sum \boldsymbol{F}_i=\boldsymbol{0}, \quad M_O=\sum_{i=1}^{n} m_O(\boldsymbol{F})=0。$$

用解析式表示平衡条件，平面任意力系平衡方程的一般形式为

$$\sum \boldsymbol{F}_x=\boldsymbol{0}, \quad \sum \boldsymbol{F}_y=\boldsymbol{0}, \quad \sum m_O(\boldsymbol{F})=0。$$

平面任意力系平衡方程的其他两种形式为：

二矩式 $\sum m_A(\boldsymbol{F})=0, \quad \sum m_B(\boldsymbol{F})=0, \quad \sum \boldsymbol{F}_x=0,$

其中 A，B 两点的连线不能与 x 轴垂直。

三矩式 $\sum m_A(\boldsymbol{F})=0, \quad \sum m_B(\boldsymbol{F})=0, \quad \sum m_C(\boldsymbol{F})=0,$

其中 A，B，C 3 点不能共线。

习　题

9-1　什么是平面任意力系？它与平面汇交力系有什么区别？

9-2　平面任意力系如何简化？它的简化结果是什么？

9-3　写出平面任意力系的平衡方程，并说明其意义。

9-4　什么是固定端约束？固定端约束限制物体什么运动？它有什么样的约束反作用？

9-5　构件的支撑及载荷情况如题 9-5 图所示，求支座 A，B 处的约束力。

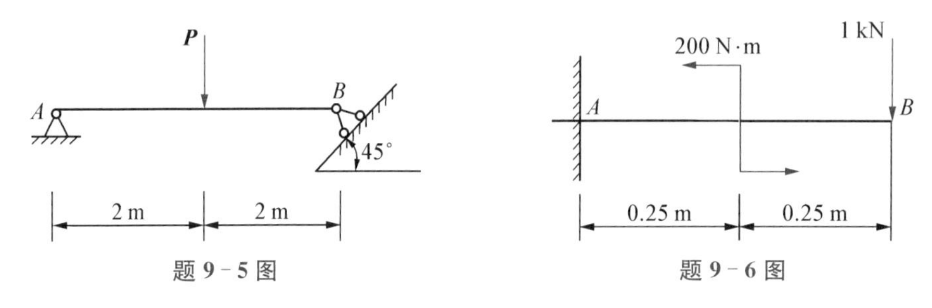

题 9-5 图　　题 9-6 图

9-6　求题 9-6 图所示悬臂梁 A 处的约束反力。

9-7　构件的支撑及载荷情况如题 9-7 图所示，求支座 A，B 处的约束力。

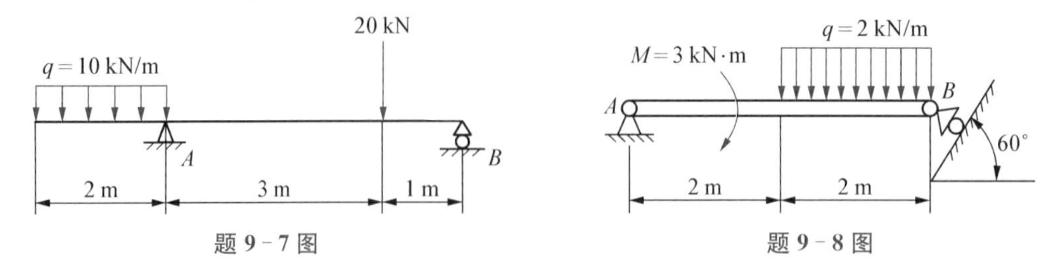

题 9-7 图　　题 9-8 图

9-8　构件的支撑及载荷情况如题 9-8 图所示，求支座 A，B 处的约束力。

9－9　阳台的悬臂梁受载荷 $P=2\ 000\ \text{N}$，$q=1\ 000\ \text{N/m}$，如题 9－9 图所示。求固定端的约束反力和反力偶。

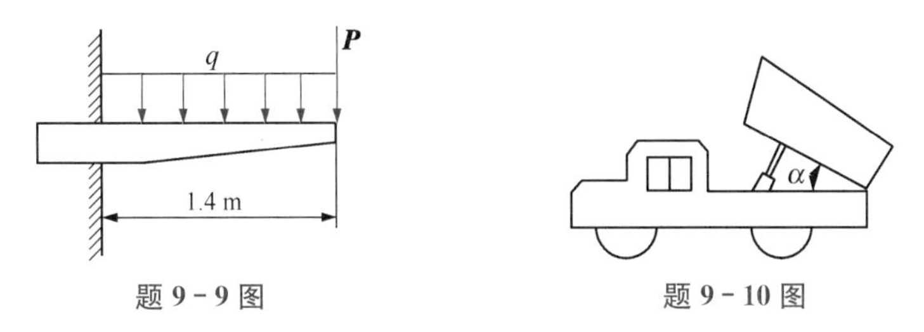

题 9－9 图　　　　题 9－10 图

*9－10　如题 9－10 图所示，自行卸货车的车厢应倾斜多大角度才能使车厢里的土自动卸净？已知土与车厢底间的摩擦系数为 0.7。

项目 10　轴向拉伸与压缩

● 学习目标

◇ 了解材料力学的研究对象和杆件变形的基本形式；

◇ 掌握轴向拉(压)杆的受力特点和变形特点；

◇ 了解内力、截面法、轴力及轴力图；

◇ 了解拉(压)杆的应力、强度、变形的计算及其应用；

◇ 培养严谨的设计、计算态度以及责任意识。

● 学习重点和难点

◇ 轴向拉(压)杆的受力特点和变形特点；

◇ 拉(压)杆的轴力、应力、强度、变形的计算及其应用。

任务 10.1　材料力学概述

10.1.1　构件的承载能力

各种机械和工程结构都是由若干构件组成的。当构件工作时，都要承受载荷作用，构件的安全、可靠性通常是用构件的承载能力来衡量的。材料力学就是研究构件承载能力的科学。构件的承载能力包括以下 3 个方面。

(1) 强度　**强度就是构件在载荷作用下抵抗破坏的能力。**例如，起重机在起吊额定重量时，它的各部件不能断裂；传动轴在工作时，不应被扭断；压力容器工作时，不应开裂等。

(2) 刚度　**刚度是构件在外力作用下抵抗变形的能力。**保证构件在载荷作用下，不产生影响其正常工作的变形。例如车床主轴的变形过大，将会影响其加工零件的精度；又如齿轮传动轴的变形过大，将使轴上的齿轮啮合不良，引起振动和噪声，影响传动的精确性，并引起轴承的不均匀磨损等。

(3) 稳定性　**稳定性是细长压杆能够维持原有直线平衡状态的能力。**当细长直杆所受轴向压力达到某一临界值时，会突然变弯(称为失稳)，或由此折断，丧失工作能力。例如，顶起汽车的千斤顶螺杆、液压缸中的长活塞杆等。

材料力学的任务就是在保证构件既安全又经济的前提下，为工程技术人员选用合适的材料，确定合理的截面形状和尺寸，提供必要的理论基础和计算方法。

构件设计是否合理,还应考虑其加工和装配等方面的问题,使之与工程实际相符合。

10.1.2 变形固体及其基本假设

在静力学中,忽略了载荷作用下物体形状尺寸的改变,将物体抽象为刚体。在工程实际中,这种不变形的构件(刚体)是不存在的。研究构件的承载能力时,构件所发生的变形不能忽略,即使构件产生的变形极其微小也不能忽略。因而把构件抽象为变形体,称之为变形固体。

在工程实际中,各种构件所用材料的物质结构和性能是非常复杂的,为了便于理论分析,常常略去一些次要因素,保留其主要属性,对变形固体作以下的基本假设。

(1) 均匀连续性假设　假设变形固体的物质毫无空隙地充满整个几何容积,并且各处具有相同的性质。

(2) 各向同性假设　假设材料在各个方向具有完全相同的力学性能。

(3) 弹性小变形条件　材料力学研究的变形主要是构件的弹性小变形。载荷卸除后能恢复的变形,称为弹性变形,不能恢复的变形称为塑性变形。小变形,是指构件的变形量远小于其原始尺寸的变形。因而在研究构件的平衡和运动时,可忽略变形量,仍按原始尺寸进行计算。

综上所述,在材料力学中,一般将实际材料看作是连续、均匀和各向同性的可变形固体。实践表明,在此基础上所建立的理论与分析计算结果,符合工程要求。

10.1.3 杆件变形的基本形式

任何物体受到外力作用后都会产生变形。就其变形性质来说,可分为弹性变形和塑性变形。在不同的载荷作用下,杆件变形的形式各异。归纳起来,杆件变形的基本形式有以下 4 种:①轴向拉伸或压缩,如图 10-1(a)所示;②剪切,如图 10-1(b)所示;③扭转,如图 10-1(c)所示;④弯曲,如图 10-1(d)。其他复杂的变形可归结为上述基本变形的组合。

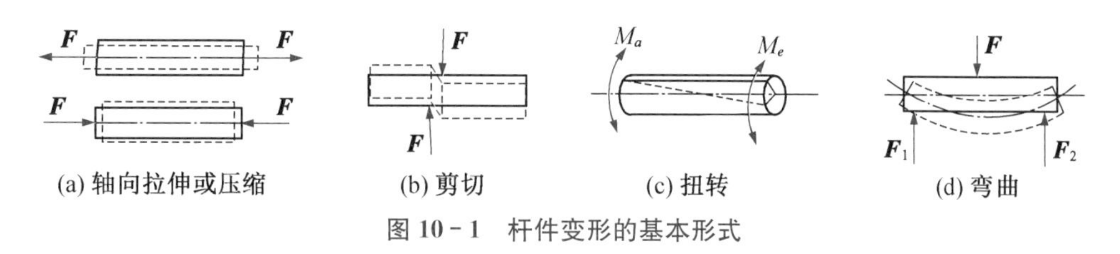

图 10-1　杆件变形的基本形式

任务 10.2　轴向拉伸与压缩的概念与实例

在工程实际中,许多构件承受拉力和压力的作用。图 10-2 所示为一简易吊车,忽略自

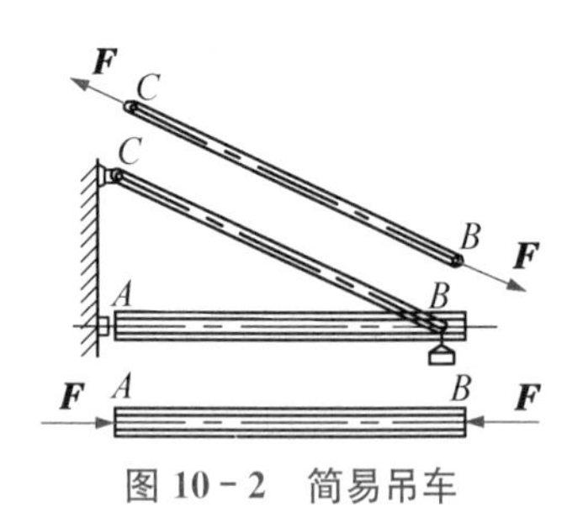

图 10-2　简易吊车

重，AB，BC 两杆均为二力杆；BC 杆在通过轴线的拉力作用下，沿杆轴线发生拉伸变形；而 AB 杆则在通过轴线的压力作用下，沿杆轴线发生压缩变形。再如液压传动中活塞杆，在油压和工作阻力作用下受拉，如图 10-3 所示。此外，拉床的拉刀在拉削工件时，都承受拉伸；千斤顶的螺杆在顶重物时，则承受压缩。

这些受拉或受压的杆件的结构形式虽各有差异，加载方式也并不相同，但若把杆件形状和受力情况进行简化，都可以画成图 10-4 所示的计算简图。这类杆件的受力特点是：杆件承受外力的作用线与杆件轴线重合；变形特点是：杆件沿轴线方向伸长或缩短。这种变形形式称为轴向拉伸或压缩。

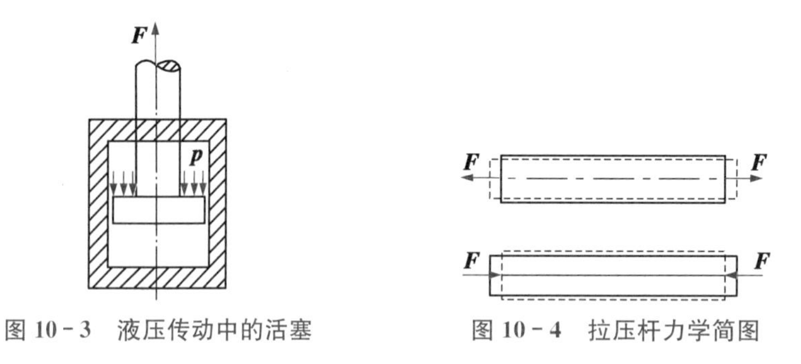

图 10-3　液压传动中的活塞　　图 10-4　拉压杆力学简图

任务 10.3　轴向拉伸和压缩的内力和应力

10.3.1　内力

构件工作时承受的载荷、自重和约束力，都称为构件上的**外力**。构件在外力作用下产生变形，即构件内部材料微粒之间的相对位置发生了改变，则它们相互之间的作用力发生了改变。这种由外力作用而引起的构建内部的相互作用力，称为内力。

构件横截面上的内力随外力和变形的增加而增大，但内力的增大是有限度的，若超过某一限度，构件就不能正常工作，甚至破坏。为了保证构件在外力作用下安全、可靠工作，必须弄清内力的分布规律，因此对各种基本变形的研究都是首先从内力分析着手的。

10.3.2　截面法

将杆件假想地切开以显示内力，并由平衡条件建立内力与外力的关系或由外力确定内力的方法，称为截面法，它是分析杆件内力的一般方法。其过程可归纳为 3 个步骤：

（1）截　在需求内力的截面处，假想地将杆件截成两部分。

(2) 取　任取一段(一般取受力情况较简单的部分)为研究对象。

(3) 代　在截面上用内力代替截掉部分对该段的作用。

(4) 列　对所研究的部分建立平衡方程,求出截面上的未知内力。

10.3.3　轴力与轴力图

1. 轴与轴力图的概念

如图 10-5(a)所示,两端受轴向拉力 $\boldsymbol{F}$ 的杆件,为了求任一横截面 1-1 上的内力,可采用截面法,即假想用与杆件轴线垂直的平面在 1-1 截面处将杆件截开;取左段为研究对象,用分布内力的合力 $\boldsymbol{F}_N$ 来替代右段对左段的作用,如图 10-5(b)所示,建立平衡方程,可得

$$F_N=F。$$

若取杆件右端来研究,如图 10-5(c)所示,其结果相同。

由于外力 $\boldsymbol{F}$ 的作用线沿着杆的轴线,内力 $\boldsymbol{F}_N$ 的作用线也必通过杆的轴线,故轴向拉伸或压缩时,杆件的内力称为轴力。显然,轴力可以是拉力,也可以是压力。为了便于区别,规定拉力以正号表示,压力以负号表示。

实际问题中,杆件所受外力可能很复杂,这时直杆各横截面上的轴力将不相同,$\boldsymbol{F}_N$ 将是横截面位置坐标 x 的函数,即

$$F_N=F_N(x)。$$

用平行于杆件轴线的 x 坐标表示各横截面的位置,以垂直于杆轴线的 $\boldsymbol{F}_N$ 坐标表示对应横截面上的轴力,这样画出的函数图形称为轴力图。

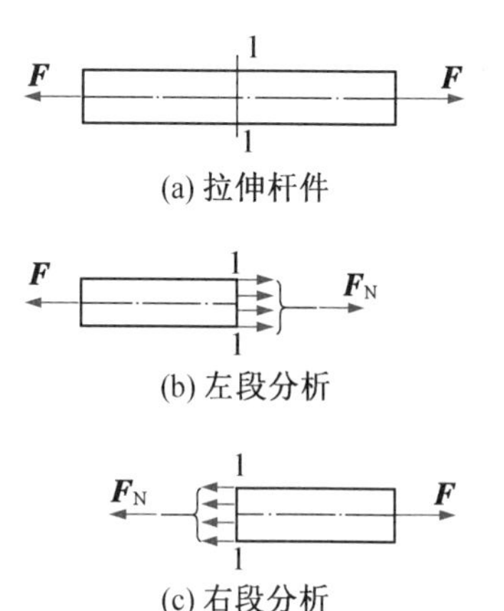

图 10-5　截面法求轴力

例 10-1　等截面直杆 AD 受力如图 10-6(a) 所示。已知 $F_1=16\ \text{kN}$,$F_2=10\ \text{kN}$,$F_3=20\ \text{kN}$,试画出直杆 AD 的轴力图。

解:(1) 计算支反力。设杆的支反力为 $\boldsymbol{F}_D$,由整体受力图建立平衡方程得

$$\sum F_x=0,F_D+F_1-F_2-F_3=0,$$

$$F_D=F_2+F_3-F_1=14\ \text{kN}。$$

画出直杆 AD 的受力图,如图 10-6(b) 所示。

(2) 分段计算轴力。由于在横截面 B 和 C 处作用有外力,故应将杆分为 AB,BC 和 CD 3 段,逐段计算轴力。利用截面法,在 AB 段的任一截面 1-1 处将杆截开,并选择右段为研究对象,其受力情况如图 13-5(c) 所示。由平衡方程

$$F_{N1}-F_1=0,$$

得 AB 段的轴力为

$$F_{N1}=F_1=16\ \text{kN}。$$

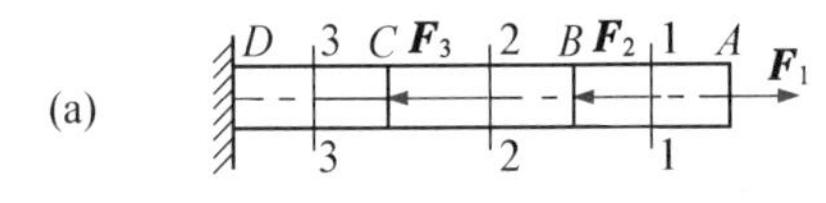

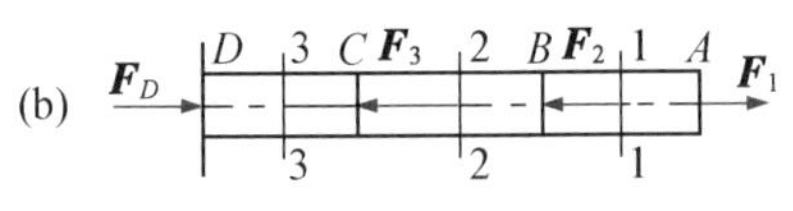

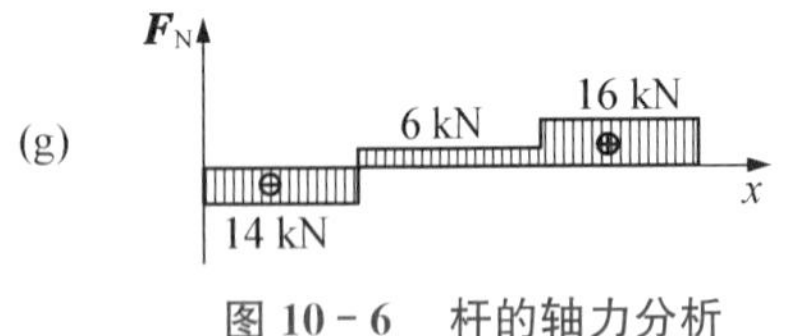

图 10 - 6 杆的轴力分析

对于 BC 段，仍用截面法，在任一截面 2-2 处将杆截开，并选择右段研究其平衡，如图10 - 6(d) 所示的 BC 段的轴力为

$$F_{N2}=F_1-F_2=6\ \text{kN}。$$

为了计算 BC 段的轴力，同样也可选择截开后的左段为研究对象，如图 13 - 6(e) 所示，由该段的平衡条件得

$$F_{N2}=F_3-F_D=6\ \text{kN}。$$

对于 CD 段，在任一截面 3-3 处将杆截开，显然取左段为研究对象计算较简单，如图10 - 6(f) 所示。由该段的平衡条件得

$$F_{N3}=-F_D=-14\ \text{kN},$$

所得 F_{N3} 为负值，说明 F_{N3} 的实际方向与所假设的方向相反，即应为压力。

(3) 画轴力图。根据所求得的轴力值，画出轴力图如图10-6 (g) 所示。由轴力图可以看出，轴力的最大值为 16 kN，发生在 AB 段内。

2. 轴力图的快速画法

轴力图也可根据轴力、轴力图随外力的变化规律快速作图。

(1) 轴力、轴力图随外力的变化规律：

① 在没有外力作用处，轴力是常数，轴力图是水平线。

② 在有外力作用处，轴力图有突变，突变量等于外力。

(2) 轴力图的快速画法：

① 先求出约束反力，约束反力与外力同等看待。画出杆件的受力图，如图 10 - 6(b) 所示。

② 以构件左端为原点，x 轴表示为构件轴线，垂直于杆轴线的表示轴力 $\boldsymbol{F}_N$。

③ 假设向左的外力产生正的轴力（轴力图在该处垂直向上突变，突变量等于外力），向右外力产生负的轴力（轴力图在该处垂直向下突变，突变量等于外力）。

④ 根据轴力、轴力图的变化规律画出轴力图，如图 10 - 6(g)所示。

10.3.4 拉(压)杆横截面上的应力

(1) 应力的概念　确定了轴力后，单凭轴力并不能判断杆件的强度是否足够。杆件的强度不仅与轴力的大小有关，而且还与横截面面积的大小有关。即取决于内力在横截面上分布的密集程度。内力在横截面上的密集度称为**应力**。如果内力在截面上均匀分布，则应力就是单位面积上的内力。其中，垂直于截面的应力称为正应力，以 σ 表示；平行于截面的

应力称为切应力(剪应力),以 τ 表示。应力的单位为帕斯卡,符号 Pa(1 Pa=1 N/m^2)。由于此单位较小,常用兆帕(MPa)或吉帕(GPa)(1 MPa=10^6 Pa,1 GPa=10^9 Pa)。

(2) 拉(压)杆横截面上的应力　为了求得横截面上任意一点的应力,必须了解内力在横截面上的分布规律,为此可通过实验来分析研究。

取一等直杆,在杆上画上与杆轴线平行的纵向线和与它垂直的横线,如图 10-7(a)所示。在两端施加一对轴向拉力 $\boldsymbol{F}$ 之后,可以发现所有的纵向线的伸长都相等,而横向线仍保持为直线,并与纵向线垂直,如图 10-7(b)所示。据此现象可设想,杆件由无数纵向纤维所组成,且每根纵向纤维都受到同样的拉伸。假设在变形过程中,横截面始终保持为平面(即平面假设),根据材料的均匀连续性假设可推知,横截面上各点处纵向纤维的变形相同,受力也相同,即内力在横截面上是均匀分布的,且与横截面垂直,如图 10-7(c)所示。

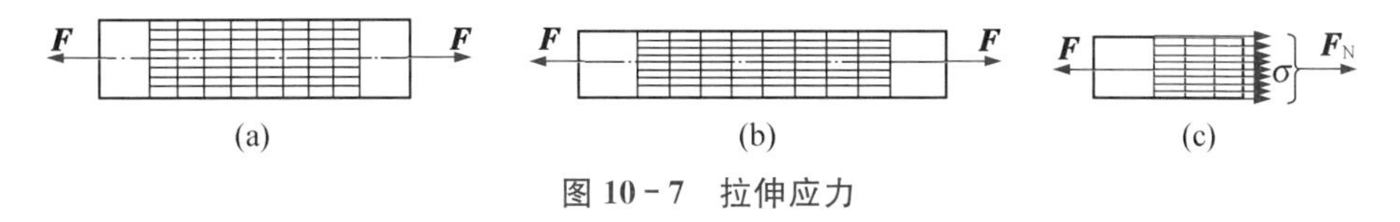

图 10-7　拉伸应力

设杆件横截面的面积为 A,轴力为 F_N,则根据上述假设可知,横截面上各点处的正应力均为

$$\sigma=\frac{F_N}{A},\tag{10-1}$$

式中,F_N 为横截面的轴力(N);A 为横截面面积(mm^2)。

任务 10.4　轴向拉伸和压缩的强度计算

10.4.1　极限应力、许用应力、安全系数

试验表明,塑性材料的应力达到屈服强度 $\sigma_s(\sigma_{0.2})$后,产生显著的塑性变形,影响构件的正常工作;脆性材料的应力达到抗拉强度或抗压强度时,发生脆性断裂破坏。构件工作时,发生显著的塑性变形或断裂都是不允许的。通常将发生显著的塑性变形或断裂时的应力称为材料的极限应力,用 σ_u 表示。对于塑性材料,取 $\sigma_u=\sigma_s(\sigma_u=\sigma_{0.2})$;对于脆性材料取 $\sigma_u=\sigma_b$。

考虑到载荷估计的准确程度、应力计算方法的精确程度、材料的均匀程度以及构件的重要性等因素,为了保证构件安全、可靠地工作,应使它的最大工作应力小于材料的极限应力,使构件留有适当的强度储备。一般把极限应力除以大于 1 的安全系数 n,作为设计时应力的最大允许值,称为许用应力,用$[\sigma]$表示,即

$$[\sigma]=\frac{\sigma_u}{n}。\tag{10-2}$$

正确地选择安全系数,关系到构件的安全与经济这一对矛盾的问题。过大的安全系数会浪费材料,过小的安全系数则又可能使构件不能安全工作。各种不同工作条件下构件安全系数 n 的选取,可从有关工作手册中查找。一般对于塑性材料,取 $n=1.3\sim2.0$;对于脆性材料,取 $n=2.0\sim3.5$。

10.4.2 拉(压)杆的强度条件

为了保证轴向拉(压)杆在载荷作用下安全工作,必须使杆内的最大工作应力 $\sigma_{\max}$ 不超过材料的许用应力 $[\sigma]$,即

$$\sigma_{\max}=\frac{F_{\mathrm{N\,max}}}{A}\leqslant[\sigma], \tag{10-3}$$

式中,$F_{\mathrm{N\,max}}$ 和 A 分别为危险截面上的轴力及其横截面面积。

利用强度条件,可以解决下列 3 种强度计算问题:

(1) 校核强度　已知杆件的尺寸、所受载荷和材料的许用应力,根据强度条件(10-3)式,校核杆件是否满足强度条件。

(2) 设计截面尺寸　已知杆件所承受的载荷及材料的许用应力,根据强度条件可以确定杆件所需横截面积 A。例如,对于等截面拉(压)杆,其所需横截面面积为

$$A\geqslant\frac{F_{\mathrm{N\,max}}}{[\sigma]}。 \tag{10-4}$$

(3) 确定许可载荷　已知杆件的横截面尺寸及材料的许用应力,根据强度条件可以确定杆件所能承受的最大轴力,其值为

$$F_{\mathrm{N\,max}}\leqslant[\sigma]A。 \tag{10-5}$$

例 10-2　简易悬臂吊车如图 10-8 所示,AB 为圆截面钢杆,面积 $A_1=600\ \mathrm{mm}^2$,许用拉应力 $[\sigma_+]=160\ \mathrm{MPa}$;$BC$ 为圆截面木杆,面积 $A_2=10\times10^3\ \mathrm{mm}^2$,许用压应力为 $[\sigma_-]=7\ \mathrm{MPa}$。若起吊量 $F_G=45\ \mathrm{kN}$,问此结构是否安全?最大起重量是多少?

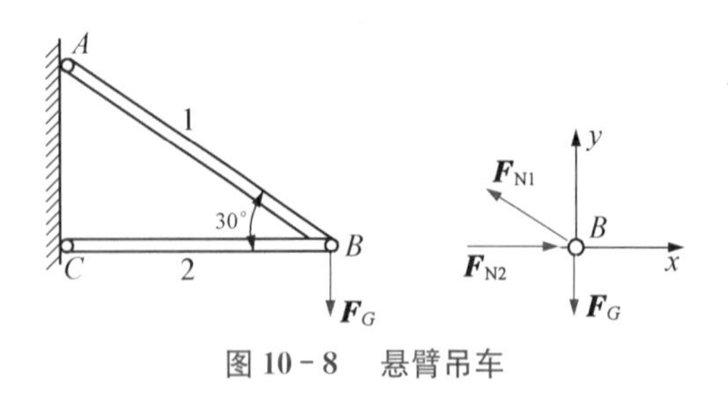

图 10-8　悬臂吊车

解:(1) 求两杆的轴力。分析节点 B 的平衡,有

$$\sum F_x=0, F_{N2}-F_{N1}\cos30^\circ=0;$$

$$\sum F_y=0, F_{N1}\sin30^\circ-F_G=0。$$

由上式可解得

$$F_{N1}=2F_G=90\ \mathrm{kN},$$

$$F_{N2}=\sqrt{3}F_G=77.9\ \mathrm{kN}。$$

(2) 校核强度。根据轴向拉(压)度条件,AB,BC 杆的最大应力为

$$\sigma_{AB}=\frac{F_{N1}}{A_1}=\frac{90\times10^3}{600}=150(\mathrm{MPa})<[\sigma_+],$$

$$\sigma_{BC}=\frac{F_{N2}}{A_2}=\frac{77.9\times10^3}{10\times10^3}=7.8(\text{MPa})>[\sigma_-]。$$

可见，BC 杆的最大工作应力超过了材料的许用应力，所以此结构不安全。

由上面计算可知，若起吊量 $F_G=45$ kN 时，此结构危险，那么现在要问最大起吊量为多少？这就需要确定许可载荷。

根据钢杆 AB 的强度要求，有

$$F_{N1}=2F_G\leqslant[\sigma_+]A_1,$$

$$F_G=\frac{[\sigma_+]A_1}{2}=\frac{160\times600}{2}=48(\text{kN})。$$

根据木杆 BC 的强度要求，有

$$F_{N2}=\sqrt{3}F_G\leqslant[\sigma_+]A_2,$$

$$F_G=\frac{[\sigma_+]A_2}{\sqrt{3}}=40.4(\text{kN})。$$

可见，吊车的最大起吊量，即许用载荷为 $F_G=40.4$ kN。

任务 10.5 胡克定律、轴向拉伸和压缩的变形计算

10.5.1 纵向线应变和横向线应变

杆件在轴向拉伸或压缩时，沿轴线方向伸长或缩短，与此同时，横向尺寸还会缩小或增大。前者称为纵向变形，后者称为横向变形。如图 10-9 所示，设杆原长为 l，横向尺寸为 d，承受轴向拉力 $\boldsymbol{F}$ 后，变形后的长度为 l_1，横向尺寸为 d_1，则杆的纵向绝对变形为

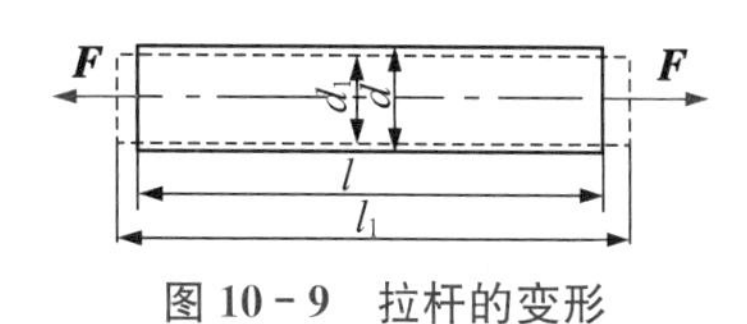

图 10-9 拉杆的变形

$$\Delta l=l_1-l,\tag{10-6}$$

杆的横向绝对变形为

$$\Delta d=d_1-d。\tag{10-7}$$

为了消除杆件原尺寸对变形大小的影响，用单位长度内杆的变形，即线应变来衡量杆件的变形程度。与上述两种绝对变形相对应的纵向线应变为

$$\varepsilon=\frac{\Delta l}{l},\tag{10-8}$$

横向线应变为

$$\varepsilon'=\frac{\Delta d}{d}。\tag{10-9}$$

下面主要研究纵向变形的规律。

10.5.2　胡克定律

轴向拉伸和压缩时，应力和应变之间存在着一定的关系，这一关系可通过试验测定。试验表明，当杆内的轴力 $\boldsymbol{F}_N$ 不超过某一限度时，杆的绝对变形 Δl 与轴力 F_N 及杆长 l 成正比，与杆的横截面面积 A 成反比，即

$$\Delta l=\frac{F_N l}{EA}, \tag{10-10}$$

(10-10)式所表示的关系，称为胡克定律。式中，E 称为弹性模量，其值随材料而异，可由试验测定，E 的单位常用 GPa。材料的 E 值越大，应变就越小，故它是衡量材料抵抗弹性变形能力的一个指标。

利用 $\varepsilon=\Delta l/l$ 和 $\sigma=F_N/A$，(10-10)式可改写为

$$\sigma=E\varepsilon, \tag{10-11}$$

(10-11)式是胡克定律的另一表达形式。

例 10-3　图 10-10(a) 所示为阶梯杆。已知横截面面积 $A_{AB}=A_{BC}=500\ \text{mm}^2$，$A_{CD}=300\ \text{mm}^2$，弹性模量 $E=200$ GPa，试求整个杆的变形量。

解：(1) 作轴力图。求出约束反力，$F_{NA}=-20$ kN，画出杆 AB 的受力图，如图 10-10(b) 所示。

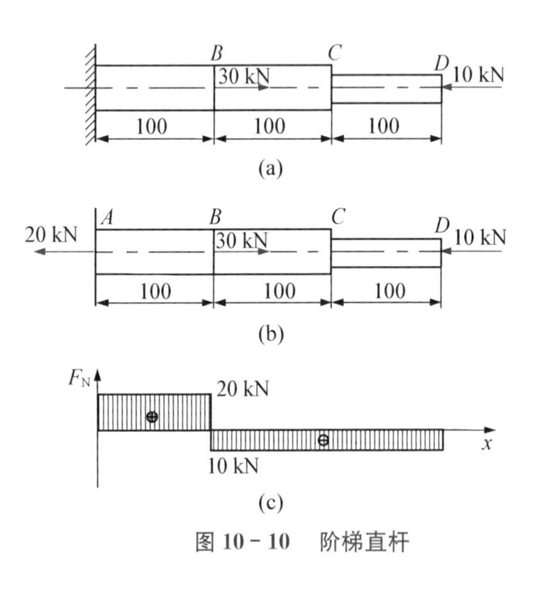

图 10-10　阶梯直杆

(2) 用轴力图的快速画法画出杆 AB 的轴力图，如图 10-10(c) 所示。

(3) 计算各段杆的变形量，则

$$\Delta l_{AB}=\frac{F_{NAB}l_{AB}}{EA_{AB}}=0.02\ \text{mm},$$

$$\Delta l_{BC}=\frac{F_{NBC}l_{BC}}{EA_{BC}}=-0.01\ \text{mm},$$

$$\Delta l_{CD}=\frac{F_{NCD}l_{CD}}{EA_{CD}}=-0.0167\ \text{mm}。$$

(4) 计算杆的总变形量。杆的总变形量等于各段变形量之和，即

$$\Delta l=\Delta l_{AB}+\Delta l_{BC}+\Delta l_{CD}=-0.0067\ \text{mm}。$$

计算结果为负，说明杆的总变形为压缩变形。

小　结

1. 拉(压) 杆的受力特点和变形特点，轴力和轴力图。用截面法和静力平衡的关系求拉

(压)杆的轴力。

2. 拉(压)杆横截面上的应力计算公式为 $\sigma=\dfrac{F_N}{A}$。

3. 拉(压)胡克定律 $\Delta l=\dfrac{F_N l}{AE}$ 或 $\sigma=E\varepsilon$。

4. 拉(压)杆的强度条件 $\sigma=\dfrac{F_N}{A}\leqslant[\sigma]$ 。应用强度条件,可以进行强度校核、设计截面尺寸和确定许可载荷3种强度问题的计算。

习　题

10-1　指出下列概念的区别:

(1) 内力与应力;(2) 变形与应变;(3) 弹性变形与塑性变形;(4) 极限应力与许用应力;(5) 工作应力与许用应力。

10-2　两根不同材料的等截面杆,承受相同的轴向拉力,它们的横截面和长度都相等。

试说明:(1) 横截面上的应力是否相等?(2) 强度是否相同?(3) 纵向变形是否相同?为什么?

10-3　画出题10-3图中各杆的轴力图,并求图示各杆指定截面的轴力。

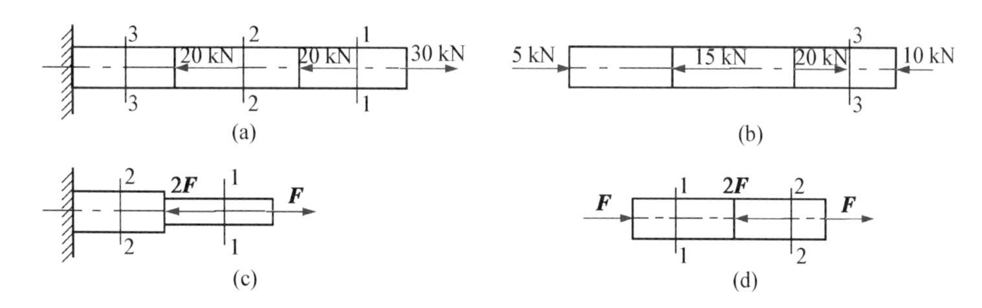

题10-3图

10-4　阶梯状直杆受力如题10-4图所示。已知 AD 段横截面面积为 $A_{AD}=1000\ \text{mm}^2$,DB 段横截面面积为 $A_{DB}=500\ \text{mm}^2$,材料的弹性模量 $E=200$ GPa,求该杆的总变形量 Δl_{AB}。

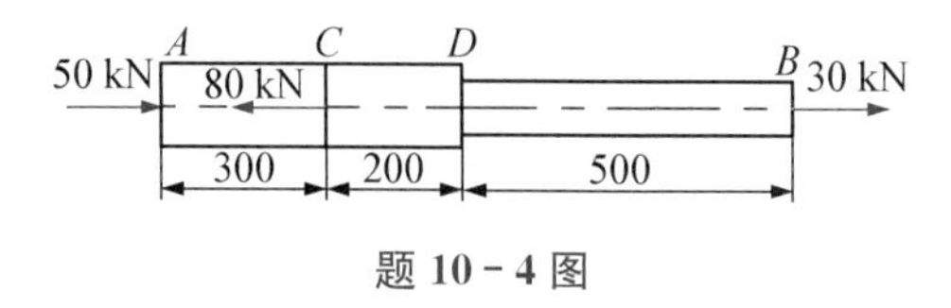

题10-4图

10-5　用绳索吊起重物如题10-5图所示。已知 $F=20$ kN,绳索横截面面积 $A=$

12.6 cm^2,许应力$[\sigma]=10$ MPa,试校核$\alpha=45°$和$\alpha=60°$两种情况下绳索的强度。

10-6　某悬臂吊车如题10-6图所示。最大起重载荷$G=20$ kN,杆BC为Q235A圆钢,许用应力为$[\sigma]=120$ MPa,试按图示位置设计BC杆的直径d。

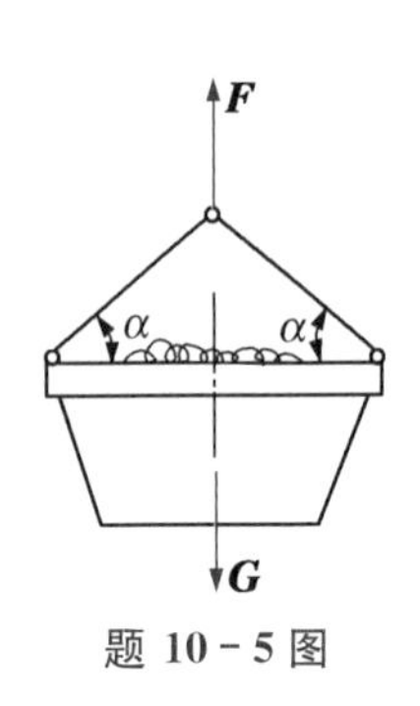

题 10-5 图

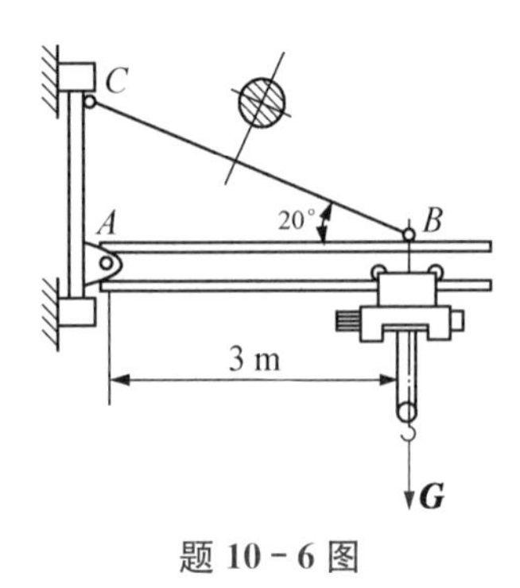

题 10-6 图

项目 11　剪 切 与 挤 压

● 学习目标

◇ 了解剪切变形的受力特点和变形特点，以及工程应用；

◇ 掌握剪切与挤压的实用计算；

◇ 培养严谨的设计、计算态度以及责任意识。

● 学习重点和难点

◇ 剪切变形的受力特点和变形特点；

◇ 剪切与挤压的实用计算。

任务 11.1　剪切的概念和实用计算

11.1.1　剪切的概念与实例

工程上一些联结构件，如常用的销（见图 11－1）、螺栓（见图 11－2）、平键等都是主要发生剪切变形的构件，称为剪切构件。这类构件的受力和变形情况，可概括为如图 11－3 所示

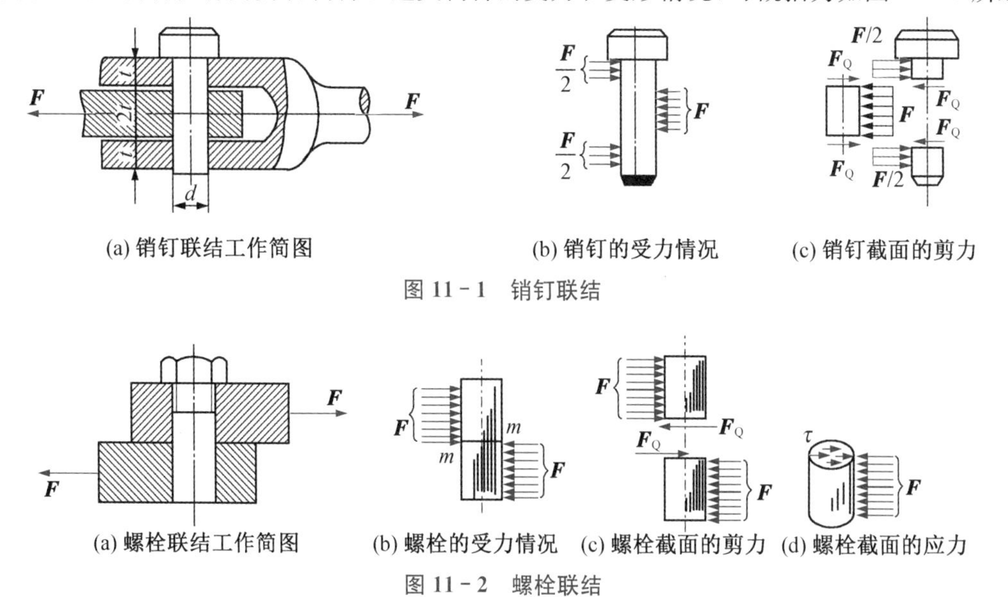

(a) 销钉联结工作简图　(b) 销钉的受力情况　(c) 销钉截面的剪力

图 11－1　销钉联结

(a) 螺栓联结工作简图　(b) 螺栓的受力情况　(c) 螺栓截面的剪力　(d) 螺栓截面的应力

图 11－2　螺栓联结

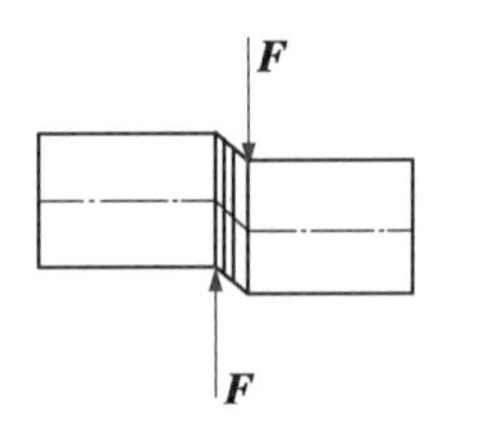

图 11-3　剪切变形示意图

的简图。其受力特点是：作用于构件两侧面上横向外力的合力，大小相等、方向相反，作用线相距很近。在这样外力作用下，其变形特点是：两力间的横截面发生相对错动，这种变形形式称为**剪切**。发生相对错动的截面，称为**剪切面**。

11.1.2　剪切的实用计算

为了对构件进行剪切强度计算，必须先计算剪切面上的内力。现以图 11-2(a) 所示的螺栓为例进行分析。当两块钢板受拉时，螺栓的受力图如图 11-2(b) 所示。若力 $\boldsymbol{F}$ 过大，螺栓可能沿剪切面 $m-m$ 被剪断。为了求得剪切面上的内力，运用截面法将螺栓沿剪切面假想截开，如图 11-2(c) 所示，并取其中一部分研究。由于任一部分均保持平衡，故在剪切面内必然有与外力 $\boldsymbol{F}$ 大小相等、方向相反的内力存在，这个内力称为剪力，以 $\boldsymbol{F}_Q$ 表示。它是剪切面上分布内力的合力。由平衡方程式 $\sum \boldsymbol{F}=\boldsymbol{0}$，得 $F_Q=F$。

剪力在剪切面上分布情况是比较复杂的，工程上通常采用以实验、经验为基础的"实用计算法"。在实用计算中，假定剪力在剪切面上均匀分布。前面轴向拉伸和压缩一节中，曾用正应力 σ 表示单位面积上垂直于截面的内力；同样，对剪切构件，也可以**用单位面积上平行截面的内力来衡量内力的聚集程度，称为切应力，以 τ 表示**，其单位与正应力一样。按假定算出的平均切应力称为名义切应力，一般简称为切应力，切应力在剪切面上的分布如图 11-2(d)所示。所以剪切构件的切应力可按下式计算，即

$$\tau=\frac{F_Q}{A}, \qquad (11-1)$$

式中，A 为剪切面面积(m^2)，F_Q 为剪切面剪力(N)。

为了保证螺栓安全可靠地工作，要求其工作时的切应力不得超过某一许用值。因此螺栓的剪切强度条件为

$$\tau=\frac{F_Q}{A}\leqslant[\tau], \qquad (11-2)$$

式中 $[\tau]$ 为材料许用切应力(Pa)。

(11-2)式虽然是以螺栓为例得出的，但也适用于其他剪切构件。

实验表明，一般情况下，材料的许用切应力 $[\tau]$ 和许用拉应力 $[\sigma]$ 有如下关系：

塑性材料：$[\tau]=(0.6\sim0.8)[\sigma]$，　脆性材料：$[\tau]=(0.8\sim1.0)[\sigma]$。

运用强度条件，可以进行强度校核、设计截面面积和确定许可载荷等 3 种强度问题的计算。

任务 11.2　挤压的概念和实用计算

11.2.1　挤压的概念与实例

构件在受到剪切作用的同时，往往还伴随着挤压作用。例如，图 11－2(a)中的下层钢板，由于与螺栓圆柱面的相互压紧，在接触面上产生较大的压力，致使接触处的局部区域产生塑性变形，如图 11－4 所示，这种现象称为挤压。此外，联结件的接触表面上也有类似现象。可见，联结件除了可能以剪切的形式破坏外，也可能因挤压而破坏。工程机械上常用的平键，经常发生挤压破坏。构件上产生挤压变形的接触面称为挤压面，挤压面上的压力称为挤压力，用 $\boldsymbol{F}_{\mathrm{j}}$ 表示。一般情况下，挤压面垂直于挤压力的作用线。

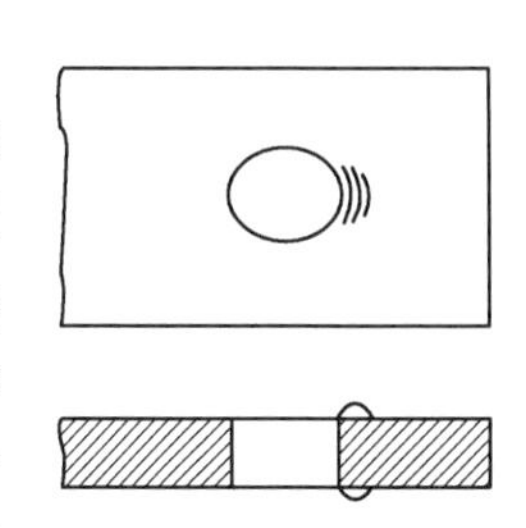

图 11－4　挤压破坏

11.2.2　挤压的实用计算

由挤压而引起的应力称为挤压应力，用 σ_{j} 表示。挤压应力与直杆压缩中的压应力不同，压应力遍及整个受压杆件的内部，在横截面上是均匀分布的。挤压应力则只限于接触面附近的区域，在接触面上的分布也比较复杂，像剪切的实用计算一样，挤压在工程上也采用实用计算方法，即假定在挤压面上应力是均匀分布的。如果以 $\boldsymbol{F}_{\mathrm{j}}$ 表示挤压面上的作用力，A_{j} 表示挤压面面积，则

$$\sigma_{\mathrm{j}}=\frac{F_{\mathrm{j}}}{A_{\mathrm{j}}}。\qquad (11-3)$$

于是，建立挤压强度条件为

$$\sigma_{\mathrm{j}}=\frac{F_{\mathrm{j}}}{A_{\mathrm{j}}}\leqslant[\sigma_{\mathrm{j}}]。\qquad (11-4)$$

式中，$[\sigma_{\mathrm{j}}]$为材料的许用挤压应力，其数值由试验确定，可从有关设计手册中查到，一般可取：

塑性材料：$[\sigma_{\mathrm{j}}]=(1.5\sim2.5)[\sigma]$，　脆性材料：$[\sigma_{\mathrm{j}}]=(0.9\sim1.5)[\sigma]$，
式中，$[\sigma]$为材料的拉伸许用应力。

关于挤压面面积 A_{j} 的计算，要根据接触面的具体情况而定。对于螺栓、铆钉等联结件，挤压时接触面为半圆柱面，如图 11－5(a)所示。但在计算挤压应力时，挤压面积采用实际接触面在垂直于挤压力方向的平面上的投影面积，如图 11－5(c)所示的 $ABCD$ 面积。这是因为从理论分析得知，在半圆柱挤压面上，挤压应力分布如图 11－5(b)所示，最大挤压应力在半圆柱圆弧的中点处，其值与按正投影面积计算结果相近。对于键联结，其接触面是平面，挤压面的计算面积就是接触面的面积。

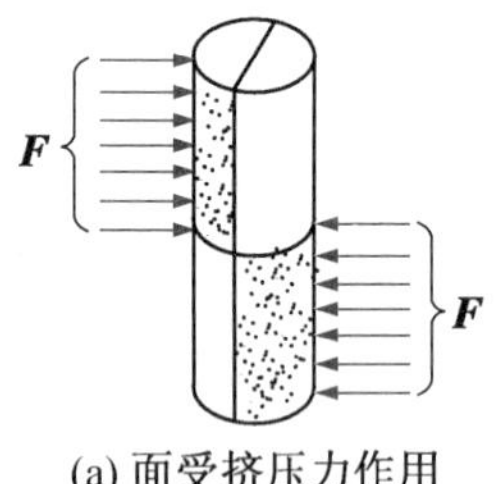

(a) 面受挤压力作用

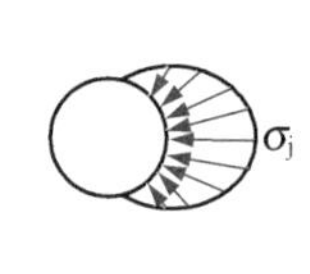

(b) 圆柱面挤压应力的分布

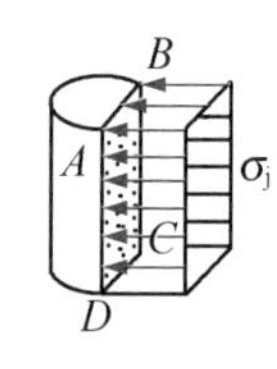

(c) 圆柱零件的挤压面积

图 11－5 圆柱零件挤压面积的确定

例 11－1 铸铁带轮用平键与轴联结，如图 11－6(a) 所示。传递的力偶矩 $T=350\ \text{N}\cdot\text{m}$，轴的直径 $d=40\ \text{mm}$，平键尺寸 $b\times h=12\times 8\ \text{mm}^2$，初步确定键长 $l=35\ \text{mm}$，键的材料为 45 钢，许用切应力 $[\tau]=60\ \text{MPa}$，许用挤压应力 $[\sigma_j]=100\ \text{MPa}$，铸铁的许用挤压应力 $[\sigma_j]=80\ \text{MPa}$，试校核键联结的强度。

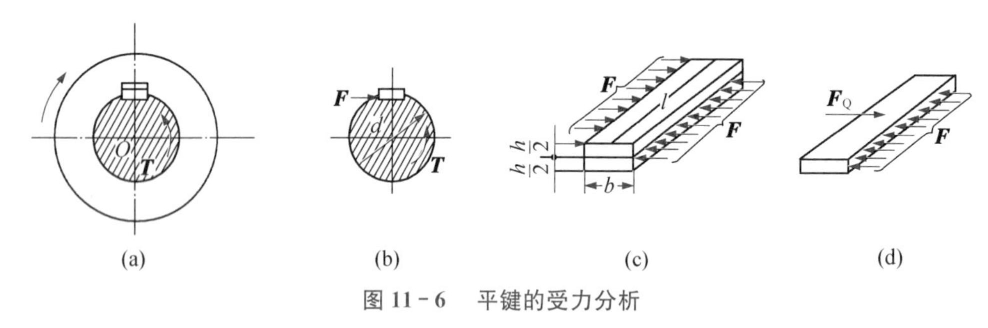

图 11－6 平键的受力分析

解：以轴（包括平键）为研究对象，其受力图如图 11－6(b) 所示，根据平衡条件可得

$$\sum m_o=0,\ T-F\cdot d/2=0,$$

故
$$F=\frac{2T}{d}=\frac{2\times 350}{0.04}=17.5\times 10^3(\text{N})。$$

(1) 校核键的剪切强度。平键的受力情况如图 11－6(c) 所示，此时剪切面上的剪力，如图 11－6(d) 所示为

$$F_Q=F=17.5\times 10^3\ \text{N}。$$

剪切面面积为

$$A=b\times l=12\times 35\ \text{mm}^2=420\ \text{mm}^2。$$

所以，平键的工作切应力为

$$\tau=\frac{F_Q}{A}=\frac{17.5\times 10^3}{420\times 10^{-6}}=41.7\times 10^6(\text{Pa})=41.7(\text{MPa})<[\sigma],$$

满足剪切强度条件。

(2) 校核挤压强度。由于铸铁的许用挤压应力小，所以取铸铁的许用挤压应力作为核算的依据。带轮挤压面上的挤压力为

$$F_j = F = 17.5 \times 10^3 \text{N}。$$

带轮的挤压面积与键的挤压面积相同，设带轮与键的接触高度为 $h/2$，则挤压面面积为

$$A_j = lh/2 = 35 \times 8/2 \text{ mm}^2 = 140 \text{ mm}^2。$$

故带轮的挤压应力为

$$\sigma_j = \frac{F_j}{A_j} = \frac{17.5 \times 10^3}{140 \times 10^{-6}} = 125 \times 10^6 (\text{Pa}) = 125(\text{MPa}) > [\sigma_j],$$

不满足挤压强度条件。现需根据挤压强度条件重新确定键的长度。根据(11－4)式有

$$A \geqslant F_j/[\sigma_j],$$

即
$$\frac{h}{2} l \geqslant \frac{F_j}{[\sigma_j]}。$$

得键的长度为 $$l \geqslant \frac{2F}{[\sigma_j]h} = \frac{2 \times 17.5 \times 10^3}{80 \times 10^6 \times 0.008} = 54.7 \times 10^{-3} (\text{m})。$$

最后确定键的长度为 55 mm。

小　　结

1. 剪切与挤压的受力特点和变形特点。
2. 用截面法求剪切时，横截面上的内力 —— 剪力　$F_Q = F$。
3. 剪切强度条件　$\tau = \dfrac{F_Q}{A_j} \leqslant [\tau]$。
4. 挤压强度条件　$\sigma_j = \dfrac{F_j}{A_j} \leqslant [\sigma_j]$。

习　　题

11－1　试述剪切的受力特点和变形特点。

11－2　分析题 11－2 图所示零件的剪切面与挤压面。

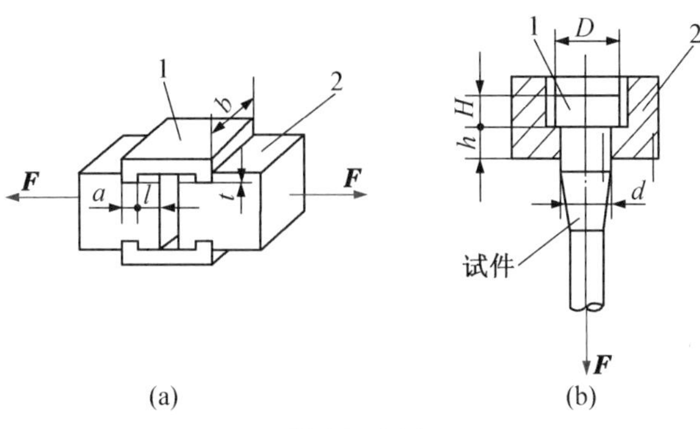

题 11－2 图

11－3　题11－3图所示为切料装置用刀刃把切料模中$\phi 12$ mm的棒料切断。棒料的抗剪强度$\tau_b=320$ MPa，试计算切断力。

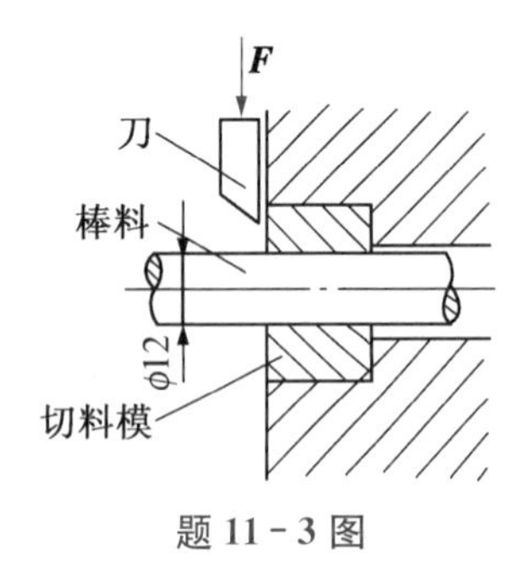

题11－3图

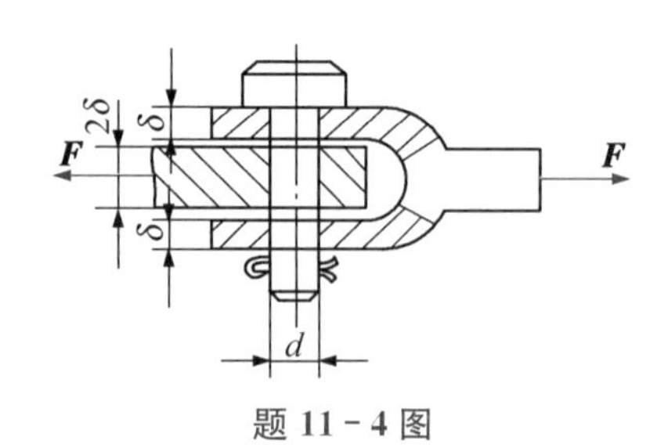

题11－4图

11－4　题11－4图所示为拖车挂钩用的销钉联结。已知挂钩部分钢板厚度为$\delta=8$ mm，销钉材料为20钢，许用切应力$[\tau]=60$ MPa，许用挤压应力为$[\sigma_j]=100$ MPa，又知拖车的拉力$F=15$ kN，试设计销钉的直径。

11－5　如题11－5图所示，冲床的最大冲力为$F=400$ kN，冲头材料的许用压应力$[\sigma]=440$ MPa，被冲剪的钢板的许用切应力$[\tau]=360$ MPa。求在最大冲力作用下，所能冲剪的圆孔最小直径d和板的最大厚度t。

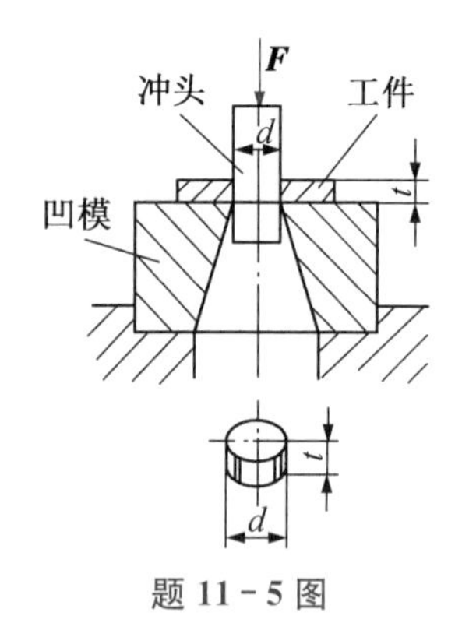

题11－5图

项目 12　圆 轴 扭 转

● 学习目标

◇ 掌握圆轴扭转的受力特点和变形特点；

◇ 了解扭矩及扭矩图，圆轴扭转时横截面的应力计算、强度和刚度计算；

◇ 培养严谨的设计、计算态度以及责任意识。

● 学习重点和难点

◇ 圆轴扭转的受力特点和变形特点；

◇ 扭矩及扭矩图，圆轴扭转时横截面的应力计算、强度和刚度计算。

任务 12.1　圆轴扭转的概念与实例

在工程中，常会遇到直杆因受力偶作用而发生扭转变形的情况。例如，当钳工攻螺纹孔时，两手所加的外力偶作用在丝锥杆的上端，工件的反力偶作用在丝锥杆的下端，使得丝锥杆发生扭转变形，如图 12－1 所示。图 12－2 所示的汽车转向盘的操纵杆，以及一些传动轴等均是扭转变形的实例。以扭转为主要变形的构件常称为轴，其中圆轴在机械中的应用为最广。本章主要讨论圆轴扭转时应力和变形的分析计算方法，以及强度和刚度计算。

一般扭转杆件的计算简图，如图 12－3 所示。其受力特点是：在垂直于杆件轴线的平面内，作用着一对大小相等、转向相反的力偶。其变形特点是：杆件的各横截面绕杆轴线发生相对转动，各纵向线都倾斜了同一个微小角度 γ，杆轴线始终保持直线。这种变形称为扭转变形。杆间任意两截面间的相对角位移，称为扭转角。图 12－3 中的 φ_{AB} 是截面 B 相对于截面 A 的扭转角。

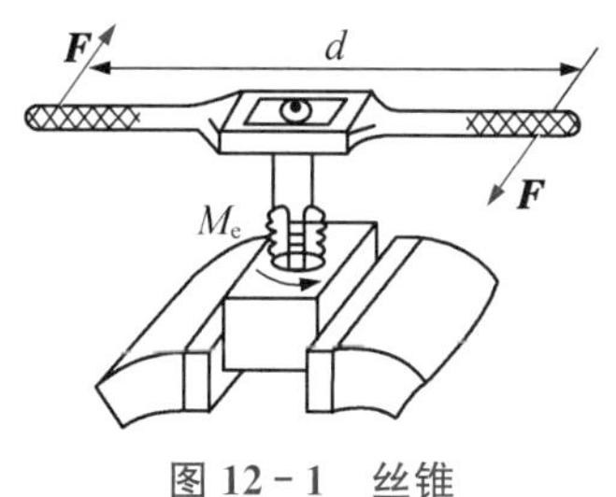

图 12－1　丝锥

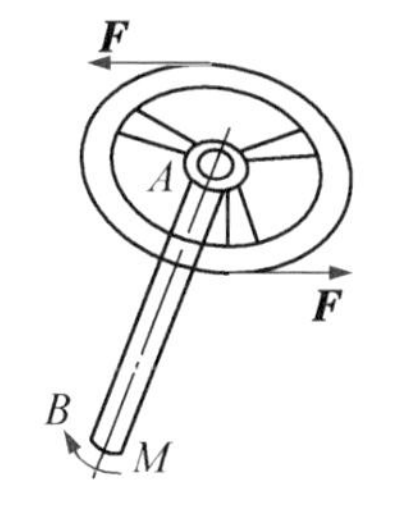

图 12－2　汽车转向轴

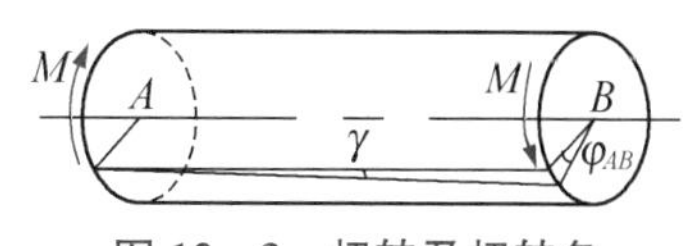

图 12－3　扭转及扭转角

任务 12.2　扭矩和扭矩图

12.2.1　外力偶矩的计算

为了利用截面法求出圆轴扭转时截面上的内力，要先计算出轴上的外力偶矩。作用在轴上的外力偶矩一般不是直接给出，而是根据所给定轴的传递功率和转速求出来的。功率、转速和外力偶矩之间的关系可由动力学知识导出，其公式为

$$M=9550\frac{P}{n}, \tag{12-1}$$

式中，M 为外力偶矩(N·m)，P 为轴传递的功率(kW)，n 为轴的转速(r/min)。

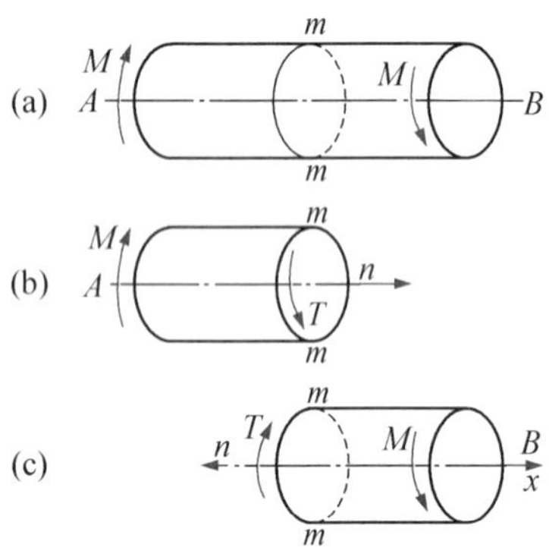

图 12-4　截面法确定圆轴横截面上的扭矩

12.2.2　扭矩和扭矩图

若已知轴上作用的外力偶矩，可用截面法研究圆轴扭转时横截面上的内力。如图 12-4(a)所示，等截面圆轴 AB 两端面上作用有一对平衡外力偶矩 M。在任意 $m-m$ 截面处将轴分为两段，并取左段为研究对象，如图 12-4(b)所示。因 A 端有外力偶矩 M 作用，为保持左段平衡，故在 $m-m$ 面上必有一个内力偶矩 T 与之平衡，T 称为扭矩，单位 N·m。由平衡方程

$$\sum m_x=0,\quad T-M=0,$$

得

$$T=M。$$

若取右段为研究对象，所得扭矩数值相同而转向相反，它们是作用与反作用的关系。

为了使不论取左段或右段求得的扭矩的大小、符号都一致，对扭矩的正、负号规定如下：用右手螺旋法则，大拇指指向横截面外法线方向，扭矩的转向与四指的转向一致时，扭矩为正，反之为负，如图 12-5 所示。在求扭矩时，在截面上均按正向画出，所得为负则说明扭矩转向与假设相反。此为设正法。

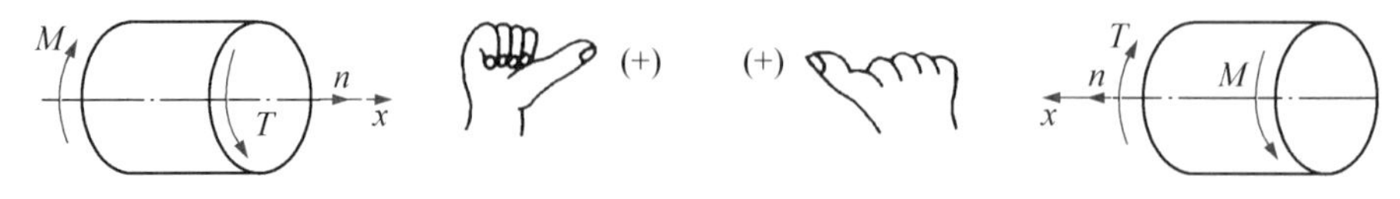

图 12-5　扭矩符号的确定

当轴上作用有多个外力偶矩时，须以外力偶矩所在的截面将轴分成数段，逐段求出其扭矩。为了清楚地看出各截面上扭矩的变化情况，以便确定危险截面，通常把扭矩随截面位置的变化绘成图形，称为扭矩图。作图时，以横坐标表示各横截面的位置，纵坐标表示扭矩。

12.2.3 扭矩图的快速画法

扭矩图也可根据扭矩、扭矩图随外力偶的变化规律快速作图。

1. 扭矩、扭矩图随外力偶的变化规律

(1) 在没有外力偶作用处，扭矩是常数，扭矩图是水平线。

(2) 有外力偶作用处，扭矩图有突变，突变量等于外力偶。

2. 扭矩图的快速画法

(1) 先求出约束力偶，约束力偶与外力偶同等看待。

(2) 以构件左端为原点，x 轴表示为轴线，垂直于轴线的表示扭矩 T。

(3) 假设箭头向上的外力偶产生正的扭矩(扭矩图在该处垂直向上突变，突变量等于该外力偶)，箭头向下的外力偶产生负的扭矩(扭矩图在该处垂直向下突变，突变量等于该外力偶)，如图 12-6(b)所示。

(4) 根据扭矩、扭矩图的变化规律画出扭矩图。

例 12-1 如图 12-6(a)所示，转轴的功率由皮带轮 B 输入，齿轮 A，C 输出。已知$P_A=60$ kW，$P_C=20$ kW，转速 $n=630$ r/min，绘制转轴的扭矩图并求最大扭矩。

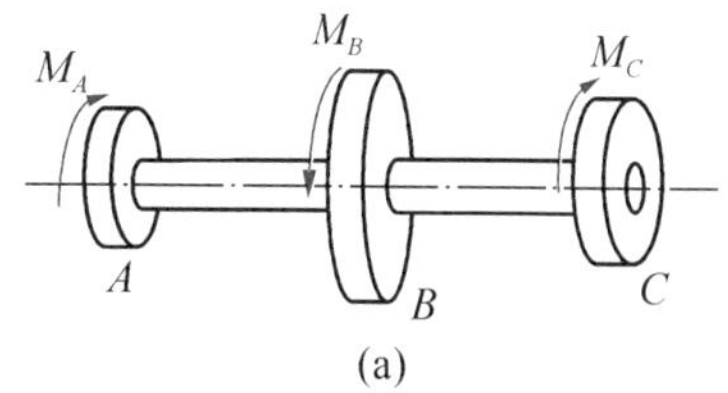

(a)

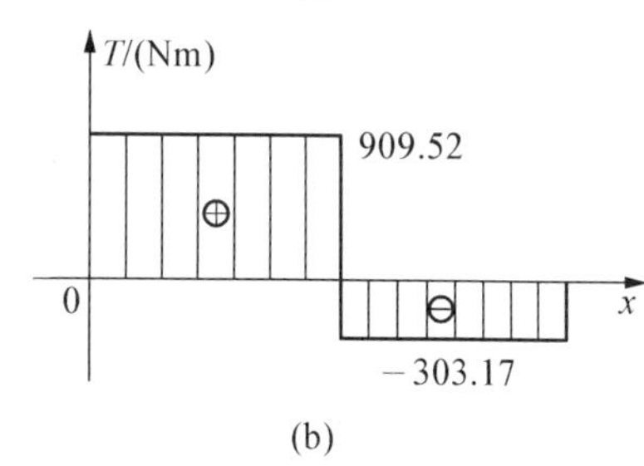

(b)

图 12-6 转轴

解：(1) 计算外力偶矩，由(12-1)式得

$$M_A=9\,550\frac{P_A}{n}=9\,550\times\frac{60}{630}=909.52(\text{N}\cdot\text{m}),$$

$$M_C=9\,550\frac{P_C}{n}=9\,550\times\frac{20}{630}=303.17(\text{N}\cdot\text{m})。$$

因为$\sum M=0$，所示 $M_B=M_A+M_C=1\,212.7$ N·m。

(2) 用扭矩图的快速画法画出转轴的扭矩图，如图 12-6(b)所示。

(3) 求最大扭矩。由图 12-6(b)扭矩图可知：最大扭矩在 AB 段内，且绝对值为 $|T_{max}|=909.52$ N·m。

任务 12.3 圆轴扭转时横截面的应力计算

12.3.1 圆轴扭转时横截面上的应力

应力与变形有关，如图 12-7 所示，先在一个未加载荷的圆轴上画上间隔均匀的横向线和纵向线，然后加载使其发生扭转变形，可发现：各圆周线的形状、大小及圆周线之间的距离均无变化，各圆周线绕轴线转到了不同的角度，所有纵向线都倾斜了同一个角度 γ。

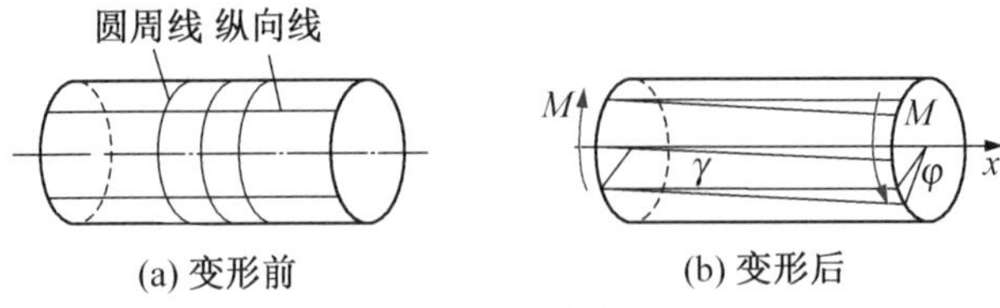

图 12-7　圆轴扭转变形

由上述现象可以看出：圆轴扭转变形后，轴的横截面仍保持平面，其形状和大小不变，半径仍为直线。这就是圆轴扭转的平面假设。由此可以得出：

(1) 扭转变形时，由于圆轴相邻横截面间的距离不变，即圆轴没有纵向变形发生，所以横截面上没有正应力。

(2) 扭转变形时，各纵向线同时倾斜了相同的角度，所以横截面上有剪应力，其方向必垂直于半径。

圆轴扭转时，横截面上距离圆心为 ρ 处的剪应力 τ_ρ 的一般公式为

$$\tau_\rho = \frac{T}{I_p}\rho。 \tag{12-2}$$

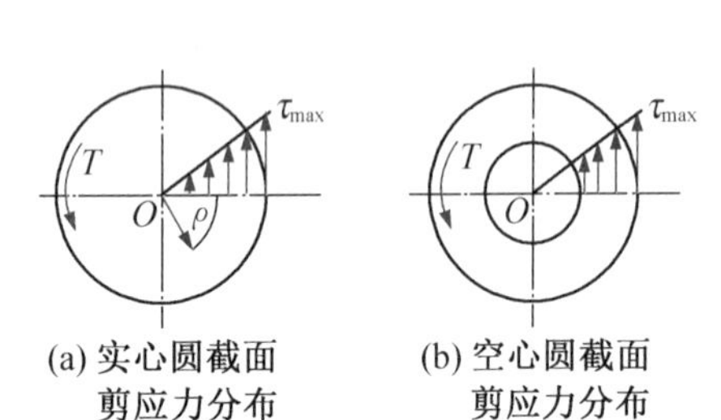

图 12-8　剪应力分布示意图

式中，T 为扭矩(N·m)，I_p 为横截面的极惯性矩(m^4)，ρ 为从欲求剪应力的点到横截面圆心的距离。

显然，当 $\rho=0$ 时，$\tau=0$；当 $\rho=\frac{D}{2}$ 时，剪应力最大，$\tau_{max}=\frac{TD}{2I_p}$，$D$ 为圆柱直径。

扭转变形时，横截面上各点剪应力的大小，与该点到圆心的距离成正比，如图 12-8 所示。

令 $W_p=\frac{2I_p}{D}$，则上式变为

$$\tau_{max} = \frac{T}{W_p}, \tag{12-3}$$

式中，W_p 为抗扭截面系数(m^3)。

12.3.2　极惯性矩和抗扭截面系数

1. 实心圆截面

对于直径为 D 的实心圆截面，取一距离圆心为 ρ、厚度为 $d\rho$ 的圆环作为微面积 dA，如图 12-9(a)所示，则

$$dA = 2\pi\rho d\rho,$$

于是

$$I_P = \int_A \rho^2 dA = 2\pi\int_0^{\frac{D}{2}} \rho^3 d\rho = \frac{\pi D^4}{32}, \tag{12-4}$$

所以 $W_p=\dfrac{I_p}{R}=\dfrac{I_p}{\dfrac{D}{2}}=\dfrac{\pi D^3}{16}\approx 0.2D^3$。　　　　(12－5)

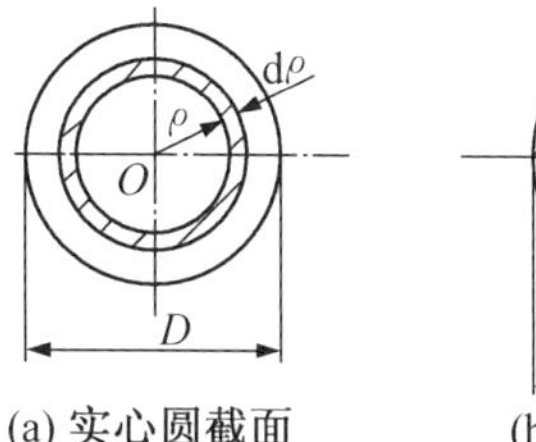

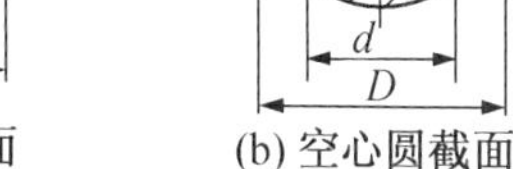

(a) 实心圆截面　　(b) 空心圆截面

图 12－9　极惯性矩的计算

2. 空心圆截面

对于内径为 d、外径为 D 的空心圆截面，如图 12－9(b)所示，其极惯性矩可以采用与实心圆截面相同的方法求出，

$$I_p=\int_A \rho^2 \mathrm{d}A=\int_{\frac{d}{2}}^{\frac{D}{2}} 2\pi\rho^3 \mathrm{d}\rho=\frac{\pi}{32}(D^4-d^4),$$

即

$$I_p=\frac{\pi D^4}{32}(1-a^4)\approx 0.1D^4(1-a^4)。\qquad (12-6)$$

抗扭截面系数为

$$W_p=\frac{I_p}{\dfrac{D}{2}}=\frac{\pi D^3}{16}(1-a^4)\approx 0.2D^3(1-a^4),\qquad (12-7)$$

式中，$a=\dfrac{d}{D}$，代表内、外径的比值。

任务 12.4　圆轴扭转时的强度和刚度计算

12.4.1　圆轴扭转时的强度计算

为保证圆轴扭转时具有足够的强度而不破坏，必须限制轴的最大剪应力不得超过材料的扭转许用剪应力。对于等截面圆轴，其最大剪应力发生在扭矩值最大的横截面(称为危险截面)的外边缘处，故圆轴扭转的强度条件为

$$\tau_{max}=\frac{|T_{max}|}{W_P}\leqslant[\tau],\qquad (12-8)$$

式中，扭转许用剪应力是根据扭转试验，并考虑安全系数确定的。

与拉压强度问题相似，(12－8)式可以解决强度校核、设计截面尺寸和确定许用载荷等 3 种扭转强度问题。

例 12－2　阶梯轴如图 12－10 所示，$M_1=5$ kN·m，$M_2=3.2$ kN·m，$M_3=1.8$ kN·m，材料的许用切应力$[\tau]=60$ Mpa。试求校核该轴的强度。

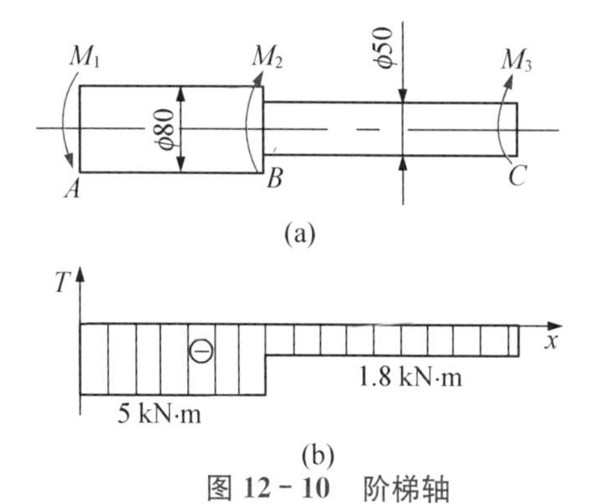

图 12－10　阶梯轴

解：(1) 作扭矩图。用扭矩图快速画法作出扭矩图，如图 12-10(b)，可得

$$T_{AB} = -5\ \text{kN} \cdot \text{m},\ T_{BC} = -1.8\ \text{kN} \cdot \text{m}。$$

(2) 校核轴的强度。因两段的扭矩、直径各不相同，需分别校核。

$$AB\ 段：\tau_{max} = \frac{T_{AB}}{W_{pAB}} = \frac{16 \times 5 \times 10^6}{\pi \times 80^3} = 49.7\ \text{MPa} < [\tau],$$

故 AB 段的强度是安全的。

$$BC\ 段：\tau_{max} = \frac{T_{BC}}{W_{pBC}} = \frac{16 \times 1.8 \times 10^6}{\pi \times 50^3} = 73.4\ \text{MPa} > [\tau],$$

故 BC 段的强度不够。

综上所述，阶梯轴的强度不够。

在求 τ_{max} 时，T 取绝对值，其正、负号(转向) 对强度计算无影响。

12.4.2 圆轴扭转时的刚度计算

如前所述，圆轴扭转时的变形是用扭转角来度量的。扭转角就是圆轴扭转时，横截面绕轴线相对转过的角度 φ，其计算公式为

$$\varphi = \frac{Tl}{GI_p}(\text{rad}), \tag{12-9}$$

式中，G 为剪切弹性模量(Pa)，l 为轴的长度(m)。

为了消除轴的长度对扭转角的影响，可采用单位长度内的扭转角 θ 来度量轴的扭转变形，即

$$\theta = \frac{\varphi}{l} = \frac{T}{GI_p}。 \tag{12-10}$$

轴类零件工作时，除应满足强度条件外，经常还有刚度要求，即不允许有较大的扭转变形。通常以下列表示式为其刚度条件，即

$$\theta_{max} = \frac{T_{max}}{GI_p} \leqslant [\theta]。 \tag{12-11}$$

式中，θ_{max} 为最大单位长度扭转角(rad/m)；T_{max} 为圆轴上的最大扭矩(N·m)；$[\theta]$ 为许用单位长度扭转角，习惯上以度 / 米为其单位，记为 °/m。故在使用(12-11) 式时，要将 θ_{max} 的单位换算成 °/m，则(12-11) 式将变为

$$\theta_{max} = \frac{T_{max}}{GI_p} \times \frac{180}{\pi} \leqslant [\theta]。 \tag{12-12}$$

不同类型的轴$[\theta]$ 的值，可从有关工程手册中查得。

例 12-3 一传动轴，承受的最大扭矩 $T_{max} = 183.6\ \text{N} \cdot \text{m}$，按强度条件设计的直径为 $d = 31.5\ \text{mm}$。若已知 $G = 80\ \text{GPa}$，$[\theta] = 1°/\text{m}$，试求校核轴是否满足刚度要求。若刚度不

足，则重新设计轴的直径。

解：(1) 校核轴的刚度。因

$$\theta_{max}=\frac{T_{max}}{GI_p}\times\frac{180^\circ}{\pi},I_p=\frac{\pi d^4}{32},$$

故 $$\theta_{max}=\frac{T_{max}}{GI_p}\times\frac{180^\circ}{\pi}=\frac{183.2\times 32}{80\times 10^9\times 3.14\times 31.5^4\times 10^{-12}}\times\frac{180}{\pi}=1.36^\circ/m>[\theta]。$$

所以，不满足刚度要求。

(2) 按刚度条件再设计轴的直径。由

$$\theta_{max}=\frac{T_{max}}{GI_p}\times\frac{180^\circ}{\pi}\leqslant[\theta],$$

则 $$d\geqslant\sqrt[4]{\frac{32\times 180\times T_{max}}{\pi^2\times G\times[\theta]}}=\sqrt[4]{\frac{32\times 180\times 183.6}{\pi^2\times 80\times 10^9\times 1}}=34(mm)。$$

所以，取 $d=34$ mm。

小　　结

1. 圆轴扭转的受力特点和变形特点。
2. 用截面法求圆轴扭转时横截面上的内力——扭矩及扭矩图。
3. 圆轴扭转时横截面上的剪应力沿半径线性分布，计算公式 $\tau=\frac{T}{I_p}\rho$。
4. 圆轴扭转的强度　$\tau=\frac{T_{max}}{W_p}\leqslant[\tau]$。
5. 圆轴扭转的强度 $\theta_{max}=\frac{T_{max}}{GI_p}\times\frac{180}{\pi}\leqslant[\theta]$。

习　　题

12-1　减速箱中，高速轴直径大还是低速轴直径大？为什么？

12-2　直径和长度均相同而材料不同的两根轴，在相同扭矩作用下，它们的最大切应力和扭转角是否相同？

12-3　从力学角度分析，在同等条件下，为什么空心圆轴比实心圆轴较合理？

12-4　试画出题 12-4 图所示各轴的扭矩图，并指出最大扭矩值。

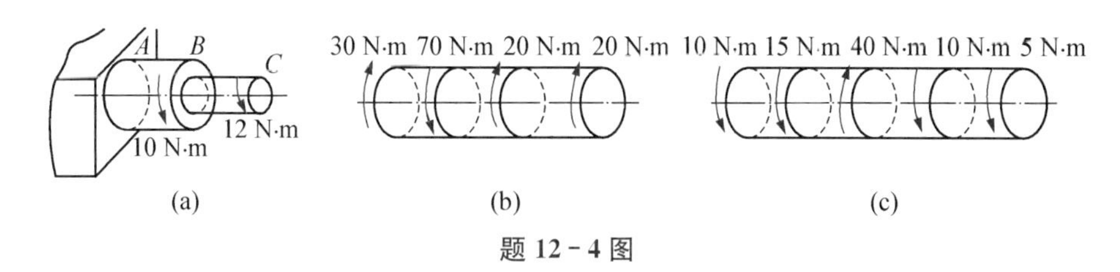

题 12-4 图

12-5　题12-5图所示为圆截面轴，直径 $d=50$ mm，扭矩 $T=1$ kN·m。试计算 A 点处（$\rho_A=20$ mm）的扭转切应力 τ_A，以及横截面上的最大扭转切应力 $\tau_{\max}$ 与最小剪应力 $\tau_{\min}$。

12-6　一直径 $d=80$ mm 的传动轴，其上作用着外力偶矩 $M_1=1000$ N·m，$M_2=600$ N·m，$M_3=200$ N·m 和 $M_4=200$ N·m，如题12-6图所示。试求：

(1) 计算各段内的最大切应力；

(2) 如材料的切变模量 $G=79$ GPa，求轴的总扭转角。

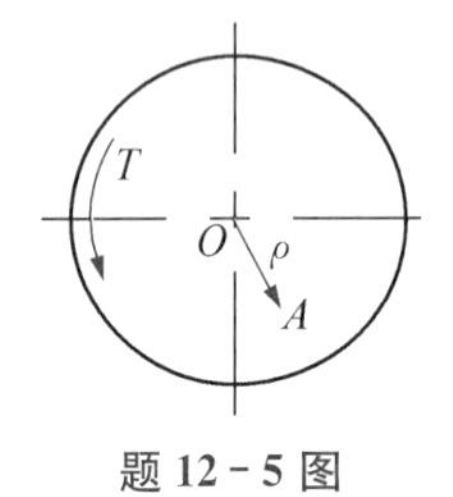

题12-5图

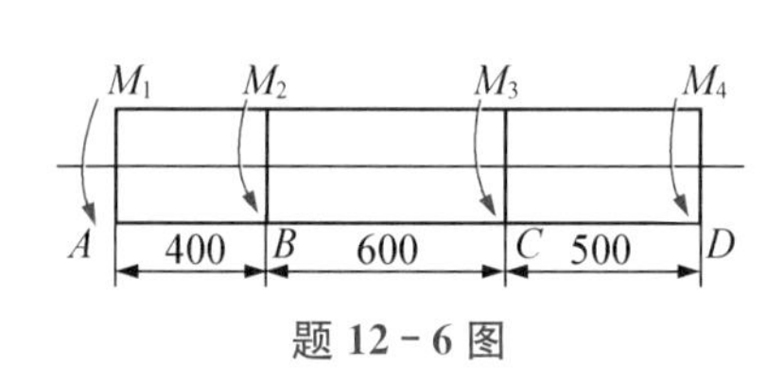

题12-6图

12-7　一阶梯轴如题12-7图示，直径 $d_1=40$ mm，$d_2=70$ mm。轴上装有3个带轮，由轮3输入功率 $P_3=30$ kW，轮1输出功率 $P_1=13$ kW。轴的转速 $n=200$ r/min，材料的许用切应力 $[\tau]=60$ MPa，许用扭转角 $[\theta]=2°/\text{m}$，切变模量 $G=80$ GPa，试校核轴的强度和刚度。

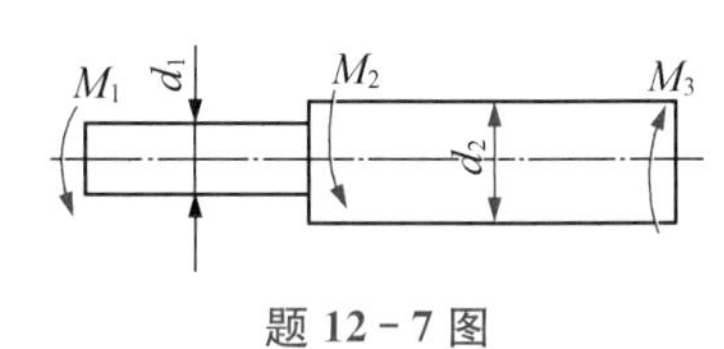

题12-7图

12-8　空心钢轴外径 $D=100$ mm，内径 $d=50$ mm，若要求轴在2 m内的最大扭转角不超过1.5°，问它所承受的最大扭矩是多少？并求此时轴内最大剪应力。已知材料的剪切弹性模量 $G=80$ GPa。

项目 13　平面弯曲和组合变形

- 学习目标

◇ 掌握梁平面弯曲的受力特点和变形特点；

◇ 了解剪力、弯矩及剪力图、弯矩图；

◇ 了解梁平面弯曲时横截面的应力计算及强度计算；

◇ 了解组合变形的概念及强度计算；

◇ 培养严谨的设计、计算态度以及责任意识。

- 学习重点和难点

◇ 梁平面弯曲的受力特点和变形特点；

◇ 梁平面弯曲时横截面的应力计算及强度计算；

◇ 组合变形的概念及强度计算。

任务 13.1　平面弯曲的概念与实例

工程实际中，经常遇到像火车轮轴(见图 13-1)、桥式起重机的大梁(见图 13-2)这样的杆件。这些杆件的受力特点为：在杆件的轴线平面内受到力偶或垂直于杆轴线的外力作用，杆的轴线由原来的直线变为曲线，这种形式的变形称为弯曲变形。垂直于杆件轴线的力，称为横向力。以弯曲变形为主的杆件，习惯上称为梁。

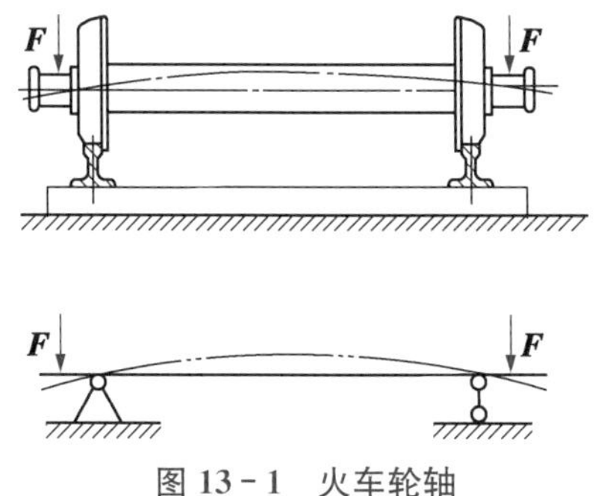

图 13-1　火车轮轴

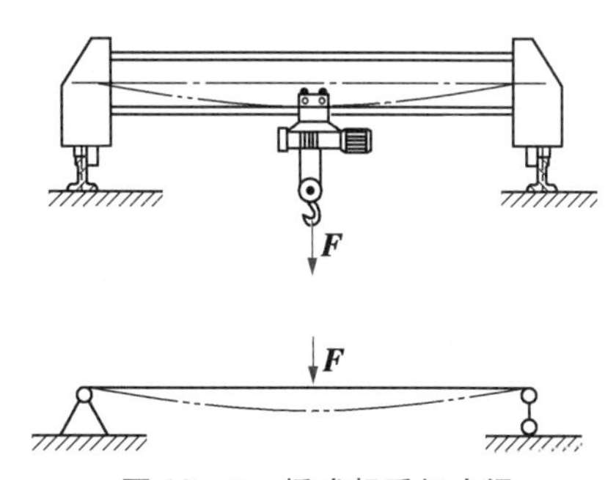

图 13-2　桥式起重机大梁

工程问题中，绝大多数受弯杆件的横截面都有一根对称轴，如图 13-3 所示为常见的截面形状，y 轴为横截面对称轴。通过截面对称轴与梁轴线确定的平面，称为梁的纵向对称

面，如图 13-4 所示。当作用在梁上的所有外力（包括约束力）都作用在梁的纵向对称面内，则变形后梁的轴线将是在纵向对称面内的一条平面曲线，这种弯曲变形称为平面弯曲。这是最常见、最简单的弯曲变形。

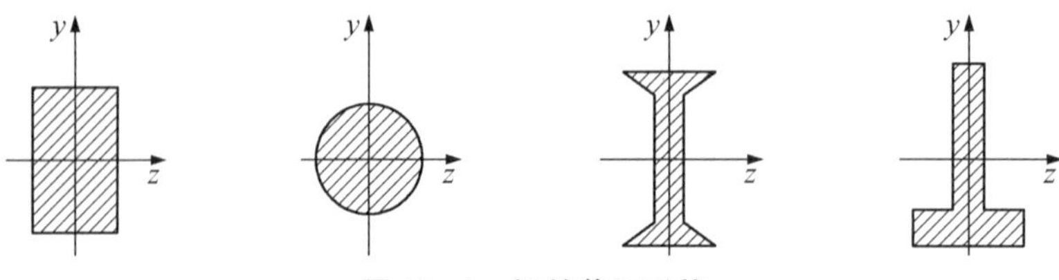

图 13-3　梁的截面形状

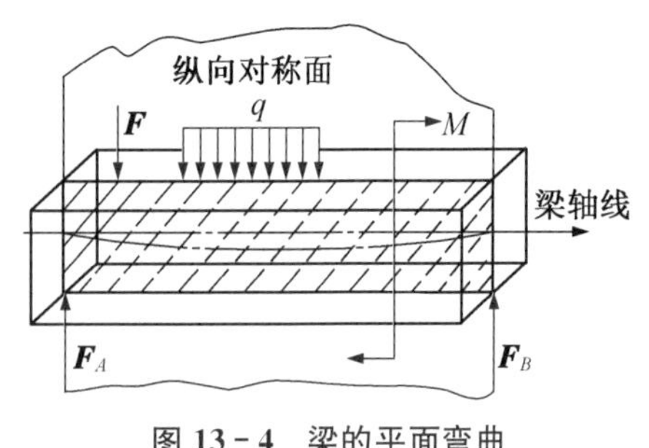

图 13-4　梁的平面弯曲

为了便于分析和计算，需将梁进行简化，即以梁的轴线表示梁；将作用在梁上的载荷简化为集中力 $\boldsymbol{F}$ 或集中力偶 m 或均布载荷 q；梁的约束（支承情况）可简化为固定铰链支座、活动铰链支座或固定端。通过简化将静定梁简化为 3 种情况：

（1）简支梁　一端固定铰链支座，另一端活动铰支座约束的梁，如图 13-5(a)所示。

（2）外伸梁　具有一端或两端外伸部分的简支梁，如图 13-5(b)所示。

（3）悬臂梁　一端为固定端支座，另一端自由的梁，如图 13-5(c)所示。

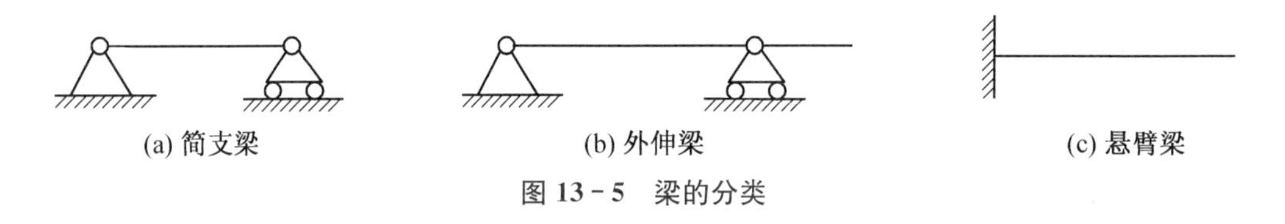

(a) 简支梁　　(b) 外伸梁　　(c) 悬臂梁

图 13-5　梁的分类

任务 13.2　平面弯曲的内力

13.2.1　剪力和弯矩

为对梁进行强度计算，当作用于梁上的外力确定后，可用截面法来分析梁任意截面上的内力。

如图 13-6(a)所示的悬臂梁，已知梁长为 l，主动力为 $\boldsymbol{F}$，则该梁的约束力可由静力平衡方程求得，$F_B=F$，$M_B=Fl$。现欲求任意截面 $m-m$ 上的内力。可在 $m-m$ 处将梁截开，取左段为研究对象，如图 13-6(b)所示，将该段上所有外力向截面 $m-m$ 的形心简化。列平衡方程：$\sum F_y=0$，得 $F-F_Q=0$，即 $F_Q=F$。式中，$\boldsymbol{F}_Q$ 称为横截面 $m-m$ 上的剪力，它是与横截面相切的分布内力的合力。

再由$\sum M_O(\boldsymbol{F})=0$，可得$M-Fx=0$，即$M=Fx$。式中，$M$称为横截面$m-m$上的弯矩，它是与横截面垂直的分布内力的合力偶矩。

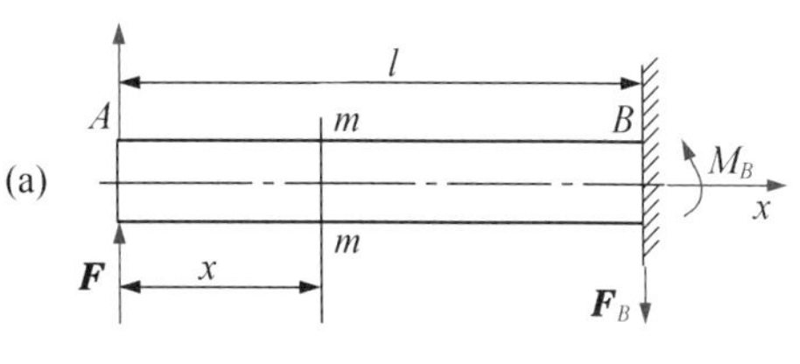

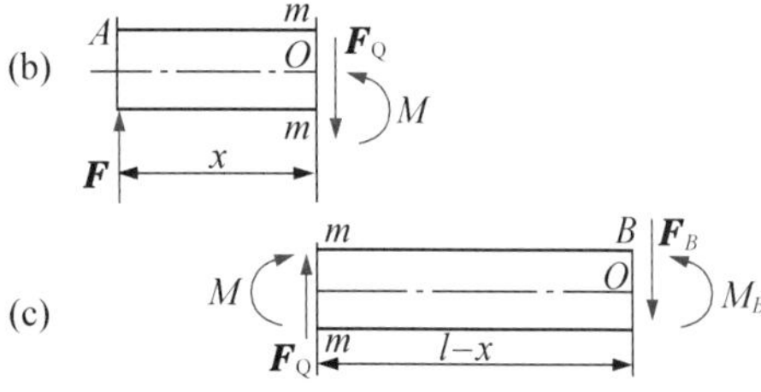

图13-6　梁的内力——剪力和弯矩

取右段为研究对象，如图13-6(c)所示，同理可求得截面$m-m$上的F_Q和M，与前者是等值、反向的。

为使取左段和取右段得到的同一截面上的内力符号一致，特规定如下：

凡使所取梁段具有作顺时针转动趋势的剪力为正，反之为负，如图13-7所示。凡使梁段产生凸向下弯曲变形的弯矩为正，反之为负，如图13-8所示。

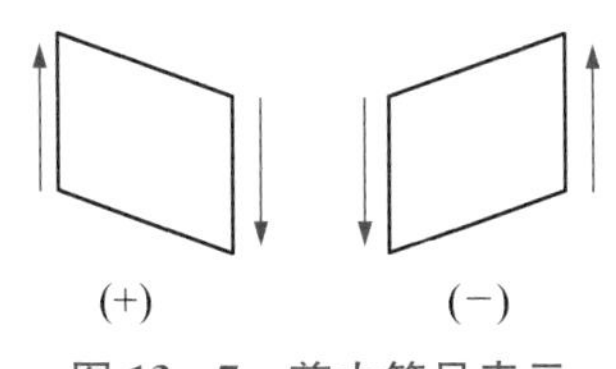

图13-7　剪力符号表示

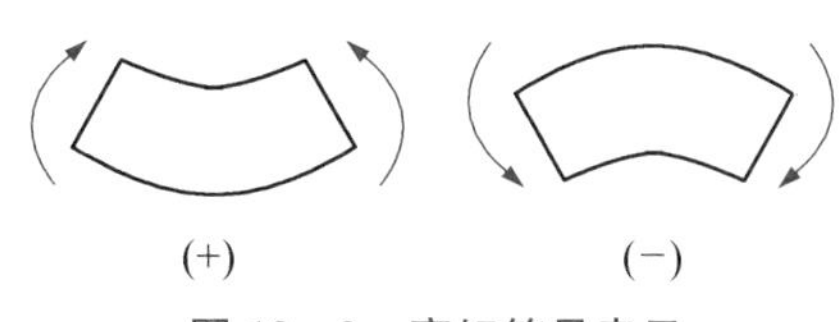

图13-8　弯矩符号表示

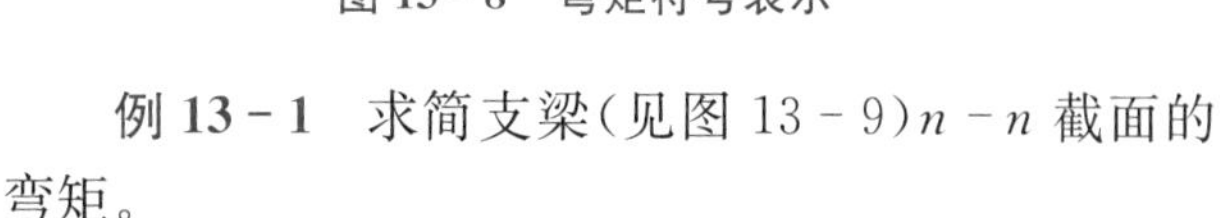

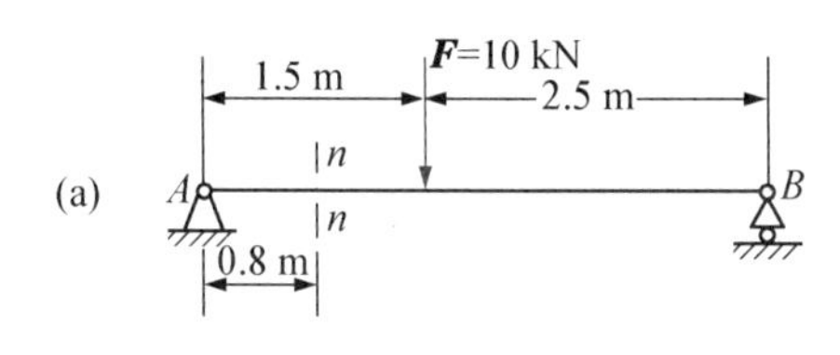

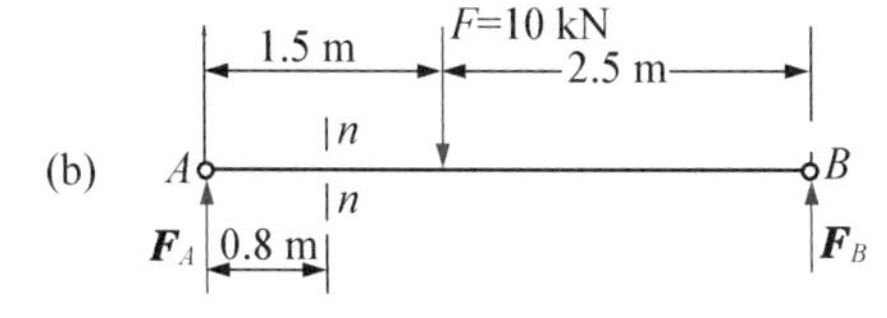

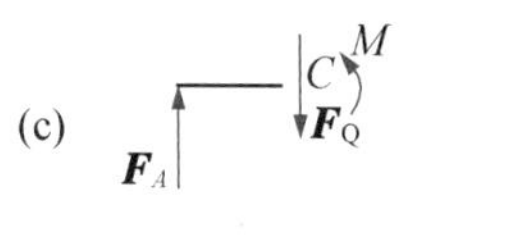

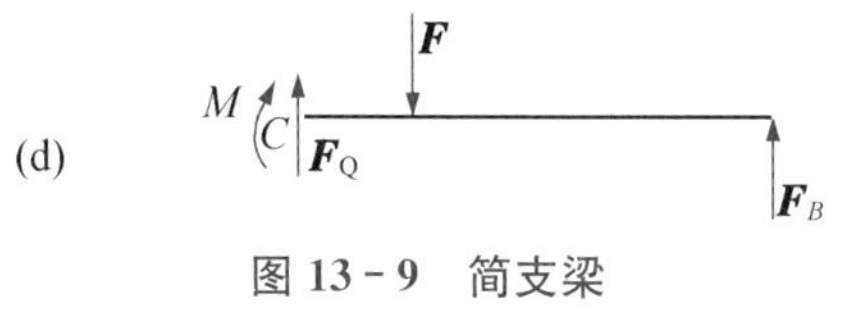

图13-9　简支梁

例13-1　求简支梁(见图13-9)$n-n$截面的弯矩。

解：(1) 求支反力。根据平衡条件，可得

$$F_A=\frac{2.5}{4}F=\frac{2.5}{4}10=6.25(\text{kN}),$$

$$F_B=\frac{1.5}{4}F=\frac{1.5}{4}10=3.75(\text{kN})。$$

(2) 计算$n-n$截面上的弯矩。先取左段为研究对象，如图13-9(c)所示，设剪力$\boldsymbol{F}_Q$的方向为正，弯矩M的转向为正，由平衡方程

$$\sum \boldsymbol{F}=\boldsymbol{0},\quad F_A-F_Q=0,$$

得

$$F_Q=F_A=6.25(\text{kN});$$

由$\sum M_C(\boldsymbol{F})=0$，　$M-F_A\times 0.8=0$，

得

$$M=F_A\times 0.8=5(\text{kN})。$$

或者以右段为研究对象，如图13-9(d)所示，设剪力$\boldsymbol{F}_Q$的方向为正，弯矩M的转向为正，由平衡方程，得

$$\sum \boldsymbol{F}=\boldsymbol{0},\quad F_B+F_Q-F=0,\quad F_Q=F-F_B=6.25(\text{kN}),$$

$$\sum M_C(\boldsymbol{F})=0,\quad F_B\times 3.2-M-F\times 0.7=0,\quad M=F_B\times 3.2-F\times 0.7=5(\text{kN})。$$

从以上计算可知,无论取左、右哪一段为研究对象,计算结果是一样的。通过分析结果可以得出如下结论:

(1) 横截面上的剪力等于截面左侧(或右侧)所有外力的代数和。左侧向上的外力产生正的剪力,右侧向下的外力产生正的剪力,“左上右下,剪力为正”。

(2) 横截面上的弯矩等于截面左侧(或右侧)所有外力对截面形心力矩的代数和。左侧顺时针的力矩为正,右侧逆时针的力矩为正,“左顺右逆,弯矩为正”。

这样,在实际计算中就可以不必截取研究对象通过平衡方程去求剪力和弯矩了,而可以直接根据截面左侧或右侧的外力来求横截面上的剪力和弯矩。

梁弯曲时横截面上的内力,一般包含剪力和弯矩这两个内力分量。虽然这两者都影响梁的强度,但是对于跨度 l 与横截面高度 h 之比较大的非薄壁截面梁$\left(\frac{l}{h}>5\right)$,剪力影响是很小的,一般均略去不计。

13.2.2 剪力图和弯矩图

梁横截面上的弯矩一般是随着截面位置而变化的。为了描述其变化规律,用坐标 x 表示横截面沿梁轴线的位置,将梁各横截面上的剪力和弯矩表示为坐标 x 的函数,即 $F_Q=F_Q(x)$,$M=M(x)$,函数表达式称为**剪力方程**、**弯矩方程**,其图形称为**剪力图**、**弯矩图**。

剪力图和弯矩图的基本作法是:先求出梁支座的约束力,以横截面沿轴线的位置 x 为横坐标,建立剪力方程和弯矩方程(以表示各截面的剪力、弯矩为纵坐标),应用函数作图法作图。

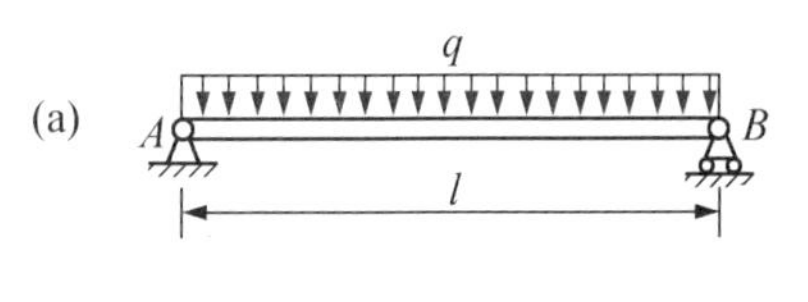

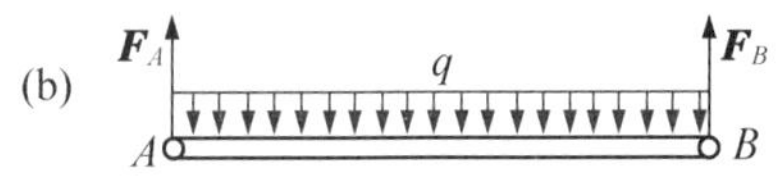

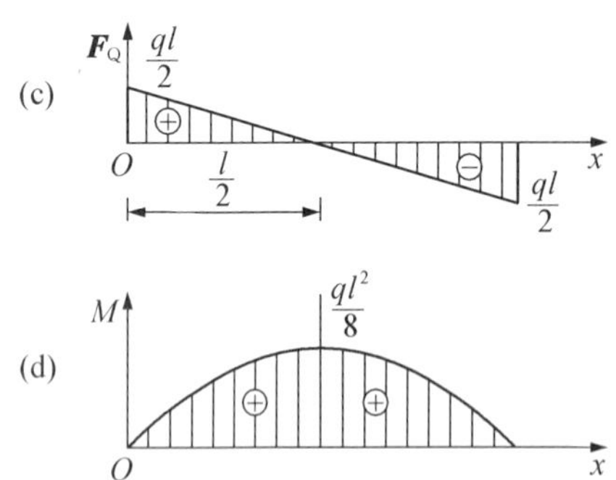

图 13-10 受均布载荷作用的简支梁

例 13-2 如图 13-10(a)所示,简支梁 AB 作用有均布载荷 q。试作剪力图、弯矩图。

解: (1) 求约束力。如图 13-10(b)所示,由静力平衡方程可得

$$F_A=F_B=\frac{ql}{2}。$$

(2) 列剪力、弯矩方程。计算距左端(A 为坐标原点)x 处横截面剪力、弯矩,得

$$F_Q(x)=\frac{ql}{2}-qx=q\left(\frac{l}{2}-x\right)\quad(0<x<l),$$

$$M(x)=F_A\cdot x-qx\frac{x}{2}=\frac{q}{2}(lx-x^2)\quad(0\leqslant x\leqslant l)。$$

(3) 画剪力、弯矩图。由剪力方程可知,剪力图为一直线,$F_Q(0)=\frac{ql}{2}$,$F_Q(l)=-\frac{ql}{2}$,作这两点连线得剪力图,如图 13-10(c) 所示。

由弯矩方程可知，弯矩图为抛物线，$M(0)=0$，$M(l)=0$，$M\left(\dfrac{l}{2}\right)=\dfrac{ql^2}{8}$。由函数作图法可画出弯矩图，如图 13-10(d)所示。

例 13-3 简支梁受载如图 13-11(a)所示。在 C 点处受集中力 $\boldsymbol{F}$ 的作用，试画该梁的剪力、弯矩图。

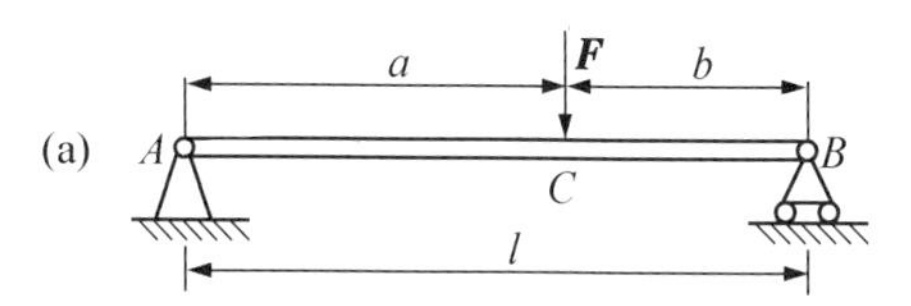

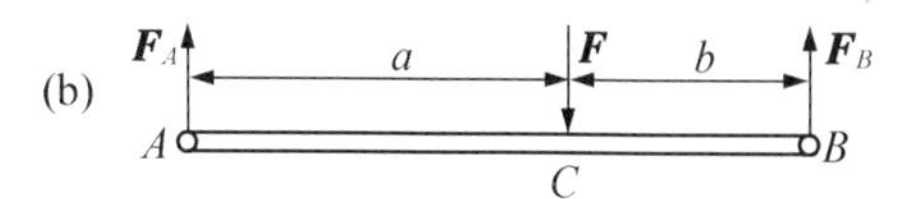

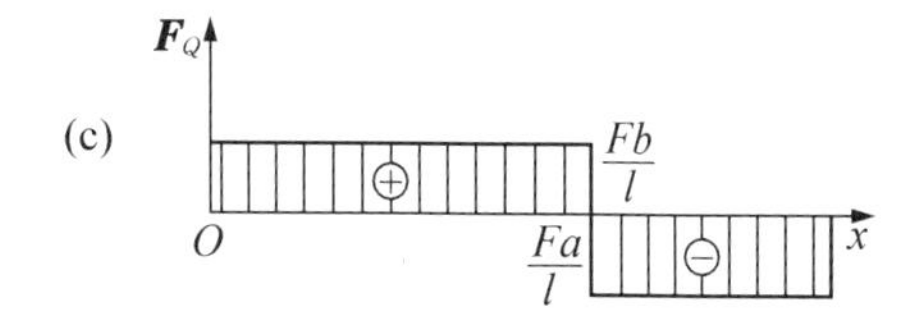

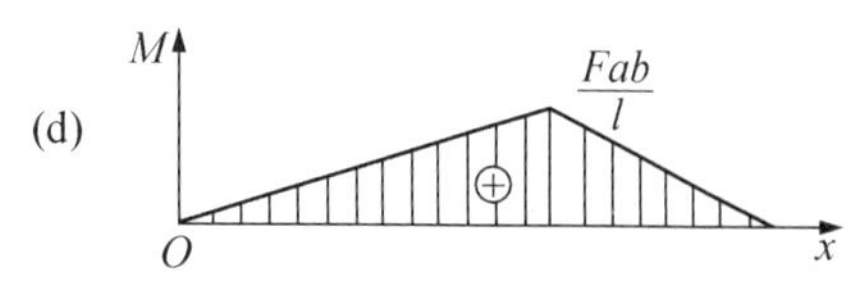

图 13-11 受集中力作用的简支梁

解：(1) 求约束力。如图 13-11(b)所示，由静力学平衡方程可得

$$F_A=\frac{Fb}{l},\quad F_B=\frac{Fa}{l}。$$

(2) 列剪力、弯矩方程。由于在截面 C 处作用有集中力 $\boldsymbol{F}$，故应将梁分为 AC 和 CB 两段，分段列剪力、弯矩方程，并分段画剪力、弯矩图。用距 A 点为 x 的任一截面截 AC 段，取左段列平衡方程得

$$F_Q(x)=\frac{Fb}{l}\quad(0<x<a),$$

$$M(x)=\frac{Fb}{l}x\quad(0\leqslant x\leqslant a)。$$

同理，用距 A 点为 x 的任一截面截 CB 段得

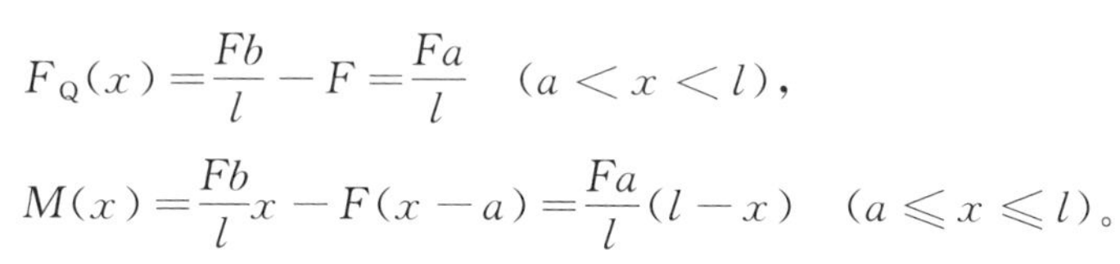

$$F_Q(x)=\frac{Fb}{l}-F=\frac{Fa}{l}\quad(a<x<l),$$

$$M(x)=\frac{Fb}{l}x-F(x-a)=\frac{Fa}{l}(l-x)\quad(a\leqslant x\leqslant l)。$$

(3) 画剪力、弯矩图。按剪力、弯矩方程分段绘制图形，剪力图在 C 点有突变，弯矩图在 C 点发生转折，如图 13-11(c，d)所示。

例 13-4 简支梁受集中力偶作用，如图 13-12(a)。若已知 M，a，b，试作此梁的剪力、弯矩图。

解：(1) 求约束力。如图 13-12(b)所示，即

$$\sum M=0,\quad F_A=F_B=\frac{M_B}{l}。$$

(2) 列剪力、弯矩方程。由于在截面 C 处作用有集中力偶，应分别列出 AC 和 CB 两段上的剪力、弯矩方程，并均以 A 点为坐标原点，则有

AC 段 $$F_Q(x)=\frac{M}{a+b}\quad(0<x\leqslant a),$$

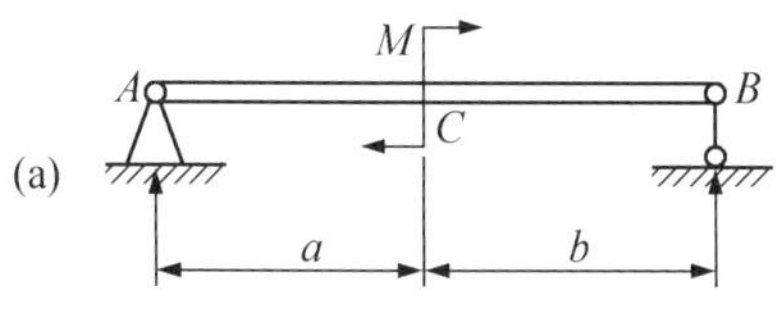

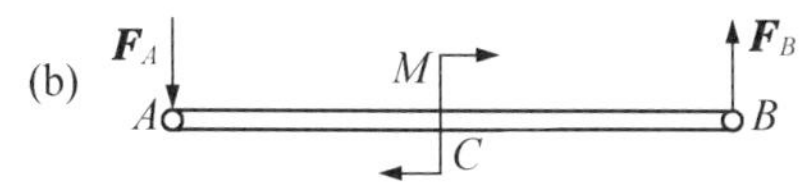

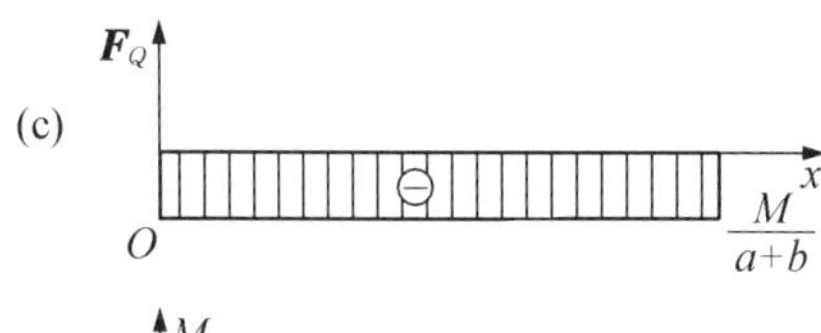

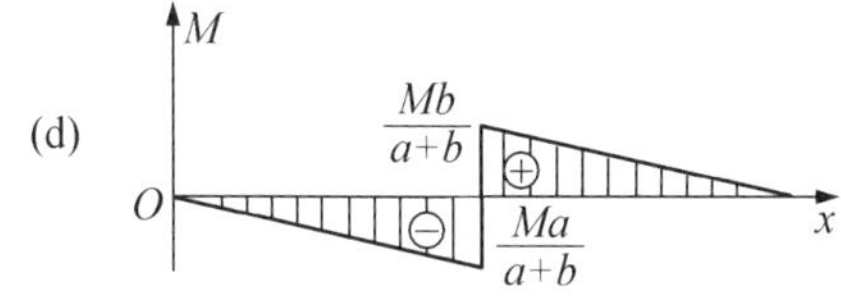

图 13-12 受力偶作用的简支梁

$$M=\frac{M_0}{l}x \quad (0\leqslant x\leqslant a);$$

CB 段 $$F_Q(x)=-\frac{M}{a+b} \quad (a\leqslant x<l),\ M=\frac{M_0}{l}x-M_0 \quad (a\leqslant x\leqslant l)。$$

(3) 画剪力、弯矩图。根据上述剪力、弯矩方程作剪力、弯矩图，如图 13-12(c, d)所示。若 $a<b$，则最大弯矩值为

$$|M_{max}|=\frac{M_0 b}{l}。$$

13.2.3 剪力图、弯矩图的快速画法

剪力图、弯矩图也可根据内力随外力的变化规律快速作图。

1. 剪力图、弯矩图随外力的变化规律

(1) 在无载荷作用的梁段上　剪力图是水平线，弯矩图是斜直线，如图 13-11、图 13-12 中的 AC，CB 段所对应的剪力图、弯矩图。

(2) 在集中力作用处　剪力有突变，突变量等于集中力的大小，突变的方向与集中力同向；弯矩图则在该处发生转折，如图 13-11 中 A，C，B 三点对应的剪力图、弯矩图。

(3) 在集中力偶作用处　剪力图无变化；弯矩图有突变，突变量等于集中力偶的大小，突变方向是：集中力偶顺时针转，弯矩向上突变；反之则向下突变，如图 13-12 中 C 点对应的剪力图、弯矩图。

(4) 在均布载荷作用的梁段上　剪力图为斜直线，均布载荷方向下，斜直线斜率为负，反之为正；弯矩图为二次曲线，曲线的凹向与均布载荷同向，通常在剪力等于零的截面，曲线有极值，如图 13-10 所示。

2. 剪力图、弯矩图的快速画法

(1) 画图　正确求解梁的约束力，画受力图。

(2) 分段　凡梁上有集中力、力偶作用的点及均布载荷 q 的起止点，都作为分段的点。

(3) 求值　计算各段起止点的剪力、弯矩及弯矩图的极值点，并利用剪力图、弯矩图的变化规律判断剪力图、弯矩图的大致形状。

(4) 连线　连成直线或光滑的抛物线。

任务 13.3 梁弯曲时横截面上的正应力

在确定了弯曲梁横截面上的弯矩和剪力后，还应进一步研究其横截面上的应力分布规律，以便建立梁的强度条件，进行强度计算。

13.3.1　纯弯曲与横力弯曲

梁弯曲时横截面上只有弯矩 M 没有剪力 $\boldsymbol{F}_Q$ 的弯曲称为纯弯曲；弯矩 M 和剪力 $\boldsymbol{F}_Q$ 同时存在的弯曲称为横力弯曲，也称为剪力弯曲。

13.3.2　梁纯弯曲时横截面上的正应力

取一矩形截面梁，在梁的侧面画上平行于轴线和垂直于轴线，形成许多正方形的网格，如图 13-13(a)所示。然后在梁两端施加一对力偶(力偶矩为 M)，使之产生弯曲变形，梁的变形如图 13-13(b)所示。从弯曲变形后的梁上可以看到：各纵向线弯曲成彼此平行的圆弧，内凹一侧的原纵向线缩短，而外凸一侧的原纵向线伸长。各横向线仍然为直线，只是相对转过了一个角度，但仍与纵向线垂直。

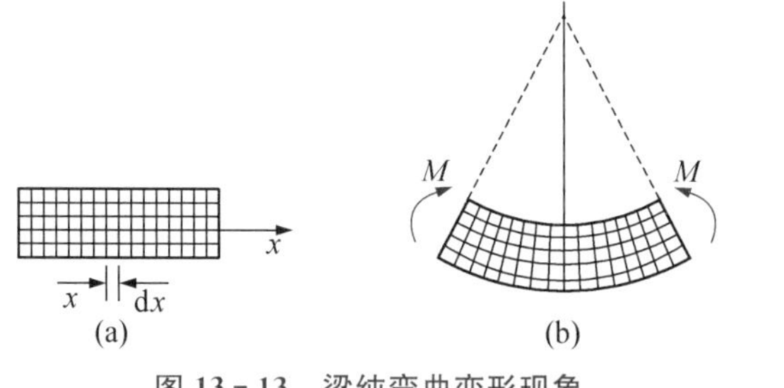

图 13-13　梁纯弯曲变形现象

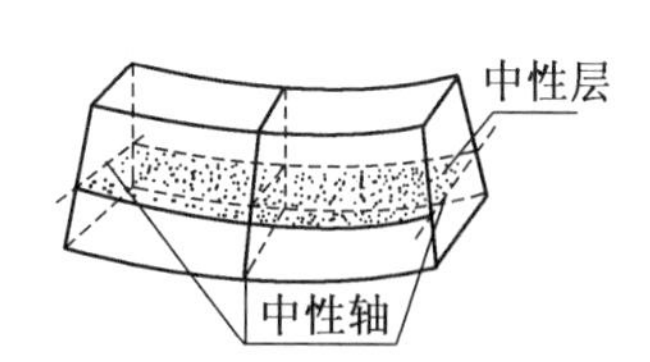

图 13-14　中性层和中性轴

由于变形的连续性，在伸长纤维和缩短纤维之间必然存在一层既不伸长也不缩短的纤维层，这一纵向纤维层称为中性层。中性层与横截面的交线称为中线轴，如图 13-14 所示，横截面上位于中性轴两侧的各点分别承受拉应力和压应力，中性轴上各点的应力为零。经分析可证明，中性轴必然通过横截面的形心。

由梁弯曲时的变形，可导出梁横截面上任一点(距中性轴的距离为 y)的正应力 σ 的计算公式为

$$\sigma=\frac{M}{I_z}y。\tag{13-1}$$

式中，M 为弯矩(Nm)；I_z 为横截面对中性轴的轴惯性矩(m^4 或 mm^4)，$I_z=\int_A y^2 dA$，是一个仅与截面形状和尺寸有关的几何量。

上式表明，横截面上任一点的正应力与该点到中性轴的距离成正比，在距中性轴等远处各点的正应力相等。正应力的分布如图 13-15 所示。

在中性轴($y=0$)上，各点的正应力为零；在中性轴的两侧，其各点的应力分别为拉应力和压应力。在离中性轴最远处($y=y_{max}$)，产生最大正应力

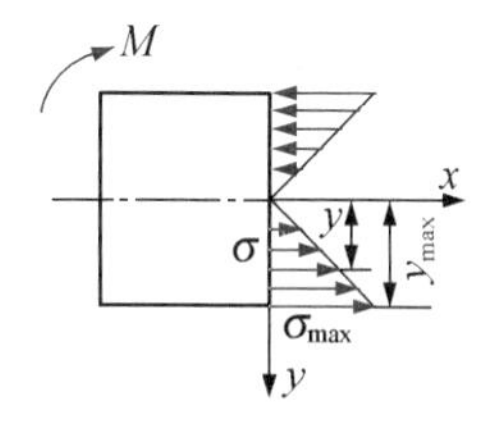

图 13-15　弯曲时的正应力分布

$$\sigma_{\max}=\frac{M}{I_y}y_{\max}。\tag{13-2}$$

(13－1)式是梁在纯弯曲的情况下建立的，对于横力弯曲的梁，若其跨度 l 与截面高度 h 之比 l/h 大于 5，可以证明，应用上式计算，误差很小。工程上，一般梁的 l/h 往往大于 5，因此常将(13－1)式推广应用于横力弯曲梁的正应力计算。

对于各种几何形状的截面，对中性轴的轴惯性矩计算公式采用与扭转中极惯性矩公式类似的推导方法得出，此处从略。常用的梁截面的轴惯性矩公式，见表 13－1。

表 13－1　常见截面的 I_z，W_z 计算公式

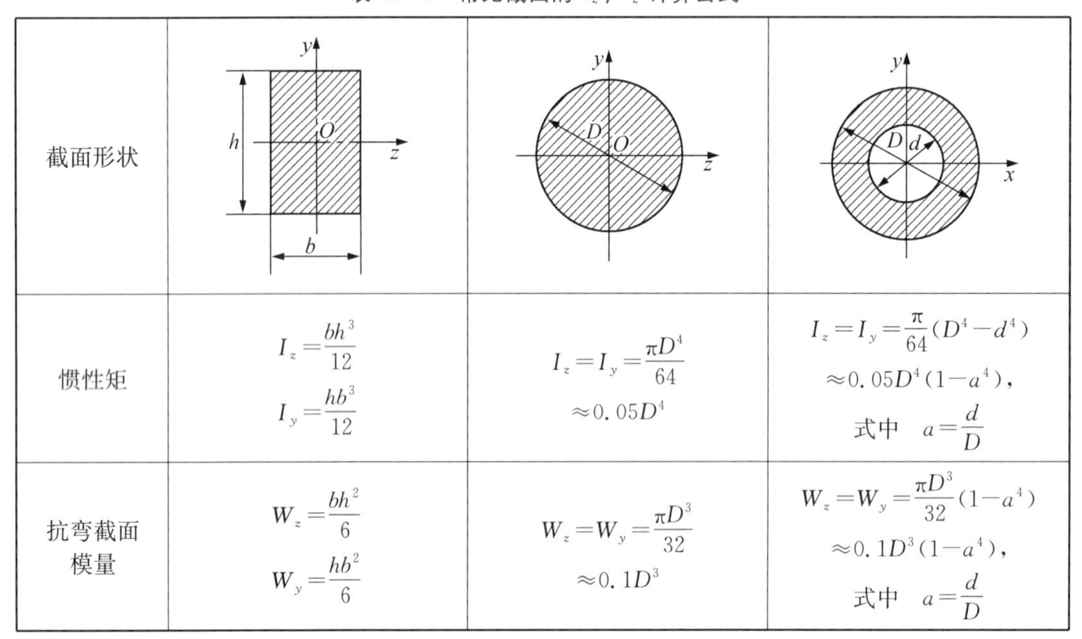

截面形状	(矩形，$b \times h$)	(圆形，直径 D)	(圆环，外径 D，内径 d)
惯性矩	$I_z=\frac{bh^3}{12}$ $I_y=\frac{hb^3}{12}$	$I_z=I_y=\frac{\pi D^4}{64}$ $\approx 0.05D^4$	$I_z=I_y=\frac{\pi}{64}(D^4-d^4)$ $\approx 0.05D^4(1-a^4)$， 式中　$a=\frac{d}{D}$
抗弯截面模量	$W_z=\frac{bh^2}{6}$ $W_y=\frac{hb^2}{6}$	$W_z=W_y=\frac{\pi D^3}{32}$ $\approx 0.1D^3$	$W_z=W_y=\frac{\pi D^3}{32}(1-a^4)$ $\approx 0.1D^3(1-a^4)$， 式中　$a=\frac{d}{D}$

任务 13.4　梁弯曲时的强度计算

等截面直梁弯曲时，弯曲绝对值最大的横截面是危险截面，全梁最大正应力 $\sigma_{\max}$ 发生在危险截面上离中性轴最远处，其计算式为

$$\sigma_{\max}=\frac{|M|_{\max}}{I_y}y_{\max}。\tag{13-3}$$

式中，I_y 和 $y_{\max}$ 都是只与截面形式和尺寸有关的几何量。令

$$W_z=\frac{I_y}{y_{\max}},\tag{13-4}$$

W_z 称为抗弯截面模量，其值与横截面形状和尺寸有关，单位为 m^3 或 mm^3。常用截面形状

的抗弯截面模量计算公式，如表 13－1 所示。

各种型钢的抗弯截面模量可以从型钢表中查得。

将(13－4)式代入(13－3)式，得

$$\sigma_{max}=\frac{|M|_{max}}{W_z}。\tag{13-5}$$

为了保证安全工作，最大工作应力 σ_{max}，不得超过材料的弯曲许用应力$[\sigma]$，即

$$\sigma_{max}=\frac{|M|_{max}}{W_z}\leqslant[\sigma],\tag{13-6}$$

许用弯曲应力$[\sigma]$的数值，可从有关设计手册查得。

(13－6)式只适用抗拉和抗压强度相等的材料。对于像铸铁等脆性材料制成的梁，因材料的抗压强度远高于抗拉强度，其相应强度条件为

$$\sigma_{max}^{+}\leqslant[\sigma_{+}],\quad \sigma_{max}^{-}\leqslant[\sigma_{-}],\tag{13-7}$$

式中，σ_{max}^{+}，σ_{max}^{-} 分别为梁的最大弯曲拉应力和最大弯曲压应力。

应用强度条件，可以进行 3 方面的强度的计算，即校核梁的强度、设计梁的截面尺寸和确定梁的许用载荷。

例 13－5　一吊车大梁用 32 c 工字钢制成，可将其简化为一简支梁，如图 13－16(a，b)所示，梁长 $l=10$ m，自重力不计。若最大起重载荷 $F=35$ kN(包括葫芦和钢丝绳)，抗弯截面系数 $W_z=7.6\times10^5\,mm^3$，许用应力为$[\sigma]=130$ MPa，试校核梁的强度。

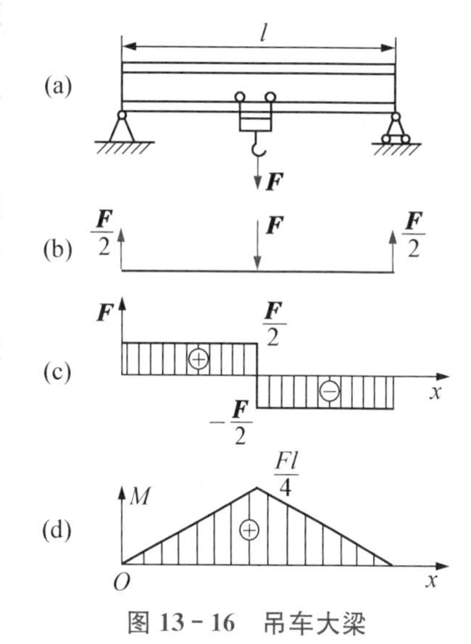

图 13－16　吊车大梁

解：(1) 求最大弯矩。当载荷在中点时，该处产生最大弯矩，从图 13－16(c)中可得

$$M=Fl/4=(35\times10^3\times10)/4=8.75\times10^4(N\cdot m)$$

(2) 校核梁的强度为

$$\sigma=\frac{M_{max}}{W_z}=8.75\times10^4\times10^3/(7.6\times10^5)\approx115(MPa)<[\sigma]。$$

所以，该梁满足强度要求。

任务 13.5　组 合 变 形

在工程实际中有许多构件在载荷作用下，常常同时产生两种或两种以上的基本变形，这种情况称为**组合变形**。构件在组合变形下的应力计算，在变形较小，且材料服从胡克定律的条件下可用叠加原理。即构件在几个载荷同时作用下的效果，等于每个载荷单独作用时所产生效果的总和。这样，当构件处于组合变形时，只需将载荷进行适当的分解，分解成几组

载荷，使每组载荷单独作用下只产生一种基本变形，分别计算各基本变形时所产生的应力，最后将同一截面上同一点的应力叠加，就得到组合变形时的应力。下面简要介绍常见的拉伸(压缩)与弯曲的组合变形、弯曲与扭转的组合变形时的强度问题。

13.5.1 拉伸(压缩)与弯曲组合变形的强度条件

图 13-17(a)所示为钻床，用截面法将立柱沿 $m-m$ 截面解开，取上半部分为研究对象，上半部分在外力 $\boldsymbol{F}$ 和截面内力作用下应处于平衡状态，故截面上有轴力 $\boldsymbol{F}_N$ 和弯矩 M 共同作用，如图 13-7(b)所示。由平衡方程求解得

$$F_N=F,\quad M=Fe。$$

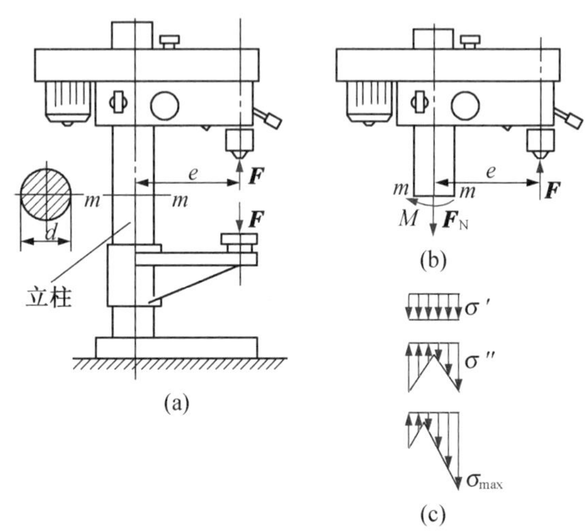

图 13-17 钻床立柱的受力、变形分析

所以，立柱将发生拉弯组合变形。由于其截面上既有均匀分布的拉伸正应力，又有不均匀分布的弯曲正应力，截面上各点同时作用的正应力可以进行代数相加，如图 13-17(c)所示。截面左侧边缘的点处有最大压应力，截面右侧边缘的点处有最大拉应力，其值分别为

$$\sigma_{\max}^{-}=\frac{F_N}{A}-\frac{M}{W_z},\quad \sigma_{\max}^{+}=\frac{F_N}{A}+\frac{M}{W_z}。$$

所以，拉伸(压缩)与弯曲组合变形的强度条件为

$$\sigma_{\max}^{+}=\frac{F_N}{A}+\frac{|M|}{W_z}\leqslant[\sigma],\tag{13-8}$$

$$\sigma_{\max}^{-}=\frac{F_N}{A}-\frac{|M|}{W_z}\leqslant[\sigma]。\tag{13-9}$$

(13-8)式和(13-9)式只适用于许用拉应力和许用压应力相等的材料。拉伸和弯曲组合变形按(13-8)式进行强度计算；压缩和弯曲组合变形时按(13-9)式进行强度计算。

对于许用拉应力和许用压应力不相等的材料，需对构件内的最大拉应力和最大压应力分别进行强度计算，即

$$\sigma_{\max}^{+}\leqslant[\sigma_{+}],\quad \sigma_{\max}^{-}\leqslant[\sigma_{-}]。\tag{13-10}$$

例 13-6 图 13-17(a)所示的钻床钻孔时，钻削力 $F=15$ kN，偏心距 $e=0.4$ m，圆截面铸铁立柱的直径 $d=125$ mm，许用拉应力 $[\sigma^{+}]=35$ MPa，许用压应力 $[\sigma^{-}]=120$ MPa，试校核立柱的强度。

解：(1) 求内力。由上述分析可知，立柱各截面发生拉、弯组合变形，其内力分别为

$$F_N=F=15\ \text{kN},\quad M=Fe=15\times0.4=6(\text{kN}\cdot\text{m})。$$

(2) 强度计算。由于立柱材料为铸铁,其抗压性能优于抗拉性能,故只需对立柱截面右侧边缘点处的拉应力进行强度校核,即

$$\sigma_{\max}^{+}=\frac{F_N}{A}+\frac{M}{W_z}=\frac{15\times10^3}{\frac{\pi}{4}\times125^2}+\frac{6\times10^6}{0.1\times125^3}\approx32(\text{MPa})<[\sigma^+]。$$

所以,立柱的强度足够。

13.5.2 扭转与弯曲组合变形的强度条件

图 13-18 所示的轴是最常见的弯曲和扭转组合变形的构件,它是塑性材料制成的圆轴,变形时,危险截面上离中性轴最远处(圆的边缘处),分别产生最大扭转剪应力和最大弯曲正应力,它们分别为 $\sigma_{\max}=\frac{M_{\max}}{W_z}$ 和 $\tau_{\max}=\frac{T}{W_p}$。

两种应力叠加但不能取代数和,它们对轴的强度影响,可以用一个应力来代替,这个应力称为相当应力,以 σ_v 表示。根据第三、第四强度理论的强度条件,其相当应力分别为:

$$\sigma_{v3}=\sqrt{\sigma^2+4\tau^2}\leqslant[\sigma],\tag{13-11}$$

$$\sigma_{v4}=\sqrt{\sigma^2+3\tau^2}\leqslant[\sigma]。\tag{13-12}$$

式中 σ_{v3},σ_{v4} 分别为第三、四强度理论的相当应力(MPa),$[\sigma]$为材料的许用应力。(13-11)式和(13-12)式只适用塑性材料。

第三强度理论也称为最大剪应力理论,该理论认为最大剪应力是引起材料塑性屈服破坏的主要原因。第四强度理论也称为形状改变比能理论,该理论认为形状改变比能是引起材料塑性屈服破坏的主要原因。

对于圆轴弯曲和扭转组合变形时的第三、第四强度理论的强度条件分别为:

$$\sigma_{v3}=\frac{\sqrt{M_{\max}^2+T^2}}{0.1d^3}\leqslant[\sigma],\tag{13-13}$$

$$\sigma_{v4}=\frac{\sqrt{M_{\max}^2+0.75T^2}}{0.1d^3}\leqslant[\sigma],\tag{13-14}$$

式中 $M_{\max}$,T 分别为危险截面上的弯矩和扭矩,d 为圆轴直径。

例 13-7 电动机驱动带轮轴转动,轴的直径 $d=50$ mm,轴的许用应力$[\sigma]=120$ MPa,带轮的直径 $D=300$ mm,带的紧边拉力 $T=5$ kN,松边拉力 $t=2$ kN,如图 13-18(a)所示。试校核轴的强度。

解:(1) 外力分析。把作用于带轮边缘上的紧边拉力 $\boldsymbol{T}$ 和松边拉力 $\boldsymbol{t}$ 都平移到轴线上,并去掉带轮,得到 AB 轴的受力简图,如图 13-18(c)所示。

铅垂力 $$F=T+t=5+2=7=7000(\text{N})。$$

平移后的附加力偶矩

$$m_1=\frac{TD}{2}-\frac{tD}{2}=(5-2)\times1000\times150=0.45\times10^6(\text{N}\cdot\text{mm})。$$

可见，圆轴 AB 在铅垂力 $\boldsymbol{F}$ 的作用下发生弯曲，而圆轴的 AC 段在附加力偶 m_1 及电动机驱动力偶 m 的共同作用下发生扭转，CB 段并没有扭转变形。即圆轴的 AC 段发生弯曲与扭转的组合变形。

(2) 内力分析。由铅垂力 $\boldsymbol{F}$ 所产生的弯矩图 13－18(d,e)，其最大值为

$$M=\frac{Fl}{4}=\frac{7000\times800}{4}=1.4\times10^6(\text{N}\cdot\text{mm})。$$

不考虑由铅垂力 $\boldsymbol{F}$ 所产生的剪力，由附加力偶 m 所产生的扭矩图 13－18(f,g)可知，其 AC 段的扭矩值处处相等，为

$$T=m_1=m=0.45\times10^6\ \text{N}\cdot\text{mm}。$$

由此可见，轴的中央截面 C 处为危险截面。

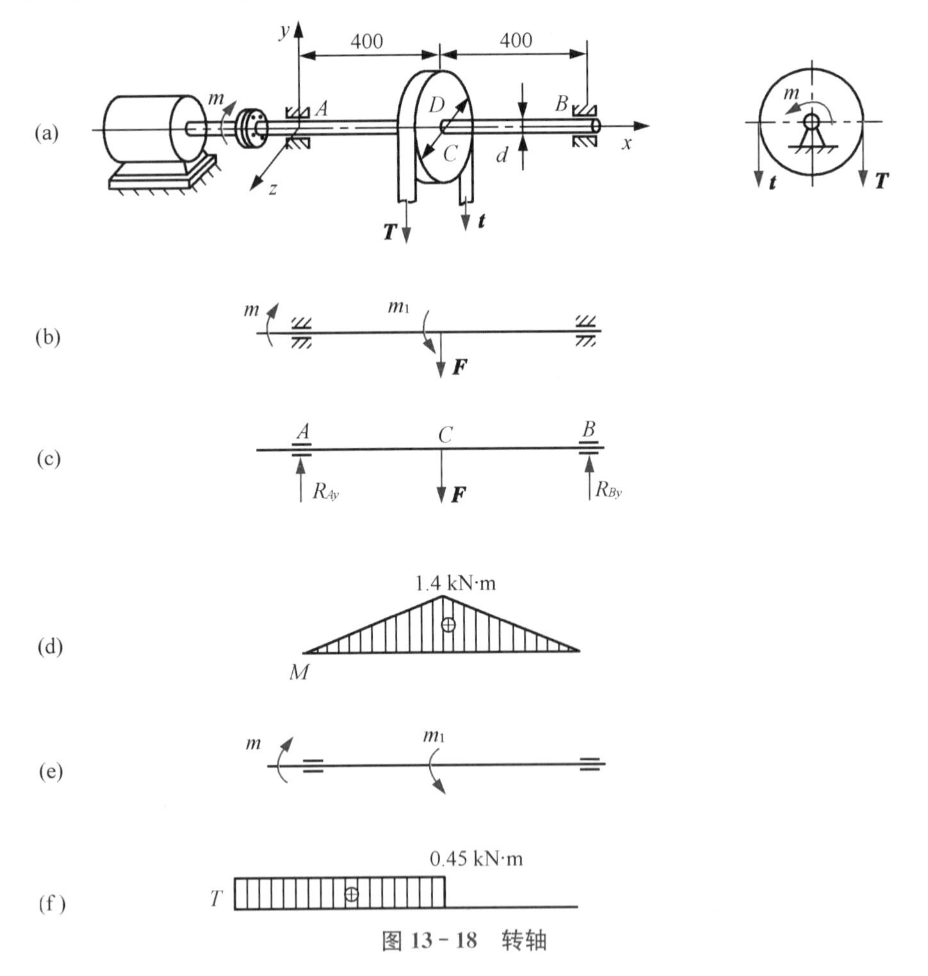

图 13－18　转轴

(3) 强度计算。按第三强度理论的强度条件(13－13)式可得

$$\sigma_{v3}=\frac{\sqrt{M_{\max}^2+T^2}}{0.1d^3}=\frac{\sqrt{(1.4\times10^6)^2+(0.45\times10^6)^2}}{0.1\times50^3}=120(\text{MPa})=[\sigma],$$

所以,此轴有足够强度。

小　　结

1. 梁平面弯曲的受力特点和变形特点。
2. 用截面法求圆轴扭转时横截面上的内力 —— 剪力和弯矩。
3. 剪力图与弯矩图的简单画法。
4. 中性轴上各点的应力为零,中性轴一侧受拉力,一侧受压力。正应力计算公式:$\sigma=\frac{M}{I_z}y$。
5. 梁平面弯曲时的强度条件:$\sigma=\frac{M_{\max}}{W_z}\leqslant[\sigma]$
6. 组合变形中两种常见的强度问题:

(1) 拉伸(压缩)与弯曲组合变形的强度条件为

$$\sigma_{\max}^{+}=\frac{F_{\text{N}}}{A}+\frac{|M|}{W_z}\leqslant[\sigma],\quad \sigma_{\max}^{-}=\frac{F_{\text{N}}}{A}-\frac{|M|}{W_z}\leqslant[\sigma]。$$

(2) 圆轴扭转与弯曲组合变形的强度条件为

$$\sigma_{v3}=\frac{\sqrt{M_{\max}^2+T^2}}{0.1d^3}\leqslant[\sigma],\quad \sigma_{v4}=\frac{\sqrt{M_{\max}^2+0.75T^2}}{0.1d^3}\leqslant[\sigma]。$$

习　　题

13－1　什么情况下梁发生平面弯曲?

13－2　扁担常在中间折断,跳水踏板易在固定端处折断,为什么?

13－3　钢梁和铝梁的尺寸、约束、截面、受力均相同,其内力、最大弯矩、最大正应力是否相同?

13－4　试求题13－4图所示各梁指定截面上的剪力和弯矩。设 q,$\boldsymbol{F}$,a 均为已知。

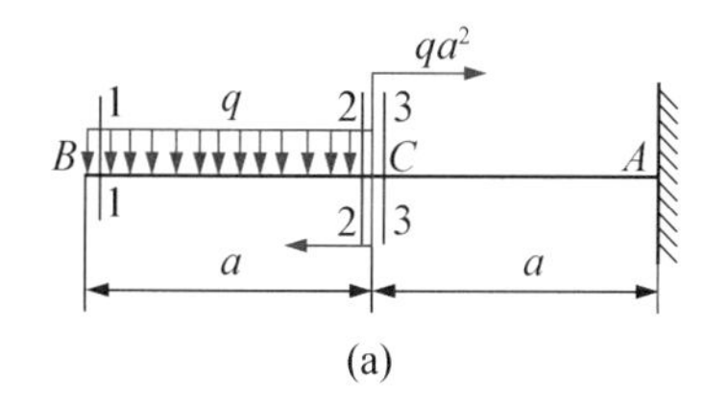

(a)

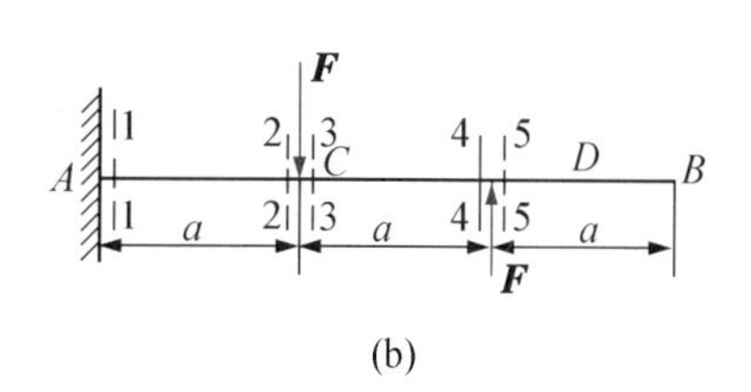

(b)

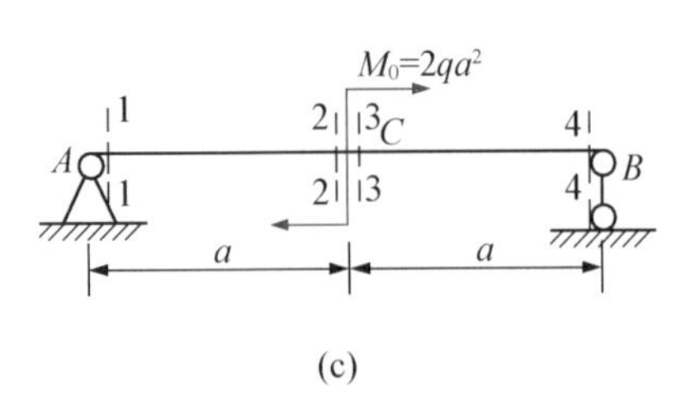

(c)

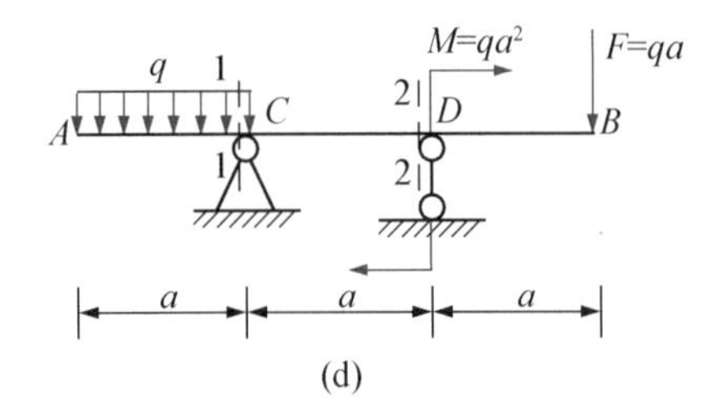

(d)

题 13-4 图

13-5　作题 13-5 图所示各梁的剪力图、弯矩图，并求出$|M_{max}|$。

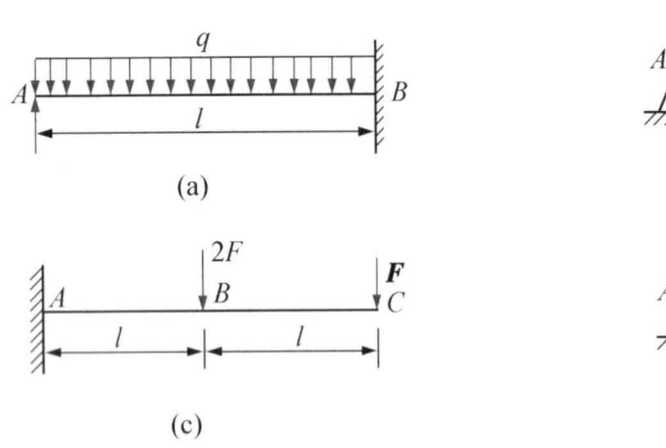

(a)

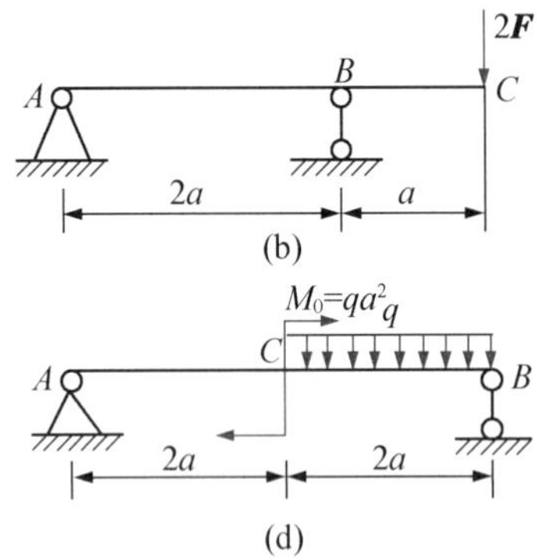

(b)

(c)

(d)

题 13-5 图

13-6　圆形截面梁受载荷如题 13-6 图所示，试计算支座 B 处梁截面上的最大正应力。

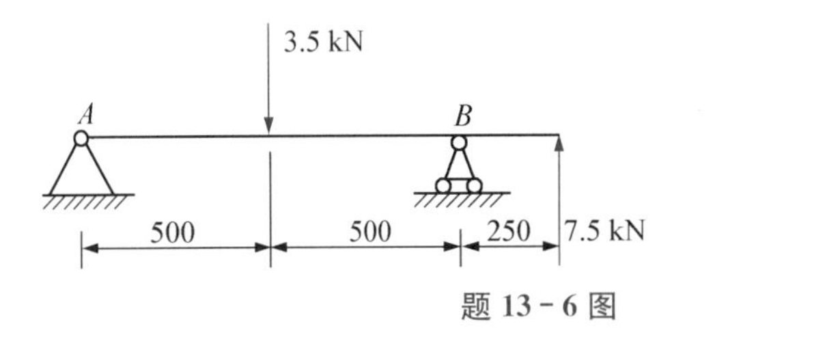

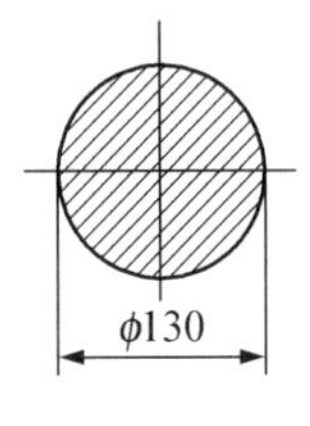

题 13-6 图

13-7　空心管梁受载如题 13-7 图所示。已知$[\sigma]=150$ MPa，管外径$D=60$ mm，$d=40$ mm，试校核梁的强度。

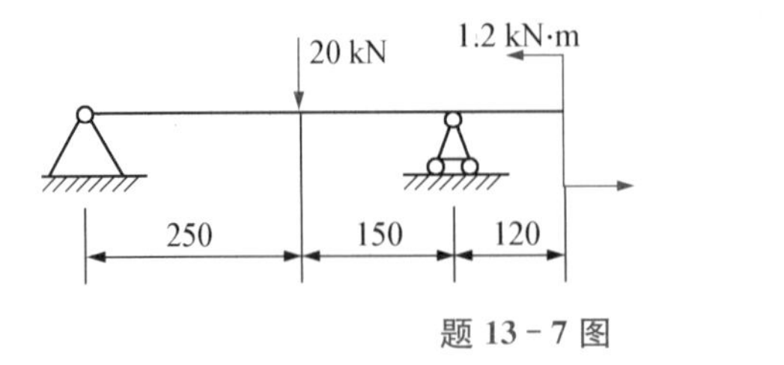

题 13-7 图

13-8　一转轴如题 13-8 图所示，传递的功率$P=2$ kW，转速$n=100$ r/min，带轮直径

$D=250$ mm，带的拉力 $F_T=2F_t$，许用应力$[\sigma]=80$ Mpa，轴的直径 $d=45$ mm。试校核轴的强度。

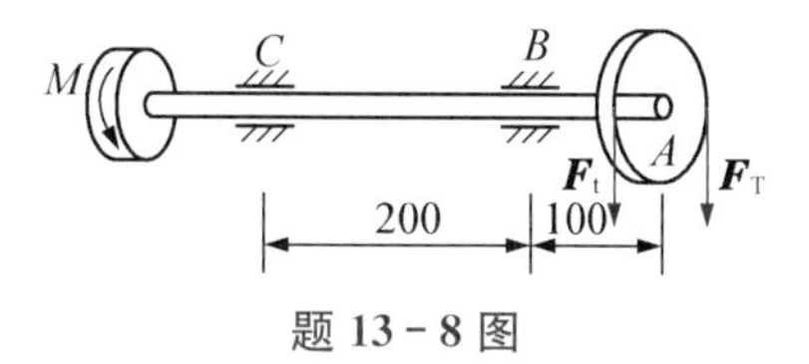

题 13-8 图

13-9　已知 $F_r=2$ kN，$F_t=5$ kN，$L=600$ mm，齿轮直径 $D=400$ mm，轴的$[\sigma]=100$ MPa，求转轴直径 d。

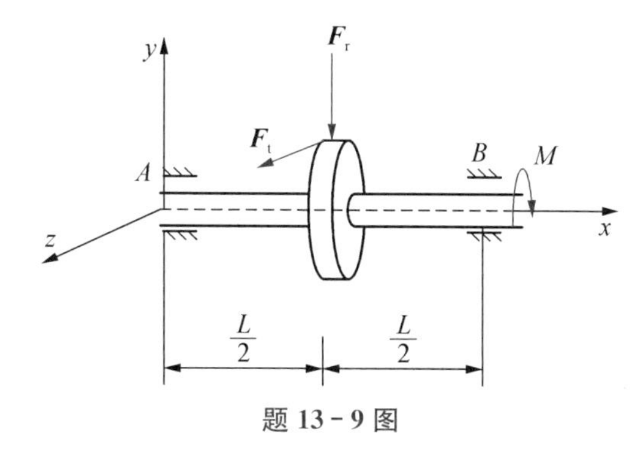

题 13-9 图

模块 3 常用机构与常用机械传动

党的二十大指出：加快实施创新驱动发展战略。加强企业主导的产学研深度融合，强化目标导向，提高科技成果转化和产业化水平。强化企业科技创新主体地位，发挥科技型骨干企业引领支承作用。

项目 14 平面机构运动简图及自由度计算

工程案例导入

如图 1 所示，牛头刨床常用于加工平面、成形面和沟槽。主运动由电机、带传动、齿轮变速机构、摆动导杆、滑枕、刨刀等组成。这些机构的运动如何用工程语言表达？机构中各构件的相互关系又如何表达？如何判断机构具有确定的运动？如何测绘、设计机构？

本项目结合多种工程案例，学习平面机构运动简图及自由度计算知识。通过学习，能体会到，测绘和设计需要严谨的设计态度以及责任意识，理解“差之毫厘，失之千里”，明白一丝不苟、严谨的工作态度能够帮助、促进完成工程项目。

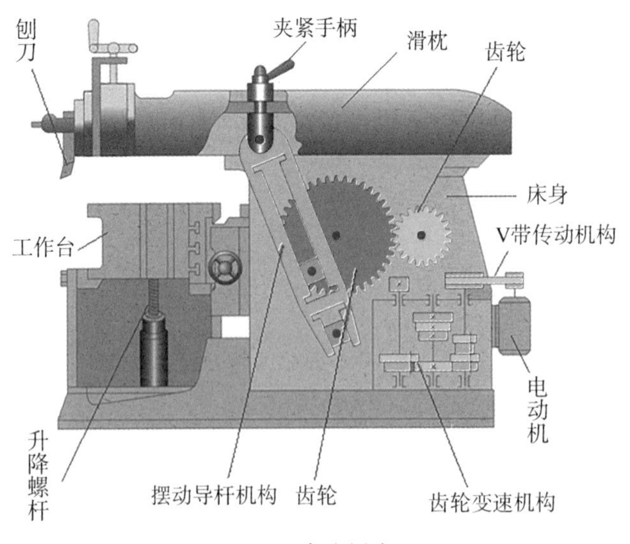

图 1 牛头刨床

● 学习目标

◇ 掌握运动副的基本概念；

◇ 掌握简单机械的机构运动简图绘制；

◇ 掌握平面机构自由度的计算及机构具有确定运动的条件；

◇ 培养严谨的设计、计算态度以及责任意识。

● 学习重点和难点

◇ 平面运动副的基本概念；

◇ 机构运动简图的绘制；

◇ 平面机构自由度的计算。

任务 14.1　平面运动副与构件

机械一般由若干机构组成，而机构是由两个以上有确定相对运动的构件组成的。若组成机构的所有构件都在同一平面或平行平面中运动，则该机构为平面机构。工程上常见的机构大多属于平面机构，故本章主要讨论平面机构。

14.1.1　运动副的概念

两构件直接接触，而之间又能产生一定相对运动的联结称为运动副。例如，活塞与汽缸体、轴与轴承、车轮与钢轨，以及一对轮齿啮合形成的联结，等等，都构成了运动副。

14.1.2　运动副的分类

两构件只能在同一平面相对运动的运动副称为平面运动副。按两构件间的接触形式，平面运动副可分为低副和高副。

1. 低副

两构件间通过面接触组成的运动副称为低副。根据构成低副两构件间相对运动的特点，它又可分为转动副和移动副。

转动副是两构件只能作相对转动的运动副，如图 14-1 所示。构件 2 相对于构件 1 沿 x 轴和 y 轴的两个相对移动受到约束，只能绕垂直于 xOy 平面的轴相对转动。

移动副是两构件只能沿某一轴线相对移动的运动副，如图 14-2 所示。构件 2 相对于构件 1 沿轴的相对移动和绕垂直于 xOy 平面的轴的相对转动受到约束，只能沿轴相对移动。

2. 高副

两构件通过点、线接触组成的运动副称为高副。如图 14-3 所示，构件 2 相对于构件 1 沿公法线方向的移动受到约束，可以沿接触点切线方向相对移动，同时还可以绕接触点相对转动。

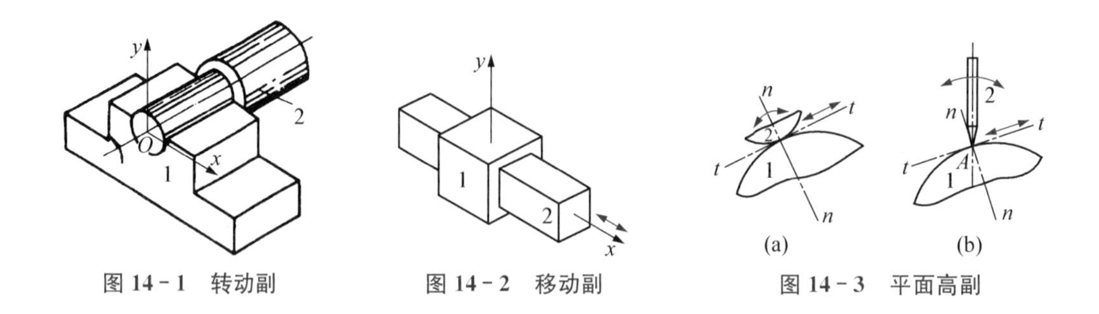

图 14-1　转动副　　图 14-2　移动副　　图 14-3　平面高副

14.1.3　平面运动副的表示方法

两构件组成转动副时，转动副的结构及简化画法如图 14-4 所示，画有斜线的构件代表机架。

两构件组成移动副时，其表示方法如图 14-5 所示，画有斜线的构件代表机架。

两构件组成平面高副时，在简图中应画出两构件接触处的曲线轮廓，如图 14-3(a,b)所示。

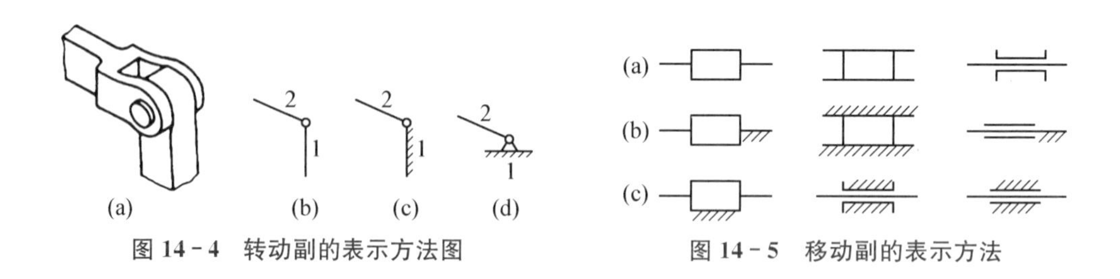

图 14-4　转动副的表示方法图　　图 14-5　移动副的表示方法

14.1.4　构件的表示方法

图 14-6 表示包含两个运动副元素的构件的各种画法，图 14-7 表示包含 3 个运动副元素的构件的各种画法。

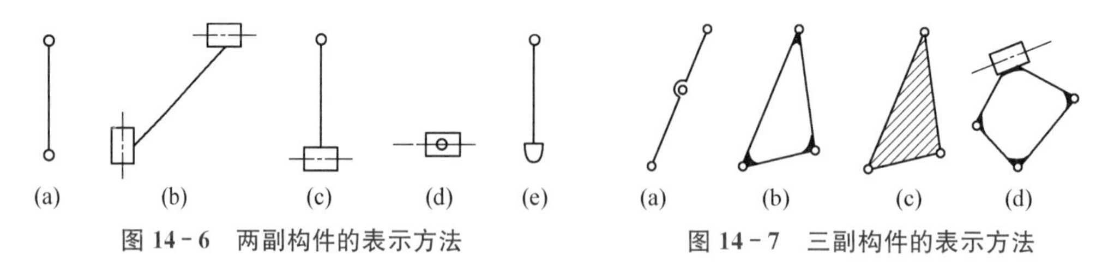

图 14-6　两副构件的表示方法　　图 14-7　三副构件的表示方法

某些特殊零件有其习惯表示方法。例如，凸轮和滚子，通常画出它们的全部轮廓，如图 14-8 所示；圆柱齿轮的画法，则如图 14-9 所示，两个相切的圆表示两个齿轮的节圆。

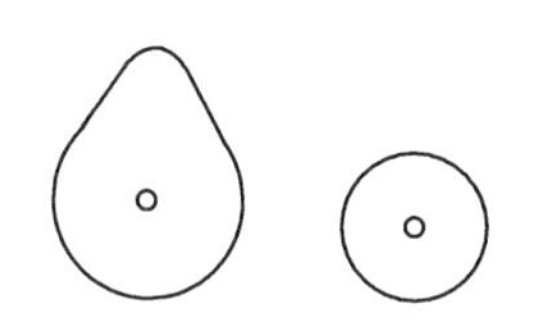

图 14-8　凸轮和滚子的表示方法

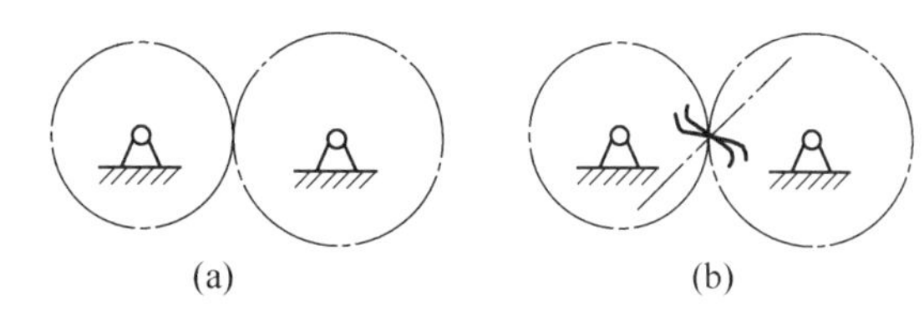

图 14-9　齿轮副的表示方法

14.1.5　构件的分类

(1) 机架　机构中固定不动的构件，它支承着其他活动构件。

(2) 原动件　机构中接受外部给定运动规律的活动构件。

(3) 从动件　机构中随原动件运动的活动构件。

任务 14.2　平面机构的运动简图

对机构进行分析或设计新机构时，并不需要了解机构的真实外形和具体结构，只需简明地表达机构的传动原理，用简单的符号及线条画出图形进行方案讨论，以及运动和受力分析。这种撇开机构中与运动无关的因素(如构件的形状、组成构件的零件数目和运动副的具体结构等)，仅用简单的线条和规定的符号来表示构件及运动副，并按比例确定各运动副的相对位置，说明机构中各构件间相对运动关系的图形，称为机构运动简图。

仅定性地表示机构的组成及运动原理，而不严格按比例绘制的机构运动简图，称为机构示意图。

机构运动简图的绘制步骤：

(1) 分析机构的组成，确定机架、原动件和从动件。

(2) 由原动件开始，依次分析构件间的相对运动形式，确定运动副的类型和数目。

(3) 选择适当的视图平面和原动件的位置。

(4) 选择适当的比例尺 $\mu=\dfrac{\text{构件实际尺寸}}{\text{构件图样尺寸}}$(单位：m/mm 或 mm/mm)，按照各运动副间的距离和相对位置，以规定的线条和符号绘图。

例 14-1　绘制图 0-2 所示内燃机的机构运动简图。

解：(1) 分析、确定构件类型。内燃机包括曲柄滑块、凸轮、齿轮等 3 个机构，其运动平面平行，故可视为一个平面机构，活塞 2 为原动件，气缸体 1 为机架，连杆 3、曲轴 4(包含小齿轮 5)、大齿轮 6(包含凸轮 7)、顶杆 8 为从动件。

(2) 确定运动副类型。活塞与气缸体构成移动副，活塞与连杆构成转动副，连杆与曲轴构成转动副，曲轴与机架构成转动副，大齿轮和小齿轮构成齿轮高副，凸轮与气缸体构成转动副，凸轮与顶杆构成平面高副，顶杆与气缸体构成移动副。

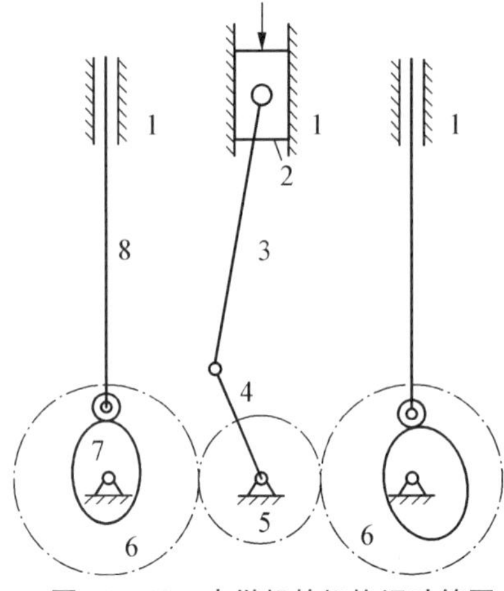

图 14-10 内燃机的机构运动简图

(3) 选定视图方向。连杆运动平面为视图方向。

(4) 选择比例尺,绘制机构运动简图,如图 14-10 所示。

例 14-2 绘制图 14-11(a)所示的颚式破碎机主体机构的运动简图。

解:(1) 分析、确定构件类型。由图可知,颚式破碎机主体机构有机架 1、偏心轴 2(见图 14-11(b))、动颚 3、肘板 4 组成。机构运动由带轮 5 与偏心轴 2 固连成一体,绕 A 转动,故偏心轴 2 为原动件。动颚 3 和肘板 4 为从动件,因动颚 3 通过肘板 4 与机架相连,并在偏心轴带动下作平面运动将矿石打碎,故动颚 3 和肘板 4 为从动件。

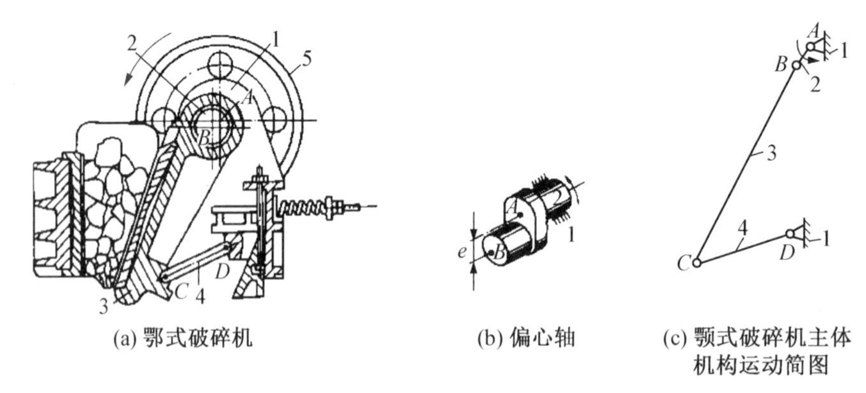

(a) 鄂式破碎机　(b) 偏心轴　(c) 颚式破碎机主体机构运动简图

1—机架　2—偏心轴　3—动颚　4—肘板　5—带轮

图 14-11 颚式破碎机

(2) 确定运动副类型。偏心轴 2 与机架 1、偏心轴 2 与动颚 3、动颚 3 与肘板 4、肘板 4 与机架 1 均构成转动副。

(3) 选定视图方向。选择构件的运动平面为视图平面,图示机构运动瞬时位置为原动件位置,如图 14-11(c)所示。

(4) 选择比例尺,绘制机构运动简图。

例 14-3 绘制图 14-12 所示牛头刨床主体运动机构的机构示意图。

解:(1) 分析确定构件类型。牛头刨床主体运动机构由齿轮 1,2,滑块 3,导杆 4,摇块 5,刨头 6 及床身 7 组成。齿轮 1 为原动件,床身 7 为机架,其余 5 个活动构件为从动件。

(2) 确定运动副类型。齿轮 1,2 组成齿轮副,小齿轮 1 与机架 7 组成转动副,大齿轮 2 与机架 7、滑块 3 分别组成转动副;导杆 4 与滑块 3、摇块 5 分别组成移动副,而与刨头 6 组成转动副;摇块 5 与机架 7 组成转动副;刨头 6 与机架 7 组成移动副。即本机构中共有一个齿轮副，5 个转动副和 3 个移动副。

（3）选定视图方向绘制机构示意图。选择适当的瞬时运动位置，按规定符号画出齿轮副、转动副、移动副及机架，并标注构件号及表示原动件的箭头，如图 14－12(b)所示。

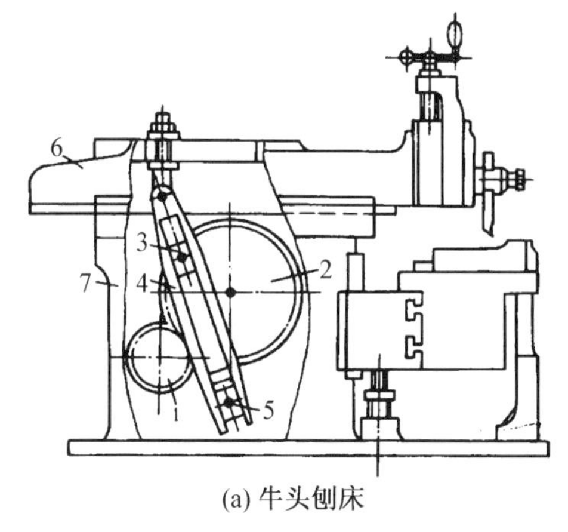

(a) 牛头刨床

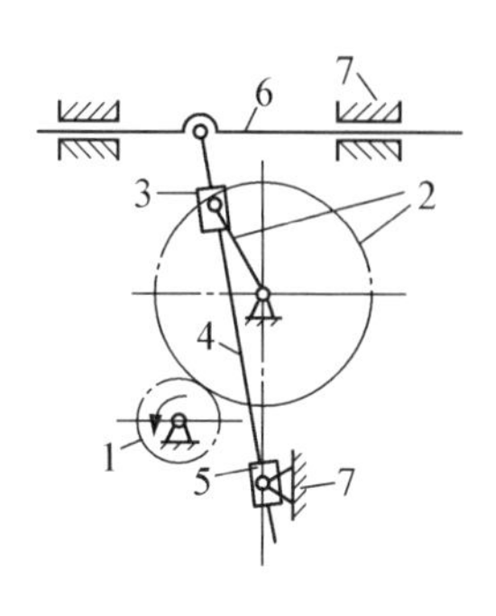

(b) 运动机构示意图

1,2—齿轮　3—滑块　4—导杆　5—摇块　6—刨头　7—床身(机架)

图 14－12　牛头刨床主体运动机构

例 14－4　绘制图 14－13(a)所示柱塞油泵机构的运动简图。

解:（1）分析、确定构件类型。柱塞油泵由曲柄 1、柱塞 2、泵芯 3 和机架 4 组成。曲柄 1 是原动件，构件 4 是机架，柱塞 2 和泵芯 3 是从动件。

（2）确定运动副类型。曲柄 1 转动时，泵芯 3 摆动，柱塞 2 相对泵芯 3 上、下移动泵油。构件 2 与 3 是相互移动的关系，用移动副表示；构件 3 与 4 是相互转动的关系，用转动副表示。

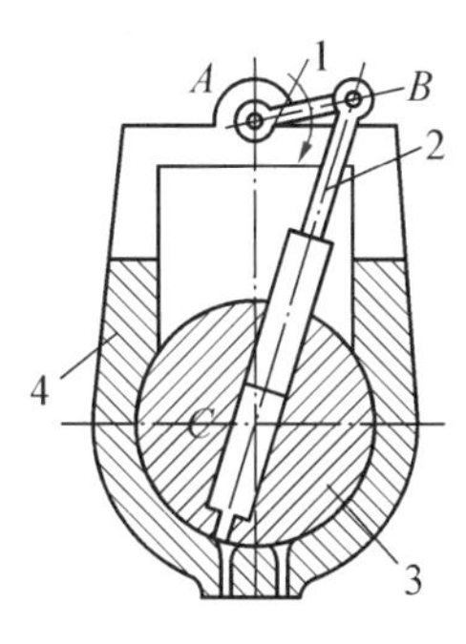

(a) 柱塞油泵

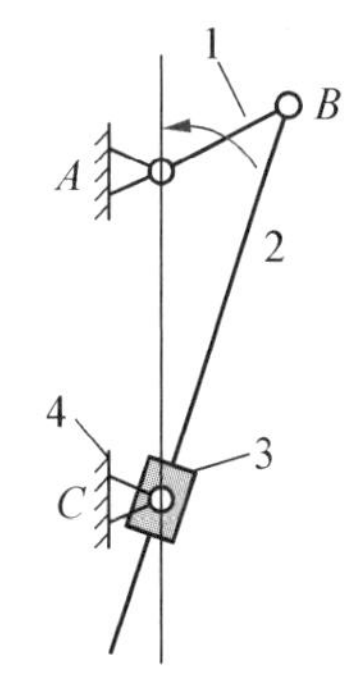

(b) 柱塞油泵运动简图

1—曲柄　2—柱塞　3—泵芯　4—机架

图 14－13　柱塞油泵机构

（3）选定视图方向。选择构件的运动平面为视图平面。

（4）选择比例尺，绘制机构运动简图，如图 14－13(b)所示。

任务 14.3 平面机构的自由度计算

14.3.1 平面机构自由度的计算

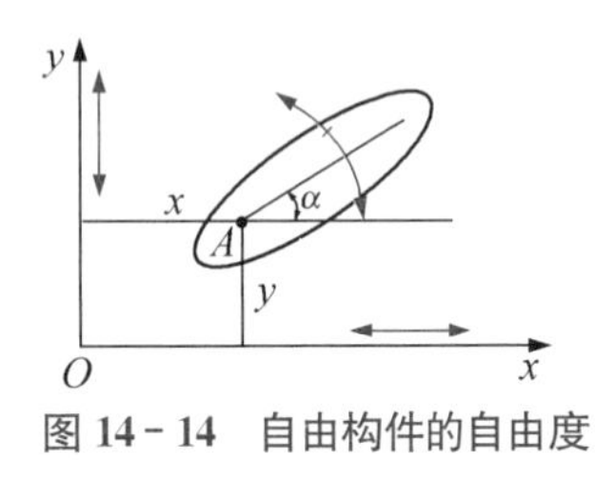

图 14-14 自由构件的自由度

1. 自由度

作平面运动的构件相对给定参考系所具有的独立运动的数目,称为构件的**自由度**。一个作平面运动的自由构件具有 3 个独立的运动,如图 14-14 所示的 xOy 坐标系中,沿 x 轴和 y 轴的移动,以及绕任一垂直于 xOy 平面的轴线 A 的转动,因此作平面运动的自由度构件有 3 个自由度。

2. 约束

当两构件组成运动副后,它们之间的某些相对运动便受到限制,自由度数目随之减少。这种对于相对运动所加的限制称为约束。每加上一个约束,自由构件便失去了一个自由度。运动副的约束数目和约束特点,取决于运动副的形式。如图 14-1 所示,当两构件组成平面转动副时,两构件只具有一个独立的相对转动的自由度;当两构件组成平面移动副时,如图 14-2 所示,两构件便只具有一个独立的相对移动的自由度。因此,平面低副具有两个约束,保留一个自由度。

如图 14-3 所示,两构件组成高副时,在接触处公法线 $n-n$ 方向的移动受到约束,保留了沿公切线 $t-t$ 方向的移动和绕接触点 A 的转动。因此,平面高副引入一个约束,保留了两个自由度。

3. 机构自由度的计算

设一个平面机构由 N 个构件组成,其中必取一个构件作机架,则活动构件数为 $n=N-1$。在未用运动副联结前,这些活动构件应有 $3n$ 个自由度;当用 P_L 个低副和 P_H 个高副使构件联结成机构后,则会引入 $(2P_L+P_H)$ 个约束,即减少了 $(2P_L+P_H)$ 个自由度。若用 F 表示机构的自由度,则平面机构自由度的计算公式为

$$F=3n-2P_L-P_H。\qquad (14-1)$$

14.3.2 平面机构具有确定运动的条件

平面机构只有机构自由度大于零,才有可能运动。同时,机构自由度又必须和原动件数 W 相等,机构才具有确定的运动。因此,平面机构具有确定运动的条件为:平面机构的自由度大于零,且等于原动件数,即 $F>0$,且 $F=W$。

当 $W<$ 自由度数 F 时,机构无确定运动;当 $W>F$ 时,机构在薄弱处损坏;当 $W=F=0$ 时,机构不动。

在图 14-15 所示的机构中，$n=4$，$P_L=5$，$P_H=0$，则

$$F=3n-2P_L-P_H=3\times4-2\times5-0=2。$$

为了使该机构有确定的运动，需要两个原动件。

根据机构具有确定运动的条件可以分析和认识已有的机构，也可以计算和检验新构思的机构能否达到预期的运动要求。

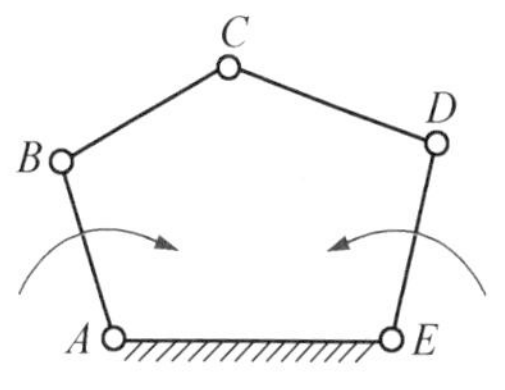

图 14-15 具有两个自由度的平面机构

14.3.3 计算平面机构自由度时应注意的事项

1. 复合铰链

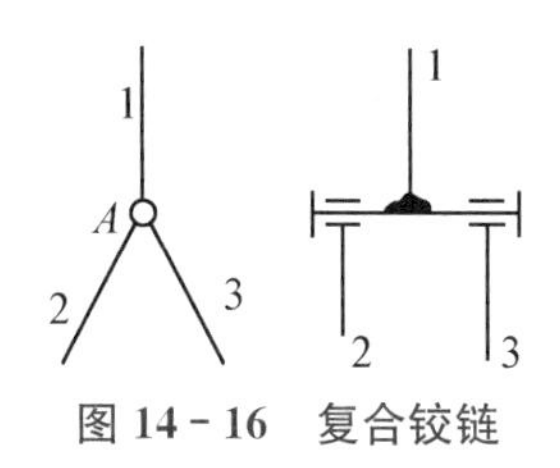

图 14-16 复合铰链

两个以上的构件在同一处以同轴线的转动副相联，称为复合铰链。图 14-16 所示为 3 个构件在 A 处形成复合铰链。从侧视图可见，这 3 个构件实际上组成了轴线重合的两个转动副，而不是一个转动副。计算自由度时，应注意找出复合铰链。复合铰链处的转动副数，等于汇集在该处的构件数减 1。采用复合铰链，可以使机构结构紧凑。

2. 局部自由度

与机构运动无关的构件独立运动，称为局部自由度。在计算自由度时，局部自由度应略去不计。图 14-17 所示的凸轮机构中，凸轮 1 为主动件，滚子绕其轴线的自由转动，不影响从动件 2 的运动，这种不影响机构输出运动的自由度，即为局部自由度。在计算该机构的自由度时，可将滚子与从动件看成一个构件，如图 14-17(b)所示，以消除局部自由度。局部自由度虽不影响机构的运动关系，但可以减少高副接触处的摩擦和磨损。

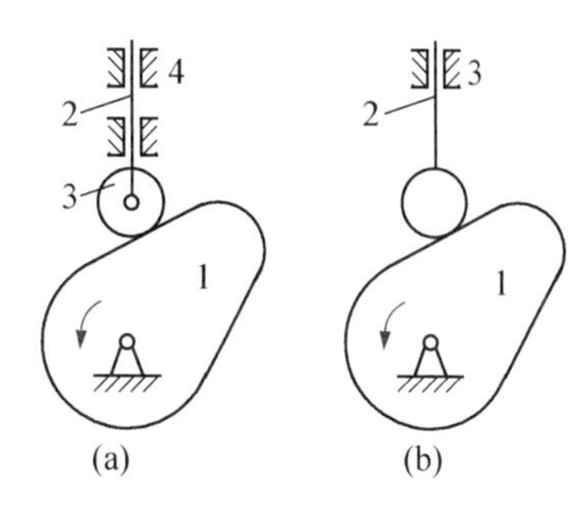

图 14-17 局部自由度

3. 虚约束

在机构中，如果某个约束与其他约束重复，而不起独立限制运动的作用，则该约束称为虚约束。计算机构自由度时，应除去不计，虚约束常出现在下列场合。

两构件间形成多个具有相同作用的运动副，分为下列 3 种情况：

(1) 两构件在同一轴线上形成多个转动副，如图 14-18(a)所示，轮轴 1 与机架 2 在 A，B 两处组成两个转动副，从运动关系看，只有一个转动副起约束作用，计算机构自由度时应按一个转动副计算。

(2) 两构件形成多个导路平行或重和的移动副，如图 14-18(b)所示，构件 1 与机架组成了 A，B，C 3 个导路平行的移动副，计算自由度时应只算作一个移动副。

(3) 两构件组成多处接触点公法线重合的高副，如图 14-18(c)所示，同样应只考虑一处高副，其余为虚约束。

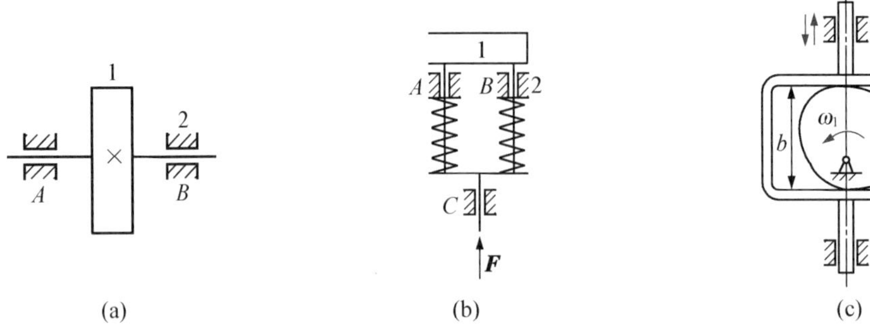

图 14-18　两构件组成多个运动副

如图 14-19 所示的机构，其中 F 点为固定点，E 为动点，且 $EF/\!/AB/\!/CD$，$EF=AB=CD$。因构件 2 必须与构件 4 保持平行而作平移运动（平动），其上各点的轨迹，都是以 AB 为半径、圆心在 AD 直线上的圆周，所以 E，F 两点之间的距离始终保持不变。现若用一附加构件 5（见图 14-19 中的虚线）在 E 和 F 两点铰接。构件 5 上 E 点的轨迹与连杆 BC 上 E 点的轨迹重合。显然，构件 5 对该机的运动并不产生任何影响，为虚约束。因此，在计算该机构的自由度时应将其去除。

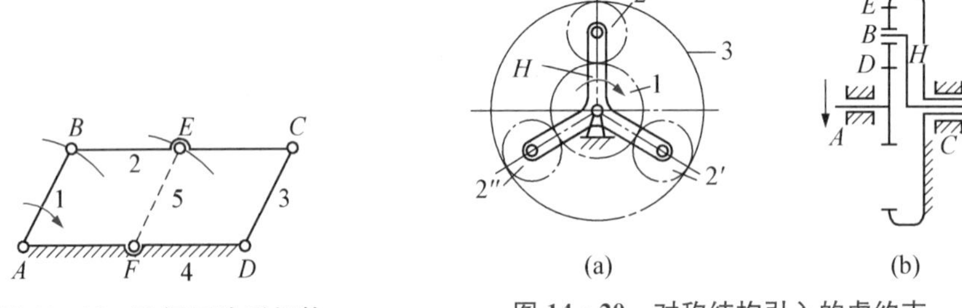

图 14-19　平行四边形机构中的虚约束

图 14-20　对称结构引入的虚约束

机构中具有对运动不起作用的对称部分，如图 14-20(a)所示的行星轮系，为使受力均匀，安装 3 个相同的行星轮对称布置。从运动关系看，只需一个行星轮 2 就能满足运动要求，如图 14-20(b)所示，其余行星轮及其所引入的高副均为虚约束，计算自由度时应除去不计。

例 14-5　计算图 14-10 所示的内燃机构件系统的自由度。

解： 曲轴 4 和齿轮 5、齿轮 6 和凸轮轴 7 皆固连在一起，故可分别视为一个构件。因此 $n=5$，$P_L=6$（其中有两个移动副，4 个转动副），$P_H=2$，则该构件系统的自由度为

$$F_Z=3n-2P_L-P_H=3\times5-2\times6-2=1。$$

例 14-6　试确定图 14-21 所示机构中原动件的数目。

解： 该机构有活动构件 7 个，在 G，C，B，E 4 处为复合铰链，机构的可动构件数 $n=7$，$P_L=10$，$P_H=0$。按(14-1)式，有

$$F_Z=3n-2P_L-P_H=3\times7-2\times10-0=1。$$

该机构的自由度为1，只需一个原动件。

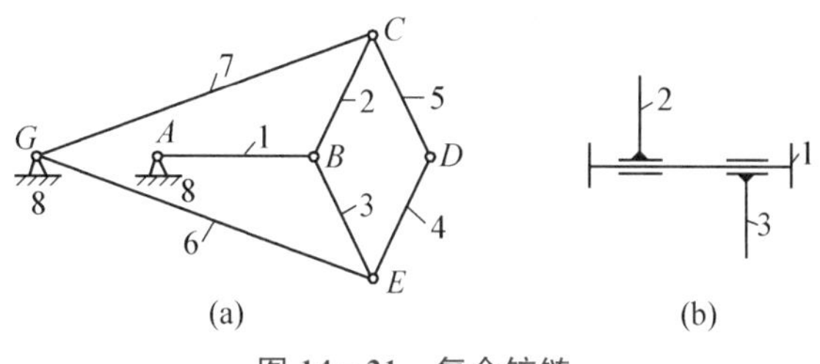

图 14-21 复合铰链

例 14-7 计算图 14-22 所示的，筛料机机构的自由度，并判断此机构是否具有确定的相对运动。

解：C 处为复合铰链；E 和 E' 为两构件组成的导路平行的移动副，其中之一为虚约束；F 处滚子为局部约束，G 处同时有一个转动副和一个移动副。因此机构的可动构件数 $n=7, P_L=9, P_H=1$。按(14-1)式，有

$$F_Z=3n-2P_L-P_H=3\times7-2\times9-1=2。$$

该机构有两个原动件，自由度个数和原动件数相等，所以该机构有确定的相对运动。

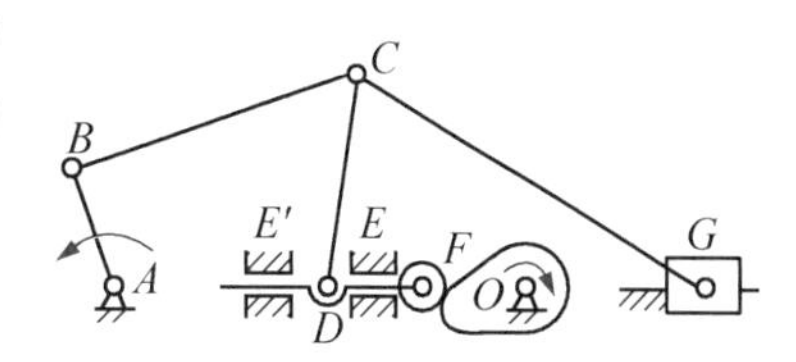

图 14-22 筛料机机构

小　　结

1. 运动副的概念。

(1) 运动副——两构件间直接接触，并能产生一定相对运动的联结称为运动副。

(2) 平面运动副按接触形式分为高副和低副，低副又可以分为转动副和移动副。高副引入了一个约束，限制了一个自由度。低副引入了两个约束，限制了两个自由度。

2. 平面机构运动简图。用简单的线条和符号代表构件和运动副，并按一定的比例确定各运动副间的相对位置，所绘制的表示机构组成和传动情况的简明图形，称为机构运动简图。

3. 平面机构自由度。

(1) 平面机构自由度计算公式：$F=3n-2P_L-P_H$。

(2) 平面机构具有确定运动的条件：机构自由度 $F>0$，且与原动件数相等 $F=W$。

(3) 在计算平面机构自由度时，要注意区分和判别复合铰链、局部自由度和虚约束存在的情况。

习　题

14-1　什么是运动副？平面高副与平面低副各有什么特点？

14-2　什么是复合铰链？什么是局部自由度？

14-3　平面机构具有确定运动的条件是什么？

14-4　绘制平面机构运动简图时，是否需要按构件的尺寸比例？绘制机构运动简图的步骤如何？

14-5　题图14-5所示分别为自卸卡车翻斗机构和汲水井装置，试分别绘制其机构运动简图。

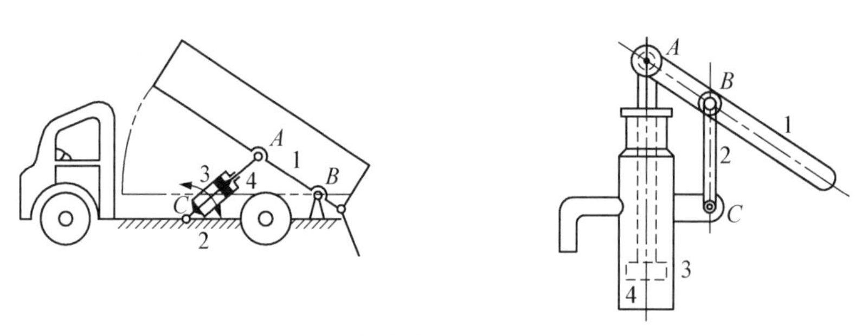

题14-5图　自卸卡车翻斗机构和汲水井装置

14-6　绘制题14-6图所示机构的运动简图，标出原动件和机架，计算自由度，并判断其是否具有确定的相对运动。

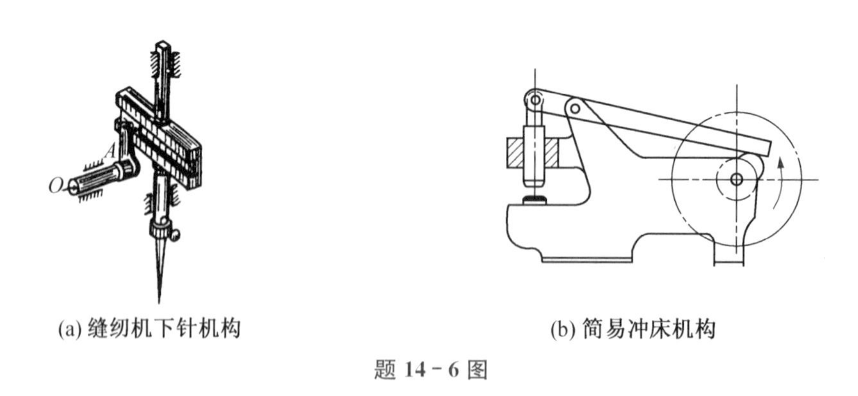

(a) 缝纫机下针机构　　(b) 简易冲床机构

题14-6图

14-7　计算题14-7图所示各机构的自由度，判断其是否具有确定的相对运动，并指出含有复合铰链、局部自由度或虚约束。

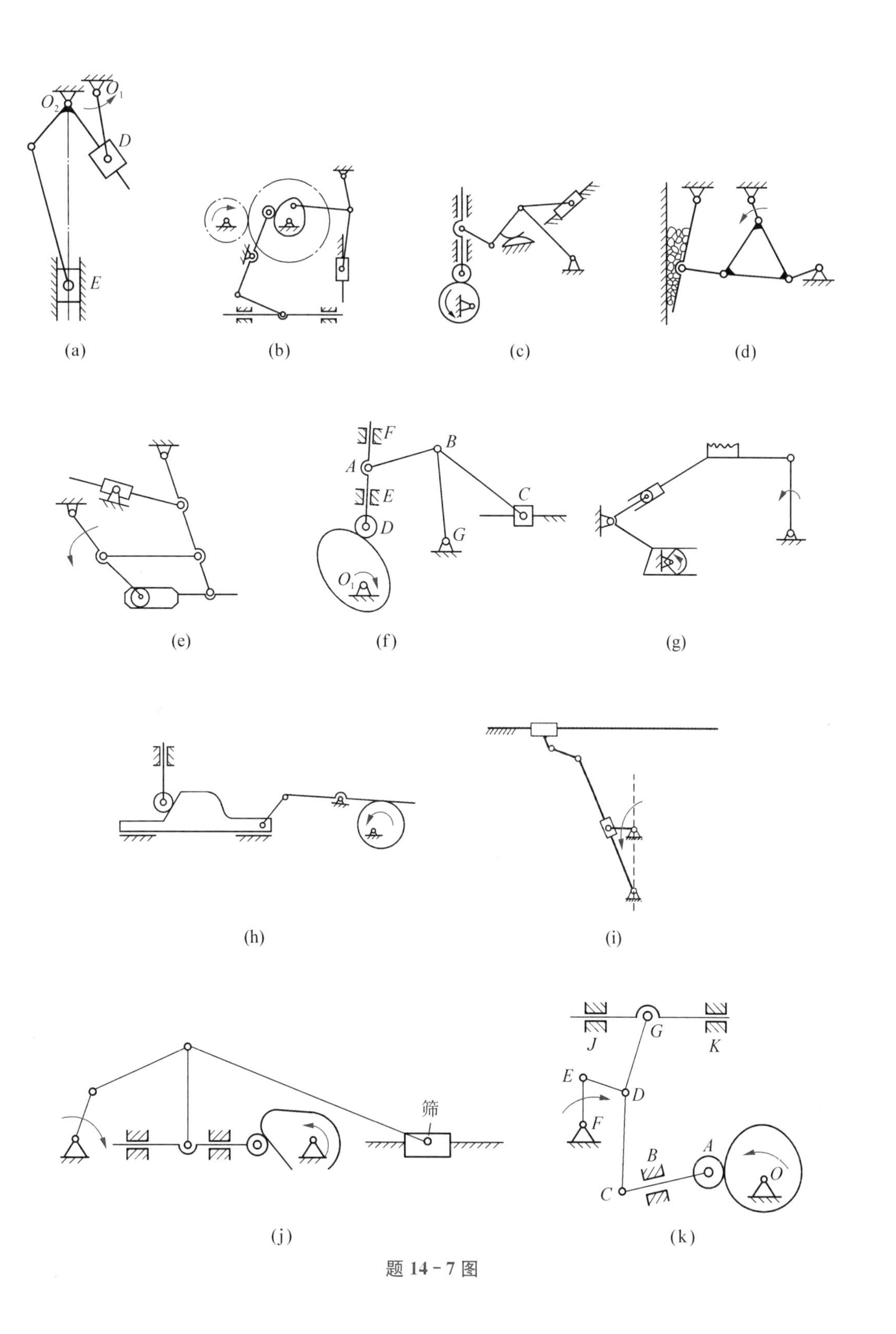

题 14－7 图

项目 15　平面连杆机构

工程案例导入

如图 1 所示，牛头刨床主运动由电机、带传动、齿轮变速机构、摆动导杆、滑枕、刨刀等组成。刨刀的往复运动中，去、回(往复)速度不一样，为什么会有这种现象？设计牛头刨床时如何考虑往、复运动的速度比？如何运用导杆机构的运动特性提高机床的工作效率？

本项目将结合多种工程案例，学习平面连杆机构的相关知识。通过学习，体会设计工作需要严谨的设计态度以及责任意识，理解了“差之毫厘，失之千里”，明白一丝不苟、严谨的工作态度能够帮助、促进完成工程项目。

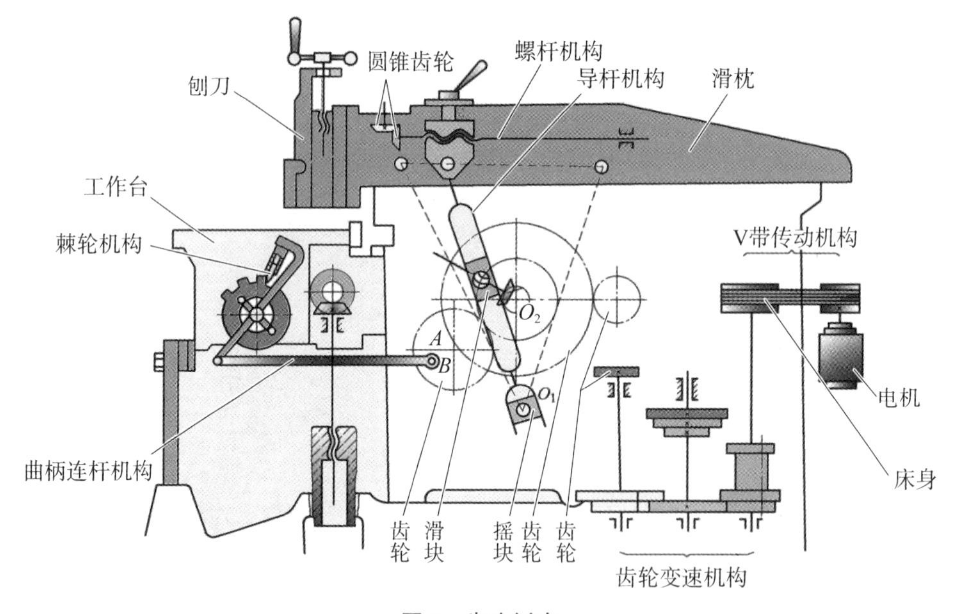

图 1　牛头刨床

- 学习目标

◇ 掌握平面四杆机构的基本类型及其工程应用；

◇ 掌握铰链四杆机构曲柄存在的条件、四杆机构类型的判断；

◇ 了解由铰链四杆机构演化而来的常见机构类型、特点及其工程应用；

◇ 掌握平面四杆机构的运动特性；

◇ 掌握图解法设计平面四杆机构；
◇ 培养严谨的设计、计算态度，质量意识、责任意识。

● 学习重点和难点
◇ 平面四杆机构的基本类型、演化、曲柄存在的条件；
◇ 平面四杆机构的运动特性；
◇ 图解法设计平面四杆机构。

任务 15.1 铰链四杆机构的基本结构及演化

连杆机构是由若干构件通过低副联结而形成的机构，又称为低副机构。活动构件均在同一平面或在相互平行的平面内运动的连杆机构，称为平面连杆机构。

平面连杆机构的特点是：低副中的两运动副元素为面接触，压强小，易于润滑，磨损小，寿命长；能获得较高的运动精度；可以实现预期的运动，并满足轨迹等要求。当要求从动件精确实现特定的运动时，设计计算较繁杂，而且运动副中的间隙会引起运动积累误差，故往往难以实现。有些构件所产生的惯性力难以平衡，高速时会引起较大的振动和动载荷。因此，平面连杆机构常与机器的工作部分相连，起执行和控制作用。

工程中，常用的平面连杆机构是平面四杆机构。平面四杆机构可分为两大类：铰链四杆机构及含有移动副的平面四杆机构。铰链四杆机构是平面四杆机构的基本形式。含有移动副的平面四杆机构可视为铰链四杆机构的演化形式。

15.1.1 铰链四杆机构的基本形式

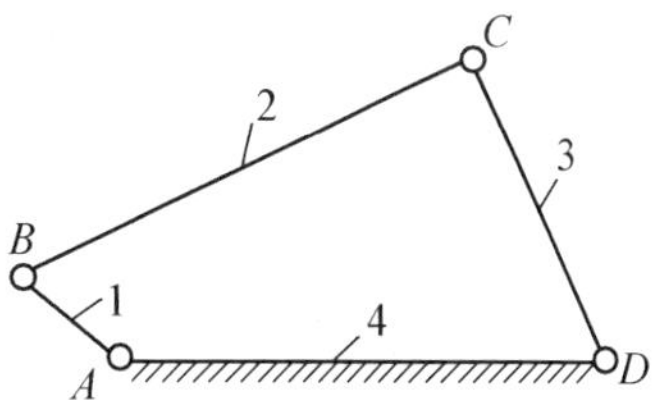

C
2
3
B
1
4
A
D

图 15-1 铰链四杆机构

运动副都是转动副的平面四杆机构称为铰链四杆机构，如图 15-1 所示。在铰链四杆机构中，固定不动的构件 4 是机架，与机架 4 相连的构件 1 和 3 称为连架杆，不与机架相连的构件 2 称为连杆。相对于机架能做整周转动的连架杆称为曲柄；只能在一定角度范围内往复摆动的连架杆称为摇杆。

根据连架杆运动的形式不同，铰链四杆机构分为 3 种基本形式。

1. 曲柄摇杆机构

两连架杆分别为曲柄和摇杆的铰链四杆机构，称为曲柄摇杆机构。在曲柄摇杆机构中，当曲柄为主动件时，将主动曲柄的等速连续转动转化为从动摇杆的往复摆动，如图 15-2 所示的雷达天线俯仰调整机构。其中，曲柄 1 为主动件，天线固定在摇杆 3 上。该机构将曲柄的转动转换为摇杆(天线)的俯仰运动。

在曲柄摇杆机构中，也可以以摇杆为主动件，曲柄为从动件，将主动摇杆的往复摆动转化为从动曲柄的整行星动，如图 15-3 所示的脚踏砂轮机机构。

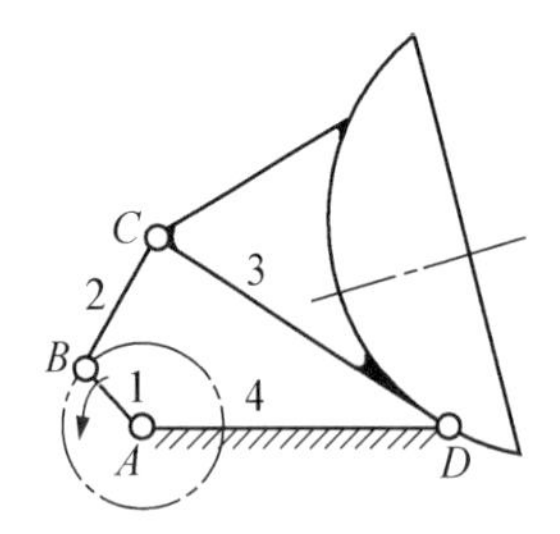

图 15-2　雷达天线俯仰调整机构

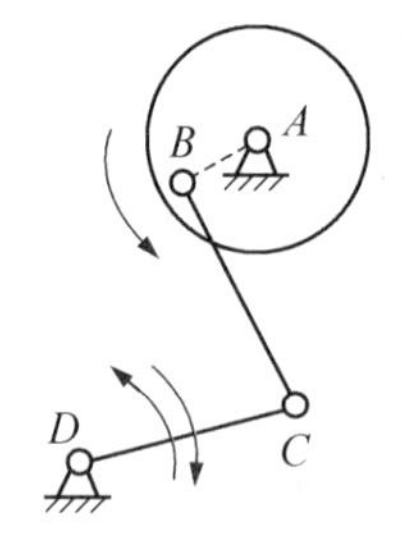

图 15-3　脚踏砂轮机机构

2. 双曲柄机构

两连架杆均为曲柄的铰链四杆机构，称为双曲柄机构。主动曲柄等速转动，从动曲柄一般为变速转动，如图 15-4 所示的插床六杆机构是以双曲柄机构为基础扩展而成的。

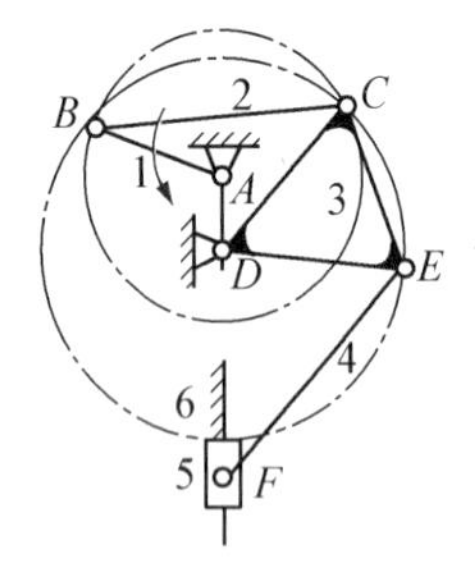

图 15-4　插床六杆机构

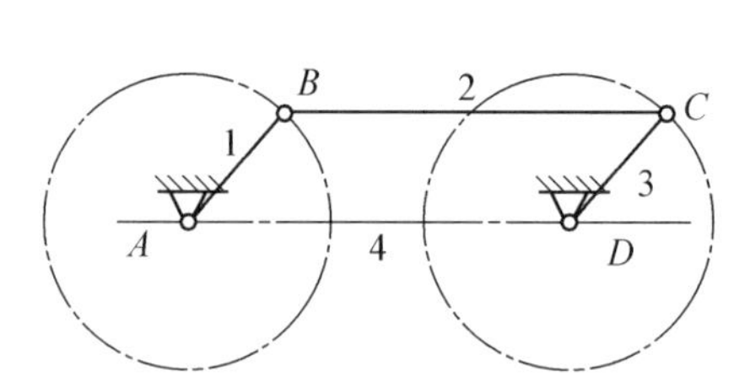

图 15-5　平行四边形机构

在双曲柄机构中有一种特殊机构，连杆与机架的长度相等、两个曲柄长度相等且转向相同的双曲柄机构，称为平行四边形机构，如图 15-5 所示。由于这种机构两曲柄的角速度始终保持相等，且连杆始终保持平动，因此应用较广泛。例如天平机构，如图 15-6 所示。平行四边形机构有以下 3 个运动特点：

(1) 两曲柄转速相等　如图 15-7 所示的机车车轮联动机构就是利用平行四边形机构的这一特性。

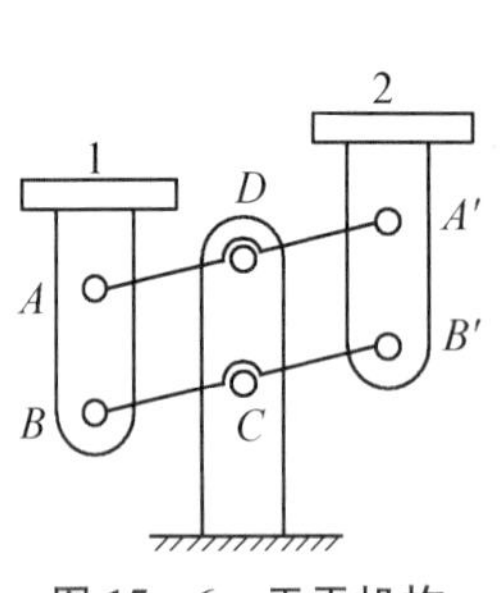

图 15-6　天平机构

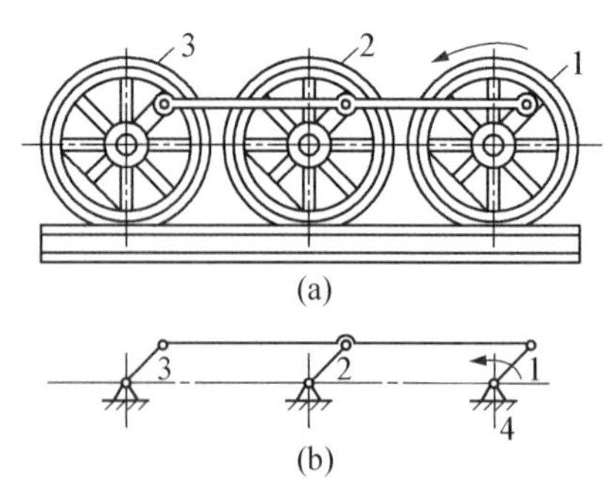

图 15-7　机车车轮联动机构

(2) 连杆始终与机架平行　如图 15-6 所示的天平机构，始终保证天平盘 1,2 处于水平位置。如图 15-8 所示的摄影车升降机构，其升降高度的变化采用两组平行四边形机构来实现，且利用连杆始终作平动这一特点，可使与连杆固连一体的座椅始终保持水平位置，以保证摄影人员安全可靠地摄影。

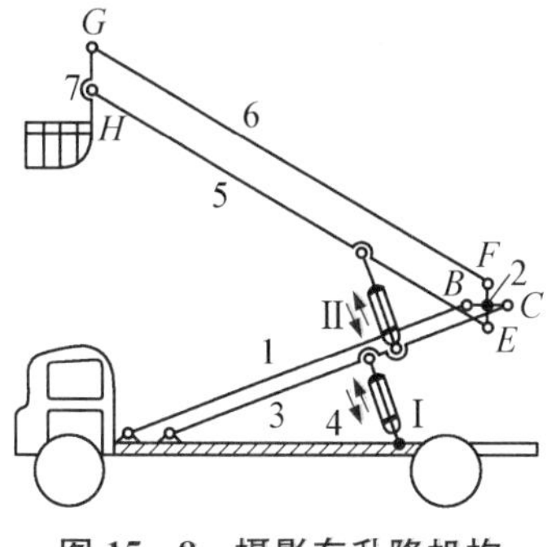

图 15-8　摄影车升降机构

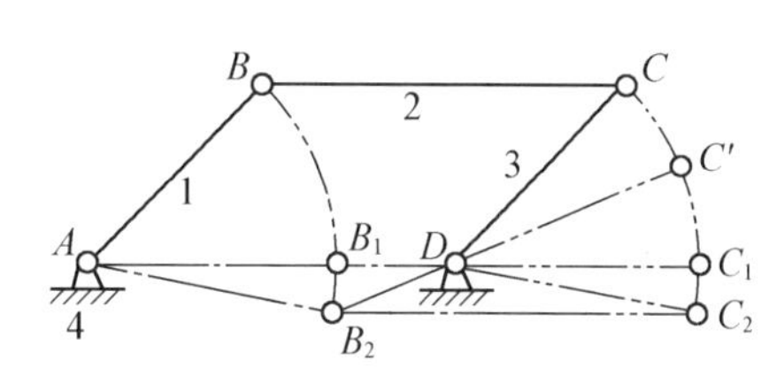

图 15-9　平行四边形机构

（3）运动的不确定性　如图 15-9 所示，在平行四边形机构中，当两曲柄转至与机架共线位置时，主动曲柄 AB 继续转动，如到达 AB_2 位置，从动曲柄 CD 可能按原转动方向转到 C_2D，此时机构仍是平行四边形机构。也可能反向转到 $C'D$。

为了克服运动的不确定性，可以对从动曲柄施加外力，或利用飞轮及构件本身的惯性作用。也可以采用辅助曲柄等措施解决，如图 15-10 所示。

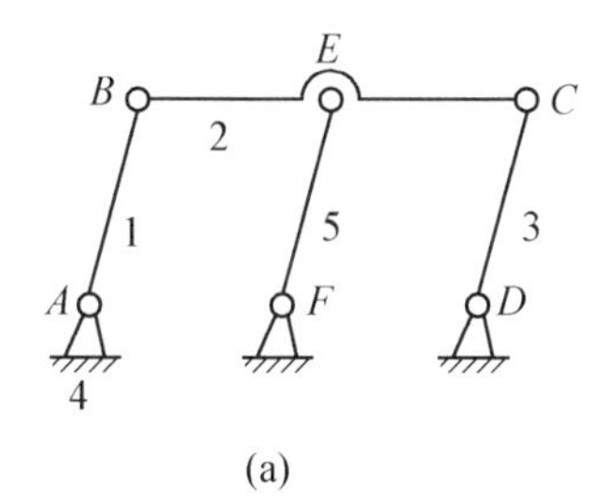

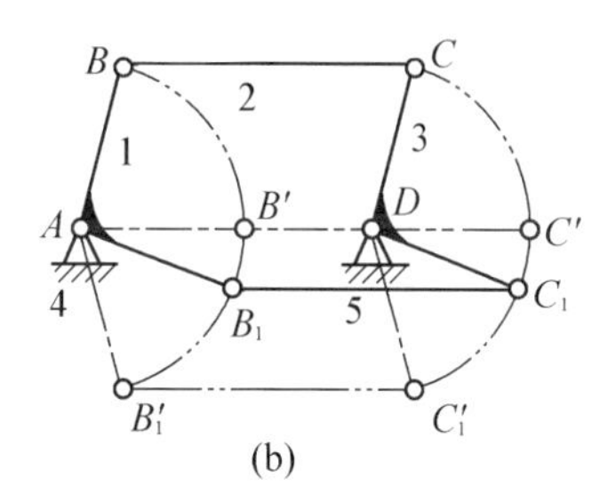

图 15-10　带有辅助构件的平行四边形机构

对于两个曲柄转向相反的情况，即**连杆与机架的长度相等、两个曲柄长度相等所组成的转向相反的双曲柄机构，称为反平行四边形机构。**反平行四边形机构不具备平行四边形机构前述两个运动特征，如图 15-11 所示。

车门启闭机构就是反平行四边形机构的应用实例，如图 15-12 所示。当主动曲柄 1 转动时，从动曲柄 3 做相反方向转动，从而使两扇车门同时开启或同时关闭。

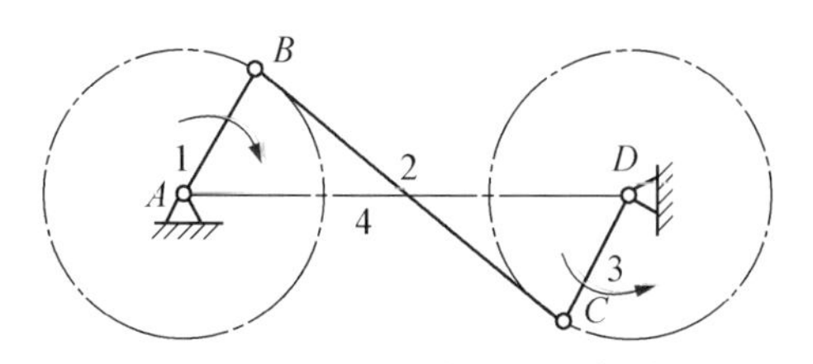

图 15-11　反平行四边形机构

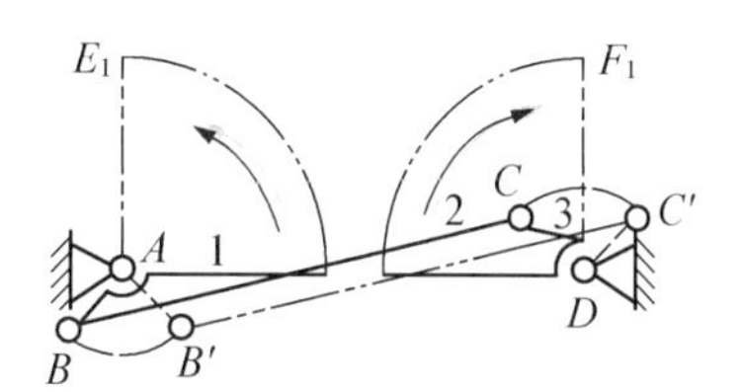

图 15-12　车门启闭机构

3. 双摇杆机构

两连架杆均为摇杆的铰链四杆机构，称为双摇杆机构。常用于操纵机构、仪表机构等。如图 15－13 所示，港口起重机机构可实现货物的水平移动，以减少功率消耗。

在双摇杆机构中，若两摇杆长度相等，称为等腰梯形机构。等腰梯形机构的运动特性是两摇杆摆角不相等，如图 15－14 所示的汽车、拖拉机前轮转向机构，$ABCD$ 呈等腰梯形，构成等腰梯形机构。当汽车转弯时，为了保证轮胎与地面之间作纯滚动，以减轻轮胎磨损，AB，DC 两摇杆摆角不同，使两前轮转动轴线汇交于后轮轴线上的 O 点，这时 4 个车轮绕 O 点作纯滚动。

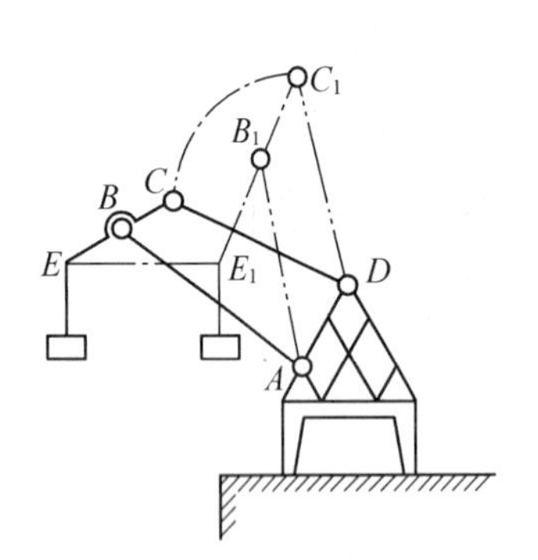

图 15－13　港口起重机机构

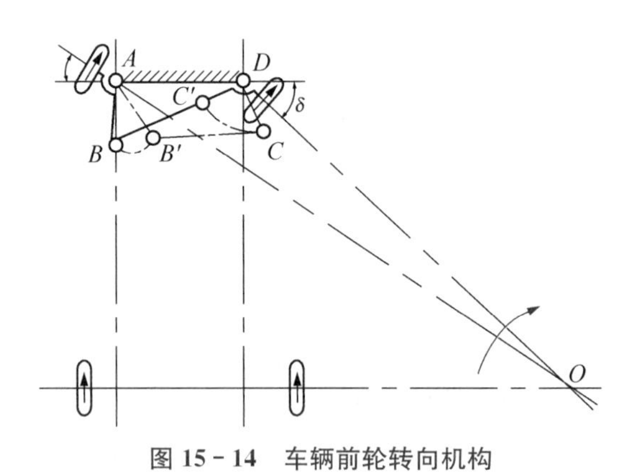

图 15－14　车辆前轮转向机构

15.1.2　铰链四杆机构中曲柄存在的条件

铰链四杆机构有 3 种基本形式，其主要区别就在于机构中是否存在曲柄以及曲柄的数目。在铰链四杆机构中，是否存在曲柄、有几个曲柄，与各构件的尺寸及取哪一个构件作为机架有关。下面分析铰链四杆机构中曲柄存在的条件。

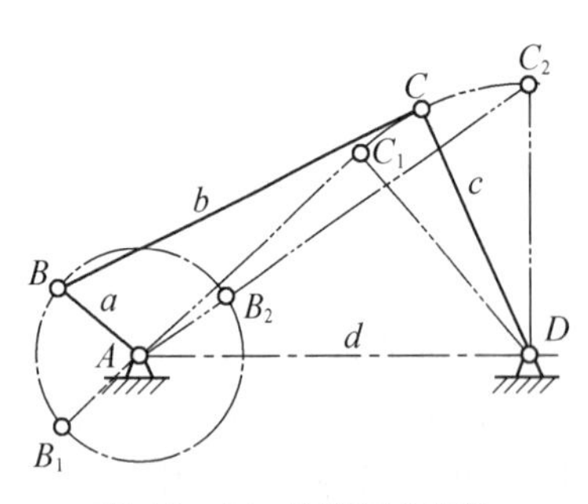

图 15－15　铰链四杆机构曲柄存在条件

如图 15－15 所示，铰链四杆机构中，AB 为曲柄，CD 为摇杆，各杆的长度分别为 a，b，c，d。因 AB 为曲柄，故可作出其做整周转动时两次与连杆共线的位置，如图中 AB_1C_1D，AB_2C_2D 所示。在曲柄与连杆部分重叠而成共线的位置，构成$\triangle AC_1D$；在曲柄与连杆相延长而成共线的位置，构成$\triangle AC_2D$。

根据三角形两边之和必大于第三边，对于$\triangle AC_1D$ 有

$$c<(b-a)+d,\quad d<(b-a)+c。$$

移项得

$$a+c<b+d,\quad a+d<b+c。$$

对于$\triangle AC_2D$ 有 $a+b<c+d$。

由于$\triangle AC_1D$ 与$\triangle AC_2D$ 的形状随各杆的相对长度不同而变化，故考虑三角形变为一直线的特殊情况。此时，曲柄与连杆成一直线的位置即四杆共线的位置。在曲柄与另一杆

长度之和正好等于其余两杆长度之和时，才出现这一特殊情况。于是上面三式应写为

$$a+c\leqslant b+d,\quad a+d\leqslant b+c,\quad a+b\leqslant c+d。\tag{15-1}$$

将上述3式中每两式相加并简化，可得

$$a\leqslant b,\quad a\leqslant c,\quad a\leqslant d。\tag{15-2}$$

由此可归纳出铰链四杆机构中曲柄存在的条件：

(1) 最短杆与最长杆长度之和小于或等于其余两杆长度之和(简称长度和条件)；

(2) 连架杆和机架中，必有一杆为最短杆(简称最短杆条件)。

通过分析可得如下推论：

(1) 铰链四杆机构中，如果最短杆与最长杆的长度之和小于或等于其余两杆长度之和，则根据机架选取的不同，可有下列3种情况：

① 取与最短杆相邻的杆为机架，则最短杆为曲柄，另一连架杆为摇杆，组成曲柄摇杆机构；

② 取最短杆为机架，则两连架杆均为曲柄，组成双曲柄机构；

③ 取最短杆对面的杆为机架，则两连架杆均为摇杆，组成双摇杆机构。

(2) 铰链四杆机构中，如果最短杆与最长杆的长度之和大于其余两杆长度之和，则不论取哪一杆为机架，都没有曲柄存在，均为双摇杆机构。

例 15-1 如图 15-16 所示的四杆机构，已知各构件长度 $L_{AB}=310\ \mathrm{mm}$,$L_{BC}=810\ \mathrm{mm}$,$L_{CD}=740\ \mathrm{mm}$,$L_{AD}=630\ \mathrm{mm}$。试问:该机构是否存在曲柄？哪一个构件固定可获得曲柄摇杆机构？哪一个构件固定可获得双曲柄机构？哪一个构件固定只可能获得双摇杆机构？(说明理由)

解：因为 $810+310<740+630$，所以满足

$$L_{\max}+L_{\min}\leqslant L'+L'',$$

机构有曲柄存在的可能。

(1) 固定 b 或 d 可获得曲柄摇杆机构，因为这时最短杆 a 为连架杆。

(2) 固定 a 可获得双曲柄机构，因为这时最短杆 a 为机架。

(3) 固定 c 可只能获得双摇杆机构，因为这时最短杆 a 为连杆。

15.1.3 铰链四杆机构的演化

1. 由转动副转化成移动副

图 15-17(a)所示的曲柄摇杆机构中，曲柄 1 为主动件，摇杆 3 为从动件。摇杆 3 上 C 点的轨迹是以 D 为圆心、以摇杆 3 的长度 CD 为半径的圆弧 $\widehat{mm}$。当将摇杆转化成滑块，使滑块与机架组成移动副，同时保证 C 点轨迹不变，这时 C 点的轨迹由圆弧线转化为同一圆弧线的滑槽。此时，虽然转动副 D 的类型发生改变，但机构的运动特性

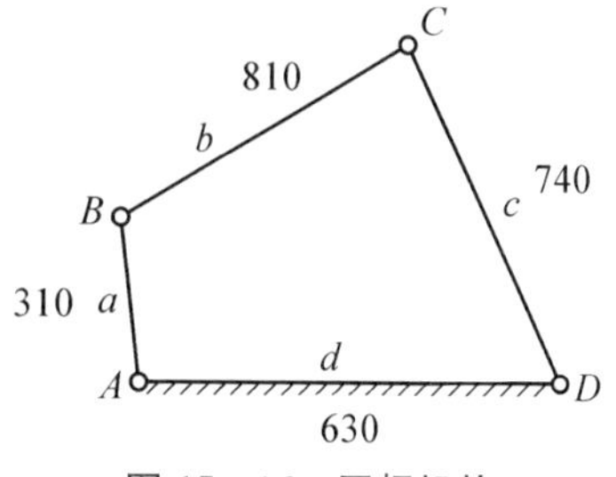

图 15-16 四杆机构

并没有改变。若将弧线形滑槽的半径增至无穷大，即转动副 D 的中心移至无穷远处，弧线形滑槽变为直槽。这样曲柄摇杆机构演化成一种新的机构——曲柄滑块机构，如图 15－17(c，d)所示。曲柄滑块机构是由曲柄、连杆、滑块和机架组成的机构。

滑块轨道中心线通过曲柄的转动中心 A 时，称为对心曲柄滑块机构，如图 15－18 所示。滑块往复移动的距离 H 称为滑块行程。

若滑块轨道中心线偏离曲柄的转动中心 A，称为偏置曲柄滑块机构，如图 15－19 所示。滑块轨道中心线与曲柄的转动中心的垂直距离 e，称为偏心距。

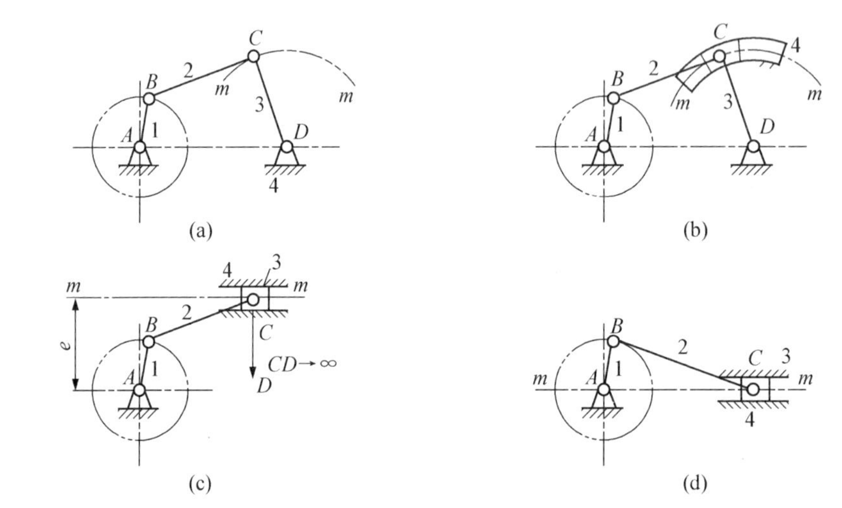

图 15－17　由曲柄摇杆机构到曲柄滑块机构的演化过程

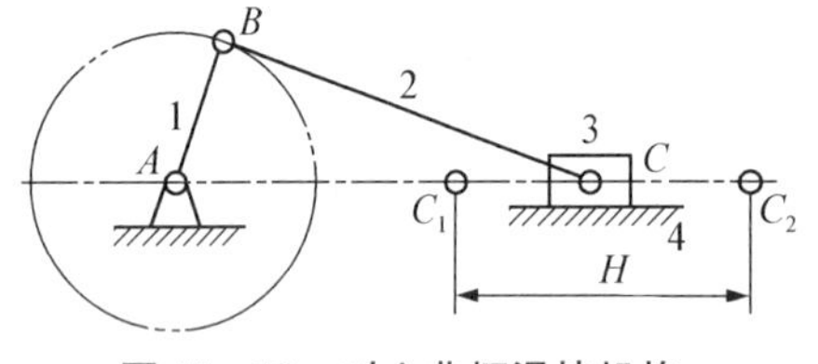

图 15－18　对心曲柄滑块机构

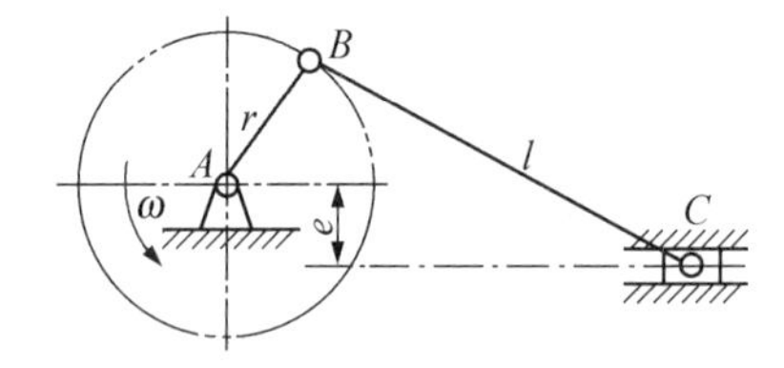

图 15－19　偏置曲柄滑块机构

曲柄滑块机构可将主动滑块的往复直线运动经连杆转化为从动曲柄的连续转动，如应用于发动机中；也可将主动曲柄的连续转动经连杆转化为从动滑块的往复直线运动，如应用于往复式气体压缩机、往复式液体泵等机械中。

2. 取不同构件为机架

(1) 导杆机构　在对心曲柄滑块机构中，如图 15－20(a)所示，如果以构件 1 作为机架，构件 2 和构件 4 为连架杆，其中构件 2 和 4 可以分别绕 B，A 点作整行星动，视为曲柄；滑块 3 一方面与构件 4 一同绕 A 点转动，另一方面与构件 4 之间作往复移动。由于构件 4 充当了滑块 3 的导路，因此称为导杆。由曲柄、导杆、滑块和机架组成的机构，称为导杆机构。

由于导杆能作整周转动，因此称为转动导杆机构，此时机架长度小于曲柄长度。

若取机架长度大于曲柄长度，导杆 4 只能作往复摆动，形成摆动导杆机构，如图 15－20

(b)所示。

图 15－20(a) 所示的这种机构常与其他构件组合，用于简易刨床、插床，以及回转泵、转动式发动机等机械中，如图 15－21 所示。

曲柄摆动导杆机构常与其他构件组合，用于牛头刨床和插床等机械中，如图 15－20 所示。

(2) 摇块机构　若将图 15－18 中的连杆 BC 作为机架，滑块只能绕 C 点摆动，就得到曲柄摇块机构，简称摇块机构，如图 15－23 所示。摇块机构常用于汽车、吊车等摆动缸式气

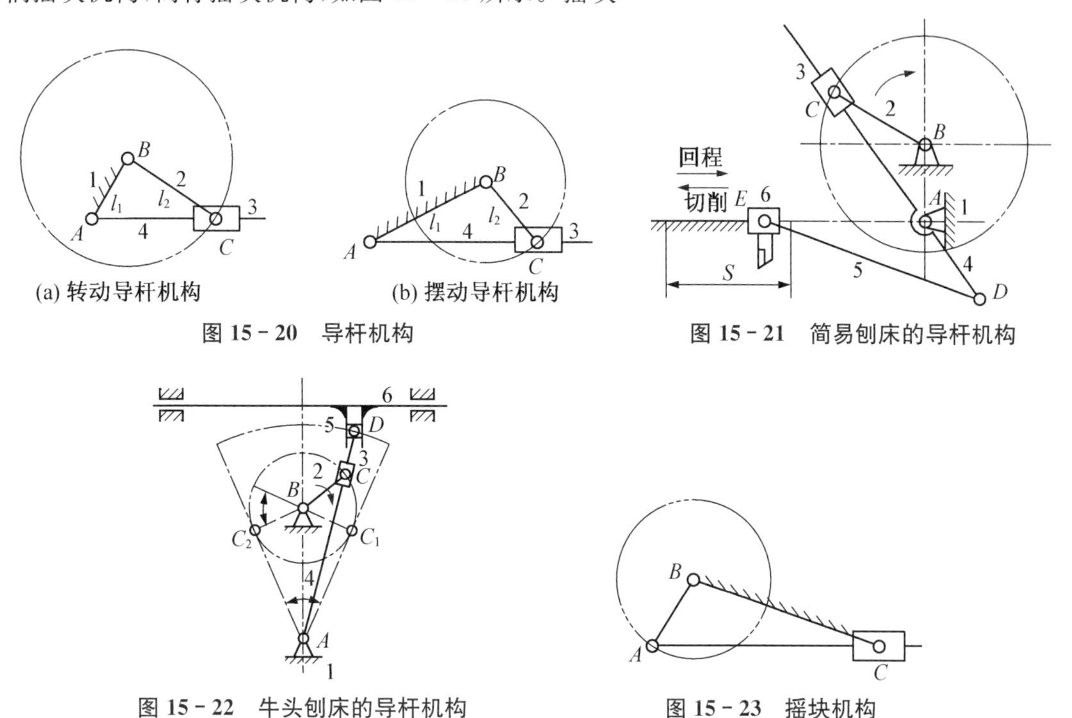

图 15－20　导杆机构

图 15－21　简易刨床的导杆机构

图 15－22　牛头刨床的导杆机构

图 15－23　摇块机构

液动机构中，如图 15－24 所示。

(3) 定块机构　若将图 15－18 中的滑块 3 作为机架，BC 杆成为绕转动副 C 摆动的摇杆，AC 杆作往复移动，称为定块机构，如图 15－25 所示。定块机构常用于如图 15－26 所示的手摇唧筒或双作用式水泵等机械中。

图 15－27 表示了曲柄滑块机构取不同构件为机架时的演化形式。

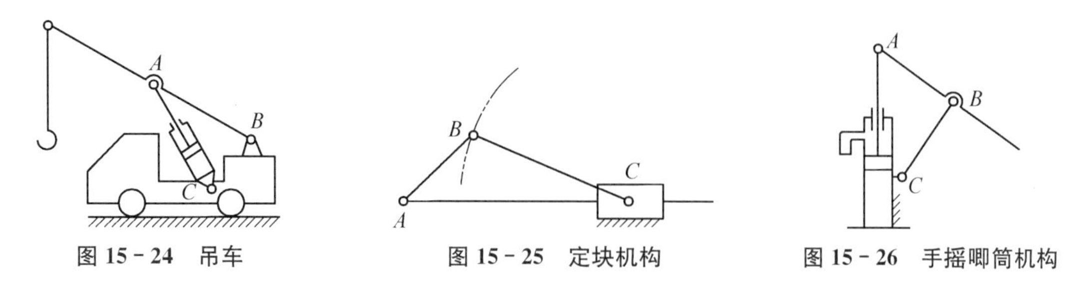

图 15－24　吊车

图 15－25　定块机构

图 15－26　手摇唧筒机构

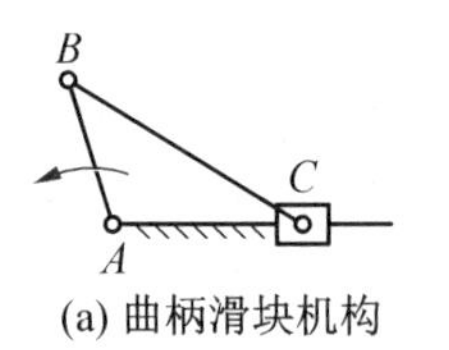

(a) 曲柄滑块机构

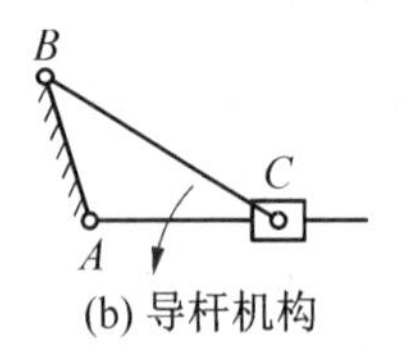

(b) 导杆机构

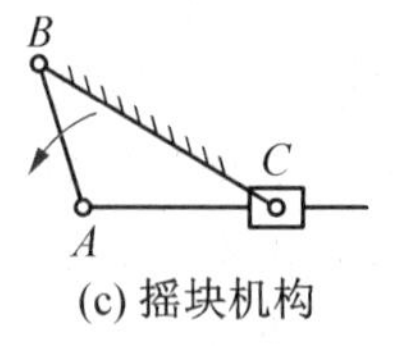

(c) 摇块机构

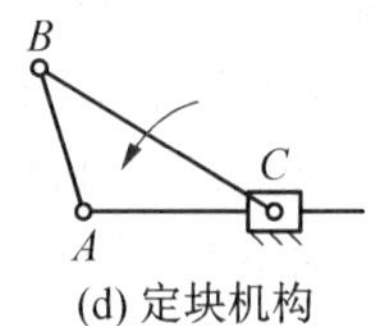

(d) 定块机构

图 15 - 27　曲柄滑块机构的演化形式

任务 15.2　平面四杆机构的运动特性

15.2.1　急回特性

某些连杆机构，如插床、刨床等单向工作的机械，当主动件(一般为曲柄)等速转动时，为了缩短机器的非生产时间、提高生产率，要求从动件快速返回。**这种当主动件等速转动时，作往复运动的从动件在返回行程中的平均速度大于工作行程的平均速度的特性，称为急回特性。**

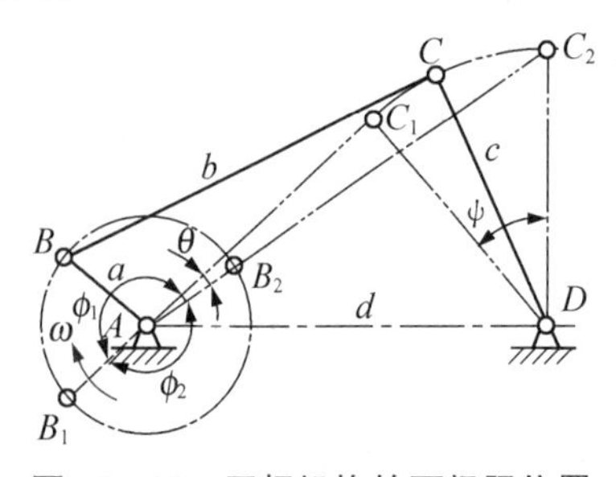

图 15 - 28　四杆机构的两极限位置

现以曲柄摇杆机构为例，分析机构的急回特性。

在如图 15 - 28 所示的曲柄摇杆机构中，设曲柄 AB 为主动件，摇杆 CD 为从动件。当曲柄 AB 以角速度 ω 顺时针作等速转动时，摇杆 CD 作变速往复摆动。曲柄 AB 在转动一周的过程中，有两次与连杆 BC 共线，这时摇杆 CD 分别位于两极限位置 C_1D 与 C_2D。从动摇杆在两极限位置 C_1D 与 C_2D 之间往复摆动的角度称为摆角 ψ。

曲柄与连杆两次共线时，曲柄在两位置之间所夹的锐角称为极位夹角 θ。在曲柄摇杆机构中，设摇杆由 C_2D 摆到 C_1D 的运动过程为工作行程。在这一行程中，曲柄转角 $\phi_1=180°+\theta$，所需时间为 $t_1=\dfrac{\phi_1}{\omega}=\dfrac{180°+\theta}{\omega}$，摇杆的摆角为 ψ，摇杆在工作行程中的平均速度为 $v_1=\overset{\frown}{C_2C_1}/t_1$。摇杆由 C_1D 摆回 C_2D 的运动过程为回程。在这一回程中，曲柄转角 $\phi_2=180°-\theta$，所需时间为 $t_2=\dfrac{\phi_2}{\omega}=\dfrac{(180°-\theta)}{\omega}$，摇杆的摆角为 ψ，摇杆在回程中的平均速度为 $v_2=\overset{\frown}{C_1C_2}/t_2$。因为$(180°+\theta)>(180°-\theta)$，即 $t_1>t_2$，所以 $v_2>v_1$。表明曲柄摇杆机构具有急回特性。

急回特性的程度用 v_2 和 v_1 的比值 K 来表示，K 称为行程速比系数，即

$$K=\frac{v_2}{v_1}=\frac{t_1}{t_2}=\frac{180°+\theta}{180°-\theta}\text{。}\tag{15-3}$$

上式表明，机构的急回程度取决于极位夹角 θ 的大小。θ 越大，K 值越大，机构的急回程度越明显，但机构的传动平稳性下降；反之，θ 越小，K 值越小，机构的急回程度越不明显；而当 $\theta=0°$时，$K=1$，机构无急回特性，如图 15 - 29(a)所示。因此在设计时，应根据工作要求，合理地选择 K 值，通常取 1.2～2.0。

偏置曲柄滑块机构和摆动导杆机构也具有急回特性。值得注意的是，在摆动导杆机构中 $\theta=\psi$，如图 15 - 29(b,c)所示。

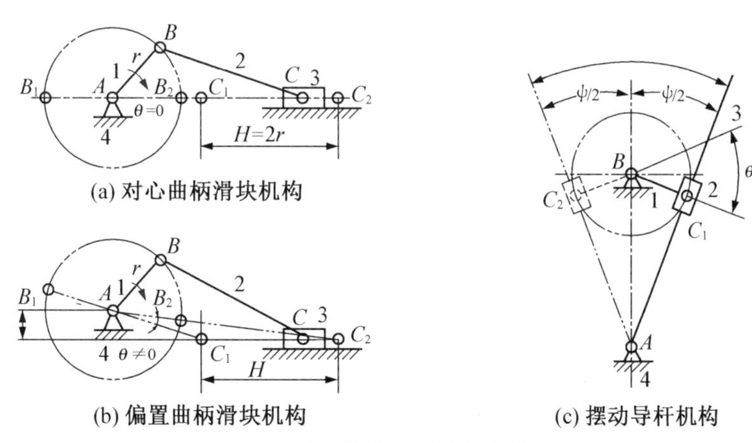

图 15 - 29　机构急回特性的判定

15.2.2　压力角和传动角

在设计平面四杆机构时，不仅应使其实现预期的运动，而且应运转轻便、效率高，即具有良好的传力性能。

在如图 15 - 30 所示的曲柄摇杆机构中，如不计各杆质量和运动副中的摩擦，则连杆 BC 可视为二力杆，它作用于从动件摇杆 CD 上的力 $\boldsymbol{F}$ 是沿 BC 方向的。作用在从动件上的驱动力 $\boldsymbol{F}$ 与其受力点速度 v_c 方向线之间所夹的锐角 α 称为**压力角**，压力角的余角 γ 称为**传动角**。

压力角和传动角在机构运动过程中是变化的。压力角越小或传动角越大，对机构的传动越有利；而压力角越大或传动角越小，会使转动副中的压力增大，磨损加剧，降低机构传动效率。由此可见，压力角和传动角是反映机构传力性能的重要指标。为了保证机构的传力性能良好，规定工作行程中的最小传动角 $\gamma_{min}\geqslant40°\sim50°$。

1. 曲柄摇杆机构最小传动角 γ_{min} 位置

在曲柄摇杆机构中，曲柄为原动件，摇杆为从动件时，γ_{min} 可能出现在曲柄与机架共线的两个位置之一(摇杆与连杆的夹角)，可通过计算或作图量取此两位置的传动角(γ_1，γ_2)，其中的小值即为 γ_{min}，如图 15 - 30 所示。

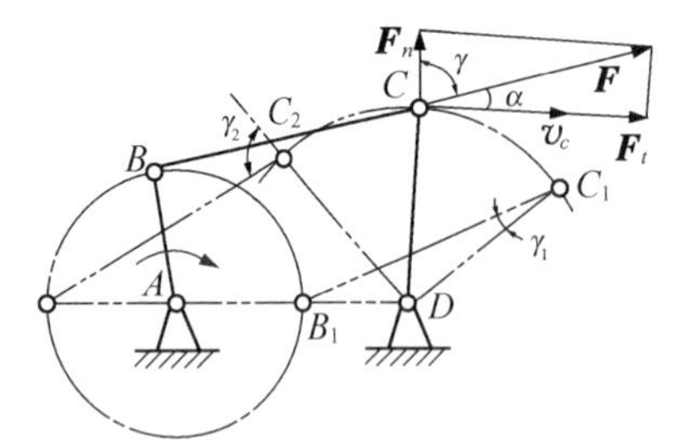

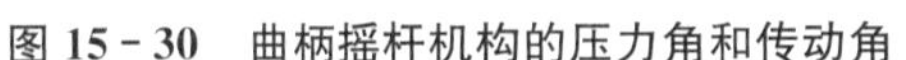
图 15 - 30　曲柄摇杆机构的压力角和传动角

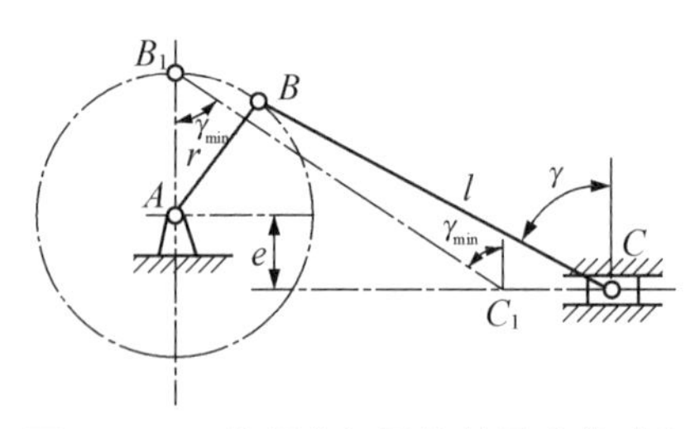

图 15 - 31　偏置曲柄滑块的最小传动角

2. 曲柄滑块机构最小传动角 γ_{min} 位置

在曲柄滑块机构中，曲柄为原动件、滑块为从动件时，当曲柄与滑块的导路相垂直时，压力角最大(传动角最小)。但对于偏置式曲柄滑块机构，最小传动角 γ_{min} 出现在曲柄位于偏置方向相反一侧的位置(曲柄与连杆的夹角)，如图 15 - 31 所示。

3. 导杆机构最小传动角 γ_{min} 位置

对于以曲柄为主动件的摆动导杆机构和转动导杆机构，在不考虑摩擦时，由于滑块对导杆的作用力总与导杆垂直，而导杆上力的作用点的线速度方向总与作用力同向，因此压力角恒等于 0°，传动角恒等于 90°，如图 15 - 32(a)所示，所以导杆机构的传动性能很好。

若以导杆为原动件，则其压力角在 0°～90°之间变化，如图 15 - 32(b)所示，传动角也在 0°～90°之间变化，γ_{min} 等于 0°，出现在导杆的极限位置。

(a)　　(b)

图 15 - 32　导杆机构的最小传动角

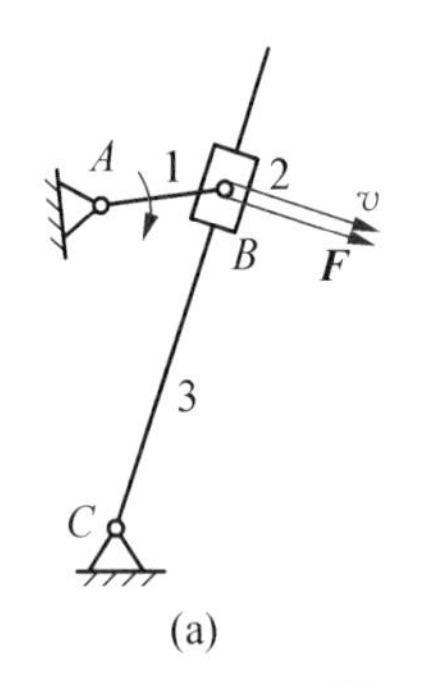

图 15 - 33　曲柄摇杆机构的死点

15.2.3　死点位置

在图 15 - 33 所示的曲柄摇杆机构中，若摇杆为主动件，当摇杆处于两极限位置时，从动曲柄与连杆共线，主动摇杆通过连杆传给从动曲柄的作用力通过曲柄的转动中心，此时机构的压力角 $\alpha=90°$，传动角 $\gamma=0°$，因此无法推动曲柄转动，机构的这个位置称为**死点位置**。死点就是机构从动件无法运动的现象。

如图 15－29(a,b)所示的曲柄滑块机构中，当以滑块为主动件时，在连杆与曲柄共线时的两个位置会出现死点，而此时若以曲柄为主动件，不会出现死点。由此可见，平面四杆机构是否存在死点位置，取决于从动件是否与连杆共线且哪个构件作为主动件。

对于曲柄摇杆机构和曲柄滑块机构，只有当曲柄为从动件且从动件连杆共线时才具有死点位置。

在 15－32 所示的导杆机构中，(a)图以曲柄为主动件的摆动导杆机构和转动导杆机构，因为压力角恒等于 0°，传动角恒等于 90°，所以没有死点。(b)图所示的以导杆为原动件的导杆机构，在导杆的极限位置，$\gamma_{\min}$ 等于 0°，即此处为死点位置。

为了使机构能顺利地通过死点位置，通常在从动件轴上安装飞轮，利用飞轮的惯性通过死点位置。也可采用多组机构交错排列的方法，如机车的两组机构交错排列，使左右两机构不同时处于死点位置。

在工程上，有时也需利用机构的死点位置来进行工作。例如，飞机的起落架、折叠式家具和夹具等机构，如图 15－34 和 15－35 所示。

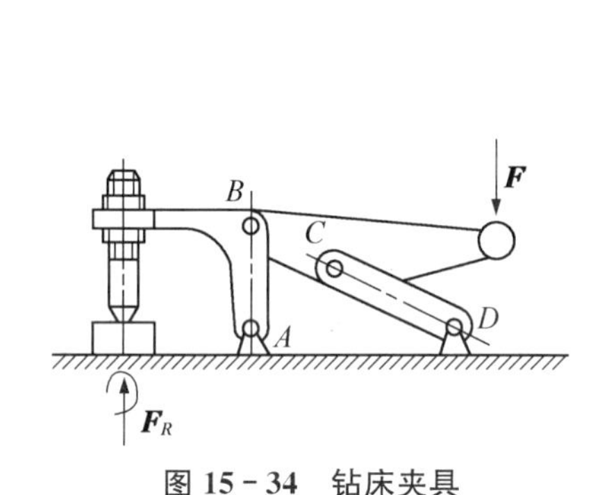

图 15－34　钻床夹具

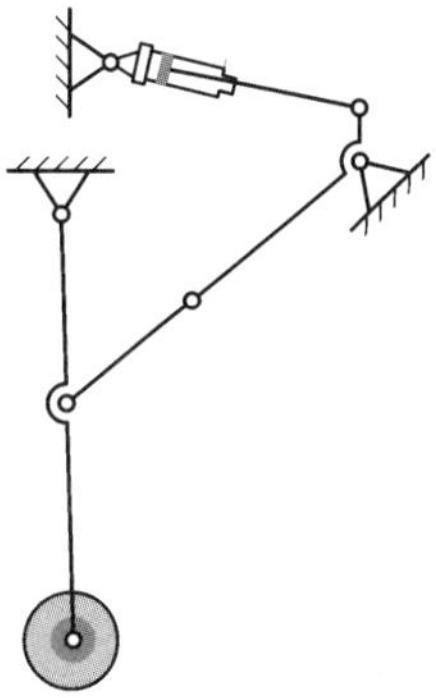

图 15－35　飞机降落架

任务 15.3　图解法设计平面四杆机构

平面四杆机构设计的基本问题是：根据机构工作要求，结合附加限定条件，确定绘制机构运动简图所必需的参数，包括各构件的长度尺寸及运动副之间的相对位置。

平面四杆机构设计的方法有图解法、实验法和解析法。解析法精确，图解法几何关系清晰，实验法直观简便。本节仅介绍图解法。

15.3.1　按给定的连杆 3 个位置设计平面四杆机构

已知铰链四杆机构中连杆的长度及 3 个预定位置，要求确定四杆机构的其余构件尺寸。问题的关键是确定两连架杆与机架组成转动副的中心 A，D。

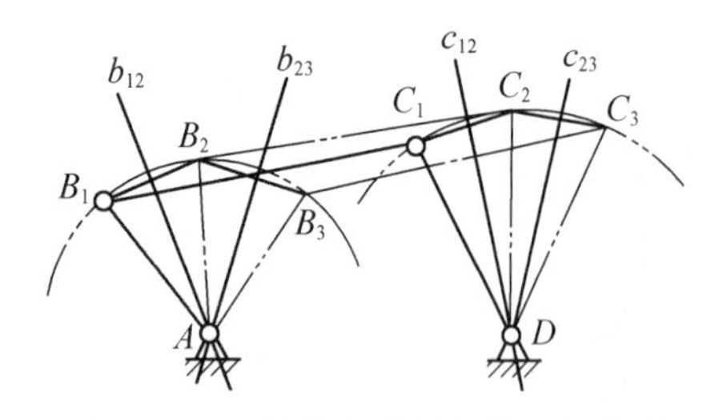

图 15-36　按给定的连杆的 3 个位置设计四杆机构

由于连杆在依次通过预定位置的过程中，B，C 点轨迹为圆弧，此圆弧的圆心即为连架杆与机架组成转动副的中心。由此可见，本设计的实质是已知圆弧上 3 点求圆心，如图 15-36 所示。

设计步骤如下：

(1) 选择适当的比例尺 μ_l，绘出连杆 3 个预定位置 B_1C_1，B_2C_2，B_3C_3。

(2) 求转动副中心 A，D。连接 B_1B_2 和 B_2B_3，分别作 B_1B_2 和 B_2B_3 的中垂线，交点即为 A。同理，可得 D。

(3) 连接 AB_1，C_1D 和 B_1C_1，则 AB_1C_1D 即为所求的铰链四杆机构。各构件实际长度分别为

$$l_{AB}=\mu_l AB_1,\quad l_{CD}=\mu_l C_1D,\quad l_{AD}=\mu_l AD。$$

若已知铰链四杆机构中连杆的长度及两个预定位置，要求确定四杆机构的其余构件尺寸。这时，两连架杆与机架组成转动副的中心 A，D 可分别在 B_1B_2 和 C_1C_2 的中垂线上任意选取，得到无穷多个解。结合附加限定条件，从无穷解中选取满足要求的解。

15.3.2　按给定的行程速度变化系数设计平面四杆机构

1. 曲柄摇杆机构

已知曲柄摇杆机构的行程速度变化系数 K、摇杆的长度 l_{CD} 及摆角 ψ，要求确定机构中其余构件尺寸，问题的关键是确定曲柄与机架组成转动副的中心 A 的位置。

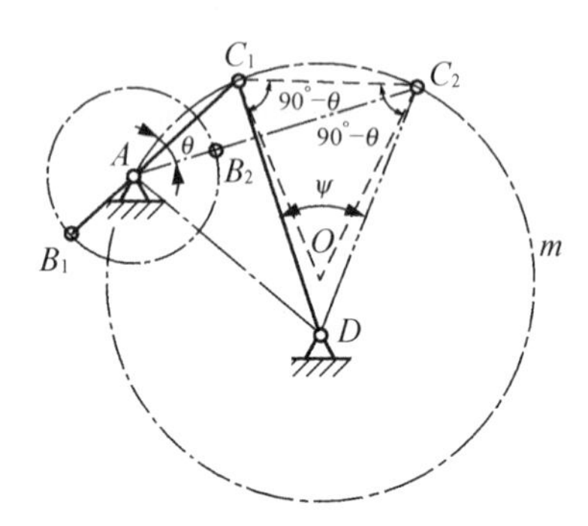

图 15-37　按急回特性系数设计四杆机构

假设该机构已设计出来。由于在曲柄摇杆机构中，当摇杆处于两极限位置时，曲柄与连杆两次共线，$\angle C_1AC_2$ 即为其极限夹角 θ。只要过 C_1，C_2 以及曲柄的转动中心 A 作一辅助圆 m，则 C_1C_2 为该圆的弦，其所对应的圆周角即为 θ。由此可见，曲柄与机架组成转动副的中心 A 应在弦 C_1C_2 所对应的圆周角为 θ 的辅助圆 m 上。求出 A 点后结合摇杆处于极限位置条件，即可确定机构中构件尺寸，如图 15-37 所示。

设计步骤如下：

(1) 计算极位夹角为　$\theta=180°\dfrac{K-1}{K+1}$。

(2) 选择适当的比例尺 μ_l，任选转动副 D 的位置，绘出摇杆的两个极限位置 C_1D 和 C_2D。

(3) 连接 C_1，C_2 两点，作 $\angle C_1C_2O=\angle C_2C_1O=90°-\theta$，得交点 O；以 O 为圆心，OC_1 为半

径作辅助圆 m，该圆周上任一点所对应的弦 C_1C_2 的圆周角均为 θ。在该圆周上允许范围内任选一点 A，连 AC_1，AC_2，则 $\angle C_1AC_2=\theta$。A 点即为曲柄与机架组成转动副的中心位置。

(4) 因极限位置处于曲柄与连杆共线，故有 $AC_1=BC-AB$，$AC_2=BC+AB$，由此可求得

$$AB=\frac{AC_2-AC_1}{2},\quad BC=\frac{AC_2+AC_1}{2}。$$

因此曲柄、连杆、机架的实际长度分别为

$$l_{AB}=\mu_l AB,\quad l_{BC}=\mu_l BC,\quad l_{AD}=\mu_l AD。$$

由于 A 点任选，因此可得无穷多解。当附加某些辅助条件，如给定机架长度 l_{AD} 或最小转动角 $\gamma_{\min}$ 等，即可确定 A 点位置，使其具有确定解。

2. 曲柄滑块机构

已知曲柄滑块机构的行程速度变化系数 K、滑块行程 S、偏心距 e，要求确定机构中其余构件尺寸。

问题的解决方法与以上曲柄摇杆机构的设计方法本质相同。连杆与曲柄在两次共线时，摇杆处于两个极限位置，此时可获得极位夹角，通过图解，可得曲柄铰链点的位置及其余杆件长度。

如图 15-38 所示，设计步骤如下：

(1) 计算极位夹角 $$\theta=180^\circ\frac{K-1}{K+1}。$$

(2) 选择适当的比例尺 μ_l，按滑块行程 S，作出滑块的两个极限位置。

(3) 按偏心距 e 画出过曲柄铰链的位置线，此线与 C_1C_2 线平行。

(4) 用曲柄摇杆机构的设计步骤(3)的方法求得点 A(图 15-38 中选择左交点，亦可选择右交点)。

(5) 因极限位置处于曲柄与连杆共线位置，故有 $AC_l=BC-AB$，$AC_2=BC+AB$，由此可求得

$$AB=\frac{AC_2-AC_1}{2},BC=\frac{AC_2+AC_1}{2}。$$

因此曲柄、连杆、机架的实际长度分别为 $l_{AB}=\mu_l AB$，$l_{BC}=\mu_l BC$。

需要说明的是，A 点不可任选，只有两个解。

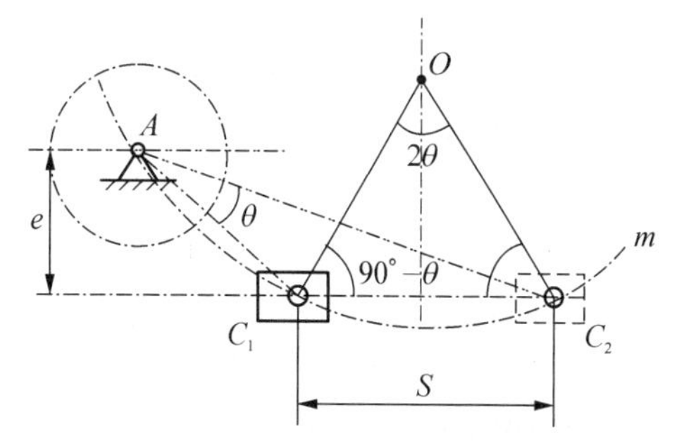

图 15-38 按急回特性系数设计曲柄滑块机构

小　结

1. 铰链四杆机构有 3 种基本形式：曲柄摇杆机构、双曲柄机构、双摇杆机构。

2. 许多常用的、重要的机构是由铰链四杆机构演化而来的，主要有曲柄滑块机构、导杆

机构、摇块机构、定块机构等。

3. 平面四杆机构的运动特性。

(1) 曲柄存在的条件:

① 最短杆与最长杆长度之和小于或等于其余两杆长度之和(简称长度和条件);

② 连架杆和机架中必有一杆为最短杆(简称最短杆条件)。

推论:

① 铰链四杆机构中,如果最短杆与最长杆的长度之和小于或等于其余两杆长度之和,则根据机架选取的不同,可有下列3种情况:

a) 取与最短杆相邻的杆为机架,则最短杆为曲柄,另一连架杆为摇杆,组成曲柄摇杆机构;

b) 取最短杆为机架,则两连架杆均为曲柄,组成双曲柄机构;

c) 取最短杆对面的杆为机架,则两连架杆均为摇杆,组成双摇杆机构。

② 铰链四杆机构中,如果最短杆与最长杆的长度之和大于其余两杆长度之和,则不论取哪一杆为机架,都没有曲柄存在,均为双摇杆机构。

(2) 急回特性。当主动件等速转动时,做往复运动的从动件在返回行程中的平均速度大于工作行程的平均速度的特性。急回特性的程度用 v_2 和 v_1 的比值 K 来表示,K 称为行程速比系数,即

$$K=\frac{v_2}{v_1}=\frac{t_1}{t_2}=\frac{180^\circ+\theta}{180^\circ-\theta}。$$

(3) 压力角和传动角。作用在从动件上的驱动力 $\boldsymbol{F}$ 与其受力点速度 v_c 方向线之间所夹的锐角 α 称为压力角,压力角的余角 γ 称为传动角。

(4) 死点位置。若摇杆(或滑块)为主动件,当摇杆(或滑块)处于两极限位置时,从动曲柄与连杆共线,主动摇杆通过连杆传给从动曲柄的作用力通过曲柄的转动中心,此时曲柄的压力角 $\alpha=90^\circ$,传动角 $\gamma=0^\circ$,因此无法推动曲柄转动,机构的这个位置称为死点位置。

4. 平面四杆机构的图解设计法:

(1) 已知铰链四杆机构中连杆的长度及3个预定位置,要求确定四杆机构的其余构件尺寸。

(2) 已知曲柄摇杆机构的急回特性系数 K、摇杆的长度 l_{CD} 及摆角 ψ,要求确定机构中其余构件尺寸。

(3) 已知曲柄滑块机构的急回特性系数 K、滑块行程 S、偏心距 e,要求确定机构中其余构件尺寸。

习　题

15-1　试述铰链四杆机构中曲柄存在的条件。

15-2　铰链四杆机构有哪几种基本型式?如何判定?

15-3　平面连杆机构有哪些基本性质?

15-4　如题 15-4 图所示，判定各铰链四杆机构属于哪一种类型。

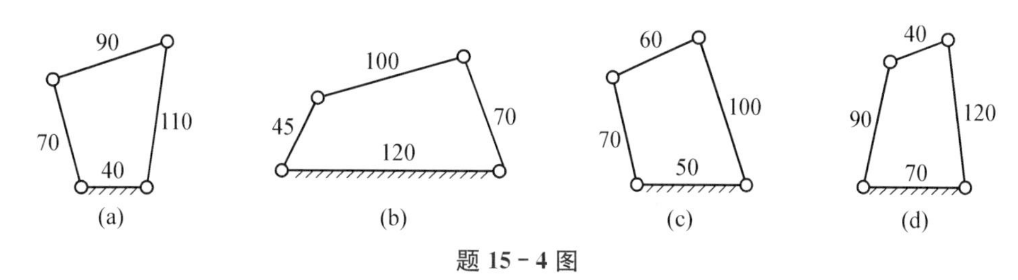

题 15-4 图

15-5　如题 15-5 图所示的四杆机构，已知 $l_{BC}=50$ mm，$l_{CD}=40$ mm，$l_{AD}=30$ mm。

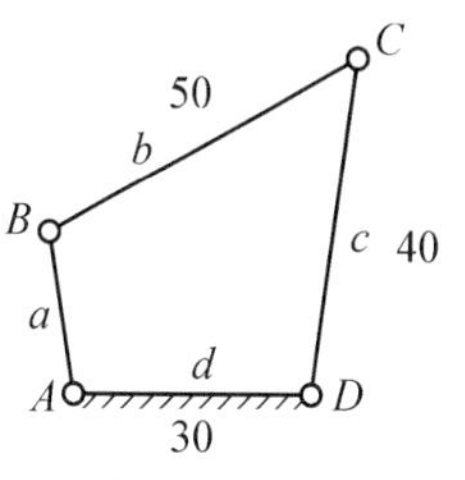

题 15-5 图

(1) 如果此机构为曲柄摇杆机构，且 AB 为曲柄，求 L_{AB} 的取值范围；

(2) 如果此机构为双曲柄机构，求 L_{AB} 的取值范围；

(3) 如果此机构为双摇杆机构，求 L_{AB} 的取值范围。

15-6　以曲柄摇杆机构为例，说明什么是机构的急回特性。该机构是否一定具有急回？

15-7　以曲柄滑块机构为例，说明什么是机构的死点位置？并举例说明克服机构死点位置的方法。

15-8　如题 15-8 图所示，原动件 1 匀速顺时针转动，从动件 3 由左向右运动时，已知 $l_{AB}=15$ mm，$l_{BC}=50$ mm，$l_{CD}=30$ mm，$l_{AD}=40$ mm，要求：(1)作机构的极限位置图，求出从动件行程；(2)计算机构行程速度变化系数；(3)作机构出现最小传动角 $\gamma_{\min}$ 时的位置图，并量出其大小。

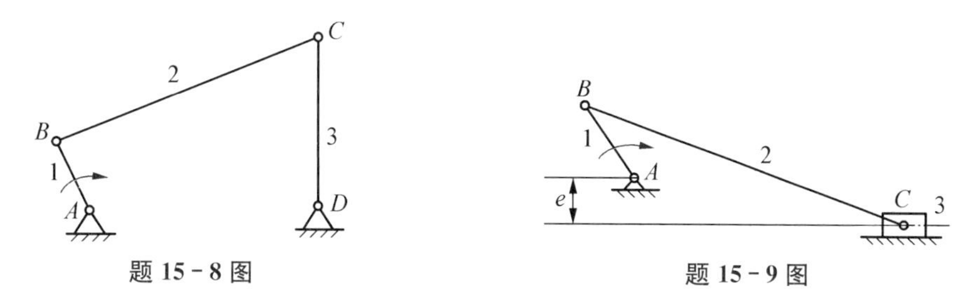

题 15-8 图　　题 15-9 图

15-9　如题 15-9 图所示，原动件 1 匀速顺时针转动，从动件 3 由左向右运动时，已知 $l_{AB}=15$ mm，$l_{BC}=35$ mm，$e=10$ mm，要求：(1)作机构的极限位置图，求出从动件行程；(2)计算机构行程速度变化系数；(3)作机构出现最小传动角 $\gamma_{\min}$ 时的位置图，并量出其大小。

15-10　如题 15-10 图所示，已知 $l_{AB}=12$ mm，$l_{AC}=25$ mm，要求：(1)作机构的极限位置图，求出从动件行程；(2)计算机构行程速度变化系数；(3)作机构出现最小传动角 $\gamma_{\min}$ 时的位置图，并量出其大小。

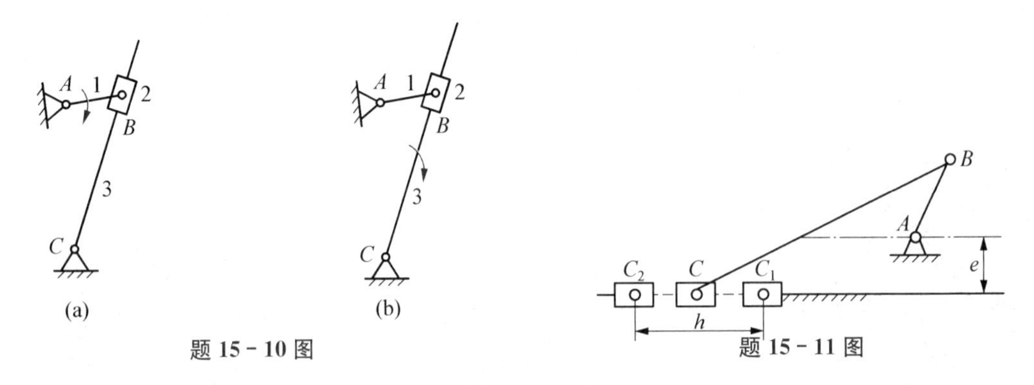

题 15－10 图　　　　题 15－11 图

∗15－11　题图 15－11 所示的偏置曲柄滑块机构，已知行程速度变化系数 $K=1.5$，滑块行程 $h=50$ mm，偏距 $e=20$ mm。试用图解法求：

(1) 曲柄长度 l_{AB} 和连杆长度 l_{BC}；

(2) 曲柄为原动件时机构的最大压力角 α_{max} 和最小传动角 γ_{min}；

(3) 滑块为原动件时机构的死点位置。

∗15－12　加热炉炉门启闭时的两个位置如题 15－12 图所示(实线和虚线位置)，要求设计一铰链四杆机构来控制炉门的启闭动作。炉门上两铰链中心 B，C 之间的距离为 200 mm，与机架相连接的铰链 A，D 安置在 yy 轴上，其相互位置的尺寸如图中所示，试确定此机构的尺寸。

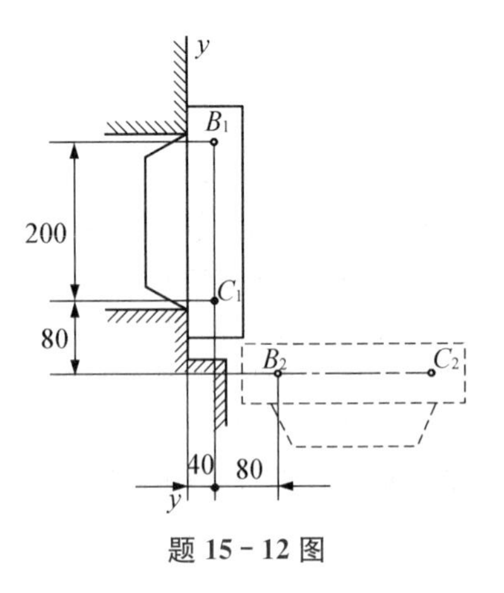

题 15－12 图

∗15－13　题 5－13 图所示为曲柄摇杆机构。已知机架 AD 在同一条水平线上，摇杆的长度 $L_{CD}=60$ mm 及摇杆的摆角 $\varphi=40°$，$K=1.4$。试用图解法设计此机构。

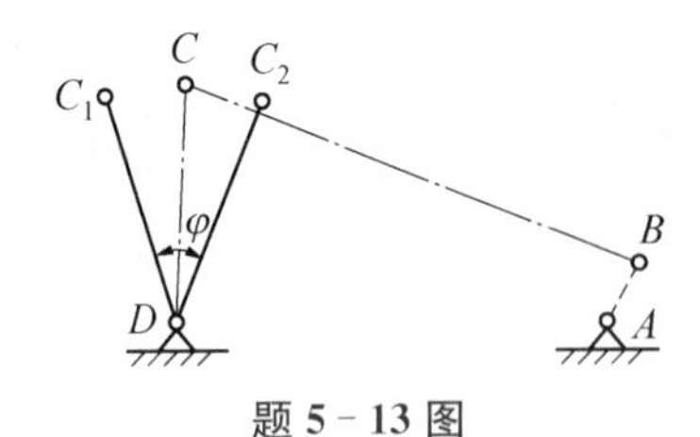

题 5－13 图

项目 16 凸 轮 机 构

工程案例导入

如图 1 所示，内燃机和由凸轮机构、齿轮机构、曲柄滑块等机构组成；如图 2 所示，圆珠笔生产线由空间凸轮、平底凸轮等机构组成。这些装置为什么要采用凸轮机构？凸轮机构有什么类型、特性、运动规律？设计中应注意的问题？

本项目将结合多种工程案例，介绍凸轮机构的相关知识。通过学习，体会设计工作需要严谨的设计态度以及责任意识，理解“差之毫厘，失之千里”，明白一丝不苟、严谨的工作态度能够帮助、促进完成工程项目。

图 1　内燃机

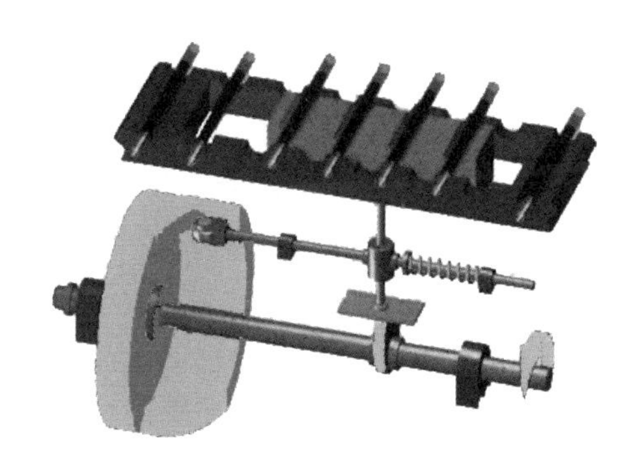

图 2　圆珠笔生产线

● 学习目标

◇ 掌握凸轮机构的工作原理、类型及工程应用；

◇ 了解凸轮机构从动件常用运动规律，掌握从动件位移线图的绘制；

◇ 掌握图解法设计对心直动从动件盘形凸轮工作轮廓；

◇ 掌握凸轮机构设计中应注意的问题；

◇ 培养严谨的设计、计算态度，质量意识、责任意识。

● 学习重点和难点

◇ 凸轮机构的工作原理、类型及工程应用；

◇ 凸轮机构从动件常用运动规律、从动件位移线图的绘制；

◇ 图解法设计对心直动从动件盘形凸轮工作轮廓，凸轮机构设计中应注意的问题

任务 16.1　凸轮机构的应用和类型

16.1.1　凸轮机构的特点和应用

凸轮机构是一种转换运动形式的机构，它可以将主动件连续的转动转变为从动件连续的或间歇的往复移动或摆动。

如图 16－1 所示，凸轮机构由凸轮 1、从动件 2 和机架 3 的 3 个构件组成。凸轮是一个具有曲线轮廓或凹槽的构件，通常作为原动件。当它运动时，通过其曲线轮廓或凹槽与从动件形成高副接触，使从动件获得预期的规律运动。

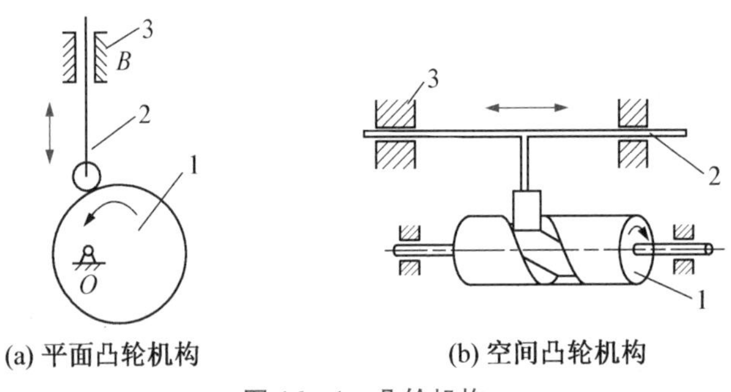

(a) 平面凸轮机构　　(b) 空间凸轮机构

图 16－1　凸轮机构

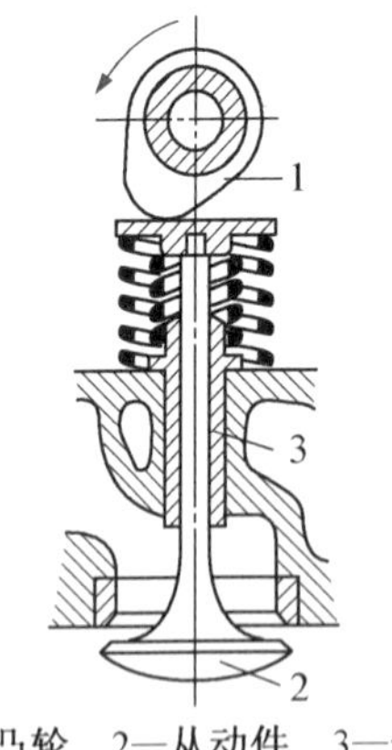

1—凸轮　2—从动件　3—气阀

图 16－2　内燃机气门机构

图 16－2 所示为内燃机的气门机构，当具有曲线轮廓的凸轮 1 作等速回转时，凸轮曲线轮廓通过与气门 2（从动件）的平底接触，迫使气门 2 相对于气门导管 3（机架）作往复直线运动，从而控制了气门有规律的开启和闭合。气门的运动规律取决于凸轮曲线轮廓的形状。

凸轮机构的特点是：结构简单、设计较方便，利用不同的凸轮廓线可以使从动件准确地实现各种预定的运动规律，故在机械自动化工程中应用广泛。但凸轮与从动件为高副接触，因此，接触应力大，易磨损。

16.1.2　凸轮机构的类型

凸轮机构应用广泛，类型很多，通常按如下方法分类。

1. 按凸轮的形状和运动形式分类

(1) 盘形回转凸轮　凸轮绕固定轴旋转，其向径（曲线上各点到回转中心的距离）在发生变化，是凸轮的基本型式，如图 16－2 的凸轮 1。

（2）平行移动凸轮　这种凸轮外形通常呈平板状，如图 16－3 所示，可以看作回转中心位于无穷远处的盘形凸轮。它相对于机架作直线往复移动。

（3）圆柱回转凸轮　凸轮是一个具有曲线凹槽的圆柱形构件。它可以看成是将移动凸轮卷成圆柱体演化而成的，如图 16－4 所示的自动车床进刀机构中的凸轮 1。

盘形凸轮和移动凸轮与其从动件之间的相对运动是平面运动，所以它们属于平面凸轮机构。圆柱凸轮与从动件的相对运动为空间运动，故它属于空间凸轮机构。

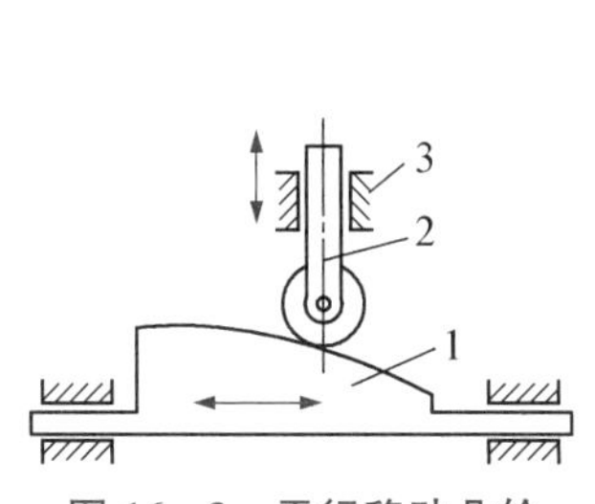

图 16－3　平行移动凸轮

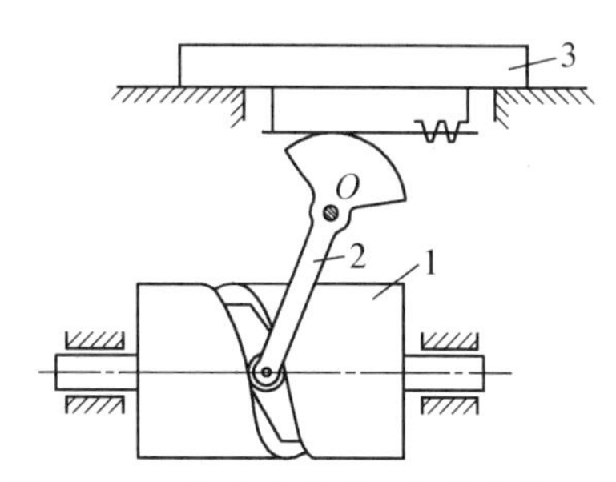

图 16－4　自动车床进刀机构中的凸轮

2. 按从动件的结构形式分类

（1）尖顶从动件　如图 16－5(a,d)所示，尖顶能与复杂的凸轮轮廓保持接触，因而能实现任意预期的运动，但尖顶极易磨损，故只适用于受力不大的低速场合。

（2）滚子从动件　如图 16－5(b,e)所示，为了减轻尖顶磨损，在从动件的顶尖处安装一个滚子。滚子与凸轮轮廓之间为滚动，磨损较小，可用来传递较大的动力，应用最为广泛。

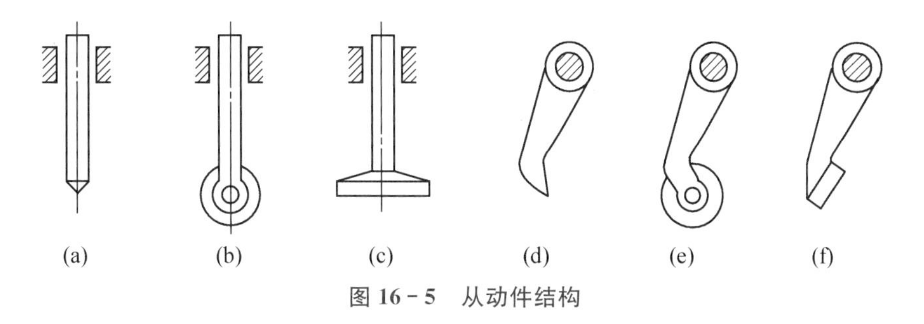

图 16－5　从动件结构

（3）平底从动件　如图 16－5(c,f)所示，这种从动件与凸轮轮廓表面接触处的端面做成平底（即为平面），结构简单，与凸轮轮廓接触面间易形成油膜，润滑状况好、磨损小。当不考虑摩擦时，凸轮对从动件的作用力始终垂直于平底，故受力平稳、传动效率高，常用于高速场合。但仅能与轮廓全部外凸的凸轮相互作用构成凸轮机构。

另外，还可以按从动件的运动形式分为直动和摆动从动件，根据工作需要选用一种凸轮和一种从动件形式组成直动或摆动凸轮机构。凸轮机构在工作时，必须保证从动件相关部位与凸轮轮廓曲线始终接触，可采用重力、弹簧力或特殊的几何形状来实现。

任务 16.2 从动件常用的运动规律

16.2.1 凸轮机构工作过程

图 16－6(a)所示是对心尖顶直动从动件盘形凸轮机构，其中以凸轮轮廓最小向径 r_b 为半径所作的圆称为凸轮基圆。在图示位置时，从动件处于上升的最低位置，其尖顶与凸轮在 A 点接触。当凸轮以等角速度 ω 逆时针方向转动时，凸轮向径逐渐增大，将推动从动件按一定的运动规律运动。在凸轮转过一个 Φ_O 角度时，从动件尖顶运动到 B'点，此时尖顶与凸轮 B 点接触。AB'是从动件的最大位移，用 h 表示，称为**从动件推程**(或行程)，对应的凸轮转角 Φ_O 称为**凸轮推程运动角**；当凸轮继续转动时，凸轮与尖顶从 B 点移到 C 点接触，由于凸轮的向径没有变化，从动件在最大位移处 B'点停留不动，这个过程称为从动件远休止，对应的凸轮转角 Φ_S 称为凸轮的远休止角；当凸轮接着转动时，凸轮与尖顶从 C 点移到 D 点接触，凸轮向径由最大变化到最小(基圆半径 r_b)，从动件按一定的运动规律返回到起始点，这个过程称为从动件回程，对应的凸轮转角 Φ'_O 称为**凸轮回程运动角**；当凸轮再转动时，凸轮与尖顶从 D 点又移到 A 点接触，由于该段基圆弧上各点向径大小不变，从动件在最低位置不动(从动件的位移没有变化)，这一过程称为近休止，对应转角 Φ'_S 称为近休止角，此时凸轮转过了一整周。当凸轮连续回转时，从动件将重复升—停—降—停的运动循环。

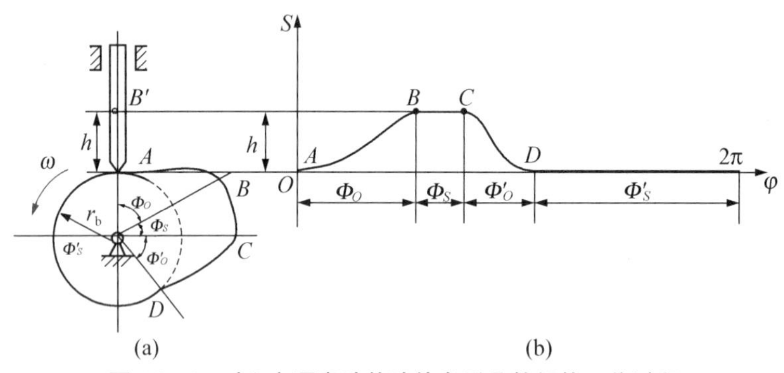

图 16－6 对心尖顶直动从动件盘形凸轮机构工作过程

以凸轮转角 φ 为横坐标、从动件的位移 S 为纵坐标，可用曲线将从动件在一个运动循环中的工作位移变化规律表示出来，如图 16－6(b)所示，该曲线称为从动件的位移线图($S-\varphi$ 图)。由于凸轮通常作等速运动，其转角与时间成正比，因此该线图的横坐标也代表时间 t。根据 $S-\varphi$ 图，可以求出从动件的速度线图($v-\varphi$ 图)和从动件的加速度线图($a-\varphi$ 图)，统称为从动件的运动线图，反映出从动件的运动规律。

按照从动件在一个循环中是否需要停歇及停在何处等，可将凸轮机构从动件的位移曲线分成如下 4 种类型：升—停—回—停型、升—回—停型、升—停—回型、升—回型，如图

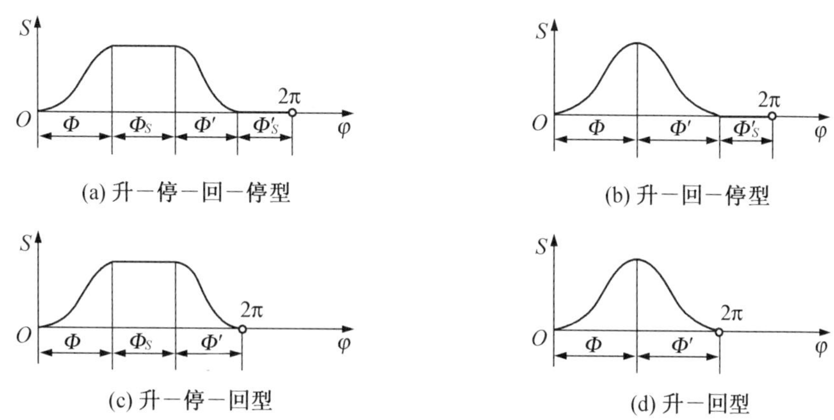

(a) 升—停—回—停型　(b) 升—回—停型

(c) 升—停—回型　(d) 升—回型

图 16－7　从动件位移曲线类型

16－7 所示。

16.2.2　从动件常用运动规律

由于凸轮轮廓曲线决定了从动件的运动规律，因此，凸轮轮廓曲线也要根据从动件的位移线图(运动规律)来设计。在用图解法设计凸轮时，首先应当根据机器的工作要求选择从动件的运动规律，作出位移线图。下面，介绍几种从动件常用的基本运动规律。

16.2.2.1　等速运动规律

从动件作等速运动时，其位移、速度和加速度的运动线图，如图 16－8 所示。在此阶段，经过时间 t_0(凸轮转角为 Φ_O)，从动件完成升程 h，所以从动件速度 $v_0=h/t_0$ 为常数，速度线图为水平直线，从动件的位移 $S=v_0t$，其位移线图为一斜直线，故又称直线运动规律 。

当从动件运动时，其加速度始终为零，但在运动开始和运动终止位置的瞬时，因有速度突变，故这一瞬时的加速度理论上为由零突变为无穷大，导致从动件产生理论上无穷大的惯性力(实际上由于材料的弹性变形，惯性力不会达到无穷大)，使机构产生强烈的刚性冲击。

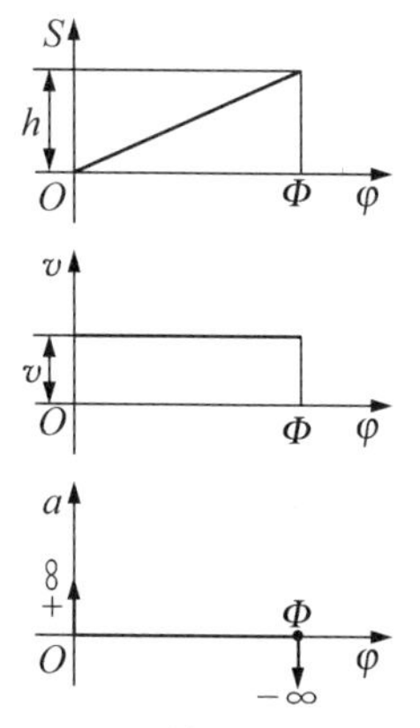

图 16－8　等速运动规律图

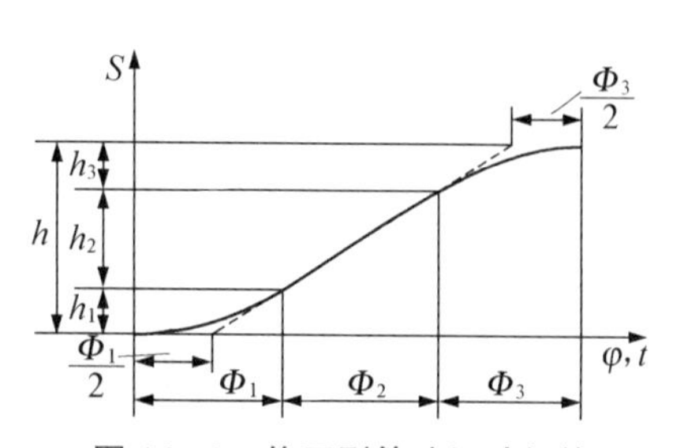

图 16－9　修正型等速运动规律

因此，等速运动规律只适用于低速和从动件质量较轻的凸轮机构中。在实际应用时，为避免刚性冲击，常将从动件在运动开始和终止时的位移曲线加以修正，使速度逐渐增加和逐渐降低，如图 16－9 所示。

16.2.2.2 等加速等减速运动规律

等加速等减速运动规律的特点是：从动件在每一个推程(或回程)过程中，前半程为等加速运动、后半程为等减速运动，且加速度的绝对值相等。

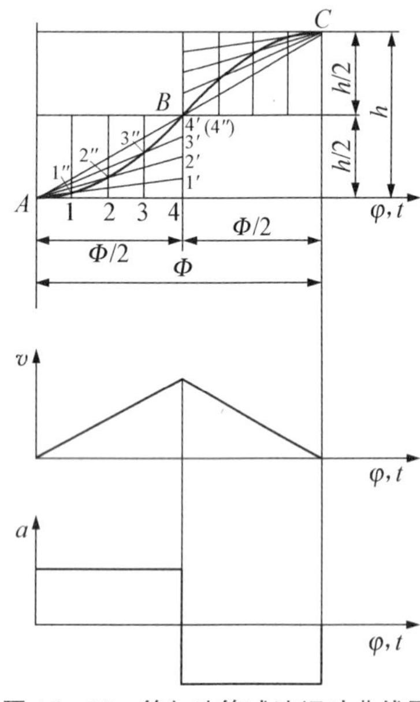

图 16－10 等加速等减速运动曲线图

图 16－10 所示为从动件在推程运动中作等加速等减速运动时的运动曲图。以前半个推程为例，从动件作等加速运动时，其加速度线图为平行于横坐标轴的直线。从动件速度 $v=at$，则速度线图为斜直线。从动件的位移 $S=at^2/2$，其位移线图为一抛物线。作图方法如下：在纵坐标轴上将行程 h 分成相等的两部分。在横坐标轴上，将与行程 h 对应的凸轮转角 Φ 也分成相等的两部分，再将每一部分分为若干等份(图中为 4 等份)，得到 1，2，3，4 各点，过这些分点分别作横坐标轴的垂线。同时将纵坐标轴上各部分也分为与横坐标轴相同的等份(4 等份)，得 $1'$，$2'$，$3'$，$4'$各点。连线 $A1'$，$A2'$，$A3'$，$A4'$与相应的垂线分别交于 $1''$，$2''$，$3''$，$4''$各点，将这些交点连接成光滑曲线，即可得到推程 AB 段的等加速运动的位移线图(抛物线)。后半行程的等减速运动规律位移线图也可用同样的方法画出，只是弯曲的方向反过来。

由图可见，从动件加速度分别在 A，B 和 C 位置也有突变，但其变化为有限值，由此而产生的惯性力变化也为有限值。这种由惯性力的有限变化对机构所造成的冲击、振动和噪声要较刚性冲击小，称之为柔性冲击。因此，等加等减速运动规律适用于中速、轻载的场合。

此外，从动件的运动规律还有正弦加速运动(摆线运动)和余弦加速运动(简谐运动)规律。

任务 16.3 盘形凸轮轮廓设计

16.3.1 盘形凸轮轮廓曲线设计基本原理

凸轮轮廓曲线设计之前，须根据工作要求选定凸轮机构类型、从动件运动规律及由结构确定的凸轮基圆半径。设计方法有图解法和解析法，这两种方法所依据的基本原理是相同的。如图 16－11 所示，当凸轮机构工作时，凸轮和从动件都在运动，这时可采用相对运动的原理，使凸轮相对静止，习惯上称此设计方法为反转法。

下面以盘形凸轮轮廓曲线设计为例介绍反转法的设计过程。工作时凸轮以 ω 速度转动，设想给整个机构再加上一个绕凸轮轴心 O 转动的公共角速度 $-\omega$，机构中各构件间的相对运动不变，这样凸轮相对静止不动，而从动件一方面按给定的运动规律在导路中作往复移动，另一方面和导路一起以角速度 $-\omega$ 绕 O 点转动。由于从动件尖顶始终与凸轮轮廓接触，所以反转后尖顶的运动轨迹就是凸轮轮廓曲线。根据这一原理便可设计出各种凸轮机构的凸轮轮廓。

16.3.2 图解法设计凸轮轮廓曲线

1. 对心直动尖顶从动件盘形凸轮机构

设已知凸轮的基圆半径 r_b，凸轮工作时以等角速度 ω 顺时针方向转动，从动件的运动规律如图 16-11(b)。根据“反转法”，凸轮轮廓曲线具体设计步骤如下。

(1) 选取位移比例尺 μ_s 和凸轮转角比例尺 μ_φ。

(2) 用与位移曲线图相同的比例尺 μ_s，以指定点 O 为圆心，r_b 为半径作基圆(图中细线)。从动件导路中心线 OA 与基圆的交点 A_0 即是从动件最低(起始)位置。

(3) 自 OA_0 沿 $-\omega$ 方向，在基圆上取 Φ_0，Φ_S，Φ'_0，Φ'_S，同时将推程运动角 Φ_0 和回程运动角 Φ'_0 各分成与图 16-11(b)横坐标上的等分相同的若干等份(图中各 6 等份)，得 A_1，A_2，A_3，…各点，则向径 OA_1，OA_2，OA_3，…的延长线，就是反转后从动件在导路中相应的各个位置。

(4) 在位移线图上量取各个位移量，并在从动件各导路位置上分别量取线段 $A_1A'_1$，$A_2A'_2$，$A_3A'_3$，…，使其分别等于位移线图上的各相应位移量 $11'$，$22'$，$33'$…，得 A'_1，A'_2，A'_3，…各点，这些点即是从动件反转后尖顶的运动轨迹。

(5) 连接 A'_1，A'_2，A'_3，…各点成光滑曲线即得所求的凸轮轮廓曲线，如图 16-11(a)所示。

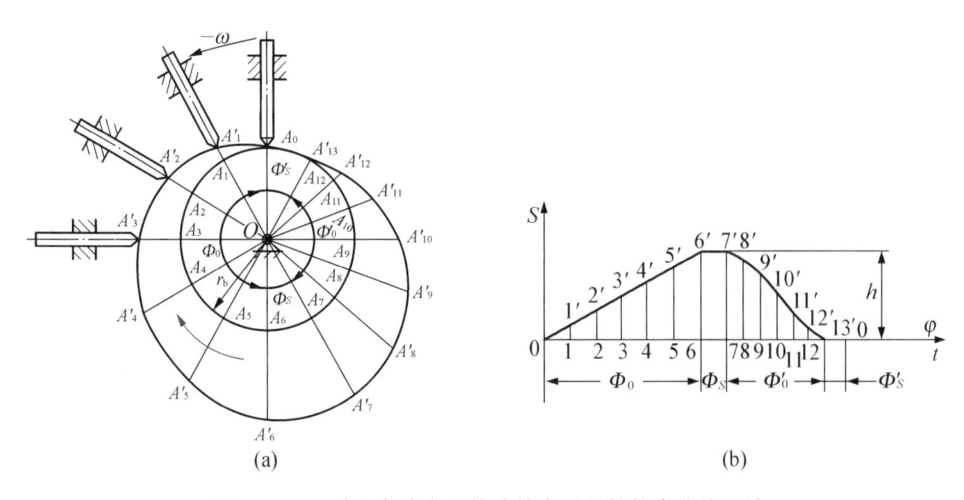

图 16-11　对心直动尖顶从动件盘形凸轮轮廓曲线设计

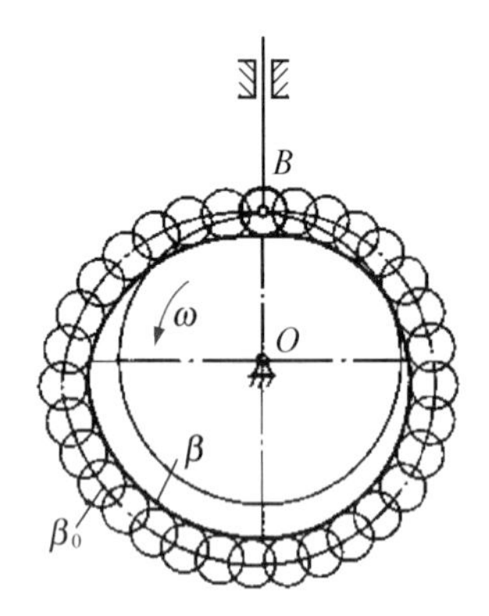

图 16-12　直动滚子从动件凸轮机构

2. 对心直动滚子从动件凸轮机构

设已知凸轮的基圆半径 r_b、凸轮以等角速度 ω 逆时针方向转动、从动件的运规律、滚子半径 r_T，设计对心直动滚子凸轮。根据反转法，对心直动滚子从动件凸轮轮廓曲线具体设计步骤如下。

滚子中心是从动件上的一个固定点，该点的运动就是从动件的运动，因此可取滚子中心作为参考点（相当于尖顶从动件的尖顶），按上述方法先作出尖顶从动件的凸轮轮廓曲线（也是滚子中心轨迹），如图 16-12 中的点划线（β_0），该曲线称为凸轮的理论廓线。再以理论廓线上各点为圆心、以滚子半径 r_T 为半径作一系列圆。然后作这些圆的内包络线 β，β 是用滚子从动件时凸轮的实际廓线。由作图过程可知，滚子从动件凸轮的基圆半径 r_b 应在理论廓线上度量。

任务 16.4　凸轮机构设计中应注意的问题

设计凸轮机构时，须保证从动件能实现所预期的运动规律，且使机构具有良好的传力性能和紧凑的结构尺寸。这些要求与凸轮机构的压力角、基圆半径 r_b 和滚子半径 r_T 等基本尺寸的选取有关。

16.4.1　压力角

凸轮机构的压力角是指在不考虑摩擦力的情况下，凸轮对从动件作用力的方向与从动件上力作用点的速度方向之间所夹的锐角，用 α 表示，如图 16-13 所示。

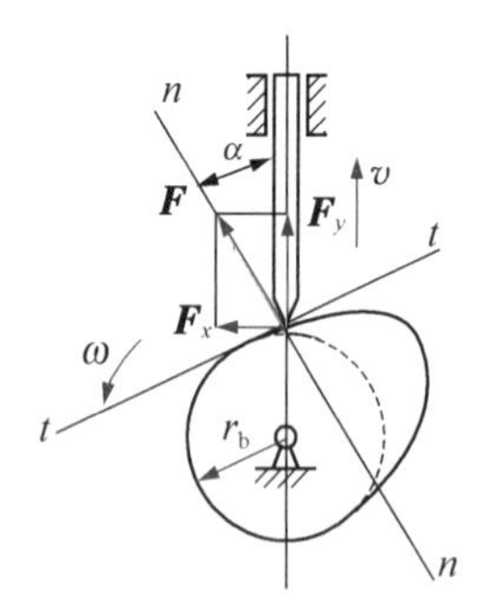

图 16-13　凸轮传动的压力角

将从动件所受力 $\boldsymbol{F}$（沿接触点的法线 n—n 方向）分解为：

$F_y = F\cos\alpha$　（推动从动件克服载荷运动的有效分力），

$F_x = F\sin\alpha$　（使从动件在移动的导路上产生摩擦阻力的有害分力）。

压力角 α 越大，有效分力 F_y 越小，有害分力 F_x 越大；当压力角 α 增加到某一数值时，有害分力所引起的摩擦阻力将大于有效分力 F_y，这时无论凸轮给从动件的作用力有多大，都不能推动从动件运动，即机构处于自锁状态。

由此可见，压力角的大小，反映了机构传力性能的好坏，是机构设计的重要参数。由于凸轮机构在工作过程中，从动件与凸轮轮廓的接触点是变化的，各接触点处的公法线方向不同，使得凸轮对从动件的作用力的方向也不同。因此，凸轮轮廓上各点处的压力角是不同的。为使凸轮机构工作可靠，受力情况良好，必须对压力角加以限制。在设计凸轮机构时，应使最大压力角 α_{max} 不超过许用值 $[\alpha]$。

根据工程实践的经验，许用压力角 $[\alpha]$ 的数值推荐如下：推程时，对移动从动件，$[\alpha]=30°\sim38°$；对摆动从动件，$[\alpha]=45°\sim50°$。回程时，由于通常受力较小一般无自锁出现的可能性，因此，许用压力角可取得大些，通常取 $[\alpha]=70°\sim80°$。如果采用滚子从动件、润滑良好及支撑刚度较大或受力不大并要求结构紧凑时，可取上述数据较大值，否则取较小值。

16.4.2 凸轮基圆半径的选取

由图 16-13 中可以看出，基圆半径选得越小，凸轮机构越紧凑。实际分析证明，当从动件运动规律确定后，基圆半径变小会引起压力角增大，但压力角不能超过许用值，否则机构的传力性能降低，甚至发生自锁，故基圆半径不能取得太小。设计时，要以实际结构(包括凸轮允许占用空间、凸轮安装轴直径等)而定，常用的选取方法有以下几种。

(1) 根据凸轮的结构确定基圆半径选 r_b：

① 凸轮轴时，有

$$r_b \geqslant r + r_T + (2\sim5)\text{mm},$$

式中 r 为凸轮轴半径，r_T 为滚子半径。

② 凸轮安装轴时，有

$$r_b \geqslant r_n + r_T + (2\sim5)\text{mm},$$

式中 r_n 为凸轮轴毂的半径，一般 $r_n=(1.5\sim1.7)r$ mm。

(2) 根据 $\alpha_{max}\leqslant[\alpha]$ 确定基圆半径选 r_b。

(3) 可按经验公式确定，即

$$r_b \geqslant (1.6\sim2)r\ \text{mm}。$$

16.4.3 滚子半径的选取

对于滚子从动件，在由理论轮廓求实际轮廓的过程中，必须考虑滚子半径对实际轮廓线的影响。

如图 16-14 所示，图中 ρ 为理论轮廓线上某点的曲率半径，ρ' 为对应点上实际轮廓线半径，r_T 是滚子半径。当理论轮廓线内凹时，如图 16-14(a)所示，$\rho'=\rho+r_T$，此时，无论滚子半径 r_T 大小，凸轮工作轮廓总是光滑曲线。当轮廓线外凸时，$\rho'=\rho-r_T$，此时若 $\rho_{min}>r_T$，则 $\rho'>0$，这时所得的凸轮实际轮廓为光滑的曲线，如图 16-14(b)所示；若 $\rho_{min}=r_T$，则 $\rho'=0$，实际轮廓线变尖，极易磨损，不能使用，如图 16-14(c)所示；若 $\rho_{min}<r_T$，则 $\rho'<0$，实际轮廓相交，相交点以外部分并不存在，导致从动件运动失真，如图 16-14(d)所示。由此可知，滚子半径必须小于理论轮廓外凸部分的最小曲率半径(一般取 $r_T\leqslant0.8\rho_{min}$ 或 $r_T\leqslant$

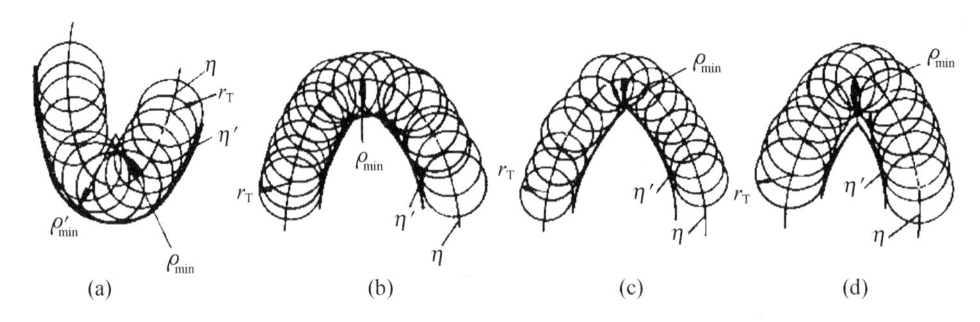

图 16-14 滚子半径与凸轮轮廓曲线

$0.4r_b$),才能保证实际轮廓线不发生变尖和相交现象。

小 结

1. 凸轮机构是一种利用不同的凸轮廓线使从动件准确地实现各种预定规律运动的机构,故在机械自动化工程中应用广泛。

2. 从动件常用运动规律有等速运动规律和等加速等减速运动规律。掌握不同场合下凸轮机构从动件常用运动规律的应用,正确绘制从动件的位移线图。

3. 本章重点是利用反转法的原理绘制直动对心从动件盘形凸轮的轮廓曲线,掌握其步骤、要点。

习 题

16-1 试比较凸轮机构与平面连杆机构的特点和应用。

16-2 收集凸轮机构的工程应用案例。

16-3 凸轮有哪几种型式?从动件有哪几种型式?

16-4 说明等速、等加速等减速等两种基本运动规律的加速度的变化特点和它们的应用场合。

16-5 凸轮的基圆指的是哪个圆?滚子从动件盘形凸轮的基圆在何处度量?

16-6 画出题 16-6 图中机构图示位置的压力角

16-7 已知一对心直动从动件盘形凸轮机构的从动件位移线图,如题 16-7 图所示,指出凸轮机构从动件的运动规律。

16-8 直动从动件盘形凸轮机构如题 16-8 图所示。已知 $R=50$ mm,$L_{OA}=15$ mm,求:基圆半径 $r_b=$? 从动件的最大位移 $h=$?

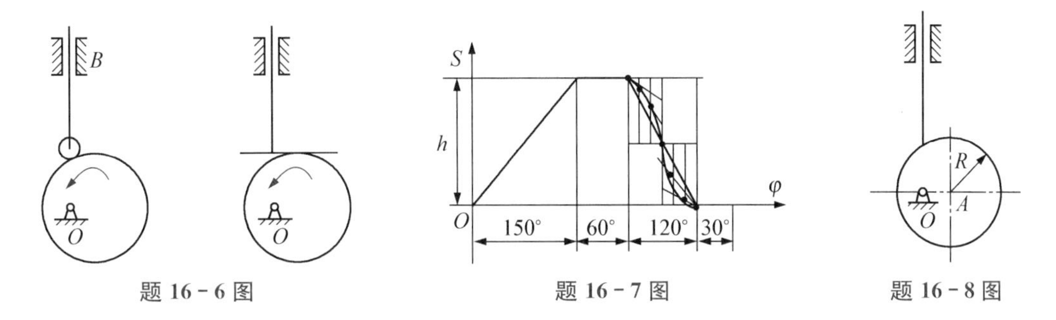

题 16-6 图　　题 16-7 图　　题 16-8 图

16-9　一对心直动从动件盘形凸轮机构，已知基圆的半径 $r_b=30$ mm，凸轮按逆时针方向转动，从动件的运动规律如题 16-9 图所示。试绘制凸轮的工作轮廓（取 $\mu_L=1$ mm/mm，保留作图线）。

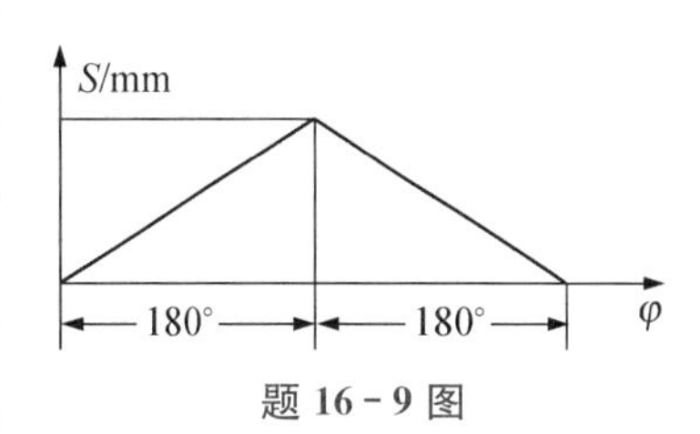

题 16-9 图

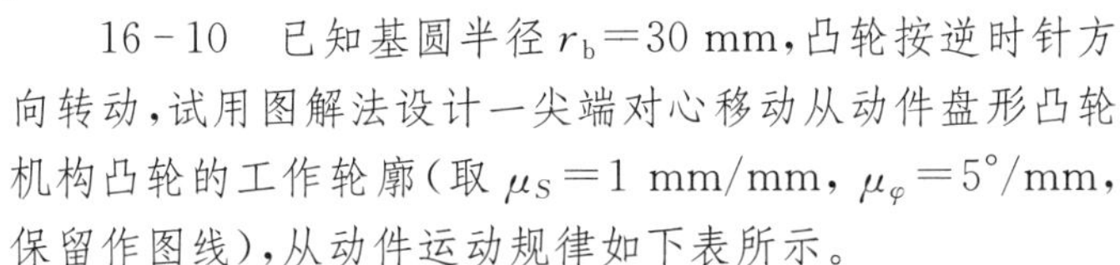

16-10　已知基圆半径 $r_b=30$ mm，凸轮按逆时针方向转动，试用图解法设计一尖端对心移动从动件盘形凸轮机构凸轮的工作轮廓（取 $\mu_S=1$ mm/mm，$\mu_\varphi=5°$/mm，保留作图线），从动件运动规律如下表所示。

φ	0°～180°	180°～210°	210°～300°	300°～360°
S	等速上升 20 mm	停止不动	等加速等减速下降下降至原位	停不动

16-11　试用图解法设计一对心滚子移动从动件盘形凸轮机构凸轮的工作轮廓。已知基圆的半径 $r_b=25$ mm，$r_T=8$ mm，凸轮按顺时针方向转动（取 $\mu_S=1$ mm/mm，$\mu_\varphi=5°$/mm，保留作图线），从动件运动规律如下表所示。

φ	0°～100°	100°～200°	200°～300°	300°～360°
S	等加速等减速上升 20 mm	停止不动	等速下降至原位	停止不动

项目 17　间歇运动机构

工程案例导入

如图 1 所示，自动车床中的转塔式自动换刀装置，由凸轮机构、齿轮机构、槽轮机构等组成，可以根据工况条件，实现刀具间歇地转换工作位置。工程上很多场合需要使用间歇运动机构。那么，间歇运动机构有多少种类型？它们的特点、应用分别有哪些？

本项目将结合多种工程案例，介绍间歇机构的相关知识。

图 1　自动车床中的转塔式自动换刀装置

● 学习目标

◇ 掌握棘轮机构、槽轮机构的工作原理及应用；

◇ 了解凸轮式间歇运动机构、不完全齿轮机构的工作原理及应用；

◇ 培养工程质量意识以及责任意识。

● 学习重点和难点

◇ 棘轮机构、槽轮机构、不完全齿轮机构、凸轮式间歇运动机构的工作原理、类型及工程应用。

任务 17.1　概　　述

在生产中，某些机器当主动件作连续运动时，常常需要从动件作周期性的运动和停歇，实现这种运动的机构称为**间歇运动机构**。间歇运动机构广泛应用于自动机床的进给机构、送料机构、刀架的转位机构、电影放映机中的胶片的驱动机构等。间歇运动机构的类型很多,常用的间歇运动机构有棘轮机构、槽轮机构、不完全齿轮机构和凸轮式间歇运动机构。

任务 17.2 棘轮机构

17.2.1 棘轮机构的组成和工作原理

棘轮机构是利用主动件做往复摆动,实现从动件间歇转动。有外啮合(见图 17-1)和内啮合两种形式,在图 17-1 中棘轮机构一般由主动件、驱动棘爪、棘轮、止动爪,以及机架等构件组成,主动件和棘轮可分别以 O_3 点为中心转动。为保证棘爪、止动爪工作可靠,常利用弹簧使其紧压齿面。在图中当主动件逆时针摆动时,主动件上铰接的棘爪插入棘轮的齿内,推动棘轮同向转动一定角度。当主动件顺时针摆动时,止动爪阻止棘轮反向转动,此时棘爪在棘轮的齿背上滑过并落入棘轮的另一齿内,棘轮静止不动。当主动件连续往复摆动时,棘轮便得到单向的间歇运动。

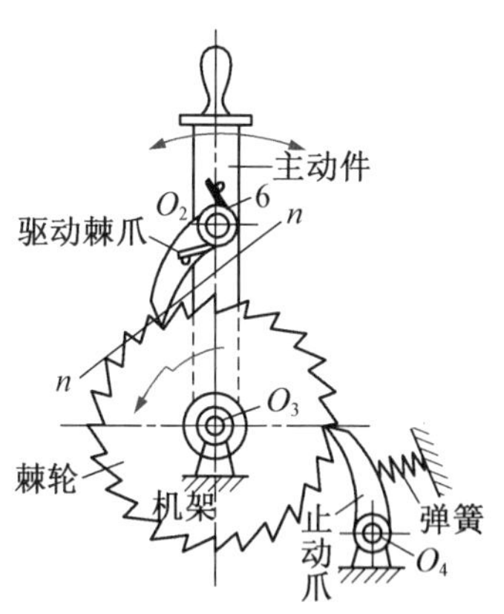

图 17-1 齿式棘轮机构

17.2.2 棘轮机构的特点

棘轮机构的特点是:结构简单,制造容易,运动可靠;棘轮的转角在很大范围内可调;工作时,有较大的冲击和噪声、运动精度不高,常用于低速场合;棘轮机构还常用作防止机构逆转的停止器。

17.2.3 棘轮机构的类型和应用

根据棘轮机构的棘爪和棘轮结构,将其分为齿式(见图 17-1)和摩擦式(见图 17-2)两大类。根据工作需要,还有双动式棘轮机构(见图 17-3)和可变向棘轮机构(见图 17-4)。

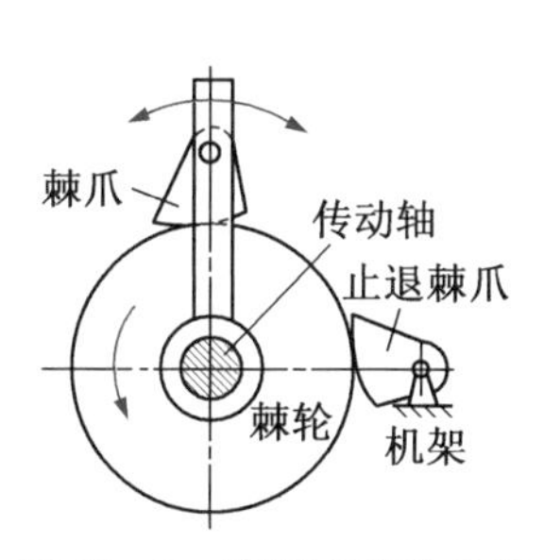

图 17-2 摩擦式棘轮机构

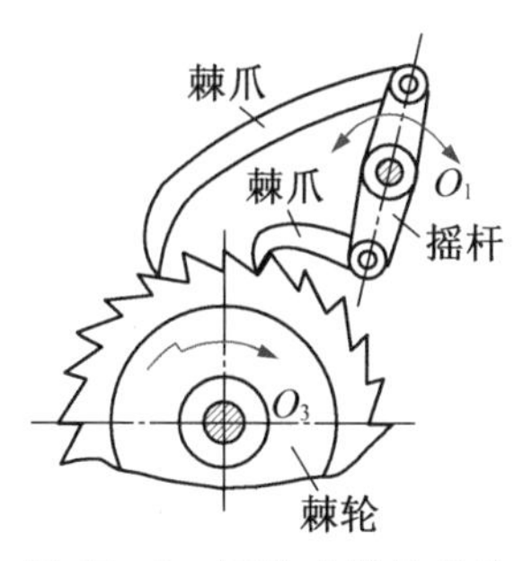

图 17-3 双动式棘轮机构

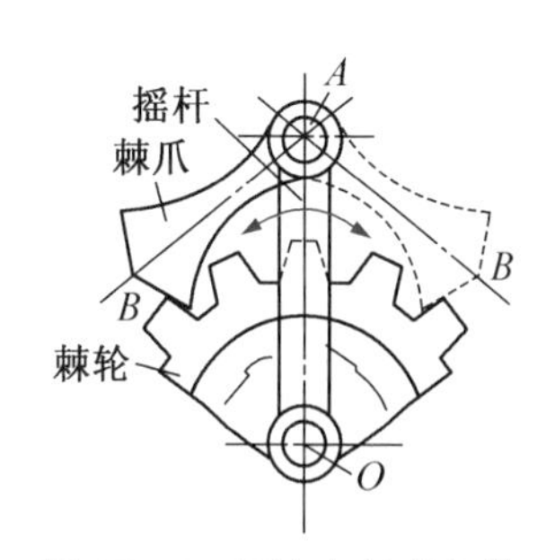

图 17-4 可变向棘轮机构

1. 齿式棘轮机构

齿式棘轮机构结构简单，棘轮的转角容易实现有级调节。但这种机构在回程时，棘爪在棘轮齿背上滑过有噪声；在运动开始和终止时，速度骤变而产生冲击，传动平稳性较差，棘轮齿易磨损，故常用于低速、轻载等场合实现间歇运动。

2. 摩擦式棘轮机构

摩擦式棘轮机构传递运动较平稳、无噪声、棘轮的转角可作无级调节，但运动准确性差，不宜用于运动精度要求高的场合。

棘轮机构常用于送进、制动和超越等工作中，如图 17-5 所示。

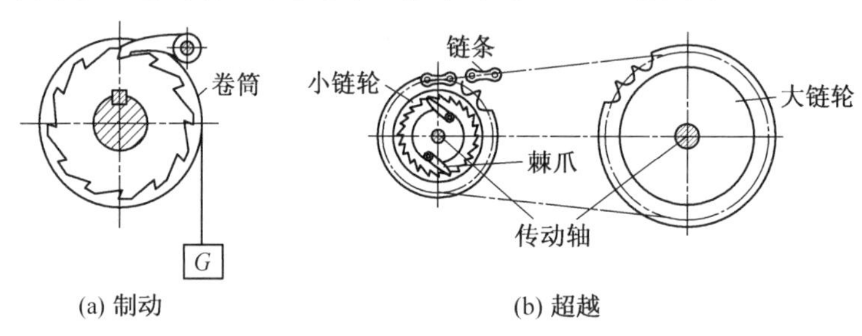

图 17-5　棘轮机构的应用实例

任务 17.3　槽轮机构

17.3.1　槽轮机构的组成和工作原理

如图 17-6 所示，槽轮机构是由带有圆柱销 A 的主动拨盘 1 和具有径向槽的从动槽轮 2 及机架组成。当主动拨盘 1 顺时针作等速连续回转时，其上圆柱销 A 未进入槽轮的径向槽时，槽轮的内凹锁止弧 $\beta\beta$ 被拨盘外凸锁止弧 $\alpha\alpha$ 锁住，则槽轮静止不动。当圆柱销 A 开始进入槽轮的径向槽时，即图 17-6 所示位置，$\alpha\alpha$ 弧和 $\beta\beta$ 弧脱开，圆柱销 A 驱动槽轮沿逆时针方向转动。当圆柱销 A 开始脱出槽轮径向槽时，槽轮的另一内凹锁止弧 $\beta'\beta'$ 又被锁住，致使槽轮又静止不动，直到圆柱销再次进入槽轮的另一径向槽，又重复以上运动循环，从而实现从动槽轮的单向间歇转动。

17.3.2　槽轮机构的特点

槽轮机构优点是：结构简单、工作可靠、机械效率高，能较平稳、间歇地进行转位。缺点是：圆柱销突然进入与脱离径向槽，传动存在柔性冲击，不适合高速场合，转角不可调节，只能用在定角场合。

17.3.3　槽轮机构的类型和应用

槽轮机构有平面槽轮机构（主动拨盘轴线与槽轮轴线平行）和空间槽轮机构（主动拨盘

轴线与槽轮轴线相交)两大类。平面槽轮机构可分为外啮合槽轮机构和内啮合槽轮机构。图 17-6 所示为外啮合槽轮机构,其主动拨盘和从动槽轮的转向相反。图 17-7 所示为内啮合槽轮机构,其主动拨盘和从动拨盘的转向相同。

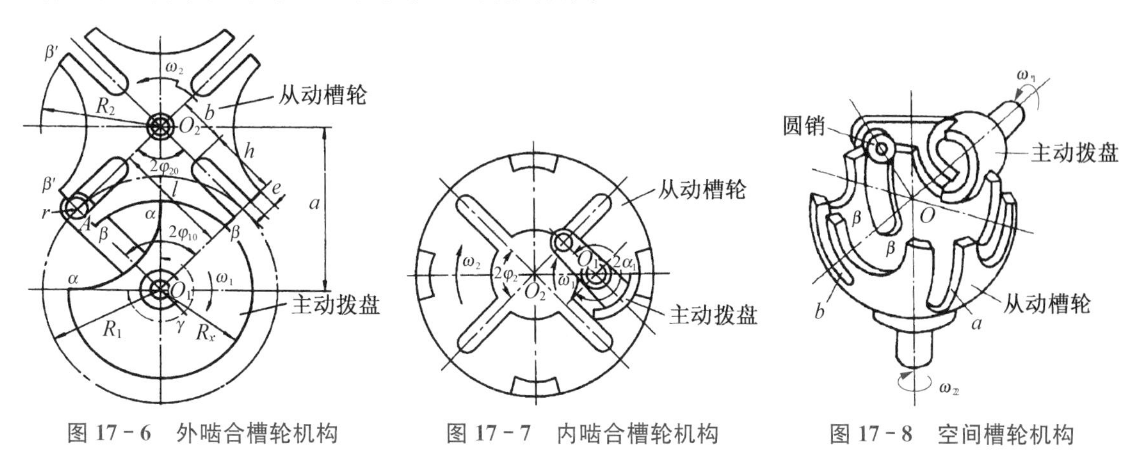

图 17-6 外啮合槽轮机构　　图 17-7 内啮合槽轮机构　　图 17-8 空间槽轮机构

图 17-8 所示为空间槽轮机构,从动槽轮呈半球形,槽和锁止弧均分布在球面上,主动件的轴线、销的轴线都与槽轮的回转轴线汇交于槽轮球心 O,故又称为球面槽轮机构。当主动件 1 连续回转时,槽轮作间歇转动。

槽轮机构结构简单、工作可靠,但在运动过程中的加速度变化较大、冲击较严重。同时在每一个运动循环中,槽轮转角与其径向槽数和拨盘上的圆柱销数有关,每次转角一定,无法任意调节。所以,槽轮机构不适用于高速传动,一般用于转速不很高、转角不需要调节的自动机械和仪器仪表中。图 17-9 所示是槽轮机构在电影放映机中用作送片的应用实例,图 17-10 所示是槽轮机构在转塔车床刀架转位的应用实例。

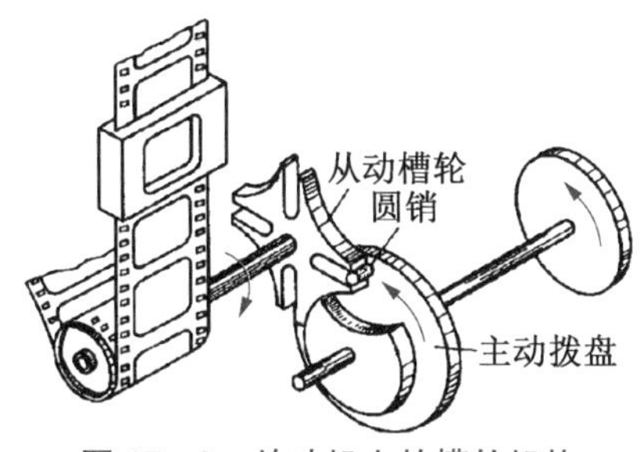

图 17-9 放映机上的槽轮机构

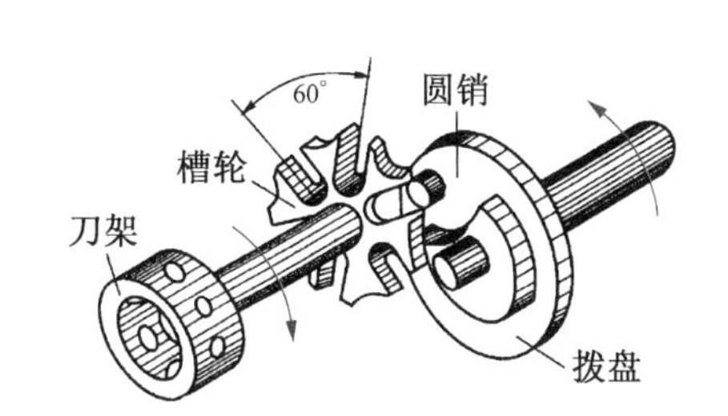

图 17-10 转塔车床刀架转位的槽轮机构

17.3.4 槽轮机构的运动特性

槽轮机构工作时的间歇运动情况,与机构中槽轮的槽数和拨盘的圆柱销数量配置有关。在图 17-6 的外啮合槽轮机构中,圆柱销开始进入径向槽或脱出径向槽的瞬时,径向槽的中心线应切于圆柱销中心运动的圆周。设 z 为槽轮上均匀分布的径向槽数目,那么,当槽轮 2 转过 $2\varphi_2=2\pi/z$ 角度时,拨盘 1 所转过的角度为 $2\varphi_1=\pi-2\varphi_2=\pi-(2\pi)/z$。

在槽轮机构中，拨盘 1 回转一周称为一个运动周期，时间为 T。在一个运动周期中，槽轮的运动时间 t_2 与拨盘 1 的运动时间 T 之比，称为运动系数，以 τ 表示。当拨盘 1 等速转动时，这个时间比可以用转角比来表示。对于只有一个圆柱销的槽轮机构，t_2 与 T 各对应的转角分别为 $2\varphi_1$ 和 2π，因此其运动系数为

$$\tau=\frac{t_2}{T}=\frac{\pi-\frac{2\pi}{z}}{2\pi}=\frac{z-2}{2z}=0.5-\frac{1}{z}。\tag{17-1}$$

由上式可以看出，$0<\tau<0.5$，$z\geqslant 3$。也就是说，在这种槽轮机构中，槽轮运动时间总小于静止时间。

要使 $\tau>0.5$，可在拨盘 1 上均匀安装多个圆柱销，设均匀分布的圆柱销数目为 K，则一个运动循环中槽轮的运动时间比只有一个圆柱销时增加 K 倍，即

$$\tau=K\left(0.5-\frac{1}{z}\right)=K\cdot\frac{z-2}{2z}。\tag{17-2}$$

运动系数 τ 应当小于 1(因 $\tau=1$ 时表示槽轮 2 与拨盘 1 一样作连续转动，不能实现间歇运动)，故由上式得

$$K<\frac{2z}{z-2}。\tag{17-3}$$

任务 17.4　其他间歇运动机构

17.4.1　不完全齿轮机构

不完全齿轮机构由普通渐开线齿轮机构演化而成，其基本结构分内啮合不完全齿轮机构和外啮合不完全齿轮机构两种，如图 17-11 所示。不完全齿轮机构的主动轮只有一个或几个齿，从动轮具有若干个与主动轮相啮合的轮齿和锁止弧，可实现主动轮的连续转动和从动轮的有停歇转动。

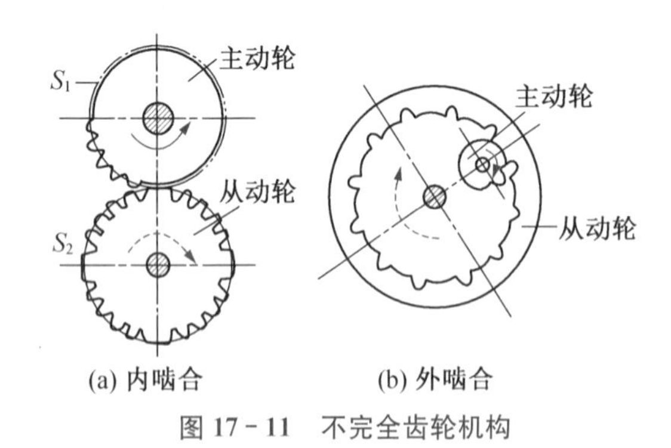

图 17-11　不完全齿轮机构

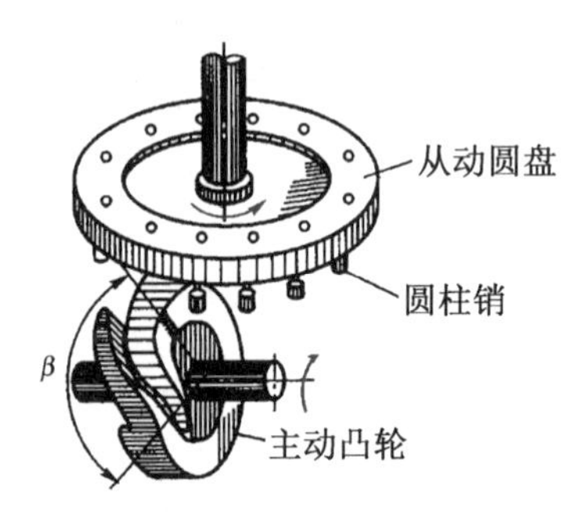

图 17-12　凸轮式间歇运动机构

其优点是结构简单、制造方便，从动轮的运动时间和静止时间的比例不受机构结构的限制；缺点是从动轮在转动开始及终止时速度有突变，冲击较大，一般仅用于低速、轻载场。

17.4.2 凸轮式间歇运动机构

图 17-12 所示是凸轮式间歇运动机构。凸轮式间歇运动机构的优点是结构简单、运转可靠、传动平稳、无噪声，适用于高速、中载和高精度分度的场合。缺点是凸轮加工比较复杂，装配与调整要求也较高。凸轮式间歇运动机构主要用于垂直交错轴间的传动。

小　结

1. 间歇运动机构就是当主动件作连续运动时，从动件作周期性的运动和停歇的机构。

2. 常用的间歇运动机构有：棘轮机构、槽轮机构、不完全齿轮机构和凸轮式间歇运动机构。

习　题

17-1　棘轮机构和槽轮机构是怎样实现间歇运动的？各应用于什么场合？

17-2　已知槽轮的槽数 $z=4$，拨盘的圆柱销数 $K=1$，转数 $n_1=150$ r/min，求槽轮的运动时间 t_2 和静止时间 t_1。

17-3　收集间歇机构的工程应用案例。

项目 18　螺旋机构

工程案例导入

如图 1 所示，步进前进和快速返回装置，应用了螺旋机构，推杆在前进时是步进的，在返回时是快速的。如图 2 所示，平板凸轮任意变速直线机构里也应用了螺旋机构。螺旋机构有多少种类型？它们的特点、应用分别有哪些？本项目将结合多种工程案例，介绍间歇机构的知识。

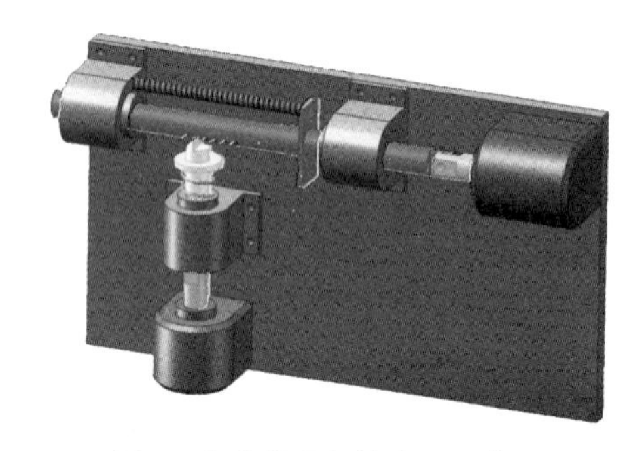

图 1　步进前进和快速返回装置

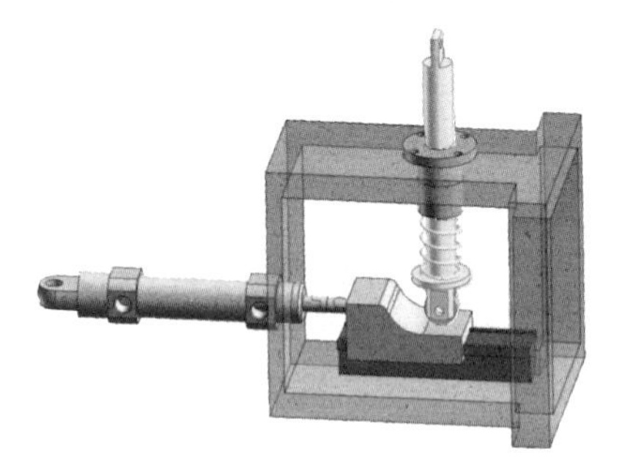

图 2　平板凸轮任意变速直线机构

● 学习目标

◇ 了解螺纹的形成、分类、主要参数；

◇ 掌握螺旋机构的组成、工作原理、应用；

◇ 培养工程质量意识以及责任意识。

● 学习重点和难点

◇ 螺纹的主要参数，螺旋机构的组成、工作原理及工程应用。

任务 18.1　螺纹的基本知识

18.1.1　螺纹的形成、分类

如图 18－1 所示，将一底边长等于 πd_2 的直角三角形绕到直径为 d_2 的圆柱体上，三角形斜边在圆柱体表面形成的空间曲线称为螺旋线。在圆柱表面上,用不同形状的刀具沿螺旋线切制出的沟槽即形成螺纹,如图 18-2 所示。

(1) 按螺旋线绕行方向不同,螺纹分为左旋和右旋。图 18-1 所示为右旋,其旋向的判别方法为:将圆柱体直竖,螺旋线左低右高(向右上升)为右旋;反之,则为左旋。

(2) 按螺纹线数,螺纹分为单线、双线或多线。单线螺纹是指沿一根螺旋线所形成的螺纹,如图 18-1(a)所示;双线或多线螺纹,是指沿两根或两根以上螺旋线所形成的螺纹,各螺旋线沿轴向等距分布,如图 18-1(b)所示。

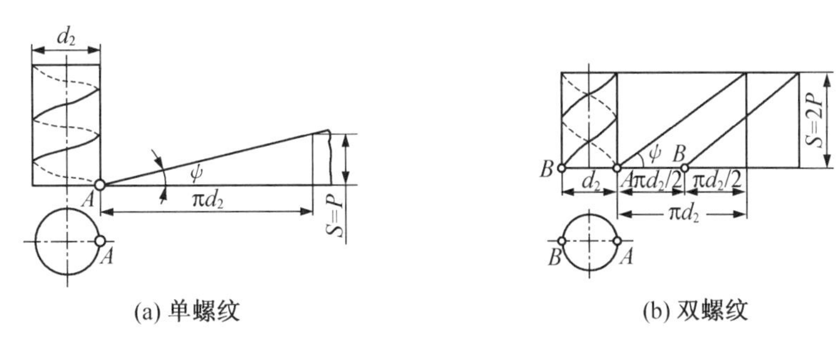

(a) 单螺纹　　(b) 双螺纹

图 18-1　螺旋线及其展开图

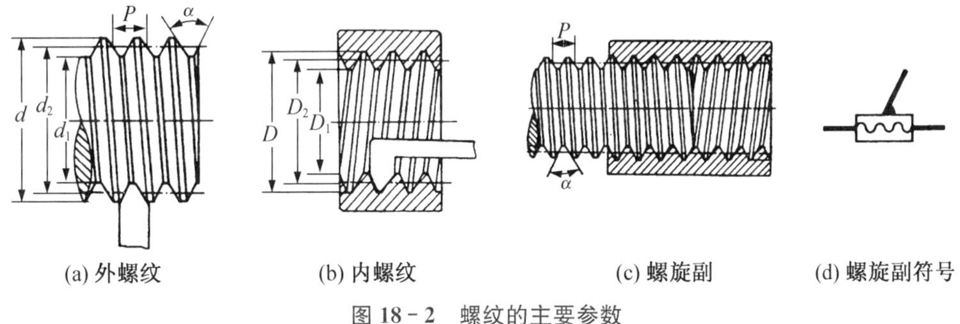

(a) 外螺纹　　(b) 内螺纹　　(c) 螺旋副　　(d) 螺旋副符号

图 18-2　螺纹的主要参数

(3) 按螺纹在圆柱体的外表面或内表面,分为外螺纹和内螺纹。图 18-2(a,b)所示为由车刀沿螺旋线车制外、内螺纹。

内、外螺纹组成螺旋副,如图 18-2(c)所示,相互间作螺旋运动。图 18-2(d)所示为螺旋副符号。

18.1.2　螺纹的主要参数

如图 18-2 所示:

(1) 大径(d,D)　螺纹的最大直径,标准中规定为螺纹的公称直径。外螺纹记为 d,内螺纹记为 D。

(2) 小径(d_1,D_1)　螺纹的最小直径,螺杆强度计算时的危险截面直径。外螺纹记为

d_1，内螺纹记为 D_1。

(3) 中径（d_2,D_2） 介于大、小径圆柱体之间、螺纹的牙厚与牙间宽相等的假想圆柱体的直径。是确定螺纹几何参数和配合性质的直径。外螺纹记为 d_2，内螺纹记为 D_2。

(4) 线数 n 螺纹的螺旋线数目，可分为单线、双线、三线……图 18－1(b)所示为双线螺纹。

(5) 螺距 P 相邻两牙在中径线上对应点之间的轴向距离。

(6) 导程 S 同一条螺旋线上相邻两牙在中径线上对应点之间的轴向距离。对于单线螺纹，$S=P$；对于多线螺纹，$S=nP$。

(7) 螺旋升角 ψ 中径圆柱体上，螺旋线的切线与端面的夹角，用来表示螺旋线倾斜的程度。用公式表示为

$$\tan\psi=S/\pi d_2=nP/\pi d_2。\qquad (18-1)$$

(8) 牙型角 α 与牙侧角 β 如图 18－3(a)所示，在轴向剖面内螺纹两侧边间的夹角 α，称为牙型角；螺纹一侧边与轴线的垂线间的夹角 β，称为牙侧角。三角形螺纹也称普通螺纹，其 $\alpha=60°$，$\beta=\alpha/2=30°$，如图 18－3(b)所示；梯形螺纹 $\alpha=30°$，$\beta=15°$，如图 18－3(c)所示；锯齿形螺纹 $\alpha=33°$，工作面的牙侧角 $\beta=3°$，非工作面的牙侧角 $\beta=30°$，如图 18－3(d)所示。

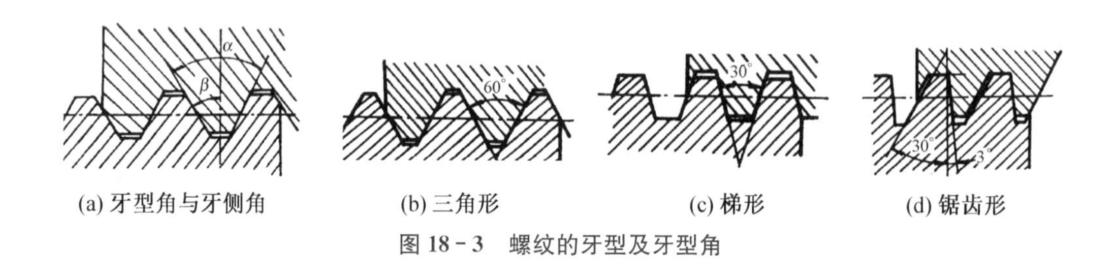

(a) 牙型角与牙侧角　(b) 三角形　(c) 梯形　(d) 锯齿形

图 18－3 螺纹的牙型及牙型角

任务 18.2 螺旋机构

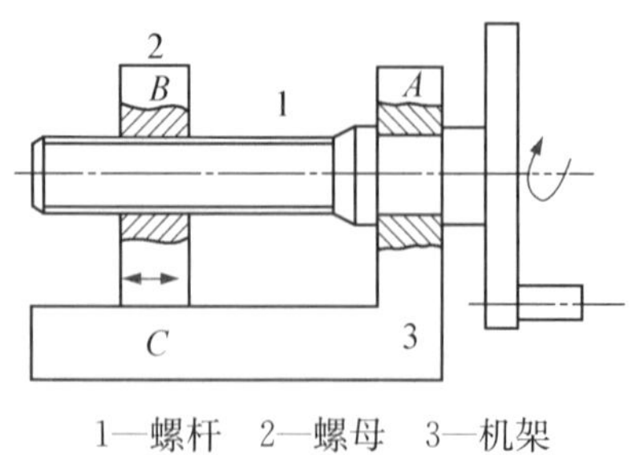

1—螺杆 2—螺母 3—机架

图 18－4 螺旋机构

18.2.1 螺旋机构的组成和工作原理

有螺旋副联结的机构称为螺旋机构，用来传递运动和动力。

图 18－4 所示是最基本的螺旋机构，它是由螺杆 1、螺母 2 和机架 3 组成，螺杆与螺母组成螺旋副 B，螺杆与机架组成转动副 A，螺母与机架组成移动副 C。通常，螺杆为主动件作匀速转动，螺母为从动件作

轴向匀速直线移动，螺杆转动一周，螺母的轴向位移为一个螺纹导程。当螺旋副的导程为 s、螺杆的转角为 φ 时，其位移 l 和转角 φ 的关系是

$$l=\frac{s\varphi}{2\pi}。\tag{18-2}$$

有时也可以使螺母不动，螺杆在旋转时轴向移动。

按螺旋副摩擦性质不同，螺旋机构可分为滑动螺旋机构和滚动螺旋机构。

18.2.2 滑动螺旋机构的特点、类型和应用

18.2.2.1 滑动螺旋机构的特点

滑动螺旋机构具有结构简单、工作连续、传动精度高、易于实现自锁等优点，在工程中应用广泛。但由于螺旋副之间是滑动摩擦，工作时磨损大、效率低，不能用于传递大功率动力。

18.2.2.2 滑动螺旋机构的主要类型和应用

1. 把旋转运动转化为直线运动

（1）单螺旋副传动机构　单螺旋副传动机构常用来传递动力，可以制成螺杆同时旋转和轴向移动，而螺母固定不动的增力机构，如图 18-5 所示的螺旋千斤顶和压力机；也可以制成螺杆旋转、螺母轴向移动的传力机构，如图 18-6 所示的是车床丝杠进给机构；等等。

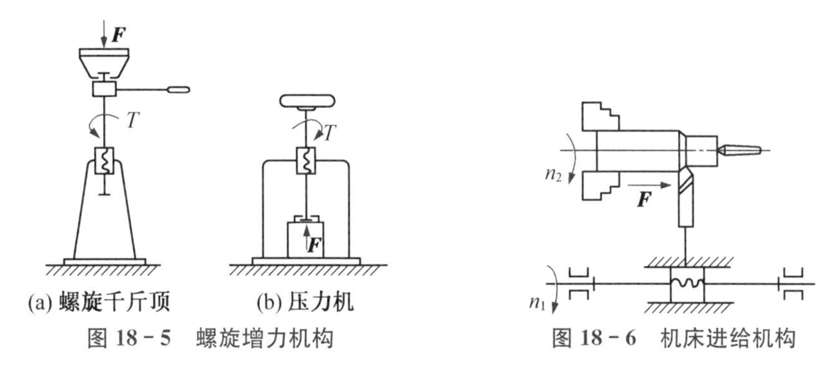

图 18-5　螺旋增力机构　　图 18-6　机床进给机构

（2）双螺旋副传动机构　这种机构中有两个螺旋副，常用来传递运动。当两螺旋副的旋向相同时，两螺母的运动位移变化很慢，称为差动螺旋机构，如图 18-7 所示，其位移量为

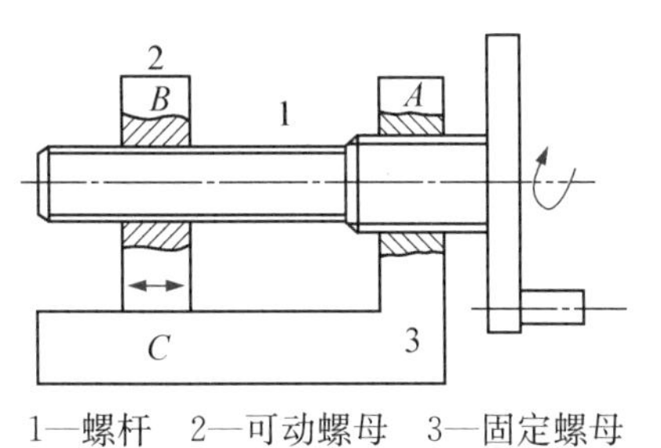

1—螺杆　2—可动螺母　3—固定螺母

图 18-7　双螺旋机构

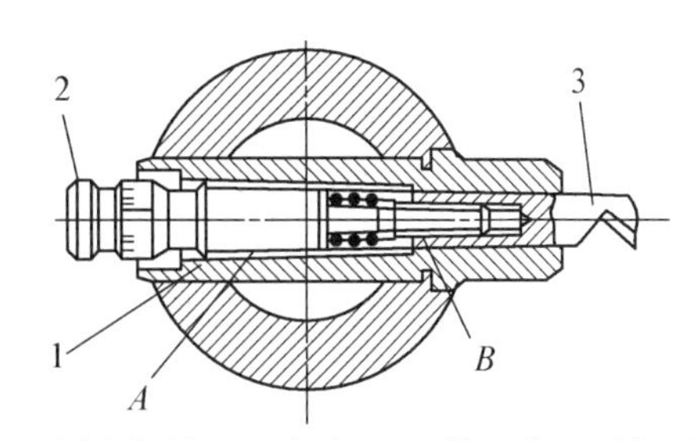

1—固定螺母　2—螺杆　3—镗刀头(可动螺母)

图 18-8　镗刀微调机构

$$l=\frac{s_2-s_1}{2\pi}\varphi。\tag{18-3}$$

如图 18－8 所示的镗刀微调机构，就是差动螺旋机构的一种应用。

当两螺旋副的旋向相反时，两螺母的运动位移变化很快，称为复式螺旋机构，如图 18－9 所示的螺旋拉紧装置，其位移量为

$$l=\frac{s_2+s_1}{2\pi}\varphi。\tag{18-4}$$

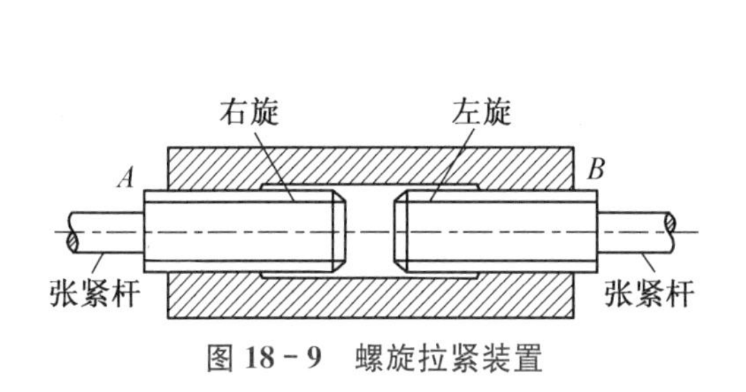

图 18－9　螺旋拉紧装置

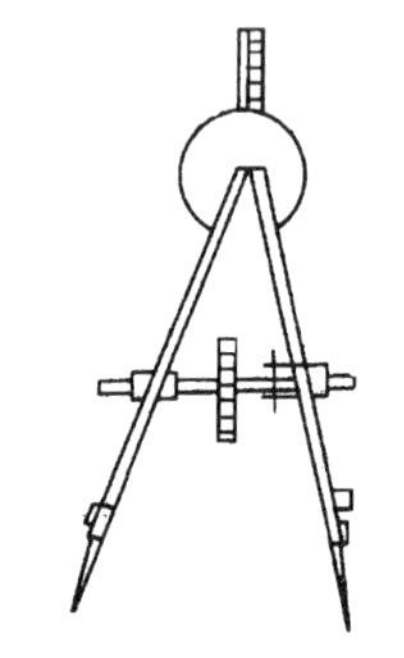
图 18－10　弹簧圆规开合结构

如图 18－10 所示的弹簧圆规开合结构，图 18－11 所示的车辆联结装置，图 18－12 所示的铣床快动夹紧装置，都是复式螺旋机构的应用。

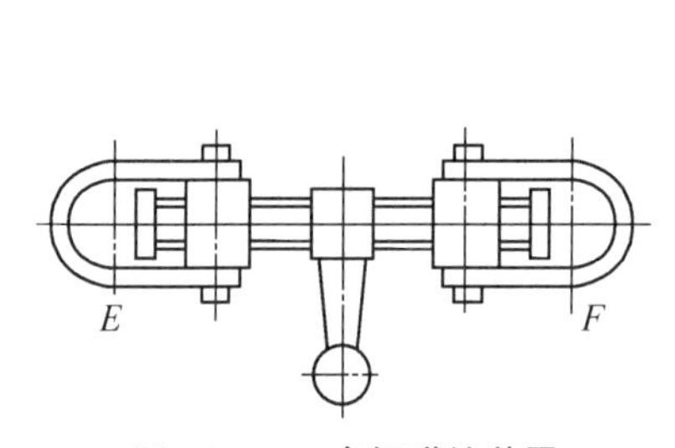

图 18－11　车辆联结装置

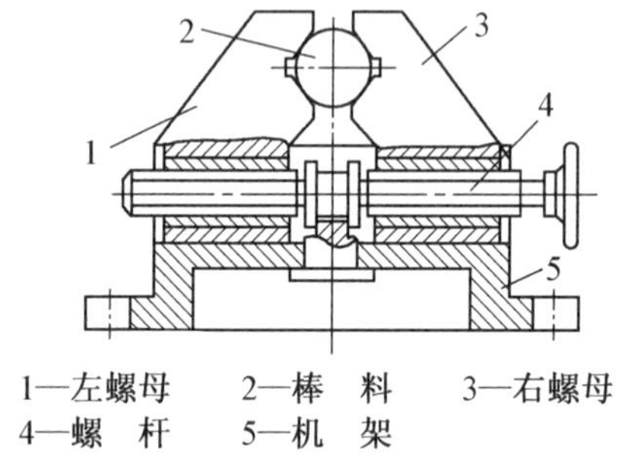

1—左螺母　2—棒　料　3—右螺母
4—螺　杆　5—机　架

图 18－12　铣床快动夹紧装置

2. 把直线运动转化为旋转运动

当螺旋副的导程角较大时，其反行程不能自锁，能实现将移动变为转动。图 18－13 所示的手压螺丝刀是将螺母的直线移动转化为螺杆旋转运动的应用例子。

图 18－13 中，1 是螺丝刀头；2 是刀头夹紧器；3 是开有左右大导程角的螺丝刀杆；4 是装有左、右旋螺母的空心手柄，分别与 3 组成螺旋副；5 是旋向控制钮，可控制左、右螺旋副分别作用。工作时在手柄上施加压力，手柄在轴线方向作直线运动，螺丝刀头便会产生左旋或右旋运动，用以装拆螺钉。

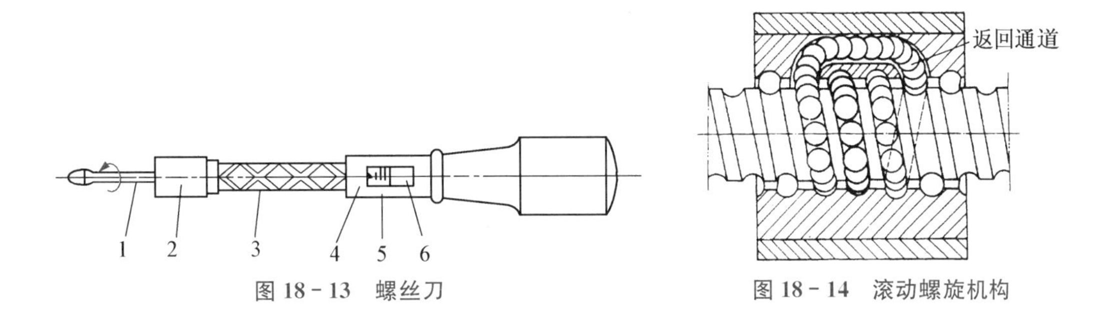

图 18-13 螺丝刀　　　　图 18-14 滚动螺旋机构

18.2.3 滚动螺旋机构

滚动螺旋机构是把旋转运动转化为直线运动应用得非常广泛的一种传动装置,它由于在螺杆与螺母的螺纹滚道间装上滚动体(常为滚珠,也有少数用滚子),因而提高了螺旋机构的传动效率,如图 18-14 所示。当螺杆或螺母转动时,滚动体在螺纹滚道内滚动,摩擦状态为滚动摩擦。其摩擦损失比滑动螺旋机构小,故传动效率也比滑动螺旋机构高。

在数控机床、直线电机、汽车转向、飞机起落架等机构中,滚动螺旋机构有着广泛应用。

1. 有螺旋副联结的机构称为螺旋机构,主要用来传递运动和动力。

2. 螺旋机构主要类型有:单螺旋副传动机构、双螺旋副传动机构(包括差动螺旋机构和复式螺旋机构)、滚动螺旋机构。

18-1 列举你所见到的螺旋机构的应用实例。

18-2 说说千分尺(见题 18-2 图)的工作原理。

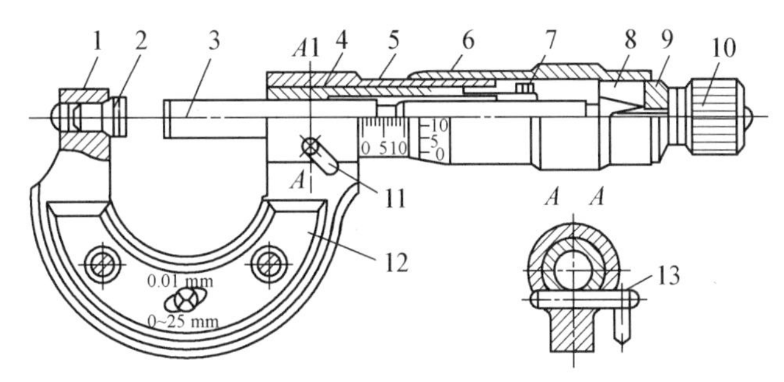

1—尺架　2—固定测头　3—活动测头　4—螺纹轴套　5—固定套筒
6—微分筒　7—调节螺母　8—接头　9—垫片　10—测力装置
11—锁紧装置　12—隔热装置　13—锁紧轴

题 18-2 图

项目 19　带传动和链传动

工程案例导入

带传动和链传动都属于挠性传动，是一种应用较广的机械传动。如图 1 所示的带式输送机采用了带传动，如图 2 所示的齿轮蜗杆链传动机构是链传动的一种应用。带传动和链传动有什么类型、特性、运动规律？设计中应注意什么问题？

本项目将结合多种工程案例，介绍带传动和链传动的知识。通过学习，体会设计工作需要严谨的设计态度以及责任意识，理解“差之毫厘，失之千里”，明白一丝不苟、严谨的工作态度能够帮助、促进完成工程项目。

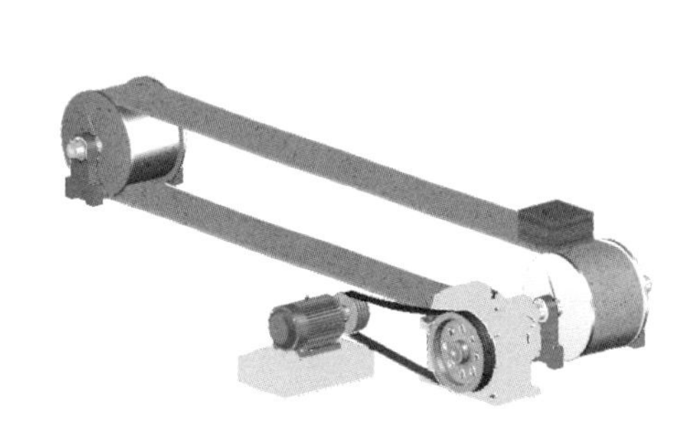

图 1　带式输送机

图 2　齿轮蜗杆链传动机构

● **学习目标**

◇ 了解带传动的类型、特点及应用；

◇ 了解普通 V 带和 V 带轮的结构及尺寸；

◇ 掌握普通 V 带传动的工作原理、失效形式、参数选择和设计计算；

◇ 了解带传动的安装、张紧与维护；

◇ 掌握滚子链的结构、运动特性及其正确的使用与维护；

◇ 培养严谨的设计、计算态度，质量意识、责任意识。

● **学习重点和难点**

◇ 带传动的受力分析、应力分析、运动分析、失效形式、设计计算；

◇ 滚子链的结构、运动特性及其正确的使用与维护。

任务19.1　带传动概述

带传动属于挠性传动，是一种应用较广的机械传动。带传动是通过中间的挠性件——传动带，把主动轴的运动和动力传递给从动轴的。通常带传动用于减速装置，一般安装在传动系统的高速级。

19.1.1　带传动的类型

带传动按照传动原理来分，有摩擦式带传动和啮合式带传动两种。

1. 摩擦式带传动

摩擦式带传动一般由主动带轮、从动带轮和张紧在两个带轮上的环形传动带所组成，如图19-1所示。当主动带轮转动时，通过传动带和带轮接触面之间所产生的摩擦力的作用，驱使从动带轮一起转动，从而实现传动。

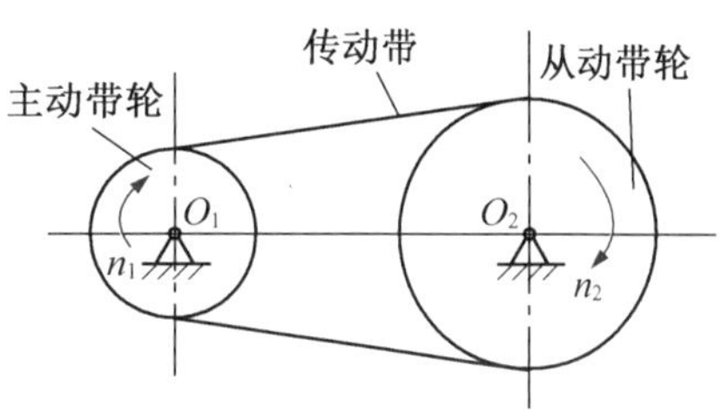

图19-1　摩擦式带传动

按照传动带的截面形状，带传动又可分为平带、V带、多楔带和圆形带传动等，如图19-2所示。

平带的截面形状为矩形，如图19-2(a)所示。它的工作面是与带轮相接触的内表面。平带传动的结构简单，传动效率较高，主要用于高速和中心距较大的场合。

V带的截面形状为等腰梯形，如图19-2(b)所示。在传动时，它的工作面是传动带与带轮轮槽相接触的两个侧面。根据楔面的受力分析可知，在张紧力和摩擦系数相同的条件下V带产生的摩擦力比平带的摩擦力要大，所以V带传动的传递功率较大，结构较紧凑。另外，V带没有接头，传动较平稳。因此V带在机械传动中应用较广泛。

多楔带是在平带基体上由多根V带组成的，如图19-2(c)所示。它相当于平带与多根V带的组合，兼有两者的优点。多楔带传动多用于结构要求紧凑的大功率传动中。

圆形带的截面形状为圆形，如图19-2(d)所示。圆形带传动仅用于低速、小功率的场合。

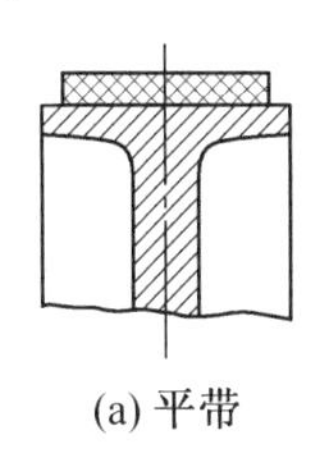

(a) 平带

(b) V带

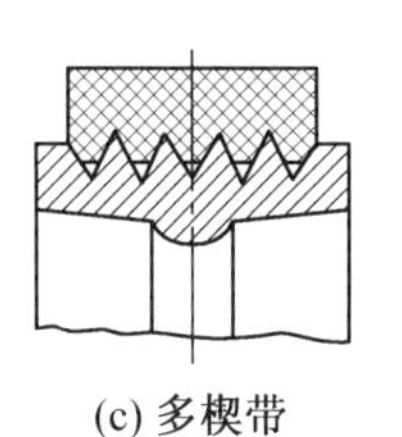

(c) 多楔带

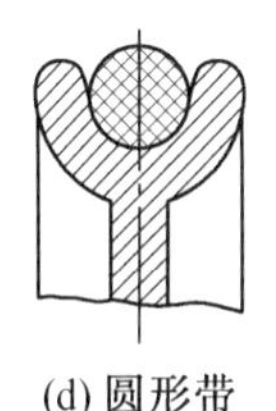

(d) 圆形带

图19-2　摩擦式带传动的类型

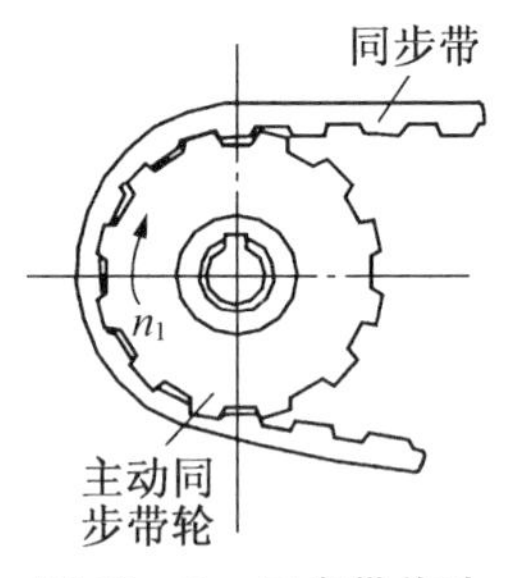

图 19－3　同步带传动

2. 啮合式带传动

啮合式带传动靠传动带与带轮上的齿相互啮合来实现传动。典型的啮合式带传动是如图 19－3 所示的同步带传动。同步带除保持了摩擦带传动的优点外，还具有传递功率大、结构紧凑、传动比恒定、传动效率较高等优点，多用于要求传动平稳、传动精度较高的场合，如数控机床、纺织机械等。它的缺点是成本较高，对制造和安装精度要求较高。

本章仅讨论摩擦式带传动。

19.1.2　带传动的优缺点及应用范围

1. 带传动的主要优点

(1) 传动带具有良好的弹性，能够缓冲和吸振，因此传动平稳、噪声小。

(2) 过载时，传动带与带轮之间将产生打滑，可以防止其他零件的损坏，起到安全保护作用。

(3) 结构简单，制造、安装和维护方便，成本低廉。

(4) 可增加带长以适应中心距较大的工作条件(可达 15 m)。

2. 带传动的主要缺点

(1) 带在传动时，传动带与带轮之间会产生弹性滑动和打滑，因此不能保持准确的传动比(啮合式带传动是靠啮合传动的，所以可以保证传动同步)。

(2) 带传动的轮廓尺寸较大。

(3) 传动效率较低，传动带的寿命较短。

3. 带传动的应用范围

根据上述特点，带传动适用于在一般工作环境的条件下，传递中、小功率，对传动比无严格要求，且中心距较大的两个轴之间的传动。带的工作速度一般为 5～25 m/s，使用高速环形胶带时，可达 60 m/s；使用棉纶片复合平带时，可高达 80 m/s。胶帆布平带传递功率小于 500 kW，普通 V 带传递功率小于 700 kW。

任务 19.2　V 带和 V 带轮的结构

V 带按其宽度和高度相对尺寸的不同，又分为普通 V 带、窄 V 带、宽 V 带、汽车 V 带、大楔角 V 带等多种类型。其中，普通 V 带和窄 V 带应用较广。本章主要讨论常用的普通 V 带传动，以下简称 V 带传动。

19.2.1　V 带的结构和尺寸

1. V 带的结构

V 带通常制成没有接头的环形，其截面形状为等腰梯形。其结构如图 19－4 所示，由拉

伸层 1、强力层 2、压缩层 3 和包布层 4 等 4 部分组成。其中,包布层 4 采用橡胶帆布制成,起保护作用;拉伸层 1 和压缩层 3 均采用弹性好的橡胶制成,当传动带弯曲时分别承受拉伸和压缩;强力层 2 主要承受拉力,其结构形式分为帘布结构和线绳结构两种,其中帘布结构制造方便、抗拉强度好,而线绳结构柔韧性好、抗弯强度高,适用于带轮直径较小、转速较高的场合。

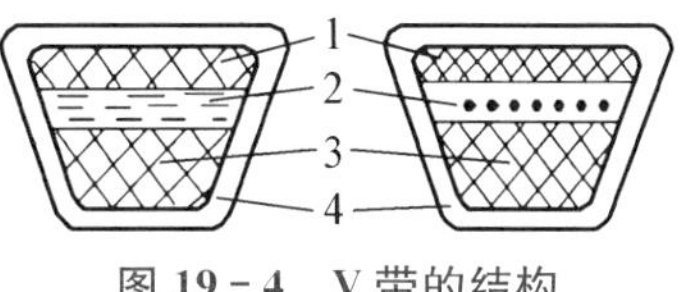

图 19-4　V 带的结构

2. V 带的尺寸

V 带的尺寸已经标准化,其标准有截面尺寸和 V 带基准长度。

(1) 截面尺寸　V 带按其截面尺寸由小到大的顺序排列,共有 Y, Z, A, B, C, D 和 E 7 种型号,各型号的截面尺寸见表 19-1。在相同的条件下,截面尺寸越大,传递的功率就越大。

表 19-1　V 带的截面尺寸(GB 11544—1997)

型　号	Y	Z	A	B	C	D	E
节宽 b_p/mm	5.3	8.5	11	14	19	27	32
顶宽 b/mm	6	10	13	17	22	32	38
带高 h/mm	4	6	8	11	14	19	25
楔角 θ	$40°$						
单位长度的质量 q/(kg/m)	0.04	0.06	0.10	0.17	0.30	0.60	0.87

(2) V 带基准长度　V 带基准长度的标准尺寸系列,见表 19-2。

表 19-2　普通 V 带的基准长度系列及长度系数(GB/T13575.1—2008)

基准长度 L_d/mm	长度系数 K_L						
	Y	Z	A	B	C	D	E
200	0.81						
224	0.82						
250	0.84						
280	0.87						
315	0.89						
355	0.92						
400	0.96	0.87					
450	1.00	0.89					

续 表

基准长度 L_d/mm	长度系数 K_L						
	Y	Z	A	B	C	D	E
500	1.02	0.91					
560		0.94					
630		0.96	0.81				
710		0.99	0.82				
800		1.00	0.85				
900		1.03	0.87	0.81			
1 000		1.06	0.89	0.84			
1 120		1.08	0.91	0.86			
1 250		1.11	0.93	0.88			
1 400		1.14	0.96	0.90			
1 600		1.16	0.99	0.92	0.83		
1 800		1.18	1.01	0.95	0.86		
2 000			1.03	0.98	0.88		
2 240			1.06	1.00	0.91		
2 500			1.09	1.03	0.93		
2 800			1.11	1.05	0.95	0.83	
3 150			1.13	1.07	0.97	0.86	
3 550			1.17	1.09	0.99	0.89	

19.2.2 V带轮

V带轮的结构包括结构形式和结构尺寸两部分。V带轮一般是由轮缘、轮辐和轮毂3部分组成的。

轮缘位于带轮的外圆部分，是带轮的工作部分。在轮缘上开有相应的轮槽，其截面形状也是等腰梯形，轮缘各部分的尺寸见表19-3。其中，V带轮的槽角随着传动带的型号和其楔角θ变小。为使带轮轮槽工作面和V带两侧面接触良好，一般制成后的槽角φ都小于40°。

表 19-3　V带轮的轮槽尺寸　　（单位：mm）

型　　号	Y	Z	A	B	C	D	E
基准宽度 b_d	5.3	8.5	11	14	19	27	32
基准线上槽深 h_{amin}	1.6	2	2.75	3.5	4.8	8.1	9.6
基准线下槽深 h_{fmin}	4.7	4	8.7	10.8	14.3	19.9	23.4
槽间距 e	8 ± 0.3	12 ± 0.3	15 ± 0.3	19 ± 0.3	25.5 ± 0.3	37 ± 0.3	44.5 ± 0.3
槽边距 f_{min}	6	7	9	11.5	16	22	28
最小轮缘厚 δ_{min}	5	5.5	6	7.5	10	12	15
轮缘宽 B	$B=(z-1)e+2f$　z 为轮槽数						
轮缘外径 d_a	$d_a=d_d+2h_a$						
槽角 φ 32°（对应的标准直径 d_d）	$\leqslant 60$	—				—	
槽角 φ 34°（对应的标准直径 d_d）		$\leqslant 80$	$\leqslant 118$	$\leqslant 190$	$\leqslant 315$	—	—
槽角 φ 36°（对应的标准直径 d_d）	60		—		—	$\leqslant 475$	$\leqslant 600$
槽角 φ 38°（对应的标准直径 d_d）		>80	>118	>190	>315	>475	>600

轮毂是带轮与轴配合的部分，轮毂的主要尺寸有外径 d_1 和长度 L，其大小与轴的直径 d 有关，如图 19-5 所示。

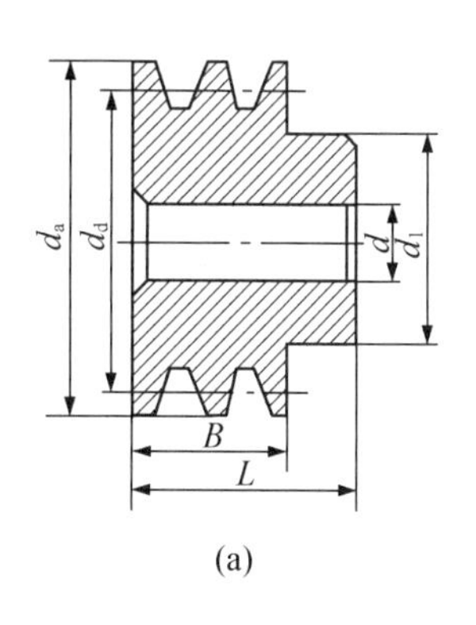

(a)

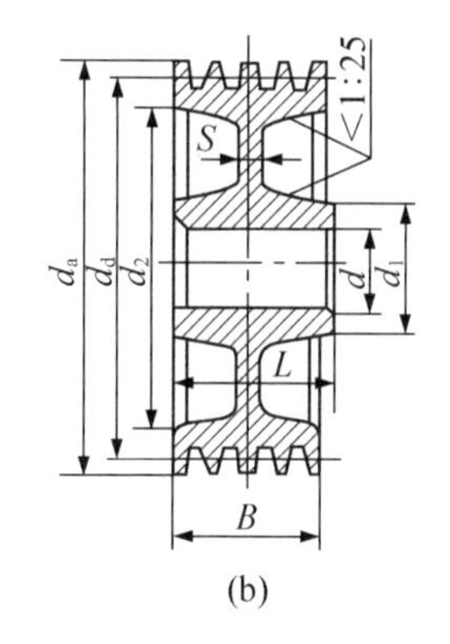

(b)

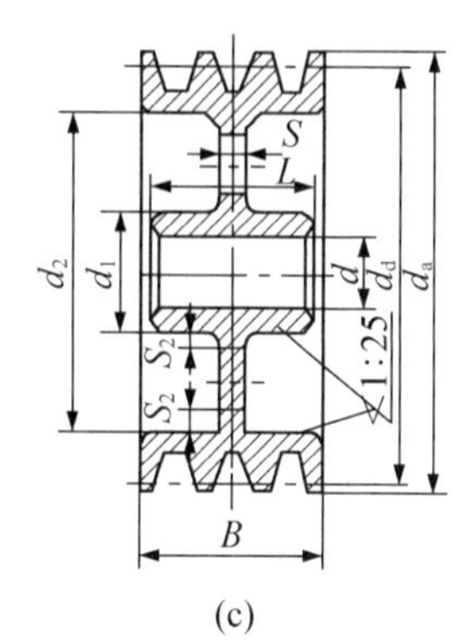

(c)

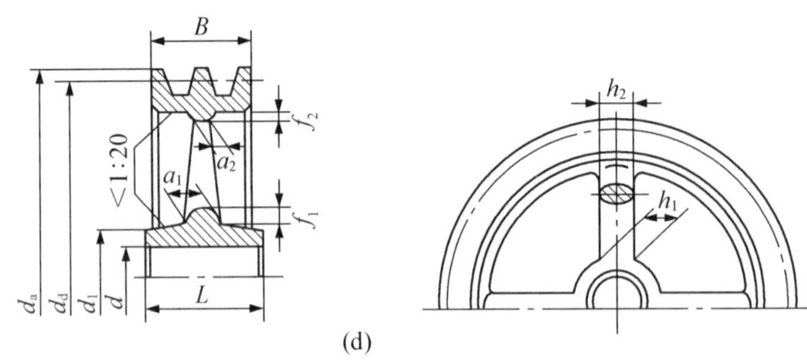

(d)

$d_1=(1.8\sim 2)d$, $L=(1.5\sim 2)d$, $S=(0.2\sim 0.3)B$, $S_1\geqslant 1.5S$, $S_2\geqslant 0.5S$, $h_1=290\sqrt[3]{\frac{P}{nA}}$,

式中,P 为传递的功率(kW), n 为带轮的转速(r/min), A 为轮辐数。

$h_2=0.8h_1$, $a_1=0.4h_1$, $a_2=0.8a_1$, $f_1=0.2h_1$, $f_2=0.2h_2$。

图 19-5 V带轮的结构

轮辐是联结轮缘和轮毂的部分,根据带轮基准直径 d_d 的不同,可制成 4 种结构形式,即实心式、辐板式、孔板式和轮辐式。

按照轮辐的不同结构形式,V带轮的结构形式相应地也有实心式结构、辐板式结构、孔板式结构和轮辐式结构,如图 19-5 所示。V带轮其他各部分的具体尺寸可查阅相关的设计手册。

V带轮的最小基准直径 $d_{d\,min}$ 及基准直径系列,见表 19-4。

表 19-4 普通 V带轮的最小基准直径 $d_{d\,min}$ 及基准直径系列

V带轮槽型	Y	Z	A	B	C	D	E
$d_{d\,min/mm}$	20	50	75	125	200	355	500
基准直径系列/mm	28 31.5 35.5 40 45 50 56 63 71 75 80 (85) 90 (95) 100 112 118 125 132 140 150 160 (170) 180 200 212 224 (236) 250 (265) 280 315 355 375 400 (425) 450 (475) 500 (530) 560 630 710 800 900 1 000 1 120 1 250 1 600 2 000 2 500						

注:括号内的直径尽量不用。

任务 19.3 带传动的工作能力分析

19.3.1 带传动的受力分析

1. 初拉力

为了保证带传动能够正常工作,在安装时传动带必须以一定的张紧力套在两个带轮上。

在带传动静止的时候，传动带张紧在带轮上的拉力称为初拉力，用 $\boldsymbol{F}_0$ 表示，如图 19－6(a)所示。此时由于传动带的张紧，使得它在带轮两边所承受的拉力相等，都是初拉力 $\boldsymbol{F}_0$。在这个初拉力的作用下，传动带与带轮相互压紧，并在接触面之间产生一定的正压力。

2. 有效拉力

在带传动工作的时候，传动带与带轮的接触面之间产生了摩擦力 $\boldsymbol{F}_f$。主动轮以转速 n_1 转动，并通过作用在传动带上的摩擦力使传动带运行，而传动带又通过摩擦力驱动从动轮以转速 n_2 转动。

两个带轮作用在传动带上的摩擦力方向，如图 19－6(b)所示。作用在主动轮处传动带上的摩擦力的方向与主动轮的运动方向相同，而作用在从动轮处传动带上的摩擦力的方向与从动轮的运动方向相反。因此，传动带两边的拉力发生变化，不再相等。

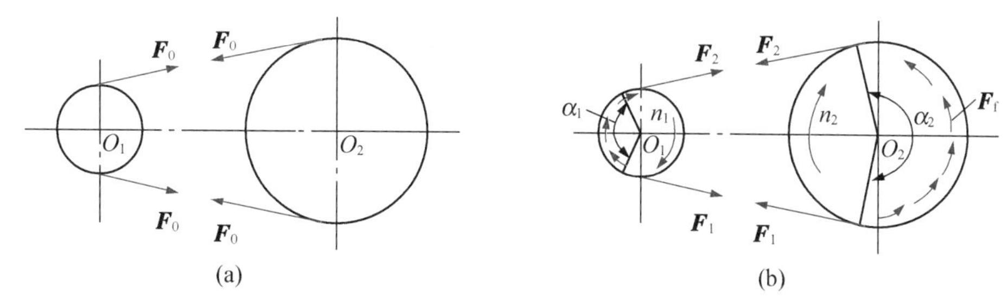

图 19－6　带传动的受力情况

进入主动轮一边的传动带被进一步拉紧，其拉力由 $\boldsymbol{F}_0$ 增大到 $\boldsymbol{F}_1$，成为拉力较大的一边(称为紧边)，其拉力 $\boldsymbol{F}_1$ 称为紧边拉力；进入从动轮一边的传动带则相应地被放松，其拉力由 $\boldsymbol{F}_0$ 减小到 $\boldsymbol{F}_2$，成为拉力较小的一边(称为松边)，其拉力 $\boldsymbol{F}_2$ 称为松边拉力。

设传动带的总长度不变，则紧边拉力的增加量 $\boldsymbol{F}_1-\boldsymbol{F}_0$ 应等于松边拉力的减少量 $\boldsymbol{F}_0-\boldsymbol{F}_2$，即

$$F_1-F_0=F_0-F_2,$$

所以

$$F_1+F_2=2F_0。\tag{19-1}$$

紧边拉力 $\boldsymbol{F}_1$ 与松边拉力 $\boldsymbol{F}_2$ 之差称为带传动的有效拉力，用 $\boldsymbol{F}$ 表示。显然，有效拉力 $\boldsymbol{F}$ 就等于传动带与带轮在整个接触弧上的摩擦力的总和 $\sum\boldsymbol{F}_f$，因此有

$$F=F_1-F_2=\sum\boldsymbol{F}_f。\tag{19-2}$$

带传动所能传递的功率 P 可表示为

$$P=\frac{Fv}{1000}。\tag{19-3}$$

式中，P 为带传递的功率(kW)，F 为有效拉力(N)，v 是带速(m/s)。

由(19－3)式可知，在带速一定的情况下，当传递的功率增大时，有效拉力也相应地增

大，即要求传动带和带轮之间有更大的摩擦力以维持传动。

由于摩擦式带传动是靠摩擦工作的，在初拉力 $\boldsymbol{F}_0$ 一定的情况下，传动带与带轮接触面之间的摩擦力总和有一个极限值。当传动过载时，传动所需要的有效拉力超过传动带与轮面间的极限摩擦力，传动带与带轮之间将发生明显的全面的相对滑动，这种现象称为打滑。

打滑是一种对传动有害的现象，它不仅造成传动带的严重磨损，而且使得从动轮不能正常转动，甚至完全不动，致使传动失效。因此，为了保证带传动的正常工作，应当避免出现打滑现象。

在平带传动中，当传动带即将打滑时，紧边拉力 $\boldsymbol{F}_1$ 与松边拉力 $\boldsymbol{F}_2$ 存在下列关系，即

$$\frac{F_1}{F_2}=e^{f\alpha}, \tag{19-4}$$

式中，f 为带与带轮接触面之间的摩擦系数，α 为包角(rad)，e 为自然对数的底，e≈2.718。

由(19－1)式、(19－2)式和(19－4)式可得

$$F=2F_0\frac{e^{f\alpha}-1}{e^{f\alpha}+1}。 \tag{19-5}$$

(19－5)式表明，传动带所能传递的有效拉力 $\boldsymbol{F}$ 与初拉力 $\boldsymbol{F}_0$、摩擦系数 f 以及包角 α 有关，且与初拉力 $\boldsymbol{F}_0$ 成正比。因此，增大初拉力、摩擦系数和包角，都可以提高带传动的工作能力。

由前述可知，小带轮的包角小于大带轮的包角，即 $\alpha_1<\alpha_2$，打滑首先在小带轮上发生。因此，在计算传动带所能传递的有效拉力 $\boldsymbol{F}$ 时，只需考虑小带轮的包角 α_1。在(19－5)式中，$\alpha=\alpha_1$。

当其他条件不变，且初拉力 $\boldsymbol{F}_0$ 一定时，带传动在不打滑的条件下所能传递的最大有效拉力用 $\boldsymbol{F}_{max}$ 表示，其值可由(19－2)式和(19－4)式求得，即

$$F_{max}=F_1\left(1-\frac{1}{e^{f\alpha_1}}\right)。 \tag{19-6}$$

如果带传动所需要的有效拉力超过最大有效拉力，即 $F>F_{max}$，传动带就会发生打滑。

对于 V 带传动，用当量摩擦系数 f_v 代替(19－4)～(19－6)式中的摩擦系数 f，即可得到其相应的计算公式。当量摩擦系数 f_v 的大小为

$$f_v=\frac{f}{\sin\frac{\varphi}{2}}, \tag{19-7}$$

式中，φ 为 V 带轮的槽角(见表 19－3)。由于 $\varphi=32°\sim38°$，所以 $\sin\frac{\varphi}{2}<1$，$f_v>f$。因此，在相同条件下 V 带所能传递的功率较大，使用较为普遍。

3. 离心拉力

由于传动带具有一定的质量，当绕过带轮的传动带随着带轮做圆周运动时，将产生离心力。离心力只发生在传动带作圆周运动的那一部分，由离心力产生的拉力称为**离心拉力**，用 $\boldsymbol{F}_{c}$ 表示。离心拉力作用在传动带的全部长度上，其大小可由下式求得，即

$$F_{c}=qv^{2}, \tag{19-8}$$

式中，F_{c} 为离心拉力(N)；q 为传动带单位长度的质量(kg/m)，可由表 19-1 查取；v 为带的速度(m/s)。

离心拉力将使传动带在带轮上的压力减小，降低带传动的工作能力。

19.3.2 带传动的应力分析

带传动工作时，在传动带的截面上产生的应力由 3 部分组成。

1. 由拉力产生的拉应力

在带传动工作时，由紧边和松边的拉力所产生的拉应力分别为：

紧边拉应力
$$\sigma_{1}=\frac{F_{1}}{A}; \tag{19-9}$$

松边拉应力
$$\sigma_{2}=\frac{F_{2}}{A}。 \tag{19-10}$$

式中，σ_{1}，σ_{2} 分别为紧边、松边上的拉应力(MPa)；A 为带的截面面积(mm^{2})；F_{1}，F_{2} 分别为紧边、松边的拉力(N)。

沿着带的转动方向，绕在主动轮上传动带的拉应力由 σ_{1} 渐渐地降低到 σ_{2}，绕在从动轮上传动带的拉应力由 σ_{2} 渐渐上升为 σ_{1}。显然，$\sigma_{1}>\sigma_{2}$。

2. 由离心力产生的离心应力

由传动带的离心拉力所产生的离心拉应力 σ_{c} 作用在传动带的全部长度的各个截面上，且大小相等。其大小可由下式求得，即

$$\sigma_{c}=\frac{F_{c}}{A}=\frac{qv^{2}}{A}, \tag{19-11}$$

式中，σ_{c} 为离心拉应力(MPa)，v 为带的速度。

3. 由带的弯曲产生的弯曲应力

传动带绕过带轮时，由于弯曲变形，从而产生弯曲应力。弯曲应力只发生在包角所对应的接触弧上，即带的弯曲部分。带的弯曲应力近似为

$$\sigma_{b}\approx\frac{Eh}{d_{d}}。 \tag{19-12}$$

式中，σ_{b} 为弯曲拉应力(MPa)，h 为带的高度(mm)，d_{d} 为带轮的基准直径(mm)，E 为传动带材料的弹性模量(MPa)。

由(19-12)式可知，当传动带的厚度愈大，带轮的直径愈小时，传动带所受的弯曲应力

就愈大，寿命也就愈短。

由于两个带轮的直径不同，传动带在两个带轮上的弯曲应力也不同。显然，传动带在小带轮上的弯曲应力 σ_{b1} 大于大带轮上的弯曲应力 σ_{b2}，即 $\sigma_{b1}>\sigma_{b2}$。

将上述的 3 种应力进行叠加，即得到在传动过程中，传动带上各个位置所受的应力。传动带上的应力分布，如图 19-7 所示。在传动带的各截面上，应力的大小用从该处引出的径向线或垂直线的长短来表示。

由图 19-7 可知，带在工作时，作用在传动带上某一截面处的应力是随着其运动位置而不断变化的，即传动带处于交变应力状态下工作。在传动带运动一周的过程中，最大应力 σ_{max} 发生在传动带的紧边开始绕上小带轮处的截面上，其应力值为

$$\sigma_{max}=\sigma_1+\sigma_c+\sigma_{b1}\text{。} \tag{19-13}$$

在交变应力的作用下，最终将导致传动带产生疲劳破坏。

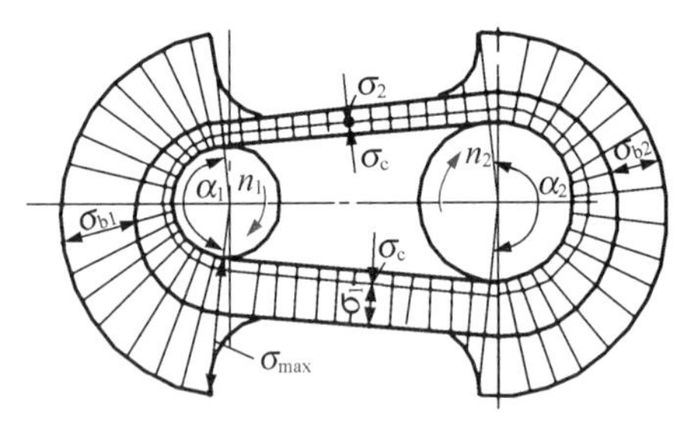

图 19-7　带传动时的应力分布

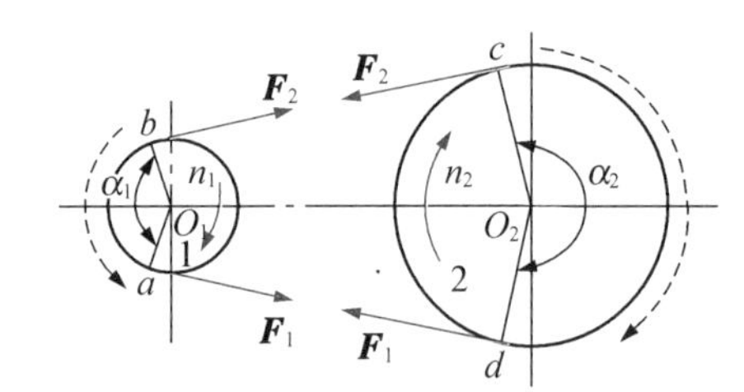

图 19-8　带的弹性滑动

19.3.3　运动分析

1. 弹性滑动

由于传动带具有一定的弹性，在拉力的作用下会产生弹性变形。传动带的弹性变形量随拉力的大小而变化。也就是说，拉力不同时，传动带的弹性变形量也不相同。

如图 19-8 所示，在带传动工作时，传动带紧边的拉力 $\boldsymbol{F}_1$ 大于松边的拉力 $\boldsymbol{F}_2$，因此紧边所产生的弹性变形量大于松边的弹性变形量。

在主动轮上，当传动带从紧边的 a 点随着带轮的转动转到松边的 b 点时，即由紧边转到松边时，传动带所受的拉力由 $\boldsymbol{F}_1$ 逐渐变小到 $\boldsymbol{F}_2$，其弹性变形量也随之逐渐减小。所以传动带在随主动轮一起运转的同时又相对带轮产生回缩，造成传动带的运动滞后于带轮。也就是说，传动带与带轮之间产生了微小的相对滑动。同样，在从动轮上也会发生类似的现象。图 19-8 中的虚线箭头表示的是带在带轮上的相对滑动方向。

这种由于传动带的弹性变形而引起的传动带在带轮上的滑动，称为弹性滑动。弹性滑动是摩擦式带传动的固有现象，在正常工作时是不可避免的。

弹性滑动会引起传动带的磨损，使得传动带的温度升高，从而降低带的寿命。同时，弹性滑动使从动轮的圆周速度低于主动轮的圆周速度。

由弹性滑动引起的从动轮圆周速度的相对降低的程度，称为滑动率，用 ε 表示。故有

$$\varepsilon=\frac{v_1-v_2}{v_1}, \tag{19-14}$$

$$v_1=\frac{\pi d_{d1} n_1}{60\times1000}, \tag{19-15}$$

$$v_2=\frac{\pi d_{d2} n_2}{60\times1000}。 \tag{19-16}$$

式中，v_1，v_2分别为主、从动带轮的圆周速度(m/s)，d_{d1}，d_{d2} 分别为小带轮、大带轮的基准直径(mm)。带传动的滑动率可以定量衡量弹性滑动的程度，通常滑动率 ε 为 0.01～0.02。

弹性滑动和打滑是两个完全不同的概念，从产生的原因来看，前者是由传动带的弹性和拉力差引起的，后者是由过载引起的；从现象来看，前者是局部带在带轮上发生的局部滑动，而后者是整个带在带轮上发生的全面滑动。因此，打滑是可以避免的，而弹性滑动却是不可避免的。

2. 传动比

设主动轮的转速为 n_1，从动轮的转速为 n_2，则带传动的传动比为 $i=\frac{n_1}{n_2}$。

由于传动带的弹性滑动，使得从动轮的速度降低，影响了带传动的传动比。此时，从动轮实际的转速 n_2 和带传动的实际传动比，分别为

$$n_2=\frac{d_{d1}}{d_{d2}}(1-\varepsilon)n_1, \tag{19-17}$$

$$i=\frac{n_1}{n_2}=\frac{d_{d2}}{d_{d1}(1-\varepsilon)}。 \tag{19-18}$$

如前所述，在带传动正常工作时，滑动率 ε 很小，故在一般计算中可以忽略滑动率的影响，视 $\varepsilon=0$，因此可得带传动的传动比为

$$i=\frac{n_1}{n_2}\approx\frac{d_{d2}}{d_{d1}}。 \tag{19-19}$$

任务 19.4　普通 V 带传动的设计

19.4.1　V 带传动的主要失效形式和设计准则

带传动工作时的主要失效形式是打滑和传动带的疲劳破坏。因此，带传动的设计准则是：在保证带传动不打滑的条件下，使传动带具有一定的疲劳强度和寿命。

19.4.2 普通 V 带传动的设计

1. 设计原始数据及内容

设计V带传动给定的原始数据有传动的用途和工作条件、传递的功率 P、主动轮和从动轮的转速 n_1,n_2(或传动比 i_{12}),传动的位置要求及原动机的类型等。

设计的内容包括确定V带的型号、长度和根数,传动中心距,带轮的材料、结构和尺寸,作用在轴上的压力等。

2. 设计方法及步骤

(1) 确定计算功率 P_c　所用的公式为

$$P_c = K_A P, \tag{19-20}$$

式中,P 为传递的额定功率(kW);K_A 为工作情况系数,见表 19-5。

(2) 选择带的型号　根据计算功率 P_c 和主动轮(通常是小带轮)转速 n_1,由图 19-9 选择V带型号。当所选取的结果在两种型号的分界线附近,可以对两种型号同时计算,最后从中选择较好的方案。

(3) 确定带轮基准直径 d_{d1} 和 d_{d2}　具体做法是:

① 选取小带轮基准直径 d_{d1}。小带轮的直径愈小,结构愈紧凑,但带的弯曲应力增大,寿命降低,且带速也低,使带的传动(功率)能力降低。所以小带轮的基准直径 d_{d1} 不宜选得太小,可参考表 19-4 选取 $d_{d1} \geqslant d_{d\,min}$,并应按表 19-4 取直径系列值。

② 验算带速。小带轮直径确定后,应验算带速,即

$$v = \frac{\pi d_{d1} n_1}{60 \times 1\,000} \quad (m/s)。 \tag{19-21}$$

式中,n_1 为小带轮转速(r/min),d_{d1} 为小带轮直径(mm)。通常应使带速在 5～25 m/s 范围内。

③ 计算并确定大带轮基准直径,即

$$d_{d2} = \frac{n_1}{n_2} d_{d1}。 \tag{19-22}$$

表 19-5　工作情况系数 K_A

工作情况		K_A					
		空、轻载启动			重载启动		
		每天工作小时数/h					
		<10	10～16	>16	<10	10～16	>16
载荷变动微小	液体搅拌机、通风机和鼓风机(≤7.5 kW)、离心式水泵和压缩机、轻型输送机等	1.0	1.1	1.2	1.1	1.2	1.3

续 表

工作情况		K_A					
		空、轻载启动			重载启动		
		每天工作小时数/h					
		<10	10～16	>16	<10	10～16	>16
载荷变动小	带式输送机(不均匀载荷)、通风机(>7.5 kW)、压缩机、发电机、金属切削机床、印刷机、木工机械等	1.1	1.2	1.3	1.2	1.3	1.4
载荷变动较大	制砖机、斗式提升机、起重机、冲剪机床、纺织机械、橡胶机械、重载输送机、磨粉机等	1.2	1.3	1.4	1.4	1.5	1.6
载荷变动大	破碎机、摩碎机等	1.3	1.4	1.5	1.5	1.6	1.8

注：(a) 空、轻载启动——电动机(交流启动、三角启动、直流并励)、四缸以上的内燃机、装有离心式离合器、液力连轴器的动力机。

(b) 重载启动——电动机(联机交流启动、直流复励或串励)、四缸以下的内燃机。

(c) 反复起动、正反转频繁、工作条件恶劣等场合，K_A 应乘以 1.2。

算出 d_{d2} 后应圆整，并按表 19-4 中的带轮直径系列取值。

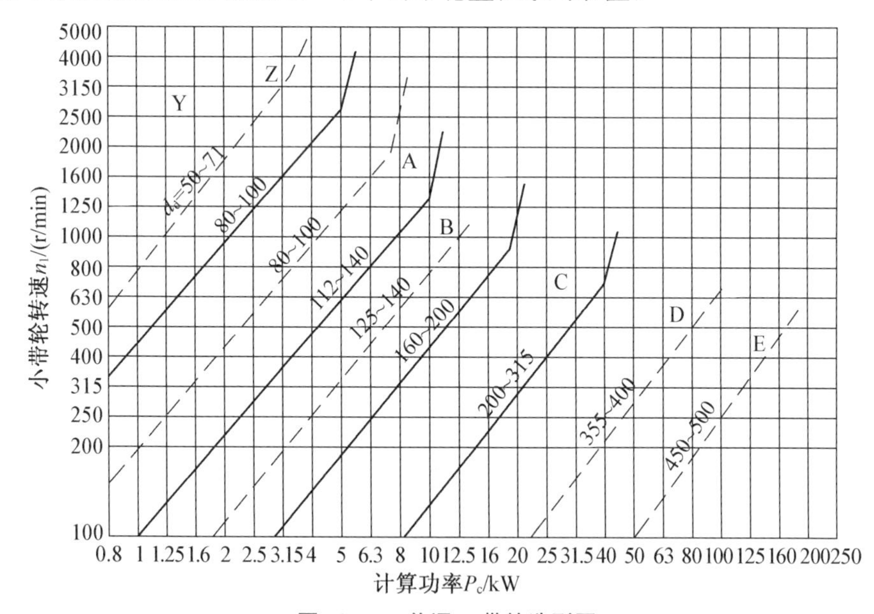

图 19-9　普通 V 带的选型图

(4) 确定中心距 a 和带的基准长度 L_d　带传动的中心距如过小，传动较为紧凑，但带长也减小，带的应力变化也就愈频繁，会降低带的寿命。中心距如过大时，传动的外廓尺寸大，且高速时容易引起带的抖动，影响正常工作。如果中心距未给出，一般推荐按下式初步确定中心距 a_0，即

$$0.7(d_{d1}+d_{d2})\leqslant a_0\leqslant 2(d_{d1}+d_{d2})。\tag{19-23}$$

初选 a_0 后，可根据下式计算 V 带的初选长度，即

$$L_0\approx 2a_0+\frac{\pi}{2}(d_{d1}+d_{d2})+\frac{(d_{d2}-d_{d1})^2}{4a_0}。\tag{19-24}$$

根据初选长度 L_0，由表 19－2 选取与 L_0 相近的基准长度 L_d 作为所选带的基准长度，然后就可以计算出实际中心距，即

$$a\approx a_0+\frac{L_d-L_0}{2}。\tag{19-25}$$

考虑到安装调整和带松弛后张紧的需要，应给中心距留出一定的调整余量。中心距的变动范围为

$$a_{min}=a-0.015L_d,\quad a_{max}=a+0.03L_d。\tag{19-26}$$

（5）确定小带轮包角　小带轮包角可按下式计算，即

$$\alpha_1\approx 180^\circ-\frac{d_{d2}-d_{d1}}{a}\times 57.3^\circ。\tag{19-27}$$

一般要求 $\alpha_1\geqslant 120^\circ$，否则应适当增大中心距或减小传动比，也可以增加张紧轮。

（6）确定 V 带的根数 z　计算公式为

$$z\geqslant\frac{P_c}{[P_0]}=\frac{P_c}{(P_0+\Delta P_0)K_\alpha K_L}。\tag{19-28}$$

式中，P_c 为计算功率(kW)，P_0 为单根普通 V 带的基本额定功率(kW)，$[P_0]$为许用功率(kW)。

单根 V 带所能传递的功率 P_0 与带的型号、长度、带速、带轮直径、包角大小以及载荷性质等有关。为了便于设计，测得在载荷平稳、包角为 180°及特定长度的实验条件下，单根 V 带在保证不打滑，并具有一定寿命时所能传递的功率 P_0(kW)，称为单根普通 V 带的基本额定功率。

当实际使用条件与实验条件不符合时，应当加以修正，修正后即得实际工作条件下单根 V 带所能传递的功率，称为许用功率$[P_0]$，其计算公式为

$$[P_0]=(P_0+\Delta P_0)K_\alpha K_L。$$

式中，K_α 为包角系数，考虑不同包角对传动能力的影响，其值见表 19－6；K_L 为长度系数，考虑不同带长对传动能力的影响，其值见表 19－2；各种型号的 P_0 值见表 19－7。ΔP_0 为功率增量(kW)，考虑传动比 $i\neq 1$ 时带在大带轮上的弯曲应力较小，从而使 P_0 值有所提高，ΔP_0 值见表 19－8。

带的根数 z 应圆整为整数。为使各根带受力均匀，其根数不宜过多，一般 $z=2\sim5$ 根为

宜，最多不能超过 8～10 根，否则应改选型号或加大带轮直径后重新设计。

表 19-6　包角系数 K_α

包角 α_1	70	80	90	100	110	120	130	140
K_α	0.56	0.62	0.68	0.73	0.78	0.82	0.86	0.89
包角 α_1	150	160	170	180	190	200	210	220
K_α	0.92	0.95	0.96	1.00	1.05	1.10	1.15	1.20

(7) 计算初拉力 $\boldsymbol{F}_0$ 和轴上压力 $\boldsymbol{F}_Q$　保持适当的初拉力 $\boldsymbol{F}_0$ 是带传动工作的首要条件，初拉力过小，摩擦力小，传动易打滑；初拉力过大，则带寿命降低，轴和轴承受力增大。单根普通 V 带最合适的初拉力可按下式计算，即

$$F_0=500\frac{P_c}{vz}\left(\frac{2.5}{K_\alpha}-1\right)+qv^2, \tag{19-29}$$

式中，v 为带速(m/s)；z 为带根数；q 为带单位长度的质量(kg/m)，见表 19-9。

为了设计安装带传动的轴和轴承，必须确定作用在轴上的径向压力 $\boldsymbol{F}_Q$。为了简化计算，可近似地按两边带初拉力 $\boldsymbol{F}_0$ 进行计算。由图 19-10，可知

$$F_Q=2zF_0\sin\frac{\alpha_1}{2}, \tag{19-30}$$

式中，z 为带的根数，F_0 为单根带的初拉力(N)，α_1 为小带轮上的包角(°)。

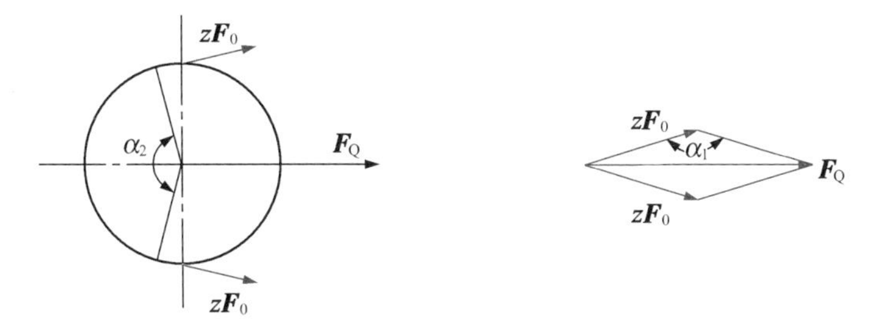

图 19-10　带传动对轴压力

(8) 带轮结构设计　带轮的结构设计，主要是选择带轮材料及根据带轮基准直径的大小选择结构型式。由带的型号确定轮槽尺寸(见表 19-3)，带轮的结构确定可参照图 19-5，其他各部分的具体尺寸可查阅相关的设计手册，并画出带轮工作图。

V 带轮常用的材料是铸铁。当 $v\leqslant 25$ m/s 时，常用牌号为 HT150；当 $v\geqslant 25\sim 30$ m/s 时，常用牌号为 HT200；高速带轮，可采用铸钢或钢板焊接而成；小功率时，也可采用铸铝或工程塑料。

表 19-7 单根普通 V 带的基本额定功率 P_0/kW (GB/T13575.1—2008)

($\alpha_1 = \alpha_2 = 180°$,特定长度,载荷平稳)

截型	小带轮基准直径 d_{d1}/mm	小带轮转速 n_1/(r/min)											
		200	300	400	500	600	730	800	980	1 200	1 460	1 600	1 800
Y	20	—	—	—	—	—	—	—	0.02	0.02	0.02	0.03	—
	31.5	—	—	—	—	—	0.03	0.04	0.04	0.05	0.06	—	
	40	—	—	—	—	—	0.04	0.05	0.06	0.07	0.08	0.09	—
	50	—	—	0.05	—	—	0.06	0.07	0.08	0.09	0.11	0.12	—
Z	50	—	—	0.06	—	—	0.09	0.10	0.12	0.14	0.16	0.17	—
	63	—	—	0.08	—	—	0.13	0.15	0.18	0.22	0.25	0.27	—
	71	—	—	0.09	—	—	0.17	0.20	0.23	0.27	0.31	0.33	—
	80	—	—	0.14	—	—	0.20	0.22	0.26	0.30	0.36	0.39	—
	90	—	—	0.14	—	—	0.22	0.24	0.28	0.33	0.7	0.40	
A	75	0.16	—	0.27	—	—	0.42	0.45	0.52	0.60	0.68	0.73	—
	90	0.22	—	0.39	—	—	0.63	0.68	0.79	0.93	1.07	1.15	—
	100	0.26	—	0.47	—	—	0.77	0.83	0.97	1.14	1.32	1.42	—
	125	0.37	—	0.67	—	—	1.11	1.19	1.40	1.66	1.93	2.07	—
	160	0.51	—	0.94	—	—	1.56	1.69	2.00	2.36	2.74	2.94	—
B	125	0.48	—	0.84	—	—	1.34	1.44	1.67	1.93	2.20	2.33	2.50
	160	0.74	—	1.32	—	—	2.16	2.32	2.72	3.17	3.64	3.86	4.15
	200	1.02	—	1.85	—	—	3.06	3.30	3.86	4.50	5.15	5.46	5.83
	250	1.37	—	2.50	—	—	4.14	4.46	5.22	6.04	6.85	7.20	7.63
	280	1.58	—	2.89	—	—	4.77	5.13	5.93	6.90	7.78	8.13	8.46
C	200	1.39	1.92	2.41	2.87	3.30	3.80	4.07	4.66	5.29	5.86	6.07	6.28
	250	2.03	2.85	3.62	4.33	5.00	5.82	6.23	7.18	8.21	9.06	9.38	9.63
	315	2.86	4.04	5.14	6.17	7.14	8.34	8.92	10.23	11.53	12.48	12.72	12.67
	400	3.91	5.54	7.06	8.52	9.82	11.52	12.10	13.67	15.04	15.51	15.24	14.08
	450	4.51	6.40	8.20	9.81	11.29	12.98	13.80	15.39	16.59	16.41	15.57	13.29
D	355	5.31	7.35	9.24	10.90	12.39	14.04	14.83	16.30	17.25	16.70	15.63	12.97
	450	7.90	11.02	13.85	16.40	19.67	21.12	22.25	24.16	24.84	22.42	19.59	13.34
	560	10.76	15.07	18.95	22.38	25.32	28.28	29.55	31.00	29.67	22.08	15.13	—

续 表

截型	小带轮基准直径 d_{d1}/mm	小带轮转速 n_1/(r/min)											
		200	300	400	500	600	730	800	980	1 200	1 460	1 600	1 800
D	710	14.55	20.35	25.45	29.76	33.18	35.97	36.87	35.58	27.88	—	—	—
	800	16.76	23.39	29.08	33.72	37.13	39.26	39.55	35.26	21.32	—	—	—
E	500	10.86	14.96	18.55	21.65	24.21	26.62	27.57	28.52	25.53	16.25	—	—
	630	15.65	21.69	26.95	31.36	34.83	37.64	38.52	37.14	29.17	—	—	—
	800	21.70	30.05	37.05	42.53	46.26	47.79	47.38	39.08	16.46	—	—	—
	900	25.15	34.71	42.49	48.20	51.48	51.13	49.21	34.01	—	—	—	—
	1000	28.52	39.17	47.52	53.12	55.45	52.26	48.19	—	—	—	—	—

表 19-8 单根普通 V 带 $i \neq 1$ 时额定功率的增量 ΔP_0/kW (GB/T13575.1—2008)

截型	传动比 i	小带轮转速 n_1/(r/min)											
		200	300	400	500	600	730	800	980	1 200	1 460	1 600	1 800
Y	1.35~1.51	—	—	0.00	—	—	0.00	0.00	0.01	0.01	0.01	0.01	
	1.52~1.99	—	—	0.00	—	—	0.00	0.00	0.01	0.01	0.01	0.01	
	≥2	—	—	0.00	—	—	0.00	0.00	0.01	0.01	0.01	0.01	
Z	1.35~1.51	—	—	0.01	—	—	0.01	0.01	0.02	0.02	0.02	0.02	
	1.52~1.99	—	—	0.01	—	—	0.01	0.02	0.02	0.02	0.02	0.03	
	≥2	—	—	0.01	—	—	0.02	0.02	0.02	0.03	0.03	0.03	
A	1.35~1.51	0.02	—	0.04	—	—	0.07	0.08	0.08	0.11	0.13	0.15	
	1.52~1.99	0.02	—	0.04	—	—	0.08	0.09	0.10	0.13	0.15	0.17	
	≥2	0.03	—	0.05	—	—	0.09	0.10	0.11	0.15	0.17	0.19	
B	1.35~1.51	0.05	—	0.10	—	—	0.17	0.20	0.23	0.30	0.36	0.39	0.44
	1.52~1.99	0.06	—	0.11	—	—	0.20	0.23	0.26	0.34	0.40	0.45	0.51
	≥2	0.06	—	0.13	—	—	0.22	0.25	0.30	0.38	0.46	0.51	0.57
C	1.35~1.51	0.14	0.21	0.27	0.34	0.41	0.48	0.55	0.65	0.82	0.99	1.10	1.23
	1.52~1.99	0.16	0.24	0.31	0.39	0.47	0.55	0.63	0.74	0.94	1.14	1.25	1.41
	≥2	0.18	0.26	0.35	0.44	0.53	0.62	0.71	0.83	1.06	1.27	1.41	1.59
D	1.35~1.51	0.49	0.73	0.97	1.22	1.46	1.70	1.95	2.31	2.92	3.52	3.89	4.98
	1.52~1.99	0.56	0.83	1.11	1.39	1.67	1.95	2.22	2.64	3.34	4.03	4.45	5.01
	≥2	0.63	0.94	1.25	1.56	1.88	2.19	2.50	2.97	3.75	4.53	5.00	5.62

续 表

截型	传动比 i	小带轮转速 n_1/(r/min)											
		200	300	400	500	600	730	800	980	1 200	1 460	1 600	1 800
E	1.35～1.51	0.96	1.45	1.93	2.41	2.89	3.38	3.86	4.58	5.61	6.83	—	—
	1.52～1.99	1.10	1.65	2.20	2.76	3.31	3.86	4.41	5.23	6.41	7.80	—	—
	≥2	1.24	1.86	2.48	3.10	3.72	4.34	4.96	5.89	7.21	8.78	—	—

表 19-9　V 带每米长的质量

型号	Y	Z	A	B	C	D	E
q/(kg/m)	0.02	0.06	0.10	0.17	0.30	0.62	0.90

例 19-1　设计一带式输送机的 V 带传动，采用三相异步电机 Y160L-6，其额定功率 $P=8$ kW，转速 $n_1=970$ r/min，传动比 $i=2$，两班制工作。

解

设计计算和说明	结　果
(1) 选取 V 带型号 确定计算功率 P_c，选取 V 带类型。查表 19-5 得工作情况系数 $K_A=1.2$，由(19-20)式得 $P_c=K_AP=1.2\times 8=9.6$ (kW) 根据 $P_c=9.6$ kW，$n_1=970$ r/min，由图 19-9 可知选用 B 型普通 V 带	B 型
(2) 确定带轮基准直径 由表 19-4 查得主动轮的最小基准直径 $d_{d1min}=125$ mm，从带轮的基准直径系列中，取 $d_{d1}=140$ mm。 根据(19-22)式，计算从动轮基准直径 $d_{d2}=i\ d_{d1}=2\times 140=280$ (mm)。 从带轮的基准直径系列中选取 $d_{d2}=280$ mm	$d_{d1}=140$ mm $d_{d2}=280$ mm
(3) 验算带的速度 验算带速，由(19-21)式得 $v=\frac{\pi d_{d1}n_1}{60\times 1\ 000}=\frac{\pi\times 140\times 970}{60\times 1\ 000}=7.1$(m/s)	因 5 m/s<v<25 m/s 所以符合要求

续 表

设计计算和说明	结　　果
(4) 确定传动中心距和普通 V 带的基准长度 由(19-23)式得 $a_0=(0.7\sim2)(d_{d1}+d_{d2})=(0.7\sim2)(140+280)=294\sim840(mm)$， 初步确定中心距 $a_0=600$ mm。 根据(19-24)式计算带的初选长度 $L_0\approx2a_0+\frac{\pi}{2}(d_{d1}+d_{d2})+\frac{(d_{d2}-d_{d1})^2}{4a_0}$ $=2\times600+\frac{\pi}{2}(140+280)+\frac{(280-140)^2}{4\times600}=1\ 868(mm)$。 根据表 19-2，选带的基准长度 $L_d=1800$ mm。 由(19-25)式，得带的实际中心距 $a\approx a_0+\frac{L_d-L_0}{2}=600+\frac{1\ 800-1\ 868}{2}=566(mm)$， $a_{min}=a-0.015L_d=566-0.015\times1\ 800=539(mm)$， $a_{max}=a+0.03L_d=566+0.03\times1\ 800=620(mm)$	$L_d=1\ 800$ mm $a=566$ mm
(5) 验算小带轮包角 α_1 由(19-27)式得： $\alpha_1=180^\circ-\frac{d_{d2}-d_{d1}}{a}\times57.3^\circ=180^\circ-\frac{280-140}{568}\times57.3^\circ=165.9^\circ\geqslant120^\circ$	因 $\alpha_1>120^\circ$ 所以主动轮上的包角合适
(6) 计算 V 带的根数 z 由(19-28)式有 $z=\frac{P_c}{(P_0+\Delta P_0)K_\alpha K_L}$。 B 型普通 V 带，$n_1=970$ r/min，$d_{d1}=140$ mm，查表 19-7 得 $P_0=2.7$ kW；由 $i=2$，查表 19-8 得 $\Delta P_0=0.3$ kW；由 $\alpha_1=165.9^\circ$，查表 19-6 得 $K_\alpha=0.956$；由 $L_d=1\ 800$ mm，查表 19-2 得 $K_L=0.98$。则 $z=\frac{9.6}{(2.7+0.3)\times0.956\times0.98}\approx3.4$	取 $z=4$ 根
(7) 计算初拉力 F_0 由(19-29)式得 $F_0=500\frac{P_c}{vz}\left(\frac{2.5}{K_\alpha}-1\right)+qv^2$。 查表 19-9 得 $q=0.17$ kg/m，故 $F_0=500\times\frac{9.6}{7.1\times4}\left(\frac{2.5}{0.956}-1\right)+0.17\times7.1^2\approx284.1(N)$	$F_0=284.1$ N
(8) 计算作用在轴上的压力 F_Q 根据(19-30)式得 $F_Q=2zF_0\sin\frac{\alpha_1}{2}=2\times4\times250.7\times\sin\frac{165.7^\circ}{2}\approx1\ 990(N)$	$F_Q=1\ 990$ N
(9) 带轮结构设计，画带轮工作图(略)	

任务 19.5　带传动的张紧、安装与维护

19.5.1　带传动的张紧

传动带安装在带轮上应具有一定的张紧力，以保证带传动的正常工作。但在工作一段时间以后，由于带的塑性变形而伸长，导致传动带出现松弛现象，并使传动带的初拉力逐渐减小，从而使传动能力降低，甚至出现打滑而不能正常工作。因此，必须采用适当方法及时进行张紧，以控制传动带的初拉力，保证带传动始终处于正常的工作状态。常用的张紧方法有调节中心距和利用张紧轮。

1. 调节中心距

调节中心距是带传动常用的一种张紧方法。这种方法结构简单、调整方便，因此应用最为普遍。

(1) 定期张紧　在水平布置或与水平面倾斜不大的带传动中，可用图 19－11(a)所示的张紧装置。通过调节螺钉来调整电动机位置，加大中心距，以达到张紧的目的。其调节方法是：将装有带轮的电动机安装在滑轨上，在调整带的初拉力时，用调节螺钉将电动机推移到所需要的位置。在垂直或接近垂直的带传动中，可用图 19－11(b)所示的张紧装置，通过调节摆动架(电动机轴中心)的位置，加大中心距而达到张紧目的。其调节方法是：调节螺栓，使机座绕固定轴摆动，以调整初拉力。在调整好位置后，需要将螺母锁紧。

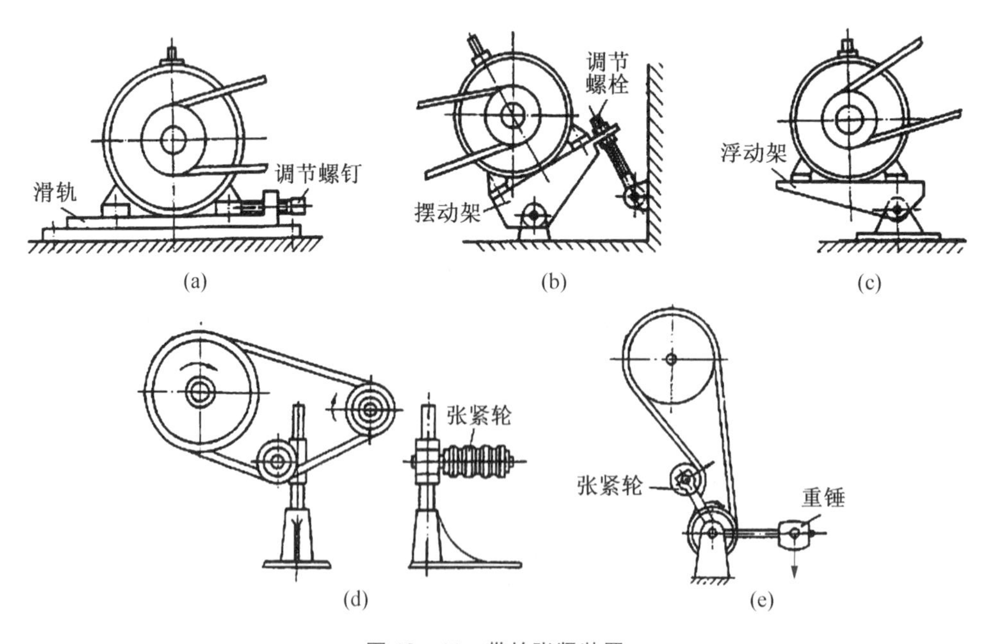

图 19－11　带的张紧装置

(2) 自动张紧　这种方法常用于小功率以及近似垂直布置情况的带传动。图 19-11(c) 所示是自动张紧装置，将装有带轮的电动机安装在浮动架上，利用电动机及浮动架的重量使带轮随同电动机绕固定轴摆动，自动调整中心距达到张紧的目的。

2. 利用张紧轮

当带传动的中心距不能调节时，可以采用张紧轮对传动带进行张紧。

(1) 定期张紧　这种方法用于中心距固定的带传动。如图 19-11(d)所示，张紧轮一般安装在传动带松边的内侧，使传动带只受单向弯曲。为使小带轮包角不要减小得过多，张紧轮应尽量靠近大带轮安装。

(2) 自动张紧　这种方法用于中心距较小而传动比较大的平带传动中，但传动带的寿命较短。如图 19-11(e)所示，靠重锤使张紧轮自动压紧在传动带上，从而达到张紧的目的。张紧轮可以安装在平带松边的外侧，并尽量靠近小带轮的位置上，这样可以增加小带轮处的包角。

19.5.2　带传动的安装与维护

为了确保带传动正常运转，延长带的使用寿命，在 V 带传动的安装与使用过程个，应注意以下一些问题。

(1) 为便于装拆无接头的环形 V 带，带轮宜悬臂装于轴端；在水平或近似水平的传动中，一般应使紧边在下、松边在上，以便利用带的自重加大带轮的包角。

(2) 安装带轮时，两带轮轴线必须平行，轮槽应对正，以减轻带的磨损；安装 V 带时，应先缩短中心距，套上 V 带后再作调整。

(3) V 带应按规定的初拉力张紧，不能过紧(以免增加带的磨损及增大轴的受力)，也不能过松(不能保证正常工作)。因此，安装时先将中心距缩小，带套上后再慢慢拉紧不要硬撬。一般可凭实践经验来控制，即带张紧程度以大拇指能按下 15 mm 为宜，如图 19-12 所示。

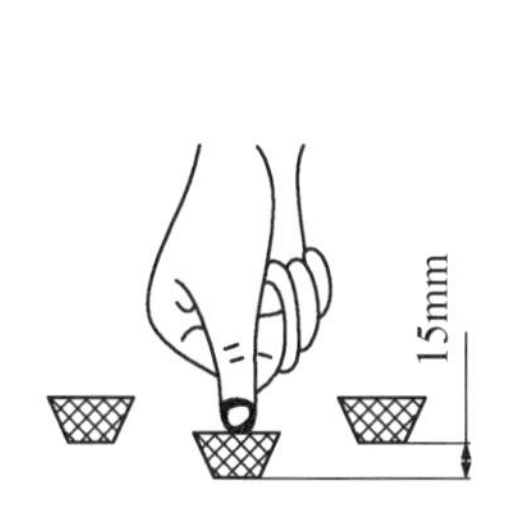

图 19-12　V 带的张紧程度检测

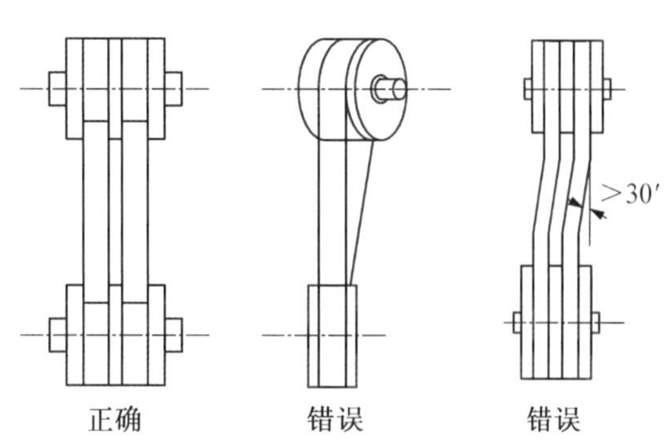

图 19-13　两带轮的相对位置

(4) 安装 V 带轮时，两带轮的轴线应相互平行，必须保持规定的平行度，如图 19-13 所示，两带轮轮槽的对称平面应重合，其偏角误差不得超过 30′。

(5) 带不宜与酸、碱、油类介质接触，也不宜在阳光下曝晒，工作温度一般不超过 60 ℃，以防 V 带加速老化。

(6) 选用 V 带时,应注意型号和长度,型号应和带轮轮槽尺寸相符合。

(7) 多根 V 带使用时,应采用配组带。若其中一根带松弛或有疲劳撕裂现象时,应及时更换全部 V 带,以免新旧带并用时,长短不一,加速新带磨损。

(8) 为确保安全,带传动一般应安装防护罩,并在使用过程中定期检查,调整带的张紧力。

任务 19.6 链 传 动

19.6.1 链传动概述

链传动为具有中间挠性件的啮合传动。它同时具有刚、柔特点,是一种应用十分广泛的机械传动形式。如图 19-14 所示,链传动由主动链轮 1、从动链轮 2 和套在链轮上的链条 3 组成的。它依靠链节和链轮齿的啮合来传递运动和动力。

与带传动相比,链传动无弹性滑动和打滑现象,因而能保持准确的平均传动比;链传动不需很大的初拉力,故对轴的压力小;它可以像带传动那样实现中心距较大的传动,而比齿轮传动轻便得多,但不能保持恒定的瞬时传动比;传动中有一定的动载荷和冲击,传动平稳性差;工作时有噪音,适用于低速传动。

目前链传动的应用范围为:传递的功率 $P\leqslant 100$ kW,传动比 $i\leqslant 8$,中心距$\leqslant 6$ m,链速 $v\leqslant 15$ m/s,传动效率约为 0.95~0.98。

机械中传递动力的传动链,主要有齿形链(见图 19-15)和滚子链(见图 19-16)。齿形链运转较平稳、噪声小,但重量大、成本较高,一般用于高速传动,链速可达 40 m/s。

本书只介绍应用广泛的滚子链传动。

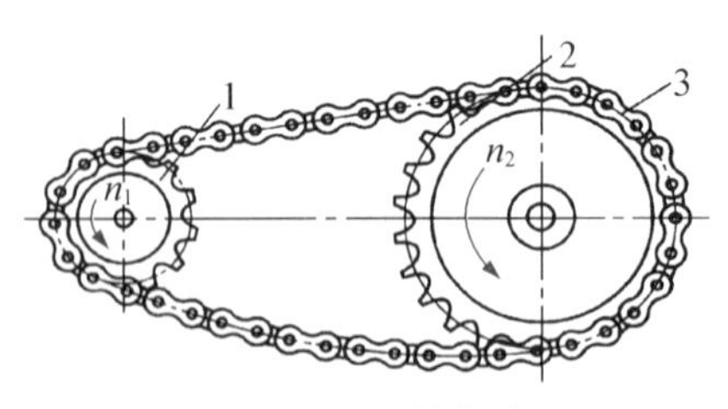

图 19-14 链传动

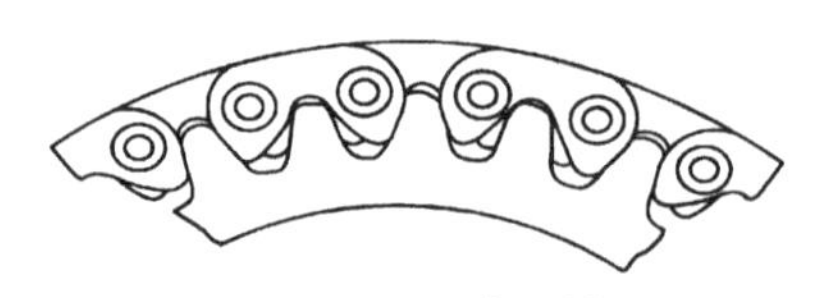

图 19-15 齿形链

19.6.2 滚子链和链轮

1. 滚子链

如图 19-16 所示,滚子链由内链板 1、滚子 2、套筒 3、外链板 4、销轴 5 组成。内链板与套筒、外链板与销轴均为过盈配合,套筒与销轴、滚子与套筒均为间隙配合,这样使内、外链节间构成可相对转动的运动副,并减少链条与链轮间的摩擦和磨损。为减轻重量和使链板各截面强度接近相等，链板制成 8 字形。

滚子链使用时为封闭形，当链节数为偶数时，链条一端的外链板正好与另一端的内链板相连，用与外链板销孔为间隙配合的销轴穿过内外链板销孔，再用开口销或弹簧夹锁紧，如图 19－17(a，b)所示。若链节数为奇数，则需采用过渡链节联结，如图 19－17(c)所示。链条受拉时，过渡链节的弯链板承受附加的弯矩作用，所以，设计时链节数应尽量避免取奇数。

链条相邻两滚子中心间的距离称为节距，用 p 表示，它是链的重要参数。

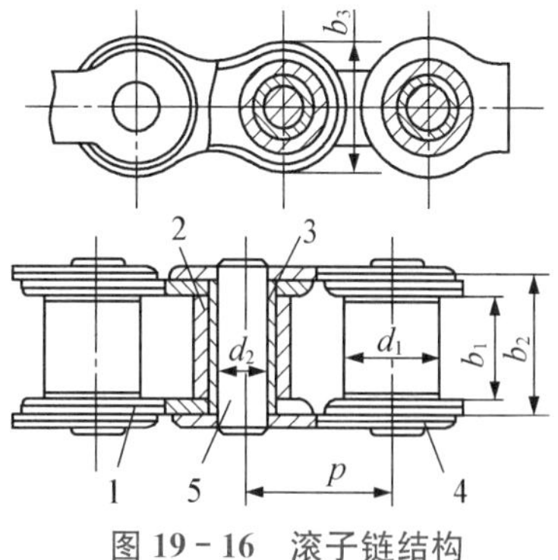

图 19－16　滚子链结构

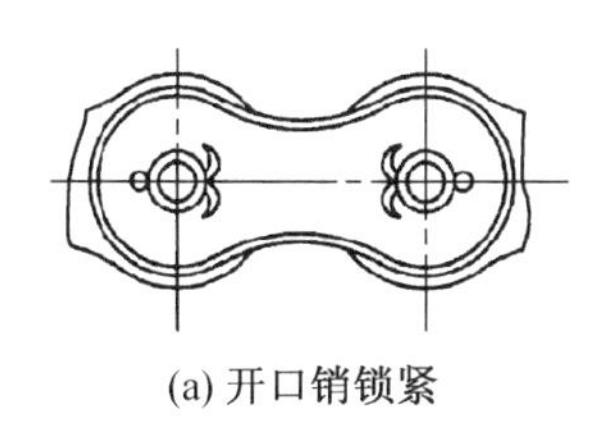
(a) 开口销锁紧

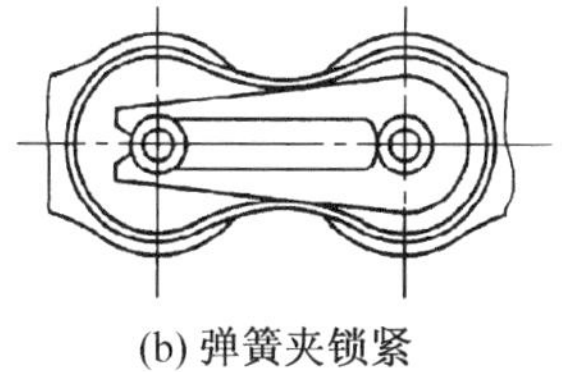
(b) 弹簧夹锁紧

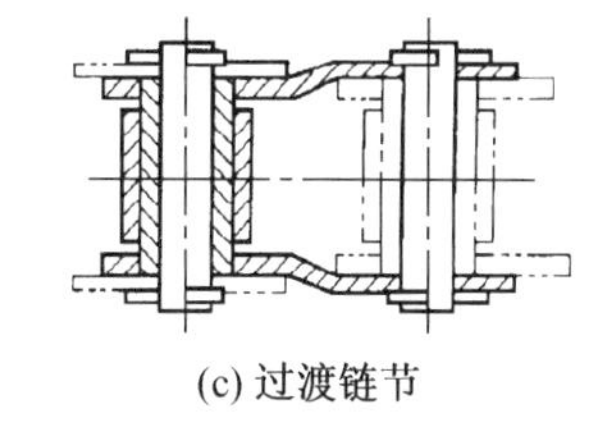
(c) 过渡链节

图 19－17　滚子链连接

滚子链已标准化，GB1243. 1—83 规定，滚子链分 A，B 两个系列，常用的滚子链的主要参数和尺寸见表 19－10。其中链号数乘以 25. 4/16 mm 即为节距值。从表中可知，链的节距越大，链的尺寸就越大，其承载能力也越高。

滚子链有单排链和多排链。多排链用于较大功率传动，由于制造和装配误差，当排数多时，各排受载不易均匀，所以实用上一般不超过 4 排。

滚子链标记为“链号 等级—排数×链节数 标准号”。例如，A 系列滚子链，节距为 15. 875 mm，单排，86 节的滚子链，标记号为：10A—1×86 GB/T1243—1997。

链条各元件的材料为经热处理的碳素钢或合金钢，具体牌号及热处理后的硬度值见有关标准。

表 19－10　A 系列滚子链基本参数和尺寸(GB/T1243—2006)　(节选)

链号	节距 p/mm	排距 P_t/mm	滚子外径 d_t/mm	内链节内宽 b_1/mm	销轴直径 b_2/mm	内链板高度 h_1/mm	极限拉伸载荷 F_Q/N	每米质量(单排)q/(kg/m)
08A	12. 70	14. 38	7. 95	7. 85	3. 96	12. 07	13 800	0. 60
10A	15. 875	18. 11	10. 16	9. 40	5. 08	15. 09	21 800	1. 00
12A	19. 05	22. 78	11. 91	12. 57	5. 94	18. 08	31 100	1. 50
16A	25. 40	29. 29	15. 88	15. 75	7. 92	24. 13	55 600	2. 60
20A	31. 75	35. 76	19. 05	18. 90	9. 53	30. 18	86 700	3. 80
24A	38. 10	45. 44	22. 23	25. 22	11. 10	36. 20	124 600	5. 60
28A	44. 45	48. 87	25. 40	25. 22	12. 70	42. 24	169 000	7. 50

续 表

链号	节距 p/mm	排距 P_t/mm	滚子外径 d_t/mm	内链节内宽 b_1/mm	销轴直径 b_2/mm	内链板高度 h_1/mm	极限拉伸载荷 F_Q/N	每米质量(单排)q/(kg/m)
32A	50.80	58.55	28.58	31.55	14.27	48.26	222 400	10.10
40A	63.50	71.55	39.68	37.85	19.84	60.33	347 000	16.10
48A	76.20	87.83	47.63	47.35	23.80	72.39	500 400	22.60

2. 链轮

链轮的齿形应保证链节能平稳、顺利地进入和退出啮合，受力均匀，不出现脱链现象，并便于加工。国家标准 GB1244—85 规定，链轮端面齿廓由 3 段圆弧 $\overset{\frown}{aa}$，$\overset{\frown}{ab}$，$\overset{\frown}{cd}$ 和一段直线 bc 组成，如图 19－18 所示。

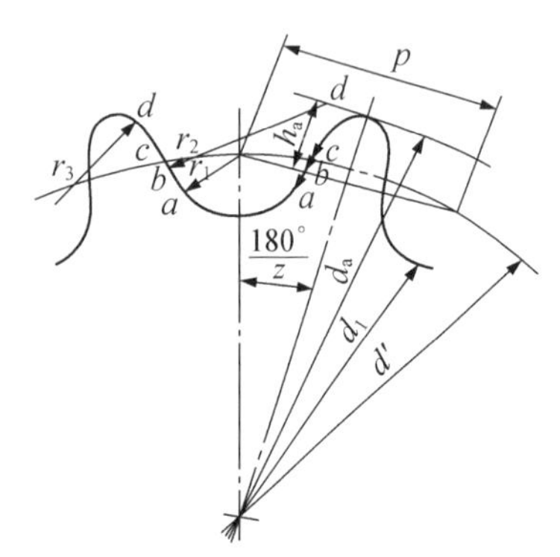

图 19－18 链轮端面齿形

链轮的轴向齿廓两侧制成圆弧形，便于链条进入和退出链轮，轴向齿廓应符合 GB1244—85 的规定。

图 19－19 所示为几种常用的链轮结构。小直径的链轮制成整体实心式结构，如图 19－19(a)所示；中等直径的链轮多采用孔板式，如图 19－19(b)所示；大直径的链轮常采用组合式，齿因与轮芯可用不同材料制成，用螺栓联结，如图 19－19(c)所示，或如图 19－19(d)所示焊接成一体，前者齿圈磨损后便与更换。

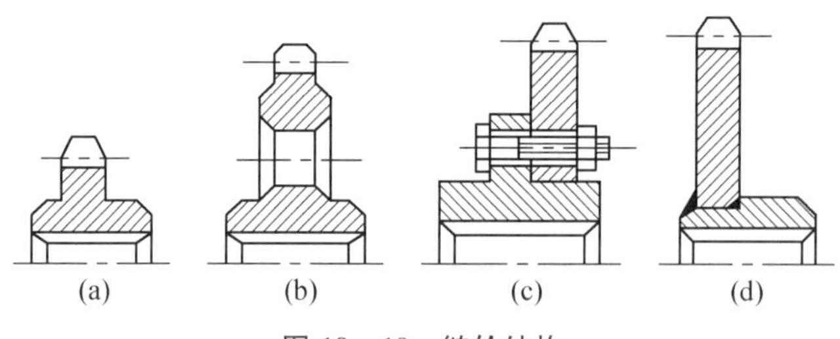

图 19－19 链轮结构

链轮的材料应保证轮齿具有足够的耐磨性和强度，常用材料有碳钢(如 45，50，ZG310－570)、灰铸铁(如 HT200)，重要的链轮可采用合金钢(如 40Cr，35SiMn)齿形面经热处理。小链轮啮合次数比大链轮多，故其材料应优于大链轮。

19.6.3 链传动的运动特性及失效形式

1. 运动特性

由于链条是由刚性链节通过销轴铰接而成，当链绕在两链轮上时，其链节与相应的轮齿啮合后，这一段链条将曲折成正多边形的一部分，如图 19－20 所示。因此，链传动相当于两多边形轮子间的带传动。链条节距 p 和链轮齿数 z 分别为多边形的边长和边数。设 z_1，z_2 分别为两轮齿数，n_1，n_2 为两链轮转速(r/min)，则链的平均速度为

$$v=\frac{z_1pn_1}{60\times1000}=\frac{z_2pn_2}{60\times1000}(\mathrm{m/s})。\qquad(19-31)$$

由上式得链传动的平均传动比为

$$i_{12}=\frac{n_1}{n_2}=\frac{z_1}{z_2}=常数。\qquad(19-32)$$

但应注意，链的瞬时速度和链传动的瞬时传动比都是变化的。图 19－20 所示为链条上 A 点进入啮合时的瞬时位置，为便于分析，设链条的紧边在传动时始终处于水平位置，主动轮以角速度 ω_1 回转，其圆周速度 $v=d_1\omega_1/2$，它在沿链条前进方向的分速度即为链速 v，其值为

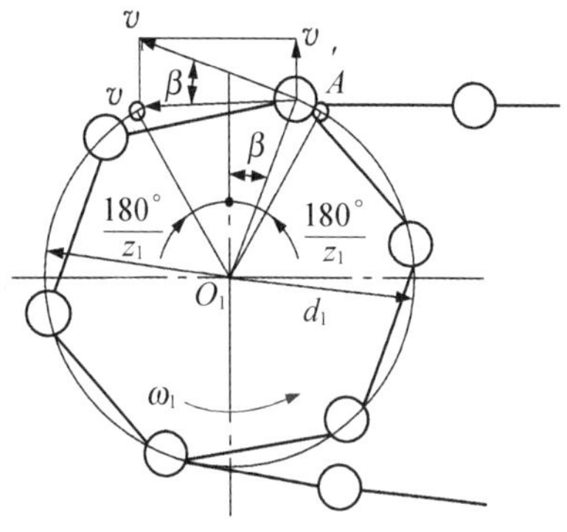

图 19－20　链传动的速度分析

$$v=v_1\cos\beta=\frac{d_1\omega_1}{2}\cos\beta。\qquad(19-33)$$

式中，β 为 O_1A 与过 O_1 点垂线间的夹角，它的变化范围为 $\pm180°/z$。当 $\beta=0°$时，链速最大为 $v_{\max}=d_1\omega_1/2$；$\beta=\pm180°/z$ 时，链速最小为 $v_{\min}=d_1\omega_1\cos[(180°/z)/2]$。由此可见，即使 ω_1 为常数，链瞬时速度是周期性变化的，这种由于多边形啮合传动，而引起传动速度不均匀性称为多边形效应。当链轮齿数多，β 的变化范围小时，多边形效应减弱。

由于链速的变化使链产生加速度，从动轮产生角加速度，引起动载荷。同时，链在垂直链条边的横向分速度 $v'=v_1\sin\beta=d_1\omega_1\sin(\beta/2)$也作周期性变化，引起链条上下抖动。另外，链节进入链轮的瞬间，以一定相对速度相啮合，使链轮受到冲击。

所以，链传动工作时，不可避免地要产生振动冲击和动载荷。因此，链传动不宜用在高速级，且当链速 v 一定时，采用较多链齿和较小链节距，这对减少冲击、动载是有利的。

2. 滚子链的失效形式

(1) 链条链轮的磨损　链在工作时，销轴和套筒承受较大的压力，且作相对运动，因而产生表面磨损。磨损后使链节增长，达到一定程度时，导致跳齿或脱链。润滑密封不良时，磨损更加严重，使链条使用寿命急剧降低。磨损是开式链传动的主要失效形式。

(2) 链条的疲劳破坏　链在工作时，不断地由松边到紧边反复地作环形绕转，因此链条在变应力状态下工作。当应力循环次数达到一定时，链条中的某一零件产生疲劳破坏而失效。由实验可知，润滑良好、工作速度较低时，链板首先疲劳断裂；高速时，套筒或滚子表面将会出现疲劳点蚀或疲劳裂纹。此时，疲劳强度是限定链传动承载能力的主要因素。

(3) 链条铰链胶合　润滑不当或转速过高时，组成铰链副的销轴和套筒的摩擦表面易发生胶合破坏。

(4) 链条过载拉断或多冲破断　低速重载的链条过载时，易发生静强度不足而破断。经常启动、制动、反转或受重复冲击载荷时，链条的各元件受到较大且多次重复的冲击载荷，不等发生疲劳就产生了冲击断裂，故叫多冲破断。

一般情况下，链轮的寿命为链条寿命的 2～3 倍以上，故链传动的承载能力主要取决于

链条的强度和寿命。

19.6.4　链传动的布置、张紧和润滑

1. 链传动的布置

链传动两轮轴线应平行，两轮端面应共面。两链轮轴线连线为水平布置或倾斜布置时，均应使紧边在上、松边在下，以避免松边下垂量增大后链条和链轮卡死，如图 19－21(a，b)所示。倾斜布置时，应使倾角 φ 小于 45°。当传动轴铅垂布置时，链下垂量增大后，下链轮与链的啮合齿数减少，使传动能力降低，此时可调整中心距或采用张紧装置，如图 19－21(c)所示。

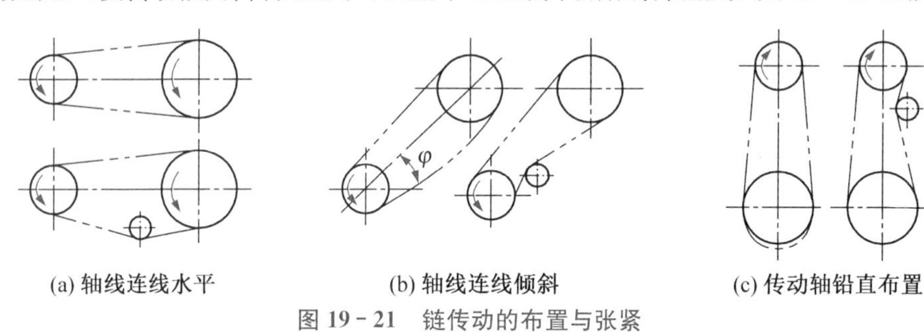

(a) 轴线连线水平　(b) 轴线连线倾斜　(c) 传动轴铅直布置

图 19－21　链传动的布置与张紧

2. 链传动的张紧

链传动靠链条和链轮的啮合传递动力，不需要很大的张紧力。链传动张紧的目的，主要是为了避免垂度过大引起啮合不良。一般链传动设计成可调整的中心距，通过调整中心距来张紧链条，也可采用张紧轮，如图 19－21 所示，张紧轮可设置在松边链条的外侧或内侧。

由于链传动的张紧力不大，所以对轴的压力 Q 也不大，一般取 $Q=(1.2\sim1.5)F$。式中 F 为圆周力，即链的工作拉力。有冲击和振动时，取大值。

3. 链传动的润滑

良好的润滑能减少链条铰链的磨损，延长使用寿命。因此，润滑对链传动是必不可少的。图 19－22 所示为几种常见的润滑方法。图 19－22(a)为用油刷或油壶人工定期润滑；

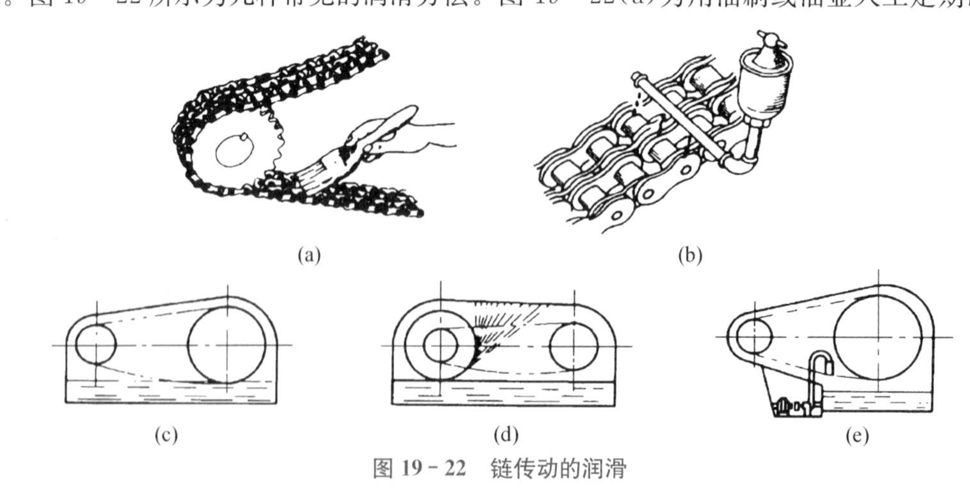

(a)　(b)　(c)　(d)　(e)

图 19－22　链传动的润滑

图 19-22(b)为滴油润滑,用油杯通过油管将油滴入松边链条元件各摩擦面间;图 19-22(c)为链浸入油池的油浴润滑;图 19-22(d)为飞溅润滑,由甩油轮将油甩起进行润滑;图 19-22(e)为压力润滑,润滑油由油泵经油管喷在链条上,循环的润滑油还可起冷却作用,润滑油可采用 N32,N46,N68 机械油。为了安全与防尘,链传动应装防护罩。

小　　结

1. 带传动的类型、特点及应用范围。
2. V 带和 V 带轮的结构。
3. V 带的受力分析、基本参数和几何尺寸。
4. 带传动的工作能力分析、失效形式、设计准则和设计方法。
5. 带传动的带传动的张紧、安装与维护。
6. 链传动的特点、运用、分类及运动特性。
7. 链传动中滚子链和链轮的结构。
8. 链传动的失效形式,链传动的布置、张紧及其润滑。

习　　题

19-1　摩擦式带传动的工作原理是什么?有哪些类型?各有什么特点?

19-2　在相同的条件下,为什么 V 带比平带的传动能力大?

19-3　V 带有哪些型号?其中,截面尺寸最大的是哪个?最小的是哪个?

19-4　带传动中的打滑经常在什么情况下发生?刚开始打滑时,紧边拉力、松边拉力有什么关系?

19-5　带传动中的弹性滑动是什么原因引起的?对传动有何影响?能否避免?

19-6　带传动中,带为什么要张紧?有哪些张紧方法?

19-7　带传动的主要失效形式是什么?设计中应怎样考虑?

19-8　带传动的设计准则是什么?

19-9　设计 V 带传动时,如果带根数过多,应如何处理?

19-10　设计 V 带传动时,为什么要限制带速 v?如果带速 $v>v_{\max}$,或带速过小,应如何处理?

19-11　设计 V 带传动时,为什么小带轮的直径不宜取得太小?

19-12　为什么链传动具有运动不平稳性?

19-13　滚子链的节距对链传动有何影响?

19-14　为何对链传动有“偶数链节、奇数齿”之说?

19-15　在题 19-15 图所示的带传动中,试问:

(1) 在静止时,带两边的拉力是否相同?

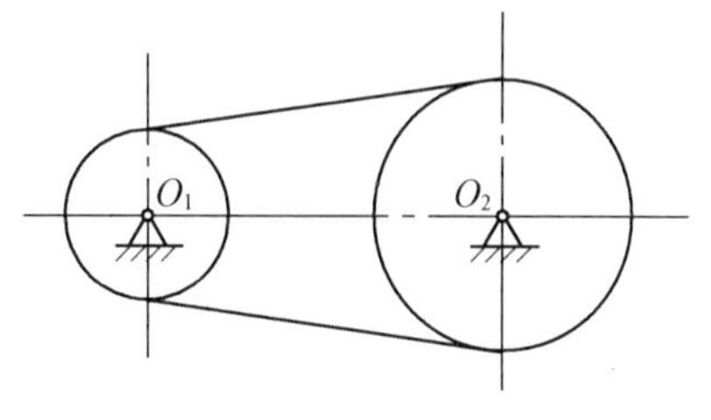

题 19-15 图

(2) 工作时，如果主动轮按逆时针方向转动，带两边的拉力是否发生变化？

(3) 紧边和松边是怎样形成的？

19-16 在V带传动中，带的应力有哪些？画出带的应力分布图，并指出最大应力出现的位置。

19-17 试设计一鼓风机用V带传动。小带轮装在电动机轴上，已知电动机功率 $P=10$ kW，转速 $n_1=1\,450$ r/min，从动轮转速 $n_2=400$ r/min，每天 24 h 工作，中心距约为 1 500 mm。

19-18 试设计一带式运输机用V带传动。小带轮装在电动机轴上，已知电动机功率 $P=4$ kW，转速 $n_1=960$ r/min，从动轮转速 $n_2=295$ r/min，三班制工作，载荷变动较小。

项目 20 齿轮传动

工程案例导入

图 1 所示的汽车后桥差速器、图 2 所示的导弹发射快速反应装置，主要由齿轮传动机构组成。这些装置为什么要采用齿轮传动？齿轮传动有什么类型、特性、运动规律、失效形式？设计中应注意哪些问题？

本项目将结合多种工程案例，介绍齿轮传动的相关知识。通过学习，体会设计工作需要严谨的设计态度以及责任意识，理解“差之毫厘，失之千里”，明白一丝不苟、严谨的工作态度能够帮助、促进完成工程项目。

图 1　汽车后桥差速器

图 2　导弹发射快速反应装置

● 学习目标

◇ 掌握渐开线齿轮传动特性、渐开线标准直齿圆柱齿轮的基本参数、几何尺寸计算、失效形式、设计计算准则；

◇ 了解齿轮的切齿原理、加工方法、变位齿轮；

◇ 了解齿轮传动的设计计算；

◇ 了解斜齿圆柱齿轮、圆锥齿轮、蜗杆传动的特点和基本参数；

◇ 培养严谨的设计、计算态度，质量意识、责任意识。

● 学习重点和难点

◇ 渐开线齿轮传动特性、直齿圆柱齿轮的基本参数、几何尺寸计算、失效形式、设计计算准则；

◇ 斜齿圆柱齿轮、圆锥齿轮、蜗杆传动的特点和基本参数。

任务 20.1 概 述

20.1.1 齿轮传动的特点

齿轮传动是应用最广泛的传动机构之一。其主要优点是传动效率高($\eta=0.92\sim0.98$)、传递功率大、速度范围广、结构紧凑、工作可靠、寿命长，且能保证恒定的瞬时传动比。其主要缺点是制造和安装精度要求高、成本高，而且不宜用于中心距较大的传动。

20.1.2 齿轮传动的类型

按照两齿轮的轴线位置、齿向和啮合情况的不同，齿轮传动可以分类如下，如图 20-1 所示。

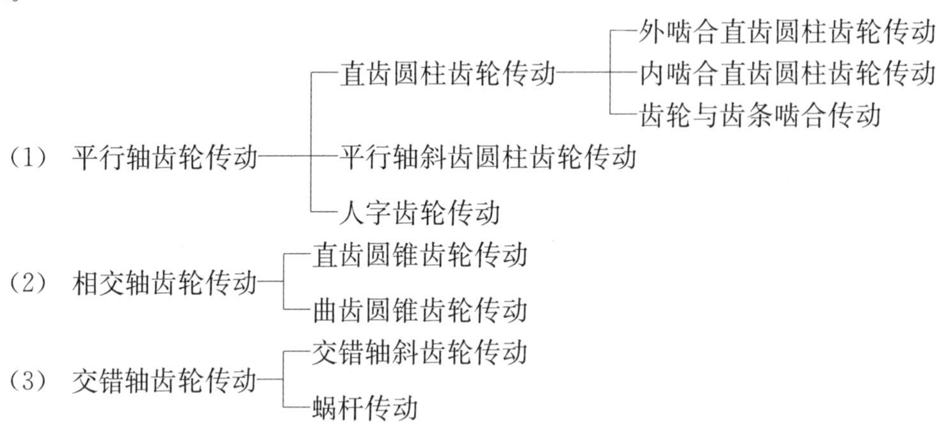

按照工作条件不同，齿轮传动可以分为开式传动和闭式传动。开式传动的齿轮裸露在外，工作条件差，不能保证良好的润滑和防止灰尘等侵入，齿轮容易磨损失效，适用于要求不高的低速传动。闭式传动的齿轮被密封在箱体内，因而能保证良好的润滑和洁净的工作条件，适用于重要的传动。

按照轮齿齿廓曲线的不同，齿轮传动又可分为渐开线齿轮、圆弧齿轮、摆线齿轮，本章仅讨论制造、安装方便，应用最广的渐开线齿轮。

(a) 外啮合直齿圆柱齿轮传动

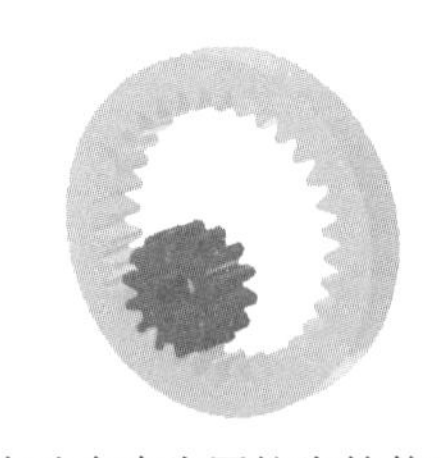

(b) 内啮合直齿圆柱齿轮传动

(c) 齿轮与齿条啮合传动

(d) 平行轴斜齿圆柱齿轮传动

(e) 交错轴斜齿轮传动

(f) 直齿圆锥齿轮传动

(g) 曲齿圆锥齿轮传动

(h) 人字齿轮传动

(i) 蜗杆传动

图 20-1 齿轮传动的类型

任务 20.2 渐开线直齿圆柱齿轮

20.2.1 渐开线的形成及其特性

1. 渐开线的形成

如图 20-2 所示，当一直线沿着固定的圆作纯滚动时，直线上任意一点 K 的轨迹 AK 称为这个圆的渐开线。这个圆称为渐开线的基圆，半径用 r_b 表示，这条直线称为渐开线的发生线。

2. 渐开线的特性

根据渐开线形成的过程可知，渐开线具有下列特性。

(1) 因为发生线在基圆上作纯滚动，所以发生线在基圆上滚过的线段长度等于基圆上被滚过的弧长，即 $BK=\overset{\frown}{AB}$。

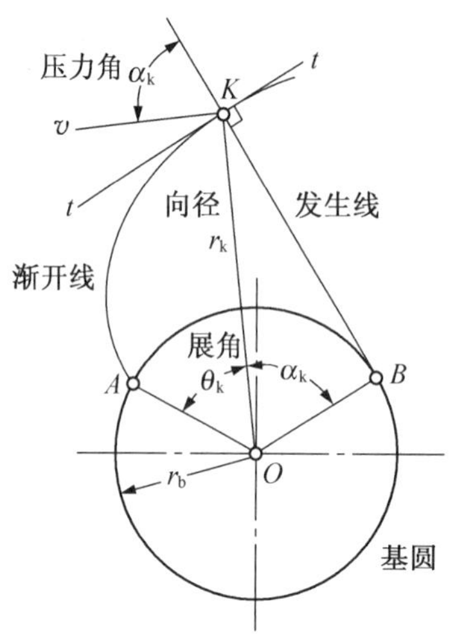

图 20-2　渐开线的形成图

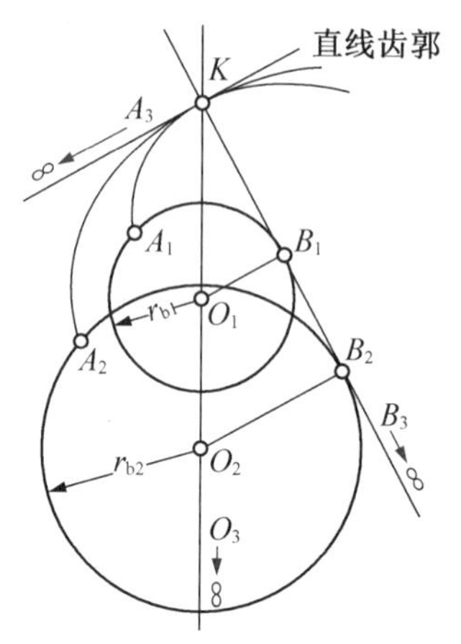

图 20-3　不同基圆的渐开线

(2) 当发生线沿基圆作纯滚动时，B 点为其瞬时转动中心，K 点的运动方向垂直于 BK，并且与渐开线 K 点的切线方向一致，所以发生线即为渐开线的法线。又因发生线始终切于基圆，故渐开线上任意点的法线必与基圆相切；反之亦然。

(3) 渐开线的形状取决于基圆的大小。如图 20-2 所示，B 点又为渐开线在 K 点的曲率中心，线段 BK 为其曲率半径。由图 20-3 可见，基圆愈大，渐开线在 K 点的曲率半径愈大，渐开线愈趋平直。当基圆半径趋于无穷大时，渐开线则成为直线。

(4) 渐开线上某点(K 点)的法线(压力方向线)，与该点速度方向线所夹的锐角 α_k 称为该点的压力角。由图 20-2 可知

$$\cos\alpha_K = \frac{OB}{OK} = \frac{r_b}{r_K}。\qquad (20-1)$$

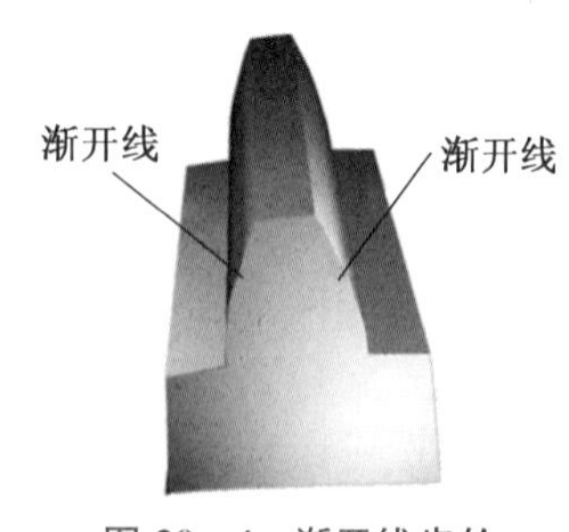

图 20-4　渐开线齿轮

上式表明，渐开线上各点的压力角不等，向径 r_k 愈大(即 K 点离轮心愈远)，其压力角愈大。基圆上的压力角为零。

(5) 基圆以内无渐开线。

20.2.2　渐开线直齿圆柱齿轮

以渐开线作为轮齿两侧齿廓的齿轮称为渐开线齿轮，如图 20-4 所示。

20.2.3　渐开线直齿圆柱齿轮各部分名称

图 20-5 所示为直齿圆柱齿轮的局部图，各部分的名称如下：

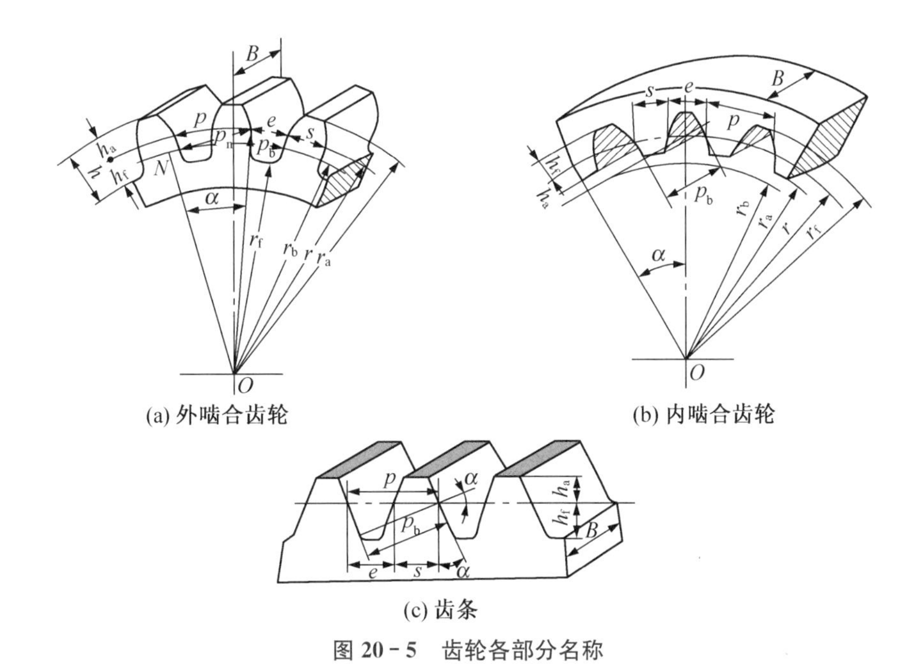

(a) 外啮合齿轮　　(b) 内啮合齿轮

(c) 齿条

图 20－5　齿轮各部分名称

(1) 齿顶圆　过齿轮齿顶所作的圆称为**齿顶圆**,其直径用 d_a 表示(半径用 r_a 表示)。

(2) 齿根圆　过齿轮齿根所作的圆称为**齿根圆**,其直径用 d_f 表示(半径用 r_f 表示)。

(3) 基圆　发生渐开线齿廓的圆称为**基圆**,直径用 d_b 表示(半径用 r_b 表示)。

(4) 齿厚　在任意圆周上轮齿两侧间的弧长称为**齿厚**,用 s_i 表示。

(5) 齿槽宽　在任意圆周上相邻两齿反向齿廓之间的弧长称为**齿槽宽**,用 e_i 表示。

(6) 齿宽　沿齿轮轴线量得齿轮的宽度称为**齿宽**,用 B 表示。

(7) 分度圆　对标准齿轮来说,齿厚与齿槽宽相等的圆称为**分度圆**,其直径用 d 表示(半径用 r 表示)。分度圆上的齿厚和齿槽宽分别用 s 和 e 表示,$s=e$,分度圆是设计和制造齿轮的基准圆。

(8) 齿距　相邻两齿在分度圆上同侧齿廓对应点间的弧长称为**齿距**,用 p 表示,即

$$p=s+e,\quad s=e=\frac{p}{2}。\tag{20-2}$$

(9) 齿顶高　从分度圆到齿顶圆的径向距离称为**齿顶高**,用 h_a 表示。

(10) 齿根高　从分度圆到齿根圆的径向距离称为**齿根高**,用 h_f 表示。

(11) 全齿高　从齿顶圆到齿根圆的径向距离称为**全齿高**,用 h 示,$h=h_a+h_f$。

(12) 齿顶间隙　如图 20－6 所示,当齿轮啮合时,一个齿轮的齿顶圆与配对齿轮的齿根圆之间的径向距离称为**齿顶间隙**,用 c 表示,$c=h_f-h_a=c^*m$。它可避免一个齿轮的齿顶与另一齿轮的齿根相碰,并能储存润滑油,有利于齿轮传动装配和润滑。

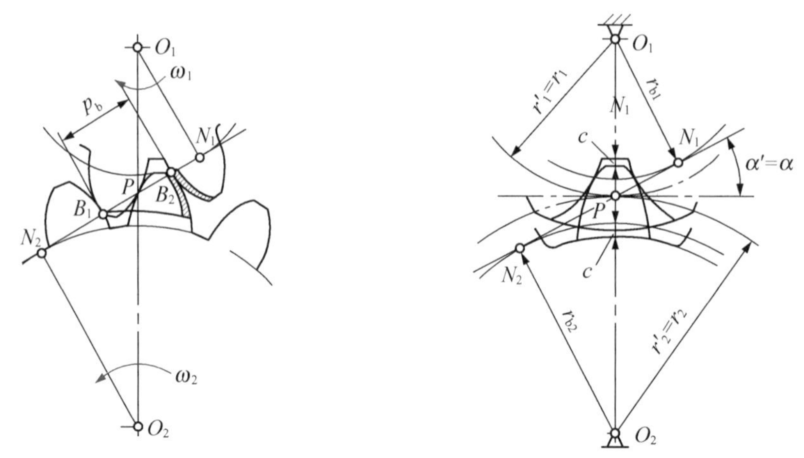

图 20-6 渐开线齿轮的啮合传动

20.2.4 渐开线直齿圆柱齿轮的基本参数

决定齿轮尺寸和齿形的基本参数有 5 个，即齿轮的模数 m、压力角 α、齿数 z、齿顶高系数 h_a^* 及径向间隙系数 c^*。除齿数 z 外均已标准化。

1. 模数 m

分度圆直径 d 与齿数 z 及齿距 p 关系为 $\pi d = pz$，即为 $d=\frac{p}{\pi}z$。其中包含无理数 π，使计算分度圆直径很不方便，因而规定比值$\frac{p}{\pi}$为标准值（见表 20-1），称为模数，用 m 表示，即

$$m=\frac{p}{\pi} \quad (\text{mm}), \tag{20-3}$$

所以

$$d=mz。 \tag{20-4}$$

表 20-1 标准模数系列/mm(GB1357-2008)

第一系列	1　1.25　1.5　2　2.5　3　4　5　6　8　10　12　16　20　25　32　40　50
第二系列	2.25　2.75(3.25)　3.5(3.75)　4.5　5.5(6.5)　7　9(11)　14　18　22　28(30)　36　45

注：优先选用第一系列，括号内的数值尽量不用。

模数是齿轮几何尺寸计算的重要参数。由(20-4)式可知，当齿数相同时，模数愈大，齿轮直径愈大，因而承载能力愈高。如图 20-7 所示，当分度圆直径相同时，模数大，齿数少；模数小，齿数多。

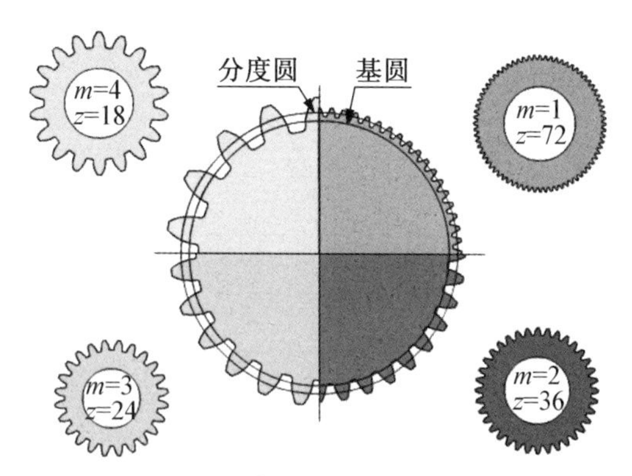

图 20-7 齿轮模数与齿数的关系

2. 压力角 α

由渐开线性质可知，渐开线上各点的压力角是不相同的。分度圆上的压力角称为压力角，用 α 表示。国家标准中规定分度圆上的压力角为标准值，$\alpha=20°$，且有

$$\cos\alpha=\frac{r_b}{r}。$$

3. 齿顶高系数 h_a^*、顶隙系数 c^*

齿轮各部分尺寸均以模数作为计算基础，因此，标准齿轮的齿顶高和齿根高可表示为

$$h_a=h_a^* m \ , \tag{20-5}$$

$$h_f=(h_a^*+c^*)m 。\tag{20-6}$$

式中，h_a^* 和 c^* 分别称为齿顶高系数和顶隙系数。对于圆柱齿轮，我国标准规定：正常齿制，$h_a^*=1$，$c^*=0.25$；短齿制，$h_a^*=0.8$，$c^*=0.3$。

20.2.5 标准直齿圆柱齿轮的几何尺寸计算

标准齿轮，是指分度圆上的齿厚 s 等于齿槽宽 e，并且 m，α，h_a^*，c^* 为标准值的齿轮。为了便于设计计算，现将标准直齿圆柱齿轮的几何尺寸计算公式列于表 20-2 中。

表 20-2 标准直齿圆柱齿轮的几何尺寸计算公式

名 称	符 号	计 算 公 式
分度圆直径	d	$d=mz$
基圆直径	d_b	$d_b=mz\cos\alpha$
齿顶圆直径	d_a	$d_a=m(z\pm 2h_a^*)$
齿根圆直径	d_f	$d_f=m(z\mp 2h_a^*\mp 2c^*)$
齿顶高	h_a	$h_a=h_a^* m$
齿根高	h_f	$h_f=(h_a^*+c^*)m$

续 表

名 称	符 号	计算公式
齿高	h	$h=h_a+h_f=(2h_a^*+c^*)m$
齿距	p	$p=\pi m$
齿厚	s	$s=\dfrac{\pi m}{2}$
齿槽宽	e	$e=\dfrac{\pi m}{2}$
基节	p_b	$p_b=\pi m\cos\alpha$
中心距	a	$a=\dfrac{m(z_2\pm z_1)}{2}$

注：凡含"±"或"∓"的公式，上面符号用于外啮合，下面符号用于内啮合。

例 20-1 有一个破损齿轮，测得其齿高约为 $h=6.74$ mm，$\alpha=20°$，与该齿轮配对的另一外啮合标准直齿圆柱齿轮齿数 $z_1=81$，$a=150$ mm，求该破损齿轮的设计参数(模数 m，齿数 z_2，齿顶高系数 h_a^*，顶隙系数 c^*)。

解：先假设是短齿制，则

$$m=\frac{h}{2h_a^*+c^*}=\frac{6.74}{2\times0.8+0.3}\approx3.547\ (\text{mm});$$

再假设是正常齿制，则

$$m=\frac{h}{2h_a^*+c^*}=\frac{6.74}{2\times1+0.25}\approx2.9956\ (\text{mm})。$$

因为接近标准模数值 3 mm，所以该破损齿轮是正常齿制，则

$$z_2=\frac{2a}{m}-z_1=\frac{2\times150}{3}-81=19。$$

该破损齿轮的设计参数：$\alpha=20°$，$m=3$ mm，$h_a^*=1$，$c^*=0.25$，$z_2=19$。

20.2.6 公法线长度

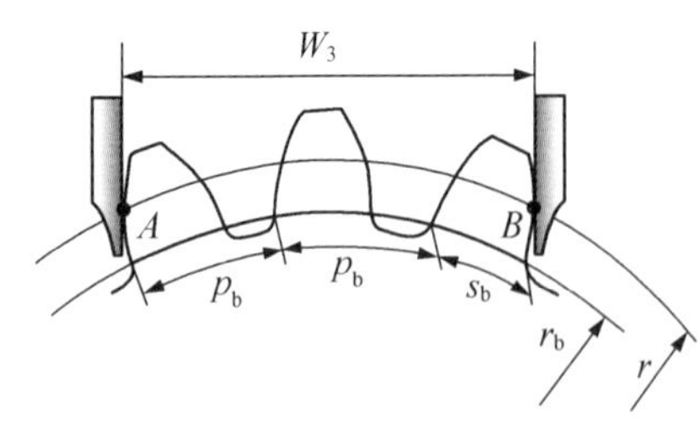

图 20-8 公法线长度的测量

公法线长度 W_k 是在齿轮的加工与检验过程中，经常测量的项目。

公法线长度，是指卡尺跨越过 k 个齿所量得的齿廓间的法向距离。

如图 20-8 所示，卡尺的两卡脚与齿廓相切于 A，B 两点，设跨齿数为 k(图中 $k=3$)，则 AB 的长度即为公法线长度，以 W_k 表示。由图可知

$$W_k=(k-1)p_b+s_b。$$

式中，W_k 为公法线长度(mm)，k 为跨齿数，p_b 为齿轮的基圆齿距(mm)，s_b 为齿轮的基圆齿厚(mm)。

对于压力角 $\alpha=20°$ 的标准齿轮，W_k 和 k 可按下式计算，即

$$W_k=m[2.9521(k-0.5)+0.014z], \tag{20-7}$$

$$k=\frac{z}{9}+0.5。 \tag{20-8}$$

实际测量时，跨越的齿数 k 必须为整数，故按上面公式计算出的 k 应圆整为整数。

任务 20.3 渐开线标准直齿圆柱齿轮的啮合传动

20.3.1 渐开线齿轮的啮合特性

1. 传动比恒定

图 20-9 所示为外啮合传动的一对渐开线齿轮，顺时针方向转动的主动轮 1 轮齿的齿根部与从动轮 2 的齿顶相啮合于 B_2 点，B_2 点称为啮合起始点。由渐开线特性可知，过 B_2 点作两齿廓的公法线 $n-n$ 必同时与两个基圆相切于 N_1，N_2 点，即 N_1N_2 是两基圆的内公切线。传动中，啮合点位置不断移动，直到主动轮齿顶与从动轮齿根啮合于 B_1 点后，该对轮齿脱开。过 B_1 点作两齿廓的公法线依然是 N_1N_2 线。这是因为两基圆是定圆，在同一方向的公切线只有一条。可见，不论在何处啮合，过啮合点所作两齿廓公法线均为 N_1N_2，并与连心线 O_1O_2 交于固定的节点 P。

由于两齿轮的齿廓是连续接触的，故两齿轮在任意点接触 K 的圆周速度在齿廓公法线上的分量应该是相等的，即 $V_{1n}=V_{2n}$，所以

$$\omega_1 O_1K\cos\alpha_{K1}=\omega_2 O_2K\cos\alpha_{K2},$$

因为 $\triangle O_1N_1P \backsim \triangle O_2N_2P$，所以

$$i=\frac{\omega_1}{\omega_2}=\frac{O_2K}{O_1K}\frac{\cos\alpha_{K2}}{\cos\alpha_{K1}}=\frac{O_2N_2}{O_1N_1}=\frac{O_2P}{O_1P}=\frac{r'_2}{r'_1}=\frac{r_{b2}}{r_{b1}}=常数。$$

因此，一对渐开线齿廓啮合传动的瞬时传动比恒定。

B_1B_2 线段为一对齿廓实际参与啮合的线段称为实际啮合线。若加大齿顶圆直径，则 B_1，B_2 点将分别趋近于 N_2 和 N_1 点，实际啮合线也随之增长。但因为基圆内无渐开线，所以，N_1，N_2 为啮合极限点，N_1N_2 线段称为理论啮合线。

如图 20-10 所示，以轮心 O_1，O_2 为圆心，过节点 P 所作的圆称为节圆。两轮的节圆直径分别用 d_1'，d_2' 表示，节圆半径分别用 r_1'，r_2' 表示。过节点 P 作两节圆的公切线 $t-t$ 与啮合线所夹的锐角称为啮合角，以 α' 表示。

节圆和啮合角是一对齿轮啮合传动时才具有的参数，单个齿轮没有节圆和啮合角。对于标准齿轮传动，节圆与分度圆重合，啮合角等于压力角。

2. 中心距可分性

由于一对渐开线齿廓啮合传动时，传动比与两基圆半径成反比，而与中心距无关，即使由

于制造、安装等原因,使两轮的实际中心距 a' 与设计中心距略有偏差,也不会影响两轮的传动比。这是因为已制好的两齿轮基圆不会改变。渐开线齿轮的中心距稍有变动时,仍能保持传动比不变的特性,称为中心距可分性。可分性对渐开线齿轮的加工和装配是十分有利的。

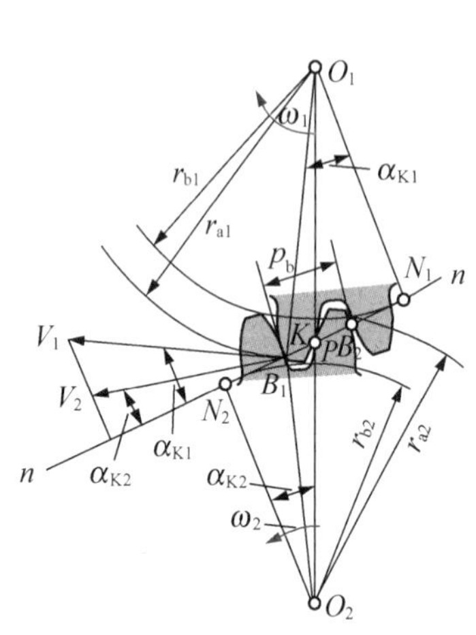

图 20-9　渐开线齿廓啮合特性

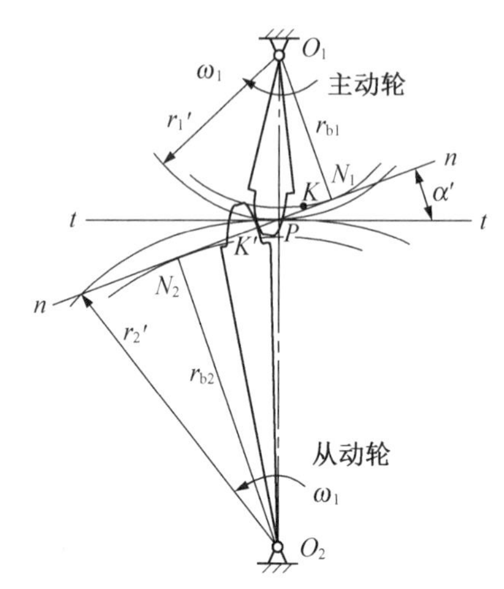

图 20-10　外啮合齿轮传动

3. 齿廓间作用力方向不变

由于啮合线 N_1N_2 的长度和方位是不变的定线,啮合角 α' 为定角。在不考虑齿廓间的摩擦力时,齿廓间作用的压力方向沿着法线方向,也就是啮合线方向 ,如图 20-10 所示。所以,一对轮齿在整个啮合过程中,轮齿齿廓的正压力方向始终不变,传力性能好,传动平稳。

4. 四线合一

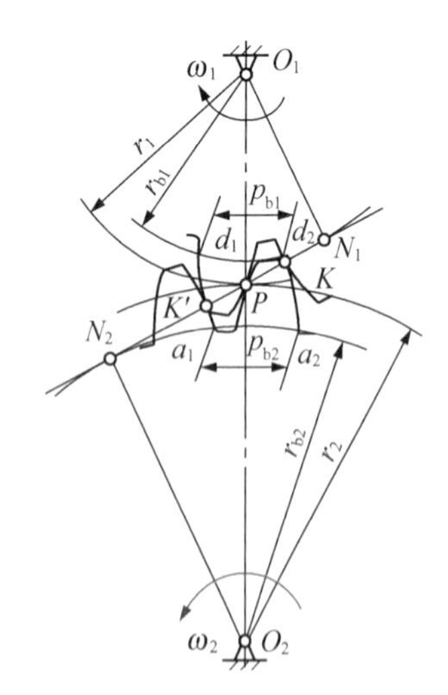

图 20-11　渐开线齿轮的正确啮合条件

即啮合线、公法线、两基圆内公切线、正压力作用线四线合一,如图 20-10 所示。

20.3.2　正确啮合条件

如图 20-11 所示,为了使一对齿轮能够正确地啮合,必须保证前后两对轮齿都能同时在啮合线上接触,其相邻两齿同侧齿廓在啮合线上的长度 KK'(称为法向齿距)必须相等。

根据渐开线的形成特性,齿轮的法向齿距 KK' 等于基圆上的齿距 P_b(见图 20-9),即

$$P_{b1}=P_{b2},$$

而 $P_b=\pi m\cos\alpha$,于是有 $m_1\cos\alpha_1=m_2\cos\alpha_2$。

由于模数和压力角都是标准值,所以正确啮合条件可以表述为两齿轮的模数和压力角分别相等,即

$$m_1=m_2=m,\quad \alpha_1=\alpha_2=\alpha。\tag{20-9}$$

例 20-2　生产中需要一对传动比 $i=3$ 的直齿圆柱齿轮，仓库里有两个正常齿制的标准直齿圆柱齿轮：$z_1=24$，$d_{a1}=78$ mm；$z_2=72$，$d_{a2}=222$ mm；两个齿轮压力角均为 $\alpha=20°$。如果它们的强度都足够，问这对齿轮是否可用？

解：如果这对齿轮能用，除了强度和传动比满足要求外，还必须满足正确啮合条件，即：$m_1=m_2$，$\alpha_1=\alpha_2=20°$。因为

$$d_a=m(z+2h_a^*),\quad m=\frac{d_a}{z+2h_a^*},$$

所以 $m_1=\dfrac{d_{a1}}{z_1+2h_a^*}=\dfrac{78}{24+2\times1}=3(\text{mm})$，$m_2=\dfrac{d_{a2}}{z_2+2h_a^*}=\dfrac{222}{72+2\times1}=3(\text{mm})$。

该对齿轮满足正确啮合条件，又因为 $i=\dfrac{72}{24}=3$，所以该对齿轮满足要求，能用。

20.3.3　连续传动条件

如图 20-12 所示，为了保证齿轮能连续平稳地传动，则要求前一对轮齿到达啮合终点 B_1 即将脱离啮合时，后一对轮齿的啮合点已经提前进入实际啮合线区域内或刚好到达啮合起始点 B_2。因此，齿轮连续传动的条件为实际啮合线 B_1B_2 必需大于或等于基圆齿距 P_b，即 $B_1B_2\geqslant P_b$。设 $\dfrac{B_1B_2}{P_b}=\varepsilon$，称为重合度，要求 $B_1B_2\geqslant P_b$ 就是要求

$$\varepsilon=\frac{B_1B_2}{P_b}\geqslant1。\tag{20-10}$$

重合度表示实际啮合线区间上相啮合的轮齿的对数，如图 20-13 所示。重合度 ε 愈大，说明同时参加啮合的对数愈多，传动愈平稳。

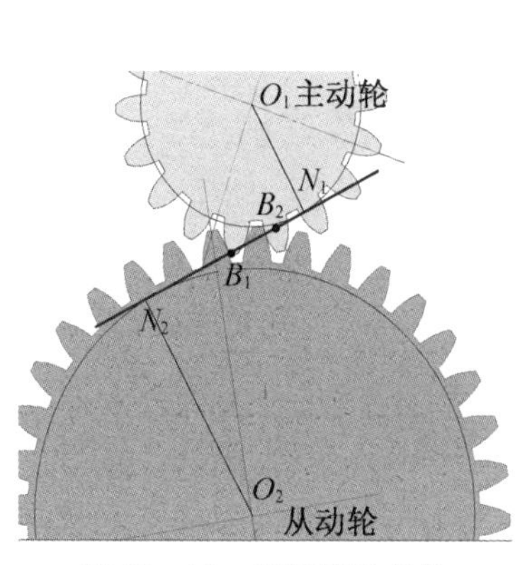

图 20-12　连续传动条件

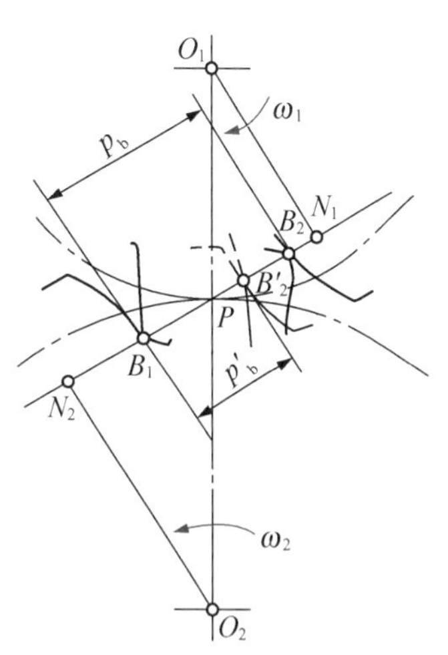

图 20-13　齿轮传动的重合度

20.3.4　标准中心距

若齿轮传动的中心距刚好等于两齿轮分度圆半径之和，即

$$a = r_1 + r_2 = \frac{m}{2}(z_1 + z_2), \tag{20-11}$$

称此中心距为标准中心距。

由于齿轮传动的中心距恒等于两齿轮节圆半径之和，即 $a = r_1' + r_2'$。若将标准齿轮安装成节圆与分度圆重合，此时的安装中心距就是标准中心距，即 $a = r_1' + r_2' = r_1 + r_2$。齿轮的传动比可以进一步表示为

$$i_{12} = \frac{\omega_1}{\omega_2} = \frac{r_{b2}}{r_{b1}} = \frac{r'_2}{r'_1} = \frac{r_2}{r_1} = \frac{z_2}{z_1}。 \tag{20-12}$$

例 20-3 已知一正常齿制的外啮合标准直齿圆柱齿轮，齿数 $z_1 = 20$，模数 $m = 2$ mm，拟将该齿轮用作某传动的主动轮，现需配一从动轮，要求传动比 $i_{12} = 3.5$，试计算从动轮的几何尺寸及两轮的中心距。

解：根据给定的传动比 i_{12}，先计算从动轮的齿数，即

$$z_2 = i_{12} z_1 = 3.5 \times 20 = 70。$$

已知齿轮的齿数 z_2 及模数 m，由表 20-2 所列的公式可以计算从动轮的各部分尺寸。

分度圆直径：$d_2 = mz_2 = 2 \times 70 = 140(\text{mm})$，

齿顶圆直径：$d_{a2} = (z_2 + 2h_a^*)m = d_2 + 2m = 144(\text{mm})$，

齿根直径：$d_{f2} = (z_2 - 2h_a^* - 2c^*)m = d_2 - 2.5m = 135(\text{mm})$，

全齿高：$h = (2h_a^* + c^*)m = 2.25m = (2 \times 1 + 0.25) \times 2 = 4.5(\text{mm})$，

中心距：$a = \frac{m}{2}(z_1 + z_2) = \frac{2}{2} \times (20 + 70) = 90(\text{mm})$。

任务 20.4　渐开线圆柱齿轮的加工方法

渐开线齿轮齿的加工方法很多，如铸造法、冲压法、热轧法、切削法等。其中最常用的为切削法，切削法按其原理可分为仿形法和范成法两种。

20.4.1　仿形法

仿形法就是利用与齿槽齿廓相同的成形刀具圆盘铣刀或指状铣刀，如图 20-14 所示，在普通铣床上直接将轮坯齿槽部分的材料逐渐铣掉。铣齿时，铣刀绕自己的轴线回转，同时轮坯沿某轴线方向送进。当铣一个齿槽后，轮坯便退回原处，然后用分度头将它转过 $\frac{360°}{z}$ 的角度，再铣第二个齿槽，这样直到铣完所有齿槽为止。

这种加工方法简单，不需要专用机床，但生产率低，精度不高，只适用于单件生产及精度要求不高的齿轮加工。

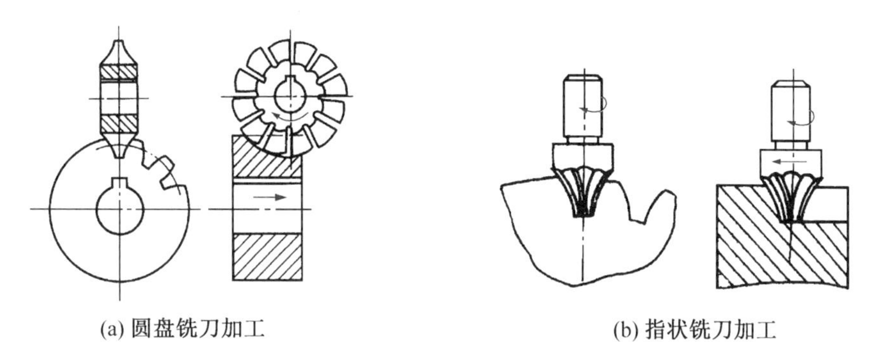

(a) 圆盘铣刀加工　　(b) 指状铣刀加工

图 20-14　仿形法切齿原理

理论上要求同一模数下，每一种齿数的齿轮应配有一把铣刀来加工，这显然是不可能的。在生产实际中，通常一种模数只配 8 把铣刀，每把铣刀加工一定范围齿数（齿数相近）的齿轮。表 20-3 所示为 8 把铣刀加工齿数的范围。

表 20-3　铣刀刀号及加工齿数的范围

铣刀刀号	1	2	3	4	5	6	7	8
加工齿数的范围	12～13	14～16	17～20	21～25	26～34	35～54	55～134	135 以上

20.4.2　范成法

范成法是利用一对齿轮（或齿轮与齿条）互相啮合时，两轮齿廓互为包络线的原理来切齿的。如果将其中一个齿轮（或齿条）制成刀具，就可以切出另一个齿轮的渐开线齿廓。用此方法切齿的常用刀具有齿轮插刀、齿条插刀及滚刀。

如图 20-15(a)所示，齿轮插刀是一个具有渐开线齿形，而模数和压力角与被加工齿轮相同的刀具。切齿时，插刀沿轮坯轴线作往复切削运动，同时机床强迫插刀与轮坯模仿一对齿轮传动那样以一定的角速比转动，直至全部齿槽切削完毕，如图 20-15(*b*)所示。

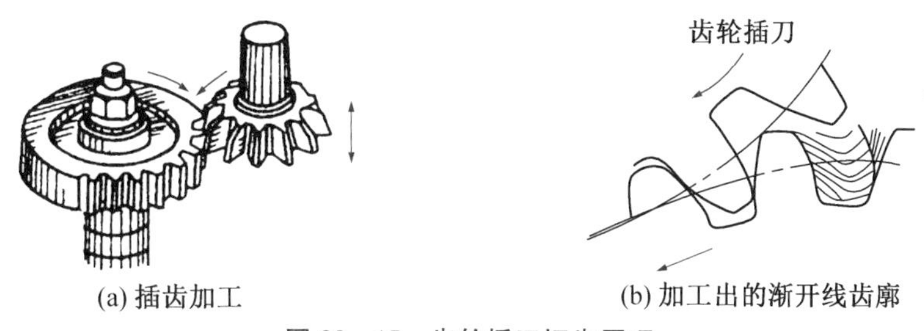

(a) 插齿加工　　(b) 加工出的渐开线齿廓

图 20-15　齿轮插刀切齿原理

图 20-16 所示为齿条插刀切齿的情形，其原理与用齿轮插刀切齿相同。由于齿条插刀与轮坯的范成运动相当于齿条与齿轮啮合运动，其速度 $v_{刀}$ 与轮坯角速度 ω 的关系应为 $v_{刀}=\frac{1}{2}mz\omega$。

图 20－17 所示为滚刀加工齿轮的情形。滚刀的形状像一个螺旋，其轴向截面的齿形与齿条相同。滚刀转动时，相当于一假想齿条刀具连续沿其轴线移动，轮坯在滚齿机带动下与该齿条保持着与齿条插刀相同的运动关系。这样，便可以连续切出渐开线齿廓。

滚刀加工克服了齿轮插刀和齿条插刀不能连续切削的缺点，实现了连续切削，有利于提高生产率。

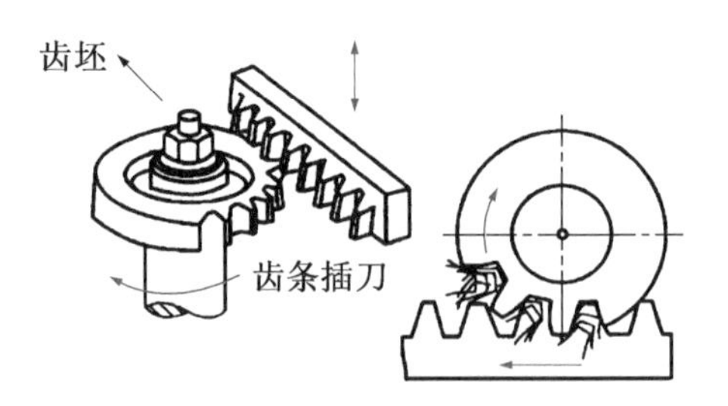

图 20－16　齿条插刀切齿原理

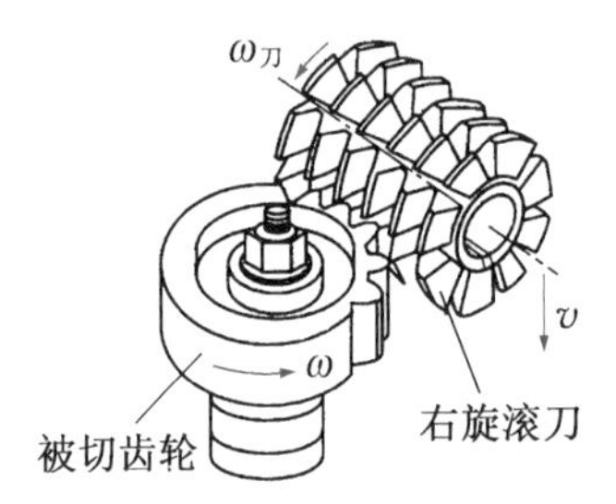

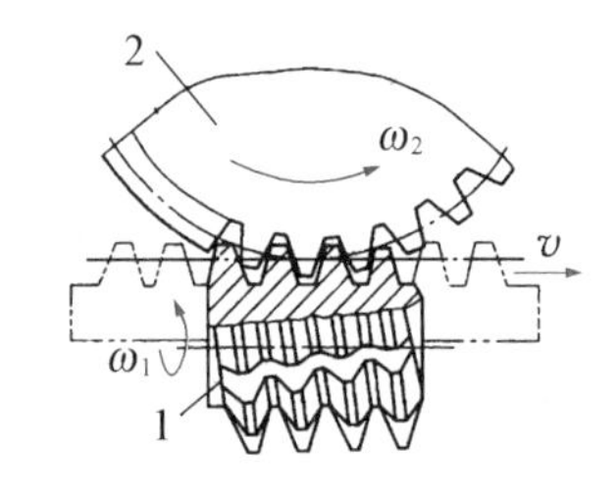

图 20－17　滚刀切齿原理

任务 20.5　渐开线齿廓的根切及变位齿轮的概念

20.5.1　渐开线齿廓的根切问题

如图 20－18(*a*)所示，用范成法加工齿轮，当刀具的齿顶线(或齿顶圆)超过理论啮合极限点 N_1 时，刀具与轮坯在范成过程中，轮齿根部渐开线将被切掉，这种现象称为根切，如图 20－18(b)所示。

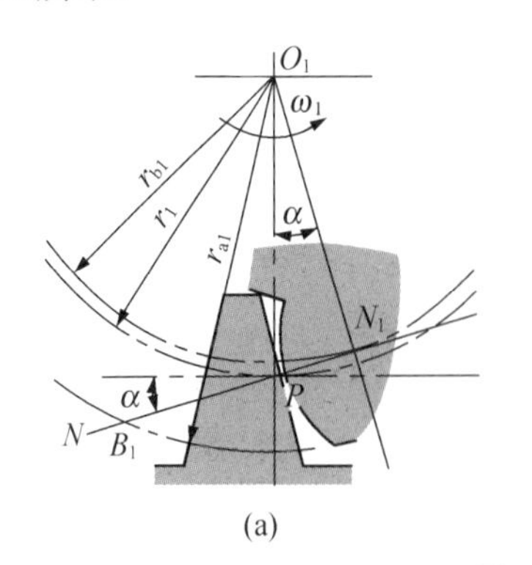

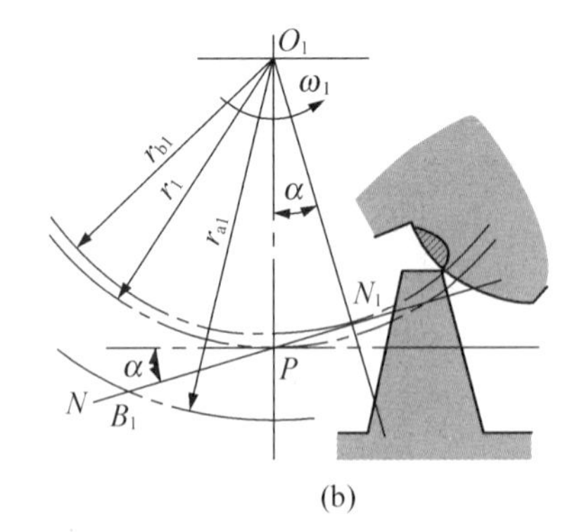

图 20－18　轮齿根切

轮齿产生根切不仅削弱了它的齿根弯曲强度，而且降低了重合度，影响传动的平稳性。所以应当避免。要使被切齿轮不产生根切，刀具的齿项线不得超过 N 点，如图 20－19 所示，即

$$NM \geqslant h_a^* m。\qquad (20-13)$$

由图 20－19 中可知

$$NM = PN\sin\alpha = OP\sin^2\alpha = \frac{mz}{2}\sin^2\alpha,$$

代入(20－13)式得 $\frac{mz}{2}\sin^2\alpha \geqslant h_a^* m$，整理后得 $z \geqslant \frac{2h_a^*}{\sin^2\alpha}$，即 $z_{\min} = \frac{2h_a^*}{\sin^2\alpha}$。

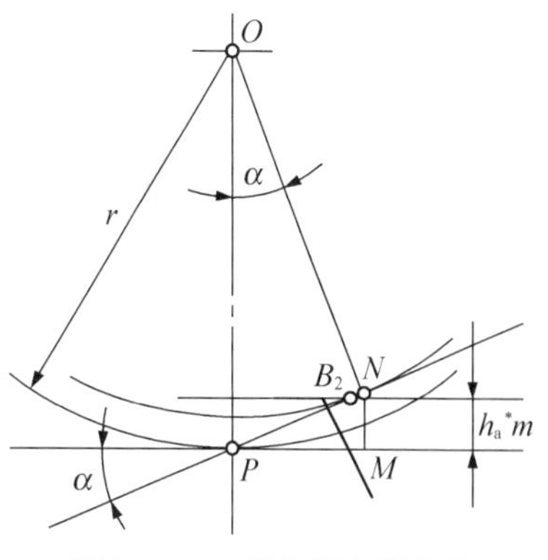

图 20－19　避免根切的条件

由此可知，标准齿轮是否发生根切取决于其齿数的多少。为了避免根切，应使所设计的标准齿轮齿数大于不产生根切的最少齿数 $z_{\min}$。

当 $h_a^*=1$，$c^*=0.25$，$\alpha=20°$时，标准齿轮不产生根切的最少齿数 $z_{\min}=17$；

当 $h_a^*=0.8$，$c^*=0.3$，$\alpha=20°$时，标准齿轮不产生根切的最少齿数 $z_{\min}=14$。

20.5.2　变位齿轮的概念

变位齿轮是非标准齿轮，如图 20－20(a)所示，当刀具齿顶线超过 N_1 点时，加工出的齿轮产生根切。

为了避免根切，可将刀具向远离轮坯中心方向移动一段距离 xm，如图 20－20(b)所示。使刀具齿顶线不超过 N_1 点，加工出的齿轮不产生根切如图 20－20(c)所示。

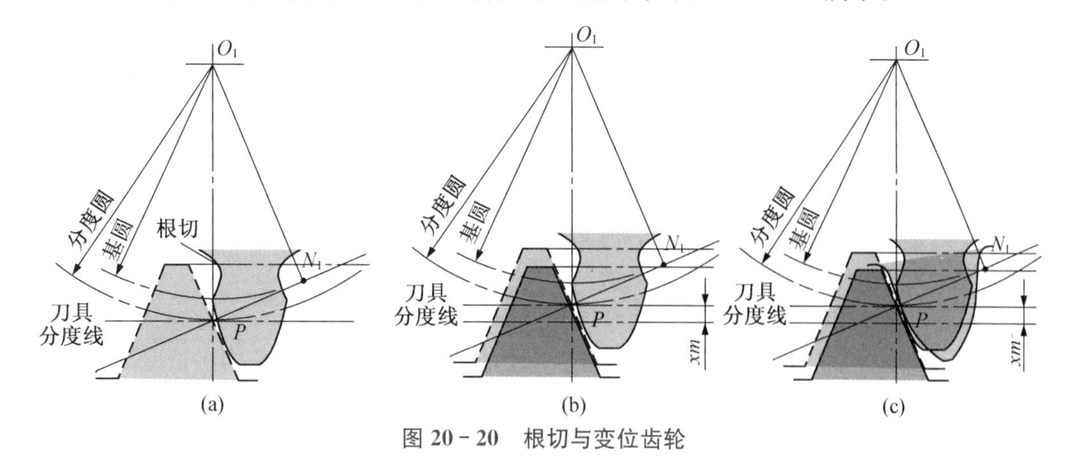

图 20－20　根切与变位齿轮

由于此时齿轮分度圆不再与刀具中线相切，而是与和中线平行的另一直线(称为加工节线)相切，又由于这条节线上的齿厚和齿槽宽不等，因此加工出的齿轮的齿槽宽和齿厚不等。这种改变刀具和轮坯相对位置的加工方法称为变位修正法，加工出来的齿轮称为变位齿轮，

刀具移动的距离 xm 称为变位量，x 称为变位系数。若刀具向远离轮坯中心方向移动，称为正变位($x>0$)；反之，称为负变位 ($x<0$)。标准齿轮就是变位系数 $x=0$ 的齿轮。

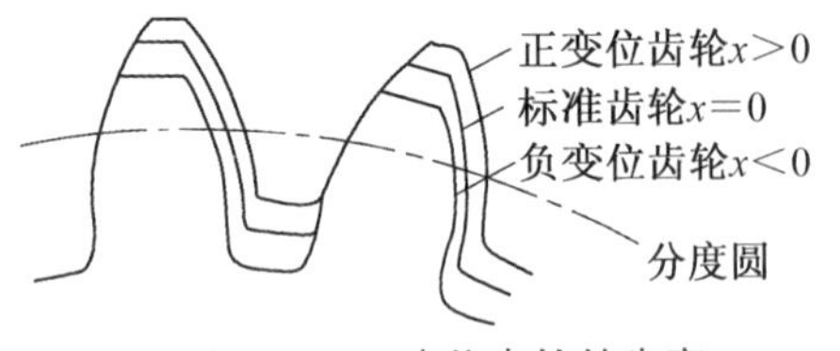

图 20－21　变位齿轮的齿廓

图 20－21 所示为具有相同模数、齿数和压力角的变位齿轮与标准齿轮的齿形。由此看出，变位齿轮与标准齿轮的分度圆、基圆尺寸相同。与标准齿轮相比，正变位齿轮的齿根厚度增大，轮齿的抗弯能力提高，并可以避免根切。但正变位齿轮的齿顶厚度减小，因此，变位量不宜过大，以免造成齿顶变尖。与标准齿轮相比负变位齿轮的齿根厚度减小，轮齿抗弯能力下降。因此，通常只在有特殊需要的场合才采用负变位齿轮，如配凑中心距等。标准齿轮与变位齿轮比较如图 20－22 所示。

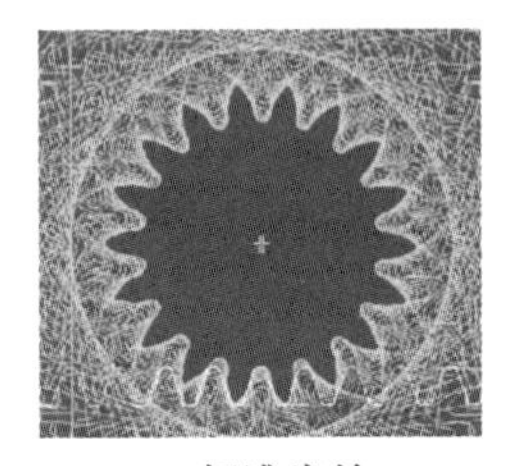

(a) 标准齿轮

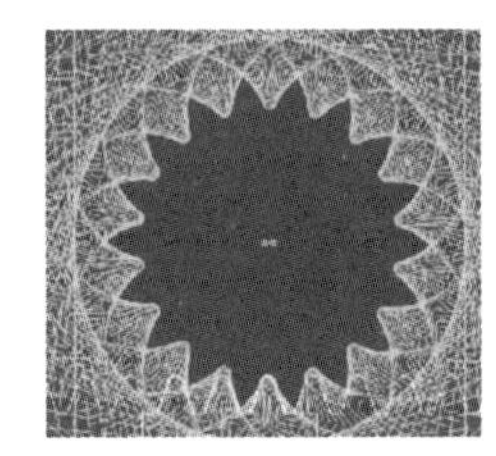

(b) 正变位齿轮

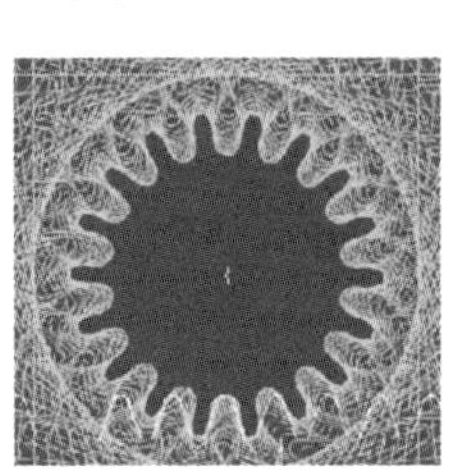

(c) 负变位齿轮

图 20－22　标准齿轮与变位齿轮比较

任务 20.6　齿轮的失效形式及常用材料

20.6.1　齿轮的失效形式

分析齿轮失效的目的是为了找出齿轮传动失效的原因，制定强度计算准则，或提出防止失效的措施，提高其承载能力和使用寿命。齿轮传动的失效主要发生在轮齿，常见的轮齿失效形式有以下 5 种：

(1) 轮齿折断　当载荷作用于轮齿上时，轮齿就像一个受载的悬臂梁，轮齿根部将产生弯曲应力，并且在齿根圆角处有较大的应力集中。因此，在载荷多次重复作用下，齿根处将产生疲劳裂纹，随着裂纹的不断扩展，最后导致轮齿疲劳折断，如图 20－23(a)所示。偶然的严重过载或大的冲击载荷，也会引起轮齿的突然折断，称为过载折断。

(2) 齿面点蚀　齿轮在啮合传动时，齿面受到脉动循环交变接触应力的反复作用，使得轮齿的表层材料起初出现微小的疲劳裂纹，并且逐步扩展，最终导致齿面表层的金属微粒脱落，形式齿面麻点，如图 20－23(b)所示，这种现象称为齿面点蚀。点蚀使轮齿齿面损坏，引起冲击和噪声，进而导致齿轮传动的失效。点蚀通常发生在轮齿靠近节线的齿根表面上。

在开式传动中，由于齿面磨损较快，点蚀来不及出现或扩展即被磨掉，故通常见不到点蚀观象。

(3) 齿面磨损　在开式齿轮传动中，由于灰尘、铁屑等磨料性物质落入轮齿工作面间，而引起齿面磨粒磨损，如图 20－23(c)所示。齿面过度磨损后，齿廓形状被破坏，轮齿变薄，最终导致严重的噪声和振动或轮齿折断，使传动失效。

(4) 齿面胶合　在高速重载齿轮传动中，由于齿面间压力大，温度高而使润滑失效，当瞬时温度过高时，相啮合的两齿面将发生粘焊在一起的现象，随着两齿面的相对滑动，粘焊被撕开，于是在较软齿面上沿相对滑动方向形成沟纹，如图 20－23(d)所示，这种现象称为齿面胶合。胶合通常发生在齿面上相对滑动速度较大的齿顶和齿根部位。

(5) 齿面塑性变形　当齿轮材料较软且有重载作用，轮齿表面材料将沿着摩擦力方向发生塑性变形，导致主动轮齿面节线处出现凹沟，从动轮处出现凸棱，如图 20－23(e)所示。

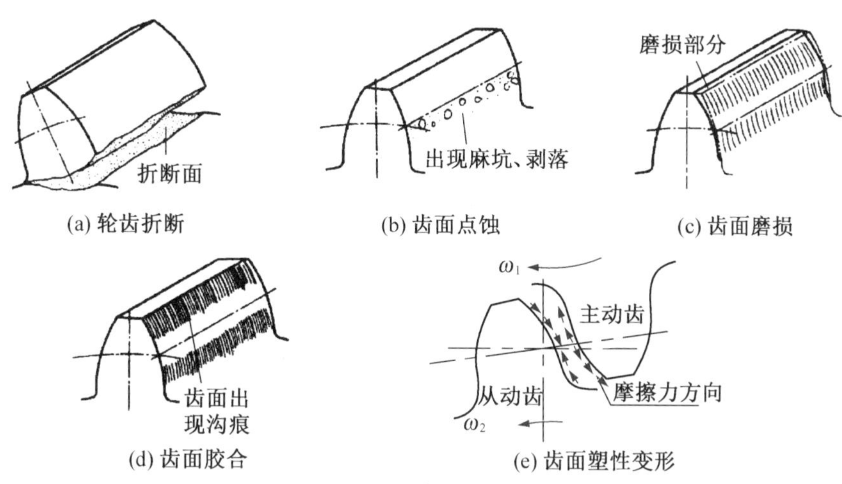

(a) 轮齿折断　(b) 齿面点蚀　(c) 齿面磨损

(d) 齿面胶合　(e) 齿面塑性变形

图 20－23　齿轮的失效形式

20.6.2　齿轮的常用材料

制造齿轮的常用材料主要是锻钢和铸钢，其次是铸铁，特殊情况可采用有色金属和非金属材料。这里仅简单介绍锻钢、铸钢和铸铁。

1. 锻钢

锻钢具有强度高、韧性好、便于制造等特点，还可以通过各种热处理的方法改善其力学性能。所以，重要的齿轮都采用锻钢。按齿面硬度和制造工艺的不同，可把锻钢齿轮分为两类。

(1) 软齿面齿轮（齿面硬度≤350HBS）　软齿面齿轮一般是热处理（调质或正火）以后进行切齿，齿面硬度通常为 160 ～ 286HBS。因齿面硬度低，故承载能力较低。但因制造工艺简单、成本低，而广泛用于对尺寸及重量没有严格限制的一般机械中。由于小齿轮比大齿轮速度高、啮合次数多，故寿命较短，为使大、小齿轮的寿命接近，应使小齿轮的齿面硬度比大齿轮高 25～50HBS。软齿面齿轮的常用材料为 45，40Cr，35SiMn，38SiMnMo 等中碳钢和中碳合金钢。

(2) 硬齿面齿轮（齿面硬度>350HBS）　硬齿面齿轮通常是在半精加工后进行热处理的，常用的热处理方法有渗碳、表面淬火等。齿面硬度通常为 40～ 62HRC。热处理后齿面有变形，可采用研磨、磨削等精加工方法加以消除。硬齿面齿轮齿面硬度高、承载能力高、耐

磨性好，适用于对尺寸和重量有限制的重要机械中。硬齿面常用材料为 20Cr，20CrMnTi（表面渗碳淬火）及 45，35SiMn，40Cr（表面淬火或整体淬火）等。

2. 铸钢

当齿轮较大（$d > 400 \sim 600$ mm）或结构形状复杂而轮坯不宜锻造时，可采用铸钢齿轮。铸钢件由于铸造时内应力较大，故应在切削加工以前，要进行正火或退火处理，以消除其内应力，以便切削。常用的铸钢有 ZG310—570，ZG340—640 等。

3. 铸铁

铸铁齿轮的抗弯强度和耐冲击性均较差，常用于低速和受力不大的齿轮传动中。通常用灰铸铁，有时也用球墨铸铁代替铸钢。常用的铸铁有 HT300，HT350 及 QT600－3（球墨铸铁 $\sigma_b = 600$ Mpa，$\delta = 3\%$）等。

齿轮常用材料及其力学性能，见表 20－4。

表 20－4　齿轮常用材料及其力学性能

材　料	热处理方式	强度极限 σ_b/MPa	屈服极限 σ_s/MPa	齿面硬度	许用接触应力 $[\sigma_H]$/MPa	许用弯曲应力 $[\sigma_F]$/MPa
HT300		300		187～255 HBS	290～347	80～105
QT600－3	正火	600		190～270 HBS	436～535	262～315
ZG310－570		580	320	163～197 HBS	270～301	171～189
ZG340－640		650	350	179～207 HBS	288～306	182～196
45		580	290	162～217 HBS	468～513	280～301
ZG340－640	调质	700	380	241～269 HBS	468～490	248～259
45		650	360	217～255 HBS	513～545	301～315
35SiMn		750	450	217～269 HBS	585～648	388～420
40Cr		700	500	241～286 HBS	612～675	399～427
45	调质后表面淬火			40～50 HRC	972～1055	427～504
40Cr				48～55 HRC	1 035～1 098	483～518
20Cr	渗碳后淬火	650	400	56～62 HRC	1350	645
20CrMnTi		1100	850	56～62 HRC	1350	645

任务 20.7　渐开线直齿圆柱齿轮传动的强度计算

20.7.1　齿轮传动的设计准则

齿轮传动的强度计算是根据齿轮可能出现的失效形式来进行的。针对不同的失效形式应当分别建立相应的设计计算准则。目前，对于齿面磨损、齿面胶合还没有建立起简明而有效的计算方法。所以，对于一般用途的齿轮传动，通常按保证齿面接触疲劳强度及保证齿根弯曲疲劳强度两准则进行计算。

（1）闭式软齿面齿轮传动　在闭式软齿面齿轮传动中，由于主要失效形式为齿面点蚀，故以保证接触疲劳强度为主。通常按齿面接触疲劳强度设计，再按齿根弯曲疲劳强度进行校核。

（2）闭式硬齿面齿轮传动　在闭式硬齿面齿轮传动中，由于主要失效形式为轮齿疲劳折断，故以保证齿根弯曲疲劳强度为主。通常先按齿根弯曲疲劳强度进行设计，再按齿面接触疲劳强度进行校核。

（3）开式齿轮传动　在开式齿轮传动中，主要失效形式为齿面磨损和轮齿折断。因为目前磨损还无法计算，通常只能按齿根弯曲疲劳强度计算出模数，并考虑磨损的影响，将强度计算所求得的模数增大10%～20%。

20.7.2　轮齿的受力分析

为了计算齿轮的强度，设计轴和轴承，首先应确定作用在轮齿上的力。如图20-24所示，一对按标准中心距安装的标准直齿圆柱齿轮传动，如果忽略了齿面间的磨擦力，则在啮合平面内的法向力 $\boldsymbol{F}_n$ 将垂直于齿面，并且与啮合线重合。为了便于分析计算，可按节点 P 处啮合进行受力分析。$\boldsymbol{F}_n$ 可分解为两个分力，即

$$F_{t1}=\frac{2T_1}{d_1}=-F_{t2}, F_{r1}=F_{t1}\tan\alpha=-F_{r2},\ F_n=\frac{F_t}{\cos\alpha}。\tag{20-14}$$

式中，T_1 为小齿轮上的转矩，$T_1=9.55\times10^6\dfrac{P}{n_1}$（N・mm），$P$ 为传递的功率（kW），n_1 为小齿轮的转速（r/min）；d_1 为小齿轮的分度圆直径（mm）；α 为压力角。

如图20-25所示，圆周力 $\boldsymbol{F}_t$ 的方向在主动轮上与运动方向相反，在从动轮上与运动方向相同；径向力 $\boldsymbol{F}_r$ 的方向对于两轮都是过接触点，指向各自轮心。

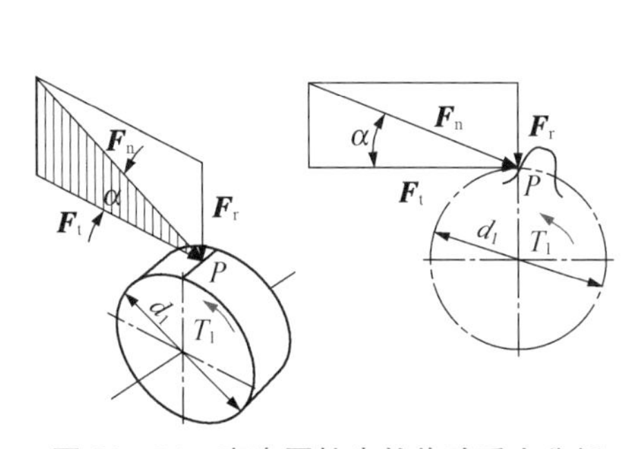

图20-24　直齿圆柱齿轮传动受力分析

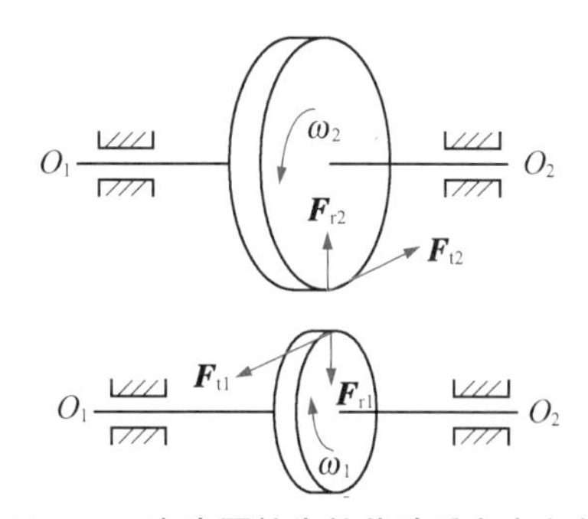

图20-25　直齿圆柱齿轮传动受力方向判断

20.7.3　轮齿的计算载荷

（20-14）式中的法向力 $\boldsymbol{F}_n$ 为名义载荷。在实际传动中，由于原动机和工作机的工作特性不同，会产生附加的动载荷，且轴和轴承的变形、齿轮的制造和安装误差等，会使载荷沿齿宽分布不均匀，因而出现了载荷集中现象，使得齿轮上所受的实际载荷增加。所以在进行齿

轮强度计算时，采用计算载荷 $K\boldsymbol{F}_n$ 代替名义载荷 $\boldsymbol{F}_n$，以考虑附加载荷和载荷集中的影响。K 为载荷系数，其值可由表 20－5 查取。计算载荷用 $\boldsymbol{F}_{nc}$表示，即

$$F_{nc}=KF_n \tag{20-15}$$

表 20－5　载荷系数 K

原动机	工作机械的载荷特性		
	均　　匀	中等冲击	大的冲击
电动机	1～1.2	1.2～1.6	1.6～1.8
多缸内燃机	1.2～1.6	1.6～1.8	1.9～2.1
单缸内燃机	1.6～1.8	1.8～2.0	2.2～2.4

注：斜齿、圆周速度低、精度高、齿宽系数小时，取小值；直齿、圆周速度高、精度低、齿宽系数大时，取大值。齿轮在两轴承之间并对称布置时，取小值；齿轮在两轴承之间不对称布置及悬臂布置时，取大值。

20.7.4　齿面接触疲劳强度计算

计算齿面接触疲劳强度的目的是为了防止齿面发生疲劳点蚀，而齿面疲劳点蚀与齿面接触应力的大小有关，且齿面点蚀又多发生在节线附近。为了计算方便，取节点处的接触应力为计算依据，经过推导整理，直齿圆柱齿轮传动齿面接触疲劳强度的计算公式和校核公式分别为

$$d_1 \geqslant 76.6\sqrt[3]{\frac{KT_1}{\varphi_d[\sigma_H]^2}\cdot\frac{u\pm1}{u}}\quad(\mathrm{mm}), \tag{20-16}$$

$$\sigma_H=671\sqrt{\frac{KT_1}{\varphi_d d_1^3}\cdot\frac{u\pm1}{u}}\leqslant[\sigma_H]。 \tag{20-17}$$

式中，d_1 为小齿轮的分度圆直径(mm)；u 为齿数比，$u=\frac{z_2}{z_1}$；φ_d 为齿宽系数(见表 20－6)，$\varphi_d=\frac{b}{d_1}$，其中 b 为齿宽(mm)；$[\sigma_H]$为许用接触应力(MPa)，见表 20－4。“＋”用于外啮合，“－”用于内啮合。

上两式仅适用于齿轮材料为钢对钢时，当用其他齿轮材料时，应将计算结果乘以下列数值：钢对铸铁时乘以 0.90，铸铁对铸铁时乘以 0.83。

表 20－6　齿宽系数 φ_d

齿轮相对于轴承的位置	齿面硬度	
	软齿面 (大轮或大、小轮硬度≤ 350HBS)	硬齿面 (大轮或大、小轮硬度>350HBS)
对称分布	0.8～0.4	0.4～0.9
非对称分布	0.6～1.2	0.3～0.6
悬臂分布	0.3～0.4	0.2～0.25

由(20－16)式可知，当一对齿轮的材料、传动比及齿宽系数一定时，由齿面接触强度所决定的承载能力仅与齿轮分度圆直径有关。分度圆 d_1，d_2 分别相等的两对齿轮，不论其模数是否相等，均具有相同的由接触强度所决定的承载能力，模数 m 不能作为衡量齿轮接触强度的依据。

使用(20－16)和(20－17)式计算时应注意，一对齿轮啮合时，两齿面接触处的接触应力是相等的，由于两轮的材料不同，其许用接触应力$[\sigma_H]$也不同，在进行强度计算时应将$[\sigma_{H1}]$与$[\sigma_{H2}]$中的较小值代入式中计算。

20.7.5 齿根弯曲疲劳强度计算

齿根弯曲疲劳强度计算的目的是为了防止轮齿折断。轮齿折断与齿根弯曲应力的大小有关，在计算齿根弯曲应力时，可近似地将轮齿视为悬臂梁，如图 20－26 所示。假定全部载荷作用在一个轮齿的齿顶，其危险截面可用 30°切线法确定。即作与轮齿对称中心线成 30°夹角，又是齿根圆相切的斜线，而且认为两切点连线是危险截面位置。经过推导可得齿根弯曲疲劳强度计算公式和校核分式分别为

$$m \geqslant 1.26\sqrt[3]{\frac{KT_1Y_{FS}}{\varphi_d z_1^2[\sigma_F]}}, \qquad (20-18)$$

$$\sigma_F=\frac{2KT_1}{\varphi_d Z_1^2 m^3}Y_{FS}\leqslant[\sigma_F]。 \qquad (20-19)$$

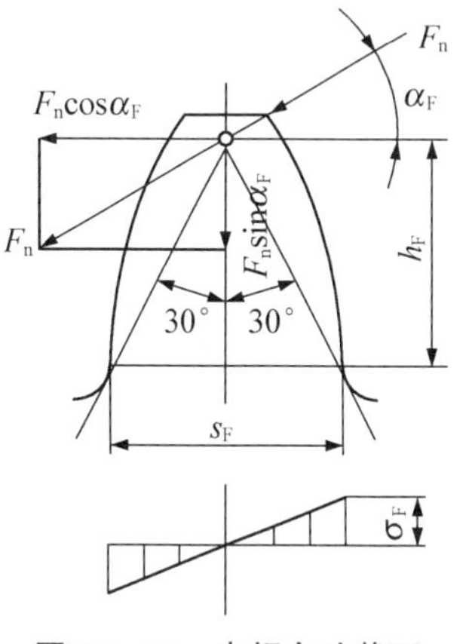

图 20－26 齿根危险截面

式中，z_1 为小齿轮齿数；m 为齿轮的模数(mm)；Y_{FS} 为复合齿形系数，对标准齿轮的复合形系数仅与齿轮的齿数 $z(z_v)$有关(见表 20－7)，而与模数无关；$[\sigma_F]$为许用弯曲应力(MPa)，见表 20－4。

表 20－7 复合齿形系数 Y_{FS}

$z(z_v)$	17	18	19	20	21	22	23	24	25	26	27	28	29
Y_{FS}	4.51	4.45	4.41	4.36	4.33	4.30	4.27	4.24	4.21	4.19	4.17	4.15	4.13
$z(z_v)$	30	35	40	45	50	60	70	80	90	100	150	200	∞
Y_{FS}	4.12	4.06	4.04	4.02	4.01	4.00	3.99	3.98	3.97	3.96	4.00	4.03	4.06

使用(20－18)式计算时应注意，大小齿轮的复合齿形系数 $Y_{FS1}\neq Y_{FS2}$，当两轮材料不同时，其$[\sigma_{F1}]\neq[\sigma_{F2}]$。为了使计算得到的模数 m 能同时满足大、小齿轮的弯曲条件，应将$\frac{Y_{FS1}}{[\sigma_{F1}]}$和$\frac{Y_{FS2}}{[\sigma_{F2}]}$中的较大值作为$\frac{Y_{FS}}{[\sigma_F]}$代入(20－18)式，并将得出的模数取标准值。传递动力的齿轮，其模数不宜小于 1.5 mm。

表 20-4 中的许用弯曲应力$[\sigma_F]$是在齿轮单向受载的实验条件下得到的，若轮齿的工作条件是双向受载，则应将表中的数据乘以 0.7。

20.7.6 参数的选择

(1) 齿数 z_1　齿数多，齿轮传动的重合度大，传动平稳，同时可降低每对齿轮承担的载荷。当分度圆直径一定时，适当增加齿数、减小模数，则齿顶圆直径减少，可节约材料、减轻重量，同时模数小、齿槽小，可减少切削量，节省加工时间，降低成本。因此，在满足齿根弯曲疲劳强度的条件下，取齿数适当多一些为好。

对于闭式软齿面齿轮传动，由于齿面点蚀为其主要失效形式，故齿数可取多些，推荐取 $z_1=24\sim40$，同时为避免小齿轮可能因材料缺陷引起的过早损坏，使大、小齿轮的寿命接近，z_1 尽量取奇数；对于硬齿面齿轮传动，由于齿根折断为其主要失效形式，故可适当地减少齿数，以保证模数取值合理；对于开式传动，其主要失效形式是齿面磨损会使轮齿的抗弯能力降低，因此为使轮齿不宜太小，小轮齿齿数不宜取太多，一般取 $z_1=17\sim20$。

(2) 齿宽系数 φ_d　由(20-16)式可知，增大齿宽系数可以减小分度圆直径和中心距，使结构紧凑。但随着齿宽系数的增大，齿宽也增大，产生载荷沿齿宽的分布不均，造成偏载而降低了传动能力。因此，设计齿轮传动时，应合理选择齿宽系数 φ_d。一般可参考表 20-6 选取。

为了便于加工、装配，通常小齿轮的齿宽 b_1 大于大齿轮齿宽 b_2，即取大齿轮齿宽 $b_2=b=\varphi_d\cdot d_1$(圆整)，小齿轮齿宽 $b_1=b_2+(2\sim10)$ mm。

(3) 齿数比 u　对于一般单级减速传动，齿数比等于传动比，即 $u=i_{12}=\dfrac{n_1}{n_2}=\dfrac{z_2}{z_1}$。一对齿轮的齿数比不宜选得过大，否则将增大齿轮的直径，使得整个齿轮传动的外廓尺寸增大。对于直齿圆柱齿轮的齿数比 $u<3$，最大可达到 5；斜齿圆柱齿轮的齿数比 $u\leqslant5$，最大可达到 7；对于开式或手动齿轮传动的齿数比 u 可取到 8～12。

例 20-4　设计一单级标准正常齿制外啮合直齿圆柱齿轮减速器的齿轮传动，该减速器用电动机驱动。已知输入功率 $P=6$ kW，主动轮转速 $n_1=600$ r/min，传动比 $i_{12}=3$，单向运转，有轻微冲击。

解：

设计计算和说明	结　果
(1) 选择齿轮材料及确定许用应力 因传递的功率不大，传动有轻微冲击，选用软齿面齿轮传动。小齿轮选用 45 钢，调质处理，齿面硬度平均硬度为 240HBS，见表 20-4；大齿轮选用 45 钢，正火处理，齿面平均硬度为 190HBS。其许用应力可根据表 20-4 通过线性插值进行计算： $[\sigma_{H1}]=513+\dfrac{240-217}{255-217}\times(545-513)=532(\text{MPa})$， $[\sigma_{F1}]=301+\dfrac{240-217}{255-217}\times(315-301)=309(\text{MPa})$。 大齿轮的许用应力分别为$[\sigma_{H2}]=491$ Mpa，$[\sigma_{F2}]=291$ Mpa	小齿轮选用 45 钢，调质处理，硬度为 240HBS； 大齿轮选用 45 钢，正火处理，硬度为 190HBS，取$[\sigma_{H2}]=491$ MPa

续 表

设计计算和说明	结　果
(2) 按齿面接触强度计算 ① 取载荷系数 $K=1.4$,见表 20-5,齿宽系数 $\varphi_d=1.0$(见表 20-6)。 ② 计算小齿轮上的转矩 $T_1=9.55\times10^6\dfrac{P}{n_1}=9.55\times10^6\times\dfrac{6}{600}=9.55\times10^4(\mathrm{N\cdot mm})$。 ③ 计算小齿轮分度圆直径 d_1,由按(20-16)式,得 $d_1\geqslant76.6\sqrt[3]{\dfrac{KT_1}{\varphi_d[\sigma_{H2}]^2}\cdot\dfrac{u+1}{u}}=76.6\sqrt[3]{\dfrac{1.4\times9.55\times10^4}{1.0\times491^2}\times\dfrac{3+1}{3}}$ $=69.3(\mathrm{mm})$	$\varphi_d=1.0$ $T_1=9.5\times104\ \mathrm{N\cdot mm}$ $d_1=69.3\ \mathrm{mm}$
(3) 确定主要参数 ① 取 $z_1=24$,　则 $z_2=uz_1=3\times24=72$。 ② 计算模数 $m\geqslant\dfrac{d_1}{z_1}=\dfrac{69.3}{24}=2.89(\mathrm{mm})$。按表 20-1,取 $m=3$ mm	$z_1=24$ $z_2=72$ $m=3$ mm
(4) 校核齿根弯曲疲劳强度 根据(20-18)式,满足齿根弯曲疲劳强度所需的模数 $m\geqslant1.26\sqrt[3]{\dfrac{KT_1Y_{FS}}{\varphi_d z_1^2[\sigma_F]}}$,其中,由齿数 $z_1=24,z_2=72$。查表 20-7,得复合齿形系数 $Y_{FS1}=4.24,Y_{FS2}=3.99$,则 $\dfrac{Y_{F1}}{[\sigma_{F1}]}=\dfrac{4.24}{309}=0.01372,\dfrac{Y_{F2}}{[\sigma_{F2}]}=\dfrac{3.99}{291}=0.01371$。因为 $\dfrac{Y_{F1}}{[\sigma_{F1}]}$ 较大,故以此比值代入上式得 $m\geqslant1.26\sqrt[3]{\dfrac{1.4\times9.55\times10^4\times4.24}{1.0\times24^2\times309}}=1.85(\mathrm{mm})$。 由于它小于满足齿面接触强度所取的标准模数 $m=3$ mm。故齿根弯曲强度足够	齿根弯曲强度足够
(5) 计算齿轮的主要几何尺寸(正常齿制) $d_1=mz_1=3\times24=72(\mathrm{mm})$,　$d_2=mz_2=3\times72=216(\mathrm{mm})$, $d_{a1}=d_1+2m=72+2\times3=78(\mathrm{mm})$, $d_{a2}=d_2+2m=216+2\times3=222(\mathrm{mm})$, $a=\dfrac{d_1+d_2}{2}=\dfrac{72+216}{2}=144(\mathrm{mm}),b=\varphi_d d_1=1.0\times72=72\ (\mathrm{mm})$。 取 $b_2=72$ mm,则 $b_1=b_2+(2\sim10)$ mm,取 $b_1=77$ mm。 齿轮结构设计(略)	$d_1=72$ mm $d_2=216$ mm $d_{a1}=78$ mm $d_{a2}=222$ mm $a=144$ mm $b_2=72$ mm $b_1=77$ mm

任务 20.8　斜齿圆柱齿轮传动

20.8.1　斜齿圆柱齿轮齿廓的形成及啮合特点

1. 斜齿圆柱齿轮齿廓的形成

由于齿轮有一定的宽度，每对轮齿的啮合并不是两根渐开线，而是两个渐开线曲面。如图 20－27(a)所示为直齿圆柱齿轮齿廓的形成，即发生面 S 在基圆柱面上作纯滚动时，发生面上与基圆柱母线 CC' 平行的任一直线 BB' 所形成的曲面，称为**渐开线曲面**。

斜齿圆柱齿轮齿廓形成的原理与直齿圆柱齿轮相同，只不过发生面上的任一直线 BB' 不平行于基圆柱母线 CC'，而与它成一个角度 β_b，如图 20－27(b)所示，BB' 所形成的曲面为一螺旋状的渐开线曲面，称为**渐开线螺旋面**。

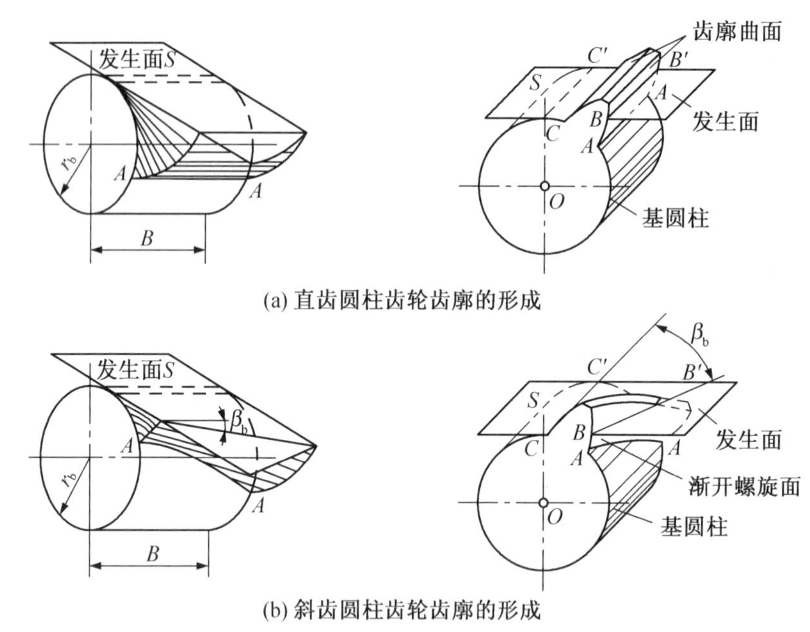

(a) 直齿圆柱齿轮齿廓的形成

(b) 斜齿圆柱齿轮齿廓的形成

图 20－27　圆柱齿轮齿廓的形成

2. 斜齿圆柱齿轮的啮合特点

直齿圆柱齿轮由于轮齿齿向与轴线平行，在与另一个齿轮啮合时，齿面间的接触线是与轴线平行的直线，如图 20－28(a)所示。因此，一对轮齿沿整个齿宽同时进入啮合和脱离啮合，致使轮齿所受的力是突然加上或突然卸掉的，轮齿的变形也是突然产生或突然消失的，因而传动平稳性差，冲击和噪声较大。

斜齿圆柱齿轮的轮齿齿向与轴线不平行，当与另一个齿轮啮合时，齿面间的接触线是与轴线倾斜的直线，如图 20－28(b)所示，接触线的长度由短逐渐增长，当达到某一啮合位置后

又逐渐缩短，直至脱离接触。说明斜齿轮的轮齿是逐渐进入啮合和逐渐脱离啮合的，轮齿上所受的力也是逐渐变化的。

斜齿轮的重合度比直齿轮大，如图 20－29 所示，故传动平稳，冲击和噪声小，适应于高速传动。但斜齿轮的缺点是有轴向力 $\boldsymbol{F}_a$，需要装能承受轴向力的轴承。

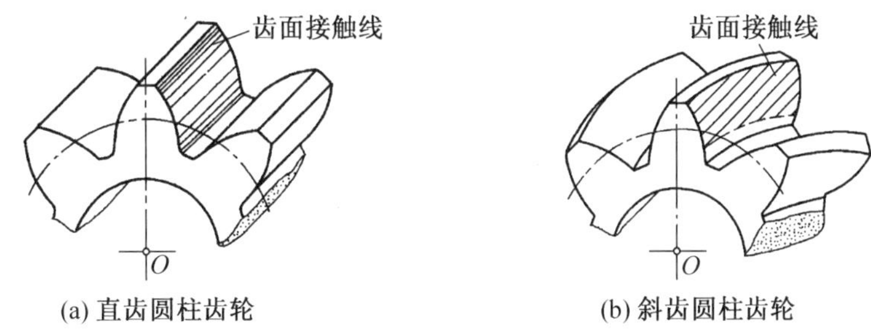

(a) 直齿圆柱齿轮　(b) 斜齿圆柱齿轮

图 20－28　齿面接触线比较

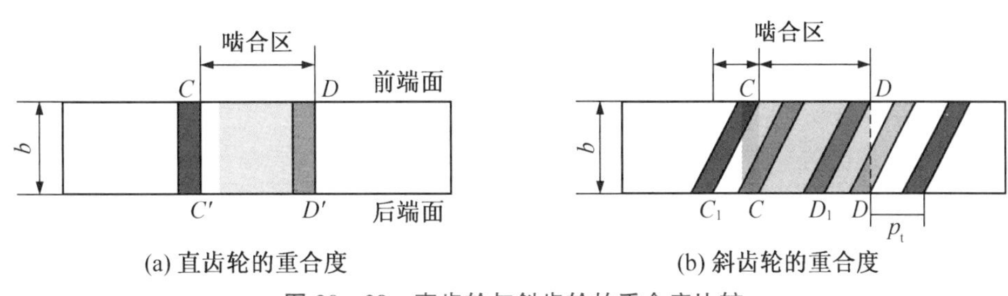

(a) 直齿轮的重合度　(b) 斜齿轮的重合度

图 20－29　直齿轮与斜齿轮的重合度比较

20.8.2　斜齿圆柱齿轮的基本参数

斜齿轮的主要参数有端面和法面之分。端面(下角标 t 标识)垂直于齿轮轴线，法面(下角标 n 标识)垂直于螺旋线(齿向)。用铣刀或滚刀加工斜齿轮时，刀具的进刀方向垂直于斜齿轮的法面。故国家标准规定：法面上的参数(α_n，m_n 齿顶高系数 h_{an}^* 和顶隙系数 c_n^*)取为标准值。

1. 螺旋角

斜齿轮齿面与分度圆柱的交线，称为分度圆柱上的螺旋线。斜齿轮分度齿线与轴线的夹角称为分度圆柱螺旋角，简称分度圆螺旋角或螺旋角，用 β 表示，如图 20－30 所示，一般取 $\beta=8°\sim20°$。按螺旋线的方向不同分有左旋和右旋，如图 20－31 所示。

2. 模数

图 20－32 为斜齿轮分度圆柱的展开面，图中阴影部分表示齿厚，空白部分表示齿槽。由图可知，法面齿距 p_n 和端面齿距 p_t 的几何关系为：$p_n=p_t\cos\beta$。而 $p_n=\pi m_n$，$p_t=\pi m_t$，故法面模数 m_n 和端面模数 m_t 关系为

$$m_t=\frac{m_n}{\cos\beta}。\qquad(20-20)$$

法面模数 m_n 按表 20－1 选取。

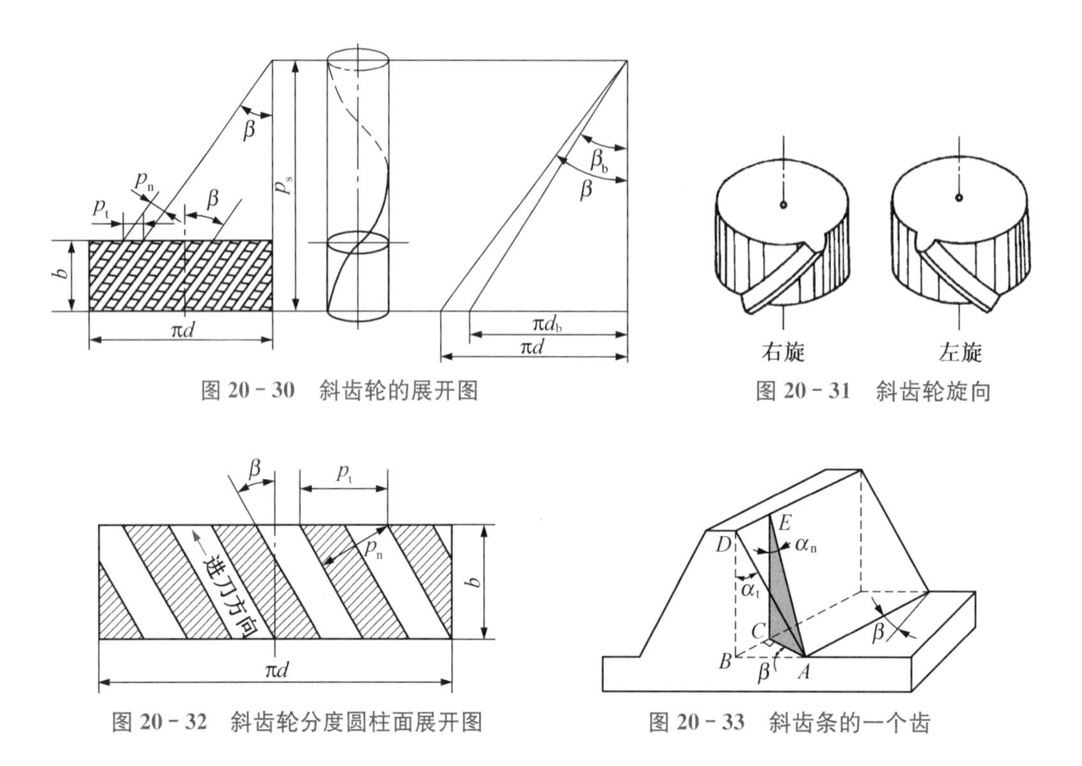

图 20－30　斜齿轮的展开图

图 20－31　斜齿轮旋向

图 20－32　斜齿轮分度圆柱面展开图

图 20－33　斜齿条的一个齿

3. 压力角

图 20－33 所示为斜齿条的一个齿。其法面内的压力角 α_n 称为法面压力角；端面内的压力角 α_t 称为端面压力角。由图可知它们的关系为

$$\tan\alpha_t = \frac{\tan\alpha_n}{\cos\beta}。\tag{20-21}$$

我国标准规定 $\alpha_n = 20°$。

4. 齿顶高系数和顶隙系数

无论从端面还是从法面看，斜齿圆柱齿轮的齿顶高是相同的，齿根高也是相同的。对于标准齿制：$h_{an}^* = 1, c_n^* = 0.25$，对于短齿制：$h_{an}^* = 0.8, c_n^* = 0.3$。

20.8.3　斜齿轮的几何尺寸计算

为了计算方便，将标准斜齿圆柱齿轮几何尺寸计算公式列于表 20－8 中。

表 20－8　标准斜齿圆柱齿轮的几何尺寸计算公式

名　称	符　号	计 算 公 式
分度圆直径	d	$d = m_t z = \dfrac{m_n z}{\cos\beta}$

续 表

名 称	符 号	计算公式
齿顶圆直径	d_a	$d_a=m_n\left(\frac{z}{\cos\beta}\pm 2h_{an}^*\right)$
齿根圆直径	d_f	$d_f=m_n\left(\frac{z}{\cos\beta}\mp 2h_{an}^*\mp 2c_n^*\right)$
齿顶高	h_a	$h_a=h_{an}^*m_n$
齿根高	h_f	$h_f=(h_{an}^*+c_n^*)m_n$
齿高	h	$h=(2h_{an}^*+c_n^*)m_n$
中心距	a	$a=\frac{d_1+d_2}{2}=\frac{m_n(z_1\pm z_2)}{2\cos\beta}$

注：凡含“±”或“∓”的公式，上面符号用于外啮合，下面符号用于内啮合。

20.8.4 斜齿圆柱齿轮的正确啮合条件

一对斜齿圆柱齿轮的正确啮合条件是

$$m_{n1}=m_{n2}=m,\quad \alpha_{n1}=\alpha_{n2}=\alpha,\quad \beta_1=\mp\beta_2。\tag{20-22}$$

式中，$\beta_1=-\beta_2$ 表示两斜齿轮螺旋角大小相等，旋向相反，即一为左旋，另一为右旋；“－”号用于外啮合斜齿圆柱齿轮，“＋”用于内啮合斜齿圆柱齿轮（表示两斜齿轮螺旋角大小相等，旋向相同）。

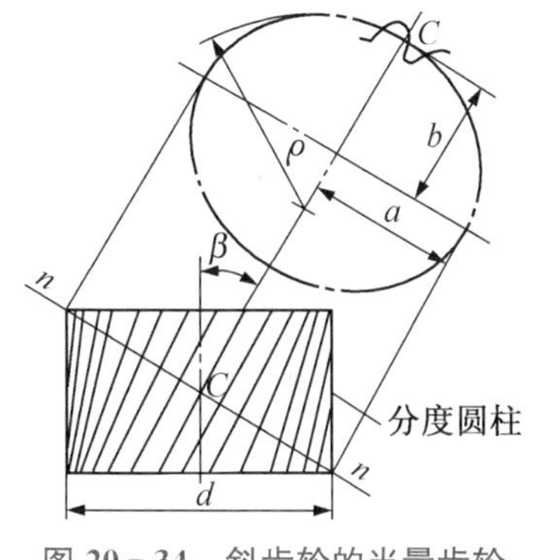

图 20－34 斜齿轮的当量齿轮

20.8.5 斜齿轮的当量齿数 z_v

图 20－34 所示为垂直于轮齿的法面 $n-n$，图示椭圆是法面 $n-n$ 与分度圆柱的交线。以椭圆 C 点处的曲率半径 ρ 为分度圆半径，以 m_n 为模数，α_n 为压力角，作一假想的直齿圆柱齿轮，该直齿圆柱齿轮的齿形与斜齿圆柱齿轮的法面齿形近似相同，因此，称这个假想的直齿圆柱齿轮为斜齿轮的当量齿轮，它的齿数 z_v 称为斜齿轮的当量齿数。经推导可知，当量齿数 z_v 与斜齿轮实际齿数 z 的关系为

$$z_v=\frac{z}{\cos^3\beta}。\tag{20-23}$$

用仿形法加工斜齿轮时，按当量齿数选铣刀号码；计算斜齿轮的强度时，可按一对当量

齿轮传动进行计算。由上式可推出标准斜齿轮不发生根切的最少齿数为 $z_{\min}=z_{v\min}\cos^3\beta$，其中 $z_{v\min}$ 为当量齿轮不发生根切的最少齿数。由此可知，标准斜齿轮不发生根切的最少齿数比标准直齿轮少，因此，采用斜齿轮传动可以使结构更紧凑。

例 20-5 已知一对正常齿制的标准外啮合斜齿圆柱齿轮的模数 $m_n=2$ mm，齿数 $z_1=24$，$z_2=93$，螺旋角 $\beta=10°$，试求这对齿轮的分度圆直径、齿顶圆直径、齿根圆直径、中心距。

解：分度圆直径

$$d=m_t z=\frac{m_n z}{\cos\beta},$$

所以

$$d_1=\frac{m_n z_1}{\cos\beta}=\frac{2\times 24}{\cos 10°}\approx 48.74(\text{mm}),$$

$$d_2=\frac{m_n z_2}{\cos\beta}=\frac{2\times 93}{\cos 10°}\approx 188.9(\text{mm})。$$

齿顶圆直径

$$d_a=m_n\left(\frac{z}{\cos\beta}+2h_{an}^*\right)=d+2m_n,$$

$$d_{a1}=d_1+2m_n=48.74+2\times 2=52.74(\text{mm}),$$

$$d_{a2}=d_2+2m_n=188.9+2\times 2=192.9(\text{mm})。$$

齿根圆直径

$$d_f=m_n\left(\frac{z}{\cos\beta}-2h_{an}^*-2c_n^*\right)=d-2.5m_n,$$

$$d_{f1}=d_1-2.5m_n=48.75-2.5\times 2=43.75(\text{mm}),$$

$$d_{f2}=d_2-2.5m_n=188.9-2.5\times 2=183.9(\text{mm})。$$

中心距

$$a=\frac{m_n(z_1+z_2)}{2\cos\beta}=\frac{2\times(24+93)}{2\cos 10°}=118.5(\text{mm})。$$

例 20-6 生产中需要一对传动比 $i=3$ 的正常齿制的标准外啮合斜齿圆柱齿轮，仓库里有两个正常齿制的斜齿圆柱齿轮：$z_1=24$，$d_{a1}=79.11$ mm，$\beta_1=10°$，左旋；$z_2=72$，$d_{a2}=225.33$ mm，$\beta_2=10°$，右旋；两个齿轮的法面压力角均为 $\alpha_n=20°$。如果它们的强度都足够，问这对齿轮是否可用？

解：如果这对齿轮能用，除了强度和传动比满足要求外，还必须满足正确啮合条件，即：$m_{n1}=m_{n1}$，$\alpha_{n1}=\alpha_{n2}=20°$，$\beta_1=-\beta_2$。

因为 $d_a=m_n\left(\dfrac{z}{\cos\beta}+2h_{an}^*\right)$

$$m_{n1}=\frac{d_{a1}}{\dfrac{z_1}{\cos 10°}+2h_{an}^*}=\frac{79.11}{\dfrac{24}{\cos 10°}+2\times 1}=3(\text{mm}),$$

$$m_{n2}=\frac{d_{a2}}{\frac{z_2}{\cos 10^\circ}+2h_{an}^*}=\frac{225.33}{\frac{72}{\cos 10^\circ}+2\times 1}=3(\text{mm})$$

因此 $m_{n1}=m_{n2}$，且 $\beta_1=-\beta_2$，该对齿轮满足正确啮合条件。又 $i=\frac{72}{24}=3$，该对齿轮满足要求，能用。

20.8.6 斜齿轮的受力分析

如图 20-35 所示为斜齿圆柱齿轮传动在节点 P 处的受力分析，如果忽略了齿面间的磨擦力，则作用在法向平面内的法向力 $\boldsymbol{F}_n$ 可分解为 3 个互相垂直的分力：圆周力 $\boldsymbol{F}_t$、径向力 $\boldsymbol{F}_r$ 和轴向力 $\boldsymbol{F}_a$。根据作用力与反作用力原理有 $F_{t1}=-F_{t2}$，$F_{r1}=-F_{r2}$，$F_{a1}=-F_{a2}$，如图 20-36 所示。各分力的计算公式为

$$F_{t1}=\frac{2T_1}{d_1}=-F_{t2},\quad F_{r1}=\frac{F_t\tan\alpha_n}{\cos\beta}=-F_{r2},\quad F_{a1}=F_t\tan\beta=-F_{a2}。\qquad(20-24)$$

式中，T_1 为小齿轮上的转矩，$T_1=9.55\times 10^6\frac{P}{n_1}(\text{N}\cdot\text{mm})$，$P$ 为传递的功率(kW)，n_1 为小齿轮的转速(r/min)，d_1 为小齿轮的分度圆直径(mm)，α 为压力角，β 为分度圆柱上的螺旋角。

圆周力 $\boldsymbol{F}_t$ 的方向在主动轮上与运动方向相反，在从动轮上与运动方向相同；径向力 $\boldsymbol{F}_r$ 的方向对于两轮都是过接触点，指向各自轮心；轴向力 $\boldsymbol{F}_a$ 用“主动轮左右手螺旋法则”判断：主动轮上的轴向力的方向取决于其旋向和转向，左旋用左手，右旋用右手，以四指弯曲方向表示主动轮转向，伸直大拇指，其指向便是主动轮的轴向力 $\boldsymbol{F}_{a1}$ 的方向，而从动轮的轴向力 $\boldsymbol{F}_{a2}$ 的方向相反，如图 20-36 所示。

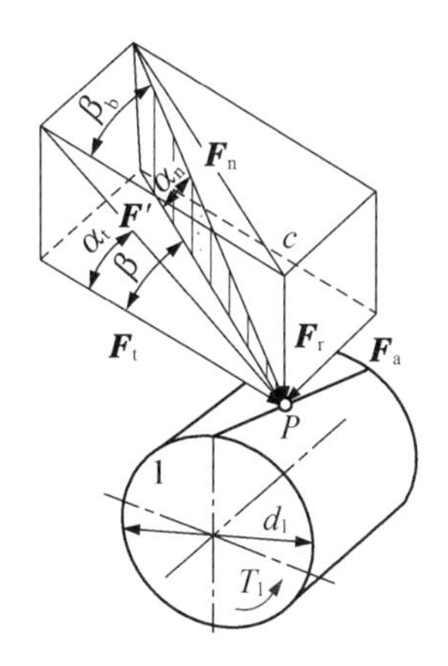

图 20-35　斜齿圆柱齿轮传动受力分析

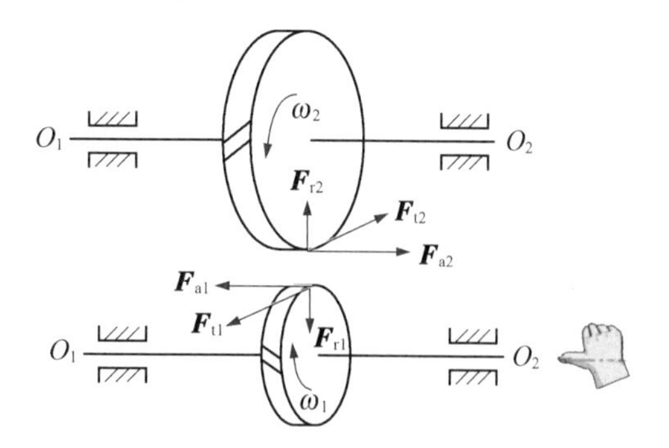

图 20-36　斜齿圆柱齿轮传动受力方向判断

任务 20.9　直齿圆锥齿轮传动

20.9.1　圆锥齿轮传动的特点和应用

圆锥齿轮用于相交轴之间的传动，通常两轴线相交成 90°，如图 20－1(f)所示。直齿圆锥齿轮的轮齿分布在一个截锥体上，轮齿由大端向小端逐渐收缩。与圆柱齿轮相似，圆锥齿轮有分度圆锥、齿顶圆锥、齿根圆锥和基圆锥。

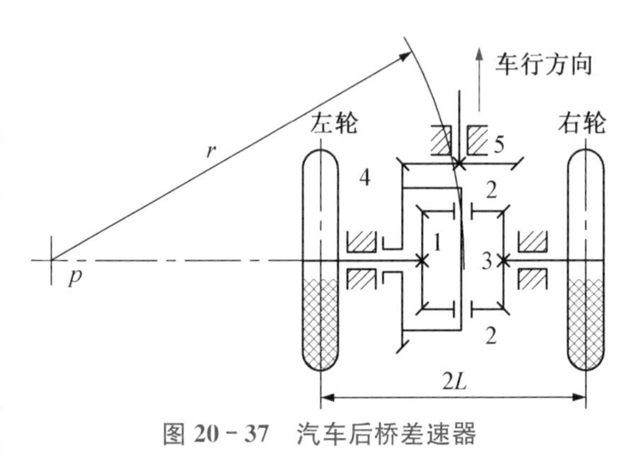

图 20－37　汽车后桥差速器

按照分度圆锥上的齿向，圆锥齿轮可分为直齿(见图 20－1(f))、斜齿和曲齿圆锥齿轮(见图 20－1(g))。直齿圆锥齿轮的设计、制造和安装都比较简单，应用广泛。曲齿圆锥齿轮传动平稳，承载能力高，常用于高速负载传动，如汽车、拖拉机的差速器中，如图 20－37 所示。斜齿圆锥齿轮应用较少。本节介绍轴间夹角 $\sum =90°$ 的标准直齿圆锥齿轮传动。

20.9.2　直齿圆锥齿轮的啮合传动

1. 主要参数

为了便于计算和测量，规定以圆锥齿轮大端的参数为标准，在大端的分度圆上，模数按国家标准规定的模数系列取值，压力角 $\alpha = 20°$。当 $m \leqslant 1$ mm 时，齿顶高系数 $h_a^* = 1$，顶隙系数 $c^* = 0.25$；当 $m > 1$ mm 时，齿顶高系数 $h_a^* = 1$，顶隙系数 $c^* = 0.2$。

2. 正确啮合条件

一对直齿圆锥齿轮的啮合传动条件为：两轮大端的模数相等，两轮大端的压力角相等，即

$$m_1 = m_2 = m,\quad \alpha_1 = \alpha_2 = 20°。\tag{20－25}$$

3. 传动比

图 20－38 所示为一对标准直齿圆锥齿轮传动，其节圆锥与分度圆锥重合，轴间夹角 $\sum = \delta_1 + \delta_2 = 90°$，其传动比为

$$i_{12} = \frac{n_1}{n_2} = \frac{z_2}{z_1} = \frac{d_2}{d_1} = \cot\delta_1 = \tan\delta_2。\tag{20－26}$$

4. 几何尺寸计算

图 20－38 中，R 为分度圆锥的锥顶到大端的距离，称为锥距；齿宽 b 与锥距 R 的比值

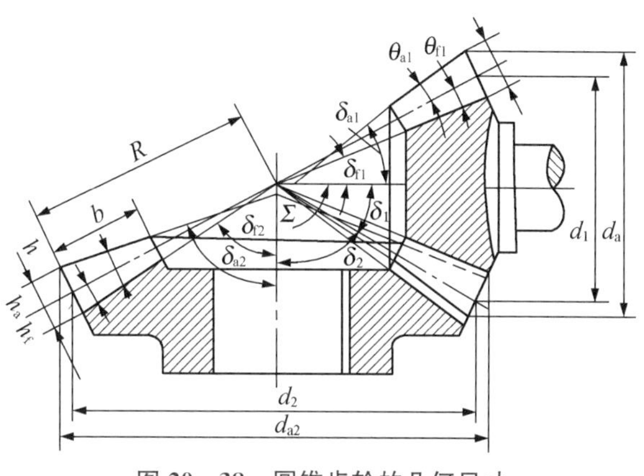

图 20-38 圆锥齿轮的几何尺寸

称为圆锥齿轮的齿宽系数，用 φ_R 表示，一般取 $\varphi_R=\dfrac{b}{R}=0.25\sim0.3$，由 $b=\varphi_R R$ 计算出的齿宽应圆整，并取大小齿轮的齿宽 $b_1=b_2=b$。

表 20-9 列出了 $\sum=90^\circ$ 标准直齿圆锥齿轮传动的几何尺寸计算公式。

表 20-9 标准直齿圆锥齿轮传动的几何尺寸计算公式（$\sum=90^\circ$）

名　称	符　号	计算公式
分度圆锥角	δ	$\delta_1=\operatorname{arccot}\dfrac{z_2}{z_1}$；$\delta_2=\arctan\dfrac{z_2}{z_1}$
分度圆直径	d	$d=mz$
齿顶圆直径	d_a	$d_a=d+2h_a^* m\cos\delta$
齿根圆直径	d_f	$d_f=d-2(h_a^*+c^*)m\cos\delta$
锥　　距	R	$R=\dfrac{mz}{2\sin\delta}=\dfrac{m}{2}\sqrt{z_1^2+z_2^2}$
齿 顶 角	θ_a	$\theta_a=\arctan\dfrac{h_a^* m}{R}$
齿 根 角	θ_f	$\theta_f=\arctan\dfrac{(h_a^*+c^*)m}{R}$
顶 圆 锥 角	δ_a	$\delta_a=\delta+\theta_a$
根 圆 锥 角	δ_f	$\delta_f=\delta-\theta_f$
齿　　宽	b	$b\leqslant\dfrac{R}{3}$

20.9.3 直齿圆锥齿轮的受力分析

当直齿圆锥齿轮的轴交角 $\sum=\delta_1+\delta_2=90^\circ$ 时，其轮齿间的法向力 $\boldsymbol{F}_n$ 可视为集中作

用在分度圆锥齿宽中点。若忽略摩擦力，可将 $\boldsymbol{F}_n$ 分解成 3 个互相垂直的分力：圆周力 $\boldsymbol{F}_t$，径向力 $\boldsymbol{F}_r$ 和轴向力 $\boldsymbol{F}_a$，如图 20－39(a)所示。由于直齿圆锥齿轮的轴交错成 90°角，由作用与反作用力原理有 $F_{t1}=-F_{t2}$，$F_{r1}=-F_{a2}$，$F_{a1}=-F_{r2}$，如图 20－39(b)所示。各分力的计算公式为

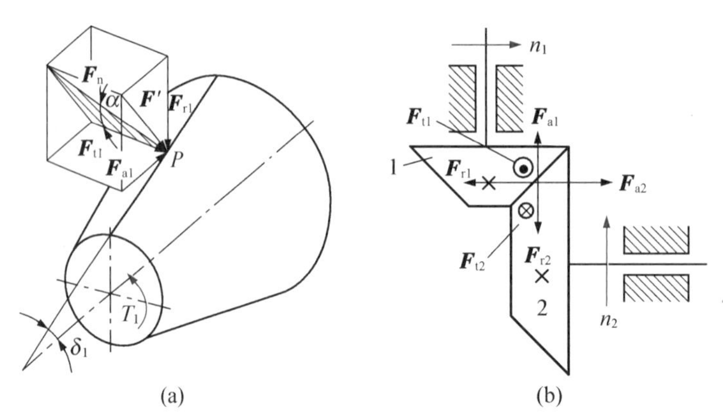

图 20－39　直齿圆锥齿轮的受力分析

$$F_{t1}=\frac{2T_1}{d_{m_1}}=-F_{t2},\quad F_{r1}=F_{t1}\tan\alpha\cos\delta_1=-F_{a2},\quad F_{a1}=F_{t1}\tan\alpha\sin\delta_1=-F_{r2},\quad F_n=\frac{F_t}{\cos\alpha}。\tag{20-27}$$

式中，T_1 为小锥齿轮上的转矩，$T_1=9.55\times10^6\dfrac{P}{n_1}$(N·mm)，$P$ 为传递的功率（kW），n_1 为小齿轮的转速(r/min)，d_{m1} 为小锥齿轮齿宽中点分度圆的分度圆直径(mm)，δ_1 为小锥齿轮分度圆锥角，α 为大端压力角，$\alpha=20°$。

圆周力 $\boldsymbol{F}_t$ 的方向在主动轮上与运动方向相反，在从动轮上与运动方向相同；径向力 $\boldsymbol{F}_r$ 的方向对于两轮都是过接触点，指向各自轮心；轴向力 $\boldsymbol{F}_a$ 的方向总是由锥齿轮的小端指向大端，如图 20－39(b)所示。一对圆锥齿轮的转向 n 总是“相对或相背”，如图 20－40 所示。

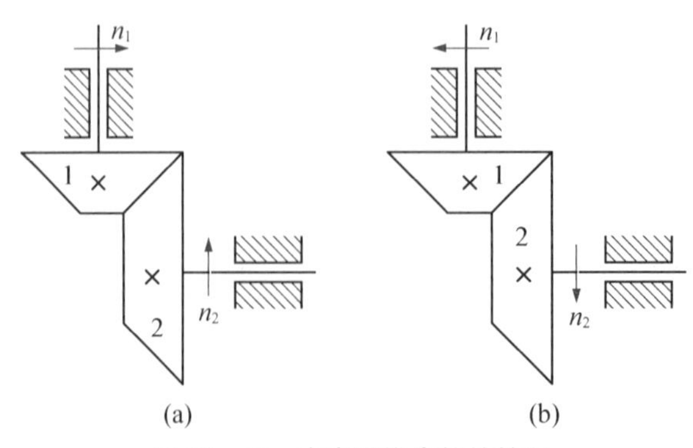

图 20－40　直齿圆锥齿轮的转向

任务 20.10　齿轮的结构及润滑

20.10.1　齿轮的结构

齿轮的结构设计与齿轮直径大小、毛坯、材料、加工方法、使用要求及经济等因素有关。通常按齿轮直径大小和选定的材质来确定合适的结构形式，再根据经验公式或数据进行结构设计。

按齿轮毛坯的制造工艺，齿轮结构可分为锻造齿轮、铸造齿轮、镶套齿轮等类型。

1. 锻造齿轮

当齿轮齿顶圆直径 $d_a \leqslant 500$ mm 时，一般采用锻造毛坯，并根据齿轮直径大小分为以下几种结构形式：

（1）齿轮轴　当齿轮的齿根圆直径与轴直径相差很小时，可以将齿轮和轴做成一体，称为齿轮轴，如图 20－41(a)所示。

（2）实体式齿轮　当齿轮齿顶圆直径 $d_a \leqslant 160$ mm，采用实体式齿轮，如图 20－41(b)所示。

（3）辐板式齿轮　当齿轮齿顶圆直径 $d_a > 160$ mm，采用辐板式齿轮，如图 20－41(c)所示。

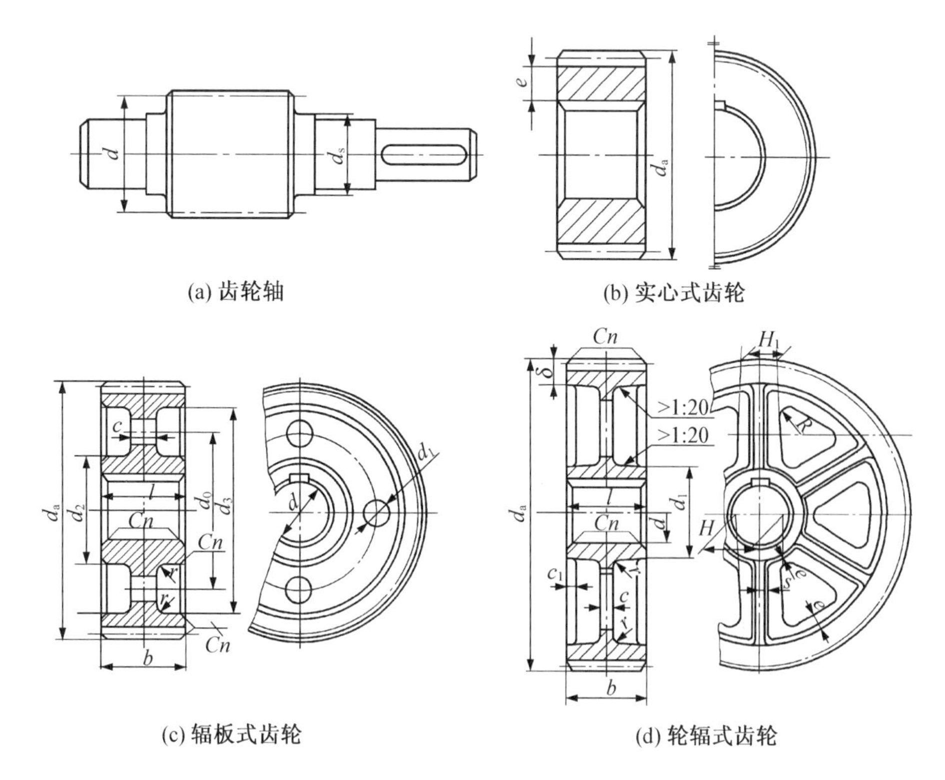

(a) 齿轮轴　(b) 实心式齿轮

(c) 辐板式齿轮　(d) 轮辐式齿轮

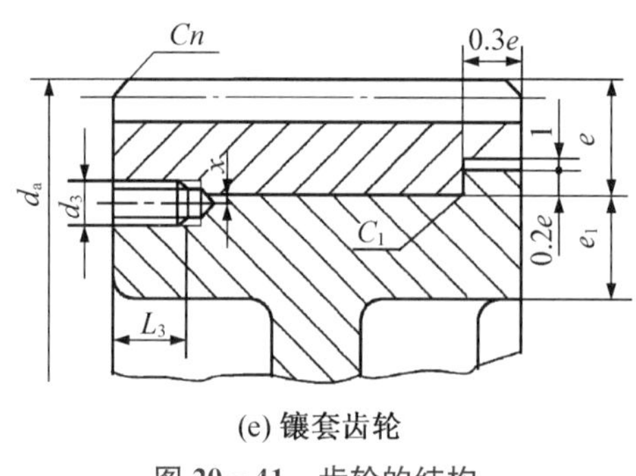

(e) 镶套齿轮

图 20－41　齿轮的结构

2. 铸造齿轮

当齿轮齿顶圆直径 $d_a>500$ mm 或 $d_a\leqslant 500$ mm，但形状复杂不便于锻造的齿轮，常采用铸造齿轮。如图 20－41(d)所示的轮辐式齿轮，就是一种铸造齿轮。

3. 镶套齿轮

当齿轮齿顶圆直径 $d_a>500$ mm，且贵重材料制造的齿轮，便可做成镶套齿轮，如图 20－41(e)所示。

20.10.2　齿轮传动的润滑

齿轮传动的润滑，不仅可以减轻磨损、减少摩擦损失、降低噪音，还可以起到冷却、防锈、延长齿轮的使用寿命等作用。

1. 开式齿轮传动

对于开式齿轮传动，通常采用人工定期加油润滑。可采用润滑油或润滑脂。

2. 闭式齿轮传动

对闭式齿轮传动，主要根据齿轮的圆周速度的大小而定。

(1) 油池润滑　当 $v\leqslant 12$m/s 时，通常采用油池润滑，如图 20－42(a)所示。大齿轮浸入油中的深度约为一个齿高，但不能小于 10 mm。齿轮运转时就把润滑油带到啮合区，同时也甩到箱壁上，借以散热。在多级齿轮传动中，可以采用带油轮带到没浸入油池的轮齿齿面

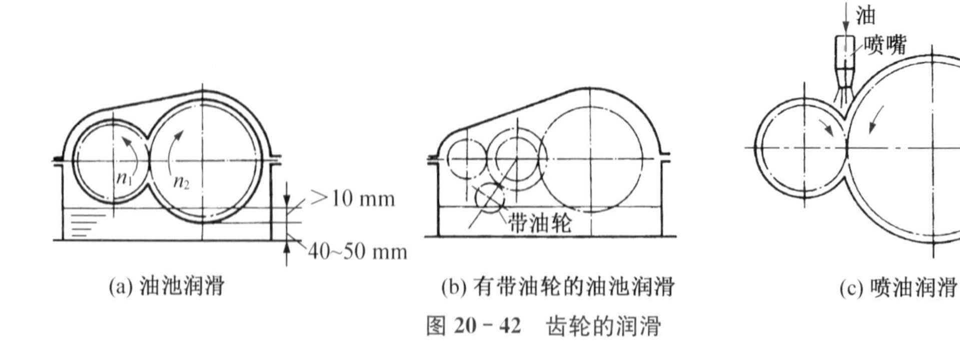

(a) 油池润滑　(b) 有带油轮的油池润滑　(c) 喷油润滑

图 20－42　齿轮的润滑

上，如图 20－42(b)所示，它还将油甩到齿轮箱内壁散热降温，同时使润滑油从内壁汇集后，通过箱体剖分面上的油沟流入滚动轴承处进行润滑。

(2) 喷油润滑　当 $v>12$ m/s 时，齿轮搅油剧烈，且沾附在齿面上的润滑油会由于离心力过大而被甩掉，所以不宜采用油池润滑。通常采用喷油润滑，如图 20－42(c)所示，用油泵将润滑油通过管道和喷嘴直接喷到啮合区。

任务 20.11　蜗 杆 传 动

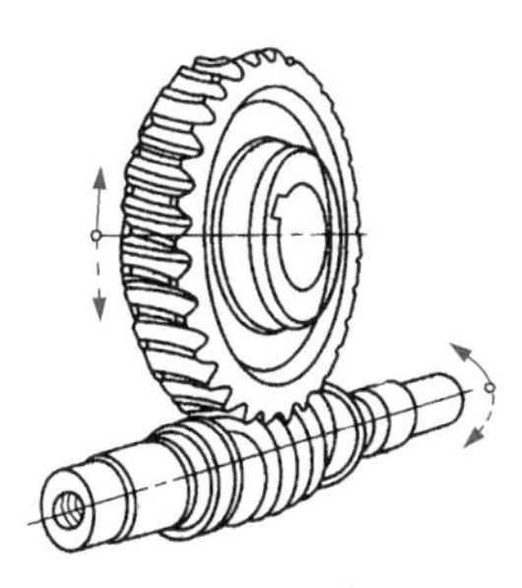

图 20－43　蜗杆传动

蜗杆传动主要由蜗杆和蜗轮组成，如图 20－43 所示，用来传递空间两交错轴之间的运动和动力，通常交错角为 90°。一般以蜗杆为主动件作减速传动。

20.11.1　蜗杆传动的特点

与齿轮传动相比，蜗杆传动的主要特点有以下几点：

(1) 传动比大，结构紧凑，在动力传动中，一般传动比为 10～80，在分度机构中可达 1 000，故常用在机床中的分度机构和微动机构中。

(2) 由于蜗杆齿为连续的螺旋齿，与蜗轮啮合过程是连续的，故传动平稳、噪声低。

(3) 当蜗杆导程角很小时，可以实现反向自锁。

(4) 蜗杆传动工作时，蜗杆与蜗轮之间存在着剧烈的滑动摩擦，所以发热量大、传动效率低(一般 $\eta=0.7$～0.9)、磨损严重，故蜗杆传动不适用于大功率连续传动，且造价较高。

20.11.2　蜗杆传动类型

按蜗杆的不同形状可以分为圆柱蜗杆、环面蜗杆和锥蜗杆 3 种类型，如图 20－44 所示。

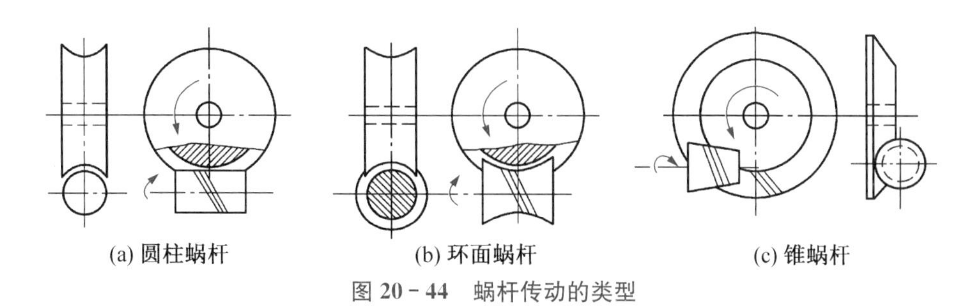

(a) 圆柱蜗杆　(b) 环面蜗杆　(c) 锥蜗杆

图 20－44　蜗杆传动的类型

按螺旋齿面在相同剖面内其齿廓曲线的不同，圆柱蜗杆又可分为阿基米德蜗杆(ZA 蜗杆)、法向直廓蜗杆(ZN 蜗杆)、渐开线蜗杆(ZI 蜗杆)以及圆弧圆柱蜗杆，如图 20－45 所示。

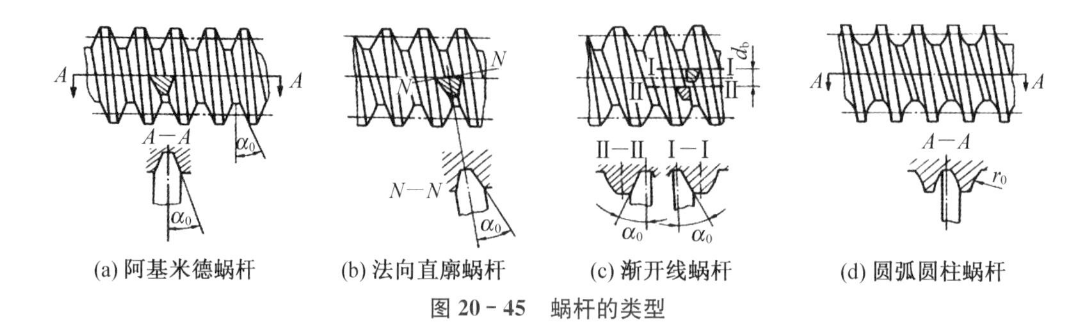

图 20-45 蜗杆的类型

阿基米德蜗杆是用直线刃刀具车削或铣削加工的，切削刃平面通过蜗杆轴线，加工出来的蜗杆在轴剖面内的齿廓为直线，端面齿廓为阿基米德螺线。这种蜗杆难以磨削，精度和表面质量不高，传动效率较低，常用于头数较少、载荷较小、低速或不太重要的传动中。

法向直廓蜗杆加工时，常将车刀的切削刃置于齿槽中点螺旋线的法向剖内，其端面齿廓为延伸渐开线。常用作机床中的多头精密蜗杆传动。

用车刀加工时，车刀切削刃平面与基圆柱相切，端面齿廓为渐开线。渐开线蜗杆多用于大功率高速精密传动，也是许多国家广泛采用的一种蜗杆传动。

20.11.3 蜗杆传动的基本参数和几何尺寸

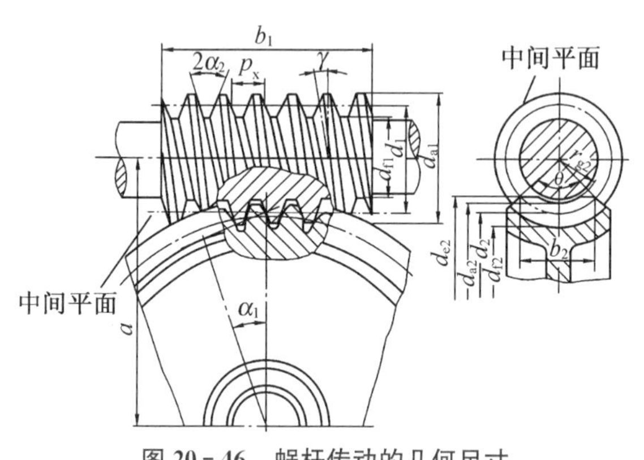

图 20-46 蜗杆传动的几何尺寸

1. 中间平面

通过蜗杆轴线，并与蜗轮轴线垂直的平面称为中间平面，如图 20-46 所示，它是蜗杆的轴剖面，又是蜗轮的端面。在此平面内，蜗杆的齿廓为直线，蜗轮的齿廓为渐开线，故两者相当于直齿条与斜齿轮啮合。蜗杆、蜗轮均以中间平面的参数为标准值和计算值。

2. 蜗杆传动的基本参数

（1）模数和压力角，齿顶高系数 h_a' 和顶隙系数 C^*　在蜗杆传动的中间平面内，蜗杆与蜗轮的啮合关系就像齿条和齿轮一样。因此，蜗杆传动有和齿轮传动相同的重要参数：模数和压力角。国标规定：蜗轮以端面模数 m_t、端面压力角 α_t，蜗杆以轴面模数 m_a、轴面压力角 α_a 为标准值和计算值。

即模数 m 和压力角 α、齿顶高系数 $h_a{}^*$ 和顶隙系数 c^* 为标准值，标准压力角 $\alpha=20°$。在分度机构中，允许减小压力角，推荐用 $\alpha=15°$ 或 $12°$。

正常齿制：齿顶高系数 $h_a{}^*=1$，顶隙系数 $c^*=0.2$；短齿制：齿顶高系数 $h_a{}^*=0.8$，顶隙系数 $c^*=0.2$。

（2）蜗杆导程角　蜗杆导程角指分度圆的螺旋线与垂直轴线平面的夹角，用 γ 表示，如

图 20-47 所示，即

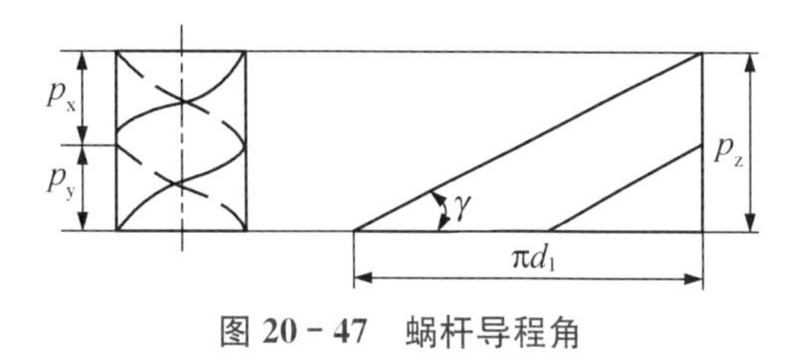

图 20-47　蜗杆导程角

$$\tan\gamma = z_1 p_{a1}/\pi d_1 = z_1 \pi m/\pi d_1 = z_1 m/d_1。\quad (20-28)$$

式中，z_1 为蜗杆头数；d_1 为蜗杆分度圆直径(mm)；m 为蜗杆模数(mm)；p_{a1} 为蜗杆轴向齿距(mm)，$p_{a1}=\pi m$。

γ 增大，蜗杆传动的效率高，故要求效率高的蜗杆传动，常取 $\gamma=15°\sim30°$，采用多头蜗杆；若要自锁，常采用小于等于 $3°30'$ 的单头蜗杆。γ 角的范围一般为 $3.5°\sim33°$。

(3) 蜗杆分度圆　因为蜗杆与其滚刀的分度圆直径相同，为了限制滚刀数量，将蜗杆的分度圆直径 d_1，列为标准系列，即

$$d_1 = z_1 m/\tan\gamma。\quad (20-29)$$

(4) 传动比　设蜗杆的头数为 z_1(一般为 1，2，4，6)，蜗轮齿数为 z_2，当蜗杆转动一周时，蜗轮转过 z_1 个齿，即转过 $\frac{z_1}{z_2}$ 圈。当蜗杆转速为 n_1 时，蜗轮的转速应为 $n_2=\frac{z_1}{z_2}n_1$。所以，蜗杆传动的传动比为

$$i_{12}=\frac{n_1}{n_2}=\frac{z_2}{z_1}。\quad (20-30)$$

(5) 中心距　蜗杆传动的中心距为

$$a=\frac{1}{2}(d_1+d_2)=\frac{1}{2}(d_1+mz_2)。\quad (20-31)$$

3. 正确啮合条件

蜗杆传动的正确啮合条件为：中间平面内蜗杆轴面与蜗轮端面的模数和压力角分别相等，并且蜗杆的螺纹升角等于蜗轮的螺旋角，即蜗杆、蜗轮的旋向相同，即

$$m_{a1}=m_{t2}=m,\quad \alpha_{a1}=\alpha_{t2}=20°,\quad \gamma=\beta。\quad (20-32)$$

例 20-7　已知 $z_1=3$，$n_1=970$ r/min，$m=10$ mm，$d_1=90$ mm，$n_2=50$ r/min，计算蜗轮的齿数、分度圆直径、齿顶圆直径、齿根圆直径及两轮的中心距。

解：

$$z_2=\frac{n_1}{n_2}\cdot z_1=\frac{970}{50}\times3=58\ ,\ d_2=mz_2=10\times58=580(\text{mm}),$$

$$d_{a2}=d_2+2m=580+2\times10=600(\text{mm}),$$

$$d_{f2}=d_2-2.4m=580-2.4\times10=556(\text{mm})\ ,$$

$$a=\frac{1}{2}(d_1+d_2)=\frac{1}{2}(90+580)=335(\text{mm})。$$

20.11.4　蜗杆传动的受力分析

1. 受力分析

蜗杆传动的受力分析与斜齿轮相似，如果忽略了齿面间的摩擦力，则作用在法向平面内

的法向力 $\boldsymbol{F}_n$ 可分解为3个互相垂直的分力：圆周力 $\boldsymbol{F}_{t1}$、径向力 $\boldsymbol{F}_{r1}$ 和轴向力 $\boldsymbol{F}_{a1}$，如图20－48(a)所示，由于蜗杆与蜗轮轴交错成90°，由作用力与反作用力原理，蜗杆的圆周力 $\boldsymbol{F}_{t1}$ 与蜗轮的轴向力 $\boldsymbol{F}_{a2}$、蜗杆的轴向力 $\boldsymbol{F}_{a1}$ 与蜗轮的圆周力 $\boldsymbol{F}_{t2}$、蜗杆的径向力 $\boldsymbol{F}_{r1}$ 与蜗轮的径向力 $\boldsymbol{F}_{r2}$ 分别存在大小相等、方向相反的关系，各分力的计算公式为

$$F_{t1}=\frac{2T_1}{d_1}=-F_{a2},\quad F_{t2}=\frac{2T_2}{d_2}=-F_{a1},\quad F_{r1}=F_{t2}\tan\alpha=-F_{r2}。\qquad (20-33)$$

式中，T_1 为蜗杆的转矩；T_2 为蜗轮的转矩；d_1，d_2 为蜗杆、蜗轮的分度圆直径(mm)；α 为中间平面分度圆上的压力角，$\alpha=20°$。

圆周力 $\boldsymbol{F}_t$ 的方向在主动轮上与运动方向相反，在从动轮上与运动方向相同；径向力 $\boldsymbol{F}_r$ 的方向对于两轮都是过接触点，指向各自轮心。轴向力 $\boldsymbol{F}_a$ 用“主动轮左右手螺旋定则”判断：主动轮上的轴向力的方向取决于其旋向和转向，蜗杆左旋用左手，右旋用右手，以四指弯曲方向表示主动轮转向，伸直大拇指，其指向便是主动轮的轴向力 $\boldsymbol{F}_{a1}$ 的方向，而从动轮的轴向力 $\boldsymbol{F}_{a2}$ 的方向与 $\boldsymbol{F}_{t1}$ 方向相反，如图20－48(b)所示。

2. 蜗轮的转向

蜗杆传动中，蜗轮的转向按照蜗杆的螺旋线旋向和转向，用“主动轮左右手螺旋定则”判断，如图20－49所示，当蜗杆为左旋，逆时针方向转动时，则用左手，四指顺蜗杆转向握住其轴线，则大拇指的反方向即为蜗轮的转向(蜗轮圆周力 $\boldsymbol{F}_{t2}$ 的方向)。

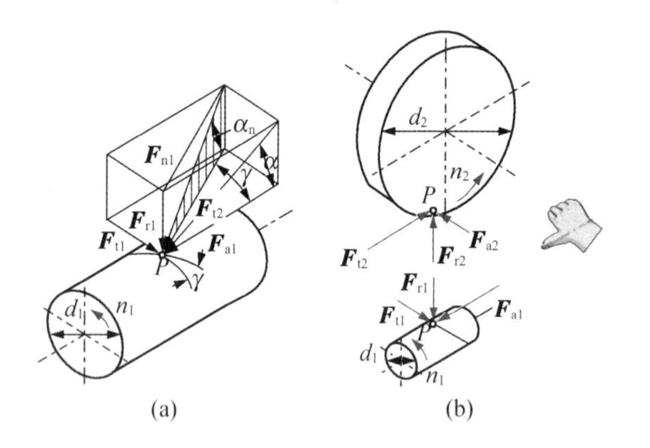

图20－48　蜗杆传动的受力分析

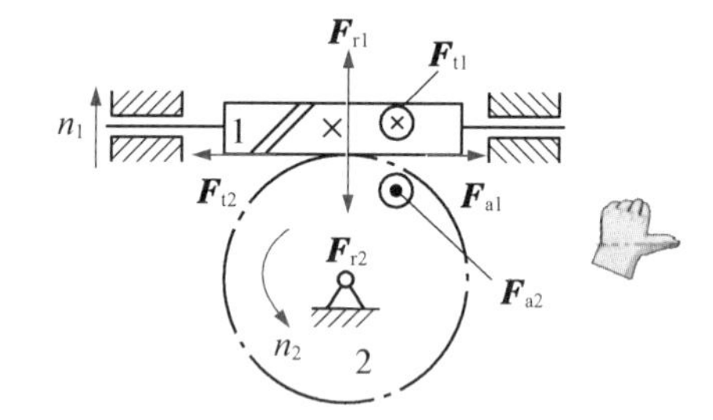

图20－49　蜗杆传动的受力方向判断

20.11.5　蜗杆传动的失效形式和常用材料

1. 失效形式

由于蜗杆传动中蜗杆与蜗轮间存在较大的相对滑动，摩擦发热大、磨损严重，故其主要失效形式为齿面胶合、点蚀和磨损。

2. 常用材料

材料要求不仅具有足够的强度，还要具有良好的减摩性、耐摩性及抗胶合性能。较理想的蜗轮副材料是与青铜蜗轮齿圈匹配、淬硬磨削的钢制蜗杆。

(1) 蜗杆常用的材料　优质碳素结构钢或合金结构钢。

(2) 蜗轮常用材料　铸造青铜、铸造铝青铜、黄铜及灰铸铁。

20.11.6　蜗杆和蜗轮的结构

1. 蜗杆结构

蜗杆因直径不大,常与轴做成一体,称为蜗杆轴。图 20-50(a,b)为既可车制也可铣制蜗杆,图 20-50(a)轮齿两端还留有退刀槽。图 20-50(c)为铣制蜗杆,轮齿两侧直径较大,刚性较好。

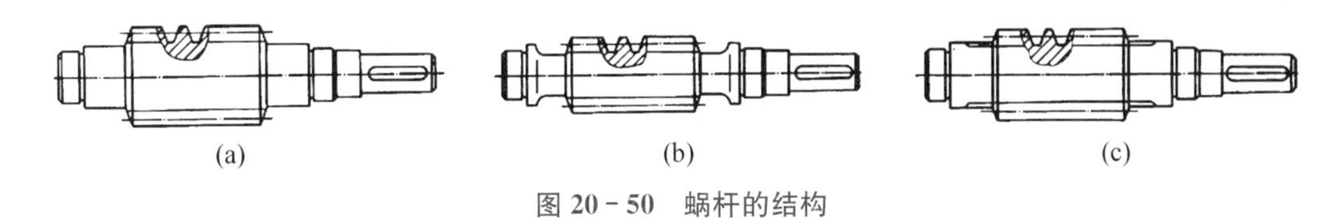

图 20-50　蜗杆的结构

2. 蜗轮结构

(1) 整体式　主要用于蜗轮分度圆直径小于 100 mm 的青铜蜗轮或任意直径的铸铁蜗轮,如图 20-51(a)所示。

(2) 轮箍式　当蜗轮直径较大时,为节省贵重金属材料,青铜齿圈与铸铁轮心通常采用 H7/s6 或 H7/r6 配合,并加台肩和螺钉固定,如图 20-51(b)所示。

(3) 螺栓联结式　当 $d_2>400$ mm,可将齿圈与轮心用绞制孔用螺栓联结,如图 20-51(c)所示。

(4) 镶铸式　大批生产时常采用,如图 20-51(d)所示。

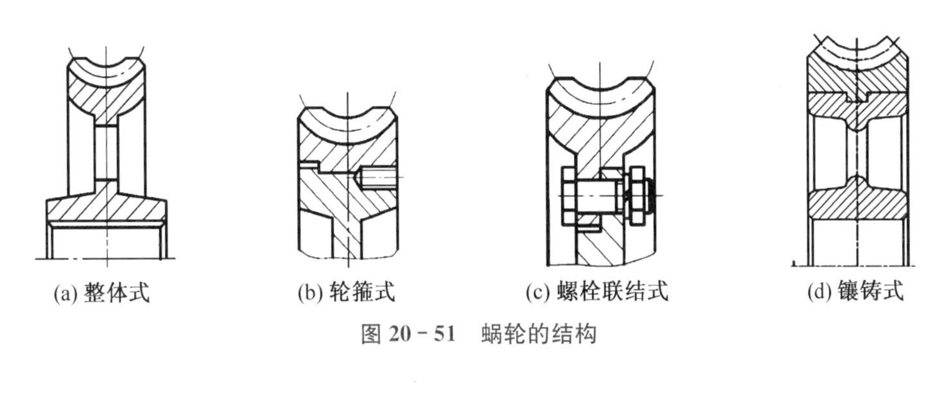

图 20-51　蜗轮的结构

小　　结

1. 传动比恒定,中心距可分性,齿廓间作用力方向不变,啮合线、公法线、两基圆内公切线、正压力作用线四线合一是渐开线齿轮的啮合特性。

2. 模数 m、压力角 α、齿数 z、齿顶高系数 h_a^* 及径向间隙系数 c^* 是渐开线直齿圆柱齿

轮的基本参数，除齿数 z 外均已标准化。国家标准中规定分度圆上的压力角为标准值，$\alpha=20°$，正常齿制：$h_a^*=1$，$c^*=0.25$；短齿制：$h_a^*=0.8$，$c^*=0.3$。

3. 模数和压力角分别相等是两直齿圆柱齿轮的正确啮合条件；实际啮合线 B_1B_2 必需大于或等于基圆齿距 P_b 是齿轮连续传动的条件。

4. 仿形法和范成法是渐开线齿轮最常用的两种加工方法。

5. 正常齿制的标准齿轮不产生根切的最少齿数 $z_{min}=17$，短齿制 $z_{min}=14$。

6. 轮齿折断、齿面点蚀、齿面磨损和齿面胶合是齿轮传动的主要失效形式。

7. 斜齿圆柱齿轮传动的正确啮合条件是两齿轮的模数和压力角分别相等，两斜齿轮螺旋角大小相等、旋向相反(外啮合)或旋向相同(内啮合)；直齿圆锥齿轮的啮合传动条件为两轮大端的模数相等、两轮大端的压力角相等；蜗杆传动的正确啮合条件为中间平面内蜗杆与蜗轮的模数和压力角分别相等，并且蜗杆的螺纹升角等于蜗轮的螺旋角。

8. 斜齿圆柱齿轮传动的轴向力、蜗杆传动中的轴向力和蜗轮的转向可用“主动轮左右手螺旋定则”判断。

习　题

20-1　齿轮传动的类型有哪些？各用在什么场合？

20-2　什么是渐开线？它有哪些特性？

20-3　什么是分度圆、齿距和模数？为什么规定模数为标准值？什么是压力角？何谓标准齿轮？

20-4　按标准中心距安装的标准齿轮传动具有哪些特点？

20-5　模数和齿数相同的正变位齿轮、负变位齿轮与标准齿轮相比，尺寸 d，d_b，p，s，h_a，h_f，d_a，d_f 中哪些尺寸变化了？哪些尺寸没有变？

20-6　齿轮轮齿有哪几种主要失效形式？设计时各应用什么设计计算准则？

20-7　在软齿面齿轮传动中，为什么小齿轮的齿面硬度比大齿轮的齿面硬度要硬些？硬度差取多少为宜？

20-8　斜齿轮的螺旋角是指哪个圆柱面上的螺旋角？

20-9　斜齿圆柱齿轮的当量齿数的含义是什么？当量齿数有何用途？

20-10　齿轮传动常采用哪些润滑方式？选择润滑方式的根据是什么？

20-11　试说明蜗杆传动的特点(与齿轮比较)。

20-12　有一对破损的标准直齿圆柱齿轮，测得其中心距 $a=300$ mm，$\alpha=20°$，$z_1=24$，$d_{a1}=208$ mm，求该破损齿轮的设计参数(模数 m，齿数 z_2，齿顶高系数 h_a^* 顶隙系数 c^*)。

20-13　已知一对正常齿制外啮合标准直齿圆柱齿轮的中心距 $a=160$ mm，齿数 $z_1=24$，$z_2=56$，求模数和两轮分度圆直径。

20-14　已知一对正常齿制外啮合标准直齿圆柱齿轮的传动比 $i_{12}=1.5$，中心距 $a=100$ mm，模数 $m=2$ mm，计算这对齿轮的几何尺寸。

20－15　有一对正常齿制外啮合直齿圆柱齿轮机构，实测两轮轴孔中心距 $a=112.5$ mm，小轮齿数 $z_1=38$，齿顶圆直径 $d_{a1}=100$ mm，试配一大轮，确定大齿轮齿数 z_2、模数 m 及其尺寸。

20－16　已知一正常齿制的标准外啮合直齿圆柱齿轮，齿数 $z_1=21$，模数 $m=3$ mm，拟将该齿轮用作某传动的主动轮，现需配一从动轮，要求传动比 $i_{12}=4$，试计算从动轮的齿数、分度圆直径、齿顶圆直径、齿根圆直径及两轮的中心距、全齿高。

20－17　已知一对标准外啮合斜齿圆柱齿轮的模数 $m_n=3$ mm，齿数 $z_1=24$，$z_2=93$，要求中心距 $a=180$ mm，试求螺旋角 β 及这对齿轮的主要几何尺寸。

20－18　已知一对标准外啮合斜齿圆柱齿轮的模数 $m_n=3$ mm，齿数 $z_1=21$，$z_2=105$，螺旋角 $\beta=13°$，试求这对齿轮的分度圆直径、齿顶圆直径、齿根圆直径、中心距。

20－19　设计一单级标准直齿圆柱齿轮减速器的齿轮传动。该减速器用电动机驱动，已知输入功率 $P=7.5$ kW，主动轮转速 $n_1=960$ r/min，传动比 $i_{12}=4$，单向运转，有轻微冲击。

20－20　已知一蜗杆蜗轮机构，蜗杆头数 $z_1=3$，$n_1=970$ r/min，模数 $m=10$ mm，分度圆 $d_1=9$ mm，$n_2=50$ r/min，求蜗杆的导程角、蜗轮的分度圆直径、中心距。

20－21　如题 20－21 图所示，蜗杆为主动件，试标出图中未注明的蜗杆或蜗轮的旋向及转向，并画出蜗杆和蜗轮受力的作用点和 3 个分力的方向。

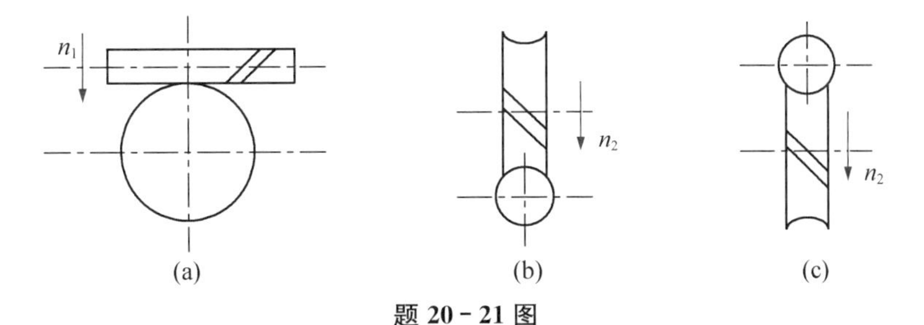

题 20－21 图

项目21 轮　　系

工程案例导入

如图1所示，车床上走刀丝杠的三星轮换向机构由齿轮系组成，在主动轴转向不变的情况下，利用惰轮可以改变从动轮的转向，扳动手柄可实现两种传动方案。机械传动系统中，在输入轴与输出轴之间常常采用互相啮合的齿轮组成的轮系来传递运动。轮系传动有什么类型、特性、运动规律？设计中应注意哪些问题？

本项目将结合多种工程案例，介绍轮系的相关知识。通过学习，能体会到设计工作需要严谨的设计态度以及责任意识，理解“差之毫厘，失之千里”，明白一丝不苟、严谨的工作态度能够帮助、促进完成工程项目。

● 学习目标

◇ 了解轮系基本类型、功用；

◇ 掌握轮系传动比的计算；

◇ 培养严谨的设计、计算态度，质量意识、责任意识。

● 学习重点和难点

◇ 轮系基本类型，轮系的传动比的计算。

图1　走刀丝杠的三星轮换向机构

任务21.1 概　　述

21.1.1　轮系的概念

在机械传动中，为了满足不同的工作要求，常常采用一系列相互啮合齿轮将主动轴和从动轴联结起来，以实现变速、换向、分路传动、运动分解与合成、获得大传动比等功用。这种由一系列齿轮组成的机械传动系统称为轮系。

21.1.2 轮系的分类

轮系运转时，根据各个齿轮的轴线相对于机架的位置是否固定，将轮系分为定轴轮系、行星轮系和混合轮系。

(1) 定轴轮系　如图 21－1 所示，轮系在运转时，所有齿轮轴线的位置都是固定不变的，该轮系称为定轴轮系，定轴轮系又分平面定轴轮系和空间定轴轮系。平面定轴轮系中各齿轮的轴线互相平行，如图 21－1(a)所示；空间定轴轮系含有相交轴齿轮，如图 21－1(b)所示。

(2) 行星轮系　在轮系运转时，至少有一个齿轮的轴线可绕另一轴线转动的轮系称为行星轮系(或称为周转轮系)，如图 21－2 所示，齿轮 2 的几何轴线 O_2 位置不固定，当 H 杆转动时，O_2 将绕齿轮 1 的几何轴线转动。

一个基本的行星轮系由行星轮、太阳轮、行星架(系杆)和机架组成。轴线固定的齿轮 1 和 3 称为太阳轮(或称中心轮)；既绕自己轴线自转，又随构件 H 一起绕太阳轮轴线回转的齿轮称为行星轮，构件 H 称为行星架(或称系杆)。

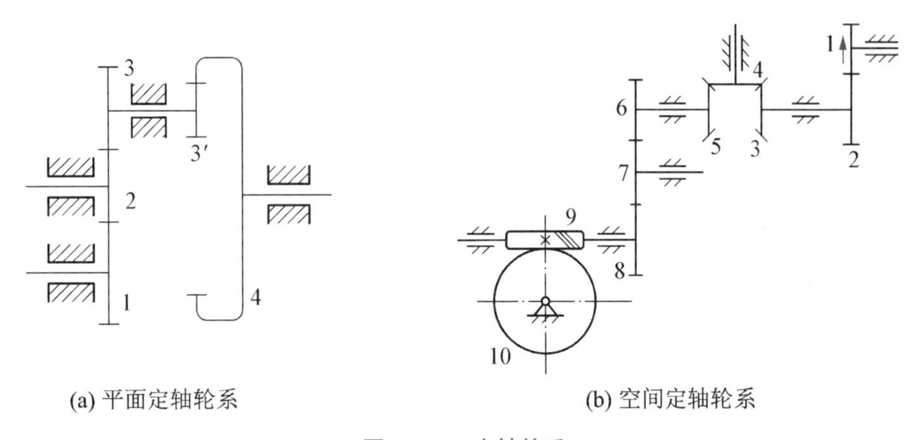

(a) 平面定轴轮系　　(b) 空间定轴轮系

图 21－1　定轴轮系

行星轮系就是由一个系杆、若干个行星轮和中心轮组成的。行星轮系有简单行星轮系和差动轮系两种。图 21－2 所示的两个中心轮 1 和 3 都能转动，其自由度为 2，这种行星轮系称为差动轮系；如图 21－3 所示，一个太阳轮(轮 1 或轮 3)固定不动，其自由度为 1，则这种行星轮系称为简单行星轮系。

(3) 混合轮系　混合轮系又称复合轮系。常把定轴轮系和行星轮系或两个以上的行星轮系组成的复杂轮系，称为混合轮系，如图 21－4 所示。

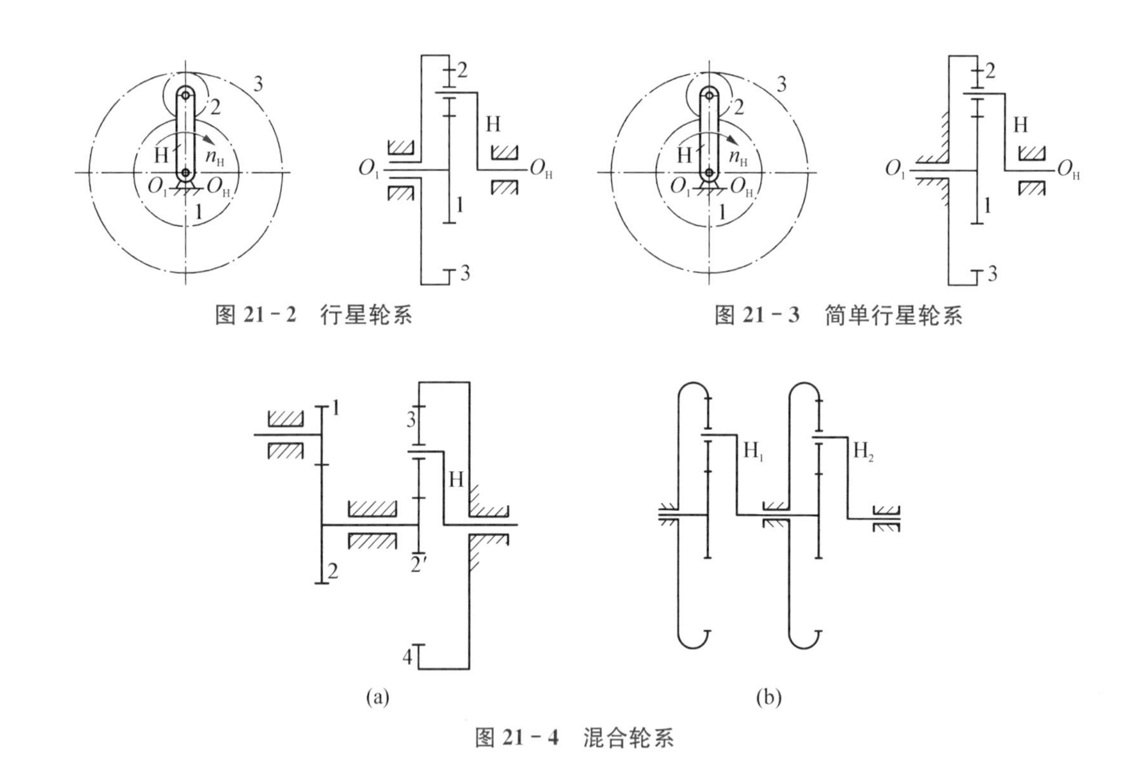

图 21-2 行星轮系

图 21-3 简单行星轮系

图 21-4 混合轮系

任务 21.2 定轴轮系的传动比计算

21.2.1 轮系传动比概念

轮系的传动比，是指首轮与末轮的角速度 ω(或转速 n)之比。用 i_{ab} 表示，下标 a，b 为首轮与末轮的代号，则其传动比的大小为

$$i_{ab}=\frac{\omega_a}{\omega_b}=\frac{n_a}{n_b}。\tag{21-1}$$

轮系传动比的计算应包括两个内容：一是计算传动比的大小；二是确定从动轮的转动方向。最简单的定轴轮系由一对齿轮所组成。

21.2.2 定轴轮系传动比计算

1. 平面定轴轮系

(1) 一对齿轮的传动比　图 21-5(a)所示为一对外啮合齿轮传动，当主动轮 1 以逆时针方向转动时，从动轮 2 就顺时针方向转动，即两轮转向相反，如果我们用“+”表示两轮转向相同，用“−”号表示两轮转向相反，则 $i_{12}=\frac{n_1}{n_2}=(-)\frac{z_2}{z_1}$。

图 21－5(b)所示为一对内啮合齿轮传动，由于内啮合时两齿轮转向相同，所以用“＋”号表示，则 $i_{12}=\dfrac{n_1}{n_2}=(+)\dfrac{z_2}{z_1}=\dfrac{z_2}{z_1}$。用“＋”、“－”号表示主、从动轮转动的方法，只有当主、从动轮轴线平行时才有意义。

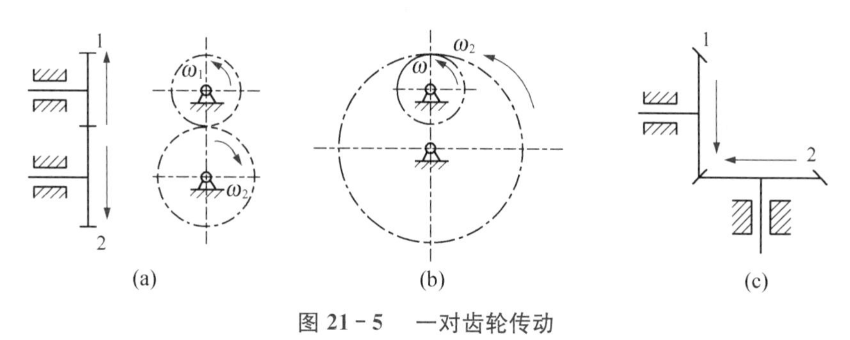

图 21－5　一对齿轮传动

(2) 有中间轮的传动比　如图 21－6 所示，如果两个齿轮中间加一个中间齿轮其传动比和传动方向有何变化？由图可知，$\dfrac{n_1}{n}=(-)\dfrac{z}{z_1}$，$\dfrac{n}{n_2}=(-)\dfrac{z_2}{z}$，两式左、右各自相乘得

$$i_{12}=\frac{n_1}{n_2}=\frac{n_1}{n}\times\frac{n}{n_2}=\frac{z}{z_1}\times\frac{z_2}{z}=\frac{z_2}{z_1}。$$

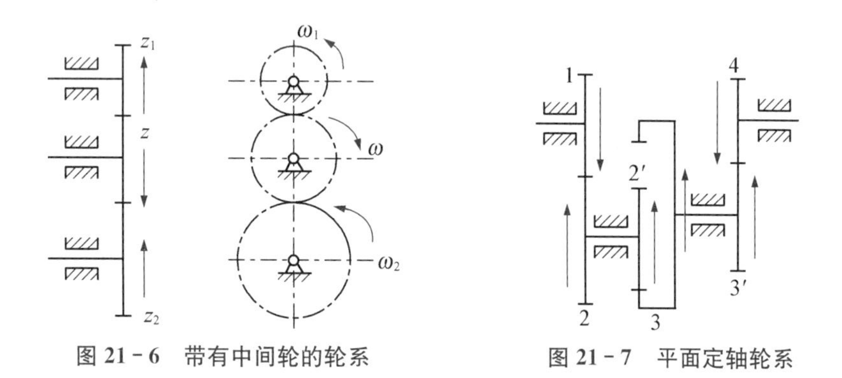

图 21－6　带有中间轮的轮系　　图 21－7　平面定轴轮系

可见，中间齿轮对传动比并无影响，但改变了从动轮转动的方向。因此，常用中间轮来变换从动轮转动的方向，中间轮称为“惰轮”。

(3) 多对齿轮(轮系)的传动比计算　如图 21－7 是平面定轴轮系，由 3 对齿轮组成，将其分成一对一对齿轮来分别计算，每一对齿轮传动比大小分别为

$$i_{12}=\frac{n_1}{n_2}=(-)\frac{z_2}{z_1},\quad i_{2'3}=\frac{n_{2'}}{n_3}=(+)\frac{z_3}{z_{2'}},\quad i_{3'4}=\frac{n_{3'}}{n_4}=(-)\frac{z_4}{z_{3'}}。$$

将上面 3 式左右各自相乘，得

$$i_{12}i_{2'3}i_{3'4}=\frac{n_1}{n_2}\times\frac{n_{2'}}{n_3}\times\frac{n_{3'}}{n_4}=(-)\frac{z_2}{z_1}\times(+)\frac{z_3}{z_{2'}}\times(-)\frac{z_4}{z_{3'}}。$$

由于 $n_2=n_2{}'$，$n_3=n_3{}'$，设轮 1 为首轮，轮 4 为末轮，则首轮、末轮的传动比为

$$i_{14}=\frac{n_1}{n_4}=(-1)^2\frac{z_2z_3z_4}{z_1z_{2'}z_{3'}}。$$

上式表明，定轴轮系的传动比等于轮系中各对啮合齿轮传动比的连乘积，其值等于各对啮合齿轮中从动轮齿数连乘积与主动轮齿数连乘积之比。

对于平面定轴轮系，传动比的符号由外啮合的对数决定，外啮合齿轮对啮合一次，其转动方向改变一次，而一对内啮合齿轮其转动方向不发生改变，因此平面轮系中传动比符号可用 $(-1)^m$ 表示，m 为外啮合齿轮的对数。

如图 21－7 所示，轮系中从齿轮 1 到齿轮 4 有两对外啮合，因此其传动比的符号为 $(-1)^2=(+1)$，即轮 1 与轮 4 转向相同。

同时，还可以在图上根据内啮合（转向相同）、外啮合（转向相反），依次画箭头的方法来确定传动比的正、负号。如图中的轮 1 与轮 4 箭头方向相同，表明其转向相同，所以 i_{14} 为正。

将以上的分析推广到一般的各轮轴线相互平行的定轴轮系，设 a 轮为首轮，b 轮为末轮，则有

$$i_{ab}=\frac{n_a}{n_b}=\frac{\omega_a}{\omega_b}=(-1)^m\frac{\text{从 a}\rightarrow\text{b 所有从动轮齿数的连乘积}}{\text{从 a}\rightarrow\text{b 所有主动轮齿数的连乘积}}。\qquad(21-2)$$

2. 空间定轴轮系

空间轮系是指轮系中包括圆锥齿轮、蜗杆蜗轮等空间齿轮机构。对于空间定轴轮系，其传动比的数值仍可用式(21－2)计算，但其转向不能再由 $(-1)^m$ 决定，必须在运动简图中用画箭头的方法确定。

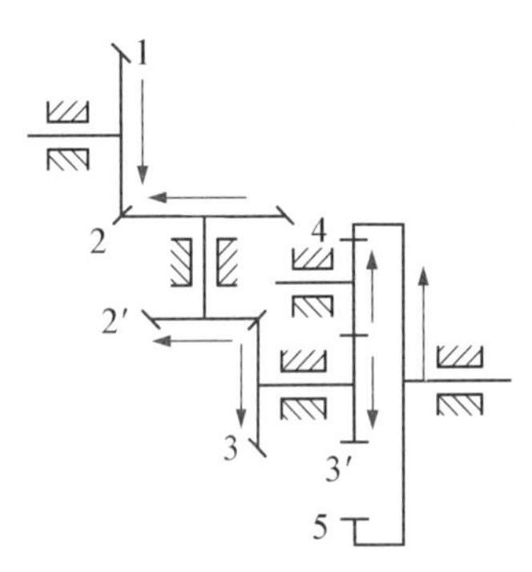

图 21－8　空间定轴轮系

图 21－5(c)所示为一对锥齿轮，由于主、从动轮的轴线不平行，两个齿轮的转向没有相同和相反的关系，所以不能用“＋”、“－”号表示，这时只能用画箭头的方法来表示两轮转向，其传动比计算不再带符号。

图 21－8 所示的空间定轴轮系中，所有齿轮的几何轴线并不都是平行的，首末两轮转向由图上所画箭头判定。传动比为

$$i_{15}=\frac{n_1}{n_5}=\frac{z_2z_3z_4z_5}{z_1z_{2'}z_{3'}z_4}。$$

例 21－1　在图 21－8 所示的轮系中，已知 $n_1=500$ r/min，$z_1=30$，$z_2=40$，$z_{2'}=20$，$z_3=25$，$z_{3'}=23$，$z_4=24$，$z_5=69$，求 n_5 的大小和方向。

解：(1) 计算传动比的大小，即

$$i_{15}=\frac{n_1}{n_5}=\frac{z_2 z_3 z_4 z_5}{z_1 z_{2'} z_{3'} z_4}=5,\quad n_5=\frac{n_1}{i_{15}}=\frac{500}{5}=100\ (\text{r/min})。$$

(2) n_5 的方向用箭头的方法判断，如图中的箭头所示。

例 21－2 在图 21－9 所示的轮系中，已知各轮的齿数，$z_1=20$，$z_2=30$，$z_3=15$，$z_4=40$，$z_5=z_6=18$，左旋单头蜗杆 $z_7=1$，蜗轮 $z_8=40$，$z_9=20$，模数 $m=3$ mm，当 $n_1=1\,500$ r/min 时，求：(1)轮系传动比 i_{18}；(2)蜗轮 8 的转速大小和转向；(3)齿条 10 移动的速度和方向。

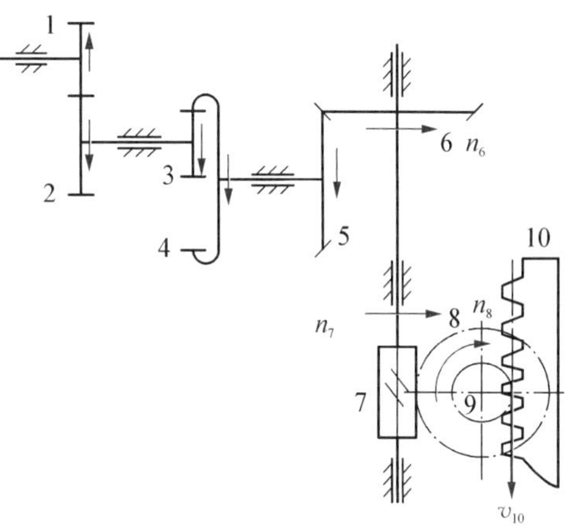

图 21－9 空间定轴轮系

解：(1) 计算传动比的大小，为

$$i_{18}=\frac{n_1}{n_8}=\frac{z_2 z_4 z_6 z_8}{z_1 z_3 z_5 z_7}=\frac{30\times 40\times 18\times 40}{20\times 15\times 18\times 1}=160。$$

(2) 蜗轮 8 的转速为

$$i_{18}=\frac{n_1}{n_8},\quad n_8=\frac{1\,500}{160}=9.375(\text{r/min})。$$

蜗轮 8 的转向如图中的箭头所示。

(3) 齿条 10 移动的速度为

$n_8=n_9=9.375$ r/min，

$v_9=2\pi R n_9=\pi d_9 n_9=\pi m z_9 n_9=1\,766.25\ \text{mm/min}\approx 0.03\ \text{m/s}=v_{10}$。

齿条 10 移动的方向如图中箭头所示。

任务 21.3 行星轮系的传动比计算

在行星轮系中，由于行星轮的运动是既有自转又有公转的复杂运动，因此不能直接利用定轴轮系传动比的计算方法来求行星轮系的传动比。

比较图 21－10，可以看出它们的根本区别在于：图 21－10(a)行星轮系中构件 H 以转速 n_H 转动而成为系杆，图 21－10(b)定轴轮系中构件 H 是机架。根据相对运动原理，给图(*a*)的整个行星轮系加一个绕系杆 H 轴线转动的公共转速 $-n_H$，并不会改变各构件之间的相对运动关系，但此时系杆的转速为 $n_H^H=n_H-n_H=0$，即系杆已成为“静止”的机架。于是行星轮系就转化成为了一个假想的定轴轮系，这个假想的定轴轮系称为原行星轮系的转化轮系，如图 21－11(b)所示，其各物理量均在代表符号的右上角加一角标 H，以示区别，如 i^H 为转化轮系的传动比。转化轮系的传动比就可以按定轴轮系传动比的计算方法计算。轮系转化后各构件的转速，见表 21－1。

表 21-1　各构件转化前后的转速

构　件	行星轮系的转速	转化轮系中的转速
1	n_1	$n_1^H=n_1-n_H$
2	n_2	$n_2^H=n_2-n_H$
3	n_3	$n_3^H=n_3-n_H$
4	n_H	$n_H^H=n_H-n_H=0$

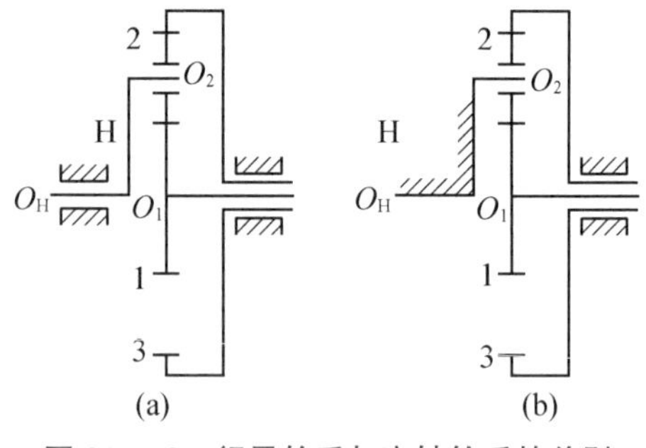

图 21-10　行星轮系与定轴轮系的差别

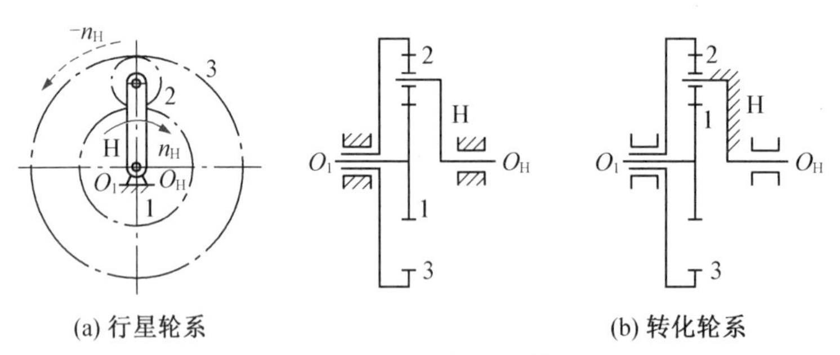

图 21-11　行星轮系的转化

由于行星轮系的转化轮系是一个定轴轮系，因此转化轮系中齿轮 1 对齿轮 3 的传动比为 i_{13}^H，根据(21-2)式得

$$i_{13}^H=\frac{n_1^H}{n_3^H}=\frac{n_1-n_H}{n_3-n_H}=(-1)^1\frac{z_2z_3}{z_1z_2}=-\frac{z_3}{z_1}。$$

上式表明，当轮系为简单行星轮系时，其中轮 1 或轮 3 固定，即 n_1 或 n_3 为零，公式中只要在另外两个转速中任知其一，可求其余一个转速。

当轮系为差动轮系时，在 3 个转速 n_1，n_3，n_H 中任知其中两个，可求另外一个转速。若 a，b 为行星轮系中的任意两个齿轮，则从 a 到 b 的转化轮系传动比计算的一般式为

$$i_{ab}^H=\frac{n_a^H}{n_b^H}=\frac{n_a-n_H}{n_b-n_H}=\frac{n_a-n_H}{n_b-n_H}=\pm\frac{\text{从齿轮 a 到齿轮 b 所有从动轮齿数的乘积}}{\text{从齿轮 a 到齿轮 b 所有主动轮齿数的乘积}}。\tag{21-3}$$

等式右边的"±"号表示转化轮系中输入端齿轮 a、输出端齿轮 b 的转向关系。若两轮转向相同，用正号，相反用负号。

将 n_a，n_H，n_b 的已知值代入公式时，必需代入其本身的正号或负号。若假设其中一个转向为正，则其他转向与其相同时取正号、相反时取负号。

例 21-3　在图 21-12(a)所示的轮系中，已知 $z_1=60$，$z_2=58$，$z_{2'}=62$，$z_3=56$。问当 $n_H=0.5$ r/min，齿轮 1 固定时，齿轮 3 的转速是多少？

解：$$i_{13}^{H}=\frac{n_1^H}{n_3^H}=\frac{n_1-n_H}{n_3-n_H}=\frac{z_2z_3}{z_1z_{2'}}=\frac{58\times 56}{60\times 62}=\frac{406}{465}。$$

因为在转化轮系中首、末两轮转向相同，如图 21－10(b)所示，所以等式右边用正号。

又 $n_1=0$，$n_H=0.5$ r/min，所以$\frac{0-0.5}{n_3-0.5}=\frac{406}{465}$，$n_3=-\frac{59}{842}=-\frac{1}{14}\approx-0.07$ (r/min)。

“－”表示齿轮 3 的转动方向与系杆 H 的转动方向相反。

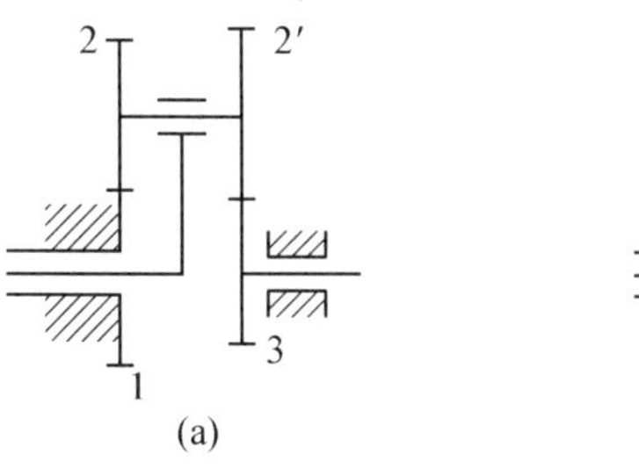

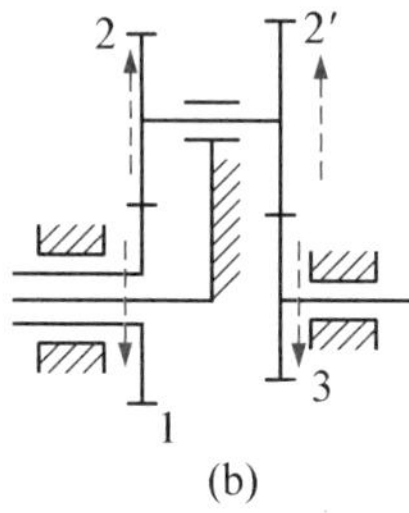

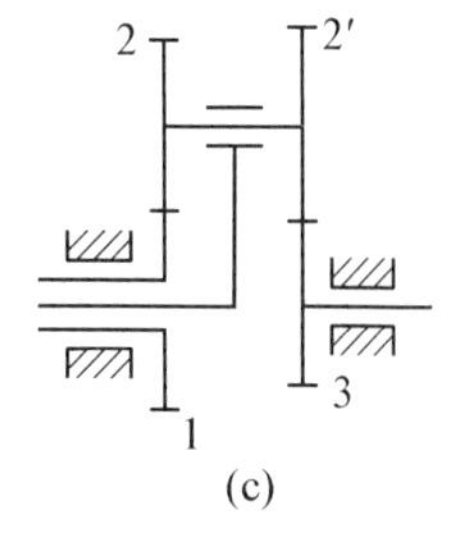

图 21－12　行星轮系

例 21－4　在例 21－3 中，如果齿轮 1 也转动如图 21－12(c)，且 $n_1=\frac{1}{4}$ r/min，求当 $n_H=\frac{1}{4}$ r/min 时齿轮 3 的转速。

解：$$i_{13}^{H}=\frac{n_1^H}{n_3^H}=\frac{n_1-n_H}{n_3-n_H}=\frac{z_2z_3}{z_1z_{2'}}=\frac{58\times 56}{60\times 62}=\frac{406}{465}。$$

将 $n_1=\frac{1}{4}$ r/min，$n_H=\frac{1}{4}$ r/min，代入上式得 $n_3-\frac{1}{4}=0$，$n_3=0.25$ r/min。

例 21－5　在如图 21－13 所示的行星轮系中，已知各轮齿数 $z_1=60$，$z_2=20$，$z_{2'}=25$，$z_3=15$，$n_1=50$ r/min，$n_3=300$ r/min，当转向如图所示(与 n_1 相反)，求 n_H 的大小及转向？

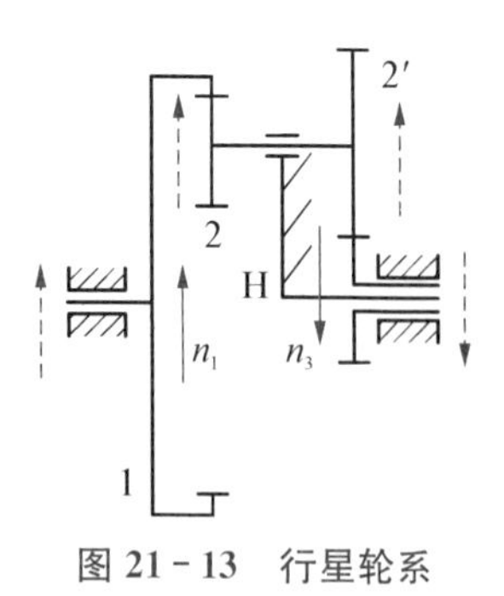

图 21－13　行星轮系

解：

$$i_{13}^{H}=\frac{n_1^H}{n_3^H}=\frac{n_1-n_H}{n_3-n_H}=-\frac{z_2z_3}{z_1z_{2'}},$$

因为 $\frac{50-n_H}{-300-n_H}=-\frac{20\times 15}{60\times 25}=-0.2$，

所以 $n_H\approx-8.3$ r/min　(与 n_1 相反)。

任务 21.4　轮系的应用

由于齿轮传动具有工作可靠、传动比准确、效率高、结构紧凑、承载能力大等优点，因此在工程中得到广泛应用。在一般情况下，由原动机到工作机的运动和动力的传递，往往不是一对齿轮能完成的。例如，轧钢机要求将电机的高转速变为轧辊的低转速，制氧机要求将电机转速增加至空压机的转速，机床要求将电机一种转速变为主轴的多种转速，在转炉及起重机的新型传动中将两个电机的运动合成为一个运动，等等。在这些机械中，应用的减速器、增速器、变速器和差速器，都是由齿轮组成的轮系来完成的。

21.4.1 轮系的主要作用

在各种机械设备中，轮系的应用非常广泛，主要有以下几个方面：

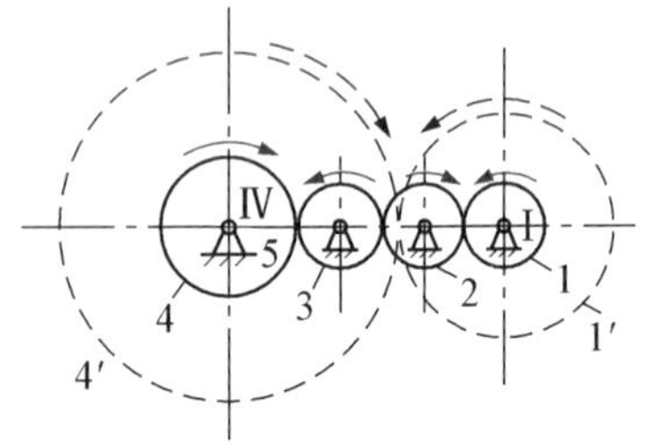

图 21-14 实现远距离传动

(1) 可作较远距离的传动　若两轴距离较远时，用一对齿轮传动，齿轮尺寸必然很大。这样既占空间，又费材料，而且制造、安装均不方便。若采用轮系传动，则结构紧凑，并能进行远距离传动，如图 21-14 所示。

(2) 可实现变速、换向要求　输入轴的转速、转向不变。利用轮系可使输出轴得到若干种转速或变输出轴的转向，这种传动称为变速变向传动。例如，机床主轴的转速，有时要求高，有时要求低，有时要求正转，有时要求反转。若采用滑移齿轮等变速机构组成轮系，即可实现多级变速要求和变换转动方向。

(3) 可合成或分解运动

采用行星轮系可将两个独立运动合成为一个运动，或将一个独立运动分解成两个独立的运动。因为差动轮系有两个自由度，所以需要给定 3 个基本构件中任意两个的运动，第三个构件的运动才能确定，因此第三个构件的运动为另两个基本构件的运动的合成。例如，图 21-15(a)为滚齿机中的差动行星轮系，滚切斜齿轮时，由齿轮 4 传递来的运动传给中心轮 1；由蜗轮 5 传递来的运动传给 H，这两个运动经轮系合成后变成齿轮 3 的转速输出。

在差动轮系中，当给定一个基本构件的运动后，可以根据附加条件按所需比例将该运动分解成另外两个基本构件的运动。例如，图 21-15(b)为汽车后桥差速器，在汽车转弯时，它可将发动机传到齿轮 5 的运动以不同的速度分别传递给左右两个车轮，以维持车轮与地面间的纯滚动，避免车轮与地面间的滑动摩擦导致车轮过度磨损。

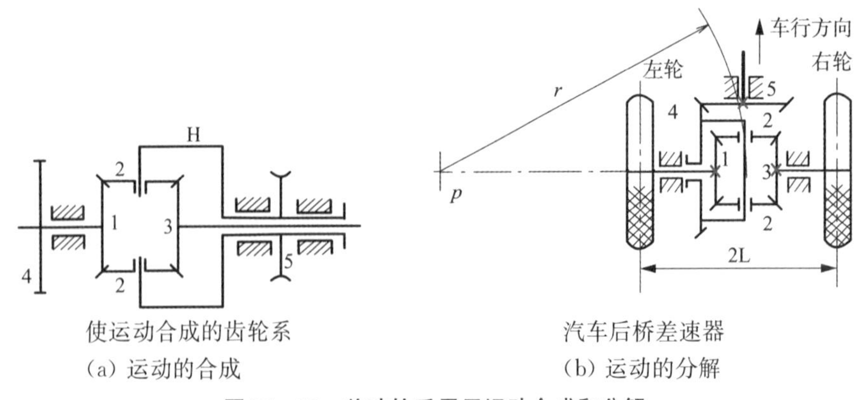

使运动合成的齿轮系

(a) 运动的合成

汽车后桥差速器

(b) 运动的分解

图 21-15 差动轮系用于运动合成和分解

（4）可获得很大传动比和大功率传动　当两轴之间需要较大的传动比时，如果仅由一对齿轮传动，则大小齿轮的齿数相差很大，会使小齿轮极易磨损。轮系就可以克服上述缺点。如采用行星轮系，只需很少几个齿轮，就可获得大的传动比，使结构更紧凑，如航空发动机的减速器。但这种类型的行星齿轮传动用于减速时，减速比越大，其机械效率越低，如用于增速传动，有可能发生自锁。因此，一般只用于辅助装置的传动机构，不宜传递大功率。

用作动力传动的行星轮系中，采用多个均布的行星轮来同时传动，如图 21－16 所示，由多个行星轮共同承担载荷，即可减小齿轮尺寸，又可使各啮合点处的径向分力和行星轮公转所产生的离心惯性力得以平衡。减少了主轴承内的作用力，因此传递功率大，同时效率也较高。

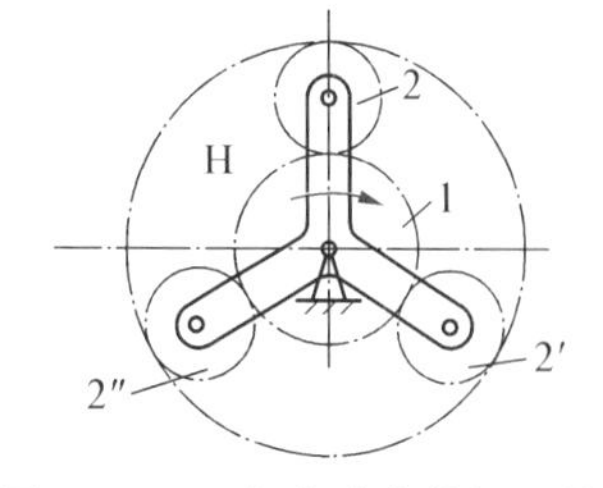

图 21－16　多个均布的行星轮

21.4.2　常用的减速器

减速器是一种由封闭在刚性壳体内的齿轮传动、蜗杆传动、蜗杆-齿轮传动所组成的独立部件，常作为原动机与工作机之间的减速传动装置，图 21－17 所示是常见的几种减速器。

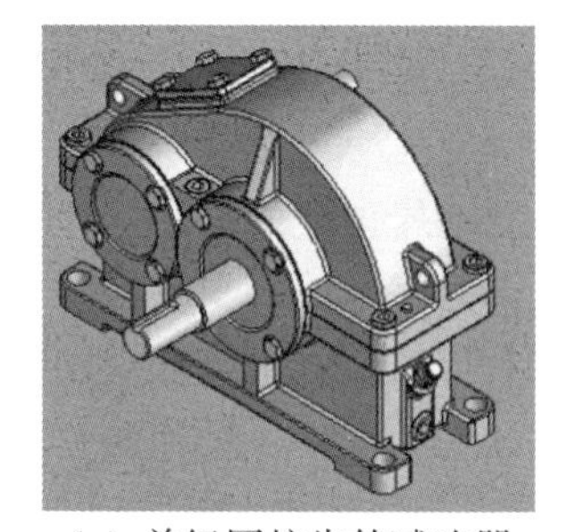
（a）单级圆柱齿轮减速器

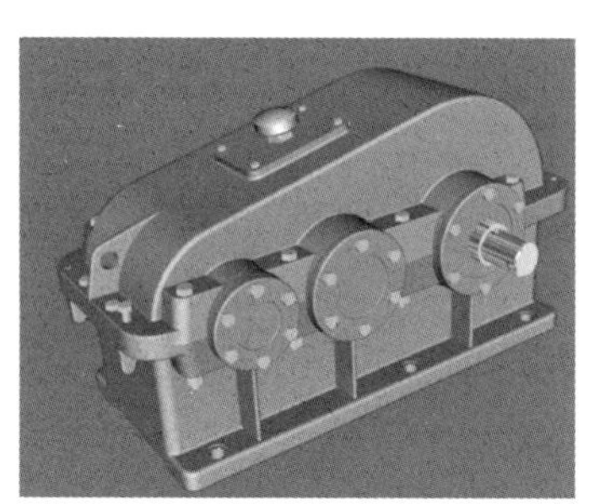
（b）二级圆柱齿轮减速器

（c）单级直齿圆锥齿轮减速器

（d）行星减速器

（e）齿差行星齿轮减速器

（f）蜗杆减速器

图 21－17　常见的减速器

减速器种类很多，常用的有齿轮减速器（圆柱齿轮减速器、圆锥齿轮减速器、圆锥-圆柱齿轮减速器）、蜗杆减速器（圆柱蜗杆减速器、圆弧蜗杆减速器、锥蜗杆减速器、蜗杆-齿轮减速器）、行星减速器 3 种。

齿轮减速器按级数可分为单级、二级、三级和多级。单级齿轮减速器最大传动比为 8～10；

二级齿轮减速器应用于传动比 8～50 及高、低速级的中心距总和为 250～400 mm 的情况下。

蜗杆减速器按蜗杆的位置可分为上置蜗杆、下置蜗杆及侧蜗杆 3 种。蜗杆减速器传动比大，一般为 10～70。设计时应尽可能选用下置蜗杆的结构，便于润滑和冷却。应用最广的是单级蜗杆减速器。

蜗杆-齿轮减速器通常将蜗杆传动作为高速级，因为高速时蜗杆的传动效率较高，其适用的传动比为 50～130。

小　　结

1. 定轴轮系：轮系中，各齿轮几何轴线的位置均固定不动，即各齿轮都只绕自身的轴线转动。

2. 行星轮系：轮系中，至少有一个齿轮的几何轴线是绕另一齿轮的几何轴线转动的，即轮系中有的齿轮既有自转又有公转。

3. 混合轮系是把定轴轮系和行星轮系或两个以上的行星轮系组成的复杂轮系。

4. 定轴轮系传动比的计算公式为

$$i_{ab}=\frac{n_a}{n_b}=\frac{\omega_a}{\omega_b}=\frac{\text{从 a}\rightarrow\text{b 所有从动轮齿数的连乘积}}{\text{从 a}\rightarrow\text{b 所有主动轮齿数的连乘积}}。$$

5. 行星轮系传动比的计算公式为

$$i_{ab}^{H}=\frac{\omega_a^H}{\omega_b^H}=\frac{\omega_a-\omega_H}{\omega_b-\omega_H}=\frac{n_a-n_H}{n_b-n_H}=\pm\frac{\text{从齿轮 a 到齿轮 b 所有从动轮齿数的乘积}}{\text{从齿轮 a 到齿轮 b 所有主动轮齿数的乘积}}。$$

等式右边的“±”号表示转化轮系中 a 轮、b 轮的转向关系。若 a，b 两轮转向相同，用正号，相反用负号。

将 n_a，n_H，n_b的已知值代入公式时，必需代入其本身的正号或负号。若假设其中一个转向为正，则其他转向与其相同时取正号，相反取负号。

习　　题

21－1　简单行星轮系和差动轮系有何区别？

21－2　定轴轮系与行星轮系的主要区别是什么？

21－3　什么是惰轮？有何用途？

21－4　题 21－4 图所示为一提升装置，已知 $z_1=20$，$z_2=50$，$z_{2'}=15$，$z_3=30$，$z_{3'}=1$，$z_4=40$，$z_{4'}=12$，$z_5=36$。求传动比 i_{15}，并在图中标出提升重物时手柄的转向。

21－5　题 21－5 图所示为滑移齿轮变速机构，运动由 1 轴传入，分析 V 轴共有几种速度，若轴转速 $n_1=100$ r/min，按图示各齿轮啮合位置计算出 V 轴的转速，并确定其转向。

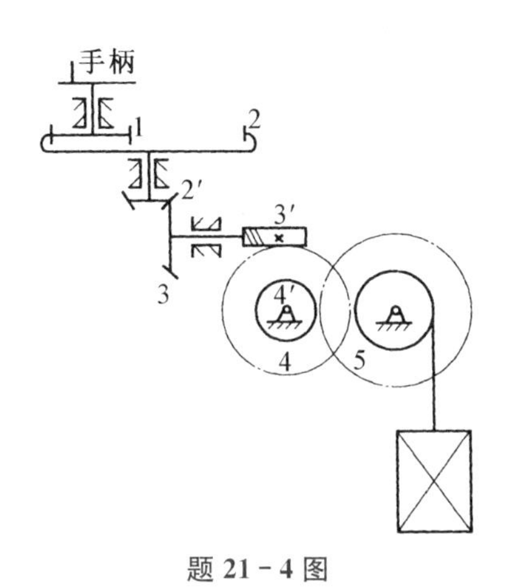

题 21-4 图

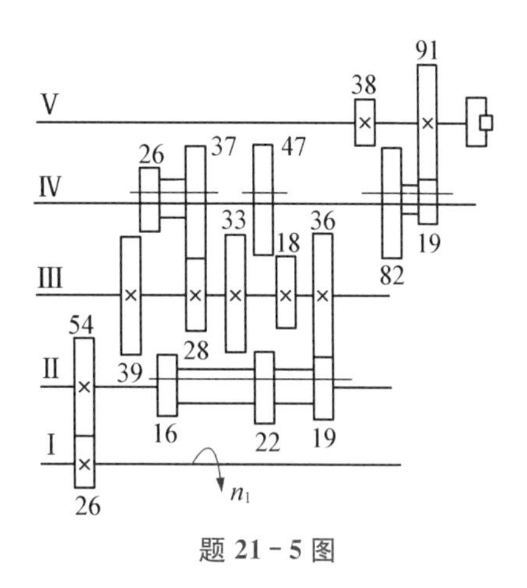

题 21-5 图

21-6　题 21-6 图所示为一蜗杆传动的定轴轮系，已知蜗杆转速 $n_1=750$ r/min，$z_1=3$，$z_2=60$，$z_3=18$，$z_4=27$，$z_5=20$，$z_6=50$。试用画箭头的方法确定 z_6 的转向，并计算其转速。

21-7　题 21-7 图所示为卷扬机传动示意图，悬挂重物 G 的钢丝绳绕在鼓轮 5 上，鼓轮 5 与蜗轮 4 联结在一起，已知各齿轮的齿数 $z_1=20$，$z_2=60$，$z_3=2$(右旋)，$z_4=120$。试求：(1) 轮系的传动比 i_{14}；(2) 若重物上升，加在手把上的力应使轮 1 如何转动？

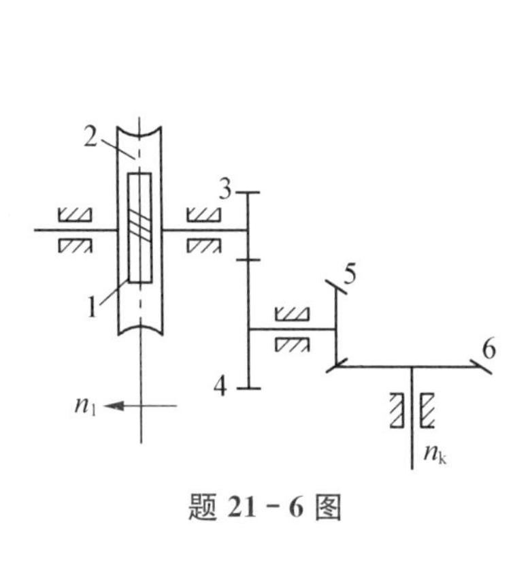

题 21-6 图

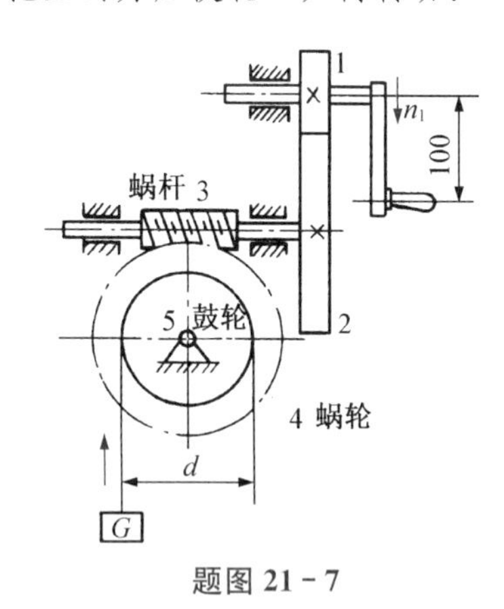

题图 21-7

21-8　题 21-8 图所示的轮系中，已知各轮的齿数 $z_1=20$，$z_2=30$，$z_3=15$，$z_4=40$，$z_5=z_6=18$，右旋单头蜗杆 $z_7=1$，蜗轮 $z_8=40$ 和 $z_9=20$，模数 $m=3$ mm。当 $n_1=1\,000$r/min 时，求齿条移动的速度和方向。

21-9　题 21-9 图所示为齿轮系，已知各轮的齿数 $z_a=20$，$z_g=30$，$z_f=50$，$z_b=80$。试求 $n_a=50$ r/min 时，n_H 的大小和方向。

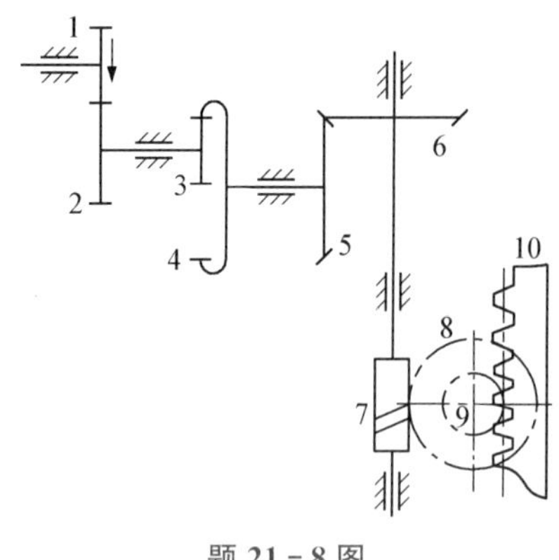

题 21-8 图

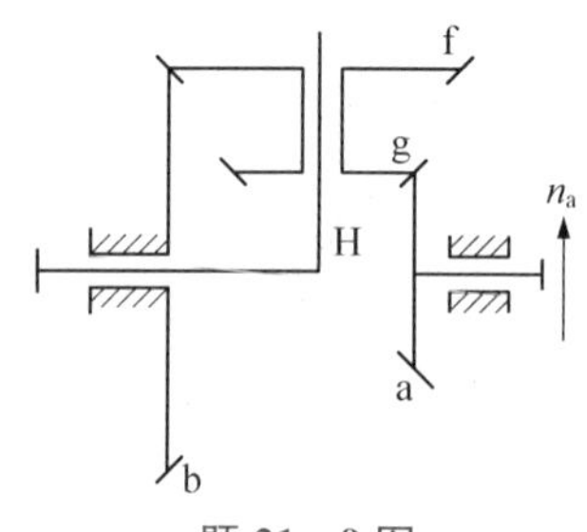

题 21-9 图

21-10　在题 21-10 图所示的行星齿轮系中，已知各轮齿数，$z_1=62$，$z_2=20$，$z_{2'}=24$，$z_3=18$，又 $n_1=100$ r/min，$n_3=200$ r/min。试求：

(1) 当 n_1 和 n_3 转向相同时，行星架的转速 n_H 的大小和方向；

(2) 当 n_1 和 n_3 转向相反时，行星架的转速 n_H 的大小和方向。

21-11　在如题 21-11 图所示的行星轮系中，已知各轮齿数 $z_a=40$，$z_g=20$，当 H 以 $\omega_H=31$ rad/s 的速度回转时，求搅拌器 F 的角速度？

21-12　题 21-12 图所示为大传动比减速器，括号内的数字为齿数，试求轮系传动比 i_{H1}。

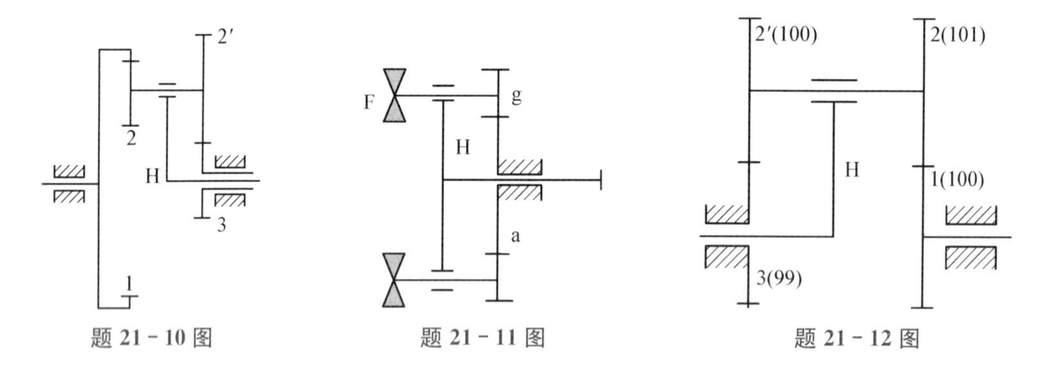

题 21-10 图　　题 21-11 图　　题 21-12 图

项目 22　轴和轴毂联结

工程案例导入

图 1 所示的一级直齿圆柱齿轮减速器中，输入轴、输出轴是主要零件之一。那么，轴有什么类型？输的结构设计和强度计算应注意哪些问题？

本项目将结合多种工程案例，介绍轴的相关知识。通过学习，能体会到设计工作需要严谨的设计态度以及责任意识，理解“差之毫厘，失之千里”，明白一丝不苟、严谨的工作态度能够帮助、促进完成工程项目。

图 1　一级直齿圆柱齿轮减速器

● 学习目标

◇ 了解轴的类型、功用；

◇ 掌握轴的结构设计、强度计算；

◇ 了解轴毂联结的类型及工程应用；

◇ 掌握普通平键的选择计算；

◇ 培养严谨的设计、计算态度，质量意识、责任意识。

● 学习重点和难点

◇ 轴的结构设计、强度计算；

◇ 普通平键的选择计算。

任务22.1 概　　述

轴是组成机器的主要零件之一，轴的功用在于支持转动零件(如齿轮、带轮、链轮等)，使其具有确定的工作位置，并传递运动与动力。轴毂联结是指将轴与轴上的传动零件（齿轮、带轮，联轴器等)联结在一起，实现周向固定，并传递转矩。

22.1.1 轴的类型

轴的类型很多，下面介绍轴的分类。

1. 按轴所承受的载荷分类

根据轴所承受的载荷不同，轴可分为：

(1) 心轴　心轴是只承受弯矩而不传递扭矩的轴，如图 22－1 所示。它又分转动心轴(如列车车轮轴)和固定心轴(如自行车前轮轴)两种。

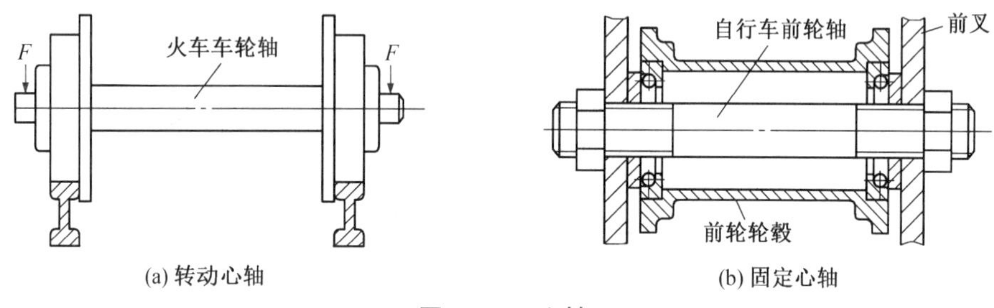

图 22－1　心轴

(2) 传动轴　传动轴是只传递扭矩的轴，如图 22－2 所示的汽车发动机至后桥的轴。

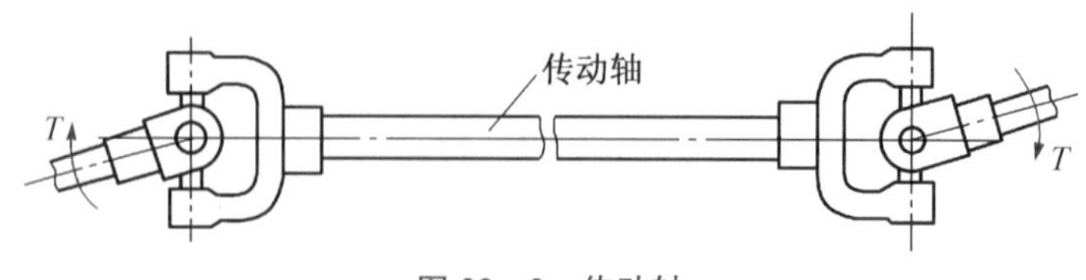

图 22－2　传动轴

(3) 转轴　转轴是既承受弯矩，又传递扭矩的轴，如图 22－3(a)所示的减速器中的轴、图 22－3(b)所示的传动装置中带轮轴和齿轮轴。转轴是机械中最常见的轴。

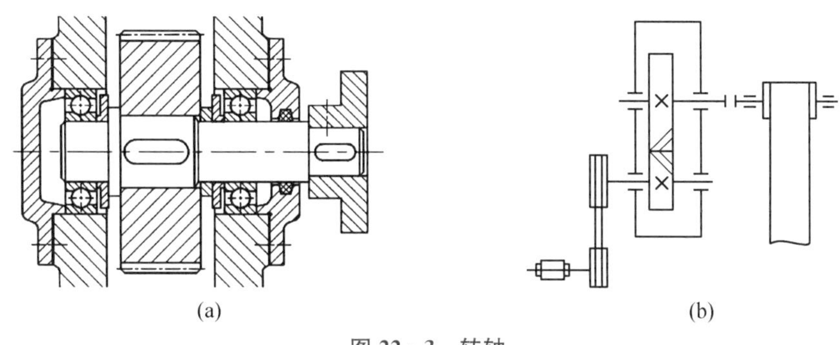

图 22-3 转轴

2. 按轴线形状不同分类

根据轴线形状不同分,轴可分为:

(1) 直轴　有光轴、阶梯轴、实心轴、空心轴,如图 22-4(a)所示

(2) 曲轴　为专用零件,如图 22-4(b)所示。

(3) 挠性轴　为专用零件,如图 22-4(c)所示。

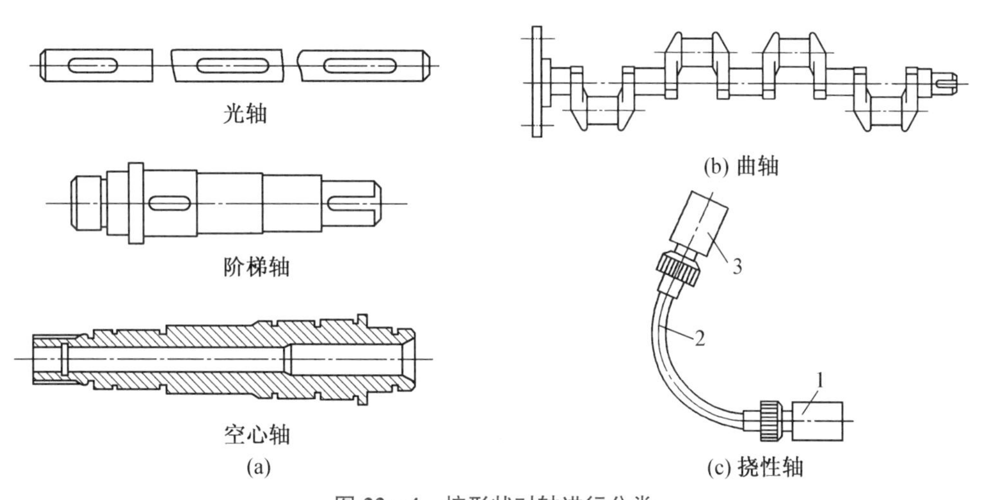

图 22-4 按形状对轴进行分类

22.1.2 轴的常用材料

轴的工作应力多为交变应力,轴的主要失效形式为疲劳破坏。故轴的材料也就首先要有足够的疲劳强度,且对应力集中的敏感性低,同时要有较好的工艺性和经济性。轴的材料主要为碳钢、合金钢,钢轴的毛坯形式为轧制圆钢和锻件。

碳钢比合金钢价廉,对应力集中的敏感性较低,应用广泛。常用的碳钢有 35,45 等优质中碳钢,进行正火或调质处理。轻载或不重要的轴,也可用 Q235,Q255 等。

合金钢比碳钢有更好的力学性能和淬火性能,通常用于重载、高速的重要轴或有特殊要求的轴,如耐高温、低温,耐腐蚀、磨损,要求尺寸小、强度高等。常用材料有 40Cr,20Cr,

20CrMnTi等，经调质、表面淬火、渗碳淬火。由于合金钢和碳素钢的弹性模量相差很小，故合金钢在提高轴刚度方面并没有优势。

对于形状复杂、尺寸大的轴，球墨铸铁有成形容易，且价格低，吸振、耐磨，对应力敏感性小等优点。但可靠性差些。

轴的常用材料及其热处理后的主要机械性能，见表22-1。

表22-1　轴的常用材料及其主要机械性能

材料牌号	热处理	毛坯直径/mm	硬度HBS	抗拉强度 σ_B/MPa	屈服极限 σ_S/MPa	许用弯曲极限$[\sigma]$/MPa	应用说明
碳素结构钢 Q235 Q275				440 580	240 280	43 53	不重要或载荷不大的轴
优质碳素结构钢45	正火 正火回火 正火回火 调质	25 ≤100 >100～300 ≤200	≤240 170～217 162～217 271～255	600 600 580 650	360 300 290 360	55 55 53 61	应用最为广泛，强度和韧性较好
合金钢 40Cr	调质	25 ≤100 >100～300	 241～266 241～266	1000 750 700	800 550 550	90 72 70	用于载荷较大而无大冲击的重要轴
合金钢 20Cr	渗碳淬火 回火	15 30 ≤60	表面 50～60 HRC	850 650 650	550 400 400	76 — —	用于强度、韧性和耐磨性均较高的轴
合金钢 20CrMnTi	渗碳淬火 回火	15 15	表面 56～62 HRC	1100	850	100	性能略优于20Cr
球墨铸铁 QT400-15 QT600-3			156～197 197～269	400 600	300 420	30 42	曲轴、凸轮轴、水泵轴

22.1.3　轴设计的主要问题和一般步骤

轴设计的主要问题是具有合理的结构和足够的承载能力。轴的结构设计是否合理直接影响轴和轴上零件的安装、工作质量和工作寿命。

轴设计的一般步骤是：

(1) 确定许用应力(根据工作要求选择合理的材料及热处理方式)；

(2) 估算最小直径 d_{min}(按扭转强度估算轴的最小直径)；

(3) 轴的结构设计；

(4) 轴的强度校核计算，必要时还需进行刚度或振动稳定性等校核计算。

任务 22.2 轴的结构设计

22.2.1 轴的结构设计原则

轴结构设计的任务就是要定出轴的合理外形和全部结构尺寸，包括各轴段的直径和长度，以及细小部分的结构尺寸。轴结构设计应遵循的一般原则：

(1) 轴和装在轴上的零件要有准确的工作位置；

(2) 轴上零件应便于拆卸和调整；

(3) 轴应具有良好的加工工艺性；

(4) 尽量减小应力集中；

(5) 受力合理，有利于节约材料、减轻轴的重量。

22.2.2 轴的结构组成

1. 组成

轴通常由轴头、轴颈、轴肩、轴环、轴端及不装任何零件的轴段等部分组成，如图 22 - 5 所示。

轴头是轴与轮毂(传动零件)配合的部分；轴颈是轴与轴承配合的部分；轴肩(轴身)是连接轴颈和轴头部分；用作零件轴向固定的台阶部分称为轴环。

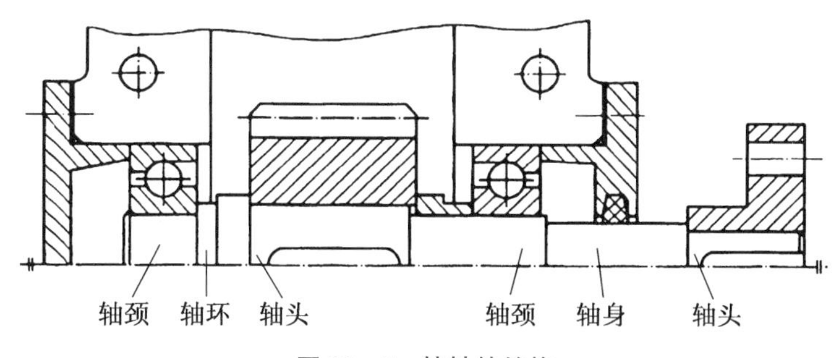

图 22 - 5 转轴的结构

2. 决定轴的结构和形状的因素

有以下几方面：

(1) 轴的毛坯种类；

(2) 轴上作用力的大小及分布情况；

(3) 轴上零件的位置、配合性质，以及联结固定的方法；

(4) 轴承的类型、尺寸和位置；

(5) 轴的加工方法、装配方法，以及其他特殊要求。

22.2.3　轴上零件的定位及固定

1. 轴上主要零件的布置

根据工作条件确定轴上主要零件(如齿轮、带轮、轴承、联轴器等)的正确位置,是轴设计时首先应该考虑的问题。图 22－6 所示为单级圆柱齿轮减速器的输入轴。齿轮对称布置在两轴承之间,可使载荷沿齿宽均匀分布,两轴承应尽量靠近齿轮以减小跨距、提高轴的强度和刚性。

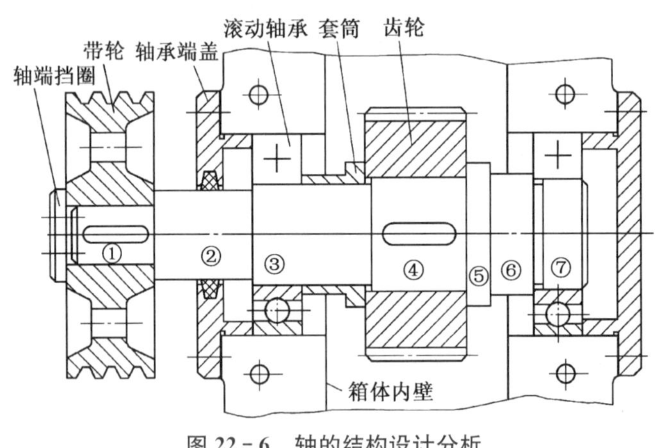

图 22－6　轴的结构设计分析

2. 轴上零件的定位和固定

轴上零件的定位是指将其在轴上安装到位,轴上零件的固定是指工作时它们与轴之间的相对位置保持不变。

(1) 轴上零件的轴向定位和固定　轴上零件的轴向定位和固定以轴肩、轴环、轴套、锁紧挡圈、圆螺母、弹性挡圈、轴端挡圈、轴承端盖及圆锥面等来实现,如图 22－7～22－10 所示。

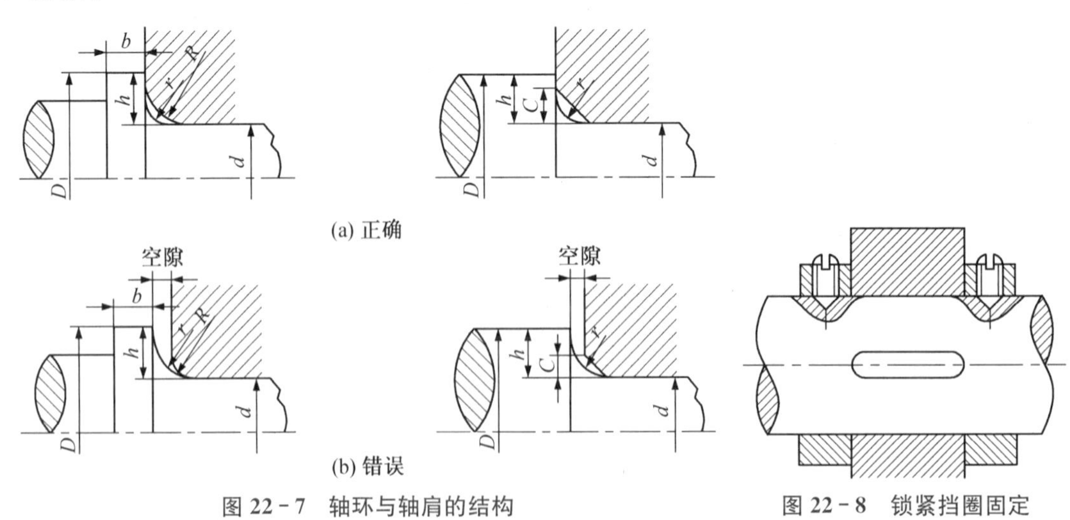

图 22－7　轴环与轴肩的结构

图 22－8　锁紧挡圈固定

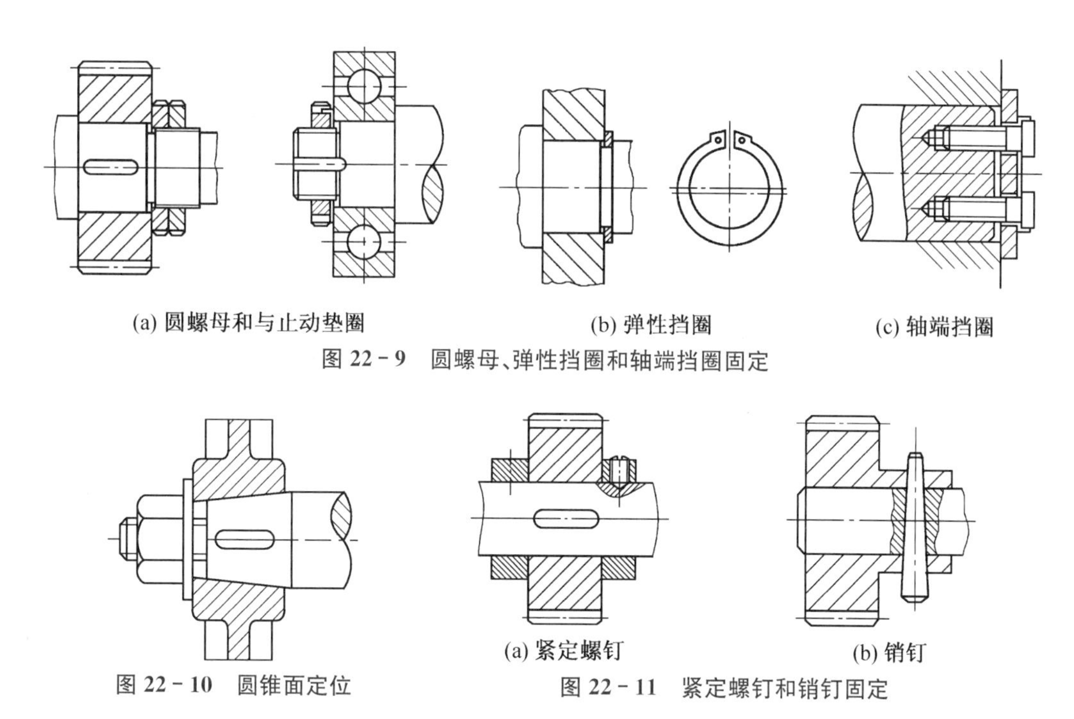

(a) 圆螺母和与止动垫圈　(b) 弹性挡圈　(c) 轴端挡圈

图 22-9　圆螺母、弹性挡圈和轴端挡圈固定

图 22-10　圆锥面定位

(a) 紧定螺钉　(b) 销钉

图 22-11　紧定螺钉和销钉固定

在图 22-6 中，齿轮 4 左、右边分别为轴套和轴环固定；带轮左、右端分别为轴端挡圈和轴肩固定；轴承分别为轴肩(轴套)和轴承端盖固定；等等。轴套常用于中间轴段，结构简单，对轴无削弱，但会增加重量，长度也不宜过长，以免本身加工困难。圆螺母多用细牙螺纹以减小对轴的削弱，而弹性挡圈和轴端挡板所能承受的轴向力较小。

为了保证轴上零件的端面能紧靠定位面，轴肩的内圆角半径 r 应小于零件上的外圆角半径 R 或倒角 C(R 和 C 的尺寸可查有关的机械设计手册)，如图 22-7(a)所示；否则轴上零件将不能正确定位，如图 22-7(b)所示。同时轴肩高度 h 应较外圆角 R 或倒角 C 稍大，即 $r<R$(或 C)，同时还须保证 $h>R$(或 C)。一般取 $r\approx(0.67\sim0.75)h$，$h\approx(0.07\sim0.1)d$，滚动轴承的轴肩可查手册确定；$b\approx1.4h$ 或 $b\approx(0.1\sim0.15)d$。

轴头长度应稍短于装在上面的与之配合的轮毂轴向长度，一般两者的差取 2～3 mm，以便轮毂准确定位，如图 22-12 所示。

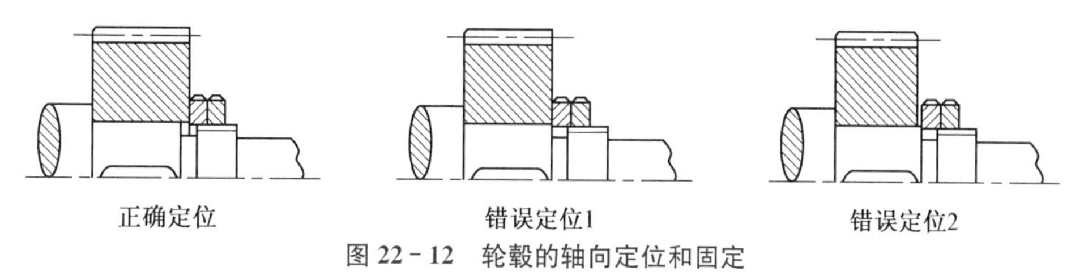

正确定位　错误定位1　错误定位2

图 22-12　轮毂的轴向定位和固定

(2) 轴上零件的周向定位和固定　为使零件和轴一起转动，并可靠地传递运动和动力，周向固定可以用普通平键或花键联结。当要求对中性好，在振动条件下工作时，可用轴孔间的过盈配合，也可两者同时采用。在载荷很小时，也可以采用紧定螺钉或销钉，如图 22-11 所示。

22.2.4　轴的结构工艺性

所谓轴具有良好的结构工艺性是指，轴要便于加工和轴上零件的装拆。一般考虑以下基本因素和处理方式：

（1）轴端应有45°倒角。

（2）阶梯轴应制成两端小、中间大。在保证定位下，阶梯尽可能少，以减少加工。

（3）若不同轴段均有键槽时，应布置在同一母线上，便于装夹和铣削，如图22－13所示。

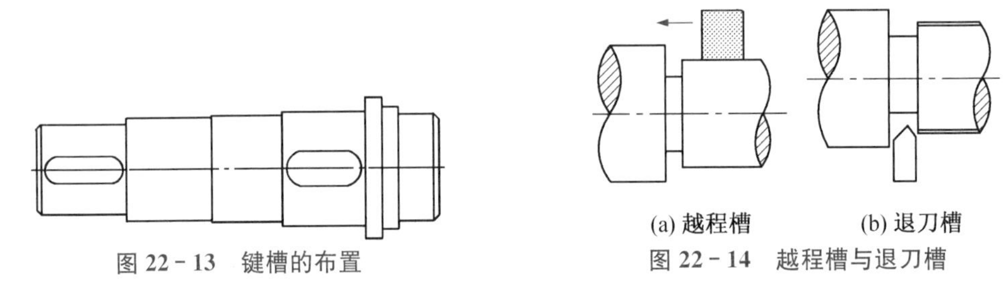

图22－13　键槽的布置

图22－14　越程槽与退刀槽

（4）磨削段要有越程槽，螺纹轴段要有退刀槽，并均应符合有关规范，如图22－14所示。

（5）轴上的键槽、圆角、倒角、退刀槽、越程槽等，应尽可能分别采用同一尺寸，以便加工和检验。

（6）用作轴承轴向定位的轴肩（轴环）、轴套的高度应低过轴承内圈的高度，如图22－15所示，以利于轴承的拆卸，如图22－16所示。

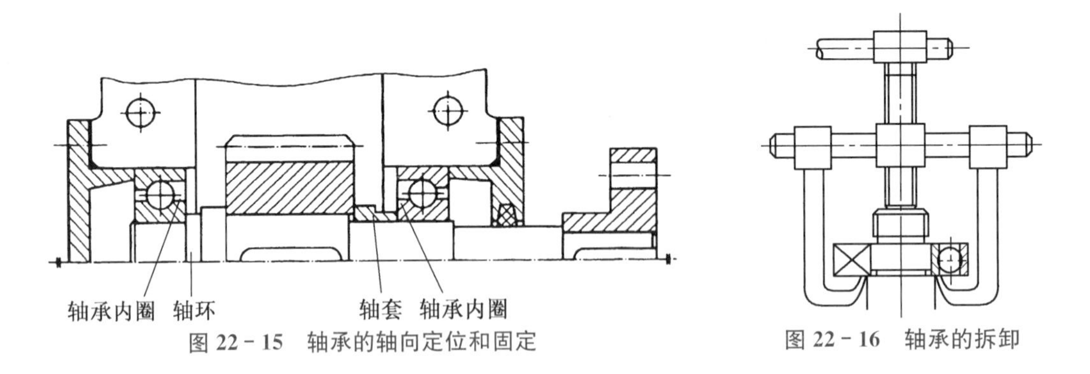

图22－15　轴承的轴向定位和固定

图22－16　轴承的拆卸

22.2.5　避免或减少应力集中

为了提高轴的疲劳强度，在进行结构设计时，应尽量避免或减少应力集中。当应力集中不可避免时，应采取减少应力集中的措施，如图22－17所示。

22.2.6　轴的直径和长度的确定

1. 轴径的确定

轴的直径和长度必须满足强度和刚度条件，通常是先根据传递转矩和转速的大小，按照

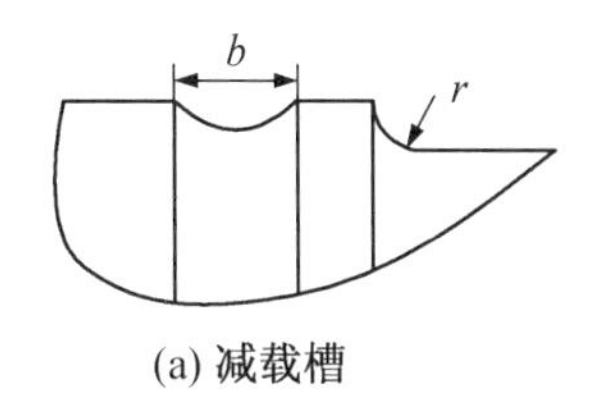

(a) 减载槽

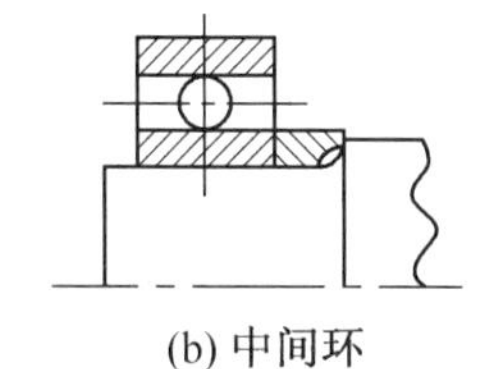
(b) 中间环

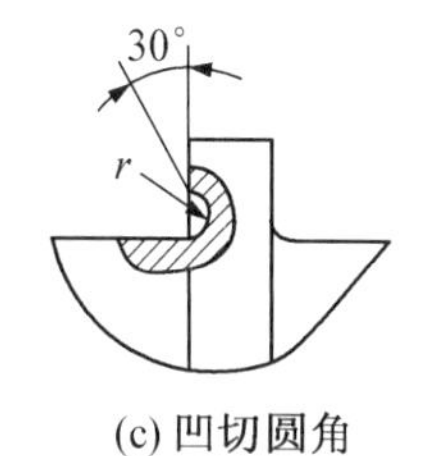

(c) 凹切圆角

图 22-17　减少应力集中的结构

纯扭转情况估算轴的最小直径(见 22.3.1),然后再考虑轴上零件的安装与固定等因素逐一确定各段直径。确定轴的各段直径时应遵循:

(1) 有配合要求的轴段,如与齿轮、带轮等相配合的轴头直径,应取标准直径(可由机械设计手册查得),如图 22-6 中①、④段。

(2) 与滚动轴承、联轴器等标准零、部件相配合的轴段,其直径必须符合相应的标准尺寸系列,如图 22-6 中③、⑦段。

(3) 轴上车削螺纹处的直径,应符合螺纹标准系列。

(4) 用作定位和固定的轴肩或轴环(如图 22-6 中②、⑤、⑥段),其高度应满足给定的要求(可由机械设计手册查得);非定位轴肩的高度,一般取 $a=1\sim2$ mm 。

2. 轴的长度确定

轴的各段长度主要根据轴上零件尺寸及轴系结构的总体布置来确定,一般以给定或选定的齿轮、轴承宽度为基础,按箱体结构需要,在草图上拟定。

例 22-1　指出图 22-18(a)所示轴系结构的不合理之处、编号,并说明错误原因,画出改正后的轴结构图。

解:图 22-18(a)所示轴系结构共有 16 处错误,如图 22-18(b)所示。相应的每个错误的原因:

(1)、(12)应减少端盖的加工面。

(2) 轴太长。

(3)、(10)箱体的加工面未与非加工面分开,且无调整片。

(4) 重复定位轴承;

(5) 轴肩的高度高过轴承内圈的高度,不利于轴承的拆卸;

(6) 键槽太长;

(7) 轴头的长度应该比齿轮的宽度小;

(8) 轴套的高度高过轴承内圈的高度,不利于轴承的拆卸;

(9) 由于轴与轴承之间采用紧配合,应该有个非定位轴肩;

(11) 端盖与轴之间的密封应采用油毡密封,且不能直接接触;

(13) 缺一个定位轴肩;

(14) 联轴器与轴承端盖之间应留位置,联轴器不应与端盖接触;

(15) 轴上两处键槽不在同一母线上。

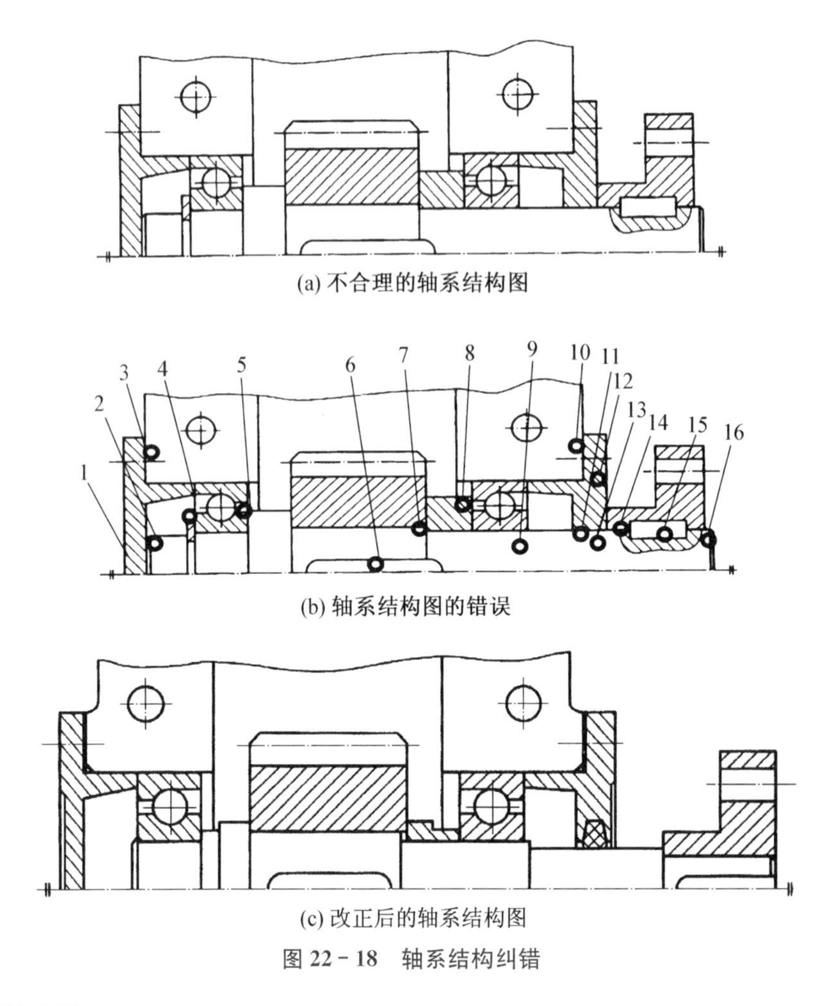

图 22-18　轴系结构纠错

(16) 轴太长。

改正后的轴系结构如图 22-18(c)所示。

任务 22.3　轴的强度计算

轴的计算常是在初步完成轴的结构设计后进行校核计算。轴的计算准则是满足轴的强度或刚度要求。

22.3.1　按转矩估算轴径

在开始设计轴时,由于轴上零件的位置和支承跨度没有确定,不能求出轴所受的弯矩,只能按照纯扭转情况估算轴的最小直径。然后,对轴进行结构设计,再对轴的危险部位进行弯曲与扭转组合强度校核,对重要或细长轴还要进行刚度校核。

根据材料力学知识，实心圆轴的扭转强度条件为

$$\tau=\frac{T}{W_{\mathrm{p}}}=\frac{9.55\times10^{6}P/n}{\pi d^{3}/16}=\frac{9.55\times10^{6}P}{0.2d^{3}n}\leqslant[\tau]\quad(\mathrm{MPa})。\qquad(22-1)$$

式中，P 为轴所传递的功率(kW)；T 为作用在轴上的扭矩(N·mm)；W_{P} 为轴径的扭转截面系数(mm^3)；n 为轴的转速(r/min)；d 为轴的直径(mm)；$[\tau]$为材料的许用扭转切应力(MPa)。

因此，按照扭转强度估算轴的最小直径的公式为

$$d\geqslant\sqrt[3]{\frac{9.55\times10^{6}}{0.2[\tau]}}\cdot\sqrt[3]{\frac{P}{n}}=C\sqrt[3]{\frac{P}{n}}\ (\mathrm{mm}),\qquad(22-2)$$

式中，C 为与轴的材料和承载情况有关的系数，见表 22-2。

按(22-2)式算出的轴径 d，如果上面开有键槽，还要考虑键槽对轴强度的削弱影响(按开一个键槽时将 d 增大 3%～5%、开两个键槽时 d 增大 7%～10%)。

表 22-2　几种常见材料的[τ]及 C 值

轴的材料	Q235,20	Q275,35	45	40Gr,20CrMnTi
许用切应力[τ]	12～20	20～30	30～40	40～52
计算系数 C	160～135	135～118	118～107	107～98

注：1. 当弯矩相对扭矩很小或仅受扭矩时，[τ]取大值，C 取小值；反之，C 取大值。
2. 用 Q235 时，[τ]取小值，C 取大值。

22.3.2　按弯扭组合校核强度

当轴的结构、载荷条件确定后，可按弯扭合成强度条件进行计算。其步骤通常如下：

(1) 作轴的计算简图，并求支反力。通常近似将轴承宽度的 1/2 处作为支反力作用点，并将由轴上零件传递的力分解为水平面(xOz)和垂直面(xOy)的分力，分别求出这两个面的支反力。

(2) 分别画出轴在水平面(xOz)和垂直面(xOy)的弯矩图，确定危险截面，并计算危险截面上相应的最大弯矩 $M_{y\max}$ 和 $M_{z\max}$。进行弯矩合成 $M=\sqrt{M_{y\max}^2+M_{z\max}^2}$。

(3) 计算扭矩 T，并作扭矩图。

(4) 根据已经作出的弯矩图与扭矩图，确定危险截面，用第三强度理论求出当量弯矩

$$M_{\mathrm{e}}=\sqrt{M^{2}+(\alpha T)^{2}},\qquad(22-3)$$

式中，α 是将扭矩折合成弯矩的校正系数，它是取决于扭转切应力的循环特性。通常转轴中弯矩产生的弯曲应力是对称循环性质，而扭矩产生的扭转切应力不一定是对称循环性质。当扭矩稳定不变(静应力)时，$\alpha=\frac{[\sigma_{-1}]_{\mathrm{W}}}{[\sigma_{+1}]_{\mathrm{W}}}\approx0.3$；当扭矩脉动循环变化(对轴单向转动时扭矩

产生的扭转切应力，考虑到启动和停车等因素；或者是载荷变化规律不太清楚时，一般按照脉动循环应力处理）时，$\alpha=\frac{[\sigma_{-1}]_W}{[\sigma_0]_W}\approx0.6$；当扭矩对称循环变化（频繁正、反转的轴上是对称循环扭转切应力）时，$\alpha=\frac{[\sigma_{-1}]_W}{[\sigma_{-1}]_W}=1$。这样计算出来的当量弯矩$M_e$具有对称循环特性。而上述的$[\sigma_{-1}]_W$，$[\sigma_0]_W$，$[\sigma_{+1}]_W$分别为对称循环、脉动循环及静应力状态下材料的许用弯曲应力。

（5）按照圆轴弯扭组合强度，校核轴危险截面强度或计算轴径。校核轴危险截面的当量应力为

$$\sigma_e=\frac{M_e}{W}=\frac{\sqrt{M^2+(\alpha T)^2}}{0.1d^3}\leqslant[\sigma]_W \quad (\text{MPa})。 \tag{22-4}$$

按圆轴弯扭组合强度计算轴径，得

$$d=\sqrt[3]{\frac{M_e}{0.1[\sigma]_W}} \quad (\text{mm})。 \tag{22-5}$$

式中，W为轴径的弯曲截面系数（mm^3），在计算时，对花键轴截面可视为直径等于平均直径的圆截面；$[\sigma]_W$为轴材料的许用弯曲应力，由于按照弯扭组合强度计算的当量应力是对称循环性质，所以在表22-3中取对称循环下材料的许用弯曲应力$[\sigma_{-1}]_W$（MPa）。

表22-3 轴的许用弯曲应力/MPa

材料	σ_b	$[\sigma_{+1}]_W$	$[\sigma_0]_W$	$[\sigma_{-1}]_W$	材料	σ_b	$[\sigma_{+1}]_W$	$[\sigma_0]_W$	$[\sigma_{-1}]_W$
碳素钢	200	130	70	40	合金钢	800	270	130	75
	400	170	75	45		900	300	140	80
	600	200	95	55		1000	330	150	90
	700	230	110	65		1200	400	180	110

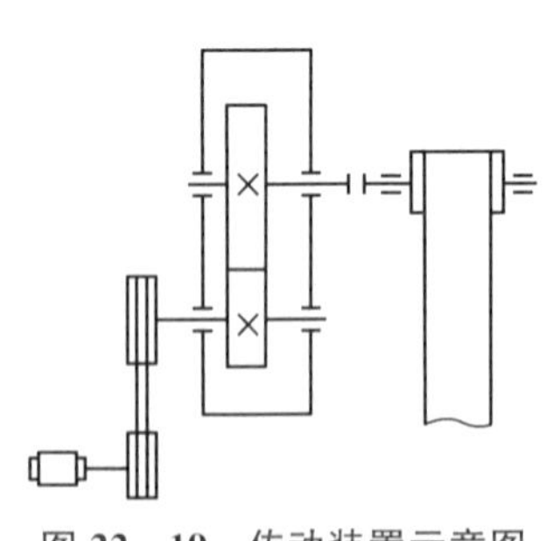
图22-19 传动装置示意图

例22-2 设计图22-19所示的传动装置中单级直齿圆柱齿轮减速器的输出轴。已知输出轴上的功率$P=6.5$ kW，转速$n=100$ r/min，单向旋转；大齿轮的分度圆直径$d=325.20$ mm，轮毂长度$L=65$ mm，作用在大齿轮上的圆周力$F_t=3820$ N，径向力$F_r=1413$ N。

解： 1. 选择轴的材料。选用45，正火处理。由表22-1查得$\sigma_b=600$ MPa，故$[\sigma]_W=0.1\sigma_b=0.1\times600=60$ MPa。

2. 初步确定轴的最小直径。输出轴的最小直径是安装联轴器处的轴的直径。由表22-2查得$C=118\sim107$，由（22-2）式得$d\geqslant C\sqrt[3]{\frac{P}{n}}=112\sqrt[3]{\frac{6.5}{100}}=45.03$ mm。因为有一键槽，所以直径增大5%，$d=47.28$ mm。

此段轴的直径还应与联轴器的孔径相适应。根据工作条件，选用弹性套柱销联轴器，其型号可由手册查得，取 $d=48$ mm，半联轴器轮毂长度 $L_1=90$ mm。

3. 轴的结构设计。轴的结构设计一般是在绘制轴系结构草图的过程中逐步完成的，输出轴的结构草图如图 22-20 所示。

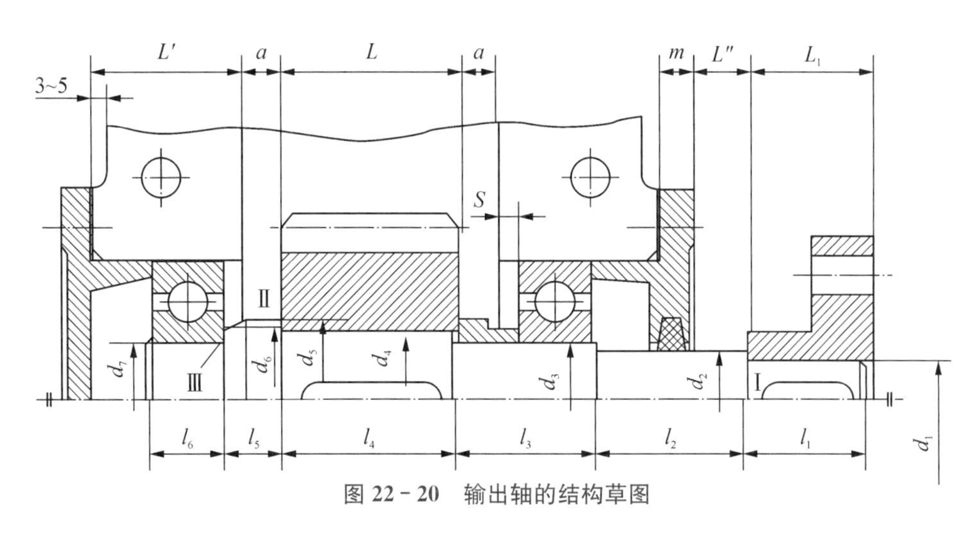

图 22-20　输出轴的结构草图

(1) 根据轴向定位和固定的要求确定轴的各段直径和长度，具体步骤为：

① 初步确定出安装联轴器处轴的直径 $d_1=48$ mm。

半联轴器轮毂长度 $L_1=90$ mm，故取该轴段的长度 $l_1=88$ mm。

为使联轴器轴向定位和固定，取 $d_2=d_1+2h=48+2h=54$ mm（h 为轴肩高度，$h\approx 0.07d_1$，取 $h=3$ mm，以形成轴肩Ⅰ）。

② 取安装轴承处的直径 $d_3=d_7=55$ mm，初选一对 6311 的深沟球轴承其尺寸 $d\times D\times B=55\text{ mm}\times 120\text{ mm}\times 29\text{ mm}$。

③ 参考减速器设计的有关资料，定出：

轴承座处箱体的凸缘宽度 $L'=49$ mm；

轴承端盖的尺寸 $m=10$ mm，端盖外端面至联轴器左端面的距离 $L''=20$ mm；

轴承与箱体内壁之间的距离 $S=5$ mm；

因此可确定该轴段的长度 $l_2=L'+m+L''-S-B=45$ mm；

取齿轮端面至箱体内壁之间的距离 $a=15$ mm。

④ 取安装齿轮处轴的直径 $d_4=56$ mm。

为了使套筒端面紧贴齿轮轮毂，取 $l_4=63$ mm，即略短于轮毂长。而 $l_3=B+S+a+(L-63)=51$ mm。

齿轮左端面用轴肩Ⅱ定位，取 $h\approx 0.1d_4=7$ mm，故 $d_5=70$ mm，$l_5=20$ mm。

⑤ 根据轴承的安装尺寸，取轴肩Ⅲ的直径 $d_6=65$ mm，$l_6=33$ mm。

(2) 确定轴上零件的周向定位方法。齿轮、联轴器与轴的周向定位均采用平键联结，并用较紧的过盈和过渡配合以保证对中精度。滚动轴承与轴则采用过渡配合，如图 22－20所示。

4. 按弯扭组合校核轴的强度，具体步骤为：

(1) 画受力简图，确定危险面，计算弯矩、扭矩。把轴当作简支梁，如图 22－21(a)所示，支点取在轴承中点处，即取轴承宽度 1/2 为支承点 A 与 B。在此轴上所受的外力有作用在齿轮上的 $\boldsymbol{F}_r$ 和 $\boldsymbol{F}_t$ 两个分力。由于轴所受的力一般为空间力系，为了简化计算，将作用在轴上的力向水平面(xOz)和垂直面(xOy)分解，然后按水平面和垂直面分别画弯矩图，计算弯矩，如图 22－21(b,c)所示。

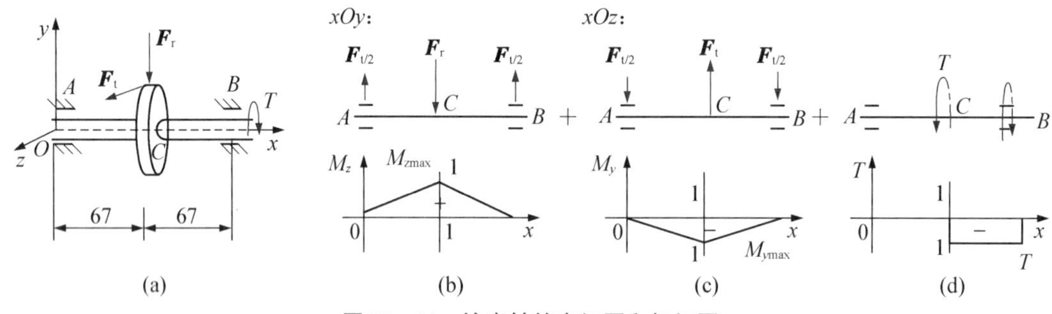

图 22－21　输出轴的弯矩图和扭矩图

从图 22－21 输出轴的弯矩图和扭矩图可知：1—1 面(C 面)是危险面。

xOy 面(垂直面)：$M_{z\,\max}=(F_r/2)\cdot(L_{AB}/2)=706.5\times67=47335$ (Nmm)；

xOz 面(水平面)：$M_{y\,\max}=(F_t/2)\cdot(L_{AB}/2)=1910\times67=129790$ (Nmm)。

(2) 计算扭矩，画出扭矩图如图 22－21(d)所示。扭矩为

$$T=9.55\times10^6\frac{P}{n}=9.55\times10^6\times\frac{6.5}{100}=620750\ \text{(Nmm)}。$$

(3) 校核轴危险截面 C 的当量应力。对一般的转轴可视其扭矩为脉动循环性质，取扭矩校正系数 $\alpha=0.6$，即

$$\sigma_{Ce}=\frac{\sqrt{M_{y\,\max}^2+M_{z\,\max}^2+(\alpha T)^2}}{0.1d^3}$$

$$=\frac{\sqrt{129790^2+47335^2+(0.6\times620750)^2}}{0.1\times56^3}$$

$$\approx22.6\ \text{(MPa)}\leqslant[\sigma]_W。$$

故该轴安全。

5. 绘制轴的零件工作图，如图 22－22 所示。

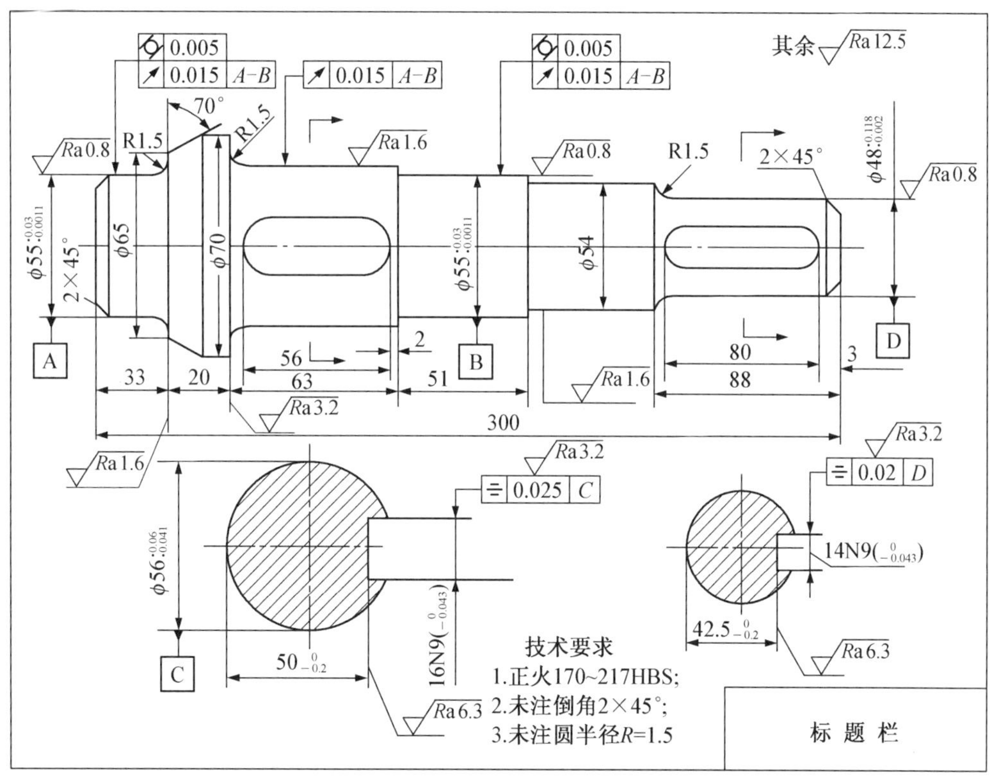

图 22-22 轴的零件工作图

任务 22.4 轴 毂 联 结

轴毂联结是指将轴与轴上的传动零件（齿轮、带轮，联轴器等)联结在一起，实现周向固定并传递转矩。常用的轴毂联结有键联结、花键联结、销联结等。

22.4.1 键联结的类型、特点及应用

键联结分为平键联结、半圆键联结、楔键联结、切向键联结。键是一种标准件，除了主要用于轴与轴上的传动零件（齿轮、带轮，联轴器等)的周向固定，并传递转矩外，有些还可以实现轴上零件的轴向固定或轴向滑动。

1. 平键联结

图 22-23 所示为普通平键，它的两侧面为工作面，工作时依靠键的侧面与键槽接触传递转矩，上面与键槽底之间有间隙。这种键联结对中性好，结构简单，拆装方便，应用最为广泛。但这种键联

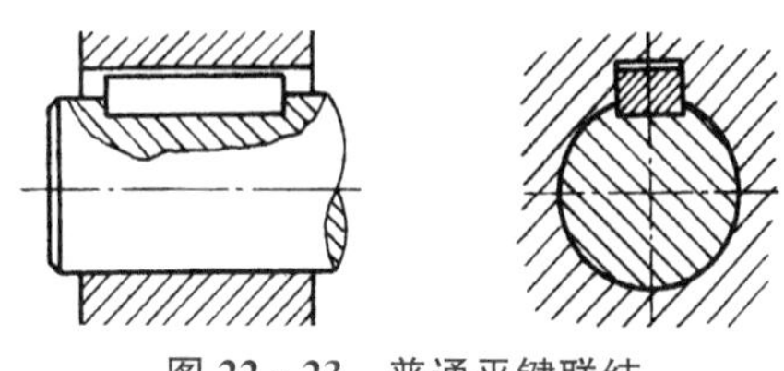

图 22-23 普通平键联结

结对轴上零件无轴向固定作用，零件的轴向固定需其他件来完成。它按用途可分为普通平键、导向平键和滑键。

(1) 普通平键　用于静联结，即轮毂与轴之间无相对移动的联结。按键的结构可分为A型（圆头）、B型（方头）、C型（单圆头）3类，如图22-24所示。圆头平键键槽由指状铣刀加工，如图22-25(a)，键放在与之形状相同的键槽中，因此键的轴向固定较好，应用广泛，但槽对轴的应力集中影响较大。方头平键键槽用盘铣刀加工，如图22-25(b)所示，槽对轴的应力集中影响较小，但在键槽中的固定不好，常用螺钉紧定。单圆头平键常用于轴的端部联结，轴上键槽常用指状铣刀加工。普通平键和键槽尺寸见表22-4。

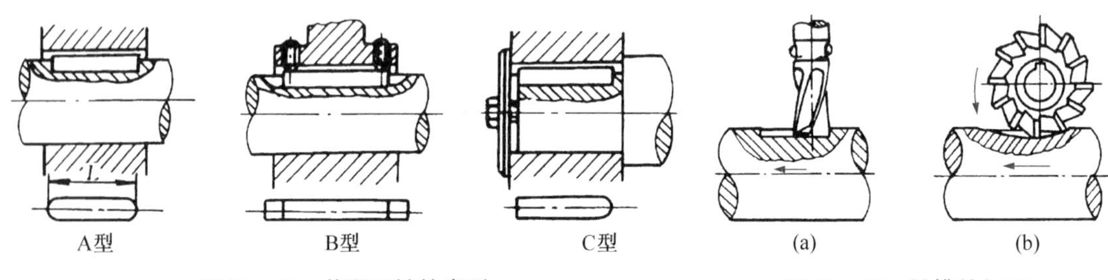

图22-24　普通平键的类型　　图22-25　键槽的加工

(2) 导向平键和滑键　用于动联结，即轮毂与轴之间有轴向相对移动的联结。如图22-26(a)所示，是一种较长的平键，用螺钉固定在轴槽中，轮毂上的键槽与键是间隙配合的。当轮毂移动时，键起导向作用。当轴上零件滑移距离较大时，宜采用滑键，因为滑移距离较大时，用过长的平键，制造困难。滑键固定在轮毂上，如图22-26(b)所示，轮毂带动滑键在轴槽中作轴向移动，因而需要在轴上加工长的键槽。

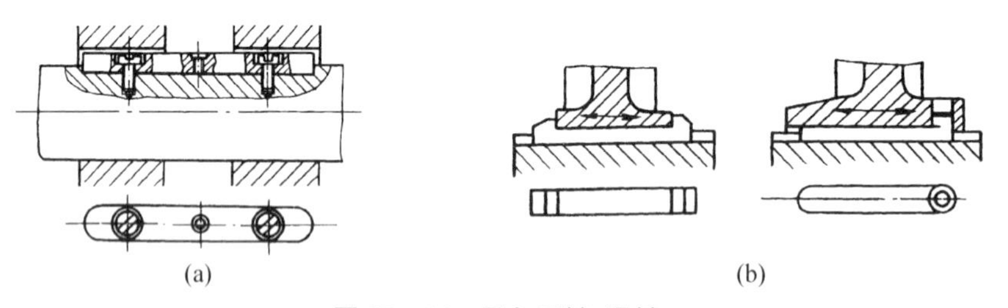

图22-26　导向平键、滑键

2. 半圆键联结

如图22-27所示，用半圆键联结时，轴上键槽用半径与键相同的盘状铣刀铣出，因而键在槽中能摆动以适应轮毂键槽的斜度。半圆键用于静联结，键的侧面为工作面。这种联结的优点是工艺性较好，缺点是轴上键槽较深，对轴的削弱较大，故主要用于轻载荷和锥形轴。

3. 楔键联结

楔键联结只用于静联结，如图22-28所示，楔键的上表面和轮毂槽底面均具有1∶100的斜度。装配后，键的上、下表面与毂和轴上键槽的底面压紧，因此键的上、下表面为工作面。工作时，靠键、轮毂、轴之间的摩擦力传递转矩，也可以承受单方向的轴向力。

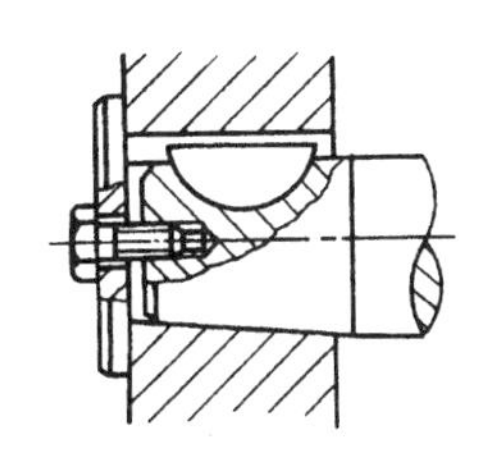

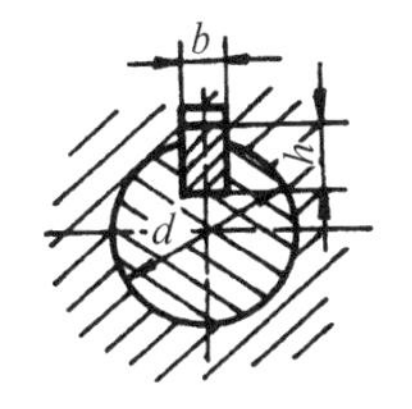

图 22 - 27　半圆键联结

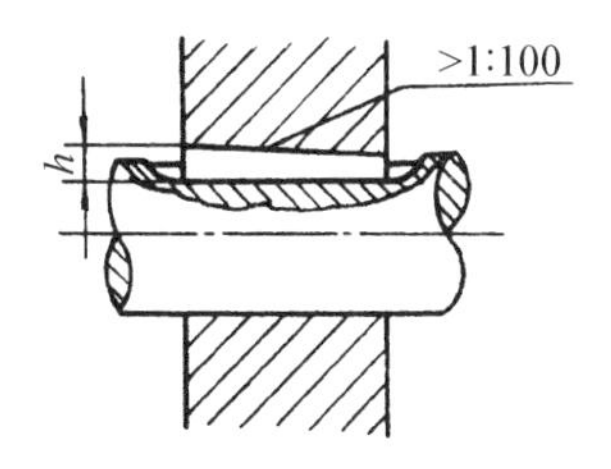

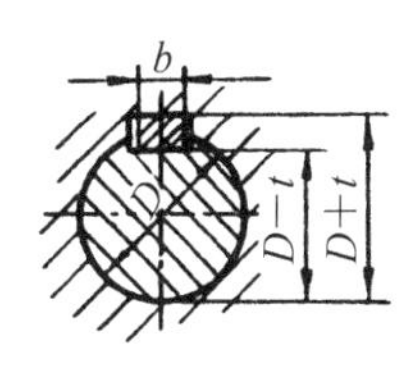

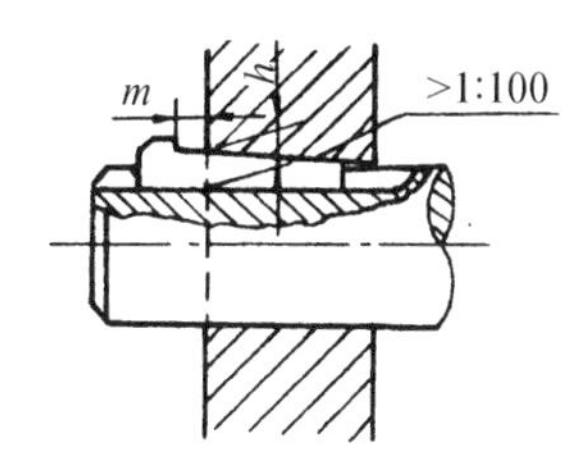

图 22 - 28　楔键联结

这类键由于装配楔紧时破坏了轴与轮毂的对中性，因此主要用于定心精度要求不高、载荷平稳、速度较低的场合，如某些农业、建筑机械等。

楔键分为普通楔键和钩头楔键，普通楔键又分圆头和方头两类。钩头楔键便于拆装，用在轴端时，为了安全，应加防护罩。

4. 切向键联结

切向键联结只用于静联结，结构如图 22 - 29 所示，由两个普通的楔键组成。装配时，把两个键从轮毂的两端打入并楔紧，因此会影响到轴与轮毂的对中性；工作时，靠工作面的挤压和轴与轮毂间的摩擦力传递较大的转矩，但只能传递单向转矩。当要传递双向转矩时，需两组切向键，并应错开 120°～130°布置。切向键联结主要用于轴径 $d>100$ mm、对中要求不高，而载荷很大的重型机械，如矿山用大型绞车的卷筒、齿轮与轴的联结等。

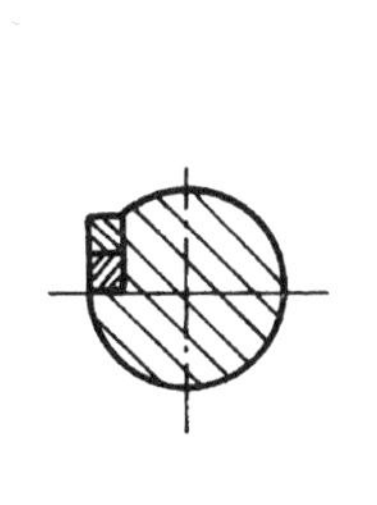

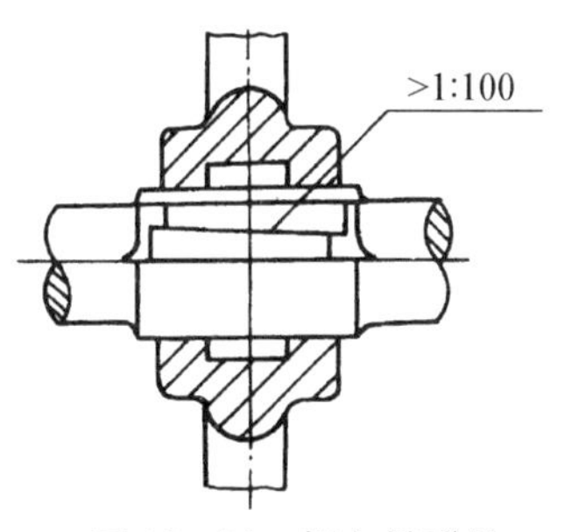

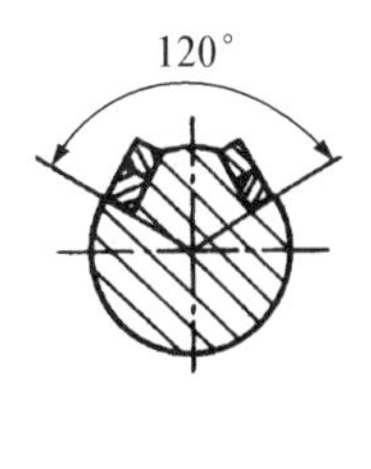

图 22 - 29　切向键联结

5. 普通平键的选择计算

(1) 尺寸选择　在标准中(见表 22 - 4)，根据轴的直径可查出键的截面尺寸($b\times h$)；键的长度 L 根据轮毂的宽度确定，一般键长略短于轮毂宽度，并符合标准的规定。轮毂键槽深度为 t_1，轴上键槽深度为 t，它们的宽度与键的宽度相同。

表 22-4　普通平键和键槽的尺寸(GB/T1095—2003, GB/T1096—2003)（节选）　　单位：mm

轴	键	键槽											
公称直径 d	公称尺寸 $b\times h$	宽度 b						深度				半径 r	
		键宽 b	轴槽宽与毂槽宽的极限偏差					轴槽深 t		毂槽深 t_1			
			松联结		正常联结		紧密联结						
			轴 H9	毂 D10	轴 N9	毂 JS9	轴和毂 P9	公称	偏差	公称	偏差	最大	最小
≤6~8	2×2	2	+0.025 0	+0.060 +0.020	−0.004 −0.029	±0.0125	−0.006 −0.031	1.2	+0.10 0	1	+0.10 0		
>8~10	3×3	3						1.8		1.4			
>10~12	4×4	4	+0.030 0	+0.078 +0.030	0 −0.030	±0.015	−0.012 −0.042	2.5		1.8			
>12~17	5×5	5						3.0		2.3			
>17~22	6×6	6						3.5		2.8			
>22~30	8×7	8	+0.036 0	+0.098 +0.040	0 −0.036	±0.018	−0.015 −0.051	4.0 5.0	+0.20 0	3.3	+0.200 0	0.16	0.25
>30~38	10×8	10								3.3		0.20	0.40
>38~44	12×8	12	+0.043 0	+0.120 +0.050	0 −0.043	±0.0215	−0.018 −0.061	5.0		3.3			
>44~50	14×9	14						5.5		3.8			
>50~58	16×10	16						6.0		4.3			
>58~65	18×11	18						7.0		4.4			
>65~75	20×12	20	+0.052 0	+0.149 +0.065	0 −0.052	±0.026	−0.022 −0.074	7.5		4.9		0.40	0.60
>75~85	22×14	22						9.0		5.4			

键的长度系列：6,8,10,12,14,16,18,20,22,25,28,32,36,40,45,50,56,63,70,80,90,100,110,125,140,160,180,200,220,250,280,320,360

注：$(d-t)$ 和 $(d+t_1)$ 两组合尺寸的极限偏差按相应的 t 和 t_1 的极限偏差选取，但 $(d-t)$ 的极限偏差应取负号。

(2) 强度验算　普通平键联结属于静联结，其受力情况如图 22－30。工作时，键承受挤压和剪切。由于标准平键具有足够的抗剪强度，故设计时键联结只需验算挤压强度，计算式为

$$\sigma_j = \frac{4T}{dhl} \leqslant [\sigma_j] \quad (\text{MPa}), \tag{22-6}$$

式中，T 为传递的转矩(N·mm)；l 为键的有效工作长度(mm)，对于圆头平键应扣除圆头部分长度；$[\sigma_j]$为键联结中较弱零件(通常是轮毂)材料的许用挤压应力(MPa)，见表 22－5，键的材料常采用 45 钢。如果键联结的强度不够，可适当地增加长度，但不宜超过 2.5d，也可配置两个相隔 180°的平键，或者和过盈配合结合使用。

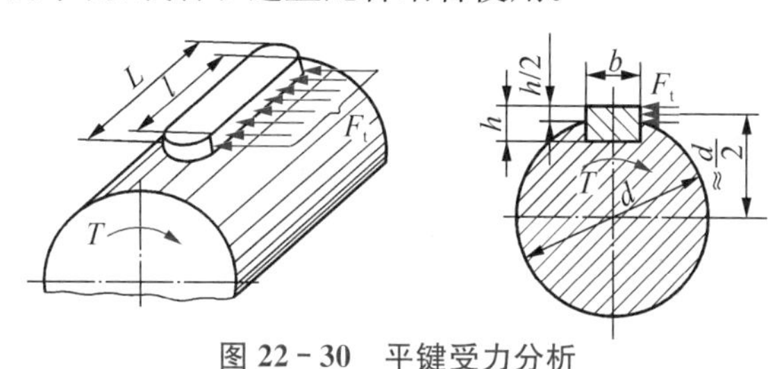

图 22－30　平键受力分析

表 22－5　键联结的许用挤压应力/Mpa

许用值	联结方式	轮毂材料	载荷性质		
			静载荷	轻微冲击	冲　击
$[\sigma_j]$	静联结	钢	125～150	100～120	60～90
		铸铁	70～80	50～60	30～45
	动联结 (如导向键联结)	钢	50	40	30

例 22－3　图 22－31(a)所示为减速器的输出轴，轴与齿轮采用键联结。已知传递的转矩 $T=600$ N·m，齿轮材料为铸钢，有轻微冲击，试选择键联结类型和尺寸。

解：(1) 键的类型与尺寸选择。齿轮传动要求齿轮与轴对中好，以免啮合不良，故联结选用平键联结。

选 A 型平键，根据轴的直径 $d=75$ mm 及轮毂长度为 80 mm，由表 22－4 查得键的尺寸为 $b=20$ mm，$h=12$ mm，$L=70$ mm，其标记为：键 20×12×70　GB/T1096—2003。

(2) 验算键联结的挤压强度。A 型平键有效工作长度 $l=L-b=70-20=50$ mm。由表 22－5 查得许用挤压应力$[\sigma_j]=60$ MPa，由(22－6)式得键的挤压应力

$$\sigma_j = \frac{4T}{dhl} = \frac{4 \times 600000}{75 \times 12 \times 50} = 53.3 \ (\text{MPa}) < [\sigma_j],$$

所以键联结的强度足够。

(3) 相配合的键槽尺寸，由表 22－4 查得轴槽深 $t=7.5$ mm，毂槽深 $t_1=4.9$ mm。根据所得尺寸，绘键槽工作图，如图 22－31(b,c)所示。

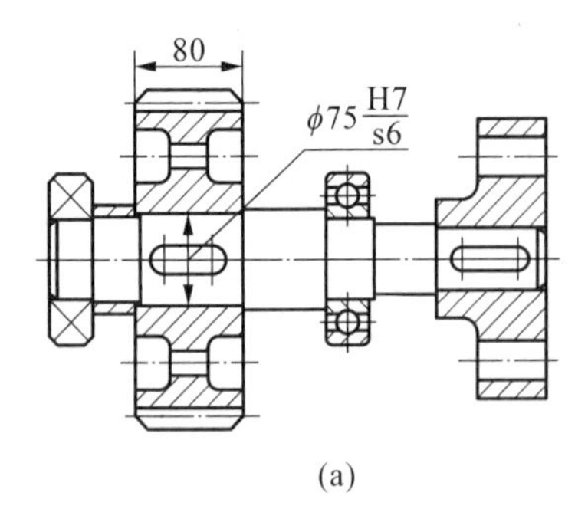

(a)

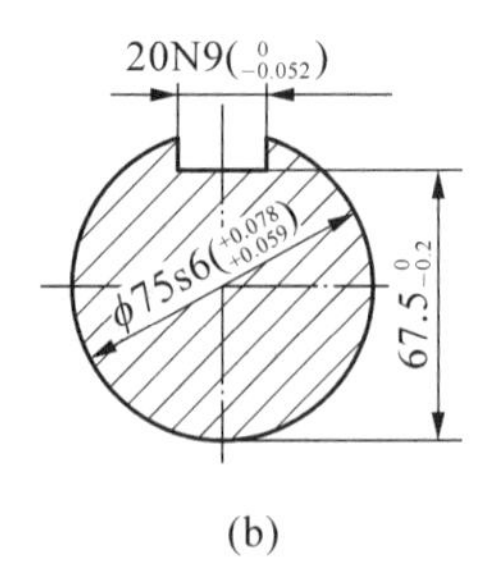

(b)

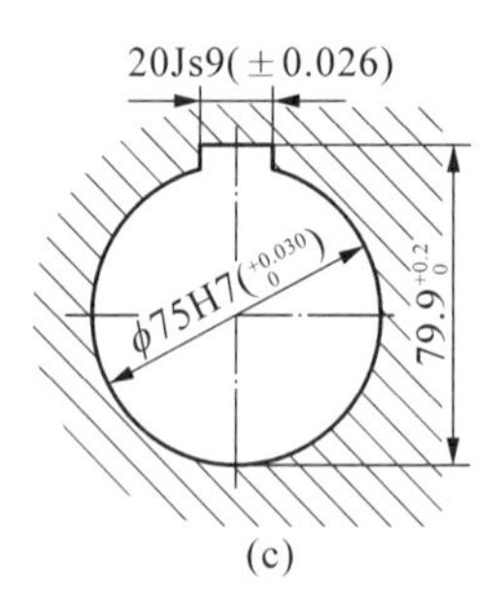

(c)

图 22 - 31　减速器输出轴联结图

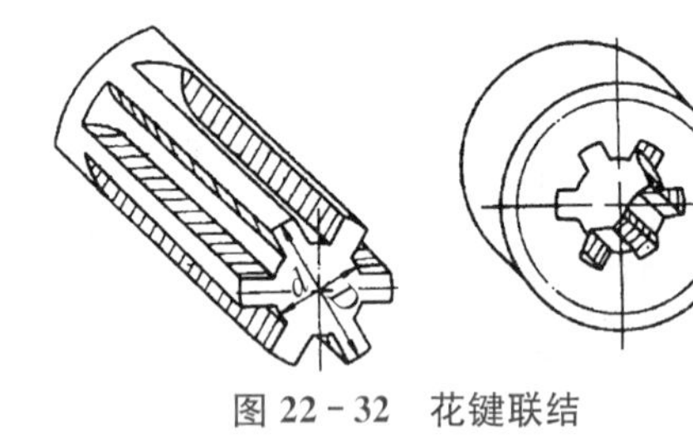

图 22 - 32　花键联结

22.4.2　花键联结

由轴和轮毂孔沿四周方向均部的多个键齿构成的联结称为花键联结，如图 22 - 32 所示。花键齿的两侧面是工作面，与平键联结相比，花键联结由于键齿多，齿槽较浅，对轴的强度削弱较小，故能传递较大的转矩，且对中性和导向性都比较好，但制造较复杂、成本高。

花键联结按其键齿形状的不同，可分为矩形花键、渐开线花键和三角形花键三种，如图 22 - 33 所示。

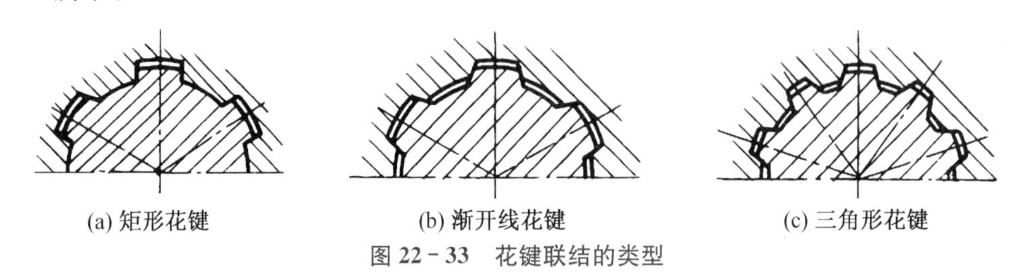

(a) 矩形花键　(b) 渐开线花键　(c) 三角形花键

图 22 - 33　花键联结的类型

22.4.3　销联结

销的主要用途是确定零件间的相互位置，即起定位作用，是装配机器时的重要辅件；同时也可用于轴与轮毂的联结，并传递不大的载荷，如图 22 - 34(a,b)所示。

销可分为圆柱销、圆锥销、开口销、异形销等。圆柱销利用微量过盈固定在铰制孔中，多次拆装后定位精度会下降；圆锥销利用 1∶50 的锥度装入铰制孔中，装拆方便，多次拆装对定位精度影响较小，所以应用较广泛，圆锥销的小端直径为公称值；带螺纹的销联结常用于盲孔（便于拆卸）和有冲击的场合(防止销脱出)，如图 22 - 34(c,d)所示。

开口销结构简单，工作可靠，装拆方便，主要用于联结的防松，不能用于定位。销的常用材料有 35，45，30CrMnSiA 等钢材。

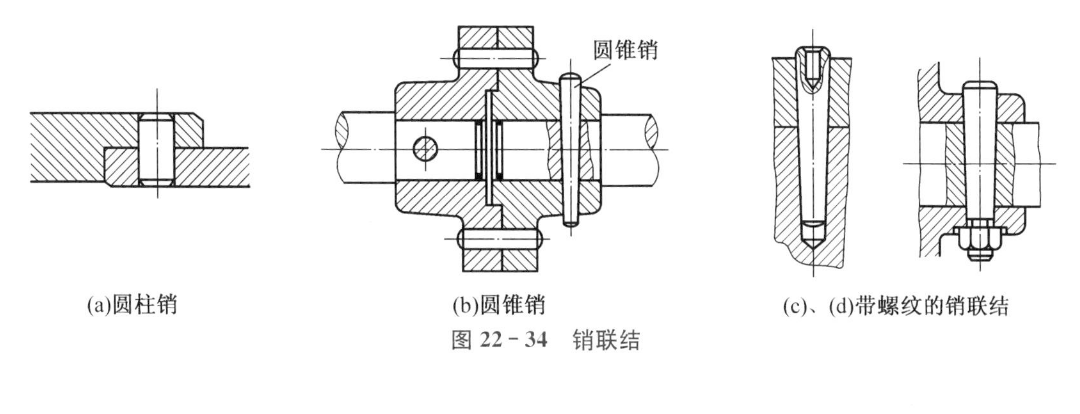

图 22-34　销联结

小　　结

1. 轴是组成机器的主要零件之一,轴的功用在于支持转动零件,使其具有确定的工作位置,并传递运动与动力。

2. 根据轴所承受的载荷不同,轴可分为心轴、传动轴、转轴;根据轴线形状不同分,轴可分为直轴、曲轴和挠性轴。

3. 轴通常由轴头、轴颈、轴肩、轴环、轴端及不装任何零件的轴段等部分组成。

4. 具有合理的结构和足够的承载能力是轴设计的主要问题。

5. 轴结构设计应遵循的一般原则:

(1) 轴和装在轴上的零件要有准确的工作位置;

(2) 轴上零件应便于拆卸和调整;

(3) 轴应具有良好的加工工艺性;

(4) 尽量减小应力集中;

(5) 受力合理,有利于节约材料、减轻轴的重量。

6. 轴上零件的周向定位和固定通常用普通平键或花键联结。

7. 轴上零件的轴向定位和固定以轴肩、轴环、套筒、锁紧挡圈、圆螺母、弹性挡圈、轴端挡圈、轴承端盖及圆锥面等来实现。

8. 轴毂联结是指将轴与轴上的传动零件(齿轮、带轮和联轴器等)联结在一起,实现周向固定并传递转矩。常用的轴毂联结有键联结、销联结等。

习　　题

22-1　轴在机器中的功用是什么?

22-2　轴按其受载情况分类,可以分为几种?试举生活中的几个例子。

22-3　进行轴的结构设计时,应考虑哪些问题?

22-4　轴上零件的轴向、周向固定各有哪几种方法?

22-5　试分析题22-5图中Ⅰ,Ⅱ,Ⅲ,Ⅳ轴是什么轴,并说明理由。

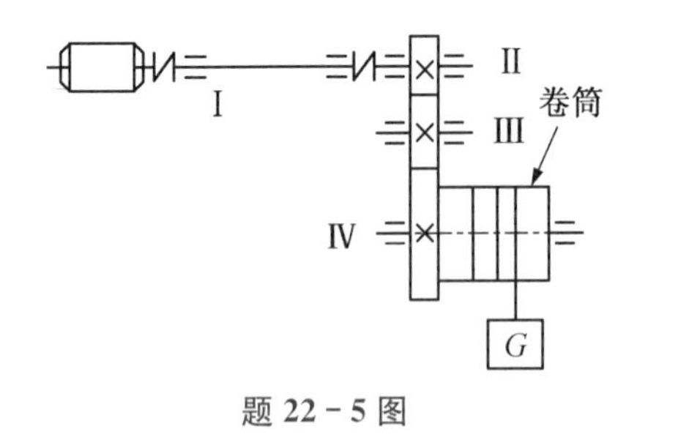

题 22-5 图

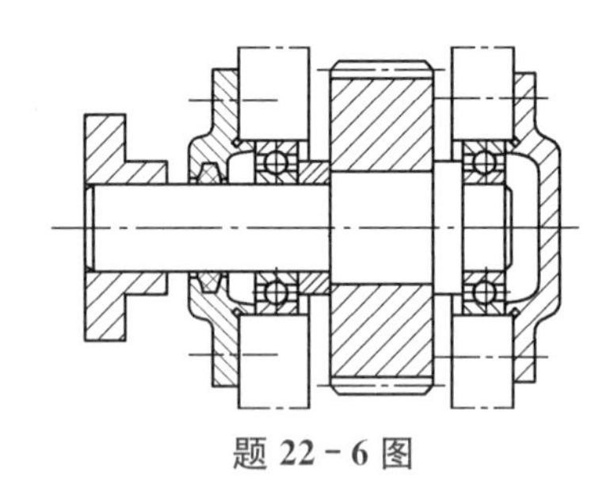
题 22-6 图

22-6　指出题 22-6 图所示轴系结构的错误，将错误之处编号，并说明错误原因，画出改正后的轴系结构图。

22-7　指出题 22-7 图所示轴系结构的错误，将错误之处编号，并说明原因，画出改正后的轴系结构图。

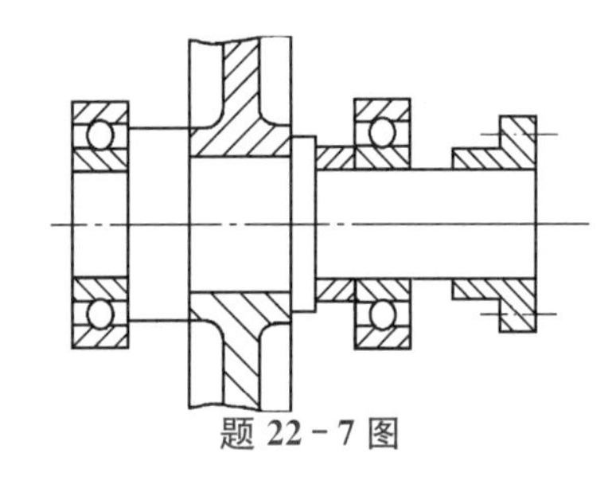
题 22-7 图

22-8　运用所学知识，分析自行车前轴、中轴、后轴承受的载荷，并判断其属于何种类型的轴。

22-9　设计题 22-9 所示传动装置中单级直齿圆柱齿轮减速器的输出轴。已知：输出轴上的功率 $P=13$ kW，转速 $n=980$ r/min，单向旋转：$z_1=18$，$z_2=73$，$m=5$ mm，齿轮的轮毂长度 $L=90$ mm。

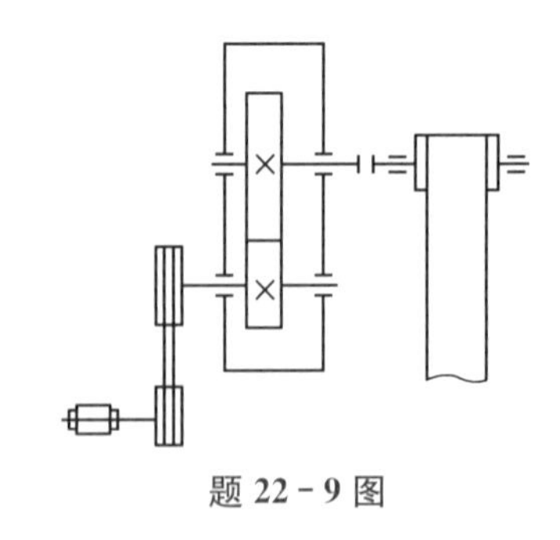
题 22-9 图

22-10　一减速器输出轴与齿轮采用键联结。已知轴的直径 $d=90$ mm，轮毂宽为 110 mm，传递的转矩 $T=1800$ N·m，齿轮材料为锻钢，有轻微冲击，试选择键联结类型和尺寸。

项目23 轴　　承

工程案例导入

轴承是机械中的重要支承部件，如图1所示的圆锥齿轮减速器中的滚动轴承。那么，轴承有什么类型、特性、应用、失效形式？选型计算时应注意什么问题？

本项目将结合多种工程案例，介绍轴承的相关知识。通过学习，能体会到设计工作需要严谨的设计态度以及责任意识，理解“差之毫厘，失之千里”，明白一丝不苟、严谨的工作态度能够帮助、促进完成工程项目。

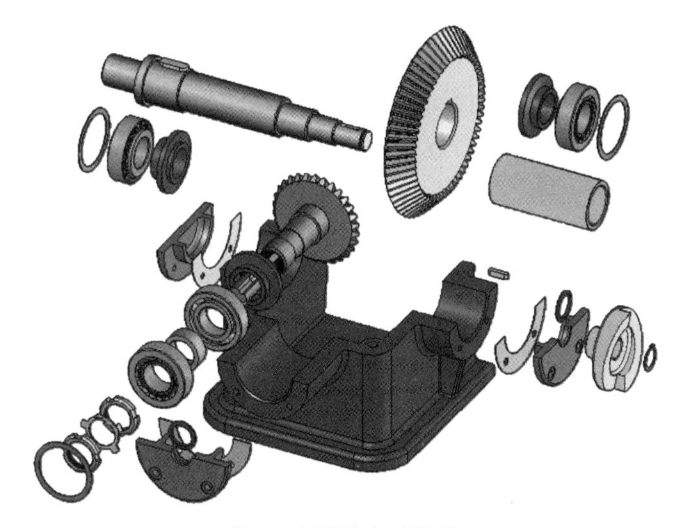

图1　圆锥齿轮减速器

● 学习目标

◇ 了解轴承的作用和分类；

◇ 掌握滚动轴承的结构、特点、代号及类型选择；

◇ 了解滚动轴承的寿命计算、组合设计；

◇ 了解滑动轴承、轴瓦的结构；

◇ 培养严谨的设计、计算态度，质量意识、责任意识。

● 学习重点和难点

◇ 轴承的类型，滚动轴承的结构、特点、代号，滚动轴承的寿命计算、组合设计。

任务23.1 概　　述

23.1.1 轴承的作用

轴承是机械工业中的重要支承部件。其主要作用是支承转动(或摆动、直线移动)的轴类运动部件,保证轴和轴上传动件的工作位置和精度,减少摩擦和磨损,并承受载荷。

23.1.2 轴承的分类

轴承按运动元件间的摩擦性质,可分为滚动轴承和滑动轴承两大类。

1. 滚动轴承

滚动摩擦下运转的轴承称为滚动轴承,滚动轴承的摩擦阻力较小,机械效率较高,润滑和维护方便,并且已经标准化,在机械中应用广泛。但它的径向尺寸、振动和噪音较大,影响了在某些特殊场合的应用。

2. 滑动轴承

工作时轴承和轴颈的支承面间形成直接或间接滑动摩擦的轴承称为滑动轴承,主要用于滚动轴承难以满足支承要求的场合,如高速度、高精度、大冲击、不便安装、长寿命等要求的场合,即发电机组、内燃机组、陀螺仪、自动化办公设备、高速高精度机床、具有腐蚀性的流体中等。

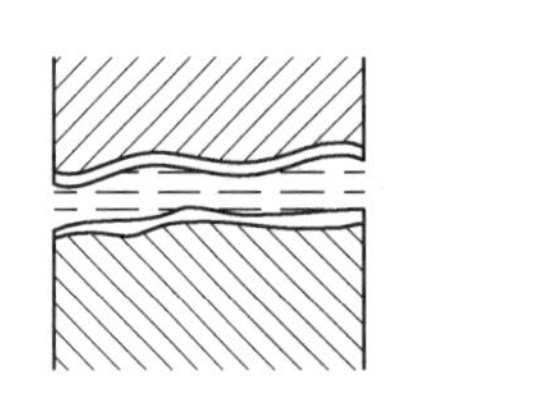
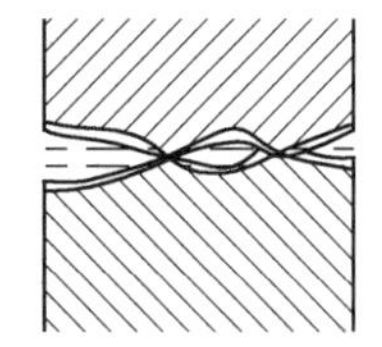

(a) 完全流体润滑状态　(b) 不完全流体润滑状态

图23-1　滑动轴承表面间的润滑状态

如图23-1所示,由于工作条件、润滑状态、表面形态的不同,滑动轴承中两摩擦表面之间的摩擦状态可以分为完全流体润滑状态和不完全流体润滑状态两类。滑动表面处于完全流体润滑状态时,两运动件表面不接触,摩擦系数很小,使用寿命长,是理想的摩擦状态。但要具备一定的条件才能形成,如在一定条件下建立动压,或是供以外压,使得在轴颈和轴瓦表面之间有充足的润滑流体和足够厚的润滑油膜。当滑动轴承不具备形成完全流体摩擦的条件时,轴承轴颈和轴瓦表面之间虽然有润滑流体存在,但不能将两个表面完全隔开,有部分凸起的相对滑动表面仍然直接接触。这种状态下的滑动轴承摩擦和磨损较大、效率较低,但是结构简单、制造成本低、安装和维护方便。

任务 23.2 滚动轴承的结构类型和代号

滚动轴承在工业化中的应用已标准化、系列化、通用化，并由专门化的工厂大批量生产。使用时，主要根据工作条件选择适当的类型，确定所需尺寸的大小，并合理设计相应的装配结构。

23.2.1 滚动轴承的结构

滚动轴承的典型结构如图 23－2 所示，它一般由外圈、内圈、滚动体和保持架 4 部分组成。通常内圈与轴颈之间采用过盈配合，使内圈与轴一起转动；外圈则安装在机座或零件的轴承孔内，起支承作用。也有外圈转动而内圈不转，或内、外圈以不同转速转动的情况。内、外圈上加工有滚道，工作时，滚动体在内、外圈的滚道中滚动，形成滚动摩擦副并传递载荷。滚动体是轴承的主要零件，常见的形状如图 23－3 所示，有球形、短圆柱形、圆锥形、鼓形和滚针形等。保持架用于引导滚动体或将其彼此隔开。滚动体与内、外圈之间是点或线接触表面，接触应力大，一般用强度高、耐磨性好的轴承钢，如 GCr15，GCr15SiMn 等制成，热处理后硬度应在 60HRC 以上。保持架多用低碳钢冲压而成，也有用黄铜、塑料等制成的。

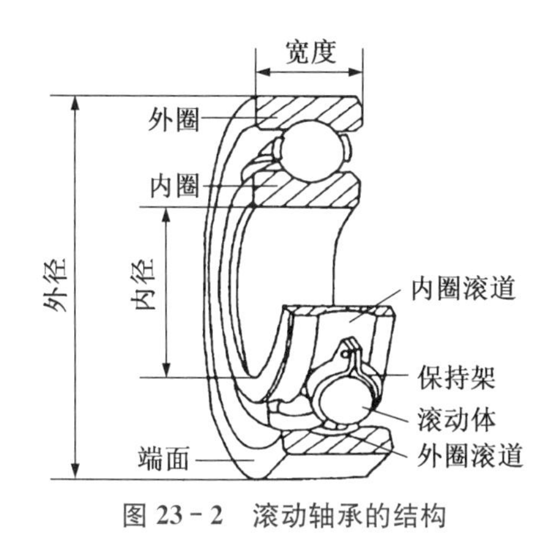

图 23－2 滚动轴承的结构

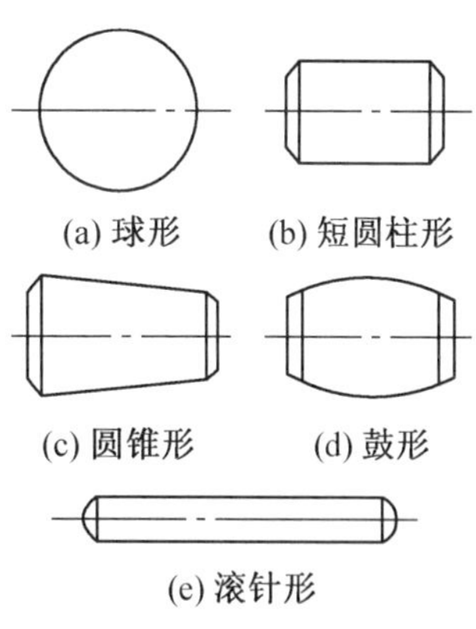

图 23－3 常用的滚动体形状

23.2.2 滚动轴承的类型

滚动轴承的类型有多种，以适应各种机械装置的不同需要。按滚动体的形状，可分为球轴承和滚子轴承。球形滚动体与内、外圈是点接触，滚子滚动体与内、外圈是线接触。相对来讲，球轴承制造方便、价格低、运转时摩擦损耗少，但承载能力和抗冲击能力不如滚子轴承高。

如图 23－4 所示，按照轴承承受的主要载荷方向或轴承公称接触角 α（滚动轴承公称接触角 α 是指，轴承的径向平面与滚动体和滚道接触点的公法线之间的锐角）的不同，滚动轴承可分为向心轴承和推力轴承。α 越大，滚动轴承承受轴向载荷的能力也越大。

向心轴承		推力轴承	
径向接触轴承	向心角接触轴承	推力角接触轴承	轴向接触轴承
$\alpha=0^\circ$	$0^\circ<\alpha\leqslant45^\circ$	$45^\circ<\alpha<90^\circ$	$\alpha=90^\circ$
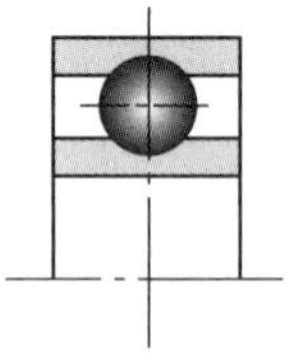	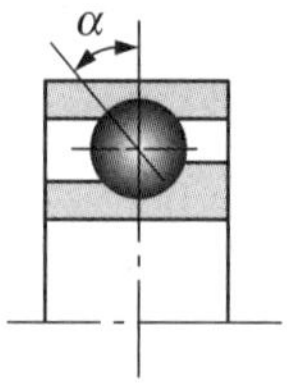 α	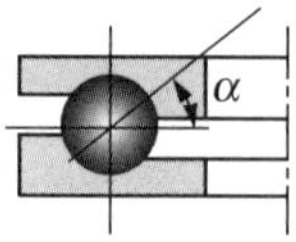 α	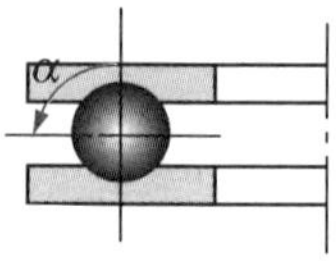 α

(a)　　　　(b)

图 23-4　滚动轴承按接触角分类

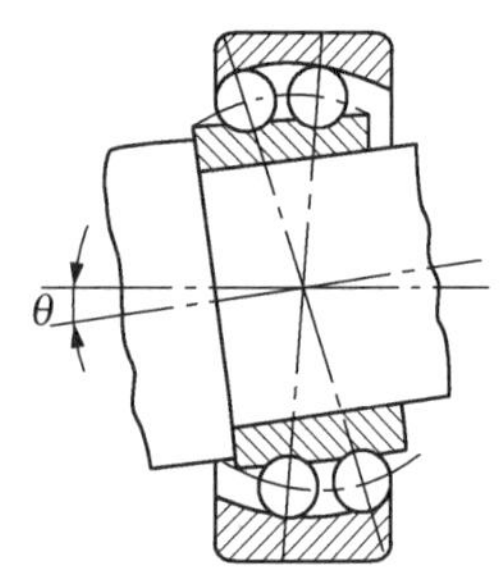

图 23-5　调心滚动轴承

向心轴承又可分为径向接触轴承($\alpha=0^\circ$)和向心角接触轴承($0^\circ<\alpha\leqslant45^\circ$)。径向接触轴承主要用于承受径向载荷,有些可承受较小的轴向载荷;向心角接触轴承能同时承受径向载荷和轴向载荷。

推力轴承又可分为推力角接触轴承($45^\circ<\alpha<90^\circ$)和轴向接触轴承($\alpha=90^\circ$)。推力角接触轴承主要用于承受轴向载荷,也可承受较小的径向载荷;轴向接触轴承只能承受轴向载荷。

按照轴承工作时是否可以调心,分为刚性轴承和调心轴承。所谓可否调心,是指滚动轴承在装配和工作过程中是否允许其内、外圈之间存在一定范围的角位移 θ,如图 23-5 所示。

滚动轴承作为标准件,一般按其所能承受的载荷方向或公称接触角、滚动体种类进行综合分类(参见 GB/T271—2008)。

各类轴承的结构形式不同,分别适用于不同的载荷、转速和工作条件。表 23-1 中列出了常用的滚动轴承类型与性能特点。

表 23-1　常用滚动轴承类型与性能特点

轴承名称	类型代号	结构示意及结构简图	承载方向	性能特点及应用
调心球轴承	1	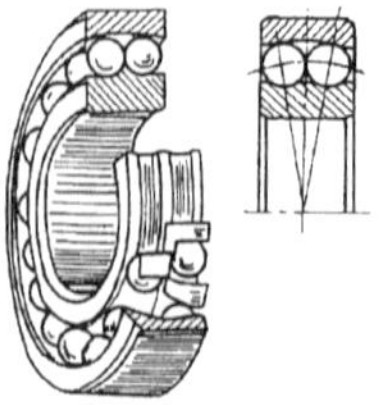	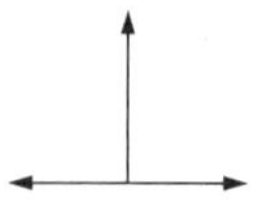	滚动体为双列球,外圈滚道是以轴承中心为中心的球面,实现自动调心。适用于多承支点、变形较大以及难以对中的轴。主要承受径向载荷及少量的轴向载荷。允许角位移 $2^\circ\sim3^\circ$

续 表

轴承名称	类型代号	结构示意及结构简图	承载方向	性能特点及应用
调心滚子轴承	2	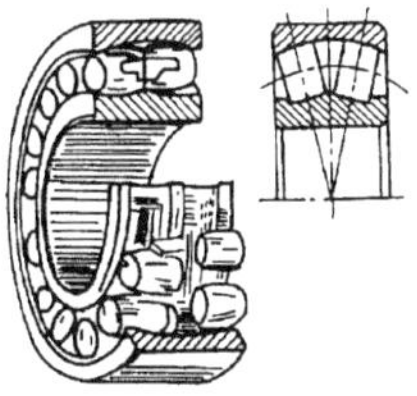	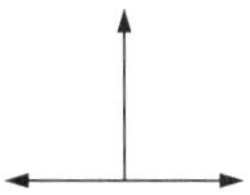	滚动体为双列鼓形滚子，外圈滚道是以轴承中心为中心的球面，实现自动调心。能承受较大的径向载荷和少量的轴向载荷，抗振动、冲击。但加工要求高，用于其他轴承不能胜任的重载且需调心的场合。允许角位移1.5°～2.5°
圆锥滚子轴承	3	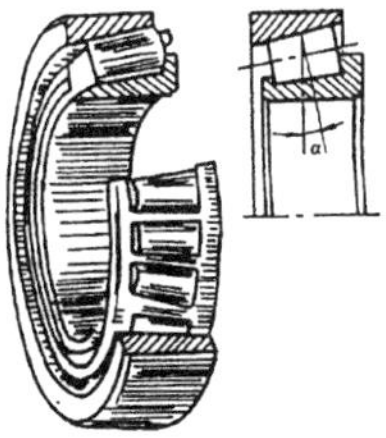		能同时承受较大的径向载荷和轴向载荷。内、外圈可分离，游隙可调，装拆方便，适用于要求刚性较大的轴，一般成对使用。在同一支点使用两个相反方向安装的圆锥滚子轴承时，可以通过预紧提高轴承刚度，但价格相对较高。允许角位移2′
推力球轴承	5	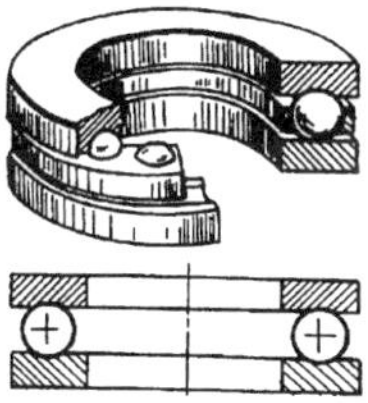 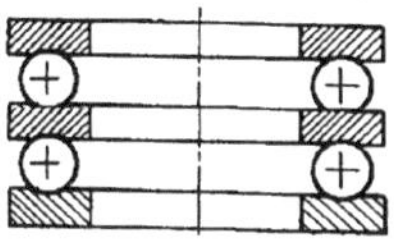	 	仅承受轴向载荷，载荷作用线必须与轴线重合。推力轴承的套圈不分内、外圈，而分轴圈与座圈，或统称“垫圈”。轴圈与轴过盈配合并一起旋转，座圈的内径与轴保持一定间隙，置于机座中。轴圈、座圈、滚动体是分离的。用于轴向载荷大和转速不高的场合。不允许有角位移。 推力球轴承分为单列和双列。单列(51000型)只能承受单向轴向载荷，双列(52000型)可承受双向轴向载荷
深沟球轴承	6	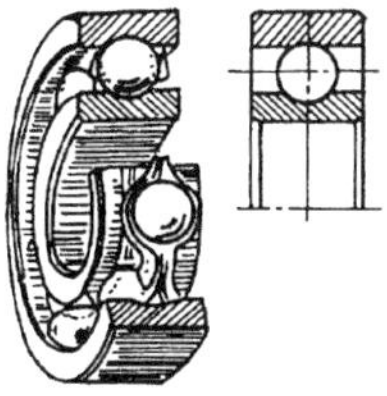	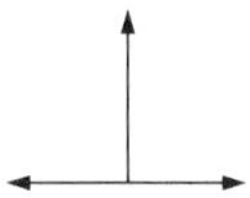	主要承受径向载荷及小量双向轴向载荷，动摩擦系数最小，极限转速高。适用于刚性较大和转速较高的轴，在转速较高、轴向载荷不大，不能用推力轴承时，可用其代替承受纯轴向载荷。结构紧凑，重量轻，批量生产，应用最广，价格低。允许角位移8′～16′

续 表

轴承名称	类型代号	结构示意及结构简图	承载方向	性能特点及应用
角接触球轴承	7	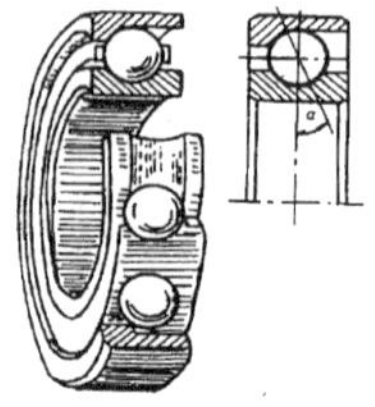	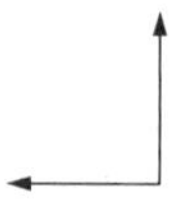	能承受径向载荷和轴向载荷,或承受较大的单向轴向载荷。公称接触角有:15°(C型)、25°(AC型)和40°(B型)3种。越大,轴向承载能力也越大。极限转速高,通过预紧提高轴承刚度。通常成对使用,可分别装在两个支点或同一支点上,用于刚性较大而跨距不大的轴。允许角位移2′～10′
圆柱滚子轴承	N	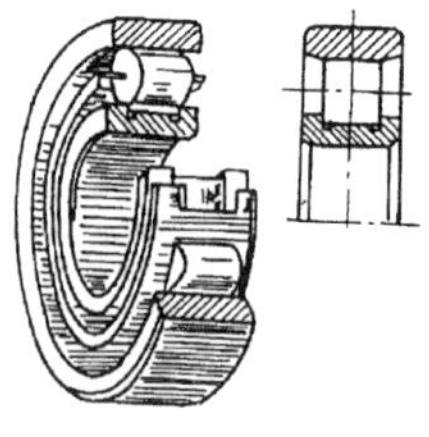		滚动体是圆柱滚子,径向承载能力是相同内径深沟球轴承的1.5～3倍,不能承受轴向载荷。耐冲击,内、外圈可分离,但各轴线允许的偏转角很小。当要求轴能作轴向游动时,这是一种理想的支承结构。基本结构形式为N型,另有内圈无挡边的NU型和内圈单挡边的NJ型
滚针轴承	NA	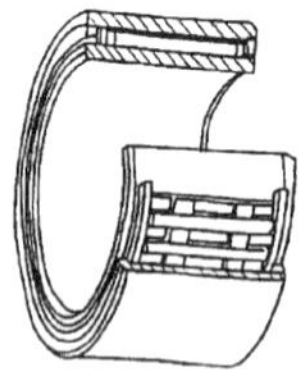		在内径相同的情况下,与其他轴承相比,其外径最小,因而特别适用于径向尺寸受限制的场合。其基本型号为NA型,还有无内圈的(HK,BK型)和无内、外圈有保持架的K型。这类轴承不允许有轴线偏转角,极限转速低

23.2.3 滚动轴承的代号

滚动轴承的类型多,同一系列中又有不同的结构、尺寸、精度及技术要求,为便于组织生产和选用,国家标准规定每一滚动轴承用同一形式的一组数据表示,这一组数据称为滚动轴承代号,并打印在滚动轴承端面上。滚动轴承代号组成如表23-2所示。

表 23-2 滚动轴承代号构成

<table>
<tr><td>前置代号</td><td colspan="5">基 本 代 号</td><td colspan="8">后 置 代 号</td></tr>
<tr><td rowspan="3">成套轴承分部件代号</td><td>五</td><td>四</td><td>三</td><td>二</td><td>一</td><td rowspan="3">内部结构代号</td><td rowspan="3">密封防尘结构代号</td><td rowspan="3">保持架及材料代号</td><td rowspan="3">特殊轴承材料代号</td><td rowspan="3">公差等级代号</td><td rowspan="3">游隙代号</td><td rowspan="3">多轴承配置代号</td><td rowspan="3">其他代号</td></tr>
<tr><td rowspan="2">类型代号</td><td colspan="2">尺寸系列代号</td><td colspan="2" rowspan="2">内径代号</td></tr>
<tr><td>宽度系列代号</td><td>直径系列代号</td></tr>
</table>

1. 基本代号

基本代号用于表明滚动轴承的内径、直径系列、宽度系列和类型，一般最多为 5 位数字或 4 位数字和字母组成。

(1) 内径代号　用基本代号右起第一、二位数字表示。00,01,02 和 03 分别代表内径尺寸为 10,12,15,17 (mm)；内径代号从 04 到 96 时，乘以 5 即为轴承内径尺寸，代表 20～480 mm 的内径；内径小于 10 mm、大于等于 500 mm 和等于 22 mm,28 mm,32 (mm)的轴承，其内径表示法可查阅国标。

(2) 直径系列代号　用基本代号右起第三位数字表示。它反映了具有相同内径的轴承在外径方面的变化。为适应不同的载荷，需要在相同内径的轴承中使用不同大小的滚动体，这样引起外径尺寸的变化。按 7,8,9,0,1,2,3,4,5 的顺序，外径依次增大，轴承的承载能力也相应增大。

(3) 宽(高)度系列代号　用基本代号右起第四位数字表示。它反映了具有相同内径和外径尺寸的轴承，其宽(高)度尺寸的不同变化。向心轴承按 8,0,1,2,3,4,5,6 的顺序，宽度依次增大，正常宽度的轴承此代号为 0。多数轴承在代号中不标出宽度系列代号，但对调心滚子轴承和圆锥滚子轴承宽度系列代号 0 要标出。推力轴承按 7,9,1,2 的顺序，高度依次增大。

直径系列代号和宽(高)度系列代号统称为滚动轴承尺寸系列代号。组合排列时，宽(高)度系列在前，直径系列在后。

(4) 类型代号　用基本代号右起第五位数字或字母表示(见表 23-1)。

2. 后置代号

轴承的后置代号是用字母和数字等表示轴承的内部结构、公差等级、游隙等，处于基本代号之后。这里介绍一下表 23-4 中所列的几个常用代号。

(1) 内部结构代号　同一类型轴承有不同的内部结构时，用规定的字母表示其差别。如角接触球轴承分别用 C,AC,B 代表 3 种不同的公称接触角 $\alpha=15°,25°,40°$。用 E 表示加强型。

(2) 公差等级代号　表示不同的尺寸精度和旋转精度的特定组合。按 2 级、4 级、5 级、6 级、6X 级、0 级的顺序，依次由高到低，代号为/P2,/P4,/P5,/P6,/P6X,/P0。0 级是普通级，在轴承代号中不标出。6X 级仅用于圆锥滚子轴承。

(3) 游隙代号　游隙是指轴承在无载荷作用时，一个套圈相对另一个套圈在某一个方向的可移动距离。常用的轴承径向游隙系列有 1 组、2 组、0 组、3 组、4 组、5 组的轴承，其游隙代号分别为/C1，/C2，/C3，/C4，/C5。0 组不标出，径向游隙按上列顺序由小到大。目前工程实际中，通常使用的游隙是 3 组。

后置代号的其他项目用到较少，用时可查阅国标。

3. 前置代号

轴承的前置代号用于表示成套轴承的分部件，用字母表示。当轴承的某些分部件具有其特殊性时，在基本代号前加上相应的字母，如用 L 表示可分离轴承的可分离套圈、K 表示轴承的滚动体与保持架组件等。

例 23－1 试分析下列滚动轴承 6210，7213AC，33215/P6 代号的含义。

解：6210：右起 10 为内径代号，代表内径为 50 mm；2 为尺寸系列代号（宽度系列代号 0 不标出，直径系列代号为 2）；6 为类型代号，表示深沟球轴承。

7213AC：右起 13 为内径代号，代表内径为 65 mm；2 为尺寸系列代号（宽度系列代号 0 不标出，直径系列代号为 2）；7 为类型代号，表示角接触球轴承；AC 表示公称接触角 $\alpha=25°$。

33215/P6：右起后置代号 P6，表示公差等级 6 级；15 为内径代号，代表内径为 75 mm；32 为尺寸系列代号（宽度系列代号为 3，直径系列代号为 2）；3 为类型代号，表示圆锥滚子轴承。

表 23－3 深沟球轴承的基本尺寸和基本额定载荷（摘自 GB/T276－1994） （节选）

轴承代号	基本尺寸/mm			基本额定载荷/kN		原轴承代号	轴承代号	基本尺寸/mm			基本额定载荷/kN		原轴承代号
	d	D	B	C_r	C_{0r}			d	D	B	C_r	C_{0r}	
6006	30	55	13	13.2	8.30	106	6010	50	80	16	22.0	16.2	110
6206		62	16	19.5	11.5	206	6210		90	20	35.0	23.2	210
6306		72	19	27.0	15.2	306	6310		110	27	61.8	38.0	310
6406		90	23	47.5	24.5	406	6410		130	31	92.2	55.2	410
6007	35	62	14	16.2	10.5	107	6011	55	90	18	30.2	21.8	111
6207		72	17	25.5	15.2	207	6211		100	21	43.2	29.2	211
6307		80	21	33.2	19.2	307	6311		120	29	71.5	44.8	311
6407		100	25	56.8	29.5	407	6411		140	33	100	62.5	411
6008	40	68	15	17.0	11.8	108	6012	60	95	18	31.5	24.2	112
6208		80	18	29.5	18.0	208	6212		110	22	47.8	32.8	212
6308		90	23	40.8	24.0	308	6312		130	31	81.8	51.8	312
6408		110	27	65.5	37.5	408	6412		150	35	108	70.0	412
6009	45	75	16	21.0	14.8	109	6013	65	100	18	32.0	24.8	113
6209		85	19	31.5	20.5	209	6213		120	23	57.2	40.0	213
6309		100	25	52.8	31.8	309	6313		140	33	93.8	60.5	313
6409		120	29	77.5	45.5	409	6413		160	37	118	78.5	413

表 23-4 角接触球轴承的基本尺寸和基本额定载荷(摘自 GB/T292-2007) (节选)

轴承代号	基本尺寸/mm			基本额定载荷/kN		原轴承代号	轴承代号	基本尺寸/mm			基本额定载荷/kN		原轴承代号
	d	D	B	C_r	C_{0r}			d	D	B	C_r	C_{0r}	
7206C	30	62	16	23.0	15.0	36206	7207C	35	72	17	30.5	20.0	36207
7206AC		62	16	22.0	14.2	46206	7207AC		72	17	29.0	19.2	46207
7206B		62	16	20.5	13.8	66206	7207B		72	17	27.0	18.8	66207
7306B		72	19	31.0	19.2	66306	7307B		80	21	38.2	24.5	66307
7208C	40	80	18	36.8	25.8	36208	7211C	55	100	21	52.8	40.5	36211
7208AC		80	18	35.2	24.5	46208	7211AC		100	21	50.5	38.5	46211
7208B		80	18	32.5	23.5	66208	7211B		100	21	46.2	36.0	66211
7308B		90	23	46.2	30.5	66308	7311B		120	29	78.8	56.5	66311
7209C	45	85	19	38.5	28.5	36209	7212C	60	110	22	61.0	48.5	36212
7209AC		85	19	36.8	27.2	46209	7212AC		110	22	58.2	46.2	46212
7209B		85	19	36.0	26.2	66209	7212B		110	22	56.0	44.5	66212
7309B		100	25	59.5	39.8	6309	7312B		130	31	90.0	66.3	66312
7210C	50	90	20	42.8	32.0	36210	7213C	65	120	23	69.8	55.2	36213
7210AC		90	20	40.8	30.5	46210	7213AC		120	23	66.5	52.5	46213
7210B		90	20	37.5	29.0	66210	7213B		120	23	62.5	53.2	66213
7310B		110	27	68.2	48.0	66310	7313B		140	33	102	77.8	66313

任务 23.3 滚动轴承的失效形式和选择

23.3.1 滚动轴承的失效形式

滚动轴承在工作时,其表面形状发生变化将严重影响轴承的工作精度,工程上称为轴承失效。常见的失效形式主要有 3 种:疲劳点蚀、塑性变形和磨损,分别由交变应力、冲击载荷和各种不良使用引起。另外,由于高速轴承离心力过大可能发生保持架破坏。

23.3.2 滚动轴承的选择

1. 滚动轴承的选择原则

类型不同的滚动轴承具有不同的性能特点,要根据实际工作情况,按工作载荷的性质、转速高低、装配结构及经济性要求进行选择。

(1) 轴承工作载荷的大小、方向和性质 按该项原则选择如下:

① 轴承承受纯径向载荷时,选用向心轴承(径向接触);承受纯轴向载荷时,选用推力轴承(轴向接触),但在高速轻载时可考虑用深沟轴承或角接触球轴承代替。

② 在同样外形尺寸下,滚子轴承比球轴承承载能力高、抗冲击能力强。因而载荷大、有冲击时,宜选用滚子轴承;载荷小而平稳时,宜选用球轴承。

③ 轴承同时承受径向及轴向载荷时，应综合考虑。若轴向载荷较小，可选用小接触角的角接触轴承(如70000C型)或深沟球轴承；轴向载荷较大时，可选用大接触角的角接触轴承及圆锥滚子轴承；轴向载荷很大时，可选用向心轴承与推力轴承的组合使用，分别承受径向和轴向载荷。

(2) 轴承工作转速　受离心力影响，滚动轴承选用时应保证工作转速低于极限值(n_{lim})。通常在尺寸公差等级相同时，球轴承比滚子轴承有较高的极限转速，因此在转速较高、载荷较小或要求有较高的旋转精度时，优先选用球轴承；而转速较低、载荷较大或有冲击载荷时，宜选用滚子轴承。

(3) 轴承的装卸、调整，支承轴的刚度　受加工、装配误差及受力变形等影响，轴在工作时将产生弯曲变形，尤其在支点跨距大、刚性差等场合下变形更大，应选用调心轴承，并应保证所选用轴承的相对角位移小于该类型轴承的允许值。对于不便装卸的结构，应选取内、外圈可分离轴承。

(4) 经济性　球轴承制造容易、价格低廉，在满足基本工作要求条件下，应优先选用；同型号不同公差等级的轴承，价格相差较大，应以够用为原则。

2. 滚动轴承的计算原则

在选择轴承类型后，确定其尺寸和型号时，对于制造良好、安装维护正常的轴承，最常见的失效形式是疲劳点蚀和塑性变形。其计算准则为：

(1) 一般运转的轴承($10\ r/min < n < n_{lim}$)，如果轴承的制造、安装、使用、保管等条件均良好时，主要失效形成为疲劳点蚀。为防止疲劳点蚀破坏，应以疲劳计算为依据，进行轴承的寿命计算。

(2) 不转动、间隙摆动或低速($n \leqslant 10\ r/min$)的轴承，主要失效形式为塑性变形。为防止产生过大的塑性变形，以静强度计算为依据，进行轴承的强度计算，并校核寿命。

(3) 高速轴变，由于发热大，常产生过度磨损和烧伤，因此除需进行寿命计算外，还应校核其极限转速。

23.3.3　滚动轴承的寿命计算

滚动轴承的尺寸选用以防止在预期寿命内发生疲劳破坏为主，通常计算轴承的承载能力，称为寿命计算。

1. 滚动轴承的基本额定寿命 L_{10}

滚动轴承的任意滚动体或内、外滚道上出现疲劳点蚀以前所经历的总转数，或在一定转速下所经历的工作小时数，称为**轴承的寿命**。

滚动轴承的**基本额定寿命**是指一批相同的轴承，在同一条件下运转，其中90%的轴承不产生疲劳点蚀时所达到的总转数 L_{10}(10^6 r)，或是在一定转速 n 下的小时数 L_h(h)。

由于轴承的制造精度、材质和工艺等差异，即使同一批生产规格型号相同的一组轴承，在相同实验条件下的寿命也是不同的，这表明滚动轴承的疲劳寿命具有离散性，因而对于单个轴承很难准确预测其寿命。为了保证轴承工作的可靠性，国家标准规定以轴承基本额定寿命为计算依据。

2. 基本额定动载荷 C

滚动轴承的**基本额定动载荷**是指滚动轴承的基本额定寿命为 $L_{10}=10^6$ r时，它所能够承受的极限载荷，并用字母 C 表示。滚动轴承的基本额定寿命 L_{10} 是随着它所承受载荷 P 的增大而降低的。轴承的 C 越大，表明它抗疲劳点蚀的能力越强。几种常用类型的轴承的基本额定动载荷 C 值可参见表 23－3 和表 23－4 中的 C_r，其他轴承的 C 值可查阅《机械设计手册》。对于径向轴承，基本额定动载荷是指一个大小和方向恒定的径向载荷，称为径向基本额定动载荷，用 C_r 表示；对于推力轴承，基本额定动载荷是指一个大小和方向恒定的轴向载荷，称为轴向基本额定动载荷，用 C_a 表示；对于角接触球轴承和圆锥滚子轴承，基本额定动载荷指引起轴承套圈相互产生纯径向位移的载荷径向分量，用 C_r 表示。

3. 滚动轴承的寿命计算

滚动轴承在工作时，其实际承受载荷与基本额定动载荷数值一般不相等，这将引起轴承的寿命变化。设计轴承时，一般是已知轴承所承受的载荷大小和预期寿命，选用合适的轴承。通过实验，得出轴承基本额定寿命与基本额定动载荷之间的关系为 $P^{\varepsilon}L_{10}=C^{\varepsilon}$，即

$$L_{10}=\left(\frac{C}{P}\right)^{\varepsilon},$$

式中，L_{10} 为基本额定寿命（10^6 r），ε 为轴承寿命指数，对于球轴承 $\varepsilon=3$，滚子轴承 $\varepsilon=10/3$；P 为当量动载荷（N）。

习惯上用小时数 L_h 表示轴承寿命，若轴承转速为 n，$L_{10}=60nL_h$，则有

$$L_h=\frac{10^6}{60n}\left(\frac{f_tC}{f_PP}\right)^{\varepsilon}\quad(\mathrm{h}),\qquad(23-1)$$

式中，f_t 为温度系数，代表轴承工作温度大于 100℃时对额定动载荷 C 的影响，其值见表 23－5；f_P 为载荷系数，代表冲击和振动载荷对轴承当量动载荷 P 的影响，其值见表 23－6。

按照(23－1)式计算出的轴承寿命 L_h 应大于滚动轴承的预期寿命 L'_h。各种类型机器所使用的轴承要求预期的基本额定寿命 L'_h 推荐值见表 23－7，供选用轴承时参考。

如果轴承的当量动载荷 P、转速 n 和预期寿命 L'_h 为已知的情况下，需要选择轴承的型号时，可以将(23－1)式改写成

$$C'=\frac{f_PP}{f_t}\left(\frac{60nL'_h}{10^6}\right)^{1/\varepsilon}\quad(\mathrm{N})。\qquad(23-2)$$

按照(23－2)式计算出所需要的轴承额定动载荷 C'，应小于滚动轴承的基本额定动载荷 C 值。

4. 滚动轴承的当量动载荷计算

当量动载荷是将工作载荷折算成与实验条件载荷相当的假想载荷，用 P 表示。滚动轴承的寿命计算中，基本额定寿命与当量动载荷之间的关系是在一定的实验条件下得到的。在实际工作中，滚动轴承所承受的工作载荷与实验条件载荷是不同的，因此在计算轴承寿命时，应将工作载荷折算成与实验条件载荷相当的假想载荷，即当量动载荷。各种类型的滚动轴承当量动载荷计算式为

$$P=XF_r+YF_a,\qquad(23-3)$$

式中，$\boldsymbol{F}_r$，$\boldsymbol{F}_a$ 为轴承的径向载荷、轴向载荷（N）；X，Y 为径向载荷系数和轴向载荷系数。对于仅受径向载荷的圆柱滚子轴承，$X=1$，$Y=0$；对于仅受轴向载荷的推力轴承，$X=0$，$Y=1$；其他可同时承受轴向和径向载荷的轴承，按实际受力特点，可查相关《机械设计手册》，表 23－8 列出了深沟球轴承、接触球轴承、圆锥滚子轴承的载荷系数。

表 23-5 温度系数 f_t

轴承工作温度(℃)	≤100	125	150	175	200	225	250	300
温度系数 f_t	1	0.95	0.90	0.85	0.80	0.75	0.70	0.60

表 23-6 载荷系数 f_P

载荷性质	f_P	举　　例
无冲击或有轻微冲击	1.0～1.2	电机、汽轮机、通风机、水泵
中等冲击或惯性力	1.2～1.8	车辆、机床、动力机械、传动装置、起重机、冶金设备、减速机等
强烈冲击	1.8～3.0	破碎机、轧钢机、球磨机、振动筛、石油钻机、农业机械、工程机械

表 23-7 轴承预期寿命推荐值 L'_h

使用情况	机器种类	要求寿命/h
不经常使用的仪器和设备	门窗启闭装置、汽车方向指示器等	300～3 000
间断使用的机械,若因轴承故障而中断使用时,不会引起严重后果	一般手工操作机械、轻便手提式工具、悬臂吊车、农业机械、装配吊车、使用不频繁的机床、自动送料装置	3 000～8 000
间断使用的机械,若因轴承故障而中断使用时,能引起严重后果	发电站辅助机械、农业用电机、流水作业线自动传送装置、升降机、皮带运输机、车间吊车	8 000～14 000
每天工作 8 h 的机械(利用率不高)	一般齿轮传动装置、固定电机、压碎机、起重机、一般机械	10 000～24 000
每天工作 8 h 的机械(利用率较高)	机床、木材加工机械、连续使用的起重机、鼓风机、印刷机械、分离机、离心机	20 000～30 000
24 h 连续运转的机械	空气压缩机、水泵、矿山卷扬机、轧机齿轮装置、纺织机械	40 000～50 000
24 h 连续运转,因而中断工作能引起严重后果的机械	纤维造纸机械、电站主要设备、矿井水泵、给排水装置、船舶螺旋桨轴、矿用通风机	约 100 000

表 23-8 深沟球轴承、接触球轴承、圆锥滚子轴承的径向载荷系数 X 和轴向载荷系数 Y

轴承类型	相对轴向载荷 F_a/C_{0r}	判断系数 e	$F_a/F_r>e$		$F_a/F_r\leq e$	
			Y	X	Y	X
单列深沟球轴承 60000	0.014 0.028 0.056 0.084 0.11 0.17 0.28 0.42 0.56	0.19 0.22 0.26 0.28 0.30 0.34 0.38 0.42 0.44	2.30 1.99 1.71 1.55 1.45 1.31 1.15 1.04 1.00	0.56	0	1

续 表

轴承类型	相对轴向载荷 F_a/C_{0r}		判断系数 e	$F_a/F_r>e$		$F_a/F_r\leqslant e$	
				Y	X	Y	X
单列 角接触球轴承 70000	$\alpha=15°$	0.015	0.38	1.47	0.44	0	1
		0.029	0.40	1.40			
		0.058	0.43	1.30			
		0.087	0.46	1.23			
		0.12	0.47	1.19			
		0.17	0.50	1.12			
		0.29	0.55	1.02			
		0.44	0.56	1.00			
		0.58	0.56	1.00			
	$\alpha=25°$	—	0.68	0.87	0.41	0	1
	$\alpha=40°$	—	1.14	0.57	0.35	0	1
圆锥滚子轴承 30000		—	查机械设计手册	查机械设计手册	0.40	0	1

例 23-2 某减速机齿轮轴需选用一对相同的深沟球轴承支承，如图 23-6 所示。轴的支承处直径为 60 mm，轴的转速 $n=1\ 250$ r/min，工作时两轴承的径向载荷分别为 $F_{r1}=6$ kN，$F_{r2}=5.5$ kN，轴向载荷分别为 $F_{a1}=0$，$F_{a2}=2$ kN，常温下工作，有轻微冲击。要求预期寿命 $L'_h=12\ 000$ h，请确定轴承的型号。

解：由于要求两轴承型号相同，因此在同样工作条件下应按承受较大当量动载荷的条件选取轴承型号。根据工作条件，查表 23-6 取载荷系数 $f_P=1.2$，查表 23-5 取温度系数 $f_t=1.0$。深沟球轴承寿命指数 $\varepsilon=3$。

图 23-6 轴承布置图

设计计算和说明	结 果
(1) 计算轴承 1 的当量动载荷。轴承 1 仅承受径向载荷作用，所以 $P_1=F_{r1}=6$ kN	$P_1=6$ kN
(2) 计算轴承 2 的当量动载荷。轴承 2 同时承受径向载荷和轴向载荷作用，其当量动载荷应按下式计算，即 $P_2=XF_{r2}+YF_{a2}$。 径向载荷系数 X 和轴向载荷系数 Y 须在确定了判断系数 e 后才可选出。而要确定判断系数 e 须知道轴承的基本额定静载荷 C_0。因此，可根据轴径要求选几种型号，进行	

续 表

设计计算和说明	结 果
寿命计算,比较后取定一种型号。 根据轴径 $d=60$ mm,轴承型号应是"6××12",由表 23-3 可知满足条件的有 6012, 6212, 6312, 6412 等,首先取一个中间型号进行计算,建立比较依据。这里初选深沟球轴承 6312,查表 23-3,知 $C_r=81.8$ kN, $C_0=51.8$ kN,得 $$\frac{F_{a2}}{C_{0r}}=\frac{2}{51.8}=0.039。$$ 查表 23-8,用线性插入法求判断系数 e,即 $$e=0.22+(0.056-0.039)\times\frac{0.26-0.22}{0.056-0.028}=0.244。$$ 由于 $\frac{F_{a2}}{F_{r2}}=\frac{2}{5.5}=0.364>e=0.244$,所以查表 23-8 知径向载荷系数:$X=0.56$。 线性插入法求轴向载荷系数 Y $$Y=1.71+(0.26-0.244)\times\frac{1.99-1.71}{0.26-0.22}=1.82。$$ 所以 $P_2=XF_{r2}+YF_{a2}=0.56\times5.5+1.82\times2=6.72(\text{kN})$	$P_2=6.72$ kN
(3) 确定轴承型号。因 $P_2>P_1$,所以按 P_2 计算,轴承 6312 的工作寿命为 $$L_{h2}=\frac{10^6}{60n}\left(\frac{f_tC}{f_PP_2}\right)^{\varepsilon}=\frac{10^6}{60\times1\,250}\times\left(\frac{1\times81\,800}{1.2\times6\,720}\right)^3=13\,917(\text{h})。$$ 轴承 6312 的工作寿命大于要求预期寿命 $L'_h=12\,000(\text{h})$,可以满足工作要求。若取 6212 轴承时,工作寿命小于 12 000 h;若取 6412 轴承时,工作寿命太大,故选用深沟球轴承 6312。 也可以按轴承基本额定动载荷条件(23-2)式来确定轴承型号	选用深沟球轴承 6312

5. 角接触轴承的轴向载荷计算

(1) 内部轴向力 $\boldsymbol{S}$　如图 23-7 所示,向心角接触球轴承(70000 型)和圆锥滚子轴承(30000 型)由于有接触角 $\alpha(0°<\alpha\leqslant45°)$,当支承处作用径向载荷 F_r 时,滚动体与轴承内圈或外圈的作用力方向不在径向平面内,承载区内滚动体的法向力分解后,将派生一个轴向力分量 $\boldsymbol{S}$,$\boldsymbol{S}$ 是在径向载荷 F_r 作用下产生的轴向力,所以称为内部轴向力。图 23-8 所示是角接触球轴承的径向载荷示意图。

内部轴向力 $\boldsymbol{S}$ 的大小按照表 23-9 计算,$\boldsymbol{S}$ 方向由轴承外圈的宽边指向窄边。内部轴向力 $\boldsymbol{S}$ 有使轴承的内圈与外圈沿轴向分离的趋势。为了使其内部轴向力 $\boldsymbol{S}$ 得到平衡,通常是成对安装使用。安装方法分有正装和反装两种,如图 23-9 所示。正装时,轴承的外圈窄边相对,实际支点偏向两支承内侧(轴承的载荷作用中心 O 到轴承外圈宽边端面的距离 a,可以从滚动轴承手册中查到),两端轴承内部轴向力 $\boldsymbol{S}_1$ 与 $\boldsymbol{S}_2$ 的方向相对;反装时,轴承的外圈宽边相对,实际支点偏向两支承外侧,两端轴承的内部轴向力 $\boldsymbol{S}_1$ 与 $\boldsymbol{S}_2$ 的方向背离。图 23-9 中所示的 F_A 为外部轴向载荷。

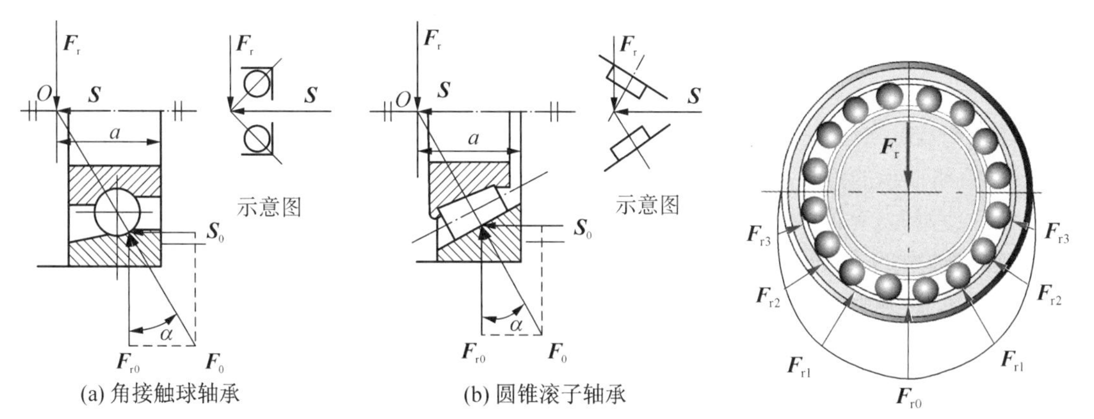

图 23-7　向心推力轴承的内部轴向力　　　图 23-8　角接触球轴承的径向载荷

表 23-9　内部轴向力 S 的计算公式

圆锥滚子轴承(30000 型)	角接触球轴承		
	$\alpha=15°$(70000 型)	$\alpha=25°$(70000AC 型)	$\alpha=40°$(70000B 型)
$S=F_r/2Y$	$S=eF_r$	$S=0.68F_r$	$S=1.14F_r$

(2) 实际轴向载荷 F_a的计算　计算轴承实际承受的轴向载荷 $\boldsymbol{F}_a$ 时,要同时考虑外部轴向载荷 $\boldsymbol{F}_A$ 和内部轴向力 $\boldsymbol{S}$,并通过力的平衡关系求得轴承所受的总载荷。现以图 23-9(a)所示的轴承正装为例,说明实际轴向载荷 $\boldsymbol{F}_a$的计算,设 $\boldsymbol{S}_2$ 与 $\boldsymbol{F}_A$ 方向相同。

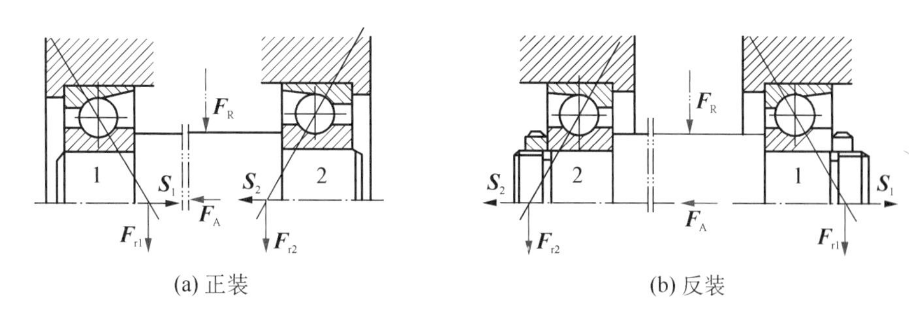

图 23-9　向心推力轴承的成对安装

① 当 $S_2+F_A>S_1$ 时,轴有向左移动的趋势,使左端轴承 1 的内圈、外圈与滚动体相互压紧,称为紧端;右端轴承 2 的内圈、外圈与滚动体相互放松紧,称为松端。由平衡条件可知两端轴承的实际轴向载荷分别为

$$F_{a1}=F_A+S_2,\quad F_{a2}=S_2。$$

② 当 $S_2+F_A<S_1$ 时,轴有向右移动的趋势,则右端轴承 2 为紧端,左端轴承 1 为松端。由平衡条件可知两端轴承的实际轴向载荷分别为

$$F_{a1}=S_1,\quad F_{a2}=S_1-F_A。$$

由此可见，对于松端，轴承的实际轴向载荷就等于它自身的内部轴向力；对于紧端，轴承的实际轴向载荷等于除了它自身的内部轴向力以外的所有轴上轴向力的代数和。

6. 滚动轴承的静强度计算

实际使用时，有的滚动轴承承受连续载荷或间断(冲击)载荷而不旋转，或在载荷作用下缓慢旋转，轴承的失效形式主要是产生过大的塑性变形。国家标准规定：当受载最大的滚动体与套圈滚道接触处产生的总塑性变形量达到滚动体直径的万分之一时，所对应接触应力的载荷称为滚动轴承的基本额定静载荷 C_0，其值可查阅轴承手册。轴承在工作时，满足静强度条件，将不会出现过大塑性变形。滚动轴承的静强度条件为

$$P_0\leqslant\frac{C_0}{S_0}。\tag{23-4}$$

式中，S_0 为轴承静强度安全系数，可根据表 23-10 选取；P_0 为当量静载荷，计算方法同当量动载荷基本相同，可查阅《机械设计手册》。

表 23-10　静强度安全系数 S_0

旋转条件	载荷条件	S_0	使用条件	S_0
连续旋转轴承	普通载荷	1.0～2.0	高精度旋转场合	1.5～2.5
	冲击载荷	2.0～3.0	振动冲击场合	1.2～2.5
不旋转及作摆动运动的轴承	普通载荷	0.5	普通旋转精度场合	1.0～1.2
	冲击、不均匀载荷	1.0～1.5	允许有变形量场合	0.3～1.0

任务 23.4　滚动轴承组合设计

为保证轴能正常地工作，不但要正确选择滚动轴承的类型和尺寸，还须正确进行轴承的组合设计。滚动轴承的组合设计主要是处理好轴承的配置、固定和位置调整，预留适当的轴向间隙，保障当工作温度变化时，轴能自由伸缩。

23.4.1　滚动轴承的轴向布置

(1) 双支点单侧固定布置　两端轴承各限制一个方向的轴向位移，这样整条轴两个方向都受到了轴向定位。对于深沟球轴承，如图 23-10(a)所示，可在一端留有间隙 $\Delta=0.25\sim0.4$ mm，以补偿受热增长，由调整垫片的厚度来保证间隙的大小。对于向心角接触轴承，如图 23-10(b)所示，应在安装时使轴承内留有轴向间隙，但间隙不宜过大，以免影响轴承正常工作。这种支承结构简单，安装调整方便，适用于跨距不大(两轴承中心距为 400 mm 以下)和工作温度变化不大的轴。

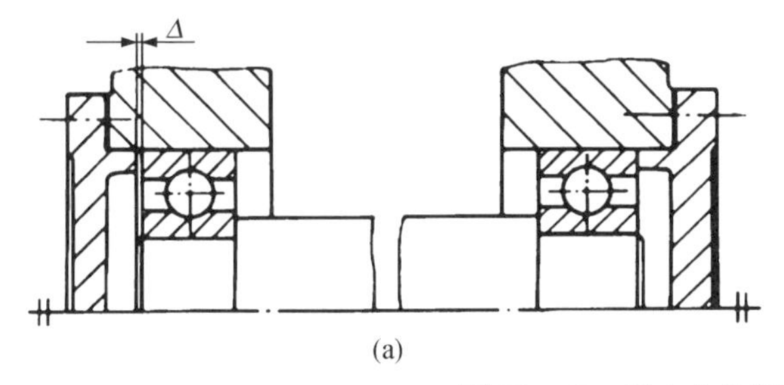

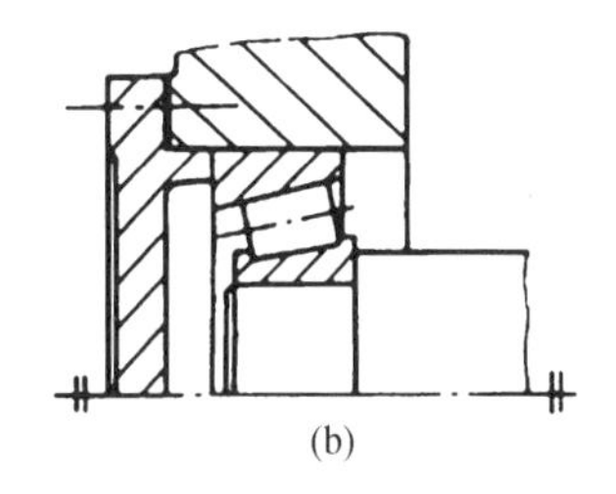

图 23-10　双支点单侧固定

（2）单支点双侧固定布置　一个轴承的内、外圈双向固定，另一个轴承可以轴向游动，适用于温度变化较大和跨距大的轴，如图 23-11 所示。

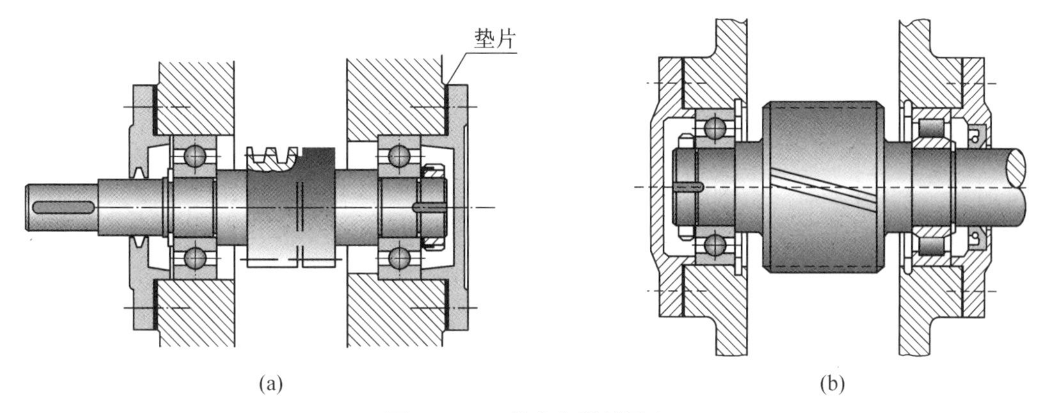

图 23-11　单支点双侧固定

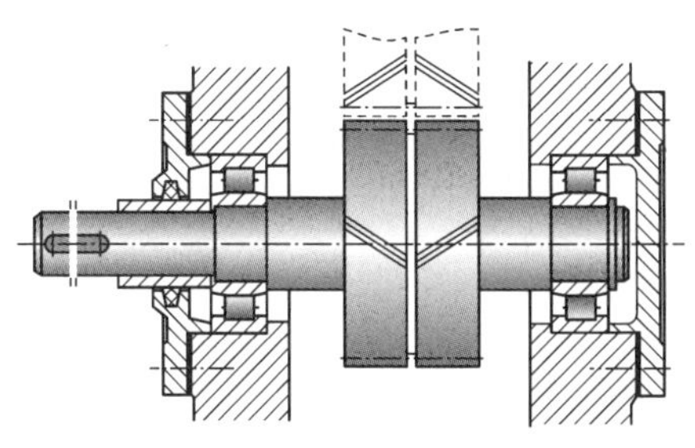

图 23-12　人字齿轮轴双支点游动

（3）双支点游动布置　图 23-12 所示的人字齿轮主动轴，采用两端游动支承，这样布置可使齿轮工作时轮齿受力均匀，安装方便。

23.4.2　滚动轴承的轴向固定

1. 轴承内圈的轴向固定

轴承内圈与轴的轴向固定是保证轴和轴承位置的关键。通常内圈一侧与轴采用轴肩定位。而另一侧根据轴承的类型和受力情况的不同，固定方法也不相同，常用的固定方法有轴用弹簧挡圈、轴端挡圈、圆螺母与止动垫圈组合，紧定衬套、圆螺母、止动垫圈与圆锥孔内圈紧固定等，如图 23-13 所示。

用轴用弹簧挡圈，结构简单、装拆方便，但只能承受小的轴向力；用圆螺母与止动垫圈组合锁紧可靠，用于高速及轴向力较大时。

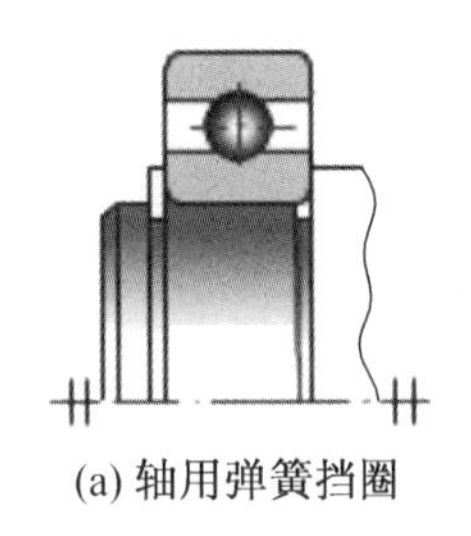
(a) 轴用弹簧挡圈

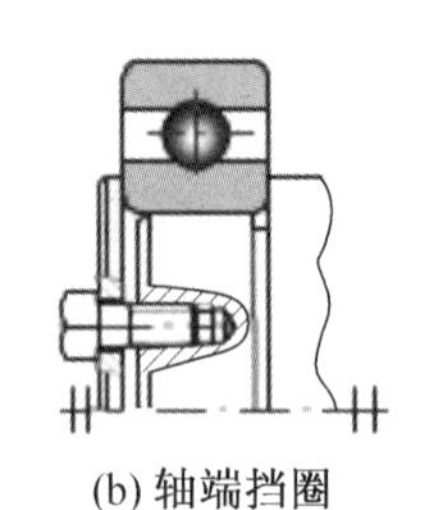
(b) 轴端挡圈

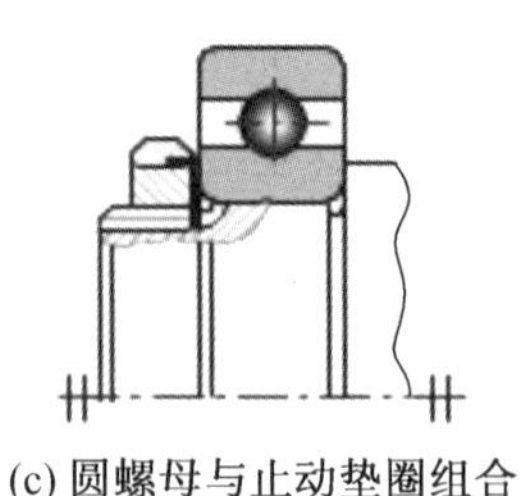
(c) 圆螺母与止动垫圈组合

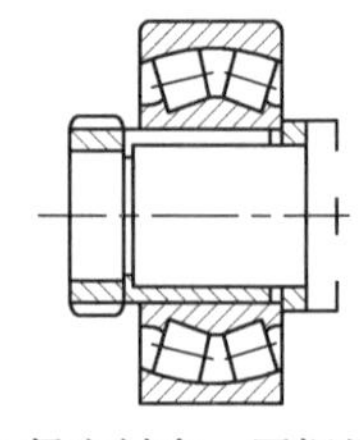
(d) 紧定衬套、圆螺母止动垫圈与圆锥孔内圆

图 23-13 轴承的内圈轴向固定

2. 轴承外圈的轴向固定

轴承外圈的轴向固定是为保证轴承与机架有确定的工作位置，其常用方法有利用轴承端盖作单向固定、孔用弹簧挡圈、轴承外圈止动槽与轴用弹簧挡圈、螺纹环紧固等，如图 23-14 所示。

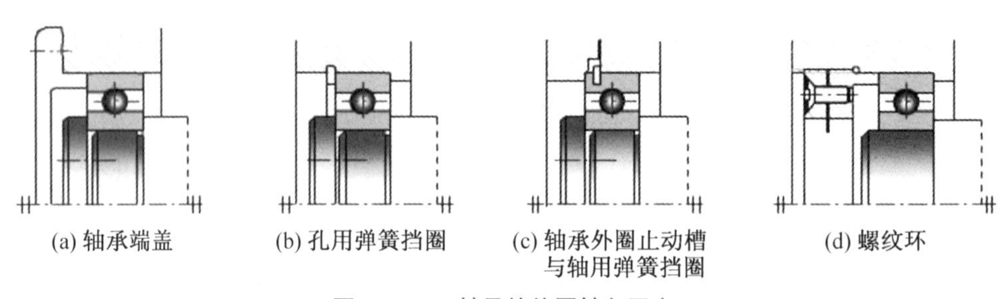
(a) 轴承端盖　(b) 孔用弹簧挡圈　(c) 轴承外圈止动槽与轴用弹簧挡圈　(d) 螺纹环

图 23-14 轴承的外圈轴向固定

23.4.3 滚动轴承组合结构的调整

滚动轴承组合结构的调整，包括轴承间隙调整和轴系部件轴向位置的调整。

1. 轴承间隙调整

轴承间隙的大小将影响轴承的旋转精度、轴承寿命和传动零件工作的平稳性，故轴承间隙必须能够调整，主要的方法有以下两种。

(1) 调整垫片　通过加减轴承端盖与箱体间刚性垫片的厚度进行调整，如图 23-15(a)所示。

(2) 可调压盖　通过调整螺钉推动压盖，从而移动滚动轴承的外圈进行间隙调整，调整后用螺母锁紧，如图 23-15(b)所示。

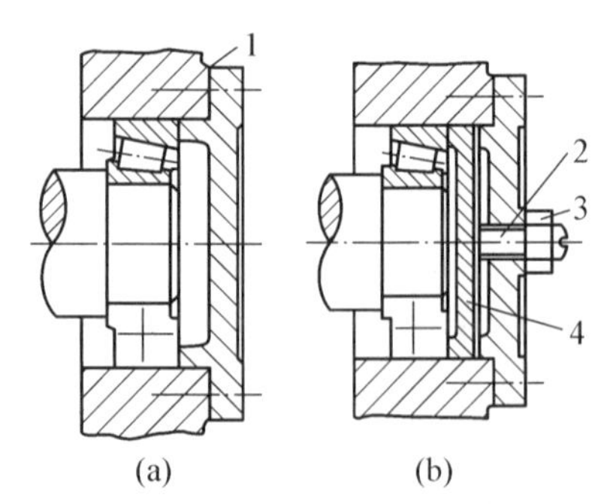

1—垫片　2—螺钉　3—螺母　4—压盖

图 23-15 轴承间隙调整

2. 轴系部件轴向位置的调整

轴系部件的轴向位置调整的目的是使轴上零件有准确的工作位置。在一些机器部件中，轴上某些零件要求

工作时能通过调整达到正确的轴向位置，有时轴承安装完后根据工作要求须进行位置微调。如图 23－16 所示，为了调整圆锥齿轮副的锥顶重合间隙，图中小圆锥齿轮轴系组合部件采用了套杯结构，套杯 2 与轴承座之间的垫片 1 用来调整圆锥齿轮的轴向位置，以保证圆锥齿轮副的分度圆锥顶点重合；轴承盖和套杯之间的垫片 3 用来调整轴承间隙。

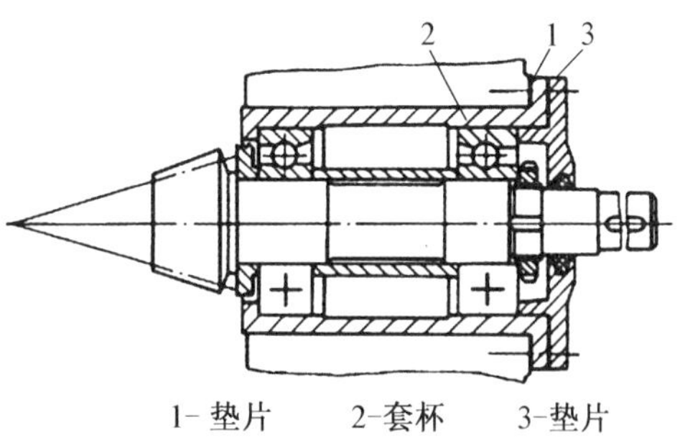

图 23－16　轴系轴向位置及轴承间隙的调整

23.4.4　滚动轴承的配合

滚动轴承与轴及机架的周向固定是依靠相互配合来保证的，配合的松紧将会直接影响旋转精度。无论是外圈与轴承座孔，还是内圈与轴，配合过紧，轴承转动会不灵活；配合过松，又会引起擦伤、磨损和旋转精度降低。因而，轴承的内、外圈都要设计恰当的配合。由于轴承是标准件，一般内圈与轴的配合采用基孔制，而外圈与轴承座孔的配合采用基轴制。

23.4.5　轴承座的刚度与同轴度

在支承结构中，安装轴承处必须要有足够的刚度才能使滚动体正常滚动。因此，轴承座孔壁应有足够的厚度，并用加强肋增强其刚性。

支承结构中，同一根轴上的轴承座孔应尽可能同轴。为此应采用整体结构的外壳，并将安装轴承的两个孔座一次镗出。如果一根轴上装有不同尺寸的轴承，则可利用衬套使轴承座孔径相等，以便各孔座能一次镗出。

23.4.6　滚动轴承的装拆

滚动轴承的装拆时的基本要求是不得通过滚动体传递装拆压力，即装拆内圈时施加的装拆压力必须直接作用于内圈，而装拆外圈时施加的装拆压力必须直接作用于外圈，以防止损坏轴承。

图 23－17 所示是常见的滚动轴承安装方法。用压力机通过装配管给轴承的内圈(a)或外圈(b)或内外圈(c)施压，将轴承压套到轴颈上，或是将轴承压套到轴承座孔内。对于精度要求较高或尺寸较大的轴承，可将轴承放入 80～100℃的热油中预热后再安装。

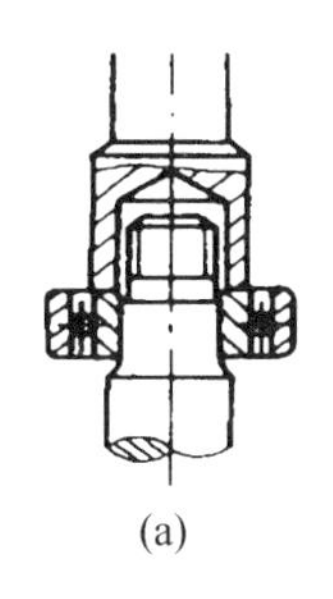
(a)

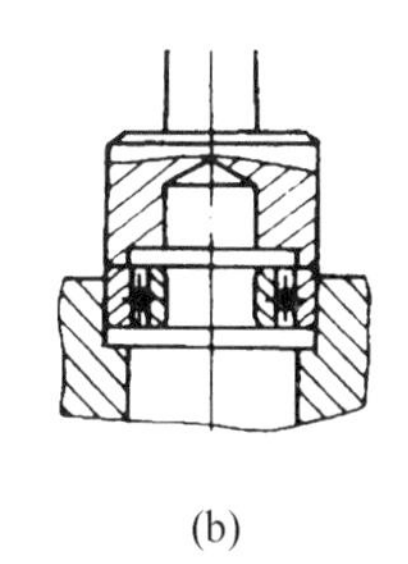
(b)

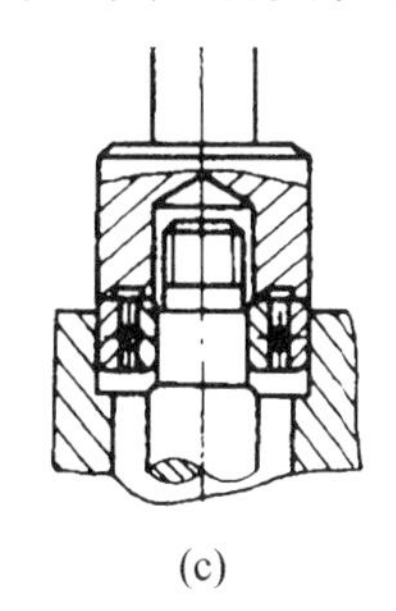
(c)

图 23－17　滚动轴承的安装

如图 23－18(a,b)所示，拆卸轴承一般采用压力机或勾爪器等拆卸工具。为便于拆卸滚动轴承，应在轴承的装拆位置留有足够的拆卸高度 h(h 值不得小于内圈或外圈高度的 1/3～1/2)，或是在轴承座孔上设置拆卸螺钉用螺孔，如图 23－18(c)所示。

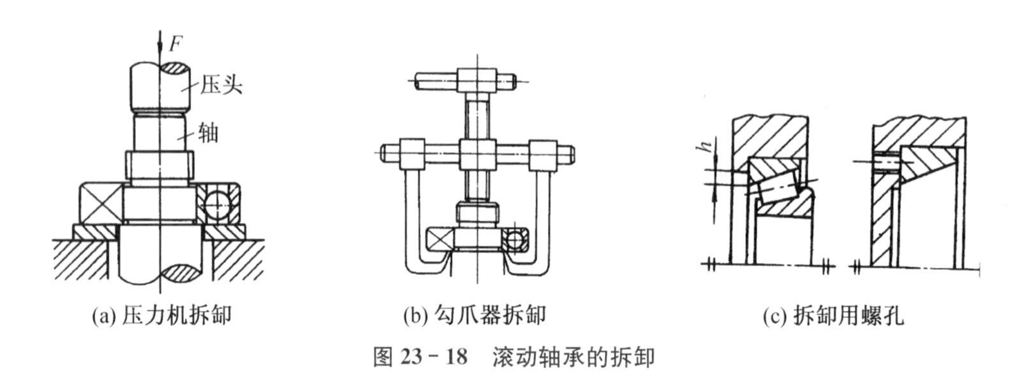

图 23－18　滚动轴承的拆卸

23.4.7　滚动轴承的润滑

润滑是机械运动中一项重要的工作，其方法是给相互运动的构件之间加入润滑剂。在轴承中加入润滑剂可以减少摩擦，降低磨损，同时起到散热冷却、缓冲吸振、密封和防锈等作用。

润滑剂的种类有气体、液体、半固体、固体 4 种。液体润滑剂也叫润滑油，半固体润滑剂也叫润滑脂。

滚动轴承的润滑剂可以是润滑油、润滑脂、固体润滑剂，具体的选择以轴承工作时的运动速度为依据。当 $dn<(1.5\sim2)\text{mm}\cdot\text{r/min}$ 时(d 为轴承内径，n 为轴承套圈的转速)，滚动轴承宜采用润滑脂润滑；超过这一范围宜采用润滑油润滑。

23.4.8　滚动轴承的密封

密封是为防止外部灰尘、水分和其他杂质侵入轴承内部，影响轴承工作，同时防止润滑剂向外流失，减少损失和保护工作场所清洁。按密封的方法不同，分为接触式密封(有密封元件)和非接触式密封(无密封元件，结构密封)。

1. 接触式密封

如图 23－19 所示，利用密封元件实现轴承与外界隔离。图 23－19(a,b)用毡圈式密封，用于接触处线速度 $v<5$ m/s，工作温度小于 60℃的情况下，密封效果一般。图 12－23(c,d)用橡胶油封密封，按断面形状有 J 型、U 型、Y 型、O 型等形状，用于接触处线速度 $5<\nu<10$ m/s，工作温度为－40～100℃的情况，工作可靠。

2. 非接触式密封

非接触式密封装置没有密封元件，利用其结构上的特点，在工作过程中运动构件与机架不接触，避免了轴颈与密封元件间的摩擦、磨损和发热，适用于高速工作环境。

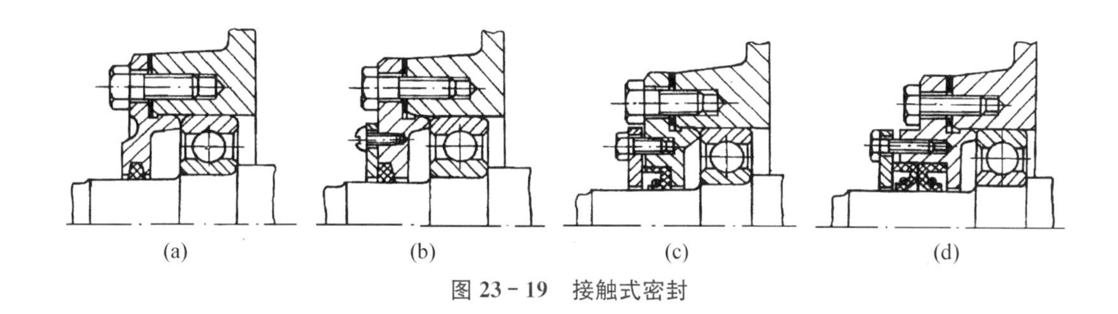

图 23-19　接触式密封

常用的有间隙式、迷宫式和甩油密封。间隙式密封是通过在运动构件与固定件之间设计较长的环状间隙(约 0.1～0.3 mm),并填满润滑剂来达到密封,如图 23-20(a)所示,这种方式适用于脂润滑和低速油润滑。迷宫式密封是通过在运动构件与固定件之间构成迂回曲折的小缝隙来实现密封的,如图 23-20(b)所示,缝隙中填满润滑剂,对各种润滑剂均有良好的密封效果,圆周速度可达 30 m/s。密封可靠,但结构复杂。甩油密封如图 23-20(c)所示。

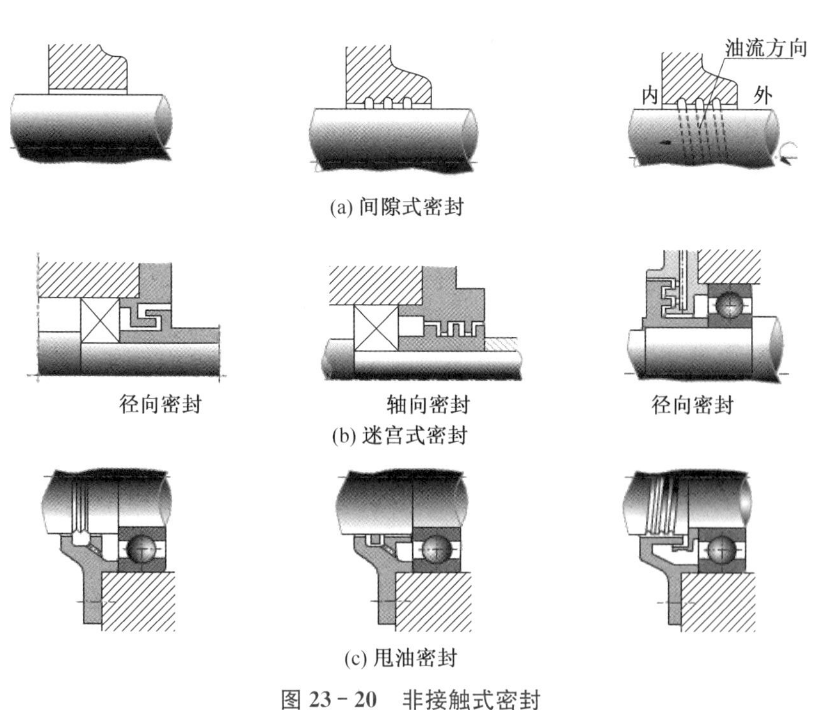

图 23-20　非接触式密封

任务23.5 滑 动 轴 承

典型的滑动轴承结构如图 23 - 21 所示，最主要的零件是轴瓦（套）和支承轴瓦的轴承座。按照其承受载荷的方向，可分为径向滑动轴承和推力（也称止推）滑动轴承。按其是否可以剖分，可分有整体式和剖分式。整体式滑动轴承构造简单，常用于低速、载荷较小的间歇工作机器上，且轴承只能从轴的端部装入；剖分式滑动轴承的轴瓦和轴承座一般沿直径方向对开，当它的轴瓦磨损后，可以通过适当地调整垫片或对其分合面进行刮削、研磨来调整轴与孔的间隙，装拆方便，应用较广。缺点是结构复杂，制造费用较高。

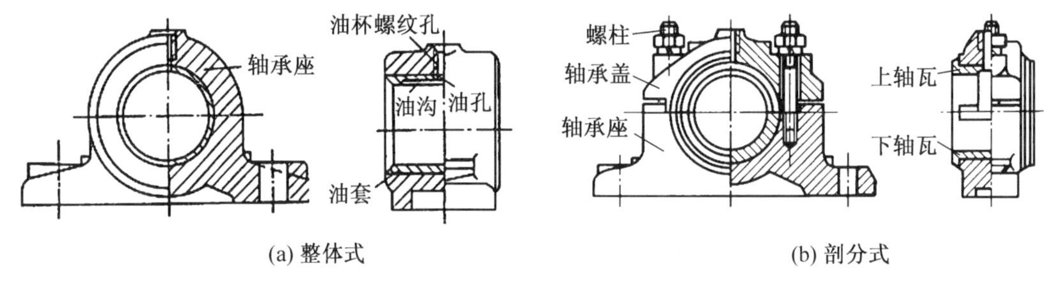

图 23 - 21 滑动轴承的结构

23.5.1 径向滑动轴承

工作时只承受径向载荷的滑动轴承，称为径向滑动轴承。径向滑动轴承的主要结构有整体式、剖分式（见图 23 - 21）和自动调心式（见图 23 - 22）3 种。

滑动轴承安装时，轴瓦与轴承座采用紧配合，而轴瓦与轴采用松配合，工作中应加入润滑油以降低运动件之间的磨损。对于剖分式滑动轴承安装时，须用螺纹联结件将轴承盖和轴承座紧密联结到位。

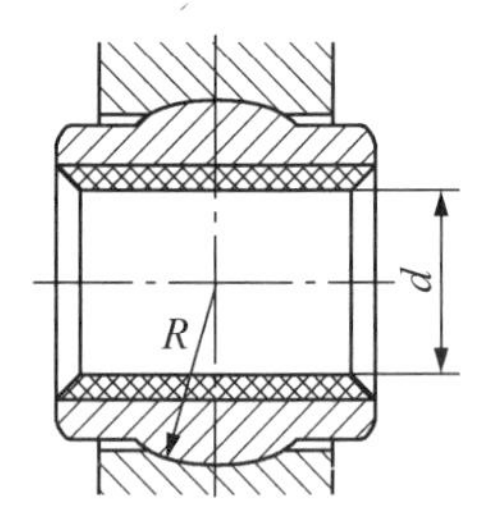

图 23 - 22 自动调心滑动轴承

23.5.2 推力滑动轴承

工作时承受轴向载荷的滑动轴承，称为推力滑动轴承。推力滑动轴承一般仅能承受单向轴向载荷，常见的结构如图 23 - 23 所示，有实心式、单环式、空心式和多环式。轴颈端面与止推轴瓦组成摩擦副。由于摩擦端面上各点的线速度与半径成正比，故离中心愈远处磨损愈严重，这样使摩擦端面上压力分布不匀，靠近中心处压力升高较大。为了改善因结构而带来的缺陷，可采用中空或环形端面，轴向载荷过大时可采用多环轴颈。推力滑动轴承轴颈与轴瓦端面为平行平面相对滑动，难以形成完全流体润滑状态，只能在不完全流体润滑状态下工作，主要用于低速、轻载的场合。

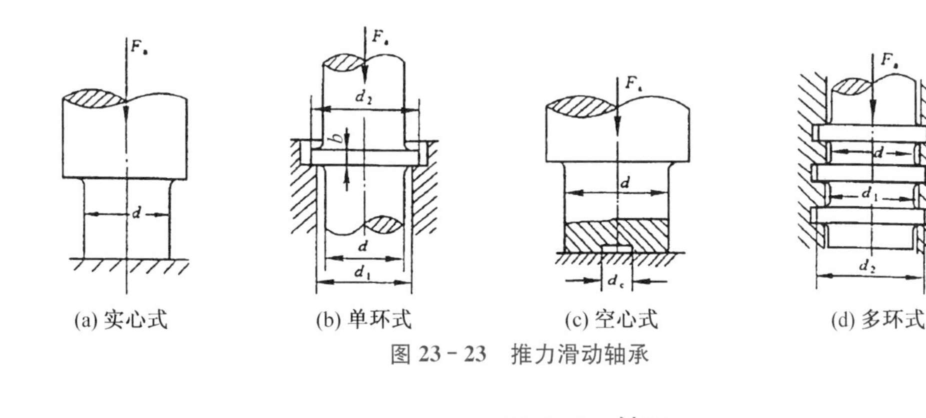

图 23-23　推力滑动轴承

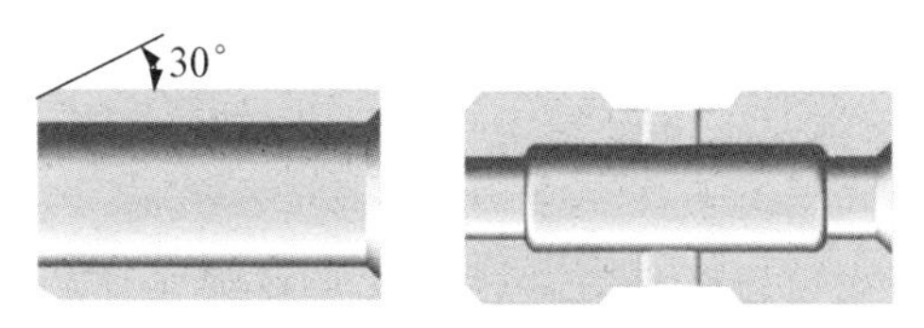

图 23-24　整体式轴瓦

23.5.3　轴瓦

1. 轴瓦的结构

轴瓦(轴套)是滑动轴承中最重要的零件，与轴径构成相对运动的滑动副，其结构的合理性对轴承性能有直接的影响。对应于轴承，轴瓦的形式也做成整体式和剖分式两种结构。图 23-24 所示为整体式轴瓦，图 23-25 所示为剖分式轴瓦。

为了有较高的承载性和节省贵重材料，常在轴瓦的工作表面增加一层耐磨性好的材料，称为轴承衬，如图 23-25(b)所示，形成双材料轴瓦。此外，为了将润滑油引入轴承，还需在轴瓦上开油槽和油孔，以便在轴颈和轴瓦表面之间导油。一般油槽和油孔开在非承载区，以免破坏承载区润滑油膜的连续性，降低轴承的承载能力。常见的轴瓦油槽形状，如图 23-26 所示。

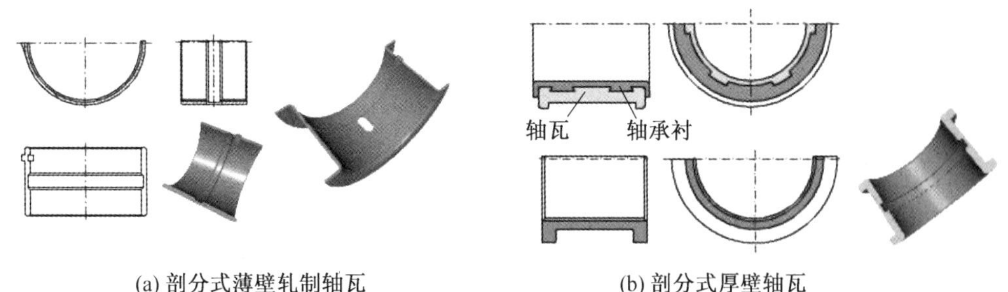

图 23-25　剖分式轴瓦

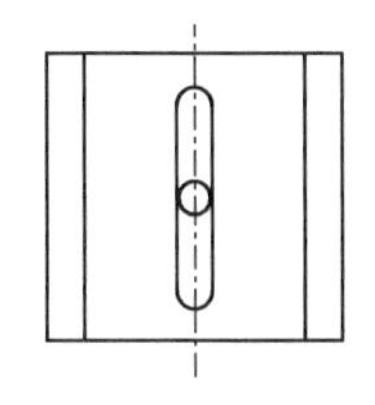
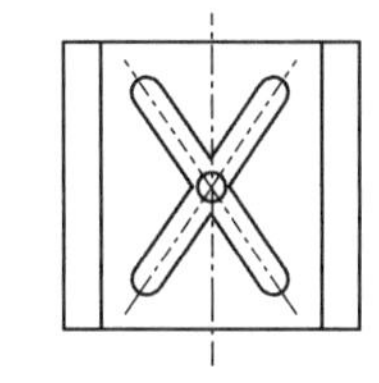
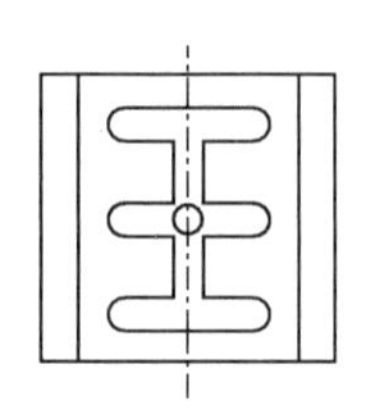

图 23-26　轴瓦油槽形状

2. 轴瓦的材料

滑动轴承的失效形式主要是轴瓦表面的磨粒磨损、刮伤、胶合（咬粘）、疲劳脱落和腐蚀。轴瓦直接参与摩擦，其材料性能应具有良好的减磨和耐磨性；良好的承载性能和抗疲劳性能；良好的顺应性，以避免表面间的卡死和划伤；良好的加工工艺性与经济性。另外，在可能产生胶合的场合，选用具有抗胶合性的材料。

轴瓦的常用材料主要有：金属材料（轴承合金、青铜和铸铁）、粉末冶金材料和非金属材料3大类。

23.5.4 滑动轴承润滑方法和装置

为了保证轴承工作时的良好润滑状态，不但要正确选用润滑剂，还须合理选择润滑方法和安装正确的润滑装置。滑动轴承润滑方法有间歇式和连续式，对应于不同的润滑剂有不同的润滑装置。

1. 采用润滑油

用液体油润滑也称稀油润滑，根据工作时的要求可用间歇式或连续式。间歇式加油一般用手工油壶或油枪按一定周期加油，适用于如轻载、低速、不重要部位等。对于高速或重载下工作的轴承必须连续供油。如图23-27所示，连续式供油的方法和装置主要有油杯滴油（图(a)）、浸油（图(b)轴承部分浸入油池）、飞溅（图(c)和图(d)，利用运动零件将油池中的油溅到轴承上）和压力循环（图(e)用油泵向轴承喷油）。

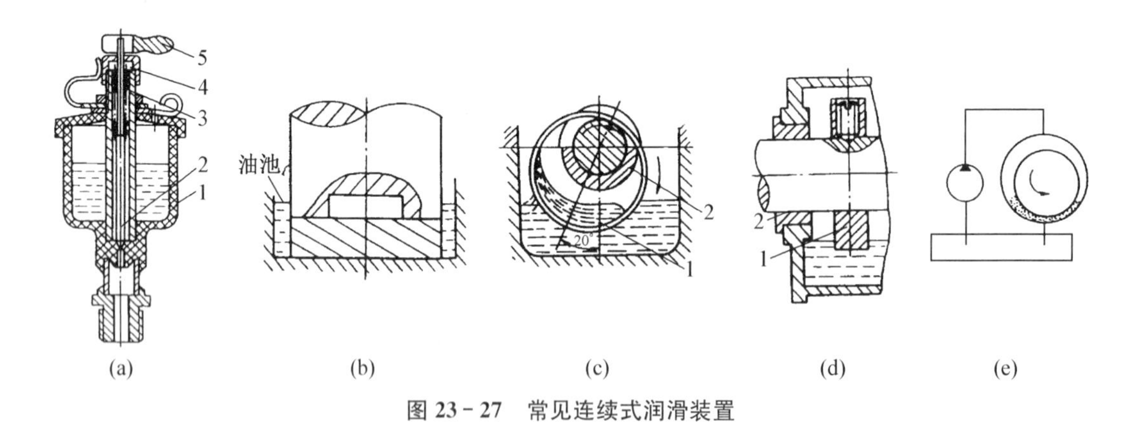

图23-27 常见连续式润滑装置

2. 采用润滑脂

润滑脂只能间歇式供给，定期用油脂枪将润滑脂通过油杯或油嘴压注到轴承部位，油杯或油嘴一般安装在轴承的上部，工作时轴承运动发热，油脂受热会自动向轴承渗透，图23-28所示是润滑脂装置。其中，图(a)是旋套式注油油杯，图(b)是压配式压油油杯，图(c)是旋盖式油杯。

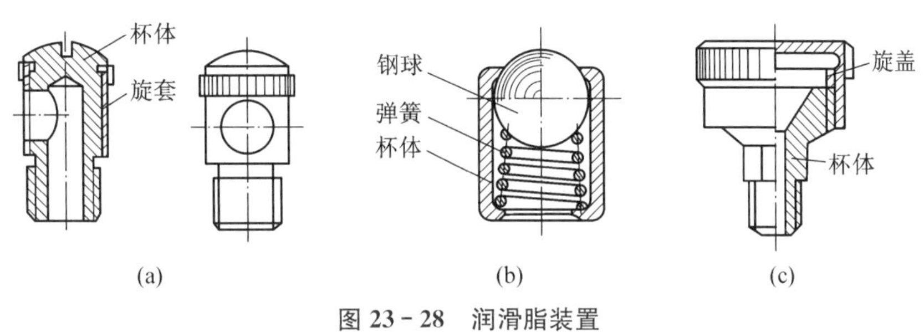

图 23-28 润滑脂装置

小 结

轴承是机械化工业中的重要支承部件。其主要作用是支承转动(或摆动、直线移动)的轴类运动部件,保证轴和轴上传动件的工作位置和精度,减少摩擦和磨损,并承受载荷。

1. 轴承按运动元件间的摩擦性质分为滚动轴承和滑动轴承两大类。

2. 滚动轴承一般由外圈、内圈、滚动体和保持架 4 部分组成。通常内圈与轴颈之间采用过盈配合,使内圈与轴一起转动;外圈则安装在机座或零件的轴承孔内,起支承作用。

3. 滚动轴承的类型有多种,按滚动体的形状可分为球轴承和滚子轴承;按照轴承承受的主要载荷方向或轴承公称接触角 α 的不同,可分为向心轴承和推力轴承。掌握常用的滚动轴承基本类型,熟记滚动轴承的代号。

4. 类型不同的滚动轴承具有不同的性能特点,要根据实际工作情况,按工作载荷的性质、转速高低、装配结构及经济性要求进行选择。

5. 滚动轴承常见的失效形式主要有 3 种:疲劳点蚀、塑性变形和磨损;采用的计算准则是:接触疲劳承载能力计算和静强度计算。

6. 滚动轴承的基本额定寿命是指一批相同的轴承,在同一条件下运转,其中 90%的轴承不产生疲劳点蚀时所达到的总转数 L_{10}(单位 10^6 r),或是在一定转速 n 下的小时数 $L_h(h)$。滚动轴承的基本额定寿命为 $L_{10}=10^6$ r 时,它所能够承受的极限载荷称为基本额定动载荷。

习 题

23-1 滑动轴承和滚动轴承各适用于哪些场合?

23-2 滚动轴承由哪些基本的零件组成,其各自的功用是什么?

23-3 滚动轴承有哪些基本的类型? 各自的特点是什么?

23-4 滚动轴承的计算原则是什么?

23-5 什么情况下需要作滚动轴承的静强度计算?

23-6 说明下列滚动轴承代号的含义:7210B,6203/P6,7210AC,N210E,51210。

*23-7 某水泵一端滚动轴承需要承受的径向载荷为 2.4 kN、轴向载荷 520 N,预期寿命为 50 000 h,轴径为 55 mm,工作转速 $n=1\,500$ r/min,试选择该轴承。

项目 24　联轴器和离合器

工程案例导入

图 1 所示的带式输送机中，电动机的输出轴与带传动的输入轴、减速器的输出轴与输送带卷筒轴都是用联轴器联结的。图 2 所示的变速传动(换挡)机构中，应用离合器实现空档。联轴器、离合器有什么类型、特性？选型计算时应注意哪些问题？本项目将介绍多种联轴器、离合器的相关知识。

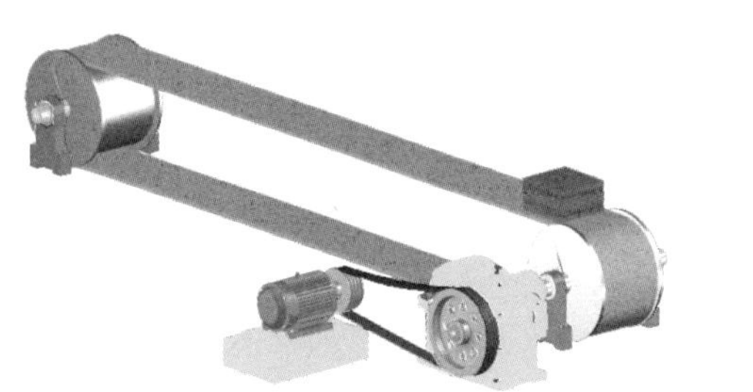

图 1　带式输送机

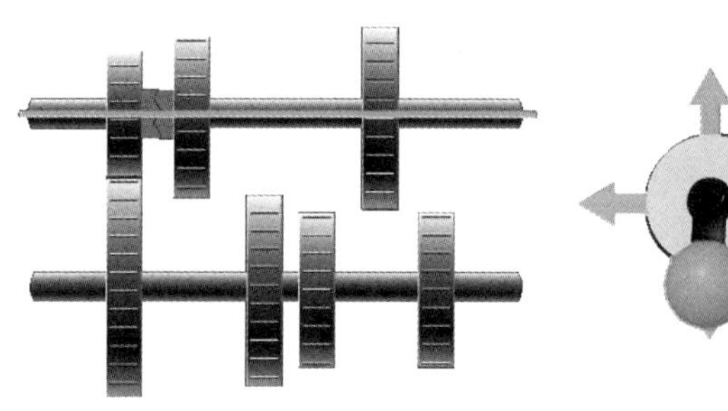

图 2　变速传动机构

● 学习目标

◇ 了解机械传动中的联轴器、离合器的类型、特点和功用；

◇ 掌握联轴器的选用；

◇ 培养严谨的设计、计算态度，质量意识、责任意识。

● 学习重点和难点

◇ 联轴器、离合器的类型、特点、功用及选用。

任务 24.1　概　　述

联轴器与离合器的功用是将轴与轴(或轴与旋转零件)联成一体，使其一同运转，并将一轴转矩传递给另一轴。联轴器在运转时，两轴不能分离，必须停车后，经过拆卸才能分离。离合器在运转或停车后，不用拆卸，两轴便能分离。联轴器与离合器都是由若干零件组成的通用部件。

在图 22－19 所示的带式输送机中，电动机的输出轴与带传动的输入轴、减速器的输出轴与输送带卷筒轴都是用联轴器联结的。

联轴器和离合器的类型很多，其中多数已标准化、系列化，在机械设计中可以选用。选用时，先根据工作要求，如载荷大小及特性、工作转速、补偿性能、工作环境等确定合适的类型，然后按照计算转矩的大小和被联结轴的直径，从设计手册中查出适当的型号。必要时，应对其中某些零件的强度进行验算。

任务 24.2 联 轴 器

24.2.1 联轴器的性能要求

联轴器所联结的两轴，由于制造及安装误差、承载后变形、温度变化和轴承磨损等原因，不能保证严格对中，使两轴线之间出现相对位移，如图 24-1 所示。如果联轴器对各种位移没有补偿能力，工作中将会产生附加动载荷，使工作情况恶化。因此，要求联轴器具有补偿一定范围内两轴线相对位移量的能力。对于经常负载起动或工作载荷变化的场合，可采用具有起缓冲、减振作用的弹性元件的联轴器，以保护原动机和工作机不受或少受损伤。同时，还要求联轴器安全、可靠，有足够的强度和使用寿命。

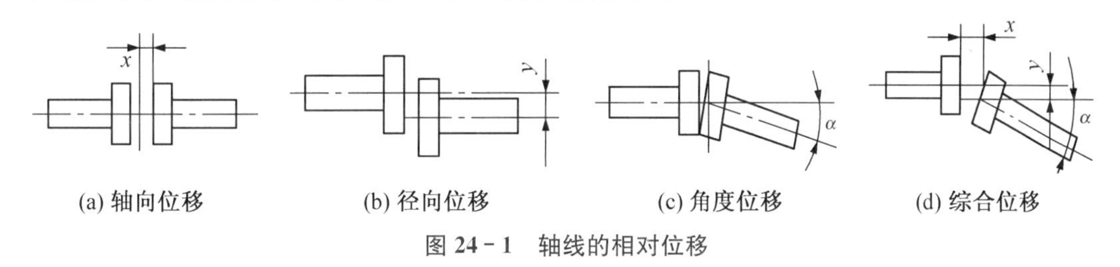

图 24-1 轴线的相对位移

24.2.2 联轴器的类型

联轴器可分为刚性联轴器和挠性联轴器两大类。

刚性联轴器不具有缓冲性和补偿两轴线相对位移的能力，要求两轴安装严格对中。但由于此类联轴器结构简单，制造成本较低，装拆、维护方便，能保证两轴有较高的对中性，传递转矩较大，所以应用广泛。常用的有凸缘联轴器、套筒联轴器和夹壳联轴器等。

挠性联轴器又可分为无弹性元件挠性联轴器和有弹性元件挠性联轴器。前一类只具有补偿两轴线相对位移的能力，但不能缓冲减振，常见的有滑块联轴器、齿式联轴器、万向联轴器和链条联轴器等；后一类因含有弹性元件，除具有补偿两轴线相对位移的能力外，还具有缓冲和减振作用，但传递的转矩因受到弹性元件强度的限制，一般不及无弹性元件挠性联轴器，常见的有弹性套柱销联轴器、弹性柱销联轴器、轮胎式联轴器等。

各类联轴器的性能、特点可查阅有关设计手册。

1. 刚性联轴器

(1) 套筒联轴器 套筒联轴器是利用套筒和联结零件(键或销)将两轴联结起来，如图

24－2 所示。其优点是结构简单，径向尺寸小，容易制造。缺点是装拆不太方便。应用于载荷不大、工作平稳、两轴严格对中，且要求联轴器径向尺寸小的场合。

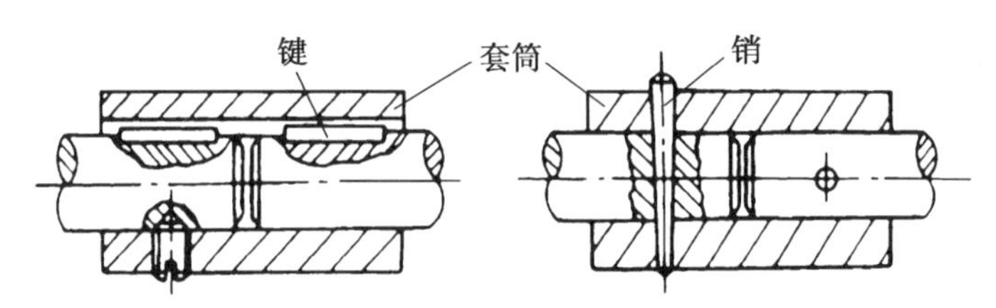

图 24－2　套筒联轴器

(2) 凸缘联轴器　凸缘联轴器是刚性联轴器中应用最广泛的一种，结构如图 24－3 所示，是由两个带凸缘的半联轴器用螺栓联结而成，半联轴器与两轴之间用键联结。常用的结构形式有两种，其对中方法不同。图 24－3(a)所示为两半联轴器的凸肩与凹槽相配合而对中，用普通螺栓联结，依靠接合面间的摩擦力传递转矩，对中精度高，装拆时轴必须作轴向移动；图 24－3(b)所示为两半联轴器用铰制孔螺栓联结，靠螺栓杆与螺栓孔配合对中，依靠螺栓杆的剪切及其与孔的挤压传递转矩，装拆时轴不需作轴向移动。

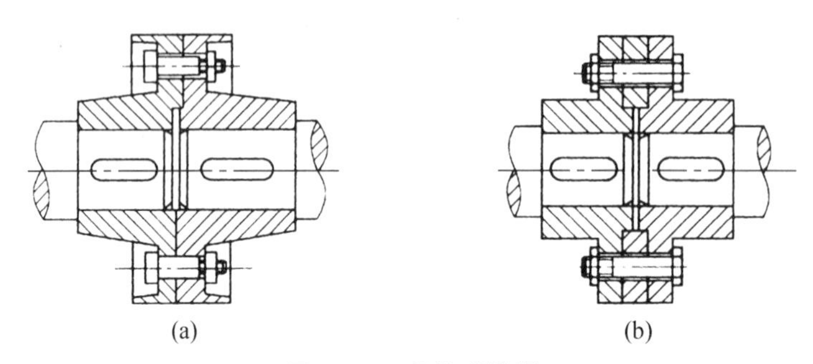

图 24－3　凸缘联轴器

联轴器的材料一般采用铸铁，重载或圆周速度 $v \geqslant 30$ m/s 时应采用铸钢或锻钢。

凸缘联轴器结构简单，价格低廉，能传递较大的转矩，但不能补偿两轴线的相对位移，也不能缓冲减振，故只适用于联结的两轴能严格对中、载荷平稳的场合。

(3) 夹壳联轴器　夹壳联轴器是由纵向刨分的两壳体和联结件组成，如图 24－4 所示。由于这种联轴器在装拆时不用移动轴，所以使用起来很方便。

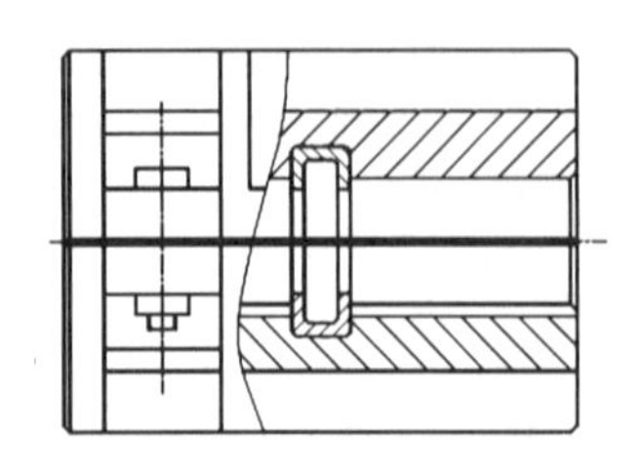
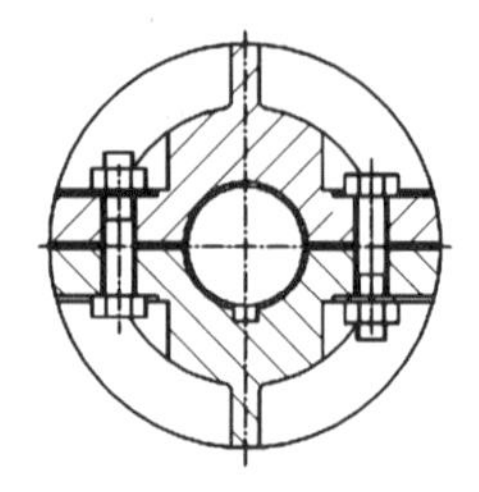

图 24－4　夹壳联轴器

2. 挠性联轴器

(1) 滑块联轴器　滑块联轴器是一种无弹性元件的挠性联轴器，如图 24－5(a)所示。它利用中间滑块 2 与两半联轴器 1，3 端面的径向槽配合以实现两轴联结。滑块沿径向滑动补偿径向偏移 Δy，并能补偿角偏移 $\Delta\alpha$，如图 24－5(b)所示，结构简单、制造方便。但由于滑块偏心，工作时会产生较大的离心力，故只用于低速。

联轴器和中间盘的常用材料为 45 钢或铸钢 ZG310～570，工作表面淬火硬度为 48～58HRC。

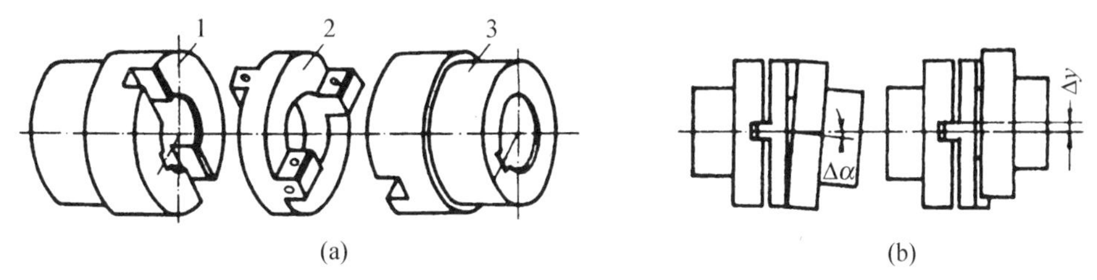

图 24－5　滑块联轴器

(2) 万向联轴器　万向联轴器也是一种无弹性元件的挠性联轴器，常见的有十字轴式万向联轴器，如图 24－6 所示。它利用中间联结件十字轴 3 联结两边的半联轴器，两轴线间夹角 α 可达到 $40°\sim45°$。单个十字轴式万向联轴器的主动轴 1 作等角速转动时，其从动轴 2 作变角速转动。

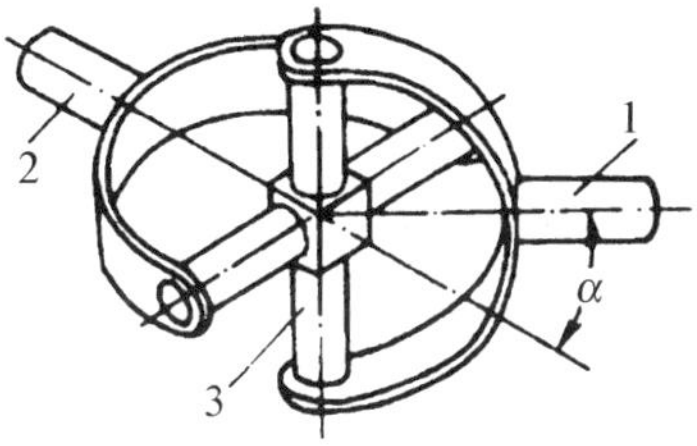

图 24－6　万向联轴器

为避免这种现象，可采用两个万向联轴器，使两次角速度变动的影响相互抵消，从而使主动轴 1 与从动轴 2 同步转动。但各轴相互位置必须满足：① 主动轴 1、从动轴 2 与中间轴 C 之间的夹角相等，即 $\alpha_1=\alpha_2$；② 中间轴两端叉面必须位于同一平面内，如图 24－7(a，b)所示。图 24－7(c)所示是双十字轴式万向联轴器的结构图。

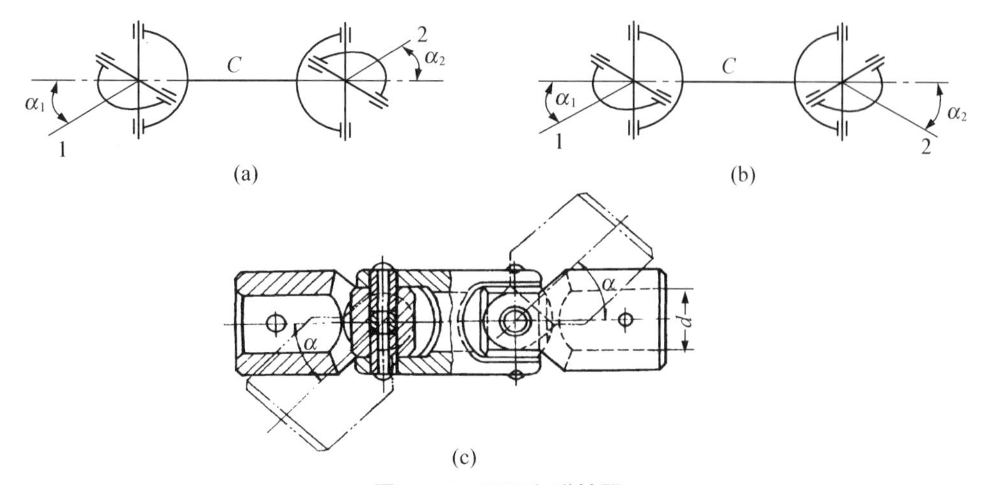

图 24－7　双万向联轴器

万向联轴器的材料常用合金钢制造，以获得较高的耐磨性和较小的尺寸。万向联轴器能补偿较大的角位移，结构紧凑，使用、维护方便，广泛用于汽车、工程机械等的传动系统中。

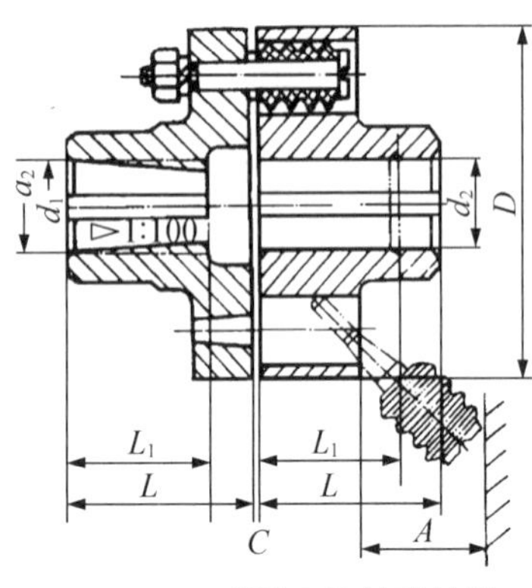

图 24-8　弹性套柱销联轴器

(3) 弹性套柱销联轴器　弹性套柱销联轴器是一种有弹性元件的挠性联轴器，其结构与凸缘联轴器相似，如图 24-8 所示，不同之处是用带有弹性圈的柱销代替了螺栓联结。弹性圈一般用耐油橡胶制成，剖面为梯形以提高弹性。柱销材料多采用 45 钢。为补偿较大的轴向位移，安装时在两轴间留有一定的轴向间隙 C；为了便于更换易损件弹性套，设计时应留一定的距离 A。

弹性套柱销联轴器制造简单，装拆方便，但寿命较短，适用于联结载荷平稳、需正反转或起动频繁的传动轴中的小转矩轴，多用于电动机的输出与工作机械的联结上。

(4) 弹性柱销联轴器　弹性柱销联轴器也是一种有弹性元件的挠性联轴器，其结构与弹性套柱销联轴器结构也相似，如图 24-9 所示，只是柱销材料为尼龙，柱销形状一端为柱形，另一端制成腰鼓形，以增大角度位移的补偿能力。为防止柱销脱落，柱销两端装有挡板，用螺钉固定。

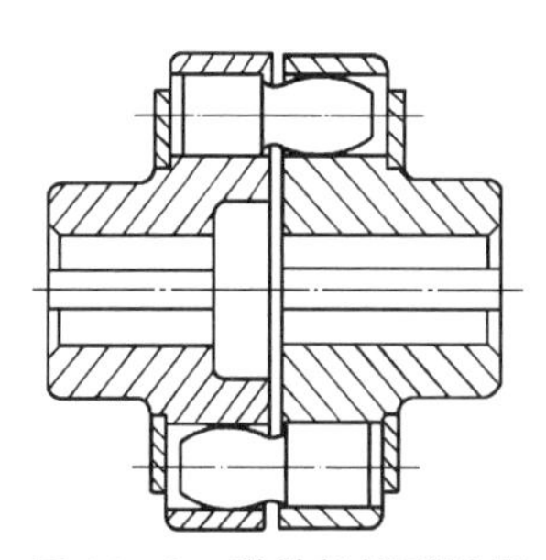
图 24-9　弹性柱销联轴器

弹性柱销联轴器结构简单，能补偿两轴间的相对位移，并具有一定的缓冲、吸振能力，应用广泛，可代替弹性套柱销联轴器。但因尼龙对温度敏感，使用时受温度限制，一般在 $-20 \sim 70$℃之间使用。

24.2.3　联轴器的选择

联轴器大多已标准化，选用联轴器时，通常先根据使用要求和工作条件确定合适的类型，再按转矩、轴径和转速选择联轴器的型号，必要时应校核其薄弱件的承载能力。

联轴器的主要性能参数为：额定转矩 T_n、许用转速$[n]$、位移补偿量和被联结轴的直径范围等。考虑工作机起动、制动、变速时的惯性力和冲击载荷等因素，应按计算转矩 T_c 选择联轴器。计算转矩 T_c 可按下式计算，即

$$T_c = KT, \tag{24-1}$$

式中，T 为工作转矩(Nm)；K 为工作情况系数，如表 24-1 所示，一般刚性联轴器选用较大的值，挠性联轴器选用较小的值。

所选型号联轴器必须同时满足：$T_c \leqslant T_n$，$n \leqslant [n]$，其中 T_n 为联轴器的额定转矩、$[n]$为联轴器的许用转速。

表 24-1 工作情况系数 K

原动机	工作机械	K
电动机	带式输送机、鼓风机、连续转动的金属切削机床 链式运输机、刮板运输机、螺旋运输机、离心泵、木工机械 往复运动的金属切削机床 往复式泵、往复式压缩机、球磨机、破碎机、冲剪机 起重机、升降机、轧钢机	1.25～1.5 1.5～2.0 1.5～2.0 2.0～3.0 3.0～4.0
涡轮机	发电机、离心泵、鼓风机	1.2～1.5
往复式发动机	发电机 离心泵 往复式工作机	1.5～2.0 3～4 4～5

例 24-1 功率 $P=11$ kW，转速 $n=970$ r/min 的电动起重机中，联结直径 $d=42$ mm 的主、从动轴，试选择联轴器的型号。

解：(1) 选择联轴器类型。为缓和振动和冲击，选择弹性套柱销联轴器。

(2) 选择联轴器型号。计算转矩，由表 24-1 查取 $K=3.5$，按(24-1)式计算，即

$$T_c=KT=K\times 9\,550\frac{P}{n}=3.5\times 9\,550\frac{11}{970}=379(\mathrm{N\cdot m})。$$

按计算转矩、转速和轴径，由 GB/T4323—2002 中选用 TL7 型弹性套柱销联轴器，主、从动端均为 Y 型轴孔，A 型键槽，标记为：TL7 联轴器 42×112GB/T4323—2002。查得有关数据：额定转矩 $T_n=500$ N·m，许用转速$[n]=2\,800$ r/min，轴径 40～45 mm。

满足 $T_c\leqslant T_n$，$n\leqslant[n]$，适用。

任务 24.3 离 合 器

24.3.1 离合器的性能要求

离合器在机器运转过程中能实现两轴方便的接合与分离。其基本要求是：工作可靠，接合、分离迅速而平稳，操纵灵活、省力，调节和修理方便，外形小、重量轻；对摩擦式离合器，还要求其耐磨性好，并具有良好的散热能力。

24.3.2 离合器的类型

离合器的类型很多。按实现两轴接合和分离的过程可分为操纵离合器、自动离合器；按离合的工作原理可分为牙嵌式离合器、摩擦式离合器。牙嵌式离合器通过主、从动元件上牙形之间的嵌合力来传递回转运动和动力，工作比较可靠，传递的转矩较大，但接合时

有冲击，运转中接合困难。摩擦式离合器是通过主、从动元件间的摩擦力来传递回转运动和动力，运动中接合方便，有过载保护性能。但传递转矩较小，适用于高速、低转矩的工作场合。

1. 牙嵌式离合器

牙嵌式离合器如图 24－10(a)所示，是利用两个半离合器 1，2 端面的牙齿和齿槽相互嵌合和分开达到离合的目的。操纵滑环 4，使从动轴上的半离合器 2 沿导向平键 3 左右移动，便可与主动轴上的半离合器 1 结合与分离。为保证两轴对中，半离合器 1 的孔内装有对中环 5，从动轴在对中环内可自由转动，操纵滑环的移动可用杠杆、液压、气动或电磁吸力等操纵机构控制。牙嵌离合器的齿形有三角形、矩形、梯形和锯齿形，如图 24－10(b，c，d，e)所示。三角形齿用于传递中、小转矩，牙数一般为 12～60；矩形齿无轴向分力，接合困难，磨损后无法补偿，冲击也较大，故使用较少；梯形齿强度高，传递转矩大，能自动补偿齿面磨损后造成的间隙，接合面间有轴向分力，容易分离，因而应用最为广泛；锯齿形齿只能单向工作，反转时由于有较大的轴向分力，会迫使离合器自行分离。

牙嵌离合器主要失效形式是齿面的磨损和齿根折断，因此要求齿面有较高的硬度、齿根有良好的韧性，常用材料为低碳钢渗碳淬火到 54～60HRC，也可用中碳钢表面淬火。

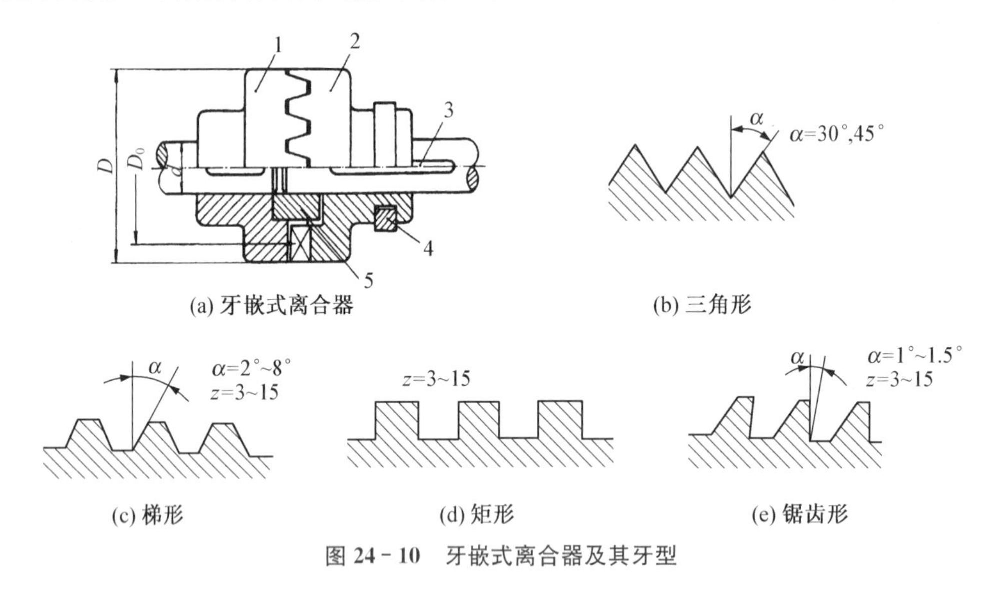

(a) 牙嵌式离合器　(b) 三角形

(c) 梯形　(d) 矩形　(e) 锯齿形

图 24－10　牙嵌式离合器及其牙型

牙嵌式离合器结构简单、紧凑，接合时两个半离合器间没有相对滑动，不会发热，适用于要求主、从动轴严格同步的高精度机床，但只能在低速或停车时接合，以免因冲击打断牙齿。

2. 圆盘摩擦离合器

摩擦式离合器依靠两接触面间的摩擦力来传递运动和动力。按结构形式不同，可分为圆盘式、圆锥式、块式和带式等类型，最常用的是圆盘摩擦离合器。圆盘摩擦离合器分为单片式和多片式两种，如图 24－11 所示。

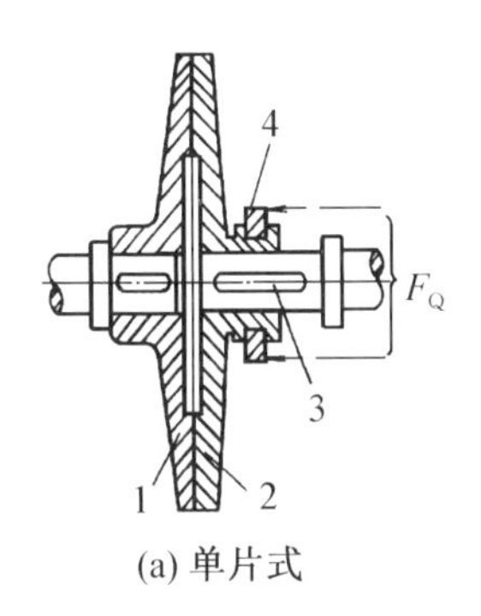

(a) 单片式

1、2—圆盘　3—导向键　4—滑环

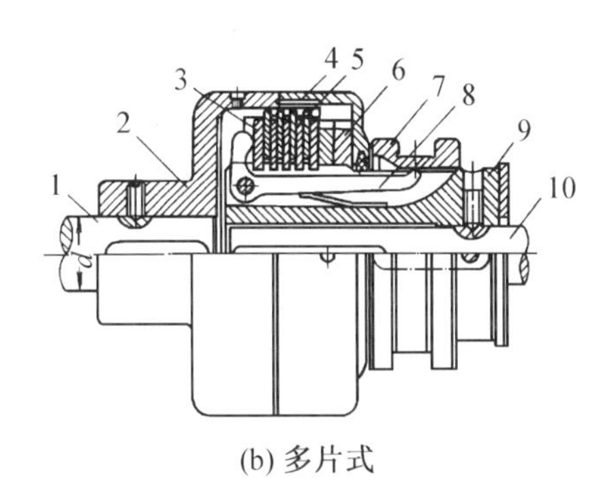

(b) 多片式

1—主动轴　2—外壳　3—压板　4—摩擦片
5—内摩擦片　6—调节螺母　7—滑环
8—杠杆　9—套筒　10—从动轴

图 24－11　圆盘摩擦离合器

(1) 单片式圆盘摩擦离合器　单片式圆盘摩擦离合器由摩擦圆盘 1,2 和滑环 4 组成。圆盘 1 与主动轴联结,圆盘 2 通过导向键 3 与从动轴联结,并可在轴上移动。操纵滑环 4 可使两圆盘接合或分离。轴向压力 F_Q 使两圆盘接合,并在工作表面产生摩擦力,以传递转矩。单片式圆盘摩擦离合器结构简单,但径向尺寸较大,只能传递不大的转矩,常用在轻型机械上。

(2) 多片式圆盘摩擦离合器　多片式圆盘摩擦离合器有两组摩擦片,主动轴 1 与外壳 2 相联结,外壳内装有一组外摩擦片 4,形状如图 24－12(a)所示,其外缘有凸齿插入外壳上的内齿槽内,与外壳一起转动,其内孔不与任何零件接触。从动轴 10 与套筒 9 相联结,套筒上装有一组内摩擦片 5,形状如图 24－12(b)所示,其外缘不与任何零件接触,随从动轴一起转动。滑环 7 由操纵机构控制,当滑环向左移动时,使杠杆 8 绕支点顺时针转动,通过压板 3 将两组摩擦片压紧,实现接合;当滑环 7 向右移动时,则实现离合器分离。摩擦片间的压力由螺母 6 调节。

多片式圆盘摩擦离合器由于摩擦面增多,传递转矩的能力提高,径向尺寸相对减小,但结构较为复杂。

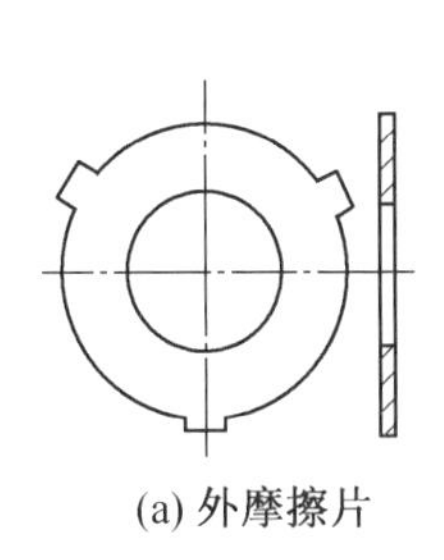

(a) 外摩擦片

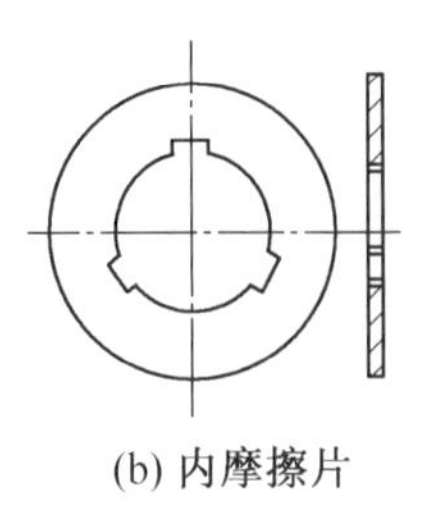

(b) 内摩擦片

图 24－12　摩擦片

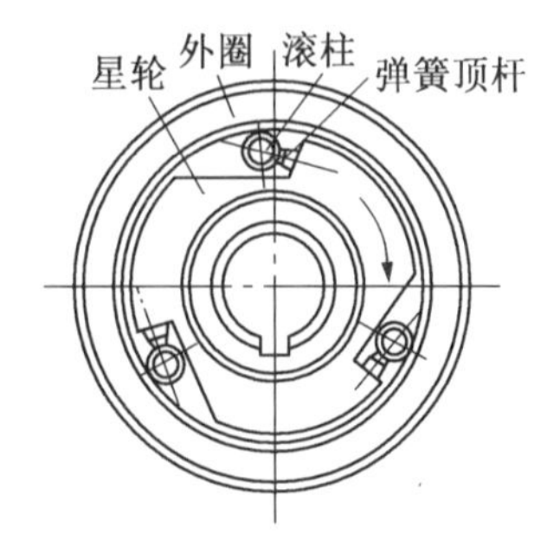

图 24－13　滚柱超越离合器

与牙嵌式离合器相比，摩擦式离合器的优点为：

① 在任何转速下都可接合；

② 过载时摩擦面打滑，能保护其他零件，不致损坏；

③ 接合平稳、冲击和振动小。

缺点为接合过程中，相对滑动引起发热与磨损，损耗能量。

3. 滚柱超越离合器

超越离合器又称为定向离合器，是一种自动离合器。目前广泛应用的是滚柱超越离合器，如图 24-13 所示，由星轮 1、外圈 2、滚柱 3 和弹簧顶杆 4 组成。滚柱的数目一般为 3～8 个，星轮和外圈都可作主动件。当星轮为主动件，并作顺时针转动时，滚柱受摩擦力作用被楔紧在星轮与外圈之间，从而带动外圈一起回转，离合器为接合状态；当作逆时针转动时，滚柱被推到楔形空间的宽敞部分而不再楔紧，离合器为分离状态。超越离合器只能传递单向转矩。若外圈和星轮作顺时针同向回转，则当外圈转速大于星轮转速时，离合器为分离状态；当外圈转速小于星轮转速时，离合器为接合状态。超越离合器尺寸小、接合和分离平稳，可用于高速传动。

小　结

1. 联轴器与离合器的功用是将轴与轴（或轴与旋转零件）联成一体，使其一同运转，并将一轴转矩传递给另一轴。联轴器在运转时，两轴不能分离，必须停车后，经过拆卸才能分离。离合器在运转或停车后，不用拆卸，两轴便能分离。联轴器与离合器都是由若干零件组成的通用部件。

2. 联轴器可分为刚性联轴器和挠性联轴器两大类，前者常用的有凸缘联轴器、套筒联轴器和夹壳联轴器等；后者又可分为无弹性元件挠性联轴器和有弹性元件挠性联轴器，常用的有滑块联轴器、万向联轴器、弹性套柱销联轴器、弹性柱销联轴器、轮胎式联轴器等。

3. 离合器的类型很多，按实现两轴接合和分离的过程可分为操纵离合器、自动离合器；按离合的工作原理可分为牙嵌式离合器、摩擦式离合器。

习　题

24-1　常用的联轴器和离合器有哪些类型？各有哪些特点？应用于哪些场合？

24-2　试选择题 24-2 图所示的行车机构中，电动机Ⅰ与减速器Ⅱ、减速器Ⅱ与轮轴Ⅲ，以及两轮轴与中间传动轴Ⅳ之间所需联轴器 A，B，C，D 的类型。

24-3　某发动机需用电动机启动，当发动机运行正常后，两机脱开，试问两机间该采用哪种离合器为宜？

24-4　定向离合器处于题 24-4 图所示的状态时，假设主动轴与外环 1 相联，从动轴与星轮 2 相联。其中：

(1) 主动轴顺时针转动;(2) 主动轴逆时针转动;(3) 主、从动轴都逆时针转动,主动轴转速快。

试问这 3 种情况中,哪种情况主动轴才能带动从动轴?

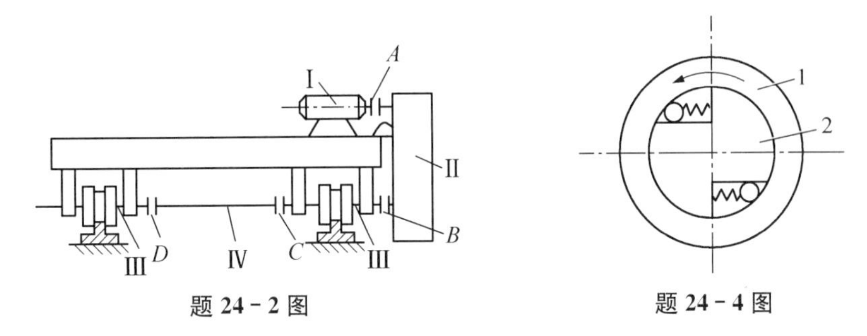

题 24 - 2 图　　　　题 24 - 4 图

24 - 5　选择某电动机与油泵的联轴器型号。功率 $P=7.5$ kW,转速 $n=970$ r/min,两轴直径均为 42 mm。

参考文献

[1] 石岚. 机械基础(第三版)[M]. 上海:复旦大学出版社,2017.

[2] 江京亮,杨勇. 机械原理[M]. 科学出版社北京:2020.

[3] 崔岩、张燕春主编机械原理 M. 上海:复旦大学出版社,2021.

[4] 钱袁萍,陈在铁. 机械设计(第三版)[M]. 上海:复旦大学出版社,2021.

[5] 唐静静. 工程力学[M]. 北京:高等教育出版社,2017.

[6] 王贵斗. 金属材料与热处理[M]. 北京:机械工业出版社,2021.

图书在版编目(CIP)数据

机械基础/石岚主编. —4 版. —上海：复旦大学出版社，2020. 12（2024. 11 重印）
ISBN 978-7-309-15399-6

Ⅰ. ①机… Ⅱ. ①石… Ⅲ. ①机械学-高等职业教育-教材 Ⅳ. ①TH11

中国版本图书馆 CIP 数据核字(2020)第 228954 号

机械基础(第四版)
石 岚 主编
责任编辑/张志军

复旦大学出版社有限公司出版发行
上海市国权路 579 号 邮编：200433
网址：fupnet@fudanpress.com http://www.fudanpress.com
门市零售：86-21-65102580 团体订购：86-21-65104505
出版部电话：86-21-65642845
杭州日报报业集团盛元印务有限公司

开本 787 毫米×1092 毫米 1/16 印张 21.5 字数 482 千字
2024 年 11 月第 4 版第 8 次印刷

ISBN 978-7-309-15399-6/T · 687
定价：49.00 元